데이터분석 전문가를 위한

고급회귀분석

ADVANCED
REGRESSION
ANALYSIS

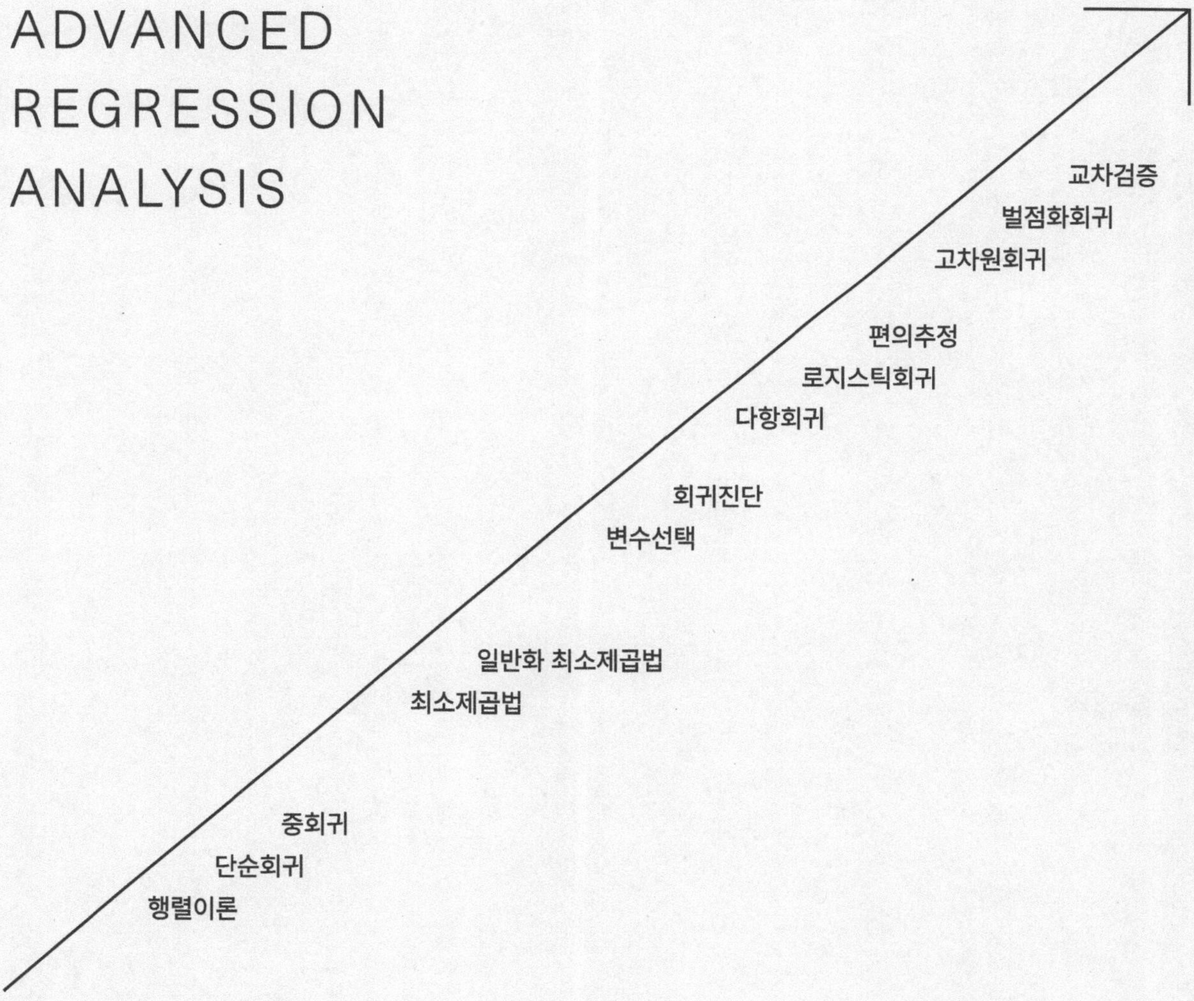

기본개념,
이론 그리고 R 실습

박성현, 이성임, 임요한 지음

민영사

머리말

이 책은 1981년에 출판되어 독자들로부터 32년 동안 많은 사랑을 받은 박성현 교수의 '회귀분석' 책을 상당부분 개정하고, 새로운 내용을 추가하여 만든 저서입니다. 지난 30여 년 동안 회귀분석 분야도 많은 연구가 이루어졌으며, 새로이 연구되고 활발히 활용되는 부분들인 로지스틱 회귀분석, 고차원 회귀분석, 벌점화 회귀분석, 교차검증 등을 추가하였습니다. 그리고 마지막 장에는 '4차 산업혁명과 빅데이터'의 내용을 추가하여, 빅데이터를 소개하고 빅데이터에 애용되는 회귀분석을 설명하였습니다. 이 책이 회귀분석을 공부하는 모든 분들께 회귀분석의 바이블이 되기를 소망합니다.

최근에는 통계패키지 R이 광범위하게 사용되고 있기 때문에, 각 장에서 소개된 방법론에 대하여 실습용으로 R을 소개하였습니다. R은 무료로 사용할 수 있는 아주 좋은 통계패키지이므로 이 책을 읽는 독자들이 회귀분석 방법들을 연습해 보기에 좋을 것입니다. 독자들이 공부한 회귀분석 방법을 R을 사용하여 접근이 가능한 데이터에 대하여 실습해 보기를 권장합니다.

이 책을 읽는 데에는 어느 정도의 사전 준비가 필요합니다. 통계학의 수준은 기초통계학, 그리고 수학의 수준은 선형대수 과목을 이수하는 것이 필요합니다. 그러나, 이와 같은 준비가 안된 독자들을 위하여 1, 2장에 선형대수의 행렬이론과 기초적 통계 이론을 정리해 놓았습니다. 그러나 행렬 이론과 기초통계학을 어느 정도 아는 독자들은 3장부터 읽기 시작하면 좋을 것입니다. 회귀분석이 점차적으로 모든 학문에 널리 응용될 수 있도록 발전하고 있는 것을 감안하여, 통계학과 학생은 물론 사회대학, 경영대학, 공과대학, 의과대학 등의 학생들도 읽을 수 있도록 예제를 광범위하게 수록하였습니다. 또한 각종의 연구소나 기업체에서도 사용할 수 있도록 실무적인 응용예제도 다수 포함시켰습니다.

이 책은 회귀분석의 모든 연구내용을 개괄적으로 모두 기술하다보니 학부생이나 통계학 비전공자가 읽기에는 다소 어려운 감이 있습니다. 따라서 학부학생에게 이 책을 강의할 때에는 1~11장, 16장, 20장만을 강의해도 무방하리라 생각합니다. 12~15장, 17~19장은 대학원생들에게 강의하는 것이 좋을 것입니다.

끝으로, 믿음 안에서 일에 관한 정열과 소망을 주시는 하나님께 깊은 감사를 드립니다. 또한 이 책이 나오기까지의 교정 과정에서 많은 도움을 주신 전남대학교 정재식 교수님, 단국대학교 최인준 학생, 그리고 민영사의 김동연 사장님께 감사의 뜻을 전하고 싶습니다.

2026년 2월 저자들 씀

Part I

기초적 행렬 및 통계 이론

Chapter 01 행렬의 기초 이론
Chapter 02 기초적 통계 이론

01 행렬의 기초 이론

〈목차〉

회귀분석을 체계적으로 다루려면 행렬의 사용은 필수적이다. 제 3장에서 소개되는 단순회귀(simple regression)분석은 행렬의 사용 없이 설명이 가능하지만, 제 4장부터 전개되는 중회귀(multiple regression)분석으로 확장하기 위해서 행렬은 반드시 필요한 도구이다. 첫 장에서는, 이 책을 읽는 데 필요한 행렬의 기초적 지식을 소개하기로 한다.

1.1 행렬의 정의

mn개의 원소(elements) a_{ij}($i = 1, 2, \cdots, m$; $j = 1, 2, \cdots, n$)를 다음과 같이 나열한 것을 $m \times n$ 행렬이라고 한다.

$$\begin{bmatrix} a_{11} & a_{12} & a_{1n} \\ a_{21} & a_{22} & a_{2n} \\ \vdots & \vdots & \vdots \\ a_{m1} & a_{m2} & a_{mn} \end{bmatrix}$$

여기서 a_{ij}는 i번째 행(row)과 j번째 열(column)의 원소를 나타내며, 위의 행렬을 문자 A로 표시하기만 하면, 다음과 같이 간단히 쓰기도 한다.

$$A = (a_{ij}),\ \ (i = 1, 2, \cdots, m\ ;\ j = 1, 2, \cdots, n)$$

행과 열의 수를 나타내는 $m \times n$을 행렬의 차원(dimension)이라고 한다. 이 책에서 다루는 행렬의 모든 원소는 실수(real number)라고 가정한다.

1.1.1 정방행렬

행과 열의 수가 같은 행렬, 즉 $n \times n$ 행렬을 정방행렬(square matrix)이라 하며, n을 이 행렬의 차수(order)라 한다.

1.1.2 대칭행렬

정방행렬 $A = (a_{ij})$에서 모든 i, j에 대하여 $a_{ij} = a_{ji}$가 성립될 때 A를 대칭행렬(symmetric matrix)이라 부른다.

(예 1.1)

$$\begin{bmatrix} 1 & -1 & 2 \\ -1 & 0 & 3 \\ 2 & 3 & 7 \end{bmatrix}$$

1.1.3 단위행렬

n차의 행렬에서 대각원소(diagonal elements)가 모두 1이고, 나머지 원소는 모두 0이면, 이 행렬을 n차 단위행렬(unit matrix)이라 한다. 지금부터 이 n차 단위행렬을 I_n으로 표시한다.

(예 1.2)

$$\begin{bmatrix} 1 & 0 & 0 \\ 0 & 1 & 0 \\ 0 & 0 & 1 \end{bmatrix} (= I_3).$$

이 책에서는 n차원 단위행렬을 I_n으로 표기한다.

1.1.4 대각행렬

대각원소만이 0이 아닌 값을 가질 수 있고, 그 외의 원소는 모두 0을 갖는 행렬을 대각행렬(diagonal matrix)이라 한다.

(예 1.3)

$$A = \begin{bmatrix} 1 & 0 & 0 \\ 0 & 5 & 0 \\ 0 & 0 & 3 \end{bmatrix}$$

1.1.5 전치행렬

행렬 A의 행을 열로 하고, 열을 행으로 한 행렬을 $A^\top$로 표시하고, $A^\top$을 A의 전치행렬(transpose matrix)이라 한다. 이 때 A는 $A^\top$의 전치행렬이기도 하다.

(예 1.4)

$$X = \begin{bmatrix} 1 & x_{11} & x_{12} & \cdots & x_{1p} \\ 1 & x_{21} & x_{22} & \cdots & x_{2p} \\ & & & \cdots & x_{3p} \\ \vdots & \vdots & \vdots & & \vdots \\ 1 & x_{n1} & x_{n2} & \cdots & x_{np} \end{bmatrix} \text{이면 전치행렬은 } X^\top = \begin{bmatrix} 1 & 1 & 1 & \cdots & 1 \\ x_{11} & x_{21} & x_{31} & \cdots & x_{n1} \\ x_{12} & x_{22} & x_{32} & \cdots & x_{n2} \\ \vdots & \vdots & \vdots & & \vdots \\ x_{1p} & x_{2p} & x_{3p} & \cdots & x_{np} \end{bmatrix}$$

이다.

1.1.6 벡터(vector)

$1\times n$행렬을 n차 행벡터(row vector)라 부르고 $n\times 1$행렬을 n차 열벡터(column vector)라 한다. 행과 열의 구별없이 벡터라 하면, 이 책에서는 열벡터를 의미하는 것으로 한다.

1.2 행렬의 연산

1.2.1 행렬의 합(addition of matrices)

두 개의 $m\times n$행렬 $A = (a_{ij})$와 $B = (b_{ij})$의 합은 다음과 같다.

$$A + B = \begin{bmatrix} a_{11} + b_{11} & a_{12} + b_{12} & \cdots & a_{1n} + b_{1n} \\ a_{21} + b_{21} & a_{22} + b_{22} & \cdots & a_{2n} + b_{2n} \\ \vdots & \vdots & & \\ a_{m1} + b_{m1} & a_{m2} + b_{m2} & \cdots & a_{mn} + b_{mn} \end{bmatrix} = (\, a_{ij} + b_{ij})$$

(예 1.5) $\begin{bmatrix} 3 & 1 & -1 \\ 2 & 2 & -3 \end{bmatrix} + \begin{bmatrix} 1 & 2 & 1 \\ 1 & 3 & 0 \end{bmatrix} = \begin{bmatrix} 4 & 3 & 0 \\ 3 & 5 & -3 \end{bmatrix}$

행렬의 합은 두 행렬의 차원이 같을 때에만 가능하다. A행렬에서 B행렬을 뺄 때에도 마찬가지이며, 그 연산은 다음과 같다.

$$A - B = (a_{ij} - b_{ij})$$

1.2.2 행렬의 곱(multiplication of matrices)

$m\times n$ 행렬 $A = (a_{ik})$와 $n\times l$ 행렬 $B = (b_{kj})$의 곱을 $C = (c_{ij})$라 하면,

$$c_{ij} = a_{i1}b_{1j} + a_{i2}b_{2j} + \cdots + a_{in}b_{nj} = \sum_{k=1}^{n} a_{ik}b_{kj}$$

이고, 행렬 C는 $m \times l$ 행렬이 된다. 만약, A의 열의 수와 B의 행의 수가 일치하지 않으면, 이 두 행렬의 곱은 성립하지 않는다.

(예 1.6)

$$\begin{bmatrix} 2 & 1 & 3 \\ 1 & 3 & 2 \end{bmatrix} \begin{bmatrix} 3 & 4 \\ -1 & 2 \\ 2 & 1 \end{bmatrix} = \begin{bmatrix} 11 & 13 \\ 4 & 12 \end{bmatrix}$$

(예 1.7)

행렬 $X = (x_{ij})$가 $n \times p$ 행렬인

$$X = \begin{bmatrix} x_{11} & x_{12} & \cdots & x_{1p} \\ x_{21} & x_{22} & \cdots & x_{2p} \\ x_{31} & x_{32} & \cdots & x_{3p} \\ \vdots & \vdots & \ddots & \vdots \\ x_{n1} & x_{n2} & \cdots & x_{np} \end{bmatrix} \tag{1.1}$$

일 때 $X^\top X$를 구하라. 즉 X의 전치행렬 $X^\top$와 X의 곱을 구하는 것이며, 이와 같은 행렬 $X^\top X$는 회귀분석에서 자주 나타나는 형태이다.

$$X^\top X = \begin{bmatrix} \sum_{i=1}^{n} x_{i1}^2 & \sum_{i=1}^{n} x_{i1}x_{i2} & \sum_{i=1}^{n} x_{i1}x_{i3} & \cdots & \sum_{i=1}^{n} x_{i1}x_{ip} \\ & \sum_{i=1}^{n} x_{i2}^2 & \sum_{i=1}^{n} x_{i2}x_{i3} & \cdots & \sum_{i=1}^{n} x_{i2}x_{ip} \\ & & \sum_{i=1}^{n} x_{i3}^2 & \cdots & \sum_{i=1}^{n} x_{i3}x_{ip} \\ & \text{(대칭)} & & \ddots & \vdots \\ & & & & \sum_{i=1}^{n} x_{ip}^2 \end{bmatrix} \tag{1.2}$$

(정리 1.1) $(AB)^\top = B^\top A^\top$

(정리 1.2) n차 정방행렬 A에 대하여 $AI_n = I_n A = A$가 성립한다.

1.2.3 스칼라 곱(scalar multiplication)

$m\times n$ 행렬 $A=(a_{ij})$에 대해 c를 임의의 상수(constant)라 할 때 다음이 성립한다.

$$cA=\begin{bmatrix} ca_{11} & ca_{12} & \cdots & ca_{1n} \\ ca_{21} & ca_{22} & \cdots & ca_{2n} \\ \vdots & \vdots & \ddots & \vdots \\ ca_{m1} & ca_{m2} & \cdots & ca_{mn} \end{bmatrix}$$

1.2.4 행렬식

정방행렬 $A=(a_{ij})$의 행렬식(determinant)은 $|A|$ 혹은 $\det(A)$로 표시하며, 행렬 A가 1×1 행렬이면 $|A|=a_{11}$이고, 2×2 행렬이면

$$|A|=\begin{vmatrix} a_{11} & a_{12} \\ a_{21} & a_{22} \end{vmatrix}=a_{11}a_{22}-a_{12}a_{21}$$

이다.

$n\times n$ 행렬 $A=(a_{ij})$에서 i번째 행과 j 번째 열을 빼버린 나머지 $(n-1)\times(n-1)$ 행렬의 행렬식을 M_{ij}라 쓰면 이 M_{ij}를 a_{ij}의 소행렬식(minor)이라 부르고,

$$A_{ij}=(-1)^{i+j}M_{ij} \tag{1.3}$$

를 a_{ij}의 여인수(cofactor)라 한다. 그러면, 행렬 A의 행렬식은 다음에 의하여 정의된다.

$$|A|=\sum_{j=1}^{n}a_{ij}A_{ij}, \quad i=1, 2, \cdots, n \tag{1.4}$$

(예 1.8)

3차 정방행렬 A의 행렬식은 다음과 같다.

$$\begin{aligned} |A|=\begin{vmatrix} a_{11} & a_{12} & a_{13} \\ a_{21} & a_{22} & a_{23} \\ a_{31} & a_{32} & a_{33} \end{vmatrix} &= a_{11}A_{11}+a_{12}A_{12}+a_{13}A_{13} \\ &= a_{11}\begin{vmatrix} a_{22} & a_{23} \\ a_{32} & a_{33} \end{vmatrix} - a_{12}\begin{vmatrix} a_{21} & a_{23} \\ a_{31} & a_{33} \end{vmatrix} + a_{13}\begin{vmatrix} a_{21} & a_{22} \\ a_{31} & a_{32} \end{vmatrix} \\ &= a_{11}a_{22}a_{33}-a_{11}a_{32}a_{23}-a_{12}a_{21}a_{33}+a_{12}a_{31}a_{23}+a_{13}a_{21}a_{32}-a_{13}a_{31}a_{22} \end{aligned}$$

(정리 1.3) 행렬 A, B가 정방행렬이면

$|AB|=|BA|=|A||B|$

(정리 1.4) $|A| = |A^T|$

(정리 1.5) A가 $n \times n$ 행렬이면,

$|cA| = c^n|A|$

(정리 1.6)

$$\begin{vmatrix} 1 & x_1 & x_1^2 & \cdots & x_1^{n-1} \\ 1 & x_2 & x_2^2 & \cdots & x_2^{n-1} \\ \vdots & \vdots & \vdots & & \vdots \\ 1 & x_n & x_n^2 & \cdots & x_n^{n-1} \end{vmatrix} = \prod_{i<j} (x_j - x_i)$$

위의 행렬식을 방데르몽드 행렬식(Vandermonde determinant)이라 부르며, 여기서 $\prod$ 는 곱을 표시하는 기호이다.

1.2.5 트레이스

정방행렬 A의 트레이스(trace)를 $\text{tr}(A)$로 표시하고, $\text{tr}(A)$는 행렬 A의 대각선 원소들의 합이다. 즉, $A = (a_{ij})$가 $n \times n$ 행렬일 때

$$\text{tr}(A) = \sum_{i=1}^{n} a_{ii}$$

이 된다.

(예 1.9)

$$A = \begin{vmatrix} 1 & 2 & 3 \\ 4 & 5 & 6 \\ 7 & 8 & 9 \end{vmatrix}$$ 이면 $\text{tr}(A) = 1 + 5 + 9 = 15$이 된다.

(정리 1.7) $\text{tr}(A \pm B) = \text{tr}(A) \pm \text{tr}(B)$

(정리 1.8) $\text{tr}(cA) = c\,\text{tr}(A)$

(정리 1.9) $\text{tr}(I_n) = n$

(정리 1.10) $\text{tr}(AB) = \text{tr}(BA)$

$\text{tr}(ABC) = \text{tr}(BCA) = \text{tr}(CAB)$

(정리 1.11) $\mathbf{x}$가 $n \times 1$ 벡터이고, A는 $n \times n$ 행렬이면,
$\mathbf{x}^\top A\mathbf{x} = \mathrm{tr}(\mathbf{x}^\top A\mathbf{x}) = \mathrm{tr}(A\mathbf{x}\mathbf{x}^\top) = \mathrm{tr}(\mathbf{x}\mathbf{x}^\top A)$가 된다.

1.3 특수한 행렬

1.3.1 역행렬

행렬 A가 n차의 정방행렬이고 행렬식이 0이 아니면,

$$AA^{-1} = A^{-1}A = I_n$$

을 만족시키는 행렬 A^{-1}가 존재하며, A^{-1}를 A의 역행렬(inverse matrix)이라 한다. $n \times n$ 행렬 $A = (a_{ij})$의 역행렬 A^{-1}는 다음에 의하여 얻어진다.

$$A^{-1} = \frac{1}{|A|}\begin{bmatrix} A_{11} & A_{21} & \cdots & A_{n1} \\ A_{12} & A_{22} & \cdots & A_{n2} \\ \vdots & \vdots & & \vdots \\ A_{1n} & A_{2n} & \cdots & A_{nn} \end{bmatrix} \tag{1.5}$$

위에서 A_{ij}는 식(1.3)에서 정의된 a_{ij}의 여인수이다.

(예 1.10)

$$A = \begin{bmatrix} a & b \\ c & d \end{bmatrix} \text{이면 } A^{-1} = \frac{1}{ad - cb}\begin{bmatrix} d & -b \\ -c & a \end{bmatrix} \tag{1.6}$$

(예 1.11)

$$A = \begin{bmatrix} a & b & c \\ b & d & e \\ c & e & f \end{bmatrix} \text{이면}$$

$$|A| = adf + 2bce - c^2d - ae^2 - b^2f,$$

$$A^{-1} = \frac{1}{|A|}\begin{bmatrix} df - e^2 & ce - bf & be - cd \\ cd - bf & af - c^2 & bc - ae \\ be - cd & bd - ae & ad - b^2 \end{bmatrix} \tag{1.7}$$

이다.

(정리 1.12) $(A^{-1})^{-1} = A$

(정리 1.13) $(A^\top)^{-1} = (A^{-1})^\top$

(정리 1.14) 행렬 A, B가 모두 정방행렬이고, $|A| \neq 0$, $|B| \neq 0$이면 $(AB)^{-1} = B^{-1}A^{-1}$이다.

(정리 1.15) 상수 c가 0이 아니고 행렬 A의 역행렬이 존재하면, $(cA)^{-1} = \dfrac{1}{c}A^{-1}$ 이 된다.

(정리 1.16) $|A| \neq 0$ 이면 $|A^{-1}| = \dfrac{1}{|A|}$ 이다.

(정리 1.17) $n \times n$ 행렬 A가

$$(a_{ij}) = \begin{bmatrix} a & b & \cdots & b \\ b & a & \cdots & b \\ \vdots & \vdots & & \vdots \\ b & b & \cdots & a \end{bmatrix}$$

의 모양을 가지면(즉, $a_{ii} = a$, $a_{ij} = b$, $i \neq j$), A의 행렬식은

$$|A| = (a-b)^{n-1}[a+(n-1)b]$$

이고, 역행렬은 $A^{-1} = (a^{ij})$로 나타내면 다음과 같다.

$$a^{ii} = \frac{a+(n-2)b}{\{a+(n-1)b\}(a-b)}, \quad a^{ij} = \frac{-b}{\{a+(n-1)b\}(a-b)} \ (i \neq j)$$

1.3.2 직교행렬

정방행렬 A에 대하여 만약

$$A^\top = A^{-1} \tag{1.8}$$

이 성립하면, A를 직교행렬(orthogonal matrix)이라 부른다. 즉, 전치행렬과 역행렬이 일치하는 행렬은 직교행렬이다. A가 n차 직교행렬이면

$$AA^\top = A^\top A = I_n$$

또한 성립한다.

(예 1.12)

$$A = \begin{bmatrix} \frac{1}{\sqrt{2}} & -\frac{1}{\sqrt{2}} \\ \frac{1}{\sqrt{2}} & \frac{1}{\sqrt{2}} \end{bmatrix}$$ 는 직교행렬이다.

왜냐하면

$$A^{\top} = A^{-1} = \begin{bmatrix} \frac{1}{\sqrt{2}} & \frac{1}{\sqrt{2}} \\ -\frac{1}{\sqrt{2}} & \frac{1}{\sqrt{2}} \end{bmatrix}$$

이고,

$$A^{\top}A = AA^{\top} = \begin{bmatrix} 1 & 0 \\ 0 & 1 \end{bmatrix}$$

이 성립한다.

한편, n차 정방행렬 A가 직교행렬이고 $n \times 1$ 벡터 $\mathbf{x}$가

$$\mathbf{y} = A\mathbf{x} \tag{1.9}$$

라는 식을 통하여 $\mathbf{y}$로 변환(transformation)되면 식 (1.9)를 직교변환(orthogonal transformation)이라 하며, 다음의 흥미로운 관계식을 갖는다.

$$\mathbf{y}^{\top}\mathbf{y} = (A\mathbf{x})^{\top}(A\mathbf{x}) = \mathbf{x}^{\top}A^{\top}A\mathbf{x} = \mathbf{x}^{\top}I_n\mathbf{x} = \mathbf{x}^{\top}\mathbf{x} \tag{1.10}$$

(정리 1.18) P가 직교행렬이면, 다음이 성립한다.

$$\text{tr}(P^{\top}AP) = \text{tr}(A)$$

$$|P^{\top}AP| = |A|$$

$|P| = 1$ 이거나 $|P| = -1$

1.3.3 멱등행렬

$AA = A$가 성립되는 정방행렬 A를 멱등행렬(idempotent matrix)이라 부른다. 멱등행렬의 개념은 통계의 분포이론을 발전시키는 데 있어서 매우 중요한 역할을 한다. 회귀분석에서 흔히 나타나는 $X(X^{\top}X)^{-1}X^{\top}$ 또는 $I_n - X(X^{\top}X)^{-1}X^{\top}$과 같은 행렬은 멱등행렬이다. 즉,

$$\begin{aligned}[X(X^{\top}X)^{-1}X^{\top}][X(X^{\top}X)^{-1}X^{\top}] &= X(X^{\top}X)^{-1}X^{\top}X(X^{\top}X)^{-1}X^{\top} \\ &= X(X^{\top}X)^{-1}X^{\top}\end{aligned}$$

이고

$$\begin{aligned}&[I_n - X(X^\top X)^{-1}X^\top][I_n - X(X^\top X)^{-1}X^\top]\\&= I_n - X(X^\top X)^{-1}X^\top - X(X^\top X)^{-1}X^\top + X(X^\top X)^{-1}X^\top X(X^\top X)^{-1}X^\top\\&= I_n - X(X^\top X)^{-1}X^\top\end{aligned}$$

이 성립한다. 멱등행렬 A가 대칭이면 이를 대칭멱등행렬(symmetric idempotent matrix)이라고 한다. 통계학에서 취급되는 멱등행렬은 모두 대칭이므로 앞으로 대칭이라는 말을 빼고, 단순히 멱등행렬이라고 할 때에도 대칭멱등행렬로 표기한다.

1.4 선형방정식

1.4.1 선형독립

k개의 $n \times 1$ 벡터 $\mathbf{v}_1, \mathbf{v}_2, \cdots, \mathbf{v}_k$가 있다 하자. 어떤 상수 $c_1, c_2, \cdots, c_k$에 대하여

$$\sum_{i=1}^{k} c_i \mathbf{v}_i = \mathbf{0}_n \tag{1.11}$$

의 관계가 $c_i(i = 1, 2, \cdots, k)$가 전부 0일 때에만 성립한다면, 벡터 $\mathbf{v}_1, \mathbf{v}_2, \cdots, \mathbf{v}_k$는 서로 선형독립(linear independence)이라고 한다. 식 (1.11)이 모든 c_i가 0은 아닌 경우에도 등식이 성립한다면 벡터 $\mathbf{v}_1, \mathbf{v}_2, \cdots, \mathbf{v}_k$는 선형종속(linear dependence)관계에 있다고 한다.

(예 1.13)

$$\mathbf{v}_1 = \begin{bmatrix} 1 \\ 3 \\ 2 \end{bmatrix}, \quad \mathbf{v}_2 = \begin{bmatrix} 3 \\ 2 \\ 5 \end{bmatrix}, \quad \mathbf{v}_3 = \begin{bmatrix} 4 \\ 5 \\ 7 \end{bmatrix}$$

의 세 벡터에 대하여 $c_1 = 1, c_2 = 1, c_3 = -1$이면

$$\sum_{i=1}^{3} c_i \mathbf{v}_i = \mathbf{v}_1 + \mathbf{v}_2 - \mathbf{v}_3 = \mathbf{0}_n$$

이 되는데, 모든 c_i가 0은 아니어도 식 (1.11)이 성립되므로, 위의 세 벡터는 선형종속관계에 있다. 그러나 $\mathbf{v}_1, \mathbf{v}_2$ 만을 생각하면 $c_1\mathbf{v}_1 + c_2\mathbf{v}_2 = \mathbf{0}_n$을 만족하기 위해서는 c_1, c_2가 모두 0이 되어야 하므로 $\mathbf{v}_1, \mathbf{v}_2$는 선형독립관계에 있다.

벡터 $\mathbf{v}_1, \mathbf{v}_2, \mathbf{v}_3$를 한 데 모아 다음과 같은 행렬을 생각하여 보자.

$$V = \begin{bmatrix} 1 & 3 & 4 \\ 3 & 2 & 5 \\ 2 & 5 & 7 \end{bmatrix}$$

이 행렬 V에서 선형독립인 열이 최대로 둘이며, 이런 경우 행렬 V의 계수(rank)를 2라고 한다.

일반적으로 $m \times n$ 행렬 A에서 열계수(column rank)는 선형독립인 열의 최대의 개수를 말하고, 행계수(row rank)는 선형독립인 행 벡터의 최대의 개수를 말한다. 행렬에서 열계수와 행계수는 같기 때문에 이 계수를 행렬 A의 계수라 하고 $r(A)$로 표시한다.

$n \times n$ 행렬 A에서 $r(A) = k$라 할 때, $k = n$이면 행렬 A를 정칙(nonsingular) 행렬이라고 하고, $k < n$ 이면 비정칙(singular) 행렬이라고 한다.

(정리 1.19) $r(AB) \le r(A)$
$r(AB) \le r(B)$

(정리 1.20) $r(A+B) \le r(A) + r(B)$

(정리 1.21) $n \times n$ 행렬 A에 대하여 $r(A) = k < n$이면 선형독립인 열과 행의 수는 각각 k이며 $|A| = 0$이면 $r(A) < n$이다.

(정리 1.22) $r(A^\top A) = r(AA^\top) = r(A) = r(A^\top)$

1.4.2 연립선형방정식

다음과 같은 k개의 선형방정식이 있다 하자.

$$\begin{matrix} a_{11}x_1 + a_{12}x_2 + \cdots + a_{1k}x_k = b_1 \\ a_{21}x_1 + a_{22}x_2 + \cdots + a_{2k}x_k = b_2 \\ \vdots \qquad \vdots \qquad \vdots \qquad \vdots \qquad \vdots \\ a_{k1}x_1 + a_{k2}x_2 + \cdots + a_{kk}x_k = b_k \end{matrix}$$

이와 같은 연립선형방정식(simultaneous linear equation)을 행렬로 간단히 표시하면,

$$A\mathbf{x} = \mathbf{b} \tag{1.12}$$

이며, $A = (a_{ij})$, $\mathbf{x}^\top = (x_1, x_2, \cdots, x_k)$, $\mathbf{b}^\top = (b_1, b_2, \cdots, b_k)$이다. 이 $k \times k$ 행렬 A가 정칙행렬이면(즉, $r(A) = k$), 방정식 (1.12)에 다음과 같이 A의 역행렬을 곱함으로써 벡터 $\mathbf{x}$에 관한 유일한 해(solution)를 구할 수 있다.

$$A^{-1}A\mathbf{x} = A^{-1}\mathbf{b} \Rightarrow \mathbf{x} \Rightarrow A^{-1}\mathbf{b} \tag{1.13}$$

만약 A가 비정칙행렬이면(즉, $r(A) < k$), 식 (1.12)에 대한 $\mathbf{x}$의 해는 두 가지로 나누어서 생각하여야 한다. 행렬 A의 오른쪽에 벡터 $\mathbf{b}$를 첨가시킨 첨가행렬(augmented matrix)을 $B = [A : \mathbf{b}]$라고 하자. 먼저 $r(A) = r(B)$이면 식 (1.12)에 대한 $\mathbf{x}$의 해는 무한히 많이 존재한다. 한편, $r(A) < r(B)$이면 $\mathbf{x}$의 해는 존재하지 않는다. 여기서 $r(A) > r(B)$가 되는 경우는 있을 수 없다. 왜냐하면, A의 열들은 B의 열들의 부분집합(subset)이기 때문이다.

(정리 1.23) 다음과 같은 $\boldsymbol{\beta}$에 관한 연립선형방정식

$$X^{\top}X\boldsymbol{\beta} = X^{\top}\mathbf{y}$$

는 언제나 이를 만족시키는 $\boldsymbol{\beta}$의 해를 갖는다.

이 정리는 회귀분석에서 매우 유용하게 쓰여지므로 간단히 증명을 보이겠다.

(증명)

【정리1.19】와 【정리 1.22】를 사용하여

$$r(X^{\top}) = r(X^{\top}X) \leq r(X^{\top}X : X^{\top}\mathbf{y}) = r[X^{\top}(X : \mathbf{y})] \leq r(X^{\top})$$

이 되며, 따라서 $r(X^{\top}X) = r(X^{\top}X : X^{\top}\mathbf{y})$가 된다. 즉, 연립선형방정식 $X^{\top}X\boldsymbol{\beta} = X^{\top}\mathbf{y}$에 대한 $\boldsymbol{\beta}$의 해는 존재한다.

1.5 고윳값과 고유벡터

n차의 정방행렬 A와 스칼라(scalar) λ로 행렬식 $f(\lambda) = |A - \lambda I_n|$을 만들면, 이와 같은 함수 $f(\lambda)$를 행렬 A에 대한 특성함수(characteristic function)이라 부르고,

$$f(\lambda) = |A - \lambda I_n| = 0 \qquad (1.14)$$

을 만족시키는 λ의 값을 행렬 A의 고윳값(eigenvalues) 또는 특성근(characteristic roots)이라고 하며, n개의 고윳값 $\lambda_1, \lambda_2, \cdots, \lambda_n$이 존재한다. 이때 이들 고윳값은 모두 서로 다른 값이 아닐 수 있다.

어떤 고윳값에 대하여

$$(A - \lambda I_n)\mathbf{x} = \mathbf{0}_n \qquad (1.15)$$

와 같은 연립방정식을 만들었을 때, 이를 만족시키는 벡터 $\mathbf{x}$를 주어진 고윳값 λ에 대응하는 고유벡터(eigenvector)라고 한다. $\mathbf{x} = \mathbf{0}_n$도 식 (1.15)를 만족시키나, 이는 고유벡터로 생각하지 않는다. n개의 고윳값이 있으므로 n개의 고유벡터가 존재한다.

(예 1.14)

행렬 $A = \begin{bmatrix} 2 & \sqrt{6} \\ \sqrt{6} & 1 \end{bmatrix}$의 고윳값과 고유벡터를 구하라.

$$f(\lambda) = |A - \lambda I| = \begin{vmatrix} 2-\lambda & \sqrt{6} \\ \sqrt{6} & 1-\lambda \end{vmatrix} = (\lambda - 4)(\lambda + 1) = 0$$

에서 A의 고윳값은 $\lambda = 4$와 -1이다. $\lambda = 4$에 대하여, 식 (1.15)는

$$\begin{bmatrix} 2-4 & \sqrt{6} \\ \sqrt{6} & 1-4 \end{bmatrix} \begin{bmatrix} x_1 \\ x_2 \end{bmatrix} = \begin{bmatrix} 0 \\ 0 \end{bmatrix}$$

이며, $-2x_1 + \sqrt{6}\ x_2 = 0$, $\sqrt{6}\ x_1 - 3x_2 = 0$ 이므로, 이를 풀면

$$\mathbf{x} = \begin{bmatrix} x_1 \\ x_2 \end{bmatrix} = \begin{bmatrix} 3/\sqrt{15} \\ \sqrt{6/15} \end{bmatrix}$$

가 $\lambda = 4$에 대한 고유벡터가 된다. 다음으로 $\lambda = -1$을 사용하여 같은 요령으로 풀면

$$\mathbf{x} = \begin{bmatrix} x_1 \\ x_2 \end{bmatrix} = \begin{bmatrix} -2/\sqrt{10} \\ \sqrt{6/10} \end{bmatrix}$$

와 같은 고유벡터를 얻는다.

(정리 1.24) 대칭행렬의 고윳값은 모두 실수이다.

(정리 1.25) 행렬 A의 0 아닌 고윳값의 개수는 행렬계수 $r(A)$와 같다.

(정리 1.26) 행렬 A와 CAC^{-1}의 고윳값은 같으며, 만약 행렬 C가 직교행렬이면 A와 $CAC^{\top}$는 같은 고윳값을 갖는다.

(정리 1.27) $\lambda_1, \lambda_2, \cdots, \lambda_n$을 대칭행렬 A의 고윳값이라 하고, 행렬 Λ를

$$\Lambda = \begin{bmatrix} \lambda_1 & 0 & 0 & \cdots & 0 \\ 0 & \lambda_2 & 0 & \cdots & 0 \\ 0 & 0 & \lambda_3 & \cdots & 0 \\ \vdots & \vdots & \vdots & & \vdots \\ 0 & 0 & 0 & \cdots & \lambda_n \end{bmatrix} \tag{1.16}$$

라 하면 $P^{\top}AP = \Lambda$를 만족시키는 직교행렬 P가 존재한다.

【정리 1.27】로부터 대칭행렬 A에 대하여 $A = P\Lambda P^{\top}$형태의 행렬분해(matrix decomposition)을 얻을 수 있고 이러한 분해는 A가 정칙행렬이면 유일하다. 이러한 행렬분해를 '행렬 A의 고윳값 분해(eigenvalue decomposition)'이라 부르고 자세한 내용은 1.6절에서 알아보기로 한다.

(정리 1.28) $\lambda_1, \lambda_2, \cdots, \lambda_n$을 대칭행렬 A의 고윳값이라 하고 행렬 Λ를 식 (1.16)과 같이 정의하면 임의의 벡터 $\mathbf{x}$에 대하여,

$$\begin{aligned} Q &= \mathbf{x}^{\top} A \mathbf{x} = \mathbf{w}^{\top} P^{\top} A P \mathbf{w} = \mathbf{w}^{\top} \Lambda \mathbf{w} \\ &= \lambda_1 w_1^2 + \lambda_1 w_2^2 + \cdots + \lambda_n w_n^2 \end{aligned} \tag{1.17}$$

을 만족하는 직교행렬 P와 직교변환 $\mathbf{x} = P\mathbf{w}$가 존재하며 벡터 $\mathbf{p}_i$를 행렬 P의 i번째 열벡터라 하면 $\mathbf{p}_i$는 고윳값 λ_i에 대응하는 행렬 A의 고유벡터이다.

(정리 1.29) 멱등행렬의 고윳값은 0 또는 1이다.

(정리 1.30) 행렬 A가 $r(A) = k$인 멱등행렬이고, 행렬 E_k는 대각원소(diagonal elements) 중 k개가 1, 나머지는 0인 대각행렬일 때

$$P^{\top} A P = E_k$$

를 만족시키는 직교행렬 P가 존재한다.

(정리 1.31) $n \times n$ 행렬 A의 고윳값을 $\lambda_1, \lambda_2, \cdots, \lambda_n$이라 할 때 다음이 성립한다.

$$\mathrm{tr}(A) = \sum_{i=1}^{n} \lambda_i$$

$$\mathrm{tr}(A^{\top} A) = \sum_{i=1}^{n} \lambda_i^2$$

$$\mathrm{tr}(A^{-1}) = \sum_{i=1}^{n} \lambda_i^{-1}$$

$$|A| = \prod_{i=1}^{n} \lambda_i$$

또한 만약, A가 멱등행렬이면, $\mathrm{tr}(A) = r(A)$이다.

1.6 행렬의 분해

행렬의 분해란 하나의 행렬을 두 개 또는 세 개 이상의 (특별한 단순한 구조를 지닌)행렬들의 곱으로 표현하는 절차를 의미한다. 행렬의 분해는 목적에 따라 다양한 방법들이 존재하나 본 절에서는 회귀분석에서 자주 사용되는 LU 분해(LU decomposition), Cholesky 분해(Cholesky decomposition), QR 분해(QR decomposition), 그리고 특잇값 분해(SVD, singular value decomposition)에 대하여 설명한다. 이러한 행렬의 분해는 행렬의 역행렬을 계산하거나 1.4.2절에서 소개한 연립선형방정식을 푸는데 중요한 역할을 하고 특히 현대 데이터과학의 핵심인 행렬에 대한 빠른 연산을 위하여는 필수적으로 익혀두어야 할 개념들이다.

1.6.1 LU 분해

LU 분해는 정방행렬을 하삼각행렬(lower triangular matrix)과 상삼각행렬(upper triangular matrix)의 곱으로 분해하는 절차이다. 즉 정방행렬 A가 어떠한 하삼각행렬 L과 상삼각행렬 U이 존재하여 $A = LU$로 표현되면 이를 A의 LU 분해라고 정의한다. LU 분해와 관련하여 기억하여야 하는 성질 몇 가지를 나열하면 다음과 같다.

(1) 모든 정방행렬 A는 LU 분해가 가능하고 특별히 A가 대칭행렬이면 $U = L^\top$의 성질을 가지고 있다.

(2) LU 분해의 변형으로 'LDU 분해'가 있는데 이는 정방행렬 A를 $A = LDU$로 분해하는 절차이다. 여기서 D는 대각행렬이고, L과 U는 모든 대각원소가 1인 하삼각, 상삼각 행렬이다.

(3) 정방행렬 A가 정칙행렬이고 A의 LU 분해로 L의 모든 대각원소가 1인 LU 분해를 생각할 때 A의 LU 분해는 유일하고 $\det(A) = u_{11}u_{22} \cdots u_{nn} = \det(U)$이다. 여기서 u_{ii}는 U 행렬의 i 번째 대각원소이다.

(4) 정방행렬 A가 대칭이고 양정치행렬이면 $A = U^\top U = LL^\top$의 분해가 가능하고 이 분해를 특별히 'Cholesky 분해'라고 부른다.

행렬에 대한 LU 분해의 두 가지 응용으로, 중회귀 분석에의 응용과 자기회귀모형(AR, auto-regressive model)에의 응용을 살펴보면 다음과 같다. 먼저 중회귀분석(이에 대한 자세한 내용은 본 교재의 9장에서 다루게 될 예정이다)에서는 회귀계수의 추정을 위하여

$$X^\top X\boldsymbol{\beta} = X^\top \mathbf{y} \tag{1.18}$$

의 정규방정식을 풀어야 한다. 이 때 $X^\top X$의 LU 분해를 $LL^\top$라 하면 정규방정식 (1.18)은

$$L(L^\top \boldsymbol{\beta}) = X^\top \mathbf{y} \tag{1.19}$$

로 표현된다. 이제 $\mathbf{z} = L^\top \boldsymbol{\beta}$라 정의하면 우리는

$$Lz = X^\top y \tag{1.20}$$

를 **z**에 대하여 풀고, 다음으로 이렇게 구한 **z**에 대하여

$$L^\top \boldsymbol{\beta} = \mathbf{z} \tag{1.21}$$

의 해를 구함으로서 회귀계수 추정량 $\hat{\boldsymbol{\beta}}$ 를 계산할 수 있다. 위의 계산을 수행함에 있어 (1.20)과 (1.21)을 풀 때 행렬 L과 $L^\top$가 삼각행렬이어서 순차적으로 해를 구해나갈 수 있어, LU 분해(정확하게는 Cholesky 분해)는 특별히 $X^\top X$의 차원이 큰 경우 매력적인 절차이다. 이러한 Cholesky 분해를 이용하여 방정식을 푸는 절차는 R에서 backsolve( )과 forwardsolve( )라는 함수로 제공되고 있다.

LU 분해의 두 번째 응용으로는 자기회귀모형의 적합을 생각할 수 있다. 벡터 **Y**가 평균이 **0**이고 공분산행렬이 Σ인 다차원 정규분포를 따르는 확률벡터라 하자. 공분산행렬 Σ의 LDU 분해가 하삼각행렬 L과 대각행렬 D에 대하여 $\Sigma = LDL^\top$이라 할 때, $T = L^{-1}$에 대하여 $T\Sigma T^\top = D$가 되고 이는 $T\mathbf{Y}$가 서로 독립인 확률변수들로 구성된 확률벡터임을 나타낸다. 예를 들어 **Y**의 각 원소가 $Y_1 = \epsilon_1$, $Y_t = \phi Y_{t-1} + \epsilon_t$, $t = 2, 3, \cdots, n$이고 ϵ_t는 서로 독립인 자기회귀모형일 때,

$$T = \begin{bmatrix} 1 & 0 & 0 & 0 & \cdots & 0 \\ -\phi & 1 & 0 & 0 & \cdots & 0 \\ 0 & -\phi & 1 & 0 & \cdots & 0 \\ \vdots & \vdots & \ddots & \vdots & & \vdots \\ 0 & 0 & 0 & \cdots & 1 & 0 \\ 0 & 0 & 0 & \cdots & -\phi & 1 \end{bmatrix}$$

로 정의하고 D는 대각원소가 $\mathrm{Var}(\epsilon_t)$, $t = 1, \cdots, n$인 대각행렬으로 정의하면, $T\Sigma T^\top = D$이고 $\Sigma = TDT^\top$가 된다.

1.6.2 QR 분해

행렬 계수가 p인 $n \times p$ 행렬 A가 어떤 $p \times p$ 상삼각행렬 R과 서로직교인 열로 이루어진 $n \times p$ 행렬 Q에 대하여

$$A = QR$$

을 만족시킬 때 이를 A의 'QR 분해'라고 정의한다. Q의 열벡터의 직교성은 $Q^\top Q = I_p$를 만족시킨다.

QR 분해의 응용으로는 다시 중회귀모형의 회귀계수 추정문제를 생각할 수 있다. 중회귀모형

$$\mathbf{Y} = X\boldsymbol{\beta} + \boldsymbol{\epsilon} \tag{1.22}$$

을 생각하여 보자. 설명변수 행렬 X가 $Q^\top Q = I_p$를 만족시키는 $n \times p$행렬 Q, p차원 상삼각 행렬 R에 대하여 $X = QR$의 QR 분해를 가진다면, 회귀계수 추정을 위한 오차제곱합은

$$\begin{aligned} SSE(\boldsymbol{\beta}) &= (\mathbf{y} - X\boldsymbol{\beta})^\top(\mathbf{y} - X\boldsymbol{\beta}) \\ &= \mathbf{y}^\top\mathbf{y} - 2\mathbf{y}^\top X\boldsymbol{\beta} + \boldsymbol{\beta}^\top X^\top X\boldsymbol{\beta} \\ &= \mathbf{y}^\top\mathbf{y} - 2\mathbf{y}^\top QR\boldsymbol{\beta} + \boldsymbol{\beta}^\top R^\top Q^\top QR\boldsymbol{\beta} \\ &= \mathbf{y}^\top\mathbf{y} - \mathbf{y}^\top QQ^\top\mathbf{y} + (\mathbf{y}^\top QQ^\top\mathbf{y} - 2\mathbf{y}^\top QR\boldsymbol{\beta} + \boldsymbol{\beta}^\top R^\top R\boldsymbol{\beta}) \\ &= \mathbf{y}^\top(I - QQ^\top)\mathbf{y} + (Q^\top\mathbf{y} - R\boldsymbol{\beta})^\top(Q^\top\mathbf{y} - R\boldsymbol{\beta}) \end{aligned}$$

이 된다. 위의 $SSE(\boldsymbol{\beta})$를 최소로 하는 $\boldsymbol{\beta}$는

$$Q^\top\mathbf{y} - R\boldsymbol{\beta} = \mathbf{0} \tag{1.23}$$

의 해가 된다. 만약 R이 정칙행렬이면, 위의 식 (1.23)은 식 (1.18)의 정규방적식과 동치임을 어렵지 않게 알 수 있다. 하지만 R의 상삼각행렬 성질을 이용하면 식 (1.23)은 식 (1.18)보다 훨씬 빠른 계산을 가능하게 한다. 물론 식 (1.23)을 계산하기 위해서는 행렬 X를 QR 분해하는 시간이 추가로 필요하지만, 이에 대한 효율적인 계산들이 존재한다(참고문헌 1.2와 1.5).

회귀계수뿐만 아니라 중회귀분석의 다양한 통계량들도 QR 분해를 이용하여 표현이 가능하다.

예를 들어

$$\hat{\mathbf{y}} = X\hat{\boldsymbol{\beta}} = QR\hat{\boldsymbol{\beta}} = QQ^\top\mathbf{y}$$

이고 잔차의 경우에는

$$\mathbf{e} = \mathbf{y} - X\hat{\boldsymbol{\beta}} = (I - QQ^\top)\mathbf{y}$$

로 쓸 수 있다. 그리고 임의의 벡터 $\mathbf{c}$에 대하여 $\mathrm{Var}(\mathbf{c}^\top\hat{\boldsymbol{\beta}}) = \sigma^2\mathbf{c}^\top(X^\top X)^{-1}\mathbf{c}$ 또한 QR 분해를 이용하여

$$(X^\top X)^{-1} = R^{-1}(R^\top)^{-1},\ \mathbf{c}^\top(X^\top X)^{-1}\mathbf{c} = [(R^{-1})^\top\mathbf{c}]^\top[(R^{-1})^\top\mathbf{c}] = \mathbf{d}^\top\mathbf{d}$$

로 표현이 가능하다. 여기서 $\mathbf{d} = (R^{-1})^\top\mathbf{c}$ 이다.

1.6.3 특잇값 분해

마지막으로 통계학 전반에 걸쳐 가장 널리 사용되는 특잇값 분해에 대하여 살펴보자. 차원이 $n \times p$ $(n \geq p)$인 행렬 A에 대한 특잇값 분해는

$$A = UDV^\top \tag{1.24}$$

로 표기되며 여기서 행렬 U, D, V는 다음을 만족시킨다.

(1) U는 $n \times p$행렬로 서로 직교인 열들로 구성된다. 즉, $U^\top U = I_p$이나 $UU^\top \neq I_n$이다.

(2) 행렬 V는 p차원 직교행렬이다. 즉, $V^\top V = VV^\top = I_p$.

(3) 행렬 D는 p차원 대각행렬로 편의상 대각원소들은 $d_1 \geq d_2 \geq \cdots \geq d_p$로 행렬 A의 특잇값들이다. 특잇값에 대한 정의는 [참고문헌 1.1]을 인용한다.

특별히 행렬 A가 대칭인 경우 $V = U^\top$가 되고 【정리 1.27】에서 배운 고윳값 분해가 된다. 따라서 $d_1, \cdots, d_p$는 행렬 A의 고윳값이 된다.

1.7 이차형식

$\mathbf{y}$는 i 번째 원소가 y_i인 벡터이고 $A = (a_{ij})$는 $n \times n$ 대칭행렬이라고 할 때

$$\mathbf{y}^\top A\mathbf{y} = \sum_{i=1}^{n}\sum_{j=1}^{n} a_{ij}y_iy_j = \sum_{i=1}^{n} a_{ii}y_i^2 + 2\sum_{i=1}^{n-1}\sum_{j=i+1}^{n} a_{ij}y_iy_j \tag{1.25}$$

를 $\mathbf{y}$의 이차형식(quadratic form)이라 하고 행렬 A를 $\mathbf{y}^\top A\mathbf{y}$의 계수라 부른다.

$\mathbf{0}_n$이 아닌 모든 벡터 $\mathbf{y}$에 대하여, $\mathbf{y}^\top A\mathbf{y} > 0$이 성립할 때 행렬 A를 양정치(positive definite)행렬이라 하고, 만약 $\mathbf{y}^\top A\mathbf{y} < 0$이 성립하면 행렬 A를 음정치(negative definite)행렬이라 한다. 한편 $\mathbf{0}_n$이 아닌 모든 벡터 $\mathbf{y}$에 대하여 $\mathbf{y}^\top A\mathbf{y} \geq 0$이 성립하면 행렬 A를 양반정치(positive semidefinite)행렬이라 부르며, 이 때는 $\mathbf{y}^\top A\mathbf{y} = 0$을 만족시키는 영벡터가 아닌 $\mathbf{y}$ 벡터가 존재하는 경우이다. 이와 반대로, $\mathbf{y}^\top A\mathbf{y} \leq 0$이면 행렬 A를 음반정치(negative semidefinite)행렬이라 부른다. 그리고, 행렬 A가 위의 어떤 경우에도 속하지 않을 경우에는 이 행렬을 비정치(indefinite)행렬이라 부른다.

행렬 A가 양정치일 때 이차형식 $\mathbf{y}^\top A\mathbf{y}$를 양정치 이차형식이라 부르며, 행렬 A가 다른 경우에도 각 경우에 따라서 이차형식을 분류할 수 있다.

(예 1.15)

다음의 이차형식

$$\mathbf{y}^\top A\mathbf{y} = (y_1, y_2, y_3)\begin{bmatrix} 3 & 5 & 1 \\ 5 & 13 & 0 \\ 1 & 0 & 1 \end{bmatrix}\begin{bmatrix} y_1 \\ y_2 \\ y_3 \end{bmatrix}$$
$$= 3y_1^2 + 13y_2^2 + y_3^2 + 10y_1y_2 + 2y_1y_3$$
$$= (y_1 + 2y_2)^2 + (y_1 + 3y_2)^2 + (y_1 + y_3)^2$$

은 $\mathbf{y}$가 $\mathbf{0}_3$이 아닌 모든 값에 대하여 $\mathbf{y}^\top A\mathbf{y} > 0$이므로, 이 이차형식은 양정치이고 행렬 A는 양정치행렬이다.

(예 1.16)

다음의 이차형식

$$\mathbf{y}^\top A\mathbf{y} = (y_1, y_2, y_3)\begin{bmatrix} 37 & -2 & -24 \\ -2 & 13 & -3 \\ -24 & -3 & 17 \end{bmatrix}\begin{bmatrix} y_1 \\ y_2 \\ y_3 \end{bmatrix}$$

$$= 37y_1^2 + 13y_2^2 + 17y_3^2 - 4y_1y_2 - 48y_1y_3 - 6y_2y_3$$

$$= (6y_1 - 4y_2)^2 + (y_1 - 2y_2)^2 + (3y_1 - y_3)^2$$

은 $\mathbf{y}^\top = (2, 1, 3)$에서 $\mathbf{y}^\top A\mathbf{y} = 0$이며, 이외의 0이 아닌 모든 $\mathbf{y}$에 대하여 $\mathbf{y}^\top A\mathbf{y} > 0$이므로, 이 이차형식은 양반정치이며, 행렬 A는 양반정치행렬이다.

(정리 1.32) 양정치행렬의 고윳값은 전부 양수이고 음정치행렬의 고윳값은 전부 음수이다. 양반정치행렬의 고윳값은 0 또는 양수이고, 음반정치행렬의 고윳값은 전부 0 또는 음수이다. 그리고 비정치행렬의 고윳값은 음수, 양수 또는 0으로 되어 있다.

(정리 1.33) 대칭행렬 A가 양정치행렬이 되기 위한 필요충분조건은 정칙행렬 C가 존재하며 $A = CC^\top$ 또는 $A = C^\top C$와 같이 되는 것이다.

(정리 1.34) $n \times m$ 행렬 A의 계수가 $m(m < n)$일 때 $A^\top A$는 양정치행렬이고, $AA^\top$는 양반정치행렬이다.

(정리 1.35) $n \times m$ 행렬 A의 계수가 $k(k < m, k < n)$일 때 $A^\top A$, $AA^\top$는 모두 양정치행렬이다.

(정리 1.36) 양정치행렬은 정칙행렬이다. 그러나, 정칙행렬이 반드시 양정치행렬은 아니다.

(정리 1.37) 어떤 정칙행렬 C에 대하여 만약 행렬 A가 양정치행렬이면 $C^\top AC$도 양정치행렬이고, 만약 A가 양반정치행렬이면 $C^\top AC$도 양반정치행렬이다.

(정리 1.38) $n \times n$ 행렬 $A = (a_{ij})$가 양정치행렬이 되기 위한 필요충분조건은 다음과 같다.

$$a_{11} > 0, \begin{vmatrix} a_{11} & a_{12} \\ a_{21} & a_{22} \end{vmatrix} > 0, \cdots, \begin{vmatrix} a_{11} & a_{12} & \cdots & a_{1n} \\ a_{21} & a_{22} & \cdots & a_{2n} \\ \vdots & \vdots & & \vdots \\ a_{n1} & a_{n2} & \cdots & a_{nn} \end{vmatrix} > 0$$

만약, 부등호의 방향이 $<, >, <$ 등과 같이 교대로 나타나면 행렬 A가 음정치행렬이 되기 위한 필요충분조건이다.

1.8 분할행렬

$m \times p$ 행렬 A와 $p \times q$ 행렬 B가 다음과 같이 분할(partition)되어 있다고 하자.

$$A = \begin{bmatrix} A_{11} & A_{12} \\ A_{21} & A_{22} \end{bmatrix}, \quad B = \begin{bmatrix} B_{11} & B_{12} \\ B_{21} & B_{22} \end{bmatrix} \tag{1.26}$$

여기서 A_{11}은 $m_1 \times p_1$, A_{12}는 $m_1 \times p_2$, A_{21}은 $m_2 \times p_1$, A_{22}은 $m_2 \times p_2$ 행렬이며, $m_1 + m_2 = m$, $p_1 + p_2 = p$이다. 한편, B_{11}은 $p_1 \times q_1$, B_{12}는 $p_1 \times q_2$, B_{21}은 $p_2 \times q_1$, B_{22}는 $p_2 \times q_2$행렬이고 $p_1 + p_2 = p$, $q_1 + q_2 = q$이다. 그러면, 행렬 A와 B의 곱은

$$AB = \begin{bmatrix} A_{11}B_{11} + A_{12}B_{21} & A_{11}B_{12} + A_{12}B_{22} \\ A_{21}B_{11} + A_{22}B_{21} & A_{21}B_{12} + A_{22}B_{22} \end{bmatrix}$$

로 정의된다. 그리고, 행렬 A의 전치행렬은 다음과 같다.

$$A^\top = \begin{bmatrix} A_{11}{}^\top & A_{21}{}^\top \\ A_{12}{}^\top & A_{22}{}^\top \end{bmatrix}$$

$n \times n$ 행렬 A가 정칙행렬이고, 식 (1.26)과 같이 분할되어 있고, A_{11}의 차원은 $m \times m$이라 하자. 이 때 A의 역행렬은

$$A^{-1} = \begin{bmatrix} A_{11} & A_{12} \\ A_{21} & A_{22} \end{bmatrix}^{-1} = \begin{bmatrix} G & -GA_{12}A_{22}^{-1} \\ -A_{22}^{-1}A_{21}G & A_{22}^{-1} + A_{22}^{-1}A_{21}GA_{12}A_{22}^{-1} \end{bmatrix} \tag{1.27}$$

$$G = (A_{11} - A_{12}A_{22}^{-1}A_{21})^{-1}$$

로 표시되거나 또는

$$A^{-1} = \begin{bmatrix} A_{11} & A_{12} \\ A_{21} & A_{22} \end{bmatrix}^{-1} = \begin{bmatrix} A_{11}^{-1} + A_{11}^{-1}A_{12}HA_{21}A_{11}^{-1} & -A_{11}^{-1}A_{12}H \\ -HA_{21}A_{11}^{-1} & H \end{bmatrix} \tag{1.28}$$

$$H = (A_{22} - A_{21}A_{11}^{-1}A_{12})^{-1}$$

가 된다.

어떤 정방행렬 A에 대하여, 만약 A_{11}이 정칙행렬이면, A의 행렬식은

$$|A| = \begin{vmatrix} A_{11} & A_{12} \\ A_{21} & A_{22} \end{vmatrix} = |A_{11}|\,|A_{22} - A_{21}A_{11}^{-1}A_{12}| \tag{1.29}$$

이고, 만약 A_{22}가 정칙행렬이면

$$|A| = \begin{vmatrix} A_{11} & A_{12} \\ A_{21} & A_{22} \end{vmatrix} = |A_{22}|\,|A_{11} - A_{12}A_{22}^{-1}A_{21}| \tag{1.30}$$

이 된다.

(예 1.17)

$$A = \begin{bmatrix} 1 & 0 & 1 & 1 & 1 \\ 0 & 1 & 2 & 2 & 2 \\ 3 & -1 & 4 & 0 & 0 \\ 3 & -1 & 0 & 4 & 0 \\ 3 & -1 & 0 & 0 & 4 \end{bmatrix}$$

를 $A_{11} = \begin{bmatrix} 1 & 0 \\ 0 & 1 \end{bmatrix}$, $A_{12} = \begin{bmatrix} 1 & 1 & 1 \\ 2 & 2 & 2 \end{bmatrix}$, $A_{21} = \begin{bmatrix} 3 & -1 \\ 3 & -1 \\ 3 & -1 \end{bmatrix}$, $A_{22} = \begin{bmatrix} 4 & 0 & 0 \\ 0 & 4 & 0 \\ 0 & 0 & 4 \end{bmatrix}$로 분할하면 행렬 A의 역행렬과 행렬식을 비교적 간편히 구할 수 있다. 먼저 식 (1.27)을 사용하여 A^{-1}를 구하면

$$A_{11} - A_{12}A_{22}^{-1}A_{21} = \begin{bmatrix} -\frac{5}{4} & \frac{3}{4} \\ -\frac{9}{2} & \frac{5}{2} \end{bmatrix}, \quad G = (A_{11} - A_{12}A_{22}^{-1}A_{21})^{-1} = \begin{bmatrix} 10 & -3 \\ 18 & -5 \end{bmatrix}$$

가 된다. 따라서

$$A^{-1} = \begin{bmatrix} 10 & -3 & -1 & -1 & -1 \\ 18 & -5 & -2 & -2 & -2 \\ -3 & 1 & \frac{1}{2} & \frac{1}{4} & \frac{1}{4} \\ -3 & 1 & \frac{1}{4} & \frac{1}{2} & \frac{1}{4} \\ -3 & 1 & \frac{1}{4} & \frac{1}{4} & \frac{1}{2} \end{bmatrix}$$

이다. A의 행렬식은 식 (1.30)으로부터

$$|A| = \begin{vmatrix} 4 & 0 & 0 \\ 0 & 4 & 0 \\ 0 & 0 & 4 \end{vmatrix} \begin{vmatrix} -\frac{5}{4} & \frac{3}{4} \\ -\frac{9}{2} & \frac{5}{2} \end{vmatrix} = (64)\left(\frac{2}{8}\right) = 16$$

(정리 1.39) $n \times n$ 행렬 A의 역행렬이 존재하고, $n \times 1$ 벡터 $\mathbf{b}$, 그리고 스칼라 c에 대하여 $(A + c\mathbf{b}\mathbf{b}^\top)$의 역행렬이 존재할 때 다음이 성립한다.

$$(A + c\mathbf{b}\mathbf{b}^\top)^{-1} = A^{-1} - \frac{c}{1 + c\mathbf{b}^\top A^{-1}\mathbf{b}} A^{-1}\mathbf{b}\mathbf{b}^\top A^{-1} \tag{1.31}$$

【정리 1.39】는 셔먼-우드버리-모리슨 공식(Shermann-Woodberry-Morrison formula)의 가장 단순한 형태이다. 조금 일반적인 형태로는 $n \times n$ 행렬 A의 역행렬이 존재하고, $n \times 1$벡터 $\mathbf{u}$, $\mathbf{v}$에 대하여 $A + \mathbf{u}\mathbf{v}^\top$의 역행렬이 존재하면 다음 공식이 성립한다.

$$(A + \mathbf{u}\mathbf{v}^\top)^{-1} = A^{-1} - \frac{A^{-1}\mathbf{u}\mathbf{v}^\top A^{-1}}{1 + \mathbf{v}^\top A^{-1}\mathbf{u}} \tag{1.32}$$

조금 더 일반적인 형태로 임의의 행렬 A, B 그리고 $A + PBQ$가 역행렬을 가지고 있으면

$$(A + PBQ)^{-1} = A^{-1} - A^{-1}PB(B + BQA^{-1}PB)^{-1}BQA^{-1} \tag{1.33}$$

도 성립한다.

1.9 미분법

두 개의 $n \times 1$ 벡터 $\mathbf{c}$, $\mathbf{x}$가 곱의 형식,

$$\mathbf{c}^\top\mathbf{x} = (c_1, c_2, \cdots, c_n)\begin{bmatrix} x_1 \\ x_2 \\ \vdots \\ x_n \end{bmatrix} = \sum_{i=1}^{n} c_i x_i$$

으로 주어졌을 때 $\mathbf{c}^\top\mathbf{x}$의 $\mathbf{x}$에 대한 편도함수(partial derivative)는 다음과 같이 나타낸다.

$$\frac{\partial(\mathbf{c}^\top\mathbf{x})}{\partial\mathbf{x}} = \begin{bmatrix} \frac{\partial(\mathbf{c}^\top\mathbf{x})}{\partial x_1} \\ \frac{\partial(\mathbf{c}^\top\mathbf{x})}{\partial x_2} \\ \vdots \\ \frac{\partial(\mathbf{c}^\top\mathbf{x})}{\partial x_n} \end{bmatrix} = \begin{bmatrix} c_1 \\ c_2 \\ \vdots \\ c_n \end{bmatrix} = \mathbf{c} \tag{1.34}$$

또한 같은 방법으로

$$\frac{\partial(\mathbf{c}^\top\mathbf{x})}{\partial\mathbf{x}^\top} = \mathbf{c}^\top \tag{1.35}$$

이차형식 $\mathbf{y}^\top A\mathbf{y}$를 $\mathbf{y}$에 대하여 구한 편도함수는 A가 대칭이면,

$$\frac{\partial(\mathbf{y}^\top A\mathbf{y})}{\partial\mathbf{y}} = 2A\mathbf{y} \tag{1.36}$$

이며, 만약 A가 대칭행렬이 아니면,

$$\frac{\partial(\mathbf{y}^\top A\mathbf{y})}{\partial\mathbf{y}} = (A + A^\top)\mathbf{y}$$

가 된다.

1.10 R 실습

이 절에서는 앞서 소개한 기초적인 행렬이론과 관련하여, R의 함수를 통한 행렬 계산을 살펴보도록 한다. 먼저 R은 벡터와 행렬을 구분하는데, 벡터가 열벡터인지 행벡터인지는 구별하지 않는다. 먼저 간단한 벡터를 생성해 보자.

```
> a<-1:5
> a
```

```
[1] 1 2 3 4 5
> class(a)
[1] "integer"
```

a의 클래스는 정수형으로 벡터의 차원은 알 수 없다. 만약 a를 열벡터로 하고 싶다면 행렬을 사용하여 다음과 같이 변환할 수 있다.

```
> A←matrix(a,ncol=1)
> class(A)
[1] “matrix” “array”
> A
     [,1]
[1,]   1
[2,]   2
[3,]   3
[4,]   4
[5,]   5
```

두 행렬(또는 벡터)의 합과 차는 원소 간의 합과 차로 나타낼 수 있는데, 연산자는 수치형 값에 대한 기본 연산자 ‘+’와 ‘-’를 사용한다. 벡터나 행렬에 상수를 더하는 것은 모든 원소에 상수를 더하는 것과 같다.

```
> x+2
[1] 3 4 5 6
> 2+x
[1] 3 4 5 6
```

더하기 또는 빼기와 마찬가지로, 벡터나 행렬에 상수를 곱할 때도 모든 원소에 상수를 곱하게 된다.

```
> 5*x
[1]  5  10  15  20
> x*5
[1]  5  10  15  20
```

이러한 스칼라 곱은 벡터나 행렬의 크기를 유지하며, 상수를 먼저 곱한 경우나 나중에 곱한 경우나 그 결과는 같다. 예를 들어, 수학 연산자와 마찬가지로 ' * '를 사용하면

```
> A←matrix(1:4, nrow=2)
> B←matrix(7:10, nrow=2)
> A*B
     [,1] [,2]
[1,]    7   27
[2,]   16   40
```

으로 각 원소에 대한 곱으로 나타나고 이것은 B*A를 구한 결과와도 같다. 그러나 행렬의 곱은 다르다.

두 행렬의 곱의 계산에서는 두 행렬의 순서도 영향이 있게 된다. R에서 행렬의 곱에 대한 계산은 '%*%'을 사용한다.

```
> A%*%B
     [,1] [,2]
[1,]   31   39
[2,]   46   58
> B%*%A
     [,1] [,2]
[1,]   25   57
[2,]   28   64
```

행렬에 벡터를 곱할 경우 R은 행렬곱에서 요구되는 규칙에 부합하도록 열벡터 또는 행벡터로 자연스럽게 사용된다. 즉,

```
> y←c(3,4)
> A%*%y #y는 열벡터
     [,1]
[1,]   15
[2,]   22
> y%*%A #y는 행벡터
     [,1] [,2]
[1,]   11   25
```

를 만족한다.

이제 예 1.4의 행렬 A를 생성해 보자.

```
> A←matrix(c(2,sqrt(6), sqrt(6),1), 2,2)
> print(A)
        [,1]     [,2]
[1,] 2.00000 2.44949
[2,] 2.44949 1.00000
```

행렬 A는 대칭형렬로 전치행렬도 A가 된다. 전치행렬은 t( ) 함수를 통해 구할 수 있다.

```
> t(A)
        [,1]     [,2]
[1,] 2.00000 2.44949
[2,] 2.44949 1.00000
```

또, 행렬 A의 행렬식은 det( ) 함수, 역행렬은 solve( ) 함수를 사용하여 구한다.

```
> det(A)
[1] -4
> solve(A)
           [,1]       [,2]
[1,] -0.2500000  0.6123724
[2,]  0.6123724 -0.5000000
```

행렬 A와 같이 정방행렬이 아닌 행렬의 역행렬을 구하기 위해서 '일반화된 역행렬(generalized inverse)'을 구할 수 있는데, MASS 패키지의 ginv( ) 함수를 사용할 수 있다.

```
> M←matrix(1:6, nrow=2)
> M
  [,1] [,2] [,3]
[1,]  1    3    5
[2,]  2    4    6
> require(MASS)
Loading required package: MASS
> ginv(M)
```

```
             [,1]        [,2]
[1,] -1.3333333   1.0833333
[2,] -0.3333333   0.3333333
[3,]  0.6666667  -0.4166667
```

위와 같은 경우에도 행렬 M과 ginv(M)의 곱은 단위행렬이 된다.

```
> M%*%ginv(M)
              [,1] [,2]
[1,] 1.000000e+00    0
[2,] 2.664535e-15    1
```

위 결과로부터 R은 소숫점을 저장하는 방식때문에 숫자 0을 주지 않고, 2.664525e-15와 같이 0에 가까운 숫자를 결과값으로 계산하는 경향이 있음에 유의한다. 여기서 e-15는 10^{-15}을 뜻한다.

이제 연립선형방정식의 해를 구하는 문제를 생각해 보자. 이것은 앞에서 살펴본 바와 같이 행렬을 이용하여 식 (1.12)와 같이 $A\mathbf{x} = \mathbf{b}$로 나타낼 수 있고, 행렬 A와 상수벡터 b가 주어졌다면 해를 구하기 위해 다음과 같이 solve() 함수를 사용할 수 있다.

```
> A←matrix(1:4, nrow=2);A
   [,1] [,2]
[1,]   1    3
[2,]   2    4
> b←c(4,6)
> solve(A,b)
[1]  1  1
```

이제 예 1.4의 행렬 A에 대하여 고윳값과 고유벡터를 계산해 보기로 한다. 이것은 eigen() 함수를 사용하여 구할 수 있다.

```
> eigen(A)
eigen() decomposition
$values
[1]  4 -1
$vectors
```

```
           [,1]       [,2]
[1,] -0.7745967  0.6324555
[2,] -0.6324555 -0.7745967
```

고윳값은 4와 -1로 주어지며, 각 고윳값에 해당하는 고유벡터는 (-0.7746, -0.6325)와 (0.6325, -0.7746)이다. 위의 결과에서 고유벡터의 부호가 반대로 나타나는데 이는 【정리 1.27】의 행렬의 고윳값 분해를 생각하면

$$A = P\Lambda P^{\top} = (-P)\Lambda(-P)^{\top}$$

이므로 고유벡터의 부호는 고윳값 분해에서 양 또는 음의 어떤 값이나 취할 수 있다.

이제 1.6절에서 다룬 행렬의 분해를 실습해 보도록 하자. 먼저 $p=2$인 설명변수를 갖는 중회귀모형으로부터 자료를 생성해 보자. 설명변수 행렬 x1은 5×2 행렬로 하고, QR 분해를 통하여 회귀계수추정량을 계산해보자. 먼저 x1에 대한 QR 행렬은 qr( ) 함수를 사용한 후 qr.Q( ) 함수와 qr.R( ) 함수를 통해 다음과 같이 구할 수 있다.

```
> set.seed(0153)
> x1=matrix(rnorm(10),5,2);x1
          [,1]       [,2]
[1,]  2.819099 -0.3191096
[2,] -0.524167 -1.3198173
[3,]  1.194761 -2.2864853
[4,] -1.741019 -0.7891444
[5,] -0.449941 -0.8128883
> y1=x1[,1]+rnorm(5)
> qrx1=qr(x1)
> x1.Q<-qr.Q(qrx1);x1.Q
           [,1]        [,2]
[1,] -0.7854161 -0.01969199
[2,]  0.1460358 -0.47668537
[3,] -0.3328669 -0.75760604
[4,]  0.4850573 -0.33133092
[5,]  0.1253560 -0.29771830
> x1.R<-qr.R(qrx1);x1.R
          [,1]      [,2]
[1,] -3.589306 0.3343079
[2,]  0.000000 2.8711563
```

이제 식 (1.23)과 식 (1.18)의 해를 구하기 위해서, 즉, 2×1 회귀계수 벡터 $\boldsymbol{\beta}$를 구하기 위해 qr.solve( ) 함수를 다음과 같이 사용할 수 있다.

```
> beta1.1=qr.solve(x1.R, t(x1.Q)%*%y1)
> beta2.1=qr.solve(t(x1)%*%x1, t(x1)%*%y1)
> cbind(beta1.1, beta2.1)
           [,1]       [,2]
[1,]  0.6965159  0.6965159
[2,] -0.2738166 -0.2738166
```

위 결과를 통해 식 (1.23)과 식 (1.18)의 $\boldsymbol{\beta}$에 대한 해가 같음을 확인할 수 있다. 또한, 식 (1.18)의 해는 $\hat{\boldsymbol{\beta}} = (X^\top X)^{-1} X^\top y$로 '최소제곱추정량'이 된다. 이것은 다음과 같이 구할 수 있다.

```
> beta3.1=solve(t(x1)%*%x1)%*%t(x1)%*%y1; beta3.1
```

```
           [,1]
[1,]  0.6965159
[2,] -0.2738166
```

이제 QR 분해의 장점을 살펴보기 위해 $p = 500$인 경우를 살펴보기로 하자. 최소제곱추정량의 해는 500×500 행렬의 역행렬을 계산해야 하므로 계산상 부담이 커지는 것을 쉽게 짐작할 수 있다. 설명변수 행렬 x2는 1000×500로 하고 반응변수를 다음과 같이 생성한다. 이제 QR 분해를 사용한 식 (1.23)을 통하여 해를 찾는 데 소요되는 컴퓨팅 시간과 식 (1.18)의 해를 찾는 데 소요되는 컴퓨팅 시간을 비교해 보자. 여기서 Sys.time( )은 현재 시간을 알려주는 R의 기본 함수이다.

```
> set.seed(0153)
> x2=matrix(rnorm(500000),1000,500)
> y2=x2[,1]+rnorm(1000)
> qrx2=qr(x2)
> x2.R=qr.R(qrx2)
> x2.Q=qr.Q(qrx2)
```

위 행렬에 대하여 $\boldsymbol{\beta}$의 추정량을 계산하는 데 소요되는 시간에 차이가 있는지 알아보기로 한다.

```
> start.time= Sys.time()
> beta1.2=qr.solve(x2.R, t(x2.Q)%*%y2) # 식 (23)의 해
> end1.time=Sys.time()
> beta2.2=qr.solve(t(x2)%*%x2, t(x2)%*%y2) #식 (18)의 해
> end2.time=Sys.time()
> beta3.2=solve(t(x2)%*%x2)%*%t(x2)%*%y2 # 최소제곱추정량
> end3.time=Sys.time()
> time.taken.beta1=end1.time-start.time
> time.taken.beta2=end2.time-end1.time
> time.taken.beta3=end3.time-end2.time
> time.taken.beta1
Time difference of 0.09609818 secs
> time.taken.beta2
Time difference of 0.2898819 secs
> time.taken.beta3
Time difference of 0.357147 secs
```

위 결과로부터 QR 분해를 이용한 컴퓨팅 시간이 가장 짧은 것을 알 수 있다. 위 예에서 사용한 자료로부터 $\mathrm{Var}(\mathbf{c}^\top\hat{\beta})$의 계산에 있어서도 QR 분해가 효율적인지 알아보자. 이를 위해 1) $(X^\top X)^{-1}$ 행렬을 사용해서 분산을 구하는 경우와 2) QR 분해를 사용한 경우의 분산 통계량을 비교해 보면 다음과 같다. 이를 위해 먼저 500×1의 상수벡터 c를 다음과 같이 정한다.

```
> c=rep(c(1,-1), 250)
> start.time=Sys.time()
> var1=c%*%solve(t(x2)%*%x2)%*%c
> end1.time=Sys.time()
> d=qr.solve(t(x2.R),c)
> var2=t(d)%*%d
> end2.time=Sys.time()
> time.taken.var1=end1.time-start.time
> time.taken.var2=end2.time-end1.time
> time.taken.var1
Time difference of 2.815414 secs
> time.taken.var2
Time difference of 6.428234 secs
```

회귀계수 추정량 $\boldsymbol{\beta}$의 해를 구할 때와 마찬가지로 QR 분해를 활용하여 추정량을 찾는 경우 식을 푸는 데 소요되는 컴퓨팅 부담이 줄어든다는 것을 알 수 있다.

마지막으로 행렬연산에 유용한 R 명령어와 다양한 함수를 소개하기로 한다.

• R은 대문자와 소문자를 구별하므로, A와 a는 다른 객체로 인식한다.

R 함수	설명
options(digits=3)	결과값의 소숫점 자리수를 3으로 제어한다.
x<-c(x_1, ⋯, x_p)	벡터 x=(x_1, ⋯, x_p)를 생성한다.
length(x)	벡터 x의 길이를 구한다.
x[i]	벡터 x에서 i번째 원소를 나타낸다.
A<-matrix(data, nrow=m, ncol=n, byrow=F)	m×n 행렬 A를 생성한다.
dim(A)	행렬 A의 행과 열의 개수를 알려준다.
A[i,j]	행렬 A의 (i, j) 원소값을 나타낸다.
A[i,]	행렬 A의 i번째 행을 나타낸다.
A[, j]	행렬 A의 j번째 열을 나타낸다.
A[i1:i2,]	행렬 A의 i1번째 행부터 i2번째 행까지를 나타낸다.
A[, j1:j2]	행렬 A의 j1번째 열부터 j2번째 열까지를 나타낸다.
A[i1:i2, j1:j2]	행렬 A로부터 부분행렬을 추출한다.
A+B	두 행렬의 합 A+B를 계산한다.
A-B	두 행렬의 차 A−B를 계산한다.
A%*%B	두 행렬의 곱 AB를 계산한다.
t(A)	행렬 A의 전치행렬을 구한다.
det(A)	행렬 A의 행렬식 $\lvert A \rvert$를 구한다.
diag(A)	행렬 A로부터 대각원소만 추출하여 대각행렬을 구한다.
sum(diag(A))	행렬 A의 트레이스 trace(A)를 구한다.
eigen(A)	행렬 A의 고윳값과 고유벡터를 구한다.
svd(A)	행렬 A의 특잇값 분해를 계산하다.
cbind(v1, v2, ..., vn)	벡터 v1, v2, ⋯, vn을 열벡터로 결합하여 행렬을 생성한다.
rbind(v1, v2, ..., vn)	벡터 v1, v2, ⋯, vn을 행벡터로 결합하여 행렬을 생성한다.
cbind(A,B)	두 행렬 A와 B를 열방향으로 나란히 결합한다.
rbind(A,B)	두 행렬 A와 B를 행방향으로 쌓아 결합한다.

참고문헌

1.1 Banerjee, S. and Roy, A. (2014) *Linear Algebra and Matrix Analysis for Statistics*, CRC Press, London.

1.2 Demmel, J.W. (1997). *Applied Numerical Linear Algebra*, SIAM, Society for Industrial and Applied Mathematics, Philadelphia.

1.3 Goloub, G.H. and Van Loan, C.F. (2013) *Matrix Computations* (4th Ed.), The Johns Hopkins University Press, Baltimore.

1.4 Rao, C. R. (2002). *Linear Statistical Inference and Its Applications* (2nd Ed.), Wiley, New York.

1.5 Searle, S. R. and Gruber, M.H.J. (2016). *Linear Models* (2nd Ed.), Wiley, New York.

연습문제

1.1 행렬

$$A = \begin{bmatrix} 6 & 2 \\ 1 & 3 \end{bmatrix},\ B = \begin{bmatrix} 2 & 1 \\ -1 & 4 \end{bmatrix}$$

일 때에 $(AB)^\top = B^\top A^\top$, $(AB)^{-1} = B^{-1}A^{-1}$, $\mathrm{tr}(AB) = \mathrm{tr}(BA)$, $|AB| = |A||B|$가 성립함을 보이시오.

1.2 행렬

$$A = \begin{bmatrix} 3 & 1 & 2 \\ 2 & -2 & 4 \\ 7 & -3 & 10 \end{bmatrix},\ B = \begin{bmatrix} 1 & 2 & 3 \\ 2 & 0 & 1 \\ -1 & 2 & 2 \end{bmatrix}$$

에 대하여 AB, $A^\top A$, $AA^\top$, $A + B$와 이들의 계수(rank)를 각각 구하여 【정리 1.19】에서부터 【정리 1.22】까지의 내용이 맞는 것을 보이시오.

1.3 행렬

$$C = \begin{bmatrix} \frac{1}{\sqrt{3}} & \frac{1}{\sqrt{3}} & \frac{1}{\sqrt{3}} \\ \frac{1}{\sqrt{2}} & -\frac{1}{\sqrt{2}} & 0 \\ \frac{1}{\sqrt{6}} & \frac{1}{\sqrt{6}} & -\frac{2}{\sqrt{6}} \end{bmatrix}$$

가 직교행렬임을 증명하시오.

1.4 A, B, $A + B$가 각각 정칙(nonsingular) 행렬일 경우

$$(A^{-1} + B^{-1})^{-1} = A(A + B)^{-1}B = B(A + B)^{-1}A$$

가 성립함을 증명하시오.

1.5 다음이 성립함을 보이시오.

$$\begin{bmatrix} d_1+1 & 1 & \cdots & 1 \\ 1 & d_1+1 & \cdots & 1 \\ \vdots & \vdots & & \vdots \\ 1 & 1 & \cdots & d_m+1 \end{bmatrix} = d_1 d_2 \cdots d_m \left(1 + \sum_{i=1}^{m} \frac{1}{d_i}\right)$$

1.6 다음의 이차형식

$$Q = \mathbf{y}^\top A\mathbf{y} = 3y_1^2 + 4y_2^2 + 4y_1y_2 + y_3^2 + 2y_1y_3 + 2y_4^2 + y_1y_4 + 2y_2y_4$$

에서 대칭행렬 A를 구하라. 그리고, $\dfrac{\partial Q}{\partial \mathbf{y}}$ 을 구하시오.

1.7 $A = \begin{bmatrix} 2 & 1 & 2 \\ 2 & 3 & 5 \\ 3 & 3 & 1 \\ 5 & 1 & 3 \end{bmatrix}$ 일 때에 $A^\top A$를 구하고, 이것이 양정치(positive definite)행렬임을 보이시오.

1.8 $n \times 1$ 벡터 $\mathbf{y}$, $n \times k$ 행렬 A, $k \times 1$ 벡터 β에 대하여 L이 다음과 같이 주어져 있다.

$$L = (\mathbf{y} - A\beta)^\top (\mathbf{y} - A\beta)$$

L이 다음과 같이 전개됨을 보이고 $\dfrac{\partial L}{\partial \beta}$를 구하시오.

$$L = \mathbf{y}^\top \mathbf{y} - 2\beta^\top A^\top \mathbf{y} + \beta^\top A^\top A\beta.$$

1.9 만약

$$A = \begin{bmatrix} \frac{1}{4} & \frac{1}{4} & \frac{1}{4} & \frac{1}{4} \\ \frac{1}{4} & \frac{1}{4} & \frac{1}{4} & \frac{1}{4} \\ \frac{1}{4} & \frac{1}{4} & \frac{1}{4} & \frac{1}{4} \\ \frac{1}{4} & \frac{1}{4} & \frac{1}{4} & \frac{1}{4} \end{bmatrix}$$

일 경우에 A가 멱등행렬임을 보이고 A의 고윳값을 구하고, 또한 $\mathrm{tr}(A)$와 $r(A)$도 구하시오.

1.10 $n \times 1$ 벡터 $\mathbf{y}$의 i번째 원소가 y_i일 때 다음과 같은 $\mathbf{y}$의 이차형식에 대한 대칭행렬 A를 구하시오.

(1) $\mathbf{y}^\top A\mathbf{y} = \left(\frac{1}{n}\sum_{i=1}^{n} y_i\right)^2$ (2) $\mathbf{y}^\top A\mathbf{y} = \sum_{i=1}^{n} y_i^2$

(3) $\mathbf{y}^\top A\mathbf{y} = \sum_{i=1}^{n}(y_i - \bar{y})^2$, 여기서 $\bar{y} = \sum_{i=1}^{n} y_i / n$

1.11 행렬

$$X = \begin{bmatrix} 1 & 0 \\ 1 & 0 \\ 0 & 1 \\ 0 & 1 \end{bmatrix}$$

에 대하여 $kX^\top X$가 멱등행렬이 되기 위한 양의 상수 k를 구하시오.

1.12 $n \times k$ 행렬 X의 계수가 $k(k < n)$이고 행렬 X의 첫 번째 열이 모두 1로 구성된 벡터

$$\mathbf{1}_n = \begin{bmatrix} 1 \\ 1 \\ \vdots \\ 1 \end{bmatrix}$$

일 때 다음이 성립함을 증명하시오.

(1) $X(X^\top X)^{-1}X^\top \mathbf{1}_n = \mathbf{1}_n$ (2) $\mathbf{1}_n^\top X(X^\top X)^{-1}X^\top \mathbf{1}_n = n$

02 기초적 통계 이론

〈목차〉

앞 장에서는 회귀분석을 다루는 데 필요한 기본적인 행렬 이론을 취급하였는데, 이 장에서는 이 책을 이해하는 데 필요한 기초적인 통계 이론에 대하여 요약하고자 한다. 대부분의 독자가 이미 기초적인 통계 이론에 대하여 알고 있으리라 믿어지나, 이 책에서 사용될 통계 기호와 필요한 정의를 소개하기로 한다.

통계학(statistics)이란 말은 원래 국가산술(state arithmetic)이란 말에서 나왔듯이, 역사적으로 정치가들이 국가의 살림을 꾸려 나가기 위하여 필요한 숫자를 체계적으로 산출해 내는 데에서 유래하였다. 대부분의 학문이 그렇듯이 통계학도 역사적으로 발전과 변모를 거듭하였으며, 현대적인 통계학은 '국가산술'의 영역을 벗어나서 의사결정과학(decision-making science)으로 발전하였으며, 최근에는 새로운 융합 학문 분야로 주목받는 데이터과학(data science)에 있어 핵심적 역할을 하는 등 통계학의 중요도가 점점 커지고 있는 추세이다. 통계학의 올바른 정의는 사회, 자연 및 인간 생활의 온갖 현상을 연구하기 위하여 불확실성(uncertainty)이 내포된 자료(data)의 수집, 탐색, 분석 및 추정을 통하여 의사결정에 필요한 정보의 획득과 처리방법을 연구하는 학문이라고 말할 수 있을 것이다.

불확실성이 개입된 문제를 다루는 데 있어서는 언제나 확률의 개념이 따르기 마련이며, 통계 이론은 확률 이론과 밀접한 관계가 있다.

2.1 확률변수

실험의 결과가 우연에 의하여 결정되어지며, 이러한 실험이 똑같은 조건하에서 여러 번 반복될 수 있는 실험을 시행(trial)이라 한다. 시행때마다 나타날 수 있는 가장 기본적인 결과를 그 시행의 근원사건(elementary event)이라고 한다. 그리고, 어떠한 시행과 관련하여 생각할 수 있는 모든 가능한 근원사건들의 집합을 표본공간(sample space)이라고 하고, 표본공간의 부분집합(subset)을 사건(event)이라 부른다. 물론 하나의 근원사상도 하나의 사건이 될 수 있다. 어떤 사상 A가 일어나리라고 기대되는 확실성을 계량적으로 표시한 값을 사건 A의 확률(probalbility)이라고 부른다.

어떤 시행의 표본공간을 S라고 하고, 이 표본공간의 임의의 근원사건을 w라 하자. 근원사건 w에 대하여 어떤 일정한 규칙(rule)에 따라 하나의 실수를 대응시키고 이 관계를 $X(w)$로 표시하면, 이는 수학적인 의미에서 함수가 되며, 이러한 함수를 확률변수(random variable)라 한다. 확률변수는 X, Y, Z 등의 대문자로 표시하는 것이 통례이다. 그러나 회귀분석에서는 편의상 확률변수를 소문자로 쓰는 경우도 종종 있으며, 이 책에서도 3장부터는 소문자를 이용한 변수 표시가 필요한 경우 이를 허용하기로 한다.

확률변수는 크게 이산형(discrete type)과 연속형(continuous type)으로 구분한다. 동전을 여러 번 던졌을 때 앞면의 수, 제조업의 생산 공정에서 시간별 발생하는 불량품의 개수 등은 이산확률변수(discrete random variable)이며, 자택에서 근무지까지의 통근 소요시간, 제품의 중량처럼 연속적인 값을 취할 수 있는 것은 연속확률변수(continuous random variable)라 한다.

확률변수 X가 취할 수 있는 각각의 값 x에 대하여, 일정한 확률이 대응되도록 함수 $p(x)$를 정의하면, 이를 확률변수 X의 확률밀도함수(probability density function)라 한다. 일반적으로 이산확률변수에 대해서는 $p(x)$로 표시하나, 연속확률변수에 대해서는 $f(x)$로 나타내 준다. 이산확률변수의 확률밀도함수는 다음의 고유한 성질을 갖는다.

(1) 모든 $x \in S$의 값에 대하여 $p(x) = P(X = x) \geq 0$

(2) $\sum_{x \in S} p(x) = 1$

한편, 연속확률변수 X의 확률밀도함수는 다음의 성질을 갖는다.

(1) 모든 x의 값에 대하여 $f(x) \geq 0$

(2) $\int_{-\infty}^{\infty} f(x)dx = 1$

확률변수 X가 어떤 구간 $[a, b]$에 속할 확률은 다음과 같이 구한다.

$$P(a \leq X \leq b) = \begin{cases} \sum_{a \leq x \leq b} p(x) : \text{이산형} \\ \int_a^b f(x)dx : \text{연속형} \end{cases} \quad (2.1)$$

확률변수 X와 관련하여 자주 쓰이는 것으로 확률분포함수(probability distribution function)가 있다. 이 함수를 $F(x)$로 나타내고 간단히 분포함수 또는 누적분포함수(cumulative distribution function)라고도 부른다. $F(x)$는 다음 식으로 정의된다.

$$F(x) = P(X \leq x) \quad (2.2)$$

즉, 확률변수 X가 주어진 실수 x보다 작거나 같을 확률이다. 확률분포함수는 다음과 같은 성질을 갖는다.

(1) 만일 $x_1 < x_2$이면 $F(x_1) \leq F(x_2)$이다. 즉, $F(x)$는 비감소함수(nondecreasing function)이다.

(2) $F(-\infty) = 0$, $F(\infty) = 1$

(3) $F(x)$는 우측으로부터 연속이다.

예 2.1

같은 동전을 세 번 던져서 앞면과 뒷면이 나타나는 사항을 관찰하는 문제를 생각하여 보자. 근원사건은 모두 8개이며, 표본공간을 써 보면

$$S = \{(H, H, H), (H, H, T), (H, T, H), (T, H, H), (H, T, T), (T, H, T), (T, T, H), (T, T, T)\}$$

이다. 여기서 H는 앞면을, T는 뒷면을 의미한다. 확률변수 X를 앞면의 수로 정의할 때, 근원사건이 $w = (H, H, H)$에 대하여 $X(w) = 3$이며 $w = (H, H, T)$이면 $X(w) = 2$가 된다. 이처럼 확률변수 X의 모든 가능한 값은 $\{0, 1, 2, 3\}$가 되고, 이 확률변수의 확률밀도함수 $p(x)$는 다음과 같다.

표 2.1 **확률밀도함수**

x	$p(x)$
0	1/8
1	3/8
2	3/8
3	1/8

2.1.1 기댓값과 분산

확률변수의 분포와 관련된 이론 중에서 가장 중요한 개념의 하나는 확률변수의 기댓값(expected value)과 분산(variance)에 관한 것이다. 확률변수 X의 기댓값은 $\mathrm{E}(X)$라 쓰고, 이산형과 연속형 확률변수에 따라서 다르게 정의된다.

$$\mathrm{E}(X) = \begin{cases} \sum_{x} xp(x) : \text{이산형} \\ \int_{-\infty}^{\infty} xf(x)dx : \text{연속형} \end{cases} \tag{2.3}$$

$\mathrm{E}(X) = \mu$라 놓고 확률변수 X의 분산을 $\mathrm{Var}(X)$로 표시하면 다음과 같이 $\mathrm{Var}(X)$를 정의한다.

$$\mathrm{Var}(X) = \begin{cases} \sum_{x} (x-\mu)^2 p(x) : \text{이산형} \\ \int_{-\infty}^{\infty} (x-\mu)^2 f(x)dx : \text{연속형} \end{cases} \tag{2.4}$$

예 2.2

앞의 **예 2.1**에서 정의된 이산확률변수 X의 기댓값과 분산을 구하시오.

풀이

$$\begin{aligned} \mathrm{E}(X) &= \sum_{x} xp(x) \\ &= (0)\left(\frac{1}{8}\right) + (1)\left(\frac{3}{8}\right) + (2)\left(\frac{3}{8}\right) + (3)\left(\frac{1}{8}\right) \\ &= 1.5 \end{aligned}$$

$$\begin{aligned} \mathrm{Var}(X) &= \sum_{x} (x-1.5)^2 p(x) \\ &= (0-1.5)^2\left(\frac{1}{8}\right) + (1-1.5)^2\left(\frac{3}{8}\right) + (2-1.5)^2\left(\frac{3}{8}\right) + (3-1.5)^2\left(\frac{1}{8}\right) \\ &= 0.75 \end{aligned}$$

분산의 공식 (2.4)를 이산형과 연속형으로 구별하지 않고 동시에 표현할 수 있는 공식은

$$\mathrm{Var}(X) = \mathrm{E}\left[(X-\mu)^2\right] \tag{2.5}$$

이며, 다음과 같은 관계식을 이용하여 계산을 간단히 한다.

$$\mathrm{Var}(X) = \mathrm{E}\left[(X-\mu)^2\right] = \mathrm{E}(X^2) - \mu^2 \tag{2.6}$$

여기서 $\mathrm{E}(X^2)$은 다음과 같다.

$$\mathrm{E}(X^2) = \begin{cases} \sum_x x^2 p(x) : \text{이산형} \\ \int_{-\infty}^{\infty} x^2 f(x) dx : \text{연속형} \end{cases} \tag{2.7}$$

(정리 2.1) 모든 상수 a, c에 대해서 다음이 성립한다.

$$\mathrm{E}(aX + c) = a\mathrm{E}(X) + c$$
$$\mathrm{Var}(aX + c) = a^2\mathrm{Var}(X)$$

2.1.2 결합분포와 공분산

두 확률변수 X, Y의 관측값이 x, y일 때 사건 $(X \leq x)$, $(Y \leq y)$이 동시에 일어나는 확률을 정의하는 결합확률분포함수(joint probability distribution function) $F(x, y)$는

$$F(x, y) = P(X \leq x, Y \leq y) \tag{2.8}$$

와 같다. 결합확률밀도함수(joint probability density function)는 이산형인 경우는 $p(x, y)$로, 연속형인 경우는 $f(x, y)$로 나타낸다. 두 확률변수 X, Y의 기댓값과 분산을 각각 μ_x, μ_y 및 σ_x^2, σ_y^2이라 하고, 다음과 같은 수학적 기댓값을 생각하자.

$$\begin{aligned} \mathrm{E}(X - \mu_x)(Y - \mu_y) &= \mathrm{E}(XY - \mu_y X - \mu_x Y + \mu_x \mu_y) \\ &= \mathrm{E}(XY) - \mu_x \mu_y \end{aligned} \tag{2.9}$$

이와 같은 기댓값을 X, Y의 공분산(covariance)이라 하며, 일반적으로 σ_{xy}로 표시된다. 또한 X와 Y의 상관계수(coefficient of correlation)는 ρ_{xy}로서 표시하며, 공분산과 X와 Y의 표준편차의 곱의 비율로서 정의된다. 즉

$$\rho_{xy} = \frac{\mathrm{E}[(X - \mu_x)(Y - \mu_y)]}{\sqrt{\mathrm{E}(X - \mu_x)^2} \cdot \sqrt{\mathrm{E}(Y - \mu_y)^2}} = \frac{\sigma_{xy}}{\sigma_x \cdot \sigma_y} \tag{2.10}$$

이다.

2.1.3 확률벡터

k개의 확률변수 $Y_1, Y_2, \cdots, Y_k$가 있고, 그 각각의 기댓값과 분산을 $\mathrm{E}(Y_i) = \mu_i$, $\mathrm{Var}(Y_i) = \sigma_i^2$, $(i = 1, 2, \cdots, k)$라 하고 Y_i와 Y_j 사이의 공분산을

$$\mathrm{Cov}(Y_i, Y_j) = \sigma_{ij}, \quad (i < j \;;\; i, j = 1, 2, \cdots, k)$$

라 하자. 이때 벡터

$$\mathbf{Y} = \begin{pmatrix} Y_1 \\ Y_2 \\ \vdots \\ Y_k \end{pmatrix}$$

를 확률벡터(random vector)라 부르고, 확률벡터 $\mathbf{Y}$의 기댓값과 분산은 다음과 같이 정의한다.

$$\mathrm{E}(\mathbf{Y}) = \mathrm{E}\begin{pmatrix} Y_1 \\ Y_2 \\ \vdots \\ Y_k \end{pmatrix} = \begin{pmatrix} \mu_1 \\ \mu_2 \\ \vdots \\ \mu_k \end{pmatrix} = \boldsymbol{\mu} \tag{2.11}$$

$$\begin{aligned}\mathrm{Var}(\mathbf{Y}) &= \mathrm{E}(\mathbf{Y} - \boldsymbol{\mu})(\mathbf{Y} - \boldsymbol{\mu})^{\top} \\ &= \begin{pmatrix} \mathrm{Var}(Y_1) & \mathrm{Cov}(Y_1, Y_2) & \cdots & \mathrm{Cov}(Y_1, Y_k) \\ & \mathrm{Var}(Y_2) & & \mathrm{Cov}(Y_2, Y_k) \\ & & \ddots & \vdots \\ & (\text{대칭}) & & \mathrm{Var}(Y_k) \end{pmatrix} \\ &= \begin{pmatrix} \sigma_1^2 & \sigma_{12} & \cdots & \sigma_{1k} \\ & \sigma_2^2 & & \sigma_{2k} \\ & & \ddots & \vdots \\ & (\text{대칭}) & & \sigma_k^2 \end{pmatrix}\end{aligned} \tag{2.12}$$

흔히 식 (2.12)의 $\mathrm{Var}(\mathbf{Y})$를 확률벡터 $\mathbf{Y}$의 분산-공분산행렬(variance-covariance matrix)이라 부르고 Σ로 표시한다.

(정리 2.2) $\mathbf{Y}$가 $k \times 1$ 확률벡터이고, 기댓값이 $\boldsymbol{\mu}$이며 $n \times k$ 행렬 A가 상수들로 이루어진 행렬이면

$$\mathrm{E}(A\mathbf{Y}) = A\mathrm{E}(\mathbf{Y}) = A\mu \tag{2.13}$$

이다. 그리고, $\mathbf{Y}$의 분산-공분산행렬이 Σ이면

$$\begin{aligned}\mathrm{Var}(A\mathbf{Y}) &= \mathrm{E}(A\mathbf{Y} - A\boldsymbol{\mu})(A\mathbf{y} - A\boldsymbol{\mu})^{\top} \\ &= A\left[E(\mathbf{Y} - \boldsymbol{\mu})(\mathbf{Y} - \boldsymbol{\mu})^{\top}\right]A^{\top} \\ &= A\Sigma A^{\top}\end{aligned} \tag{2.14}$$

이 성립한다. 위에서 $n \times k$ 행렬 A가 $1 \times k$ 벡터 $\mathbf{a}^\top = (a_1, a_2, \cdots, a_k)$로 표현될 수 있는 특수한 경우에는 식 (2.13)과 (2.14)이

$$\mathrm{E}(\mathbf{a}^\top \mathbf{Y}) = \mathbf{a}^\top \boldsymbol{\mu} \tag{2.15}$$

$$\begin{aligned}\mathrm{Var}(\mathbf{a}^\top \mathbf{y}) &= \mathbf{a}^\top \Sigma \mathbf{a} \\ &= \sum_{i=1}^{k} a_i^2 \sigma_i^2 + 2\sum_{i=1}^{k-1}\sum_{j>i}^{k} a_i a_j \sigma_{ij}\end{aligned} \tag{2.16}$$

가 된다. 만약 Y_i 들이 서로 독립이라면 $\sigma_{ij} = 0$이므로 식 (2.16)의 뒷부분은 필요없는 항이 될 것이다.

변수 Y_i 들의 선형식 $\sum_{i=1}^{k} a_i Y_i$와 $\sum_{i=1}^{k} b_i Y_i$에서 Y_i들이 서로 독립이면 다음이 성립한다.

$$\mathrm{Cov}\left(\sum_{i=1}^{k} a_i Y_i, \sum_{i=1}^{k} b_i Y_i\right) = \sum_{i=1}^{k} a_i b_i \sigma_i^2 \tag{2.17}$$

만일 변수 $Y_1, Y_2, \cdots, Y_k$가 서로 독립이고 같은 확률밀도함수를 갖는다면 이와 같은 변수들은 하나의 확률표본(rancom sample)을 이룬다고 말한다.

2.2 확률변수의 분포

확률변수의 분포를 정의하여 주는 확률밀도함수는 이론적으로 무한히 많으며, 여기서는 회귀분석에서 많이 쓰이는 네 가지의 연속확률변수들의 확률밀도함수를 간단히 설명하고자 한다.

2.2.1 정규분포

정규분포(normal distribution)를 하는 확률변수 X의 확률밀도함수는 $\mathrm{E}(X) = \mu$이고 $V(X) = \sigma^2$이면

$$f(\mathrm{x}) = \frac{1}{\sqrt{2\pi}\,\sigma} e^{-\frac{1}{2}\left(\frac{x-\mu}{\sigma}\right)^2} \tag{2.18}$$

으로 표현되며, e는 자연대수의 밑(base)이다. 이와 같은 정규분포를 간략히 $N(\mu, \sigma^2)$이라고 표기하기로 한다. 만약 $\mu = 0$, $\sigma^2 = 1$이면 이러한 정규분포를 표준정규분포(standard normal distribution)라 하고 $N(0, 1)$로 쓸 수 있다. 일반적으로 이 경우의 확률변수를 Z로

흔히 표시하고 확률밀도함수는

$$\phi(z) = \frac{1}{\sqrt{2\pi}} e^{-\frac{1}{2}z^2} \tag{2.19}$$

로 나타낸다. 부록의 <표 A-1>에는 누적확률(cumulative probability)이 $1 - \alpha$가 되는 다음과 같은 z_α의 값이 수록되어 있다.

$$1 - \alpha = P(Z \leq z_\alpha) = \int_{-\infty}^{z_\alpha} \phi(z)dz \tag{2.20}$$

위 식을 만족하는 z_α의 위치는 [그림 2.1]을 참고하기 바란다.

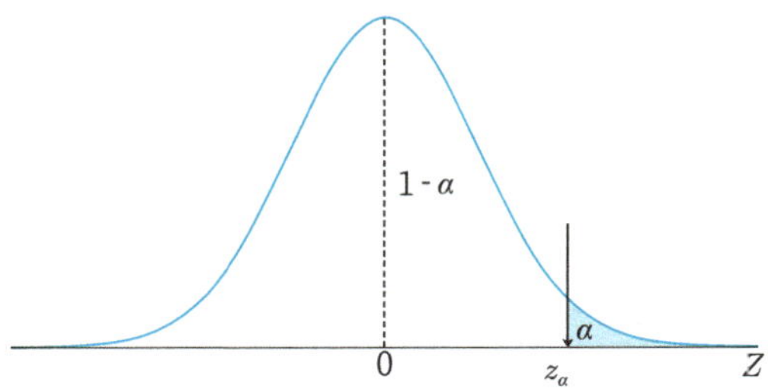

그림 2.1 **표준정규분포 $N(0, 1)$**

정규분포가 통계이론에서 특히 많이 쓰이는 것은 다음과 같은 중심극한정리(central limit theorem)가 발견되었기 때문이다.

(정리 2.3) **중심극한정리**

평균이 μ이고 분산이 σ^2인 임의의 모집단으로부터의 크기 n인 확률표본 $X_1, X_2, \cdots, X_n$이 주어질 때, n이 충분히 크면 표본평균 $\bar{X} = \sum_{i=1}^{n} X_i/n$의 분포는 근사적으로 $N\left(\mu, \frac{\sigma^2}{n}\right)$를 따른다. 만약 $X_1, X_2, \cdots, X_n$가 정규분포로부터의 확률표본이라면 $\bar{X}$는 정확히 정규분포를 따른다.

다음으로 정규확률변수의 선형함수의 성질을 간단히 알아보기로 하자.

(정리 2.4) 만약 $X \sim N(\mu, \sigma^2)$이고 a, $c(\neq 0)$가 상수이며, $Y = a + cX$라는 관계가 있으면 $Y \sim N(a + c\mu, c^2\sigma^2)$과 같은 분포를 한다.

(정리 2.5) $X_1, X_2, \cdots, X_n$은 서로 독립인 정규분포를 따르는 확률변수이고, $a_i(i = 1, \cdots, n)$는 상수일때, X_i들의 선형함수 $L = \sum_{i=1}^{n} a_i X_i$의 분포는 다음과 같다.

$$L \sim N\left(\sum_{i=1}^{n} a_i \mathrm{E}(X_i), \sum_{i=1}^{n} a_i^2 \mathrm{Var}(X_i)\right)$$

2.2.2 χ^2 - 분포

서로 독립인 k개의 확률변수 $Z_1, Z_2, \cdots, Z_k$가 표준정규분포를 따를 때

$$V = Z_1^2 + Z_2^2 + \cdots + Z_k^2 \tag{2.21}$$

는 자유도(degrees of freedom)가 k인 χ^2-분포를 따르는 확률변수라고 정의한다. 그 기댓값은

$$\mathrm{E}(V) = k \tag{2.22}$$

이다. 부록의 <표 A-3>에는 누적확률이 $1 - \alpha$가 되는 다음과 같은 $\chi_\alpha^2(k)$의 값이 수록되어 있다.

$$1 - \alpha = P\left(V \le \chi_\alpha^2(k)\right) \tag{2.23}$$

이를 그림으로 간단히 표시하면 [그림 2.2]와 같다.

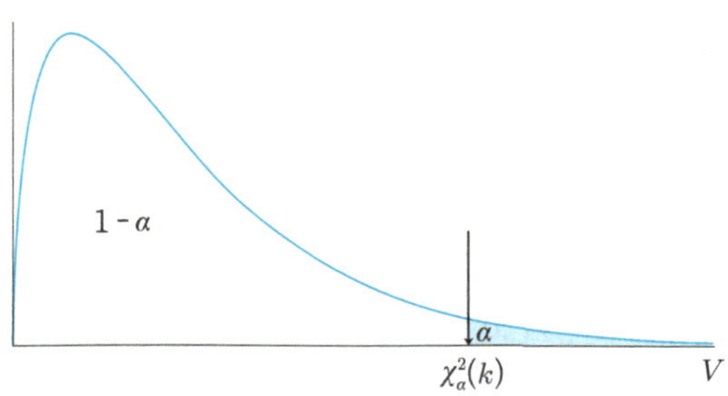

그림 2.2 χ^2 - 분포

2.2.3 t - 분포

만약 Z와 $\chi^2(k)$이 서로 독립인 확률변수이며 Z는 표준정규분포를 하고 $\chi^2(k)$은 자유도가 k인 χ^2 - 분포를 할 때 다음과 같은 변수

$$t(k) = \frac{Z}{\sqrt{V/k}} \tag{2.24}$$

를 자유도가 k인 t -분포를 한다고 말한다. 이 변수의 기댓값은

$$\mathrm{E}[t(k)] = 0, \quad k \geq 2 \tag{2.25}$$

이며, 부록의 <표 A-2>에는 누적확률이 $1 - \alpha$가 되는 다음과 같은 $t_\alpha(k)$의 값이 수록되어 있다.

$$1 - \alpha = P(t(k) \leq t_\alpha(k)) \tag{2.26}$$

이를 그림으로 나타내 보면 [그림 2.3]과 같다. 그리고 자유도 k가 무한히 커지면 다음이 성립한다.

$$\lim_{k \to \infty} t_\alpha(k) = z_\alpha \tag{2.27}$$

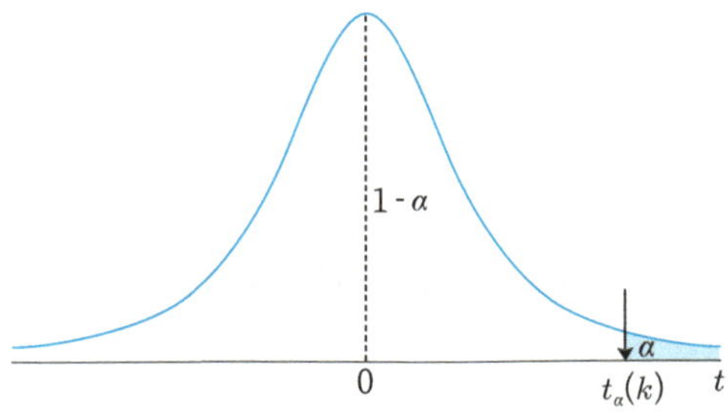

그림 2.3 t-분포

2.2.4 F-분포

만약 두 확률변수 V_1과 V_2가 서로 독립이며, 각각의 자유도가 k_1, k_2인 χ^2-분포를 할 때 다음의 변수

$$F(k_1, k_2) = \frac{V_1 / k_1}{V_2 / k_2} \tag{2.28}$$

는 분자의 자유도가 k_1이고 분모의 자유도가 k_2인 F-분포를 따른다. 이 변수의 기댓값은,

$$\mathrm{E}[F(k_1, k_2)] = \frac{k_2}{k_2 - 2}, \quad k_2 > 2 \tag{2.29}$$

이며, 부록 <표 A-4>에는 누적확률이 $1 - \alpha$가 되는 다음과 같은 $F_\alpha(k_1, k_2)$의 값이 수록되어 있다.

$$1 - \alpha = P(F(k_1, k_2) \leq F_\alpha(k_1, k_2)) \tag{2.30}$$

분자의 자유도가 1인 경우에는 다음의 특수한 관계가 t-분포와 F-분포 간에 성립한다.

$$\begin{aligned} F(1, k) &= [t(k)]^2 \\ F_\alpha(1, k) &= [t_{\alpha/2}(k)]^2 \end{aligned} \tag{2.31}$$

이 관계를 그려 보면 [그림 2.4]와 같다.

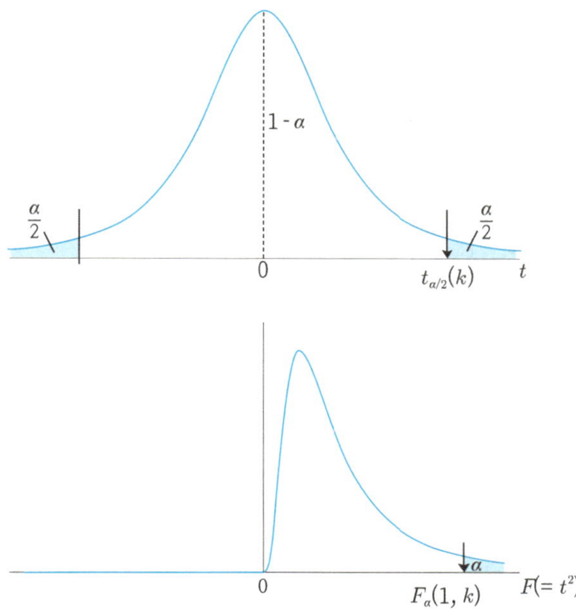

그림 2.4 t-분포와 F-분포의 관계

2.3 통계적 추정

2.3.1 추정의 개념

어떤 모집단으로부터 자료를 추출하여 이 모집단에 대한 성격을 규명하기 위한 과학적인 조사를 할 때, 이 모집단의 분포를 $f(x\,;\,\theta)$라고 가정하면 모집단의 분포는 미지의 상수 값 θ에 의존한다. 예를 들어 이 분포가 정규분포라면 $\theta = (\mu, \sigma^2)$이 된다. 여기서 이 모수의 값을 자료로부터 추측하게 되면 우리는 모집단에 대해 잘 이해할 수 있게 된다. 예를 들어 모평균(μ)과 모분산(σ^2)이 각각 0과 1이라면 모집단의 99%는 -3과 3사이에 존재한다는 것을 알 수 있으므로, 모집단을 이해하기 위해 자료로부터 모수의 값을 추측하게 된다. 실제로 대입 수험생 50만명의 휴대폰 사용시간(X)에 대한 분포가 대체로 다음과 같은 함수의 형태를 갖는다고 가정해 보자.

$$f(x\,;\,\theta) = \frac{1}{\sqrt{2\pi}} e^{-\frac{1}{2}(x-\theta)^2}, \quad -\infty < x < \infty$$

이때 x는 수험생들의 휴대폰 사용시간을 나타내며, θ는 수험생들의 휴대폰 평균 사용시간으로 미지의 상수라고 하자. 이런 경우 변수 X는 $f(x\,;\,\theta)$라는 분포에 따르며 θ를 모수라고 한다.

모집단에서 크기 n인 표본 $X_1, X_2, \cdots, X_n$을 임의로 뽑아 표본의 함수 $T(X_1, X_2, \cdots, X_n)$을 사용하여 모수 θ의 값을 추측하는 통계적 절차를 통계적 추정(statistical estimation) 또는 모집단 모수의 추정(estimation of population parameter)이라고 한다. 우리가 흔히 추정하고자 하는 모수는 모집단의 평균(μ), 분산(σ^2), 비율(p) 등이다.

예를 들어, 모집단의 평균(간단히 모평균이라고도 함) μ를 추정하는 방법으로 일반적으로 표본평균 $\overline{X}$를 사용하는데, 이때는

$$T(X_1, X_2, \cdots, X_n) = \frac{X_1 + X_2 + \cdots + X_n}{n}$$

이 된다. 이와같이 모수를 추정하기 위한 표본의 함수를 추정량(estimator)이라고 부르고, 실제 관측값을 대입하여 계산한 추정량의 값을 추정값(estimate)이라고 한다. 모평균 μ의 추정량이 표본평균 $\overline{X}$이라고 할 때에 흔히 쓰는 기호는,

$$\hat{\mu} = \overline{X} = \frac{\sum_{i=1}^{n} X_i}{n} \tag{2.32}$$

이다.

일반적으로, 확률변수들의 함수로 모르는 모수를 포함하지 않는 것을 통계량(statistic)이라고 부르는데, 추정량도 하나의 통계량으로 볼 수 있다. 모집단의 분산 σ^2은 일반적으로 표본의 분산으로 추정되며, 기호로 나타내면

$$\hat{\sigma}^2 = s^2 = \frac{\sum_{i=1}^{n} (X_i - \overline{X})^2}{n-1} \tag{2.33}$$

이다. 이와 같이 $\overline{X}$, s^2 등은 어떤 단일의 수로서 모수를 추정하며, 이와 같은 추정방법을 점추정(point estimation)이라 한다.

모수의 참값과 그의 점추정량이 제공하는 점추정값이 일치하는 경우는 거의 없다. 따라서, 모수가 포함되리라고 예측되는 구간을 추정하여 점추정에 대신할 수도 있다. 이와 같이 모수가 어떤 구간에 있다고 추정하는 것을 구간추정(interval estimation)이라고 한다. 이 구간이 모수를 포함할 확률을 신뢰수준(confidence level) 또는 신뢰계수(confidence coefficient)라고 부르며, 이 구간을 신뢰구간(confidence interval)이라고도 한다. 이 구간의 상한과 하한을 신뢰한계(confidence limit)라고 부르며, 신뢰한계도 점추정값과 마찬가지로 표본관측값에서 구하기 때문에 통계량이 된다. 신뢰구간은 통계량이므로 표본에 따라서 구간이 달라지며, 그 폭은 신뢰계수에 따라 달라진다. 신뢰수준이 95%라고 하면 신뢰구간이 모수를 그 구간 안에 포함할 확률이 0.95라는 뜻이다.

2.3.2 점추정

어떤 모수 θ에 대한 점추정량은 여러 가지가 있을 수 있는데, 추정량이 갖추어야 할 바람직한 조건은 다음과 같다.

(1) 불편성(unbiasedness)

(2) 일치성(consistency)

(3) 충분성(sufficiency)

(4) 최소분산(minimum variance)

(5) 최소평균제곱오차(minimum mean square error)

추정량 $\hat{\theta}$에 대하여 $E(\hat{\theta}) = \theta$가 성립하며 $\hat{\theta}$을 θ의 불편추정량(unbiased estimator)이라고 부른다. 식 (2.32), (2.33)에 있는 추정량 $\overline{X}$와 s^2은

$$E(\overline{X}) = \mu, \quad E(s^2) = \sigma^2$$

이므로 μ와 σ^2의 불편추정량이다.

표본의 크기가 증가함에 따라 추정량의 값이 모수에 한없이 접근해가는 성질을 일치성이라고 한다. 이 성질을 만족시켜 주는 추정량을 일치추정량(consistent estimator)이라고 하며, 모든 양수 $\epsilon > 0$의 값에 대하여 다음이 성립한다.

$$\lim_{n \to \infty} P\left(|\hat{\theta} - \theta| \geq \epsilon\right) = 0$$

확률표본 $X_1, X_2, \cdots, X_n$의 결합확률밀도함수가 $f(x_1, x_2, \cdots, x_n ; \theta)$라 하고 모수 θ의 추정량 $\hat{\theta}$이 주어졌을 때 조건부결합확률밀도함수(conditional joint probability density funcion) $g(x_1, x_2, \cdots, x_n | \hat{\theta})$이 θ를 포함하지 않게 되면 $\hat{\theta}$을 θ의 충분 추정량(sufficient estimator)이라고 부른다. 결합확률밀도함수가

$$f(x_1, x_2, \cdots, x_n ; \theta) = f(x_1, x_2, \cdots, x_n) f_2(\hat{\theta} ; \theta) \tag{2.34}$$

와 같이 분해될 수 있으면 $\hat{\theta}$은 θ의 충분 추정량임이 증명되어 있다.

추정량 $\hat{\theta}$의 분산 $E[\hat{\theta} - E(\hat{\theta})]^2$이 모든 다른 추정량 θ^*의 분산과 비교하여,

$$E[\hat{\theta} - E(\hat{\theta})]^2 \leq E[\theta^* - E(\theta^*)]^2 \tag{2.35}$$

이 성립하면 $\hat{\theta}$을 θ을 최소분산추정량(minimum variance estimator)이라고 부른다.

추정량 $\hat{\theta}$의 평균제곱오차 $E(\hat{\theta} - \theta)^2$이 모든 다른 추정량 θ^*의 평균제곱오차와 비교하여,

$$E(\hat{\theta} - \theta)^2 \leq E(\theta^* - \theta)^2 \tag{2.36}$$

이 성립하면 $\hat{\theta}$을 θ의 최소평균제곱오차추정량(minimum mean square error estimator)이라고 부른다. 만약 $\hat{\theta}$이 불편이면 최소분산은 최소평균제곱오차를 의미한다.

위에서 추정량이 가져야 하는 바람직한 성질들을 알아보았는데, 다음으로 위의 성질들을 대부분의 경우에 만족시켜 주는 추정량을 찾는 방법을 알아보기로 하자. 먼저 최대가능도법(method of maximum likelihood)에 의하여 구하여지는 최대가능도추정량(maximum likelihood estimator)은 다음과 같다. 모집단의 확률밀도함수 $f(x\,;\,\theta)$가 있고, 여기서 확률표본 $X_1, X_2, \cdots, X_n$을 추출하였을 때, 이들의 결합확률밀도함수는

$$g(x_1, x_2, \cdots, x_n) = \prod_{i=1}^{n} f(x_i\,;\,\theta) \tag{2.37}$$

이다. 위 함수를좀 더 살펴보면 관측값 x_i는 주어진 값이므로 θ의 함수로 볼 수 있는데, 이를 θ의 가능도함수(likelihood function) $L(\theta)$라고 한다. 즉,

$$L(\theta) = \prod_{i=1}^{n} f(x_i\,;\,\theta) \tag{2.38}$$

함수를 최대로 만드는 θ의 값을 θ의 추정값으로 잡아 주는 방법을 최대가능도법에 의한 θ의 추정방법이라고 하며, 그 추정량을 최대가능도추정량이라고 부른다. 이 추정량은 일반적으로 일치성과 충분성을 가지고 있고, 통계적으로 효율적인(statistically efficient) 추정량이라고 알려져 있다.[1)]

다음으로 최소제곱법(method of least squares)에 의하여 구하여지는 최소제곱추정량(least squares estimator)을 알아보자. 표본의 i 번째 관찰값이

$$y_i = f_i(\theta) + \epsilon_i\,, \quad i = 1, 2, \cdots, n$$

과 같은 가정 하에 얻어지며, $f_i(\theta)$는 θ의 어떤 알려진 함수이고, ϵ_i는 확률변수로 $\mathrm{E}(\epsilon_i) = 0$가 성립된다고 하자. 이 때 다음과 같은 제곱합

$$S(\theta) = \sum_{i=1}^{n} (y_i - f_i(\theta))^2 \tag{2.39}$$

을 최소로 하는 θ의 값을 최소제곱법에 의해 얻어지는 θ의 추정값이라 하며, 그 추정량을 최소제곱추정량이라 부른다.

2.3.3 구간추정

어떤 모집단의 평균 μ를 추정하는데 점추정량으로 표본의 평균 $\overline{X}$를 가장 많이 쓰며, $\overline{X}$는 추정량이 가져야 할 바람직한 성질들을 대개 가지고 있다. 이제 μ의 구간추정을 검토하기 위해 $\overline{X}$가 갖는 표본분포(sampling distribution)를 간단히 알아보자.

모집단의 모평균이 μ, 분산이 σ^2이라 하자. 확률표본 $X_1, X_2, \cdots, X_n$을 추출하여 표본평균 $\overline{X}$를 구하면, 이는 다음과 같은 표본분포의 성질을 갖는다.

---

1) n이 커짐에 따라 식 (2.35)를 만족하는 추정량 $\hat{\theta}$을 통계적으로 효율적이라고 부른다.

(가) $E(\overline{X}) = \mu$, 즉 $\overline{X}$는 평균 μ를 중심으로 분포되어 있다.

(나) $\overline{X}$의 분산과 표준편차는 다음과 같다.

$$\mathrm{Var}(\overline{X}) = \frac{\sigma^2}{n}$$

$$\sqrt{\mathrm{Var}(\overline{X})} = \sigma_{\overline{X}} = \frac{\sigma}{\sqrt{n}} \tag{2.40}$$

(다) 만약 모집단이 정규분포를 하면

$$\overline{X} \sim N(\mu, \sigma_{\overline{X}}^2) \tag{2.41}$$

이며,

$$Z = \frac{\overline{X} - \mu}{\sigma_{\overline{X}}} \sim N(0, 1) \tag{2.42}$$

이 된다.

(라) 만약 모집단이 비정규분포라면 $\overline{X}$는 n이 증가함에 따라 $N(\mu, \sigma_{\overline{X}}^2)$에 수렴한다. 또한 $\frac{\overline{X} - \mu}{\sigma_{\overline{X}}}$는 $N(0, 1)$에 수렴한다. 이 결과는 【정리 2.3】의 중심극한의 정리에 그 이론적인 기초를 두고 있다.

이상에서 요약된 내용을 근거로 하여 모평균 μ의 구간추정을 하여 보자. 모집단이 정규분포를 하면 $Z = \frac{\overline{X} - \mu}{\sigma_{\overline{X}}}$는 정확히 표준정규분포를 하므로 [표 A-1]으로부터 Z가 -2에서 +2 사이에 있을 확률은 0.9545임을 알 수 있다. 따라서,

$$\begin{aligned} 0.9545 &= P\left(-2 \leq \frac{\overline{X} - \mu}{\sigma_{\overline{X}}} \leq 2\right) \\ &= P(\overline{X} - 2\sigma_{\overline{X}} \leq \mu \leq \overline{X} + 2\sigma_{\overline{X}}) \end{aligned} \tag{2.43}$$

이 되며, 이 의미는 표본평균을 중심으로한 구간$(\overline{X} - 2\sigma_{\overline{X}}, X + 2\sigma_{\overline{X}})$이 모평균 μ를 포함할 확률이 0.9545라는 뜻이다. 일반적으로 모집단이 정규분포에 따르고 분산 σ^2을 알고 있는 경우, $100(1-\alpha)\%$의 신뢰수준을 갖는 모평균 μ의 신뢰구간은

$$\overline{X} \pm z_{\alpha/2} \cdot \sigma_{\overline{X}} \tag{2.44}$$

가 된다. 일반적으로 모수 θ의 신뢰구간은, 이 모수의 불편추정량이 $\hat{\theta}$이라 하고 $\hat{\theta}$이 충분히 큰 표본으로부터 얻어져서 $\hat{\theta}$의 분포가 $N(\theta, \mathrm{Var}(\hat{\theta}))$에 가깝다면 다음과 같은 방법으로 얻어진다.

$$\hat{\theta} \pm z_{\alpha/2} \cdot \sqrt{\mathrm{Var}(\hat{\theta})} \tag{2.45}$$

위 공식에서 $Var(\hat{\theta})$은 $\hat{\theta}$의 분산을 의미한다. 그런데 실제로는 모집단의 표준편차 σ를 모르고 있는 경우가 대부분이며 이런 경우에는 식 (2.44), (2.45) 등을 사용할 수 없다.

모집단의 표준편차 σ를 모르는 경우에 모형균 μ의 신뢰구간을 구하는 방법을 알아보자. 표본분산 s^2에 $(n-1)$을 곱하고 모집단의 분산인 σ^2으로 나누어

$$\chi^2 = \frac{(n-1)s^2}{\sigma^2} = \frac{\sum_{i=1}^{n}(X_i - \overline{X})^2}{\sigma^2} \tag{2.46}$$

을 구하면 χ^2은 자유도 $(n-1)$인 χ^2 - 분포를 하게 된다. 모집단의 표준편차 σ를 모를 경우 식 (2.42)의

$$Z = \frac{\overline{X} - \mu}{\sigma/\sqrt{n}}$$

와 같은 표준정규분포를 사용할 수 없으므로 σ의 자리에 그의 점추정량인 표본표준편차 s를 사용하면 통계량

$$t = \frac{\overline{X} - \mu}{s/\sqrt{n}} \tag{2.47}$$

은 자유도 $(n-1)$인 t - 분포를 하게 된다. 왜냐하면, 식 (2.24)와 (2.46)을 이용하면

$$\frac{\overline{X} - \mu}{s/\sqrt{n}} = \left(\frac{\overline{X} - \mu}{\sigma/\sqrt{n}}\right) \div \sqrt{\frac{(n-1)s^2/\sigma^2}{(n-1)}} = \frac{Z}{\sqrt{\chi^2(n-1)/\,n-1}}$$

와 같이 되고 $\overline{X}$와 s^2은 서로 독립임이 알려져 있으므로 이는 자유도 $(n-1)$인 t - 분포를 한다. 따라서, 신뢰수준이 $1-\alpha$인 모평균 μ의 구간추정은 식 (2.44)와 같은 이론에 의하여

$$\overline{X} \pm t_{\alpha/2}(n-1) \cdot s_{\overline{X}} \tag{2.48}$$

가 되며, 여기서 $s_{\overline{X}}$는 다음과 같다.

$$s_{\overline{X}} = \frac{s}{\sqrt{n}} \tag{2.49}$$

식 (2.45)에서 모분산 σ^2을 모르기 때문에 $Var(\hat{\theta})$을 모를 경우에는 이의 추정량 $\widehat{Var}(\hat{\theta})$을 $Var(\hat{\theta})$의 대신에 사용하면 θ의 구간추정은 다음과 같다.

$$\hat{\theta} \pm t_{\alpha/2}(n-1)\sqrt{\widehat{Var}(\hat{\theta})} \tag{2.50}$$

위 공식에서도 $\hat{\theta}$이 정규분포를 한다는 가정이 성립되어야 한다. 식 (2.27)에서 본 바와 같이 만약 n이 충분히 크면, 대략적으로 $t_\alpha(n-1) = z_\alpha$이며 $\widehat{Var}(\hat{\theta})$은 $Var(\hat{\theta})$과 매우 가까워질 것이므로, 실질적으로 식 (2.50)과 식 (2.45)는 동일한 결과를 줄 것이다.

예 2.3

비누공장에서 생산되는 어떤 특수한 비누의 무게(단위 g)가 정규분포를 한다고 알려졌는데 평균 μ와 분산 σ^2은 정확히 알려져 있지 않다. 평균 μ를 구간추정하기 위해 크기 $n = 9$인 표본을 얻었다.

$$9.0,\ 9.1,\ 8.8,\ 9.1,\ 9.0,\ 9.4,\ 9.2,\ 8.8,\ 8.6$$

95% 신뢰구간을 구하시오.

풀이

표본표준편차 s를 구하면, $\bar{x} = 9.0$이므로

$$s = \sqrt{\frac{\sum(x_i - \bar{x})^2}{n-1}} = \sqrt{\frac{(9.0-9.0)^2 + (9.1-9.0)^2 + \cdots + (8.6-9.0)^2}{9-1}}$$
$$= \sqrt{\frac{0.46}{8}} = 0.24$$
$$s_{\bar{X}} = \frac{s}{\sqrt{n}} = \frac{0.24}{\sqrt{9}} = 0.8$$

가 된다. 따라서 식 (2.48)을 사용하면 μ에 대한 95% 신뢰구간은

$$\bar{X} \pm t(8\,;\,0.025)s_{\bar{X}}$$
$$\Rightarrow 9.0 \pm (2.306)(0.08)$$
$$\Rightarrow 9.0 \pm 0.18$$
$$\Rightarrow (8.82\ \ 9.18)$$

이다. 즉 비누무게의 신뢰구간은 8.82g에 9.18g이며 신뢰수준 95%라는 것은 이러한 방법으로 100개의 구간을 구했을 때 95개 정도가 모평균 μ를 포함할 것으로 기대할 수 있다는 것이다.

2.4 통계적 가설검정

2.4.1 검정의 개념

모집단의 모수의 값이나 확률분포에 대하여 어떤 가설(hypothesis)을 설정하고, 이 가설의 성립여부를 표본의 자료를 통하여 검정(testing)하여 통계적 결정을 내리는 것을 통계적 가설검정 또는 간단히 통계적 검정이라 부른다. 통계적 검정은 통계적 추정과는 대조적으로 모집단에 관한 가설이 먼저 설정되면 이 가설이 옳은가의 여부를 알기 위하여 표본자료에서 얻은 통계량을 이용하는 것이다. 일반적으로 모집단분포의 모양은 주어지므로 모수의 가설에 대한 검정이 많다. 검정의 대상으로 삼는 가설을 귀무가설(null hypothesis)이라고

하고, 이에 대립되거나 이를 부정하는 가설을 대립가설(alternative hypothesis)이라고 한다.

표본을 관찰하여 얻어진 결과에 의해 가설을 부정할 때에는 그 가설을 기각(reject)한다고 하고, 가설을 부정하지 못할 때에는 그 가설을 채택(accept)한다고 말한다. 여기서 유의해야 할 것은 귀무가설이 기각되지 않았다고 해서 반드시 이 가설이 옳다는 뜻은 아니다. 단지 표본관찰의 결과로 볼 때 귀무가설을 부정할 만한 이유가 충분하지 않다는 뜻이며 이 경우에는 기각판정을 보류한 것에 불과하다고 해석하여도 무방할 경우가 많다.

가설검정의 결과를 나누어 보면, 귀무가설(H_0)이 맞는 경우에 이를 채택하거나 기각하는 두 가지 결정이 있고, 또 귀무가설이 틀린 경우에 이를 채택하거나 기각하는 두 가지 결정이 있다. 따라서, 모두 네 가지의 가능한 경우가 있는데 잘못된 판단을 내리는 경우는 두 가지로서 맞는 귀무가설을 기각하는 때와 틀린 귀무가설을 채택하는 때이다. 전자의 경우에는 제1종의 오류(type I error)를 범했다고 말하고 후자의 경우에는 제2종의 오류(type II error)를 범했다고 한다. 제1종의 오류를 범할 확률을 α로 표시할 때 제1종의 오류에 대한 최대 허용확률을 유의수준(level of significance)이라 하고, 제2종의 오류를 범할 확률을 β로 표시하여 $(1-\beta)$의 값을 검정력(power of test)이라고 한다. 검정력이란 검정하려는 귀무가설이 틀린 경우에 이를 기각하는 확률이므로 귀무가설의 잘못을 검출해 내는 확률이 된다. 통계적 검정은 맞는 귀무가설을 기각하는 제1종의 오류를 가능한 한 줄이고 가설의 잘못을 찾아내는 검정력은 크게 하는 것이 바람직하다.

귀무가설을 설정하면 표본을 선택하고 관찰하여, 그 가설을 기각할 것인가 채택할 것인가를 결정하기 위한 통계량을 구해야 한다. 이러한 통계량을 검정통계량(test statistic)이라고 한다. 검정통계량도 통계량이므로 확률변수이며, 어떤 확률분포를 갖는다. 검정통계량의 분포를 알면, 그 영역을 기각역(rejection region)과 채택역(acceptance region)으로 나누어, 검정통계량의 값이 기각역에 위치하면 귀무가설을 기각하고, 채택역에 위치하면 채택하게 된다. 기각역과 채택역을 나누는 경계치를 기각치(critical value)라고 부른다. 귀무가설이 맞을 때에도 검정통계량이 기각역에 위치할 가능성이 있는데, 이러한 확률을 검정의 유의수준이라 하며 이것은 제1종의 오류에 해당한다.

대립가설이 귀무가설의 어느 한쪽에만 있어서 검정의 기각역이 채택역의 어느 한쪽에만 있게 되는 경우를 단측검정(one-tailed test)이라 하고, 검정의 기각역이 채택역의 양쪽에 있는 경우를 양측검정(two-tailed test)이라고 한다.

2.4.2 모평균의 검정

모집단의 평균 μ의 값이 어떤 특정의 값 μ_0인지 아닌지를 검정하고 싶은 경우에는 귀무가설 H_0는

$$H_0 : \mu = \mu_0$$

라 쓰고, 대립가설 H_1은 양측검정인 경우에는

$$H_1 : \mu \neq \mu_0$$

라 표시하고 단측검정인 경우는

$$H_1 : \mu < \mu_0 \text{ 이거나 } H_1 : \mu > \mu_0$$

로 나타낸다.

앞에서 본 바와 같이 모집단이 정규분포이면 표본평균 $\overline{X}$는 항상 정규분포를 하고, 모집단이 정규분포가 아니라 하더라도 표본의 크기 n이 충분히 크면 '중심극한의 정리'에 의하여 표본평균은 근사적으로 정규분포를 따른다. 따라서, 모평균 μ를 검정할 때에 표본의 크기 n이 충분히 크고 모분산 σ^2을 알고 있으면, 모집단의 분포와 상관없이 정규분포를 사용하여 검정할 수 있다. 모집단이 정규분포를 따르지만 σ^2은 모를 때 μ에 관하여 검정하는 경우에는 표본의 크기가 작으면 t-분포를 사용하고, 크면 Z-분포를 사용한다.

모집단이 정규분포를 따르고 표준편차 σ는 알고 있는 경우 (또는 모집단의 분포는 모르나 표준편차 σ는 알고 있으며, 표본의 크기 n이 큰 경우)에 모평균 μ에 관한 검정절차는 다음과 같다.

(순서 1) 귀무가설을 세운다.

$$H_0 : \mu = \mu_0$$

(순서 2) 대립가설을 세운다.

$$H_1 : \mu \neq \mu_0 \text{ (양측검정)}$$
$$H_1 : \mu < \mu_0 \text{ 또는 } \mu > \mu_0 \text{(단측검정)}$$

(순서 3) 표본을 추출하여 표본평균 $\overline{X}$의 값 $\bar{x}$를 구한다.

(순서 4) 검정통계량 Z_0의 값 z_0을 구한다.

$$z_0 = \frac{\bar{x} - \mu}{\sigma/\sqrt{n}}$$

(순서 5) 유의수준 α를 정하고 단측검정인 경우는 [그림 2.5]에서처럼 기각치 z_α의 값을,

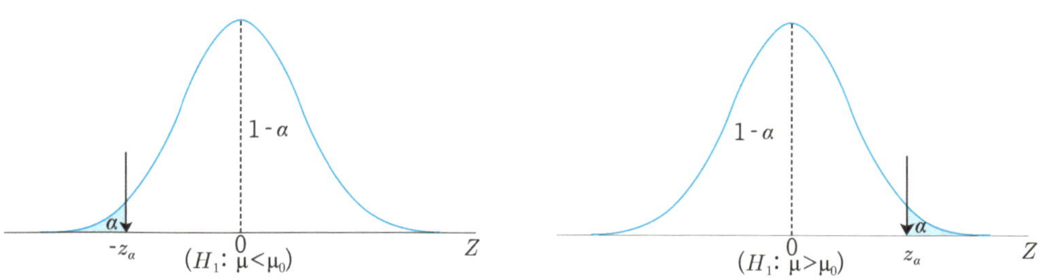

그림2.5 **단측 검정**

양측검정인 경우는 [그림 2.6]처럼 $z_{\alpha/2}$의 값을 부록 <표 A-1>의 표준정규분포표를 사용하여 구한다.

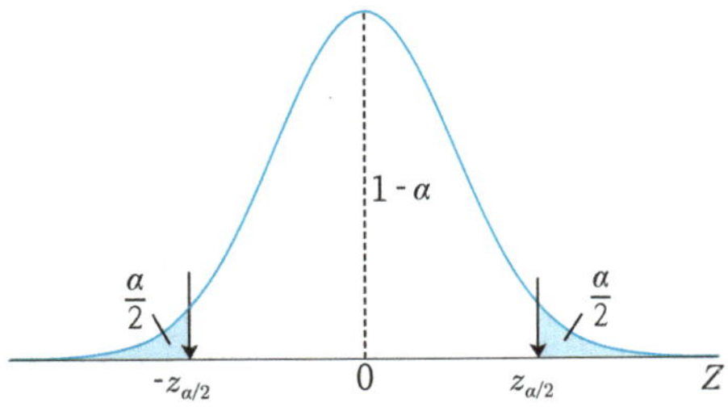

그림 2.6 **양측검정**

(순서 6) 검정통계량 Z_0의 값 z_0와 기각치 z_0(또는 $z_{\alpha/2}$)의 값을 비교해 결정을 내린다.

$z_0 < -z_\alpha(H_1 : \mu < \mu_0$인 단측검정)이면 귀무가설을 기각하고, 아니면 채택한다.

$z_0 > z_\alpha(H_1 : \mu > \mu_0$인 단측검정)이면 귀무가설을 기각하고, 아니면 채택한다.

$|z_0| > z_{\alpha/2}(H_1 : \mu \neq \mu_0$ 양측검정)이면 귀무가설을 기각하고, 아니면 채택한다.

예 2.4

어떤 공장에서 제조되는 특수제품은 공정온도 200℃에서 만들어지며 제품의 강도(단위: kg)는 대략 $N(73.7, 1)$과 같은 분포를 한다고 알려져 있다. 공정온도를 조금 바꾸어서 제품을 생산하여 보았더니 표준편차는 변함이 없어 보이나 평균강도에 차이가 있어 보인다. 바꾸어진 공정온도에서 생산된 제품 중 16개를 추출하여 강도를 재어보았더니 표본평균이 75.1kg 이었다. 공정온도가 달라짐으로 인하여 생산되는 제품의 평균강도가 달라진다고 말할 수 있는가를 유의수준 $\alpha = 0.05$를 사용하여 검정하시오.

풀이

$$H_0 : \mu = 73.7 \qquad H_1 : \mu \neq 73.7$$

$$\bar{x} = 75.1, \ \sigma = 1, \ n = 16, \ \alpha = 0.05$$

검정통계량의 값은

$$z_0 = \frac{\bar{x} - \mu_0}{\sigma/\sqrt{n}} = \frac{75.1 - 73.1}{1/\sqrt{16}} = 5.6$$

이며 양측검정이므로 $z_{\alpha/2} = z0.025 = 1.96$이 된다. 따라서, $|z_0| = 5.6 > 1.96$이 성립하므로 귀무가설은 기각된다. 즉, 제품의 강도는 공정온도의 변화에 따라 평균강도가 달라졌다고 말할 수 있다.

지금까지 모집단의 표준편차 σ가 이미 알려져 있는 상태에서 모평균 μ에 관한 검정을 알아 보았다. 그러나, 실무에서는 σ를 모르는 경우가 많으며 σ를 모르는 경우에 어떻게 모평균 μ를 검정하는가에 대한 순서를 알아보자.

(순서 1, 2, 3) 표준편차 σ를 아는 경우와 동일함.

(순서 4) 표본의 표준편차 s를 구하고 검정통계량 t_0의 값을 계산한다.

$$t_0 = \frac{\bar{x} - \mu_0}{s/\sqrt{n}}$$

이 통계량의 자유도는 $(n - 1)$이다.

(순서 5) 유의수준 α를 정하고 양측검정이면 $t_{\alpha/2}(n - 1)$ 의 값을 부록 <표 A-2>에서 구하고 단측검정이면 $t_\alpha(n - 1)$의 값을 찾는다.

(순서 6) 검정통계량 t_0의 값과 **(순서 5)**에서 구한 t의 값과 비교하여 결정을 내린다.

$t_0 < -t_\alpha(n-1)(H_1 : \mu < \mu_0$인 단측검정)이면 귀무가설을 기각하고 아니면 채택한다.

$t_0 > t_\alpha(n-1)(H_1 : \mu > \mu_0$인 단측검정)이면 귀무가설을 기각하고 아니면 채택한다.

$|t_0| > t_{\alpha/2}(n-1)(H_1 : \mu \neq \mu_0$ 양측검정)이면 귀무가설을 기각하고 아니면 채택한다.

예 2.5

어떤 기계에 의하여 만들어지는 제품의 평균무게가 2g인지를 검정하고 싶다. 표본을 취하여 표본평균무게를 구하니 1.96g이고 표본표준편차는 0.05g이다. 표본의 크기가 50 이고 유의수준을 5%로 잡아주면 제품의 평균무게가 2g이라는 가설이 맞는가, 아니면 2g 보다 작다는 것이 옳은가?

풀이

$$H_0 : \mu = 2.0 \qquad H_1 : \mu < 2.0$$

$$\bar{x} = 1.96,\ \ s = 0.05,\ \ \alpha = 0.05,\ \ n = 50$$

검정통계량의 값은

$$t_0 = \frac{\bar{x} - \mu_0}{s/\sqrt{n}} = \frac{1.96 - 2.0}{0.06/\sqrt{50}} = -5.66$$

이며, 단측검정이므로 기각치는

$$-t_\alpha(n - 1) = -t_{0.05}(24) = -1.711$$

이다. 따라서, $t_0 = -5.66 < -1.711$이 성립하므로 귀무가설은 기각된다.

위에서 모평균에 대한 가설검정을 검토하였는데 이 외에도 모든 종류의 모수에 대한 검정이 가능하다. 기타 가설검정에 대해서는 참고문헌 (2.3)과 (2.4)를 참조하여 주기 바란다.

2.5 R 실습

이 절에서는 2장에서의 예제를 R 실습을 통해 살펴보기로 한다. 먼저 **예 2.3**의 자료로부터 모평균에 대한 95% 신뢰구간을 구해본다. 이 경우는 모평균과 모분산이 알려져 있지 않고, $n = 9$의 자료로부터 모평균에 대한 추정을 하는 문제이다.

```
> x←c(9.0, 9.1, 8.8, 9.1, 9.0, 9.4, 9.2, 8.8, 8.6)
> t.test(x)$conf.int
[1] 8.81568 9.18432
attr(,"conf.level")
[1] 0.95
```

위에서 살펴보면 t.test( ) 함수를 사용하면 디폴트 결과로 모평균에 관한 95% 신뢰구간을 얻을 수 있다. 예를 들어 99% 신뢰구간을 구하는 경우에는 t.test( ) 함수의 인자를 다음과 같이 지정할 수 있다.

```
> t.test(x, conf.level=0.99)$conf.int
[1] 8.731802 9.268198
attr(,"conf.level")
[1] 0.99
```

이제 **예 2.4**에 대하여 다음 각 대립가설에 대한 유의확률을 살펴 보자. 먼저 각 귀무가설에 대한 유의확률을 알아보면 다음과 같다.

(1) $H_0 : \mu > 73.7 \Leftrightarrow$ 유의확률 $= P(Z > z_0)$

(2) $H_0 : \mu < 73.7 \Leftrightarrow$ 유의확률 $= P(Z < z_0)$

(3) $H_0 : \mu \neq 73.7 \Leftrightarrow$ 유의확률 $= P(|Z| > |z_0|)$

유의확률은 표준정규확률변수의 분포함수 pnorm( )을 사용한다. 위 가설에 대한 유의확률을 각각 P.H1, P.H2, P.H3이라 할 때 다음과 같이 구할 수 있다.

```
> mu←73.7; xbar←75.1; sigma←1;n←16
> z0←(xbar-mu)/(1/sqrt(n))
> p.H1←pnorm(z0, lower.tail=FALSE); P.H1
[1] 1.071759e-08
> P.H2←pnorm(z0, lower.tail=TRUE); P.H2
[1] 1
```

```
> P.H3←2*pnorm(z0, lower.tail=FALSE); P.H3
[1] 2.143518e-08
```

여기서 양측검정의 유의확률을 구할 때에는 다음과 같이 구할 수도 있다.

```
> P.H3←pnorm(-z0, lower.tail=TRUE)+pnorm(z0, lower.tail=FALSE);P.H3
[1] 2.143518e-08
```

예 2.4는 모분산이 알려진 경우로 Z-검정을 실시했지만, **예 2.5**에서는 모분산이 미지인 경우로 모평균에 관한 검정으로 t-검정을 실시한다. t-검정일때는 t-분포의 분포함수 pt( ) 함수를 사용하여 대립가설 $H_1 : \mu < 2.0$에 관한 유의확률을 다음과 같이 구할 수 있다.

```
> mu←2; xbar=1.96; s←0.05; n←50
> t0←(xbar-mu)/(s/sqrt(n)); t0
[1] -5.656854
> pt(t0, df=24, lower.tail=TRUE)
[1] 3.983743e-06
```

유의확률 대신 기각역은 qt( )함수를 사용하여 다음과 같이 구할 수 있다.

```
> qt(0.05, df=24)
[1] -1.710882
```

이제 분포함수에 관한 R 명령어를 간단히 소개하기로 한다.

분포	확률밀도함수	누적분포함수	분위수 함수
정규분포	dnorm(x,mean,sd)	pnorm(q,mean,sd)	qnorm(p,mean,sd)
포아송분포	dpois(x,lambda)	ppois(q,lambda)	qpois(p,lambda)
이항분포	dbinom(x,size,prob)	pbinom(q,size,prob)	qbinom(p,size,prob)
지수분포	dexp(x,rate)	pexp(q,rate)	qexp(p,rate)
카이제곱분포	dchisq(x,df)	pchisq(q,df)	dchisq(p,df)
t-분포	dt(x,df)	pt(x,df)	qt(x,df)
F-분포	df(x,df1,df2)	pf(q,df1,df2)	qf(p,df1,df2)

이때 각 인자의 q는 분위수(벡터)를 나타내고, p는 확률(벡터)을 나타낸다.

참고문헌

2.1 Cox, D.R. (2006). *Principles of Statistical Inference*, Cambridge University Press, Cambridge.

2.2 Kutner, M.H., Nachtsheim, C.J. Neter, J. and Li, W. (2004) *Applied Linear Statistical Models* (5th Ed.), McGraw-Hill/Irwin, New York.

2.3 김우철 (2021). 수리통계학 (2판), 민영사.

2.4 김우철 외 9인 공저 (2006). 일반통계학, 영지문화사.

연습문제

2.1 같은 주사위를 두 번 던지는 시행을 고려하여 보자. 주사위의 눈을 1, 2, 3, 4, 5, 6으로 표시하면 한 시행의 결과는 두 개의 숫자로서 표현될 것이다. 첫 번째 숫자는 첫 번째 던진 주사위의 눈금이다.

(1) 이 시행에 대한 표본공간을 정의하시오.

(2) 두 숫자의 합을 확률변수 X로 정의할 경우 X의 확률밀도함수를 구하시오.

(3) 사상 A, B를 다음과 같이 정의하자.

A = {첫 번째 주사위의 눈금이 짝수인 경우}

B = {두 번째 주사위의 눈금이 짝수인 경우}

사상 A, B에 각각 어떠한 근원사건이 있는가를 구하시오.

2.2 어떤 복권의 상금액을 확률변수 X라고 하자. 추첨결과 만일 1등이 되면 9백만원이 될 수도 있고 떨어지면 0원이 될 수도 있다. 이 복권의 제도는 100,000번에서 199,999번까지의 10만 가지를 1조로 하여 5조(50만 장)를 매출, 추첨에 의하여 다음과 같은 당첨금을 주기로 하였다고 하자.

등급	당첨금	매수	확률
1등	9,000,000원	1	1/50만
애석상(1등과 조가 다름)	10,000원	4	4/50만
2등	1,000,000원	5	5/50만
3등	10,000원	50	50/50만
장려상	1,000원	500	500/50만

(1) 이 복권을 한 장 샀을 경우 상금액 X의 기댓값을 계산하시오.

(2) 상금액 X의 표준편차를 구하시오.

(3) 50만 장을 다 팔아서 당첨금을 분배한 후에 순이익금을 2천만원으로 하고 싶다면 복권 한 장에 약 얼마씩 받아야 하는지 구하시오.

2.3 한 여름 낮의 온도 T가 평균 28°C이고 표준편차 4°C를 갖는 정규분포를 한다고 하자. 어느 한 여름 낮을 임의로 선택하였을 때,

(1) 온도 T가 24°C에서 28°C 사이에 있을 확률을 구하시오.

(2) 온도 T가 36°C 이상 될 확률을 구하시오.

(3) 온도 T가 32°C에서 36°C 사이일 확률을 구하시오.

2.4 어떤 확률벡터 $\mathbf{y}^{\top} = (Y_1, Y_2, \cdots, Y_k)$에서 $\text{Var}(Y_i) = \sigma^2,\ i = 1, 2, \cdots, k$이고 $\text{Cov}(Y_i, Y_j) = \frac{1}{k}\sigma^2,\ i \neq j$일 때에 $\text{Var}(\mathbf{y})$을 구하시오. 만약 행렬 $A = (a_{ij})$가 있어 $a_{ii} = 1,\ i = 1, 2, \cdots, k$ 이고 $a_{ij} = \frac{1}{k},\ i \neq j$ 이면 $\text{Var}(A\mathbf{y})$는 무엇이 되는가?

2.5 한강에서 모래를 채취하여 모래를 운반하는데 한 트럭당 실려있는 모래 양이 평균 3톤이고 표준편차가 0.5톤인 정규분포를 한다고 한다.

(1) 모래를 운반하는 트럭 9대를 임의추출할 때 표본의 평균 $\overline{X}$가 갖는 분포를 구하시오.

(2) 위의 (1)의 경우에 $\overline{X}$가 2.5톤 미만이 될 확률을 구하시오.

2.6 어떤 원료에서 만들어지는 제품의 순도(단위:%)를 구간추정하고 싶다. 표본을 조사하니 다음과 같다.

표본제품의 순도 : 74.9, 75.5, 72.5, 73.4, 78.2, 77.8

순도의 모평균에 대한 95% 신뢰구간을 추정하시오. 제품의 순도는 정규분포 한다고 가정한다.

2.7 매년 수천 개의 전구를 소비하는 어느 회사에서 지금까지 A사의 제품을 사용하였다. A사 제품의 평균수명은 1,000 시간이었다. 그런데, B사에서 싼값으로 전구가 생산되어 이 새로운 전구의 평균수명이 유의수준 $\alpha = 0.05$에서 1,000시간보다 작다는 것이 증명되지만 않는다면 B사 제품을 사용하기로 하고 64개의 표본을 조사한 결과 평균수명 $\bar{x} = 986$시간, 표본표준편차 $s = 75$시간을 얻었다. B사 제품의 평균수명이 1,000시간보다 작다고 할 수 있겠는가? 유의수준 $\alpha = 0.05$에서 검정하시오.

2.8 다음의 데이터는 어느 회사에서 만드는 실의 장력(단위:kg/cm^2)을 알아보기 위한 표본의 데이터이다. 이 표본이 추출된 모집단의 평균 장력이 $98.5kg/cm^2$이라고 할 수

있는가, 없는가를 유의수준 $\alpha = 0.10$으로 검정하시오(모집단의 분산이 $1.5kg/cm^2$이라고 가정하시오.)

장력	도수
95	12
96	12
97	15
98	10
99	8
100	3
합계	50

2.9 a, b, c, d가 상수일 때, 다음을 증명하시오.

(1) $\text{Cov}(a + bX, c + dY) = bd\text{Cov}(X, Y)$

(2) $\text{Cov}(a + bX, c + dY) = \text{Corr}(X, Y)$, 단 $b > 0$, $d > 0$

윗 식에서 b와 d가 모두 음수일 때는 어떠한가?

b와 d의 부호가 다를 때는 어떠한가?

위에서 $\text{Corr}(X, Y)$는 변수 X와 Y간의 상관계수를 의미한다.

2.10 한 과목의 시험점수는 평균값 $\mu = 70$, 표준편차 $\sigma = 8$인 정규분포를 한다. 다음 방법에 의해 학점을 내려고 한다. 이 때 각 학점에 해당하는 학생들의 백분율을 구하시오.

점수	학점
70 ~ 1.5σ 미만	F
70-1.5σ ~ 70-0.5σ	D
70-0.5σ ~ 70+0.5σ	C
70+0.5σ ~ 70+1.5σ	B
70+1.5σ 이상	A

2.11 구두를 제조하는 공장에서 구두 밑창에 쓰일 고무를 잘라내는 기계가 있다. 이 기계에 의해 잘라지는 밑창의 두께는 표준편차 $\sigma = 0.2mm$인 정규분포를 한다. 구두 밑창의 기준이 되는 $\mu = 25mm$로부터 평균 두께가 다른 경우가 있다. 이 기계의 작업을 관리하기 위해 5개의 표본을 택하여 두께의 평균값 $\overline{X}$가 $24.8 \le \overline{X} \le 25.2$이면

이 기계는 관리 상태에 있고, 그렇지 않은 경우에는 기계의 작업을 중단하고 이를 재조정하려고 한다.

(1) 실제 평균 두께가 $\mu = 25mm$인데도 관리 상태에 있지 않다고 할 확률을 구하시오.

(2) 실제 평균 두께가 $\mu = 25.3mm$일 때 관리 상태에 있지 않다고 할 확률을 구하시오.

2.12 R 실습 연습문제 2.11의 각 문제에 대하여 답하시오.

Part II

기초적 회귀분석

03 단순회귀분석

〈목 차〉

3.1 서론

대다수의 연구에서 주된 관심은 관련된 변수(variables) 간에 상호 연관성을 찾는 것이다. 예를 들면, 사람은 신생아에서 성인이 될 때까지 나이가 들수록 키가 성장하는데, 나이와 키 사이의 함수관계를 생각해 볼 수 있을 것이다. 또는 어떤 플라스틱 제품의 강도가 이 제품을 만드는 기계의 온도와 어떤 연관성을 가지고 있다고 하면, 이들 변수 간의 함수관계를 규명하는 것은 흥미 있는 연구일 것이다. 위의 두 가지 예에서 키와 강도는 일반적으로 반응변수(response variable) 또는 종속변수(dependnet variable)라 부르고, 나이나 온도와 같이 반응변수에 영향을 주는 변수를 설명변수(explanatory variable) 또는 독립변수(independent variable)라 한다.

우리 주위에는 설명변수와 반응변수 사이의 함수관계를 알아 내려고 하는 수없이 많은 문제들이 있으며, 이런 관계를 실험자료를 분석하여 어느 정도 규명할 수 있다면 가치 있는 정보를 우리에게 제공할 수 있을 것이다. 이처럼 변수들 간의 함수관계를 추구하는 통계적 방법을 회귀분석(regressionanalysis)이라고 부른다. 일반적으로 회귀분석은 한 개의 설명변수와 한 개의 반응변수 간의 관계 분석에 제한되어 있지 않고 여러 개의 변수들 간의 함수관계를 규명하는 데에도 많이 쓰여지고 있으나, 이 장에서는 제일 간단한 경우에 해당하는 한 개의 설명 및 반응 변수간의 선형관계(linear relation)에 관한 분석을 먼저 다루려 한다. 이와 같은 분석을 단순회귀분석(simple regression analysis)이라고 한다.

회귀라는 말은 영국의 우생학자 Galton(참고문헌 3.3)이 처음으로 불렀다고 한다. 그는 아버지의 키 X와 아들의 키 Y와의 관계식은 45°의 기울기를 주지 못하고 그것보다 경사가 완만한 직선을 준다고 간파하였다 한다. 이와 같은 생각에 관심을 가졌던 Pearson(참고문헌 3.6)은 1,078 가족의 부자 간 신장(단위는 인치)에 관한 기록을 수집하여 아버지의 키 $X = x$가 주어졌을 때, 아들의 평균 키 Y는

$$\hat{\mathrm{E}}(Y|X = x) = 33.887 + 0.514x$$

와 같은 관계가 있다고 추정하였다. [그림 3.1]은 아버지들의 키별로 아들들의 평균 키를 표시하고 이들 간의 관계를 나타내는 직선을 표시한 것이다. 이 그림에서 보면 아버지의 키가 60 인치인 경우 아들의 평균 키는 약 65 인치로서 아버지의 키보다 크고, 이와 반대로 아버지의 키가 74 인치인 경우에는 아들들의 평균 키가 약 72 인치로서 아버지의 키보다 작은 것을 보게 된다. 이 직선은 X와 Y의 평균 $(\bar{x}, \bar{y}) = (67.7, 68.7)$를 지나므로, 결국 아들의 평균 키는 아버지 전체의 평균 키에 되돌아 가려는 경향이 있다는 것이다.[1] 위에서와 같은 함수관계를 '회귀(regression)'라는 용어로 처음 표현한 사람이 Galton이며, 이것이 유래가 되어 통계학에서 변수간의 어떤 함수관계를 표현하는 식은 회귀식(regression equation)이라는 용어로 사용하게 된 것이다.

---

1) '평균으로의 회귀(regression to the mean)'의 수리적 설명은 다음과 같다. 확률벡터 $\begin{pmatrix} X \\ Y \end{pmatrix}$가 평균벡터와 공분산 행렬이 각각

$$\boldsymbol{\mu} = \begin{pmatrix} \mu_x \\ \mu_y \end{pmatrix} \quad \Sigma = \begin{pmatrix} \sigma_x^2 & \rho\sigma_x\sigma_y \\ \rho\sigma_x\sigma_y & \sigma_y^2 \end{pmatrix}$$

인 이차원 정규분포를 따른다고 하고, 이해를 쉽게 하기 위하여 $\mu_x = \mu_y = \mu$, $\sigma_x^2 = \sigma_y^2 = \sigma^2$, 그리고 $0 < \rho < 1$을 가정한다. X(아버지의 키)가 x일 때 아들의 평균 키는

$$\mathrm{E}(Y|X = x) = \mu_y + \rho\frac{\sigma_y}{\sigma_x}(x - \mu_x) = \rho x + (1 - \rho)\mu = \mu + \rho(x - \mu) \qquad (3.1)$$

가 된다. 식 (3.1)에서 $\rho < 1$이므로 만일 아버지 키 x가 μ보다 크다면, 아들의 평균 키는

$$\mu < \mu + \rho(x - \mu) < x$$

가 되어 아버지의 키(x)보다 평균 μ에 가까워진다. 반대로 아버지의 키 x가 μ보다 작은 경우에도

$$x < \mu + \rho(x - \mu) < \mu$$

가 되어 아들의 키는 평균 μ에 가까워진다. 이는 회귀분석이 추정하는 X와 Y 사이의 관계식으로 조건부 기대값인 $\mathrm{E}(Y|X = x)$를 추정하는데 기인하는 현상이다.

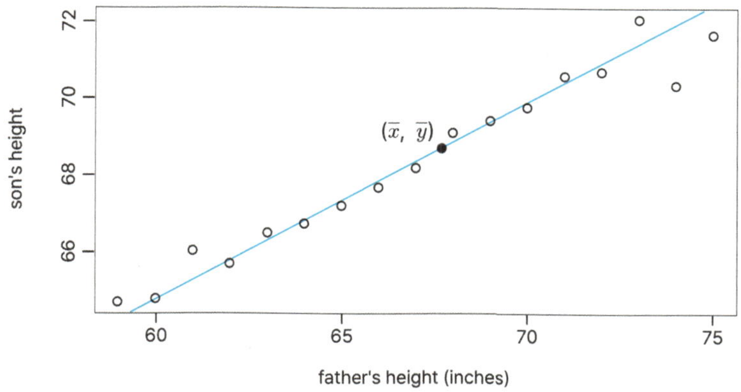

그림 3.1 아버지 키와 아들 키 간의 회귀직선

3.2 회귀분석의 기본개념

3.2.1 산점도

두 변수 간의 함수관계를 연구하는 첫 단계로서 먼저 해야 할 것은 관측값을 시각화하는 일이다. 먼저 산점도(scatter plot)를 그려보면 두 변수 간의 관계를 대략적으로 짐작할 수 있다. 구체적인 예를 들어보기로 하자. 어떤 특수한 종류의 상품을 팔고 있는 상점을 중심으로 광고가 판매량에 미치는 관계를 알아 보기 위하여 비슷한 여건하에 있는 많은 상점들 중에서 10개의 상점을 표본(sample)으로 추출하여, 이 상점들의 연간 광고료와 총판매량을 알아보니 그 자료가 [표 3.1]과 같다 하자.

표 3.1 표본상점의 광고료와 총판매액

상점번호	광고료 (단위 : 10만원)	총판매액 (단위 : 100만원)	상점번호	광고료 (단위 : 10만원)	총판매액 (단위 : 100만원)
1	4	9	6	12	30
2	8	20	7	6	18
3	9	22	8	10	25
4	8	15	9	6	10
5	8	17	10	9	20

광고료를 설명변수 X로 하고 판매액을 반응변수 Y로 하여 산점도를 그려 보면 [그림 3.2]와 같다. 이 그림으로부터 우리는 X가 증가하면 일반적으로 Y가 증가한다는 사실을 쉽게 알 수 있고, 그 관계가 대략 직선인 것도 짐작할 수 있다. [그림 3.2]와 같은 산점도를 그렸을 경우에 X와 Y의 관계가 직선보다는 곡선으로 표시하는 것이 타당할 때도 있다. [그림 3.3]의 경우는 여기에 해당될 것이다. 이럴 경우에는 곡선을 적합시키는 곡선회귀

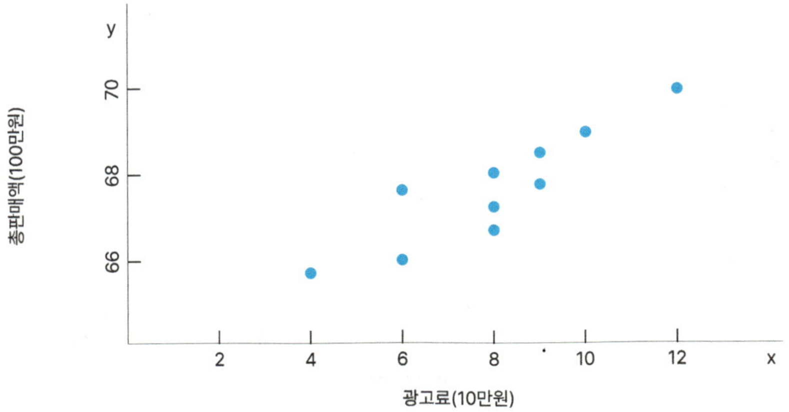

그림 3.2 **광고료와 총판매액의 산점도**

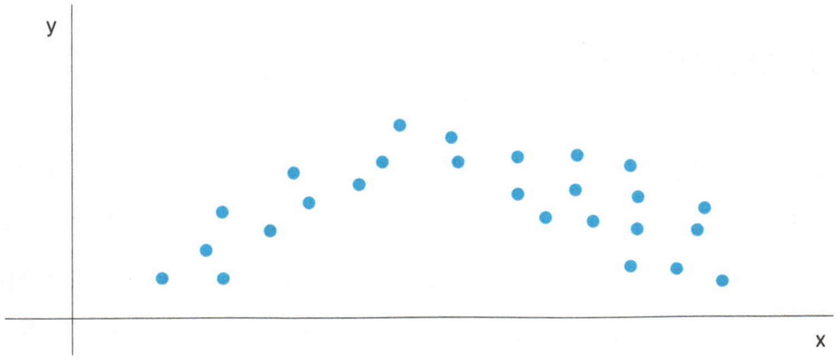

그림 3.3 **곡선관계 산점도**

(curvilinear regression) 또는 다항회귀(polynomial regression)를 사용하여야 하며, 이는 9장에서 다루기로 한다.

3.2.2 기본 가정(basic assumptions)

설명변수 X와 반응변수 Y간에 직선회귀모형(straight line regression model)을 적합할 경우에는 일반적으로 다음과 같은 가정이 전제조건을 이루고 있다.

(1) **(선형성)** 설명변수 X와 반응변수 Y 사이에 존재하는 관련성은, 주어진 $X = x$의 값에서 Y의 기대값을

$$\mathrm{E}(Y \mid X = x) = \beta_0 + \beta_1 x \tag{3.2}$$

와 같은 선형식으로 나타낼 수 있다. 여기서 선형식은 x에 대한 선형식이 아닌 회귀계수 β_0와 β_1에 대한 선형식을 의미하는데, x에 대한 이차 곡선인 $\mathrm{E}(Y \mid X = x) = \beta_0 + \beta_1 x + \beta_2 x^2$도 선형성을 만족한다.

(2) **(정규성, 등분산성)** 주어진 x의 값에서 변수 Y는 정규분포(normal distribution)를 따르며, 평균은 $\mathrm{E}(Y|X=x)=\beta_0+\beta_1 x$로 x에 따라서 변하지만 분산은 x의 값에 관계없이 일정하다. 즉, $\mathrm{Var}(Y|X=x)=\sigma^2$을 가정한다. 정규분포에 대한 가정을 정규성, 분산에 대한 가정을 등분산성이라고 부른다. 등분산성은 회귀분석뿐만 아니라 다른 여러 분석들에서도 요구되어지는 가정이나 어떤 예제들에서는 강한 가정일 수 있다. 예를 들어, 연령과 혈압의 관계에 대한 연구에서 연령이 높은 사람이 혈압이 높고 더불어 관측된 혈압값들의 변동 또한 크게 관측되는 경향이 있다. 즉, 평균이 높은 개체 또는 그룹에서 분산 또한 높은 경향이 관측되어 등분산성 가정이 만족되지 않는다.

(3) **(독립성)** 설명변수 X는 확률변수가 아닌 고정된 값으로 가정하며, 반응변수 Y는 측정오차를 수반하는 확률변수(random variable)이다. 또 Y의 측정오차들은 서로 독립이다.

위의 가정 아래 단순회귀모형을 표현하면 다음과 같다.

$$\mathrm{E}(Y|X=x)=\beta_0+\beta_1 x$$

이때 주어진 x의 값에서 변수 Y의 분산 σ^2은 0보다 크기 때문에 i 번째 관측값 y_i의 값은 $\mathrm{E}(Y|X=x_i)$와 같지 않게 된다. 실제로 관측값과 기대값 사이의 차이를 설명하기 위해 오차항 ϵ_i을 이용하여 단순회귀모형을 다음과 같이 표현한다.

$$y_i=\beta_0+\beta_1 x_i+\epsilon_i \tag{3.3}$$

이때

y_i = 반응변수 Y의 i 번째 관측값

β_0, β_1 = 모집단의 회귀계수

x_i = X의 고정된 i 번째 관측값

ϵ_i = i 번째 관측값 y_i의 오차항으로 정규 확률분포 $N(0, \sigma^2)$를 따르며, 다른 오차항과는 독립이다.

모형 (3.3)를 단순회귀모형이라 불렀는데, 여기서 '단순(simple)'이란 말은 이 모형이 회귀계수로 볼 때도 선형(linear in the regression coefficients)이고, 설명변수로 볼 때도 선형(linear in the independent variable)이며, 설명변수가 단 하나뿐이므로 이렇게 부르는 것이다. 이와 같은 모형을 설명변수가 하나인 '일차 모형(first-order model)'이라고도 부른다.

모형 (3.3)의 표현에서 첨자 i를 빼고 $X=x$로 주어졌을 때 반응변수의 값을 일반형으로 나타내면

$$Y=\beta_0+\beta_1 x+\epsilon \tag{3.4}$$

이 된다. 주어진 x에서 Y의 기대치가 $\mathrm{E}(Y|X=x)=\beta_0+\beta_1 x$ 이므로 식 (3.4)는

$$Y=\mathrm{E}(Y\,|\,X=x)+\epsilon$$

으로 표현되며 오차항 $\epsilon=Y-\mathrm{E}(Y\,|\,X=x)$의 분산을 σ^2이라 하면 확률변수 Y와 ϵ은 각각 다음의 분포를 가진다.

$$Y\,|\,X\sim N(\mathrm{E}(Y\,|\,X=x),\,\sigma^2) \tag{3.5}$$

$$\epsilon\,|\,X\sim N(0,\,\sigma^2) \tag{3.6}$$

여기서

$$\mathrm{Var}(Y|X)=\mathrm{Var}(\epsilon|X)=\sigma^2$$

으로, 두 번째 가정에서 Y의 분산은 x의 값에 관계없이 일정하다고 하였는데 이를 등분산(homoscedastic)의 가정이라고 하며, 만약 Y의 분산이 $X=x$의 값에 따라 달라진다면 이분산(heteroscedastic)의 성질을 가졌다고 한다. 이분산인 경우는 3.8절 또는 12장에서 별도로 다루기로 하겠다.

위의 세 번째 가정에서 Y의 측정오차들은 서로 독립이라고 하였는데, 두 오차항에 대한 공분산이

$$\mathrm{Cov}(\epsilon_i,\,\epsilon_j\,|\,X)=0,\ \ i\neq j$$

이 성립되는 가정이다. 이 가정이 성립하지 않는 경우에 대해서도 12.4절에 별도로 다루기로 하겠다. 마지막으로, 위의 세 번째 가정에서 X는 고정된 값이라고 하였는데, 실제 문제에서는 X도 확률변수인 경우가 흔하다. 이런 경우에도 만약 주어진 $X=x$에서 Y의 조건부 확률분포가 $N(\mathrm{E}(Y\,|\,x),\,\sigma^2)$이고, X의 확률분포가 β_0, β_1, σ^2과 아무런 관련이 없으면 모형 (3.4)는 이러한 경우를 포함한다고 할 수 있다. 단, 이런 경우에는 X와 Y가 모두 확률변수이므로 X에 대하여 Y의 회귀(regression of Y on X)를 구하는 것 외에도 Y에 대하여 X의 회귀(regression of X on Y)를 구하는 것도 의미가 있다. 다만 X에 대한 Y의 회귀식 $\mathrm{E}(Y\,|\,X=x)$과 Y에 대한 X의 회귀식 $\mathrm{E}(X\,|\,Y=y)$이 서로 같지는 않다.

식 (3.5)와 식 (3.6)에 표현된 성질을 알기 쉽게 설명하기 위하여 [표 3.1]의 광고료(X)와 총판매액(Y) 간의 가상적인 모집단의 분포를 그림으로 그려 보면 [그림 3.4]를 얻을 수 있다. 예를 들면, $x=6$에서의 Y의평균은

$$\mathrm{E}(Y|X=6)=\beta_0+6\beta_1$$

이고, 이는 [그림 3.4]에서 $X=6$과 $\mathrm{E}(Y\,|\,X=6)=\beta_0+\beta_1 x$가 만나는 점의 y좌표이며, Y는 이를 평균으로 하고 표준편차 σ를 갖는 정규분포를 따른다는 의미이다. 모형 (3.4)의 직선회귀를 다음과 같이 변형하여 대체모형(alternative model)으로 사용하는 경우도 있다.

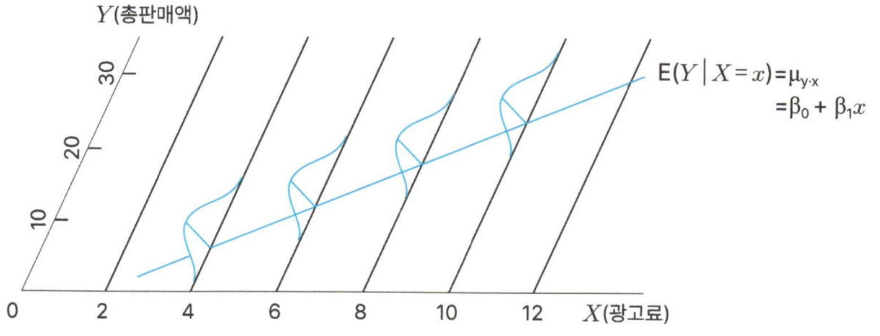

그림 3.4 $Y \mid X \sim N\left(\mathrm{E}(Y \mid X = x), \sigma^2\right)$의 도해

$$
\begin{aligned}
Y &= \beta_0 + \beta_1 x + \epsilon \qquad (3.7)\\
&= (\beta_0 + \beta_1 \bar{x}) + \beta_1 (x - \bar{x}) + \epsilon \\
&= \beta_0' + \beta_1 (x - \bar{x}) + \epsilon
\end{aligned}
$$

3.3 회귀선의 추정

표본자료(sample data)로부터 선형식 (3.2)를 추정하여 얻은 직선을

$$\hat{y} = \hat{\beta}_0 + \hat{\beta}_1 x \qquad (3.8)$$

라 표시하자. 이와 같은 직선을 추정된 회귀직선, 또는 간단히 회귀선이라고 부르기로 하겠다. 여기에서 $\hat{\beta}_0$, $\hat{\beta}_1$, $\hat{y}$ 는 각각 β_0, β_1, $\mathrm{E}(Y \mid X = x)$의 추정값(estimate)이다. 흔히 $\hat{\beta}_0$를 회귀선 (3.8)의 절편(intercept)이라 부르고, $\hat{\beta}_1$을 기울기(slope)라 부른다. $\hat{\beta}_0$는 $x = 0$에서 $\hat{y}$의 값이며, $\hat{\beta}_1$은 x가 한 단위 증가할 때에 $\hat{y}$의 증가량을 나타내 준다.

이제 $\hat{\beta}_0$와 $\hat{\beta}_1$을 구하는 방법을 알아보자. 확률표본추출에 의하여 n개의 관측값, (x_1, y_1), (x_2, y_2), $\cdots$, (x_n, y_n)을 가지고 있다고 하자. 이 점들을 가장 잘 적합할 수 있는 직선 (3.8)을 구하기 위해서는 적합도(goodness of fit)를 어떻게 비교하여야 할 것인가에 대한 기준(criterion)을 정해야 할 것이다.

3.3.1 최소제곱법

표본자료를 적합시키는 데는 여러 가지 표준들이 고려될 수 있으나, 가장 널리 적용되고 있는 최소제곱법(method of least squares)을 알아보자. 앞 장에서 간단히 설명된 바와 같이, 이 방법은 i 번째 관측값 (x_i, y_i)에 관한 회귀모형을 식 (3.3)으로부터

$$y_i = \beta_0 + \beta_1 x_i + \epsilon_i \qquad (3.9)$$

라고 표현할 때, 오차제곱들의 합

$$S(\beta_0, \beta_1) = \sum_{i=1}^{n} \epsilon_i^2 = \sum_{i=1}^{n} (y_i - \beta_0 - \beta_1 x_i)^2 \tag{3.10}$$

을 최소로 하는 β_0와 β_1의 값을 이들의 추정값, $\hat{\beta}_0$ 와 $\hat{\beta}_1$ 으로 구하는 방법이다. 식 (3.10)의 오차제곱합 $S(\beta_0, \beta_1)$를 최소화시키는 β_0와 β_1을 구하기 위하여 $S(\beta_0, \beta_1)$를 β_0와 β_1으로 각각 편미분하면 다음의 결과를 얻게 된다.

$$\begin{aligned} \frac{\partial S(\beta_0, \beta_1)}{\partial \beta_0} &= -2\sum (y_i - \beta_0 - \beta_1 x_i) \\ \frac{\partial S(\beta_0, \beta_1)}{\partial \beta_1} &= -2\sum x_i (y_i - \beta_0 - \beta_1 x_i) \end{aligned} \tag{3.11}$$

위에서 $\sum$는 $\sum_{i=1}^{n}$을 의미하며 앞으로 혼란이 야기되지 않는 범위 내에서 이런 의미로 쓰겠다. 식 (3.11)의 편미분 값을 0으로 만드는 β_0와 β_1을 각각 $\hat{\beta}_0$와 $\hat{\beta}_1$으로 대치하여 정리하면,

$$\hat{\beta}_0 n \quad + \hat{\beta}_1 \sum x_i = \sum y_i \tag{3.12}$$

$$\hat{\beta}_0 \sum x_i + \hat{\beta}_1 \sum x_i^2 = \sum x_i y_i \tag{3.13}$$

이 되는데, 이 식을 정규방정식(normal equations)이라고 부른다. 수학적으로 식 (3.10)을 최소화하기 위하여 $S(\beta_0, \beta_1)$를 각각 β_0와 β_1으로 편미분하여 얻어진 결과를 0으로 놓고 해를 구했는데, 실제로 이 해가 $S(\beta_0, \beta_1)$를 최소화한다는 보장은 없다. 이는 단지 필요조건에 지나지 않으며 충분조건은 다음과 같은 이차편미분(second order partial derivative)행렬

$$J = \begin{pmatrix} \dfrac{\partial^2 S}{\partial \beta_0^2} & \dfrac{\partial^2 S}{\partial \beta_0 \partial \beta_1} \\ \dfrac{\partial^2 S}{\partial \beta_0 \partial \beta_1} & \dfrac{\partial^2 S}{\partial \beta_1^2} \end{pmatrix} \tag{3.14}$$

이 양정치(positive definite)행렬이 되어야 한다(참고문헌 3.7). 【정리 1.48】로부터 행렬 J가 양정치이기 위해서는

$$\frac{\partial^2 S}{\partial \beta_0^2} > 0, \ | J | > 0$$

이어야 하는데

$$\frac{\partial^2 S}{\partial \beta_0^2} = 2n > 0$$

$$| J | = \begin{vmatrix} 2n & 2\sum x_i \\ 2\sum x_i & 2\sum x_i^2 \end{vmatrix} = 4n\sum (x_i - \bar{x})^2 > 0 \tag{3.15}$$

이 성립하므로 수학적인 이론으로 볼 때 식 (3.11)을 0으로 하는 β_0 와 β_1 의 값은 식 (3.10)를 최소화시키는 값이다. 정규방정식 (3.12)-(3.13)을 $\hat{\beta}_0$와 $\hat{\beta}_1$에 대하여 풀면,

$$\hat{\beta}_1 = \frac{\sum x_i y_i - \frac{(\sum x_i)(\sum y_i)}{n}}{\sum x_i^2 - \frac{(\sum x_i)^2}{n}} = \frac{\sum(x_i - \bar{x})(y_i - \bar{y})}{\sum(x_i - \bar{x})^2} \tag{3.16}$$

$$\hat{\beta}_0 = \frac{\sum y_i}{n} - \hat{\beta}_1 \frac{\sum x_i}{n} = \bar{y} - \hat{\beta}_1 \bar{x}$$

이고, 이를 β_0와 β_1의 최소제곱추정량(least squares estimator)이라고 부른다. 앞으로 표현을 간단히 하기 위하여

$$\begin{aligned} S_{(xx)} &= \sum(x_i - \bar{x})^2 \\ S_{(yy)} &= \sum(y_i - \bar{y})^2 \\ S_{(xy)} &= \sum(x_i - \bar{x})(y_i - \bar{y}) \end{aligned} \tag{3.17}$$

을 사용하기로 하면, 기울기 $\hat{\beta}_1$은

$$\hat{\beta}_1 = \frac{S_{(xy)}}{S_{(xx)}}$$

이 된다.

식 (3.7)의 대체모형에 대하여 오차제곱합

$$S(\beta_0, \beta_1) = \sum \epsilon^2 = \sum[y_i - \beta_0' - \beta_1(x_i - \bar{x})]^2$$

을 만들어 위와 똑같은 방법으로 β_0'와 β_1을 추정하여 $\hat{\beta}_0'$와 $\hat{\beta}_1$을 구하면 적합된 회귀모형은,

$$\hat{y} = \hat{\beta}_0' + \hat{\beta}_1(x - \bar{x}) \tag{3.18}$$

$$\hat{\beta}_0' = \bar{y}, \quad \hat{\beta}_1 = \frac{S_{(xy)}}{S_{(xx)}}$$

이며, 간략히

$$\hat{y} - \bar{y} = \hat{\beta}_1(x - \bar{x}) \text{ 또는 } \hat{y}_i - \bar{y} = \hat{\beta}_1(x_i - \bar{x}) \tag{3.19}$$

로 표현할 수 있다. $\hat{\beta}_1$은 식 (3.16)과 동일하고 $\hat{\beta}_0'$만 차이가 있다. 이 결과는 $\beta_0' = \beta_0 + \beta_1\bar{x}$라는 가정으로부터

$$\hat{\beta}_0' = \hat{\beta}_0 + \hat{\beta}_1\bar{x} = (\bar{y} - \hat{\beta}_1\bar{x}) + \hat{\beta}_1\bar{x} = \bar{y}$$

가 된다.

예 3.1

[표 3.1]에 있는 광고료와 판매액 자료에 대하여 최소제곱법에 의하여 회귀직선을 구하고 산점도 위에 이 직선을 그려 보아라.

풀이

주어진 자료로부터 다음을 얻을 수 있다.

$$n = 10$$
$$\sum y_i = 9 + 20 + \cdots + 20 = 186$$
$$\bar{y} = 186/10 = 18.6$$
$$\sum x_i = 4 + 8 + \cdots + 9 = 80$$
$$\bar{x} = 80/10 = 8$$
$$\sum x_i y_i = (4)(9) + (8)(20) + \cdots + 9(20) = 1{,}608$$
$$\sum x_i^2 = (4)^2 + (8)^2 + \cdots + (9)^2 = 686$$

따라서, 식 (3.16)으로부터

$$\hat{\beta}_1 = \frac{1{,}608 - \frac{(80)(186)}{10}}{686 - \frac{(80)^2}{10}} = 2.609$$

$$\hat{\beta}_0 = \frac{186}{10} - (2.609)\left(\frac{80}{10}\right) = -2.270$$

이므로, 적합된 회귀직선은

$$\hat{y} = -2.270 + 2.609x \tag{3.20}$$

이다. [그림 3.5]는 이 회귀직선을 산점도 위에 그린 것이다. 식 (3.7)의 대체모형을 사용한다면 식 (3.18)로부터 추정된 회귀직선은,

$$\hat{y} = \bar{y} + \hat{\beta}_1(x - \bar{x}) = 18.6 + 2.609(x - 8) \tag{3.21}$$

이 된다.

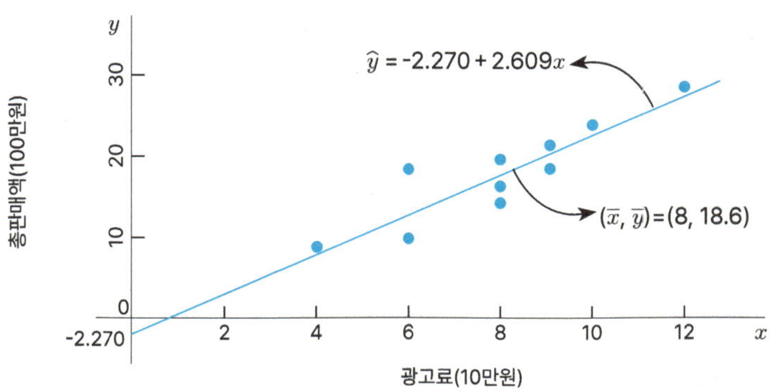

그림 3.5 **적합된 회귀직선**

3.3.2 최대가능도추정법(method of maximum likelihood estimation)

앞에서 다룬 최소제곱법에 의하여 회귀계수 β_0, β_1을 추정하는 방법은 주어진 x에서 Y가 정규분포(따라서 오차항 ϵ가 정규분포)를 한다는 가정이 없을 때에도 적용되는 추정방법이다. 이제 오차항 ϵ가 식 (3.6)처럼 다음과 같은 성질을 가진다고 하자.

$$\epsilon \sim N(0, \sigma^2)$$

즉, ϵ는 정규분포를 하는 확률변수로서 0을 평균으로 하고 σ^2을 분산으로 한다는 것을 의미한다. 이러한 가정 아래에서 n개의 관측값을 구했을 때 $\epsilon_1, \epsilon_2, \cdots, \epsilon_n$은 정규분포 $N(0, \sigma^2)$에서 얻어지는 확률표본이며 ϵ_i의 확률밀도함수(probability density function)는

$$f(\epsilon_i) = \frac{1}{\sqrt{2\pi\sigma^2}} \exp\left(-\frac{\epsilon_i^2}{2\sigma^2}\right)$$

이고, $f(\epsilon_i)$, $i = 1, 2, \cdots, n$들의 곱은

$$L = \prod_{i=1}^{n} f(\epsilon_i) = \frac{1}{(2\pi\sigma^2)^{\frac{n}{2}}} \exp\left(-\frac{\sum \epsilon_i^2}{2\sigma^2}\right) \tag{3.22}$$

$$= \frac{1}{(2\pi\sigma^2)^{\frac{n}{2}}} \exp\left(-\frac{\sum (y_i - \beta_0 - \beta_1 x_i)^2}{2\sigma^2}\right)$$

으로 표현되는데, 이 함수는 식(2.41)에서 설명된 것과 같은 가능도함수(likelihood function)이다. 이 함수를 최대로 크게 하여 주는 β_0와 β_1의 값을 구하여 이 값들은 최대가능도추정값이라 부르며, 이와 같은 방법으로 구하는 β_0와 β_1의 추정량을 우리는 최대가능도추정량(maximum likelihood estimator)이라고 한다. 편미분의 편의상 식 (3.22)의 가능도함수를 대수변환(logarithmic transformation)하면 다음과 같다.

$$\ln L = -\frac{n}{2} \ln 2\pi\sigma^2 - \frac{1}{2\sigma^2} \sum (y_i - \beta_0 - \beta_1 x_i)^2 \tag{3.23}$$

식 (3.23)을 각각 β_0와 β_1으로 편미분하면

$$\frac{\partial \ln L}{\partial \beta_0} = \frac{1}{\sigma^2} \sum (y_i - \beta_0 - \beta_1 x_i) \tag{3.24}$$

$$\frac{\partial \ln L}{\partial \beta_1} = \frac{1}{\sigma^2} \sum x_i (y_i - \beta_0 - \beta_1 x_i)$$

이 되는데, 이를 각각 0으로 놓고 β_0와 β_1의 해를 구하는 것은 식 (3.11)을 각각 0으로 놓고 푸는 것과 동일한 것이다. 따라서, 최대가능도추정량으로서의 $\hat{\beta}_0$과 $\hat{\beta}_1$은 최소제곱추정량과 동일한 것을 알 수 있다. 여기서 유의하여야 할 사항은 최대가능도추정량은 오차항 ϵ_i의 분포를 정규분포 $N(0, \sigma^2)$이라고 가정하고 얻은 것이고, 최소제곱추정량은 이러한 가정이 전제되어 있지 않다는 점이다.

3.3.3 적합된 회귀선의 성질(properties of fitted regression line)

식 (3.8)에서 x 대신에 i번째 x의 관찰치 x_i를 사용하면

$$\hat{y}_i = \hat{\beta}_0 + \hat{\beta}_1 x_i \tag{3.25}$$

이 되는데, 여기서 $\hat{y}_i$는 x_i에서 추정된 $E(Y|X = x_i)$의 추정값이다. x_i에서의 관측값 y_i와 추정값 $\hat{y}_i$과의 차이

$$e_i = y_i - \hat{y}_i \tag{3.26}$$

를 잔차(residual)라고 부르며, $\hat{\beta}_0$와 $\hat{\beta}_1$이 식 (3.16)에 의한 최소제곱추정값이면 다음과 같은 흥미로운 몇 가지 성질이 성립한다.

(1) 잔차들의 합은 0이다. 즉,

$$\sum e_i = 0 \tag{3.27}$$

이 성질은 다음과 같이 간단히 증명될 수 있다.

$$\sum e_i = \sum (y_i - \hat{y}) = \sum (y_i - \hat{\beta}_0 - \hat{\beta}_1 x_i) = \sum y_i - n\hat{\beta}_0 - \hat{\beta}_1 \sum x_i = 0$$

왜냐하면, 식 (3.12)의 정규방정식에서

$$\hat{\beta}_0 n + \hat{\beta}_1 \sum x_i = \sum y_i$$

이기 때문이다. 이것을 또한 다른 방법으로 증명할 수도 있다. 식 (3.18)의 결과를 이용하여

$$y_i - \hat{y}_i = y_i - [\hat{\beta}_0' + \hat{\beta}_1 (x_i - \bar{x})] = (y_i - \bar{y}) - \hat{\beta}_1 (x_i - \bar{x})$$

이므로

$$\sum e_i = \sum (y_i - \hat{y}_i) = \sum (y_i - \bar{y}) - \hat{\beta}_1 \sum (x_i - \bar{x}) = 0$$

이 명백하다. 잔차의 합이 0이므로

$$\sum y_i = \sum \hat{y}_i$$

이 또한 성립한다.

(2) 잔차제곱의 합, $\sum e_i^2$은 최소가 된다. 이것은 최소제곱법에 의하여 $\hat{\beta}_0$와 $\hat{\beta}_1$을 구할 때 요구한 성질이므로 명백하다.

(3) 잔차들의 x_i에 의한 가중합(weighted sum)은 0이다. 즉

$$\sum x_i e_i = 0 \tag{3.28}$$

왜냐하면,

$$\sum x_i e_i = \sum x_i(y_i - \hat{y}_i) = \sum x_i(y_i - \hat{\beta}_0 - \hat{\beta}_1 x_i) = \sum x_i y_i - \hat{\beta}_0 \sum x_i - \hat{\beta}_1 \sum x_i^2$$

이 되는데, 이것은 정규방정식 (3.12)의 두 번째 식으로부터 0이 된다.

(4) 잔차들의 $\hat{y}_i$에 의한 가중합은 0이다. 즉

$$\sum \hat{y}_i e_i = 0 \tag{3.29}$$

이 된다. 왜냐하면,

$$\sum \hat{y}_i e_i = \sum (\hat{\beta}_0 + \hat{\beta}_1 x_i) e_i = \hat{\beta}_0 \sum e_i + \hat{\beta}_1 \sum x_i e_i$$

인데, 식 (3.27)과 (3.28)로부터 $\sum \hat{y}_i e_i$가 0이 됨을 알 수 있다. 즉, 추정값 $\hat{y}_i$과 e_i의 표본상관계수는 0이고 둘의 이론적 상관계수도 0이 된다. 추정값 $\hat{y}_i$는 추정절차를 하나의 값으로 대표하는 값의 특성을 가지고 있고, 식 (3.29)의 성질로 분석에 문제가 없는지를 살피는 잔차그림(residual plot)을 그릴 때 $(\hat{y}_i, e_i)$의 산점도를 이용하게 된다.

(5) 점 $(\bar{x}, \bar{y})$는 적합된 회귀선상에 있다. 이것은 식 (3.19)의 대체모형에서

$$\hat{y} - \bar{y} = \hat{\beta}_1 (x - \bar{x})$$

이므로 $(\bar{x}, \bar{y})$가 회귀선상에 있음이 명백하다. [그림 3.5]가 이러한 성질을 나타내 주고 있다.

3.4 회귀선의 정도

앞에서 주어진 자료로부터 회귀선을 구하는 방법을 고찰하였는데, 회귀선만을 가지고는 관측값들이 회귀선 주위에 어떻게 분포되어 있으며, 회귀선이 이 점들을 어느 정도 잘 대변하여 주고 있는가를 알 수 없다. 물론 산점도 위에 회귀선을 그려 보아 대략 짐작할 수 있으나, 추정된 회귀선의 정도(precision)를 측정하는 여러 가지 측도(measure)에 대하여 알아보기로 하자.

3.4.1 추정값의 표준오차(standard error of estimate)

앞에서 선형회귀모형 $Y = \beta_0 + \beta_1 x + \epsilon$을 표본의 자료로부터 적합시킬 때에 오차항 ϵ은 서로 독립이며 평균이 0, 표본편차가 σ인 확률분포를 갖고 x의 값에 관계없이 이와 같은 성질이 성립한다고 가정하였다. 따라서, 모든 x의 값에 대하여 반응변수 Y의 기댓값은

$$E(Y \mid X = x) = \beta_0 + \beta_1 x$$

이고 분산은 σ^2이라고 생각하는 것이다. 이제 위에서 가정한 σ의 추정방법을 생각하여 보

자. Y의 측정값들이 회귀선 주위에 모두 가깝게 있다면 σ의 추정값은 작을 것이고, 이와 반대로 Y의 값들이 회귀선으로부터 멀리 떨어져 있는 것이 많으면 σ의 추정값은 커질 것이다. 먼저 다음과 같은 회귀로부터의 평균제곱편차(mean square deviation from regression)

$$s_{y \cdot x}^2 = \frac{\sum e_i^2}{n-2} = \frac{\sum (y_i - \hat{y}_i)^2}{n-2} \tag{3.30}$$

를 정의하자. 이것이 바로 σ^2의 불편추정값(unbiased estimate)이 된다. 이와 관련한 좀 더 자세한 것은 5장에서 소개하기로 한다. 표본으로부터 회귀모형을 적합 후 구한 오차에 대한 표준편차 $s_{y \cdot x}$는 다음과 같다.

$$s_{y \cdot x} = \sqrt{\frac{\sum (y_i - \hat{y}_i)^2}{n-2}} \tag{3.31}$$

이것을 추정값의 표준오차(standard error of estiamte)라고 부른다. 이 오차를 $s_{y \cdot x}$라고 표기하는 이유는 어떤 주어진 x에서 y의 표본표준편차(sample standard deviation)라는 의미이다.

예 3.2

[표 3.1]에 있는 표본자료에 대하여 추정값의 표준오차를 구하시오.

풀이

앞의 **예 3.1**에는 추정된 회귀식 (3.20)을 얻고, 이 회귀식으로부터 [표 3.2]를 얻을 수 있다.

표 3.2 $\hat{y}_i$와 $y_i - \hat{y}_i$

관측번호	x_i	y_i	$\hat{y}_i = -2.270 + 2.609x_i$	$y_i - \hat{y}_i$
1	4	09	8.17	0.83
2	8	20	18.60	1.40
3	9	22	21.21	0.79
4	8	15	18.60	-3.60
5	8	17	18.60	-1.60
6	12	30	29.04	0.96
7	6	18	13.38	4.62
8	10	25	23.81	1.19
9	6	10	13.38	-3.38
10	9	20	21.21	-1.21

이 표를 이용하여,

$$\sum (y_i - \hat{y}_i)^2 = (9 - 8.17)^2 + (20 - 18.60)^2 + \cdots + (20 - 21.21)^2 = 55.36$$

이므로, 구하려는 추정값의 표준오차는

$$s_{y \cdot x} = \sqrt{\frac{\sum(y_i - \hat{y}_i)^2}{n-2}} = \sqrt{\frac{55.36}{8}} = 2.63$$

(단위:100만 원)이 된다. 만약 n개의 관측값들이 추정된 회귀선상에 모두 있다면, 모든 i에 대하여 $y_i - \hat{y}_i = 0$이므로 $s_{y \cdot x}$가 0이 됨을 알 수 있다. 바꾸어 말해서, 만약 회귀분석에서 $s_{y \cdot x} = 0$이라면 이는 모든 점들이 회귀선상에 위치하고 있다는 것이다. 물론 이런 경우는 극히 드물며, $s_{y \cdot x}$의 값이 매우 작은 경우에는 n개의 점들이 모두 회귀선에 매우 가깝게 관측된다는 것을 의미한다.

3.4.2 결정계수(coefficient of determination)

추정된 회귀선의 정도를 측정하는 다른 방법으로 다음의 식을 고려하여 보자.

$$(y_i - \bar{y}) = (y_i - \hat{y}_i) + (\hat{y}_i - \bar{y}) \tag{3.32}$$

한 개의 관측값 y_i와 y_i들의 평균 $\bar{y}$와의 차이를 총편차(total deviation)라고 하면, 식 (3.32)에서 보듯이 두 개의 편차 합으로 나타낼 수 있다. 하나는 회귀선에 의하여 설명되지 않는 편차이고, 또 하나는 설명되는 편차이다. 이 관계를 [그림 3.6]에서 표시하고 있다.

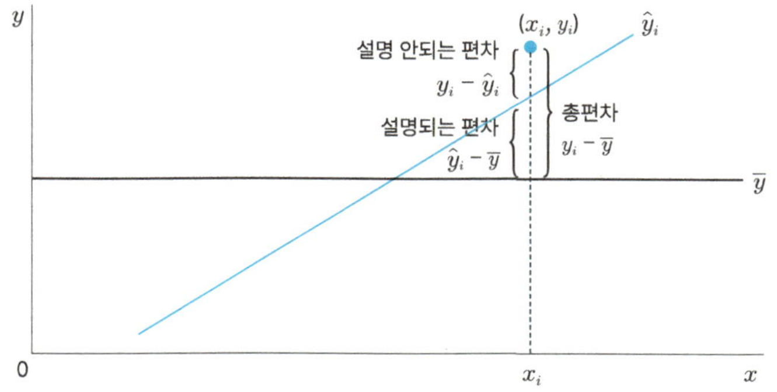

그림 3.6 **총편차의 구분**

식 (3.32)를 제곱하고 모든 i에 대하여 합을 구하면

$$\sum(y_i - \bar{y})^2 = \sum(y_i - \hat{y}_i)^2 + \sum(\hat{y}_i - \bar{y})^2 + 2\sum(y_i - \hat{y}_i)(\hat{y}_i - \bar{y})$$

가 되는데, 오른쪽 마지막항은

$$\sum(y_i - \hat{y}_i)(\hat{y}_i - \bar{y}) = \sum e_i(\hat{y}_i - \bar{y}) = \sum \hat{y}_i e_i - \bar{y}\sum e_i$$

이므로, 식 (3.27)과 (3.29)로부터 $\sum \hat{y}_i e_i = 0$, $\sum e_i = 0$이며, 따라서 0이 된다. 총편차의 제곱의 합

$$S_{(yy)} = \sum(y_i - \bar{y})^2$$

을 총변동(total variation) 또는 총제곱합(total sum of squares)이라 부르기도 하며 SST로 표시한다. 총제곱합은 다음과 같이 둘로 나누어진다.

$$SST \quad = \quad SSE \quad + \quad SSR \tag{3.33}$$

(총변동) = (회귀선에 의해서 설명 안되는 변동) + (회귀선에 의하여 설명 되는 변동)

여기서 각각

$$SSE = \sum(y_i - \hat{y}_i)^2 \tag{3.34}$$

$$SSR = \sum(\hat{y}_i - \bar{y})^2$$

으로 SSE는 잔차에 의한 제곱합(sum of squares due to residual errors) 또는 회귀로부터의 제곱합(sum of squares from regression)이라고 하며, SSR은 회귀에 의한 제곱합(sum of squares due to regression)이라고 한다. 위의 변동들에 대하여 다음의 비율

$$r^2 = \frac{SSR}{SST} = 1 - \frac{SSE}{SST} \tag{3.35}$$

은 총변동 중에서 회귀선에 의하여 설명되는 비율이며 r^2의 범위는 $0 \leq r^2 \leq 1$이다. 이 r^2을 표본결정계수(sample coefficient of determination)라고 정의한다. 표본결정계수(또는 결정계수)를 표현할 때 r^2(또는 R^2)를 사용한 부분을 눈여겨 본다. 기호 'r'(또는 'R')은 3.5절에서 표본상관계수(또는 상관계수)를 나타낼 때 사용할 기호로 표본결정계수와 표본상관계수 사이의 관계를 그대로 나타낸다(식 (3.36) 참조). 만약, 모든 관측값이 회귀선상에 위치한다면 $SSE = 0$이며 $r^2 = 1$이다. 이와 반대로, x와 y사이에 회귀관계가 전혀 없어서 추정된 회귀선의 기울기가 0이면 $\hat{y}_i = \bar{y}$가 성립되며, 이 경우에는 r^2의 값이 0이 된다. 일반적으로 r^2의 값은 0에서 1 사이에 있으며, x와 y사이에 높은 상관관계가 있을수록 1에 가까워진다. 따라서 r^2의 값이 0에 가까운 값을 가지는 회귀선은 쓸모가 없는 회귀선이고 회귀분석의 의미가 없으며, r^2의 값이 큰 값을 가질수록 회귀선의 유용성이 높아진다. 결정계수는 총변동을 설명하는 데 있어서 회귀선에 의하여 설명되는 변동이 기여하는 비율을 의미하므로 결정계수를 회귀선의 기여율이라고 부르기도 한다.

예 3.3

[표 3.1]의 자료에 대하여 식 (3.16)과 같은 회귀선을 구했을 때 결정계수는 어떤 값을 갖는가?

풀이

앞의 **예 3.2**에서 계산한 것과 같이 $SSE = \sum(y_i - \hat{y}_i)^2 = 55.36$ 이며

$$S_{(yy)} = SST = \sum(y_i - \bar{y})^2 = (9 - 18.6)^2 + (20 - 18.6)^2 + \cdots + (20 - 18.6)^2 = 368.40$$

이므로, 식 (3.32)로부터

$$r^2 = 1 - \frac{SSE}{SST} = 1 - \frac{55.36}{368.40} = 0.850$$

이 된다. 즉, 총변동 중에서 회귀직선에 의하여 설명되는 부분이 85% 라는 것으로 추정된 회귀선의 정도는 비교적 높은 편이다.

회귀선의 정도는 추정값의 표준오차와 결정계수 이외에도 상관계수나 분산분석의 F-검정으로부터 측정이 가능한데, 이것들은 다음의 상관분석과 분산분석에서 다루기로 한다.

3.5 상관분석

3.5.1 상관계수

두 변수 X와 Y 사이의 상관관계를 설명하는 데 결정계수가 쓰여지기도 하지만, 결정계수는 X와 Y의 관계가 음의 상관관계인지 양의 상관관계인지를 구별하지 못하는 단점을 가지고 있다. 이와 같은 단점을 보완하여 두 변수 간의 상호관계를 측정하는 측도로서 상관계수(coefficient of correlation)가 있다. 단순회귀분석에서는 상관계수 r을 다음과 같이 구할 수 있다.

$$r = \pm\sqrt{r^2} \tag{3.36}$$

즉, 결정계수 r^2의 제곱근이며, 만약 추정된 회귀선의 기울기 $\hat{\beta}_1$이 양이면 $r = \sqrt{r^2}$으로 양의 상관계수를 갖고, 기울기 $\hat{\beta}_1$이 음이면 $r = -\sqrt{r^2}$으로 음의 상관계수를 갖는다. 결정계수 r^2의 값이 0에서 1까지이므로 상관계수 r의 값은 -1에서 1 까지이며 x와 y의 상관정도에 따라서 r의 값이 결정된다.

[그림 3.7(a)]처럼 회귀선의 기울기가 음이고 모든 관측값들이 회귀선상에 있을 경우는 $r = -1$이며, r이 가질 수 있는 최소의 값이다. [그림 3.7(b)]처럼 기울기는 음이나 관측값들이 반드시 회귀선상에만 있지 않을 경우는 r의 값은 음이나 -1은 아니다. 반대로 [그림 3.7(c)]처럼 기울기가 양이면 $0 < r < 1$이며, 관측값들이 모두 회귀선상에 있으면 [그림 3.7(d)]처럼 $r = 1$인 최댓값을 가지게 된다. 마지막으로 회귀선의 기울기가 0 이면 $\hat{y} = \bar{y}$가 되며, 식 (3.35)로부터 $r^2 = 0$이므로, 따라서, r의 값은 0 이다. 이는 [그림 3,7(e)]의 경우에 해당하며, 우리는 X와 Y 사이에 상관관계가 없다고 한다.

이제까지 취급해 온 단순회귀분석에서는 X와 Y의 함수관계가 식 (3.4)에 의하여 표현되고 (즉, $Y = \beta_0 + \beta_1 x + \epsilon$), 이 모형의 기본 가정의 하나로서 '$Y$는 확률변수이나 X는 고정

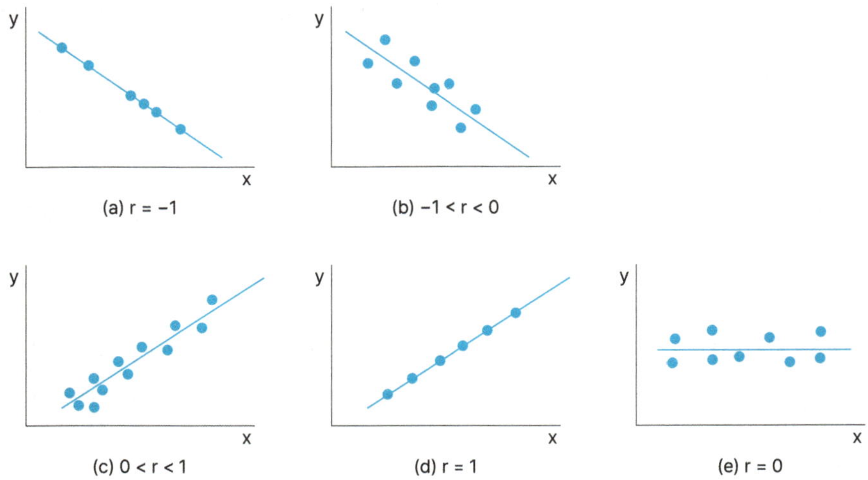

그림 3.7 **상관계수**

된 변수'로 가정[2]한 후에 회귀분석의 여러 가지 측면을 연구하여 왔다. 만약 X도 확률변수이고 X와 Y가 어떤 이변량 분포(bivariate distribution)를 하고 있다면, X와 Y의 모상관계수(population coefficient of correlation)는 다음과 같이 정의한다.

$$\rho_{XY} = \frac{\text{Cov}(X, Y)}{\sqrt{\text{Var}(X)\text{Var}(Y)}} \tag{3.37}$$

변수 X, Y의 분산 Var(X), Var(Y)를 각각 σ_X^2, σ_Y^2으로 표시하고 X와 Y의 공분산을 σ_{XY}로 표시하면 식 (3.37)의 모상관계수는

$$\rho_{XY} = \frac{\sigma_{XY}}{\sigma_X \cdot \sigma_Y} \tag{3.38}$$

이다. 이는 식 (2.13)과 같음을 알 수 있다. 모집단으로부터 크기가 n인 표본을 뽑았을 때 n개의 관측값 (x_1, y_1), (x_2, y_2), $\cdots$, (x_n, y_n)이 얻어졌다면 이 두 변수 사이의 표본상관계수(sample coefficient of correlation)는

$$r_{xy} = \frac{S_{(xy)}}{\sqrt{S_{(xx)}S_{(yy)}}} \tag{3.39}$$

로 정의된다. 계수 r_{xy}는 그 범위가 $-1 \le r_{xy} \le 1$임을 쉽게 증명할 수 있으며, [그림 3.7]에서 본 바와 같이 x와 y 사이의 상관정도에 따라서 그 값이 결정될 것이다. 상관계수는 두

2) 3.1절의 [주석 1]에서와 같이 설명변수 X도 확률변수임을 가정하고 (X, Y)가 이변량 분포(bivariate distribution)를 따른다는 가정하에서 회귀분석의 여러 통계량이나 회귀계수에 대한 의미를 살펴보는 경우가 있다. 하지만 이변량 분포에 대한 가정은 설명변수를 고정된 값으로 하는 회귀분석의 가정과 근원적으로 매우 다르므로 이러한 접근을 할 때 신중할 필요가 있다. 예를 들어, 4.3절의 상관계수의 검정을 참조하기 바란다.

변수 간의 선형관계(linear relationship)가 어느 정도인가를 재는 측도이지 함수관계를 알아보는 측도는 아니다. 다음의 표는 정확히 $y = x^2 - 4x + 6$ 이라는 함수관계를 만족시키고 있다.

표 3.3 예 3.4 자료

x	0	1	2	3	4
y	6	3	2	3	6

그러나, 식 (3.39)에 의하여 상관계수 r_{xy}를 구해 보면 $S_{(xy)} = \sum(x_i - \bar{x})(y_i - \bar{y})$이므로 결국 $r_{xy} = 0$이 된다. 이것은 상관계수가 두 변수 간의 직선적인 관련성만을 측정하는 도구라는 것을 알기 쉽게 보여 주는 예라 하겠다.

예 3.4

[표 3.1]의 자료에 대하여 식 (3.39)를 사용하여 표본상관계수를 구하시오.

풀이

표본상관계수 r^2은 다음과 같이 [표 3.4]를 작성하여 계산하는 것이 편리하다.

표 3.4 r_{xy}의 계산표

관측 번호	x	y	x^2	xy	y^2
1	4	9	16	46	81
2	8	20	64	160	400
3	9	22	81	198	484
4	8	15	64	120	225
5	8	17	64	136	289
6	12	30	144	360	900
7	6	18	36	108	324
8	10	25	100	250	625
9	6	10	36	60	100
10	9	20	81	180	400
계	80	186	686	1,608	3,828

$$S_{(xx)} = \sum(x_i - \bar{x})^2 = \sum x_i^2 - \frac{(\sum x_i)^2}{n} = 686 - \frac{80^2}{10} = 46$$

$$S_{(yy)} = \sum(y_i - \bar{y})^2 = \sum y_i^2 - \frac{(\sum y_i)^2}{n} = 3{,}828 - \frac{(186)^2}{10} = 386.4$$

$$S_{(xy)} = \sum(x_i - \bar{x})(y_i - \bar{y}) = \sum x_i y_i - \frac{(\sum x_i)(\sum y_i)}{n} = 1{,}608 - \frac{(80)(186)}{10} = 120$$

$$r_{xy} = \frac{S_{(xy)}}{\sqrt{S_{(xx)}S_{(yy)}}} = \frac{120}{\sqrt{(46)(368.4)}} = 0.92$$

이와 같이 양의 높은 상관계수는 광고료(x)와 판매액(y) 간에는 높은 상관관계가 있으며, 광고료의 증가에 따라서 판매액도 증가한다는 의미이다. 상관계수 r_{xy}의 계산을 식 (3.39)에 의하지 않고 식 (3.36)에 의하여 얻을 수도 있다. **예 3.3**에서 결정계수의 값이 $r^2 = 0.85$이고 회귀선의 기울기가 양의 값을 가졌으므로 상관계수 r은 $r = \sqrt{r^2} = \sqrt{0.85} = 0.92$로서 정확히 같은 값을 얻게 된다. 식 (3.36)에 의하여 상관계수 r을 구할 때에는 결정계수 r^2의 값이 반드시 단순회귀분석에서 얻어지는 결정계수인가를 확인하여야 한다. 단순회귀분석에서 구해지는 결정계수가 아니고 뒤에서 다루게 되는 중회귀나 곡선회귀에서 얻어지는 결정계수로부터는 상관계수 r을 구할 수 없다. 여기서 확인할 것은, 식 (3.36)과 (3.39)가 어떻게 같은 값을 주느냐 하는 것이다. 이것을 보이기 위하여 다음의 등식을 증명해 보자.

$$r^2 = \frac{SSR}{SST} = \frac{S_{(xy)}^2}{S_{(xx)}S_{(yy)}} = (r_{xy})^2 \tag{3.40}$$

왼쪽과 오른쪽의 등호는 식 (3.35)와 (3.39)에 있는 정의이므로 명백한 사실이며, 가운데의 등호는 식 (3.16)으로부터 $\hat{y}_i - \bar{y} = \hat{\beta}_1(x_i - \bar{x})$이므로

$$SSR = \hat{\beta}_1^2 S_{(xx)} = \frac{S_{(xy)}^2}{S_{(xx)}}$$

이며, 식 (3.16)의 $\hat{\beta}_1$에 관한 공식을 이용하면 $\hat{\beta}_1 = \frac{S_{(xy)}}{S_{(xx)}}$으로

$$r^2 = \frac{SSR}{SST} = \frac{\hat{\beta}_1^2 S_{(xx)}}{S_{(yy)}} = \left[\frac{S_{(xy)}}{S_{(xx)}}\right]^2 \frac{S_{(xx)}}{S_{(yy)}} = \frac{[S_{(xy)}]^2}{S_{(xx)}S_{(yy)}} = (r_{xy})^2$$

이므로 식 (3.40)은 성립된다. 결정계수 r^2은 총변동을 회귀방정식에 의하여 설명되는 변동과 설명 안되는 변동으로 구분하여 총변동에 대한 설명되는 변동의 비율로서 정의하였는데, 이것과 x와 y의 직선관계를 말해 주는 상관계수 r_{xy}의 제곱이 일치한다는 재미있는 결론을 위에서 보여 주었다. 그러나 이와 같은 결과는 단순회귀의 결정계수에 한해서만 성립한다는 사실에 유의해 주기 바란다. 단순회귀분석에서 얻어진 결정계수 r^2과 표본상관계수 r_{xy} 사이에 직접적인 관계가 있듯이, 회귀직선의 기울기 $\hat{\beta}_1$과 r_{xy} 사이에는 다음과 같은 관계가 있다.

$$r_{xy} = \frac{S_{(xy)}}{\sqrt{S_{(xx)}S_{(yy)}}} = \frac{S_{(xy)}}{S_{(xx)}} \cdot \frac{\sqrt{S_{(xx)}}}{\sqrt{S_{(yy)}}} = \hat{\beta}_1 \frac{s_x}{s_y} \tag{3.41}$$

위에서 s_x, s_y는 각각 x와 y의 표본표준편차(sample standard deviation)로

$$s_x = \sqrt{\frac{S_{(xx)}}{n-1}}, \quad s_y = \sqrt{\frac{S_{(yy)}}{n-1}}$$

와 같은 것이다. 식 (3.41)에서 r_{xy}와 $\hat{\beta}_1$은 서로 선형관계에 있음을 알 수 있고, 같은 부호를 가지며 s_x와 s_y의 값이 양이므로, 크기가 서로 정비례함을 알 수 있다. 표본상관계수 r_{xy}의 또 다른 재미있는 성질은 회귀에 있어서의 오차분산 σ^2의 추정값 $s_{y \cdot x}^2$(식 (3.30)에 정의되어 있음)과의 관계에서 얻어진다. 즉,

$$
\begin{aligned}
\sum(y_i - \hat{y}_i)^2 &= (n-2)s_{y \cdot x}^2 = SST - SSR \\
&= \sum(y_i - \bar{y}_i)^2 - \frac{\left[\sum(x_i - \bar{x})(y_i - \bar{y})\right]^2}{\sum(x_i - \bar{x})^2} \\
&= \left[\sum(y_i - \bar{y})^2\right](1 - r_{xy}^2).
\end{aligned}
\tag{3.42}
$$

여기서 $\sum(y_i - \hat{y}_i)^2$은 음수가 될 수는 없으므로, 따라서 r_{xy}^2은 1보다 클 수 없다. 여기에서 $-1 \leq r \leq 1$인 r_{xy}의 성질이 유도될 수 있다. 또 $\sum(y_i - \hat{y}_i)^2 = 0$이면 $r_{xy}^2 = 1$임을 의미한다. $s_{y \cdot x}^2$을 y의 분산 s_y^2으로 나누면

$$
\frac{s_{y \cdot x}^2}{s_y^2} = \frac{\left[\sum(y_i - \bar{y})^2\right](1 - r_{xy}^2)/(n-2)}{\sum(y_i - \bar{y})^2/(n-1)} = \frac{(n-1)}{(n-2)}(1 - r_{xy}^2)
$$

이며, 표본의 크기 n이 크면 대략 다음이 성립한다.

$$
\frac{s_{y \cdot x}^2}{s_y^2} \fallingdotseq 1 - r_{xy}^2
$$

두 변수 x, y 의 단위 크기가 큰 차이가 있을 때에는 두 변수의 실제 측정값 대신에

$$
x^* = \frac{x - \bar{x}}{s_x}, \quad y^* = \frac{y - \bar{y}}{s_y} \tag{3.43}
$$

와 같이 x, y 값을 변환하여 이용하는 경우가 있다. 이와 같이 변환된 변수를 표준화된 변수(standardized variables)라고 부른다. 이것을 식 (3.19)의

$$
\hat{y} - \bar{y} = \hat{\beta}_1 (x - \bar{x})
$$

에 대입하면,

$$
\hat{y}^* s_y = \hat{\beta}_1 x^* s_x \quad \text{또는} \quad \hat{y}^* = \frac{\hat{\beta}_1 s_x}{s_y} \cdot x^*
$$

을 얻게 되며, 식 (3.41)을 사용하면

$$
\hat{y}^* = r_{xy} x^*
$$

을 얻게 되어, 표준단위로 변환하여 계산한 회귀계수(regression coefficient)가 곧 두 변수 간의 상관계수가 되는 것을 이해할 수 있다.

3.6 분산분석

회귀분석에 있어서 식 (3.33)에서 본 바와 같이 총변동 또는 총제곱합을 회귀선에 의하여 설명되는 부분과 안 되는 부분으로 나누어 고찰하는 것은 매우 의미있는 일이다. 회귀선에 의하여 설명되는 제곱합을 회귀에 의한 제곱합이라 부르며, 이는 식 (3.16)과 (3.19)를 이용하여 표현하면,

$$SSR = \sum(\hat{y}_i - \bar{y})^2 = \hat{\beta}_1^2 S_{(xx)} = \frac{S_{(xy)}^2}{S_{(xx)}} \tag{3.44}$$

이 된다. 그리고, 회귀선에 의하여 설명되지 않는 제곱합을 잔차(residual)로 인한 제곱합이라고 부르며, 이 제곱합의 간편한 계산은

$$SSE = \sum(y_i - \hat{y}_i)^2 = \sum(y_i - \bar{y})^2 - \sum(\hat{y} - \bar{y})^2 = SST - SSR$$

이 된다. 주어진 자료를 적합시키는 데 있어서 회귀직선이 유의(significant)한가 하는 것은 SSR이 상대적으로 SSE보다 어느 정도 큰가를 다음과 같은 분산분석표를 만들어 알아볼 수 있다.

표 3.5 **단순회귀의 분산분석표**

요인	제곱합	자유도	평균제곱	F_0	F_α
회귀	SSR	1	$MSR = SSR$	MSR / MSE	$F_\alpha(1, n-2)$
잔차	SSE	$n-2$	$MSE = SSE / n-2$		
계	SST	$n-1$			

[표 3.5]에서 평균제곱은 제곱합을 자유도로 나눈 것이며, 잔차의 평균제곱 MSE는 식 (3.30)에서 σ^2의 추정값과 같다. 또, F_0는 회귀의 평균제곱 MSR과 잔차의 평균제곱 MSE와의 비율이다. 이 비율이 크면 회귀에 의한 제곱합이 잔차의 그것보다 상대적으로 많이 커서 회귀선이 x와 y 간의 관계를 설명하는 데 유의하다는 의미가 된다. 이 F_0의 값이 어느 정도 커야 되는가에 대해서는 부록 <표 A-4>의 F 분포표를 이용하여 주어진 유의수준(level of significance) α와 자유도(1, n - 2)를 사용하여 기각치 $F_\alpha(1, n-2)$를 구하고, 만약 $F_0 > F_\alpha(1, n-2)$이면 유의수준 α 검정결과 회귀선이 유의하다고 말한다. 분산분석표에서는 이 값을 F_α란에 적어서 F_0의 값과 비교할 수 있게 한다.

예 3.5

[표 3.1]의 자료에 대하여 직선회귀의 분산분석표를 작성하고 유의수준 5%로 회귀직선의 유의여부를 검정하시오.

풀이

[표 3.5]의 분산분석표를 만들어 보면 다음과 같다.

표 3.6 **분산분석표**

요인	제곱합	자유도	평균제곱	F_0	$F_{0.05}$	$F_{0.01}$
회귀	313.04	1	313.04	45.24^{**}	5.32	11.26
잔차	55.36	8	6.92			
계	368.40	9				

유의수준 $\alpha = 0.05$를 사용하여 F의 기각치를 구해보면 5.32 인데 $F_0 = 45.24$이므로 **예 3.1**에서 구한 회귀직선 $\hat{y} = -2.270 + 2.609x$는 매우 유의함을 알 수 있다. '매우 유의'하다는 말은 $F_0 > F_{0.01}$인 경우에 흔히 쓰고, '유의'하다 하면 $F_0 > F_{0.05}$인 경우에 주로 사용한다[3].

3.7 원점을 지나는 회귀

두 변수 X와 Y의 관계가 성질상 $X = 0$일 때에 $Y = 0$이라는 것이 명백할 때가 있다. 예를 들면, X가 제품의 생산량이고 Y는 생산비용이어서 생산량이 0이면 생산비용도 0이라고 생각하는 경우라든가, 담배 가게에서 X는 재고가 있는 담배 종류의 수이고, Y는 판매량일 때 X가 0이면 Y도 0이 되는 경우이다. 위와 같은 경우에 사용할 수 있는 회귀직선은 모형 (3.3)에서 $\beta_0 = 0$으로 놓고 원점을 통과하는 다음과 같은 회귀모형이다.

$$y_i = \beta_1 x_i + \epsilon_i \tag{3.45}$$

위에서 β_1, x_i, ϵ_i 등에 대한 가정은 단순회귀모형의 경우와 동일하다. 오차제곱합은

$$S(\beta_1) = \sum \epsilon_i^2 = \sum (y_i - \beta_1 x_i)^2$$

이며, 이를 최소로 하는 β_1의 값을 $\hat{\beta}_1$이라 하면 $\hat{\beta}_1$은 다음의 정규방정식을 만족시킨다.

$$\sum x_i (y_i - \hat{\beta}_1 x_i) = 0$$

따라서, $\hat{\beta}_1$은

$$\hat{\beta}_1 = \frac{\sum x_i y_i}{\sum x_i^2} \tag{3.46}$$

이 되며, 이 경우 σ^2의 불편추정량은 $s^2_{y \cdot x}$(또는 MSE)로

3) R 소프트웨어 경우 유의성을 4단계로 표시를 하는데, F_0의 값이 $F_{0.001}$보다 큰 경우 F_0의 값 오른쪽에 '***', $F_{0.01}$보다 큰 경우에는 '**'를 붙이고, $F_{0.05}$의 경우에는 '*', 마지막으로 $F_{0.1}$보다 큰 경우에는 '·'으로 표시된다.

$$s^2_{y\cdot x} = \frac{\sum(y_i - \hat{y}_i)^2}{n-1} = \frac{\sum(y_i - \hat{\beta}_1 x_i)^2}{n-1} \tag{3.47}$$

이며, 분모가 $n-2$가 아니라 $n-1$인 것은 식 (3.45)의 모수가 β_1 하나이므로 자유도를 하나만 상실하기 때문이다. 추정된 회귀직선을

$$\hat{y}_i = \hat{\beta}_1 x_i \tag{3.48}$$

라고 쓰면 $e_i = y_i - \hat{y}_i$은 잔차이며, 절편(intercept) $\hat{\beta}_0$가 있는 경우에는 식 (3.27)에서 $\sum e_i$는 0이 되나, 원점을 통과하는 회귀선에 대해서는 잔차의 합이 반드시 0은 아니다. 회귀선에 의하여 설명되는 변동은

$$SSR = \sum(\hat{y}_i)^2 = \sum(\hat{\beta}_1 x_i)^2 = \hat{\beta}_1^2 \sum x_i^2 \text{ 또는 } \frac{(\sum x_i y_i)^2}{\sum x_i^2} \tag{3.49}$$

에 의하여 정의되며, 자유도는 1이고 잔차변동 SSE는

$$SSE = \sum(y_i - \hat{y}_i)^2 = \sum(y_i - \hat{\beta}_1 x_i)^2 = \sum y_i^2 - SSR \tag{3.50}$$

으로 자유도는 $n-1$이다. 따라서, 원점을 통과하는 회귀선의 유의검정은

$$F_0 = \frac{SSR/1}{SSE/(n-1)} = \frac{MSR}{MSE} \tag{3.51}$$

을 $F_\alpha(1, n-1)$와 비교하여 판정하게 된다.

3.8 가중회귀

단순회귀모형은 식 (3.3)에서 일반적으로 가정하였듯이 오차항의 등분산, $\text{Var}(\epsilon_i) = \sigma^2$이 전제조건으로 되어 있다. 그러나, 이러한 등분산의 가정이 성립되지 않는 경우도 있으며, 오차항마다 분산이 다른 경우를 생각하여 보자. 즉

$$y_i = \beta_0 + \beta_1 x_i + \epsilon_i, \quad \text{Var}(\epsilon_i) = \sigma_i^2 = \frac{\sigma^2}{w_i} \tag{3.52}$$

이라 하고, 이런 경우 가중최소제곱법(method of weighted least squares)을 사용하여 회귀분석하는 것을 가중회귀(weighted regression)분석이라고 부른다. 이 때 w_i를 가중치(weights)라고 부른다. 최소제곱법에서는 식 (3.10)의 오차제곱의 합

$$S(\beta_0, \beta_1) = \sum(y_i - \beta_0 - \beta_1 x_i)^2$$

을 최소로 하는 것이나 가중최소제곱법에서는

$$Q(\beta_0, \beta_1) = \sum w_i(y_i - \beta_0 - \beta_1 x_i)^2 \tag{3.53}$$

을 최소로 하는 β_0와 β_1의 값을 구하는 것이다. 이 가중오차제곱의 합 Q를 β_0와 β_1에 대하여

편미분하여 식 (3.12), (3.13)과 같은 정규방정식을 만들면

$$\hat{\beta}_0\sum w_i + \hat{\beta}_1\sum w_i x_i = \sum w_i y_i \qquad (3.54)$$
$$\hat{\beta}_0\sum w_i x_i + \hat{\beta}_1\sum w_i x_i^2 = \sum w_i x_i y_i$$

이 되며, 설명변수 관측값들과 반응변수 관측값들의 가중평균을 각각

$$\bar{x} = \frac{\sum w_i x_i}{\sum w_i},\ \ \bar{y} = \frac{\sum w_i y_i}{\sum w_i} \qquad (3.55)$$

라 하면, 가중정규방정식의 해는 다음과 같다.

$$\hat{\beta}_1 = \frac{\sum w_i(x_i - \bar{x})(y_i - \bar{y})}{\sum w_i(x_i - \bar{x})^2} \qquad (3.56)$$
$$\hat{\beta}_0 = \bar{y} - \hat{\beta}_1\bar{x}$$

가중회귀에서는 변동을 다음과 같이 정의한다.

$$SST = \sum w_i(y_i - \bar{y})^2$$
$$SSR = \frac{\left[\sum w_i(x_i - \bar{x})(y_i - \bar{y})\right]^2}{\sum w_i(x_i - \bar{x})} \qquad (3.57)$$
$$SSE = SST - SSR$$

이때 가중잔차의 합(weighted sum of residuals)

$$\sum w_i(y_i - \hat{y}_i) = \sum w_i(y_i - \hat{\beta}_0 - \hat{\beta}_1 x_i) \qquad (3.58)$$

은 0 이 되고, 가중잔차제곱합(weighted residual sum of squares)

$$\sum w_i(y_i - \hat{\beta}_0 - \hat{\beta}_1 x_i)^2 \qquad (3.59)$$

은 최소가 되는 것을 알 수 있다. 마지막으로 이와 관련된 분산분석표는 [표 3.5]에 있는 것과 동일한 형태를 갖는다.

3.9 R 실습

Pearson의 아버지와 아들의 키 데이터 3.1절에서 소개한 키 데이터에 대하여 R 프로그램을 살펴보기로 한다. 먼저 단순회귀분석 모형은 R base 함수에서 사용할 수 있지만, 일반적으로 R의 다양한 패키지들은 우리가 예제로 풀어볼 수 있는 방대한 데이터와 유용한 함수들을 저장하고 있어 적절하게 사용한다면 유용하게 이용할 수 있다. 이 절에서는 UsingR 패키지를 설치하여, Peason (3.3)의 키 데이터를 로딩하기로 한다. 단, 패키지 설치는 처음 그 패키지를 사용할 때만 하면 되지만, library( ) 함수는 패키지를 로딩하는 역할을 하고 있

어, 주어진 패키지를 사용하고자 할 때마다 호출해야 한다.

```
>install.packages("UsingR")
>library(UsingR)
>data(father.son)
```

UsingR 패키지는 [그림 3.1]에서 소개한 Pearson의 키 데이터를 포함하는데, 아버지의 키(fheight)와 아들의 키(sheight)에 대한 기록이다.

```
> data(father.son)
> names(father.son)
[1] "fheight" "sheight"
```

먼저 plot()함수를 사용하여 산점도를 그려보면 다음과 같다.

```
> plot(sheight~fheight, data=father.son, pch=19, cex=0.5,
        xlab="father's height (inches)", ylab="son's height (inches)")
```

데이터의 갯수가 1078개여서 cex(디폴트는 1)를 사용하여 관측값의 크기를 줄이는 효과를 보여주었고, pch는 관측값의 모양을 •으로 나타낸다.

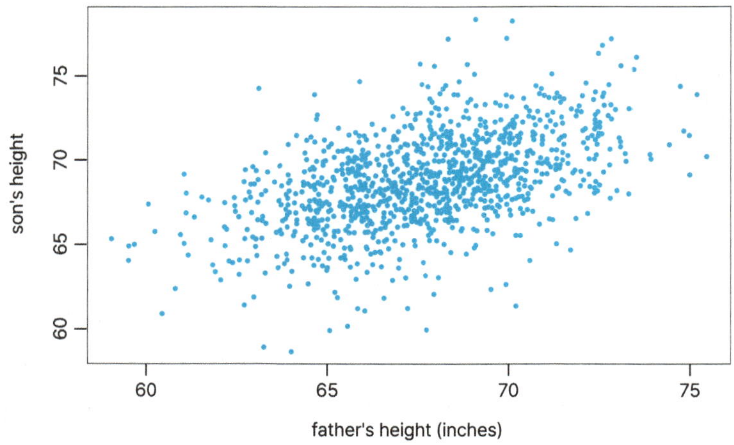

그림 3.8 아버지와 아들 간의 키의 산점도

반응변수 sheight와 설명변수 fheight를 갖는 단순선형회귀모형을 적합하기 위해 lm() 함수를 사용하기로 한다. 기본 문법은 lm(y ~ x, data)로 y는 반응변수, x는 설명변수를 나타내며 data는 이 변수들이 포함되어 있는 데이터세트를 나타낸다.

```
> lm.fit←lm(sheight~fheight, data=father.son)
> summary(lm.fit)

Call:
lm(formula = sheight ~ fheight, data = father.son)

Residuals:
    Min       1Q   Median       3Q      Max
-8.8772  -1.5144  -0.0079   1.6285   8.9685

Coefficients:
            Estimate  Std. Error  t value  Pr(>|t|)
(Intercept) 33.88660    1.83235    18.49    <2e-16 ***
fheight      0.51409    0.02705    19.01    <2e-16 ***
---
Signif. codes:
0 '***' 0.001 '**' 0.01 '*' 0.05 '.' 0.1 ' ' 1

Residual standard error: 2.437 on 1076 degrees of freedom
Multiple R-squared: 0.2513,        Adjusted R-squared: 0.2506
F-statistic: 361.2 on 1 and 1076 DF,  p-value: < 2.2e-16
```

단순선형모형의 결과는 lm.fit에 저장했는데, 이 값을 프린트 하면 일부 기본적인 정보가 출력된다. 위 프로그램처럼 summary()함수를 사용하면 좀 더 상세한 정보를 얻을 수 있으며, 회귀계수에 대한 추정값과 표준오차, 결정계수 R^2과 F-통계량 등이 제공된다. 그 밖에 lm.fit은 list 형태로 단순선형모형의 결과들을 저장하고 있는데, 이와 관련한 정보를 알아 보기 위해 names() 함수를 사용해 보면 다음과 같다. 예를 들어 lm.fit$coefficients를 사용하여 회귀계수에 대한 추정값을 볼 수 있다.

```
> names(lm.fit)
 [1] "coefficients"  "residuals"  "effects"  "rank"
 [5] "fitted.values" "assign"     "qr"       "df.residual"
 [9] "xlevels"       "call"       "terms"    "model"
```

```
> lm.fit$coefficients
(Intercept)    fheight
  33.886604   0.514093
```

[그림 3-1]과 같이 산점도에 회귀식을 함께 그리고 싶은 경우에는 다음과 같이 실행할 수 있다.

```
> plot(sheight~fheight, data=father.son, pch=19, cex=0.5,
     xlab="father's height (inches)", ylab="son's height (inches)"))
> abline(lm.fit)
```

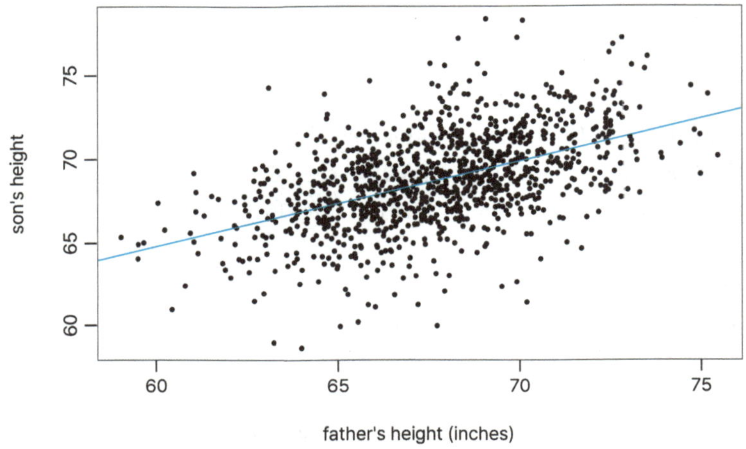

단순선형모형 lm.fit에 대한 분산분석표를 얻기 위해서는 anova() 함수를 사용한다.

```
> anova(lm.fit)
Analysis of Variance Table

Response: sheight
            Df  Sum Sq   Mean Sq  F value     Pr(>F)
fheight      1  2144.6   2144.58   361.23  < 2.2e-16 ***
Residuals 1076  6388.0      5.94
---
Signif. codes:
0 '***' 0.001 '**' 0.01 '*' 0.05 '.' 0.1 ' ' 1
```

단순선형모형이 유의수준 0.1%에서도 매우 유의함을 알 수 있다.

참고문헌

3.1 Draper, N. R. and Smith, H. (1998). *Applied Regression Analysis* (3rd Ed.), John Wiley & Sons, New York.

3.2 Ergun, S. (1956). Application of the principle of least squares to families of straight lines, *Industrial and Engineering Chemistry*, 48, 2063-2068.

3.3 Galton, F. (1886). Regression towards mediocrity in hereditary stature. *The Journal of the Anthropological Institute of Great Britain and Ireland*, 15, 246–263.

3.4 Kutner, M.H., Nachtsheim, C.J. Neter, J. and Li, W. (2004) *Applied Linear Statistical Models* (5th edition), McGraw-Hill/Irwin, New York.

3.5 Ott, L. (1977). *An Introduction to Statistical Methods and Data Analysis*, Massachusetts, Duxbury Press, Massachusetts.

3.6 Pearson, K. and Lee, A. (1903). On the laws of inheritance in man: I. Inheritance of physical characters, *Biometrika*, 2(4), 357-462.

3.7 Rustagi, J. S. (1977). *Variational Methods in Statistics*, 42-43, Academic Press, New York.

3.8 Weisberg, S. (1985). *Applied Linear Regression* (2nd Ed.), John Wiley & Sons, New York.

연습문제

3.1 어떤 큰 공장에서 동일한 기계들의 정비기록에 관한 표본자료를 취하였다. 이는 기계의 사용연도(age of machines)와 정비비용(maintenance cost) 간에 어떤 관계가 있는가를 알아보기 위한 것이다. 그 자료는 다음과 같다(표본의 크기 $n = 14$).

사용연도 X (단위 : 년)	정비비용 Y (단위 : 1,000원)	사용연도 X (단위 : 년)	정비비용 Y (단위 : 1,000원)
3	39	6	90
1	24	9	140
5	115	3	112
8	105	5	70
1	50	7	186
4	86	2	43
2	67	6	126

(1) 이 데이터의 산점도를 그리시오.

(2) 최소제곱법의 의한 회귀직선을 적합시키시오.

(3) 추정값의 표준오차 $s_{y \cdot x}$를 구하시오.

(4) 결정계수와 상관계수를 구하시오.

(5) 분산분석표를 작성하고 회귀직선의 유의 여부를 검정하시오(유의수준 $\alpha = 0.05$ 사용).

(6) 사용연도가 4년인 기계의 평균 정비비용은 어느 정도인가를 추정하시오.

(7) 잔차 $e_i = y_i - \hat{y}_i$를 구하고 잔차의 합이 0임을 확인하시오.

(8) 잔차들의 x_i에 대한 가중합, $\sum x_i e_i$를 구하시오.

(9) 잔차들의 $\hat{y}_i$에 대한 가중합 $\sum \hat{y}_i e_i$를 구하시오.

(10) 두 변수 X, Y를 표준화된 변수(식 (3.43) 참조)로 고친 후 회귀직선을 적합시키고, 그 회귀계수가 두 변수 X, Y 간의 상관계수와 같음을 밝히시오.

3.2 자동차의 무게가 무거우면 이를 움직이는 데 더 많은 연료가 소모된다는 것은 알려진 사실이다. 자동차의 무게와 자동차를 1km 움직이는 데 필요한 에너지량과의 함수관계를 정확히 판단하기 위하여 A 자동차회사는 다음의 자료를 실험을 통하여 얻었다. 실험 비용이 많이 드는 관계로 9 번만 실험하였다.

무게 X (단위 : 1,000kg)	에너지 소모량 Y (단위 : 1,000Btu)	무게 X (단위 : 1,000kg)	에너지 소모량 Y (단위 : 1,000Btu)
0.9	2.0	1.7	3.2
1.3	2.6	0.7	1.8
2.1	4.3	1.2	2.3
2.5	5.8	1.6	3.0
2.4	5.1		

(1) X에 대한 Y의 회귀직선을 최소제곱법에 의하여 구하시오. 데이터의 산점도를 그리고 추정한 회귀직선을 산점도 위에 그리시오.

(2) 분산분석표를 작성하고 회귀직선의 유의 여부를 유의수준 5%에서 검정하시오.

(3) 무게가 3,000kg이 되는 차량의 에너지 소모량을 예측하시오. 무게가 1,000kg이 되는 차량의 에너지 소모량의 몇 배인가?

(4) 원점을 지나는 회귀직선을 구하시오.

(5) 원점을 지나는 회귀직선의 결정계수를 구하시오.

(6) 오차항의 분산이 같지 않다는 것이 밝혀지고 $\mathrm{Var}(\epsilon_i) = kx_i^2$으로 x_i^2의 크기에 비례한다면 가중회귀를 사용하여야 한다. 가중최소제곱법에 의하여 가중회귀직선을 구하고 회귀변동(SSR)을 구하시오.

3.3 다음의 직선회귀모형

$$y_i = \beta_0 + \beta_1 x_i + \epsilon_i, \quad i = 1, 2, \cdots, n$$
$$\mathrm{Var}(\epsilon_i) = k \cdot x_i (k\text{는 상수})$$

에서 가중회귀직선을 구하려 한다. 정규방정식을 구하고 가중잔차의 합이 0이 됨을 증명하시오.

3.4 어떤 화학제품의 중요한 품질특성의 하나로, 점도 Y가 문제가 되어 있다. 점도를 정하여진 범위 안에 들어가도록 하기 위한 요인으로 여러 가지가 생각되지만 여기서는 반응온도 X가 중요한 검토의 대상으로 취급되었다. X와 Y에 관해서 20번 실험을 하여 얻어진 결과는 다음과 같다.

$$\bar{x} = 15.0, \quad S_{(xx)} = 160.0, \quad S_{(xx)} = 90.0$$
$$\bar{y} = 13.0, \quad S_{(xy)} = 83.2$$

(1) 회귀직선모형 $y_i = \beta_0 + \beta_1 x_i + \epsilon_i$, $\mathrm{Var}(\epsilon_i) = \sigma^2$을 가정하고 회귀직선을 적합시키시오.

(2) 분산분석표를 작성하시오.

(3) 표본의 상관계수를 구하시오.

3.5 (문제의 출처 : 참고문헌 (3.2)) 다음과 같은 회귀직선군(family of straight lines)

$$\mathrm{E}(Y \mid X = x_i) = \beta_{0i} + \beta_1 x_i, \quad i = 1, 2, \cdots, m$$

의 모수들 $(\beta_{01}, \beta_{02}, \cdots, \beta_{0m}, \beta_1)$의 최소제곱추정값 $(\hat{\beta}_{01}, \hat{\beta}_{02}, \cdots, \hat{\beta}_{0m}, \hat{\beta}_1)$들이 다음과 같음을 증명하시오.

$$\hat{\beta}_1 = \frac{\sum_{i=1}^{m}\sum_{j=1}^{n_i}(x_{ij} - \bar{x}_i)(y_{ij} - \bar{y}_i)}{\sum_{i=1}^{m}\sum_{j=1}^{n_i}(x_{ij} - \bar{x}_i)^2}$$

$$\hat{\beta}_{0i} = \bar{y}_i - \hat{\beta}_i \bar{x}_i, \quad i = 1, 2, \cdots, m$$

여기서

$$\{(x_{i1}, y_{i1}), (x_{i2}, y_{i2}), \cdots, (x_{in_i}, y_{in_i})\}$$

들은 i번째 직선에 관련된 x_i와 y_i 들의 측정값이다. 또한 잔차제곱합(residual sum of squares) SSE와 그의 관련된 자유도 ϕ_E가 다음과 같음을 보이시오.

$$SSE = \sum_{i=1}^{m}\sum_{j=1}^{n_i}(y_{ij} - \bar{y}_i)^2 - \hat{\beta}_1^2 \sum_{i=1}^{m}\sum_{j=1}^{n_i}(x_{ij} - \bar{x}_i)^2$$

$$\phi_E = \sum_{i=1}^{m} n_i - m - 1$$

3.6 (문제의 출처 : 참고문헌 (3.2)) 다음과 같은 회귀직선군

$$\mathrm{E}(y_i) = \beta_0 + \beta_i x_i, \quad i = 1, 2, \cdots, m$$

의 모수들 $(\beta_0, \beta_1, \beta_2, \cdots, \beta_m)$의 최소제곱추정값 $(\hat{\beta}_0, \hat{\beta}_1, \hat{\beta}_2, \cdots, \hat{\beta}_m)$들이 다음과 같음을 증명하시오. 여기서 (x_{ij}, y_{ij})의 값의 의미는 앞 문제 **3.5**와 동일하다.

$$\hat{\beta}_0 = \frac{\sum_{i=1}^{m} n_i\left[\bar{y}_i - \bar{x}_i\left(\sum_{j=1}^{n_i} x_{ij}y_{ij} \Big/ \sum_{j=1}^{n_i} x_{ij}^2\right)\right]}{\sum_{i=1}^{m} n_i\left(1 - n_i \bar{x}_i^2 \Big/ \sum_{j=1}^{n_i} x_{ij}^2\right)}$$

$$\hat{\beta}_i = \frac{\sum_{j=1}^{n_i} x_{ij}y_{ij} - \hat{\beta}_0 \sum_{j=1}^{n_i} x_{ij}}{\sum_{j=1}^{n_i} x_{ij}^2}, \quad i = 1, 2, \cdots, m$$

또한 잔차제곱합은 SSE와 그의 자유도 ϕ_E가 다음과 같음을 보이시오.

$$SSE = \sum_{i=1}^{m}\sum_{j=1}^{n_i} y_{ij}^2 - \sum_{i=1}^{m}\hat{\beta}_i^2 \sum_{j=1}^{n_i} x_{ij}^2 + \hat{\beta}_0^2 \sum_{i=1}^{m} n_i - 2\hat{\beta}_0 \sum_{i=1}^{m} n_i \bar{y}_i$$

$$\phi_E = \sum_{i=1}^{m} n_i - m - 1$$

3.7 만약

$$y_1 = \beta_0 + \epsilon_1$$
$$y_2 = 2\beta_0 - \beta_1 + \epsilon_2$$
$$y_3 = \beta_0 + 2\beta_1 + \epsilon_3$$

이고, $E(\epsilon_i) = 0$, $i = 1, 2, 3$이라면 β_0와 β_1의 최소제곱추정값은 무엇인가? y_i, $i = 1, 2, 3$의 함수로써 나타내어라. 그리고 이 경우의 잔차제곱합(residual sum of squares)을 구하시오.

3.8 두 모수(parameters)인 α와 β를 추정하기 위하여 다음과 같은 세 가지 형태의 측정을 할 수 있다.

(1) α에 대한 측정

(2) $\alpha + \beta$에 대한 측정

(3) $\alpha - 2\beta$에 대한 측정

위의 모든 측정은 서로 독립이고 기대값이 0이고 분산이 같은 오차를 수반하고 있다. 만약 m개의 측정값이 (1)에 대하여, 또한 다른 m개의 측정값이 (2)에 대하여, 그리고 n개의 측정값이 (3)에 대하여 얻어졌다고 하자. α와 β의 최소제곱추정값을 구하고 $m = 2n$이 성립하면 α와 β의 최소제곱추정값 간의 공분산(covariance)이 0임을 증명하시오.

3.9 스케일 불변성(scale invariance). (문제의 출처 : 참고문헌 (3.8))

(1) 단순회귀모형 (3.3)에서 각각의 x_i가 $cx_i(c \neq 0)$로 대체된다고 가정하자. $\hat{\beta}_0$, $\hat{\beta}_1$, $s^2_{y \cdot x}$, R^2과 $H_0 : \beta_1 = 0$에 대한 t-검정 결과는 어떤 영향을 받는가?

(2) 각각의 y_i가 $dy_i(d \neq 0)$로 대체된다고 가정하고, (1)의 질문에 답하시오.

3.10 R 실습 아마존 강 수위 문제(문제의 출처 : 참고문헌(3.8))

아마존 강 유역은 지구상의 가장 큰 열대림 지역이지만 대부분의 다른 자연자원과 마찬가지로 개발의 손길이 미치면서 열대림이 급속히 파괴됐다. 1970년대 이후 아마존 상류지역에 도로가 건설되면서 인구가 빠르게 증가되었고 대규모의 삼림파괴가 이뤄졌다. 강수량과 유수량이 모두 영향을 받을 수 있기 때문에 이것은 결국 아마존 강 전체에 영향을 미치는 심각한 기후학적 및 수문학적 변화를 가져왔다. 다음의 표는 페루 이키토스(Iquitos)에서 1962년부터 1978년까지 기록한 아마존 강 최고수위(High)와 최저수위(Low)를 기록한 것이다(단위: 미터).

표 3.7 **아마존 강 데이터(Amazon River data)**

Year	High(m)	Low(m)	Year	High(m)	Low(m)
1962	25.82	18.24	1971	27.36	21.91
1963	25.35	16.50	1972	26.65	22.51
1964	24.29	20.26	1973	27.13	18.81
1965	24.05	20.97	1974	27.49	19.42
1966	24.89	19.43	1975	27.08	19.10
1967	25.35	19.31	1976	27.51	18.80
1968	25.23	20.85	1977	27.54	18.80
1969	25.06	19.54	1978	26.21	17.57
1970	27.13	20.49			

1962년부터 1969년까지의 데이터는 개발 이전에 수집된 데이터이고, 1970년부터 1978년까지의 데이터는 개발이후에 관측된 데이터를 나타낸다. 이 데이터는 아마존 상류지역의 삼림파괴가 아마존 유역의 강 수위에 변화를 일으켰는지 분석하고자 한다. 우리의 관심은 시간에 따른 아마존 강 수위 변화여부이다. 예를 들어, 우리가 다음을 적합한다면,

$$\texttt{High} = \beta_0 + \beta_1 \times \texttt{Year} + \epsilon$$

(1) $\beta_1 = 0$은 시간에 따른 아마존 강의 최고수위에 아무런 (선형)변화가 없다는 것을 의미하고,

(2) $\beta_1 > 0$은 아마존 강의 최고수위가 증가된 것을 의미하는데, 이것은 해마다 아마존 강의 흐르는 물이 늘어난 것을 나타낼 수 있다.

(3) $\beta_1 < 0$은 시간에 따라 아마존 강의 최고수위가 낮아진 것을 의미하는데, 이것은 해마다 아마존 강의 흐르는 물이 줄어든 것을 의미한다.

(1) High와 Year, Low와 Year, 그리고 High와 Low에 대해 산점도를 그리시오.

(2) Year에 대한 High, Year에 대한 Low, 그리고 Low에 대한 High의 회귀모형을 구하시오. 3개 회귀모형의 결과를 요약하고, 각 모형별로 회귀계수의 의미를 설명하시오.

(3) 이 자료를 근거로 우리는 삼림파괴가 아마존 강 수위의 변화를 일으킨다고 할 수 있는가? 이용가능하다면, 이러한 인과관계를 추론하는데 사용될 수 있는 추가정보는 무엇이 있겠는가?

04 단순회귀에 관한 추론

〈목차〉

앞 장에서 소개한 단순회귀모형의 기본 가정 중 하나는 $\mathrm{E}(Y \mid X = x) = \mu_{y \cdot x}$에 대하여 식 (3.2)

$$\mu_{y \cdot x} = \beta_0 + \beta_1 x$$

의 관계가 성립하는 것이다. 이 의미는 모집단에서 변수 x와 y 사이에 선형관계가 존재한다는 것이다. 여기서 $\mu_{y \cdot x}$, β_0와 β_1은 모집단의 모수(parameter)를 나타낸다. 대부분의 경우 모집단에 속하는 모든 관측값을 전부 관측할 수가 없으므로, 모집단으로부터 n개의 관측값 (x_i, y_i)를 랜덤추출한 표본으로부터 회귀모형 (3.8),

$$\hat{y} = \hat{\beta}_0 + \hat{\beta}_1 x$$

을 추정하게 된다. 여기서 $\hat{y}$는 $\mu_{y \cdot x}$의, $\hat{\beta}_0$은 β_0의, 그리고 $\hat{\beta}_1$은 β_1의 점추정량들이다. 물론 이 추정량들은 통계량이므로 분포를 가지고 있으며, 모수들에 대한 구간추정과 가설검정을 할 수 있는 통계적 근거를 마련하여 준다. 이 장에서도 식 (3.3)에서 가정한 단순회귀모형의 가정이 모두 성립한다고 전제한다.

4.1 구간추정

4.1.1 β_1의 신뢰구간

단순회귀모형에서 기울기 β_1을 추정하기 위하여 하나의 표본을 모집단으로부터 추출하고, 식 (3.16)을 사용하여 기울기의 추정량

$$\hat{\beta}_1 = \frac{\sum(x_i - \bar{x})(y_i - \bar{y})}{\sum(x_i - \bar{x})^2}$$

을 구한다. 이 기울기는 표본으로부터 얻어진 것으로 분포를 가지고 있으므로 이 표본분포를 구하기로 한다. 먼저 $\hat{\beta}_1$의 분자는

$$\sum(x_i - \bar{x})(y_i - \bar{y}) = \sum(x_i - \bar{x})y_i - \bar{y}\sum(x_i - \bar{x}) = \sum(x_i - \bar{x})y_i$$

이므로, $\hat{\beta}_1$들은 서로 독립인 y_i들의 선형결합으로 나타낼 수 있다. 즉,

$$\hat{\beta}_1 = \sum a_i y_i, \quad a_i = \frac{x_i - \bar{x}}{\sum(x_i - \bar{x})^2}$$

라 쓸 수 있다. 여기서 y_i는 정규분포 $N(\mathrm{E}(Y|X = x_i), \sigma^2)$를 따르므로 【정리 2.5】로부터 기울기 $\hat{\beta}_1$의 표본분포는 정규분포를 따른다는 것을 알 수 있다. $\hat{\beta}_1$의 기댓값은 $\beta_0' = \beta_0 + \beta_1\bar{x}$라 할 때,

$$\begin{aligned}\mathrm{E}(\hat{\beta}_1) &= \sum a_i \mathrm{E}(y_i) = \sum a_i[\beta_0' + \beta_1(x_i - \bar{x})] \\ &= \beta_0' \frac{\sum(x_i - \bar{x})}{\sum(x_i - \bar{x})^2} + \beta_1 \frac{\sum(x_i - \bar{x})^2}{\sum(x_i - \bar{x})^2} \\ &= \beta_1\end{aligned} \tag{4.1}$$

이므로 $\hat{\beta}_1$은 β_1의 불편추정량이 된다. 그리고 $\hat{\beta}_1$의 분산은

$$\begin{aligned}\mathrm{Var}(\hat{\beta}_1) &= \sum a_i^2 \mathrm{Var}(y_i) \\ &= \sum\left(\frac{(x_i - \bar{x})^2}{(\sum(x_i - \bar{x})^2)^2}\right)\sigma^2 \\ &= \frac{\sigma^2}{\sum(x_i - \bar{x})^2}\end{aligned} \tag{4.2}$$

이므로, $\hat{\beta}_1$의 분포는 $\hat{\beta}_1 \sim N\left(\beta_1, \frac{\sigma^2}{S_{(xx)}}\right)$이 된다. σ^2의 추정은 $s_{y\cdot x}^2$(또는 MSE)이므로 $\hat{\beta}_1$의 분산의 추정값은

$$\widehat{\mathrm{Var}}(\hat{\beta}_1) = \frac{MSE}{S_{(xx)}} \tag{4.3}$$

이다. 또, $\hat{\beta}_1$의 표준편차는

$$\sigma_{\hat{\beta}_1} = \frac{\sigma}{\sqrt{S_{(xx)}}} \tag{4.4}$$

로 나타내고, 그 추정값은

$$\hat{\sigma}_{\hat{\beta}_1} = \sqrt{\frac{MSE}{S_{(xx)}}} \tag{4.5}$$

이 된다. 구간추정의 일반형 식 (2.45)과 (2.48)을 이용하여 β_1의 100(1 - α)% 신뢰구간을 구하면 σ^2이 알려진 경우는

$$\hat{\beta}_1 \pm z_{\alpha/2} \cdot \frac{\sigma}{\sqrt{S_{(xx)}}} \tag{4.6}$$

이고, σ^2을 모르는 경우는

$$\hat{\beta}_1 \pm t_{\alpha/2}(n-2) \cdot \sqrt{\frac{MSE}{S_{(xx)}}} \tag{4.7}$$

이 된다.

4.1.2 β_0의 신뢰구간

모집단에서 회귀모형의 절편 β_0는 표본으로부터 구한 식 (3.16)으로부터

$$\hat{\beta}_0 = \bar{y} - \hat{\beta}_1\bar{x}$$

으로 추정한다. $\hat{\beta}_1$에서와 마찬가지로 이 추정량도 y_i들의 선형결합임을 알 수 있고, 표본분포는 정규분포를 따른다. $\hat{\beta}_0$의 기댓값은

$$\mathrm{E}(\hat{\beta}_0) = \mathrm{E}(\bar{y}) - \bar{x} \cdot \mathrm{E}(\hat{\beta}_1) = (\beta_0 + \beta_1\bar{x}) - \bar{x}\beta_1 = \beta_0$$

이고, 분산은

$$\begin{aligned}\mathrm{Var}(\hat{\beta}_0) &= \mathrm{Var}(\bar{y} - \hat{\beta}_1\bar{x}) \\ &= \mathrm{Var}(\bar{y}) + (\bar{x})^2\mathrm{Var}(\hat{\beta}_1) - 2\mathrm{Cov}(\bar{y}, \hat{\beta}_1\bar{x}) \\ &= \sigma^2\left(\frac{1}{n} + \frac{(\bar{x})^2}{S_{(xx)}}\right) - 2\bar{x}\mathrm{Cov}(\bar{y}, \hat{\beta}_1)\end{aligned} \tag{4.8}$$

이 된다. 여기에서

$$\begin{aligned}&\bar{y} = \sum a_i y_i, \quad a_i = \frac{1}{n} \\ &\hat{\beta}_1 = \sum c_i y_i, \quad c_i = \frac{x_i - \bar{x}}{S_{(xx)}} \\ &\mathrm{Var}(y_i) = \sigma^2\end{aligned}$$

이므로, 식 (2.20)을 이용하여

$$\begin{aligned}\mathrm{Cov}(\bar{y}, \hat{\beta}_1) &= \mathrm{Cov}\left(\sum a_i y_i, \sum c_i y_i\right) = \sigma^2 \sum a_i c_i \\ &= \frac{\sigma^2 \sum (x_i - \bar{x})}{n S_{(xx)}} = 0\end{aligned} \tag{4.9}$$

임을 알 수 있다. 따라서, 식 (4.8)은

$$\mathrm{Var}(\hat{\beta}_0) = \sigma^2\left(\frac{1}{n} + \frac{(\bar{x})^2}{S_{(xx)}}\right) \tag{4.10}$$

이 되며, $\hat{\beta}_0$의 분포는 $N\left(\beta_0, \sigma^2\left(\frac{1}{n} + \frac{(\bar{x})^2}{S_{(xx)}}\right)\right)$임을 알 수 있다. β_0의 $100(1-\alpha)\%$ 신뢰구간은 σ^2을 알고 있는 경우는

$$\hat{\beta}_0 \pm z_{\alpha/2}\sqrt{\sigma^2\left(\frac{1}{n} + \frac{(\bar{x})^2}{S_{(xx)}}\right)} \tag{4.11}$$

이며, σ^2을 모르는 경우는

$$\hat{\beta}_0 \pm t_{\alpha/2}(n-2)\sqrt{MSE\left(\frac{1}{n} + \frac{(\bar{x})^2}{S_{(xx)}}\right)} \tag{4.12}$$

이 된다.

4.1.3 $\mu_{y \cdot x}$의 신뢰구간

어떤 주어진 x의 값에서 y의 기대값을 $\mathrm{E}(Y|X=x) = \mu_{y \cdot x} = \beta_0 + \beta_1 x$라고 정의했고, 이는 식 (3.16)에 의하여 다음과 같이 추정한다.

$$\hat{y} = \hat{\beta}_0 + \hat{\beta}_1 x = \hat{\beta}_0' + \hat{\beta}_1(x - \bar{x})$$

추정량 $\hat{y}$의 기대값은

$$\mathrm{E}(\hat{y}) = \mathrm{E}(\hat{\beta}_0 + \hat{\beta}_1 x) = \beta_0 + \beta_1 x = \mu_{y \cdot x}$$

이므로 불편추정량이며, 식 (3.18)로부터

$$\hat{y} = \hat{\beta}_0 + \hat{\beta}_1 x = \bar{y} + \hat{\beta}_1(x - \bar{x})$$

이므로 분산은

$$\mathrm{Var}(\hat{y}) = \mathrm{Var}(\bar{y}) + (x - \bar{x})^2 \mathrm{Var}(\hat{\beta}_1) + 2(x - \bar{x})\mathrm{Cov}(\bar{y}, \hat{\beta}_1)$$

이 된다. 식 (4.9)로부터 $\mathrm{Cov}(\bar{y}, \hat{\beta}_1) = 0$이므로, 식 (4.2)를 이용하여

$$\begin{aligned}\mathrm{Var}(\hat{y}) &= \mathrm{Var}(\bar{y}) + (x - \bar{x})^2 \mathrm{Var}(\hat{\beta}_1) \\ &= \sigma^2\left(\frac{1}{n} + \frac{(x - \bar{x})^2}{S_{(xx)}}\right)\end{aligned} \tag{4.13}$$

이 된다. 여기에서 유의하여야 할 것은 $\hat{y}$의 분산은 x의 함수로서 $x = \bar{x}$일 경우에 최소가 되며, $x = \bar{x}$를 대칭으로 x의 값이 $\bar{x}$에서 멀어질수록 커진다. 또한 표본의 크기 n이 커져도 $\text{Var}(\hat{y})$이 작아짐을 알 수 있다. 식 (4.13)에서 σ^2이 미지인 경우에는 표본으로부터의 추정값 MSE를 쓰면 $\text{Var}(\hat{y})$의 추정값

$$\widehat{\text{Var}}(\hat{y}) = MSE\left(\frac{1}{n} + \frac{(x - \bar{x})^2}{S_{(xx)}}\right) \tag{4.14}$$

을 얻을 수 있다. 또한, $\hat{\beta}_0$과 $\hat{\beta}_1$이 정규분포를 따르므로 통계량 $\hat{y}$도 정규분포를 따른다. 따라서, 주어진 x에서 $\mu_{y\cdot x}$의 $100(1 - \alpha)\%$ 신뢰구간을 구해 보면 σ^2이 알려진 경우에는

$$\hat{y} \pm z_{\alpha/2}\sqrt{\sigma^2\left(\frac{1}{n} + \frac{(x - \bar{x})^2}{S_{(xx)}}\right)} \tag{4.15}$$

이며, σ^2을 모르는 경우는

$$\hat{y} \pm t_{\alpha/2}(n - 2)\sqrt{MSE\left(\frac{1}{n} + \frac{(x - \bar{x})^2}{S_{(xx)}}\right)} \tag{4.16}$$

임을 알 수 있다.

예 4.1

[표 3.1]에 있는 광고료와 판매액의 표본자료가 얻어진 모집단에 대하여 $\mu_{y\cdot x} = \beta_0 + \beta_1 x$가 성립된다고 가정하고, β_1, β_0와 $\mu_{y\cdot x}$의 95% 신뢰구간을 각각 구하시오.

풀이

앞 장의 예제에서 추정한 값을 사용하면

$$\hat{\beta}_1 = 2.609$$
$$S_{(xx)} = \sum(x_i - \bar{x})^2 = 46$$
$$MSE = 6.92$$
$$\hat{\sigma}_{\hat{\beta}_1} = \sqrt{\frac{MSE}{S_{(xx)}}} = 0.388$$
$$t_{0.975}(8) = 2.306$$

이므로, β_1의 신뢰구간은

$$\begin{aligned}\hat{\beta}_1 \pm t_{0.025}(8) \cdot \hat{\sigma}_{\hat{\beta}_1} &= 2.609 \pm (2.306)(0.388)\\ &= 2.609 \pm 0.895\\ &= (1.714, 3.504)\end{aligned}$$

이 된다. 절편 $\hat{\beta}_0$의 표준편차는

$$\hat{\sigma}_{\hat{\beta}_0} = \sqrt{MSE\left(\frac{1}{n} + \frac{(\bar{x})^2}{S_{(xx)}}\right)} = \sqrt{(6.92)\left(\frac{1}{10} + \frac{(8)^2}{46}\right)} = 3.21$$

이므로, β_0의 95% 신뢰구간은

$$\begin{aligned}\hat{\beta}_0 \pm t_{0.025}(8) \cdot \hat{\sigma}_{\hat{\beta}_0} &= -2.270 \pm (2.306)(3.21) \\ &= -2.270 \pm 7.402 \\ &= (-9.672, 5.132)\end{aligned}$$

이다. 이 구간이 넓게 나온 이유는 $\bar{x}$의 값이 0보다 많이 커서 $(\bar{x})^2/S_{(xx)}$의 값이 크게 나왔기 때문이다.

마지막으로, $\mu_{y \cdot x}$의 신뢰구간을 구해 보자. $\mu_{y \cdot x}$의 추정값은 $\hat{y}$로서 x의 함수이며 $\hat{y}$의 분산도 또한 x의 함수이다. x의 특정값이 주어지면 $\mu_{y \cdot x}$의 신뢰구간은 식 (4.16)을 사용하여 구할 수 있다. 예를 들어, $x = 4$일 때 다음과 같이 구할 수 있다.

$$\begin{aligned}\hat{y} &= \hat{\beta}_0 + \hat{\beta}_1 x \\ &= -2.270 + (2.609)(4) = 8.17 \\ \widehat{\mathrm{Var}}(\hat{y}) &= MSE\left(\frac{1}{n} + \frac{(x - \bar{x})^2}{S_{(xx)}}\right) \\ &= (6.92)\left(\frac{1}{10} + \frac{(4 - 8)^2}{46}\right) = 3.10 \\ \sqrt{\widehat{\mathrm{Var}}(\hat{y})} &= \sqrt{3.10} = 1.76 \\ \hat{y} \pm t_{0.025}(8)\sqrt{\widehat{\mathrm{Var}}(\hat{y})} &= 8.17 \pm (2.306)(1.76) \\ &= 8.17 \pm 4.06 \\ &= (4.11, 12.23)\end{aligned}$$

마찬가지로 $x = 6, 8, 9, 10, 12$에서 $\mu_{y \cdot x}$의 신뢰구간을 구하면 다음과 같다.

$$\begin{aligned}&x = 6 \qquad 13.38 \pm (2.306)(1.14) = 13.38 \pm 2.63 = (10.75, 16.01) \\ &x = 8 \qquad 18.60 \pm (2.306)(0.83) = 18.60 \pm 1.94 = (16.69, 20.51) \\ &x = 9 \qquad 21.21 \pm (2.306)(0.92) = 21.21 \pm 2.12 = (19.09, 23.33) \\ &x = 10 \qquad 23.82 \pm (2.306)(1.14) = 23.82 \pm 2.63 = (21.19, 26.45) \\ &x = 12 \qquad 29.04 \pm (2.609)(1.76) = 29.04 \pm 4.59 = (24.45, 33.63)\end{aligned}$$

[그림 4.1]은 추정된 회귀직선을 중심으로 각 x에서 $\mu_{y \cdot x}$에 대한 신뢰구간을 구하고, 각 신뢰구간의 상한과 하한을 연결하여 구한 것으로, $x = \bar{x}$일때 길이가 가장 짧은 나팔 모양을 나타내는데, 이러한 영역을 신뢰대(confidence band)라고 부른다.

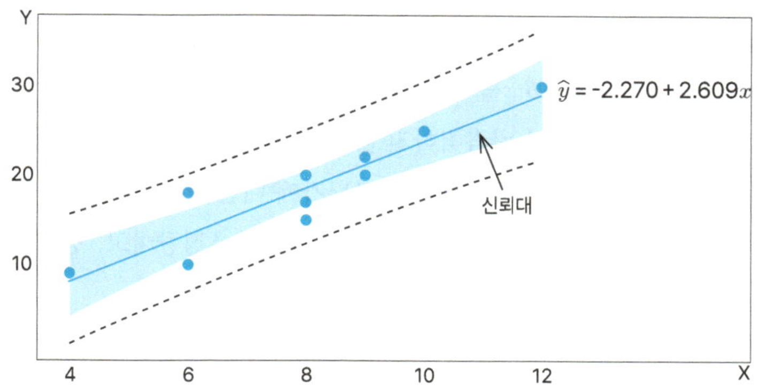

그림 4.1 **95% 신뢰수준에서 $\mu_{y \cdot x}$에 대한 신뢰대(파란색 영역)와 y에 대한 신뢰구간(점선)**

4.1.4 개별적인 y값의 신뢰구간

앞 절에서 y의 기댓값 $E(Y|X=x) = \mu_{y \cdot x}$에 대하여 신뢰구간을 추정해 보았는데, 이제 어떤 x의 값에서 y의 기댓값이 아닌 개별적인 y의 예측값을 추정하는 문제를 생각해 보자. 이때 이 하나의 값을 y_s로 표현하자. 회귀모형은 $y = \mu_{y \cdot x} + \epsilon$이므로, 주어진 x에서 하나의 예측값 y_s는 평균반응 $\mu_{y \cdot x}$의 예측값 $\hat{y}$이 갖는 분산에다 σ^2을 더한 크기의 분산을 갖는다. 즉, y_s의 추정값 $\hat{y}_s$가 갖는 분산은

$$\begin{aligned} \mathrm{Var}(\hat{y}_s) &= \mathrm{Var}(\epsilon) + \mathrm{Var}(\hat{y}) = \sigma^2 + \sigma^2\left(\frac{1}{n} + \frac{(x-\bar{x})^2}{S_{(xx)}}\right) \\ &= \sigma^2\left(1 + \frac{1}{n} + \frac{(x-\bar{x})^2}{S_{(xx)}}\right) \end{aligned} \tag{4.17}$$

이 된다. 여기서도 추정값 $\widehat{\mathrm{Var}}(\hat{y}_s)$은 σ^2 대신에 MSE를 대입하면 된다. y_s에 대한 점추정값은 추정된 회귀모형 $\hat{y} = \hat{\beta}_0 + \hat{\beta}_1 x$를 사용할 수 있다. 따라서, $100(1-\alpha)\%$의 신뢰구간은 σ^2이 알려져 있는 경우는

$$\hat{y} \pm z_{\alpha/2}\sqrt{\sigma^2\left(1 + \frac{1}{n} + \frac{(x-\bar{x})^2}{S_{(xx)}}\right)} \tag{4.18}$$

이며, σ^2이 미지인 경우는

$$\hat{y} \pm t_{\alpha/2}(n-2)\sqrt{MSE\left(1 + \frac{1}{n} + \frac{(x-\bar{x})^2}{S_{(xx)}}\right)} \tag{4.19}$$

이 된다. 식 (4.13)과 (4.17)로부터 $\mathrm{Var}(\hat{y}_s)$가 $\mathrm{Var}(\hat{y})$보다 σ^2만큼 더 크므로 하나의 값 y_s의 신뢰구간은 $\mu_{y \cdot x}$의 신뢰구간보다 넓어지며, 또한 신뢰대도 더 넓은 영역을 차지하게 된다. [그림 4.1]에서 **예 4.1**의 자료에 대한 y의 신뢰구간을 점선으로 표시하였으니 참고하기 바란다.

4.2 가설검정

모집단의 회귀직선 $\mu_{y\cdot x} = \beta_0 + \beta_1 x$를 정확히 알기 위해서는 모집단 전체를 관측해야 하는데, 이것은 실제로 불가능하거나 바람직하지 않을 경우가 많다. 이런 경우에 $\mu_{y\cdot x}$, β_0, β_1 등에 대하여 이들이 어떤 특수한 값을 취하는가 아닌가에 대한 가설을 검정할 필요가 있다.

모수 θ의 검정은 만약 θ의 추정량 $\hat{\theta}$이 불편(unbiased)추정량이고, 정규분포를 따르면 다음과 같은 검정통계량을 만들어 검정할 수 있다.

$$Z_0 = \frac{\hat{\theta} - \theta_0}{\sqrt{\mathrm{Var}(\hat{\theta})}} \tag{4.20}$$

위에서 θ_0은 모수 θ의 귀무가설의 값(즉, $H_0 : \theta = \theta_0$)이다. 검정통계량 Z_0는 표준정규분포를 따르므로, 기각치 $z_{\alpha/2}$(또는 z_α)를 양쪽검정인지 또는 한쪽검정인지에 따라서 정한 다음, 2장에 설명된 대로 실시하면 될 것이다.

만약 $\hat{\theta}$의 분산 $\mathrm{Var}(\hat{\theta})$이 미리 알려져 있지 않으면, 이를 표본에서 추정하여 불편추정량 $\widehat{\mathrm{Var}}(\hat{\theta})$을 구하고 식 (4.20)의 $\mathrm{Var}(\hat{\theta})$ 대신에 $\widehat{\mathrm{Var}}(\hat{\theta})$을 대입하여 검정통계량

$$t_0 = \frac{\hat{\theta} - \theta_0}{\sqrt{\widehat{\mathrm{Var}}(\hat{\theta})}} \tag{4.21}$$

을 구하면 이는 t-분포를 따르며, 자유도[1)]는 단순회귀분석인 경우에 $n - 2$가 된다. 그 다음 검정절차는 2장에서 기술된 방법을 따르면 된다.

4.2.1 β_1의 검정

모집단의 회귀모형에서 기울기 β_1에 대한 가설검정을 먼저 알아 보자. β_1의 값이 어떤 특정의 값 β_{10}이 아니라는 가설을 검정하려면 다음과 같은 귀무가설과 대립가설을 설정한 후,

$$H_0 : \beta_1 = \beta_{10} \qquad H_1 : \beta_1 \neq \beta_{10}$$

표본을 취하여 (x_i, y_i), $(i = 1, 2, \cdots, n)$을 관찰하고, 최소제곱법에 의한 공식 (3.16)에 의하여 β_1의 불편추정값 $\hat{\beta}_1$을 먼저 구한다. $\hat{\beta}_1$의 분포는 $N(\beta, \sigma^2/S_{xx})$이므로, σ^2이 알려진 경우에는 식 (4.20)의 검정통계량을 사용하고 σ^2이 알려져 있지 않은 경우에는 $\mathrm{Var}(\hat{\beta}_1)$을 모르기 때문에, 이의 추정값인 식 (4.3)

$$\widehat{\mathrm{Var}}(\hat{\beta}_1) = \frac{MSE}{S_{(xx)}}$$

을 사용하여 식 (4.21)의 검정통계량의 값을 구한다. 일반적으로 σ^2이 알려져 있지 않은 경우가 많으므로 대부분의 경우 t-분포를 사용한다. 즉, 검정통계량 t_0의 값은

1) t-분포의 자유도(k)는 확률변수 $T = \dfrac{Z}{\sqrt{\chi^2(k)/k}}$가 자유도 k인 t-분포를 따른다는 정의에 기초한다.

$$t_0 = \frac{\hat{\beta}_1 - \beta_{10}}{\sqrt{\widehat{\mathrm{Var}}(\hat{\beta}_1)}} = \frac{\hat{\beta}_1 - \beta_{10}}{\sqrt{\dfrac{MSE}{S_{(xx)}}}} \tag{4.22}$$

이며, 양측검정이므로 만약 $|t_0| > t_{\alpha/2}(n-2)$이면 귀무가설을 기각하고, 아니면 귀무가설을 채택하게 된다.

4.2.2 β_0의 검정

모집단의 회귀모형의 y축 절편 β_0에 대해서도 위의 β_1의 검정과 같은 방법을 따르면 된다. 앞에서는 양측검정을 보았으므로, 이번에는 단측검정인 경우를 살펴보자.

$$H_0 : \beta_0 = \beta_{00} \qquad H_1 : \beta_0 < \beta_{00}$$

절편 β_0의 추정량은 $\hat{\beta}_0$이고, $\hat{\beta}_0$의 분포 또한 정규분포를 따르고, σ^2이 미지인 경우에는 $\hat{\beta}_0$의 분산의 추정값은

$$\widehat{\mathrm{Var}}(\hat{\beta}_0) = MSE\left(\frac{1}{n} + \frac{(\bar{x})^2}{S_{(xx)}}\right)$$

이므로 t_0 검정통계량의 값은

$$t_0 = \frac{\hat{\beta}_0 - \beta_{00}}{\sqrt{\widehat{\mathrm{Var}}(\hat{\beta}_0)}} = \frac{\hat{\beta}_0 - \beta_{00}}{\sqrt{MSE\left(\dfrac{1}{n} + \dfrac{(\bar{x})^2}{S_{(xx)}}\right)}}$$

이 된다. 대립가설이 $\beta_0 < \beta_{00}$인 단측검정이므로 2장에서 논의된 절차에 따라 기각역이 [그림 4.2]처럼 왼쪽에 존재하며, 기각치는 $t_{1-\alpha}(n-2)$ 또는 $-t_\alpha(n-2)$가 된다.

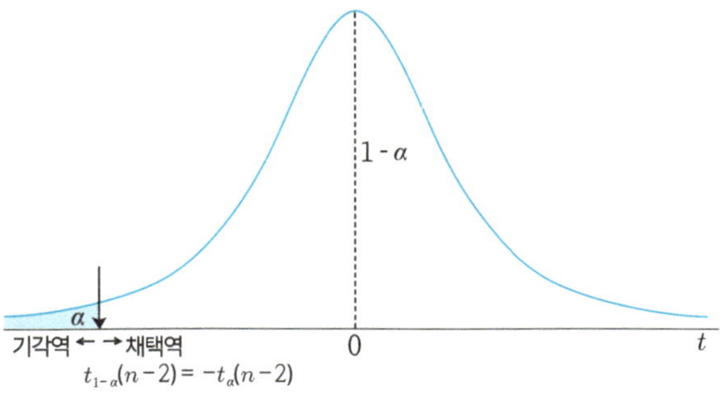

그림 4.2 t-분포의 기각역

4.2.3 $\mu_{y \cdot x}$의 검정

주어진 x의 값에서 y의 기대값 $\mathrm{E}(Y \mid X = x) = \mu_{y \cdot x}$에 대한 가설검정을 알아보자. 귀무가설에서 설정된 값을 $\mu^0_{y \cdot x}$라 하고, 다음과 같은 단측검정을 고려하여 보자.

$$H_0 : \mu_{y \cdot x} = \mu^0_{y \cdot x} \qquad H_1 : \mu_{y \cdot x} > \mu^0_{y \cdot x}$$

$\mu_{y \cdot x}$의 추정량은 $\hat{y} = \bar{y} + \hat{\beta}_1(x - \bar{x})$ 이며, 이의 분산은 식 (4.13)에서 구하였고 σ^2이 미지인 경우는 식 (4.14)를 사용하면 된다. σ^2이 미지라고 가정하고 검정통계량의 값을 구하면

$$t_0 = \frac{\hat{y} - \mu^0_{y \cdot x}}{\sqrt{\widehat{\text{Var}}(\hat{y})}} = \frac{\hat{y} - \mu^0_{y \cdot x}}{\sqrt{MSE\left(\frac{1}{n} + \frac{(x - \bar{x})^2}{S_{(xx)}}\right)}}$$

이 되며, 대립가설이 $\mu_{y \cdot x} > \mu^0_{y \cdot x}$이므로 기각역이 오른쪽에 위치하게 된다. 즉, [그림 4.2]와 반대 방향쪽에 기각역과 기각치가 위치하게 된다. 유의수준 α에서 기각치는 $t_\alpha(n - 2)$이므로, 만약

$$t_0 > t_\alpha(n - 2)$$

이면 귀무가설을 기각하고, 아니면 귀무가설을 채택하게 된다.

4.2.4 개별적인 y값에 대한 검정

어떤 x의 값에서 y의 기댓값 대신에 개별적인 예측값 y_s에 대하여 관심이 있는 경우가 있다. 이 값이 어떤 특정한 값 y_0인지 아닌지에 대한 양쪽검정에 대한 가설은 다음과 같다.

$$H_0 : y_s = y_0 \qquad H_1 : y_s \neq y_0$$

$\hat{y}_s$의 분산은 식 (4.17)에서 확인할 수 있듯이 σ^2이 미지인 경우에는

$$\widehat{\text{Var}}(\hat{y}_s) = MSE\left(1 + \frac{1}{n} + \frac{(x - \bar{x})^2}{S_{(xx)}}\right)$$

이므로, 검정통계량의 값을 구해 보면

$$t_0 = \frac{\hat{y}_s - \mu_0}{\sqrt{MSE\left(1 + \frac{1}{n} + \frac{(x - \bar{x})^2}{S_{(xx)}}\right)}}$$

이다. 따라서, 만약 $|t_0| > t_{\alpha/2}(n - 2)$이면 귀무가설을 기각한다.

예 4.2

[표 3.1]에 있는 광고료와 판매액의 표본자료가 얻어진 모집단에 대하여 회귀모형 $\mu_{y \cdot x} = \beta_0 + \beta_1 x$가 성립된다고 가정하고, 유의수준 $\alpha = 0.05$로 다음의 가설을 검정하시오. 주어진 x의 값은 $x = 6$이다.

$$H_0 : \mu_{y \cdot x} = 9$$
$$H_1 : \mu_{y \cdot x} > 9$$

풀이

$x = 6$에서

$$\hat{y} = \hat{\beta}_0 + \hat{\beta}_1 x = -2.270 + (2.609)(6) = 13.38$$

이며, σ^2이 미지이므로 $\text{Var}(\hat{y})$의 추정값은

$$\widehat{\text{Var}}(\hat{y}) = MSE\left(\frac{1}{n} + \frac{(x - \bar{x})^2}{S_{(xx)}}\right)$$
$$= (6.92)\left(\frac{1}{10} + \frac{(6 - 8)^2}{46}\right) = 1.29$$

가 되므로, 검정통계량의 값은

$$t_0 = \frac{\hat{y} - \mu_0}{\sqrt{\widehat{\text{Var}}(\hat{y})}} = \frac{13.38 - 9}{\sqrt{1.29}} = \frac{4.38}{1.14} = 3.84$$

이다. 그런데, $t_\alpha(n - 2) = t_{0.05}(8) = 1.86$ 이며, $t_0 = 3.84 > 1.86$이므로 귀무가설을 기각하고 대립가설이 채택된다.

4.3 상관계수의 검정

먼저 설명변수 x가 고정된 값이 아닌 확률변수라 하면 x와 y의 선형성의 측도인 모상관계수(population coefficient of correlation) ρ_{xy}에 대한 검정은 다음과 같다. 모상관계수 ρ_{xy}는 식 (3.37)와 (3.38)에 정의되어 있으며 이의 점추정값 r_{xy}는 식 (3.39)에 설명되어 있다. 표현을 간편하게 하기 위해 ρ_{xy}, r_{xy}를 각각 ρ, r로 표시하기로 한다. 표본상관계수 r의 분포는 ρ를 모수로 하는 어떤 확률분포를 갖는다. 이의 분포이론은 Fisher(참고문헌 4.4)에 의하여 처음으로 연구되었다.

[그림 4.3]은 $n = 10$이고 $\rho = 0$과 $\rho = 0.7$인 경우에 대한 r의 분포이다. $\rho = 0$인 경우의 r의 분포곡선은 0에 대하여 대칭적이긴 하지만 정규분포와 일치하지는 않는다. 더구나 $\rho = 0.7$인 경우는 대칭과는 크게 어긋나는 분포를 하게 된다. 또한 r의 분포는 표본의 크기 n에 따라서 많이 달라진다. n이 크면 클수록 그 분포는 대칭적이 되며, 정규분포에 가까워진다. 이 경우 ρ의 구간추정과 가설검정은 다음의 절차를 따른다. Fisher(참고문헌 4.5)에 의하면[2)]

2) Fisher(참고문헌 4.5)가 처음 표본상관계수의 표본분포를 소개한 이후 많은 연구가 있어 왔다. 4차의 적률값이 유한한 n개의 이변량 데이터 $\{(x_i, y_i), i = 1, \cdots, n\}$에 대하여 표본크기가 커짐에 따라

$$\sqrt{n}(r - \rho) \sim N(0, (1 - \rho^2)^2)$$

을 만족한다. 이때 표본상관계수의 분산이 ρ에 의존하지 않게 r을 $g(r) = \ln\left(\frac{1 + r}{1 - r}\right)$로 변환한 것을 Fisher 변환 또는 Fisher의 z 변환(Fisher's z transformation)이라고 부른다. 표본크기가 커지면서 근사적으로 $n\text{Var}(r) = (1 - \rho^2)^2$이지만, $n\text{Var}[g(r)] = 1$이 된다.

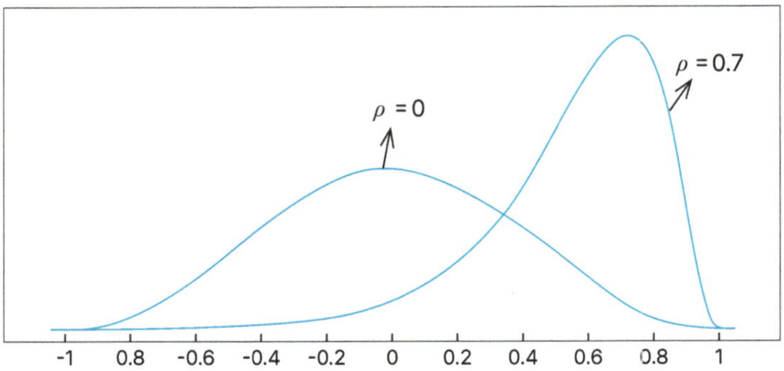

그림 4.3 **표본상관계수 r의 분포(n = 10)**

다음의 통계량

$$Z' = \frac{1}{2}\ln\left(\frac{1+r}{1-r}\right) \tag{4.23}$$

은 표본의 크기가 클 경우에(대략 $n \geq 25$) 근사적으로 정규분포를 하며, 기대값과 분산은

$$\mathrm{E}(Z') = \frac{1}{2}\ln\left(\frac{1+\rho}{1-\rho}\right) \tag{4.24}$$

$$\mathrm{Var}(Z') = \frac{1}{n-3}$$

이 된다. 따라서, 표준화된 통계량

$$Z = \frac{Z' - \mathrm{E}(Z')}{\sqrt{\widehat{\mathrm{Var}}(Z')}} \tag{4.25}$$

은 대략 표준정규분포, $N(0, 1)$에 가까운 분포를 한다. 따라서, 식 (4.25)로부터 $\mathrm{E}(Z') = \frac{1}{2}\ln\left(\frac{1+\rho}{1-\rho}\right)$의 $100(1-\alpha)\%$ 신뢰구간은

$$Z' \pm z_{\alpha/2}\sqrt{\mathrm{Var}(Z')} \tag{4.26}$$

이 된다. 같은 방식으로 ρ에 대한 가설검정은 다음과 같다. 만약, ρ가 어떤 특정한 값 ρ_0인지 아닌지에 대한 다음의 가설을 검정하여 보자.

$$H_0 : \rho = \rho_0 \qquad H_1 : \rho \neq \rho_0$$

크기 n인 표본으로부터 표본상관계수 r을 구한 후 Z'의 값을 구한다. 또한 식 (4.24)로 ρ_0에 대응하는 $\mathrm{E}(Z')$을 구한 후 식 (4.25)를 사용하여

$$Z = \frac{Z' - \mathrm{E}(Z')}{\frac{1}{\sqrt{n-3}}} \tag{4.27}$$

의 관측값 z를 구하고

$$|z| > z_{\alpha/2}$$

이면 귀무가설을 기각한다.

다음으로 x가 랜덤이 아닌 고정된 값을 가정하는 회귀모형의 경우를 생각하여 보자. 회귀모형에서 x와 y의 선형성은 회귀계수 β_1으로 나타나므로

$$H_0 : \rho = 0, \qquad H_1 : \rho \neq \rho_0$$

에 대응되는 가설검정은

$$H_0 : \beta_1 = 0, \qquad H_1 : \beta_1 \neq 0 \tag{4.28}$$

이 된다. 이 회귀계수 β_1의 가설점정은 식 (4.22)와 같으며 이 검정통계량을 표본상관계수 r[3]을 사용하여 재표현하면

$$t_0 = \frac{r}{\sqrt{\dfrac{1 - r^2}{n - 2}}} \tag{4.29}$$

이 된다. 만약 β_1이 0이라면 4.2절에서 설명한 바와 같이 위 검정 통계량 (4.29)는 자유도 $n - 2$를 갖는 t-분포를 따른다[4].

예 4.3

[표 3.1]에 있는 광고료와 판매액의 표본자료가 얻어진 모집단에 대하여 이변량정규분포임을 가정하고 유의수준 $\alpha = 0.05$로 모상관계수 ρ의 구간추정을 하고, 또한 $\rho = 0.5$인지 아닌지에 대하여 가설검정을 하시오.

풀이

$n = 10$, $r = 0.92$이므로 $z' = 1.589$이며,

$$z_{\alpha/2} = z_{0.025} = 1.96$$
$$\text{Var}(Z') = \frac{1}{n - 3} = \frac{1}{7} = 0.143$$

이므로, 식 (4.26)으로부터

3) 회귀분석 모형에서 설명변수 x가 확률변수가 아니므로 모상관계수 ρ_{xy}는 정의되지 않으나 표본상관계수 r_{xy}는 통계량 값으로 정의에 문제가 없다.

4) (참고문헌 4.6)과 (참고문헌 4.7)을 참고하면, 설명변수를 고정(fixed)으로 가정한 단순선형회귀모형에서 r^2의 분포는 비중심 베타분포(noncentral beta distribution)를 따른다는 것이 증명되었고, 통계량 $T = \sqrt{\dfrac{(n - 2)r^2}{1 - r^2}}$ 는 비중심 모수가 $(\beta_1/\sigma)S_{(xx)}$이고 자유도가 $n - 2$인 t 분포임을 보일 수 있다.

$$z' \pm z_{\alpha/2}\sqrt{\mathrm{Var}(Z')} = 1.589 \pm (1.96)\sqrt{0.143}$$
$$= 1.589 \pm 0.741$$
$$= (0.848, 2.330)$$

이 된다. 이제 0.848과 2.330에 대응되는 r의 값을 구하면 각각 0.690과 0.981이 되므로 모상관계수 ρ의 95% 신뢰구간은

$$0.690 \leq \rho \leq 0.981$$

로 추정할 수 있다. 다음으로 가설검정

$$H_0 : \rho = 0.5 \qquad H_1 : \rho \neq 0.5$$

을 하여 보자. $r = 0.92$에 대응되는 Z'의 값은 $z' = 1.589$이고 $\rho_0 = 0.5$에 대응되는 Z'의 값은 $\mathrm{E}(Z') = 0.549$이며, $\mathrm{Var}(Z') = 0.143$이므로 식 (4.27)로부터

$$z = \frac{Z' - \mathrm{E}(Z')}{\sqrt{\mathrm{Var}(Z')}} = \frac{1.589 - 0.549}{\sqrt{0.143}} = \frac{1.040}{0.378} = 2.751$$

이다. 그런데, $z_{\alpha/2} = z_{0.025} = 1.96$이므로 $|z| = 2.751 > 1.96$이 성립되어 귀무가설을 기각한다. 즉 모상관계수 ρ의 값이 0.5라는 것은 틀린 가설이다.

예 4.3에서는 [표 3.1]의 자료에 대하여 이변량 정규분포를 가정했는데, 단순선형회귀모형을 가정한 경우에는 광고료(x)가 고정된 값이므로 $\rho = 0.5$에 대한 검정을 β_1에 대한 검정을 통해 할 수 있다.

$\beta_1 = \rho \dfrac{\sigma_y}{\sigma_x}$ 의 관계가 있으므로, [표 3.1]자료에서 $\rho = 0.5$이면 $\beta_1 \approx 0.5 \times \dfrac{6.397}{2.261} = 1.415$ 가 되어 $\beta_1 = 1.415$의 검정에 해당한다.

4.4 모형의 타당성

이제까지 논의해 온 식 (3.3)의 단순선형회귀모형에 대한 분석은 앞 장의 절 3.2.2에서 기술된 세 가지의 기본가정에 기초를 두고 있다. 즉, 첫째로 x와 y 사이에는 선형의 함수관계, $y = \beta_0 + \beta_1 x + \epsilon$가 성립되며, 둘째로 오차항 ϵ는 서로 독립이고, 마지막으로 동일한 분포 $N(0, \sigma^2)$를 따른다는 가정이다. 그러나, 실제에 있어서 이러한 가정들이 옳은 것인지 아닌지 모를 경우가 많으며, 이 가정들에 대한 검토가 이루어져야 할 것이다. 이들 가정에 대한 검토를 모형에 대한 타당성 검토라 부른다.

선형 회귀모형이 주어진 자료를 적합하는 데 적절한지 알아보기 위해 다음의 몇 가지

측도(measures)들을 살펴볼 수 있다. 먼저 식 (3.35)에서 정의한 결정계수 r^2의 값이 0에 가까운 경우는 선형 회귀모형이 적절하지 않으며, 다른 형태의 모형을 고려해야 한다는 것을 의미한다. 이 경우 회귀분석의 결과는 의미 있는 정보를 제공하지 못한다. 또, 분산분석을 했을 때 F_0의 값이 매우 작게 나타난 경우에도 가정한 회귀모형이 유의하지 못하다는 것을 알려준다. 이런 경우 선형 회귀모형은 의미가 없다고 볼 수 있다.

위에서 언급한 것 이외에 적합결여검정(lack-of-fit test)을 통하여 모형의 타당성을 판정하거나, 잔차의 검토를 통하여 타당한 모형을 발견하고, 또한 모형의 변환(transformation)을 통하여 타당한 모형을 찾는 연구가 있다(참고문헌 4.9와 참고문헌 4.10). 이것들에 대하여 차례로 검토하여 보자.

4.4.1 적합결여검정

두 변수 x와 y 사이의 함수관계가 단순선형회귀모형

$$y = \beta_0 + \beta_1 x + \epsilon, \quad \epsilon \sim N(0, \sigma^2)$$

으로 표현되는 것이 적합한지 알아보기 위해 적합결여검정을 할 수 있다. 이 검정은 x의 각 수준(level)에서 반복측정(repeated observations)이 있어야만 가능하다.

x의 수준으로 $x_1, x_2, \cdots, x_k$가 있고, 각 수준에서 $n_1, n_2, \cdots, n_k$개의 반복된 관측값

$$\begin{aligned} &y_{11}, y_{12}, \cdots, y_{1n_1} \\ &y_{21}, y_{22}, \cdots, y_{2n_2} \\ &\quad\vdots \\ &y_{k1}, y_{k2}, \cdots, y_{kn_k} \end{aligned}$$

가 있다고 하자. 전체 자료의 수 $n = \sum_{i=1}^{k} n_i$ 를 가지고 최소제곱법에 의해 구한 회귀모형을

$$\hat{y}_i = \hat{\beta}_0 + \hat{\beta}_1 x_i, \quad i = 1, 2, \cdots, k$$

라고 하자. 하나의 x_i점에서는 n_i개의 y 측정값이 있지만, 회귀모형에 의한 y의 추정값은 $\hat{y}_i$하나뿐이다. 이 경우에 잔차변동 SSE는

$$SSE = \sum_{i=1}^{k} \sum_{j=1}^{n_i} (y_{ij} - \hat{y}_i)^2 \tag{4.30}$$

이 되며, $\bar{y}_i = \sum_{j=1}^{n_i} y_{ij}/n_i$라 놓고 SSE를 다음과 같이 둘로 분해할 수 있다.

$$\begin{aligned} SSE &= \sum_{i=1}^{k} \sum_{j=1}^{n_i} \left[(y_{ij} - \bar{y}_i) + (\bar{y}_i - \hat{y}_i) \right]^2 \\ &= \sum_{i=1}^{k} \sum_{j=1}^{n_i} (y_{ij} - \bar{y}_i)^2 + \sum_{i=1}^{k} n_i (\bar{y}_i - \hat{y}_i)^2 \end{aligned} \tag{4.31}$$

식 (4.31)에서 첫 번째 제곱합을 순오차제곱합(pure error sum of squares)

$$SSPE = \sum_{i=1}^{k}\sum_{j=1}^{n_i}(y_{ij} - \bar{y}_i)^2 \tag{4.32}$$

이라 하고, 두 번째 제곱합을 적합결여제곱합(lack-of-fit sum of squares)

$$SSLF = \sum_{i=1}^{k} n_i(\bar{y}_i - \hat{y}_i)^2 \tag{4.33}$$

이라 한다. $SSPE$와 관련된 자유도는 $n - k$이다. 왜냐하면, 식 (4.32)에서 $\sum_{j=1}^{n_i}(y_{ij} - \bar{y}_i)^2$은 $n_i - 1$의 자유도를 가지고 있으며 k개의 x수준에서는 총합 $\sum_{i=1}^{k}(n_i - 1) = n - k$의 자유도가 되기 때문이다. 따라서, 순오차평균제곱(pure error mean square)은

$$MSPE = \frac{SSPE}{n - k} \tag{4.34}$$

이다. $SSLF$와 관련된 자유도는 $k - 2$이다. 왜냐하면, 식 (4.33)에서 k개의 x수준이 있고 $\hat{y}_i$는 2개의 모수를 추정하여 얻어지며, 이때 자유도 2개를 상실하게 되므로 $k - 2$가 된다. 따라서, 적합결여평균제곱(lack-of-fit mean square)은

$$MSPE = \frac{SSLF}{k - 2} \tag{4.35}$$

이 된다. 회귀모형 $E(Y|X = x) = \beta_0 + \beta_1 x$가 옳은가를 검정하기 위한 통계량으로 쓰여지는 것은

$$F_0 = \frac{MSLF}{MSPE} \tag{4.36}$$

이며, 회귀직선이 옳든 아니든 간에

$$\begin{aligned} E(MSPE) &= \sigma^2 \\ E(MSLF) &= \sigma^2 + \frac{\sum_{i=1}^{k} n_i[E(y_i) - E(\hat{y}_i)]^2}{k - 2} \end{aligned} \tag{4.37}$$

이 성립한다. 만약 $E(\hat{y}_i) = E(y_i) = \beta_0 + \beta_1 x_i$이면 $E(MSLF) = \sigma^2$과 같다. 따라서, 식 (4.36)의 F_0의 값이 1에 가까우면 회귀직선모형이 옳은 가정이며, F_0의 값이 커지면 $E(Y|X = x) \neq \beta_0 + \beta_1 x$라는 의미가 된다. 적합결여검정에 대한 가설과 판정 방법(decision rule)은 다음과 같다.

$$\begin{aligned} H_0 &: E(Y|X = x) = \beta_0 + \beta_1 x \\ H_1 &: E(Y|X = x) \neq \beta_0 + \beta_1 x \end{aligned}$$

만약, $F_0 = \dfrac{MSLF}{MSPE} > F_\alpha(k - 2, n - k)$이면 귀무가설을 기각하고, 아니면 채택한다.

예 4.4

어떤 시중은행에서는 비슷한 지역에 위치하고 있는 2개의 지점 A, B를 표본대상으로 다음과 같은 실험을 하였다. 각 지점에서는 신규저축예금 가입자에게 예금액을 6등급으로 나누어 각 등급의 최저예금액에 정비례하는 가치를 가진 선물을 주기로 하였다. 일정한 실험기간 동안에 이와 같은 방침에 따라서 평소보다 신규예금 가입자가 어느 정도 증가하는가를 관측하였다. [표 4.1]의 데이터를 근거로 하여 최저예금액(x)과 신규가입자 증가수(y)간에 회귀모형이 성립하는가를 검토하시오.

표 4.1 저축 예금자 자료

최저예금액 x (단위 : 천 원)	증가된 저축예금가입자 수 y		
	지점 A	지점 B	평균
75	28	42	$\bar{y}_1 = 35$
100	112	136	$\bar{y}_2 = 124$
125	160	150	$\bar{y}_3 = 155$
150	143	161	$\bar{y}_4 = 152$
175	156	124	$\bar{y}_5 = 140$
200	124	104	$\bar{y}_6 = 114$

풀이

식 (3.16)으로부터 추정된 회귀모형은

$$\hat{y} = \hat{\beta}_0 + \hat{\beta}_1 x = 50.857 + 0.503x$$

이며, [표 3.5]에 의거한 분산분석표는 다음과 같다.

표 4.2 은행자료의 분산분석표

요인	제곱합	자유도	평균제곱	F_0	$F_{0.05}(1.10)$
회귀	SSR = 5,534.4	1	5,531.4	3.54	4.94
잔차	SSE = 15,630.6	10	1,563.1		
계	SST = 21,162.0	11			

그런데 $F_{0.05}(1, 10) = 4.94$이므로, $F_0 = 3.54 < 4.94$가 되어 회귀변동이 유의하다고 결론지을 수 없다. 즉, 회귀모형이 자료를 설명하는 데 유의한 기여를 못한다는 말이다. 이 유를 발견하기 위하여 산점도를 [그림 4.4]에 그려 보았더니, 선형보다는 곡선의 형태가 더 적합하지 않을까 생각된다. 이를 통계적으로 확인하기 위하여 회귀모형의 적합결여 검정을 하면, 식 (4.32)에 있는 순오차제곱합은

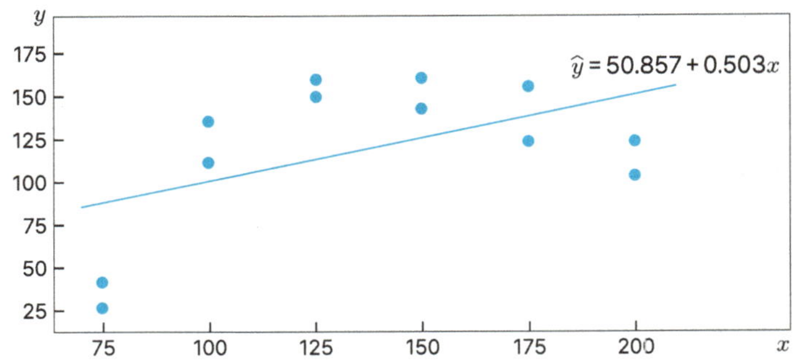

그림 4.4 은행 자료에서 추정된 회귀모형

$$SSPE = \sum_{i=1}^{k}\sum_{j=1}^{n_i}(y_{ij} - \bar{y}_i)^2$$
$$= (28 - 35)^2 + (42 - 35)^2 + (112 - 124)^2 + (136 - 124)^2 + \cdots + (124 - 114)^2 + (104 - 114)^2$$
$$= 1,310.0$$

이며, $SSE = SSPE + SSLF$ 이므로

$$SSLF = SSE - SSPE = 15,630.6 - 1310.0 = 14,320.6$$

이 된다. $SSPE$의 자유도는 $n - k = 12 - 6 = 6$, $SSLF$ 의 자유도는 $k - 2 = 6 - 2 = 4$가 되므로, 적합결여검정통계량 식 (4.36)의 값은

$$F_0 = \frac{SSLF/4}{SSPE/6} = \frac{14,320.6/4}{1,310.0/6} = \frac{3,580.2}{218.3} = 16.42$$

이다. 그런데, $F_{0.05}(4, 6) = 4.53$이므로 $F_0 = 16.42 > 4.53$이 성립되어 회귀모형의 가정이 옳지 않으며, $\mathrm{E}(Y \mid X = x) = \beta_0 + \beta_1 x$는 x와 y관계를 표현하는 데 적절하지 않음을 알 수 있다.

4.4.2 잔차의 검토

잔차는 $e_i = y_i - \hat{y}_i = y_i - \hat{\beta}_0 - \hat{\beta}_1 x_i$에 정의하며, 식 (3.27)에서 지적된 바와 같이 잔차의 합은 0이다. 이론적인 측면에서 볼 때 회귀모형이 타당하고 오차의 등분산성이 성립된다면 잔차들을 x에 대하여 산점도를 그려 보았을 때 0을 중심으로 완전히 랜덤(random)하게 나타나야 할 것이다. 만약 회귀모형을 적합시킨 결과 모형이 자료에 잘 적합된 경우라면, 잔차는 0을 중심으로 랜덤하게 나타난다. 그런데 이와 달리 (x_i, e_i)의 산점도가 [그림 4.5]처럼 그려졌다고 가정하자. 이들 잔차그림은 일정한 패턴을 보이고 있으므로 다른 모형이 필요하다는 것을 암시한다. 구체적으로 살펴보면 (a)는 2차 다항회귀모형 $\hat{y} = \hat{\beta}_0 + \hat{\beta}_1 x + \hat{\beta}_2 x^2$과 같은 것이 타당해 보이며, (b)는 3차 다항회귀모형, $\hat{y} = \hat{\beta}_0 + \hat{\beta}_1 x + \hat{\beta}_2 x^2 + \hat{\beta}_3 x^3$이 적절해 보이고, (c)는 어떤 선형항(linear term)이 추가되면 좋을 것이라는 것을 나타내준다. 다항회귀모형과 관련해서는 10장에서 좀 더 자세히 설명하기로 한다. (d)는 x가 증가함에 따라 오차의 분산이 증가하여 가중회귀모형을 사용하는 것이 바람직할 것이라는 것을 알려준다. 가중회귀모형과 관련해서는 13장에서 소개하기로 한다. 이와 같이 잔차의 산점도를 보고 회귀모형의 타당성과 등분산성 등에 대하여 대략 짐작할 수 있다. 이와 관련한 자세한 통계적 논의에 대해서는 (참고문헌 4.1)과 (참고문헌 4.2)를 참조할 수 있다.

[그림 4.5]에서 (x_i, e_i)산점도를 그리는 이유는 3.3절의 최소제곱법의 정규방정식으로부터

$$\sum_i x_i e_i = 0 \text{이고} \sum_i e_i = 0 \tag{4.38}$$

을 만족시켜 자료의 관점에서 x_i와 e_i가 상관이 없고 e_i들이 0을 주변으로 산포하고 있을 것을 기대하기 때문이다. 같은 방식으로

$$\sum_i \hat{y}_i e_i = 0 \text{이고} \sum_i e_i = 0 \tag{4.39}$$

임을 이용하여 $(\hat{y}_i, e_i)$의 산점도도 자주 이용된다.

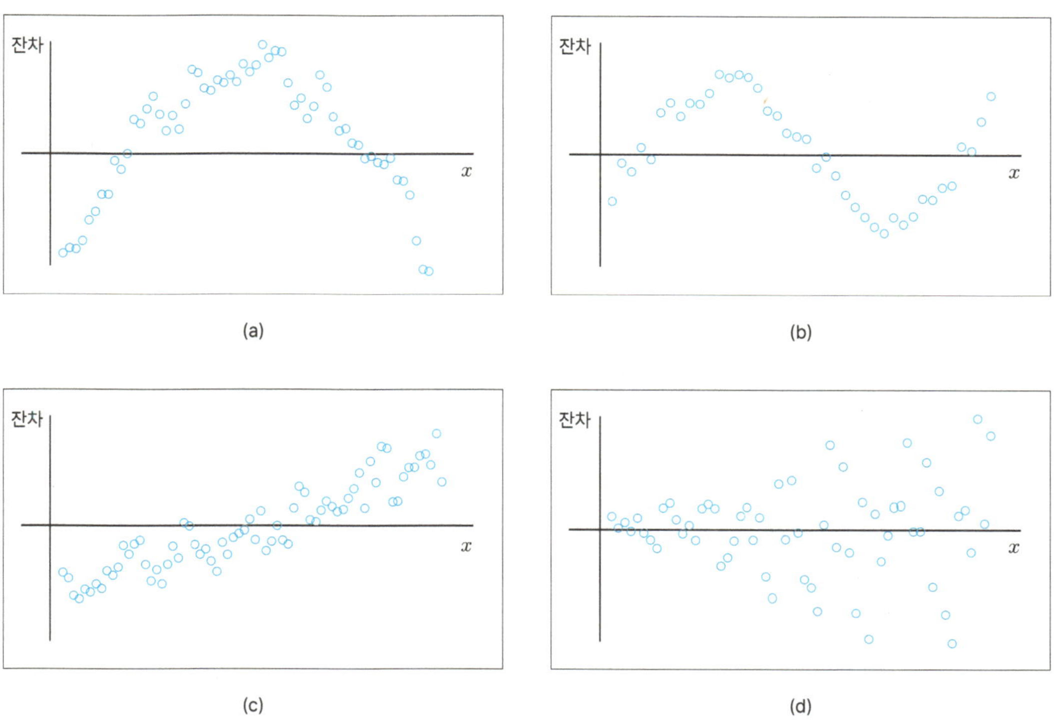

그림 4.5 **잔차의 산점도**

4.4.3 잔차의 성질

잔차 $e_i = y_i - \hat{y}_i$의 확률적 성질을 살펴보자. 먼저 잔차의 분포는 회귀모형의 정규성 가정하에 잔차를 구성하는 y_i와 $\bar{y}$가 모두 정규분포를 따르므로, 잔차의 분포 또한 정규분포를 따른다. 따라서 잔차의 평균과 분산만 알면 잔차의 분포를 특정지을 수 있다. 잔차의 평균은

$$\mathrm{E}(e_i) = \mathrm{E}(y_i) - \mathrm{E}(\hat{y}_i) = (\beta_0 + \beta_1 x_i) - (\beta_0 + \beta_1 x_i) = 0 \tag{4.40}$$

이다. 다음으로 잔차의 분산을 계산하여 보면

$$\begin{aligned}\mathrm{Var}(e_i) &= \mathrm{Var}(y_i - \hat{y}_i) = \mathrm{Var}\left[y_i - \bar{y} - \hat{\beta}_1(x_i - \bar{x})\right] \\ &= \mathrm{Var}(y_i - \bar{y}) + (x_i - \bar{x})^2\mathrm{Var}(\hat{\beta}_1) - 2(x_i - \bar{x})\mathrm{Cov}(y_i - \bar{y}, \hat{\beta}_1)\end{aligned} \tag{4.41}$$

이고,

$$\hat{\beta}_1 = \frac{S_{(xy)}}{S_{(xx)}} = \sum_i \frac{(x_i - \bar{x})}{S_{(xx)}}(y_i - \bar{y}) = \sum_i \frac{(x_i - \bar{x})}{S_{(xx)}} y_i \tag{4.42}$$

임을 이용하면

$$\mathrm{Cov}(y_i, \hat{\beta}_1) = \frac{(x_i - \bar{x})}{S_{(xx)}}\sigma^2, \quad \mathrm{Cov}(\bar{y}, \hat{\beta}_1) = \frac{\sigma^2}{n}\sum_i (x_i - \bar{x}) = 0 \tag{4.43}$$

이다. 따라서

$$\begin{aligned}\mathrm{Var}(e_i) &= \left(1 - \frac{1}{n}\right)\sigma^2 + \frac{(x_i - \bar{x})^2}{S_{(xx)}}\sigma^2 - 2\frac{(x_i - \bar{x})^2}{S_{(xx)}}\sigma^2 \\ &= \left[1 - \frac{1}{n} - \frac{(x_i - \bar{x})^2}{S_{(xx)}}\right]\sigma^2\end{aligned} \tag{4.44}$$

이 된다. 그러므로 잔차 e_i의 분포는 평균이 0이고 분산은 $\left[1 - \frac{1}{n} - \frac{(x_i - \bar{x})^2}{S_{(xx)}}\right]\sigma^2$인 정규분포를 따른다.

다음으로 서로 다른 오차항 $\epsilon_i, \epsilon_j (i \neq j)$와 달리, 잔차 e_i, e_j는 서로 독립이 아니다. 이는 잔차 e_i, e_j가 정규분포를 따르므로 $\mathrm{Cov}(e_i, e_j) \neq 0$임을 보이면 된다. 실제로 위와 같은 방식으로 계산해 보면

$$\mathrm{Cov}(e_i, e_j) = -\left[\frac{1}{n} + \frac{(x_i - \bar{x})(x_j - \bar{x})}{S_{(xx)}}\right]\sigma^2 \tag{4.45}$$

임을 보일 수 있다.

4.5 오차의 자기상관

설명변수 x가 시간을 나타내거나 시간에 따른 관측값일때는 잔차분석이 더욱 중요한 의미를 갖는다. 예를 들어, 잔차의 산점도가 [그림 4.6]인 경우를 살펴 보자. 이런 경우엔 시간(x)이 흐름에 따라 잔차가 어떤 일정한 주기(cycle)를 가지고 변화하는 것 같으며, 잔차 $e_i = y_i - \hat{y}_i$는 오차 $\epsilon = y_i - \beta_0 - \beta_1 x_i$의 추정값이므로, [그림 4.6]과 같은 경우에는 오차 ϵ_i들 사이에 어떤 종속적인 함수 관계가 있을 가능성이 크다.

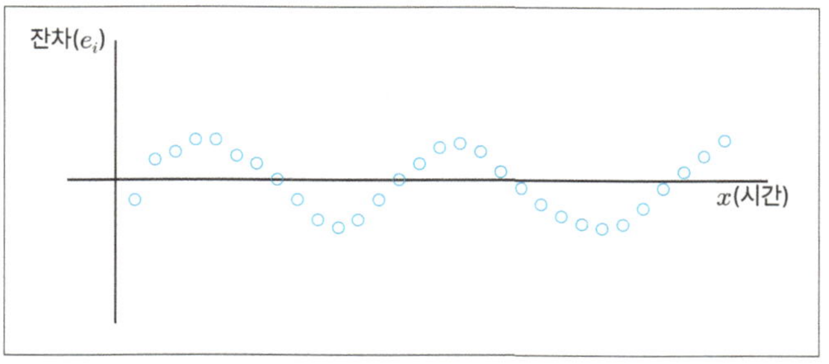

그림 4.6 **시계열 자료의 잔차**

단순선형회귀모형 $y_i = \beta_0 + \beta_1 x_i + \epsilon_i$에서 만약 오차 간에

$$\epsilon_i = \rho\epsilon_{i-1} + \delta_i \tag{4.46}$$

가 성립하며, $\rho \neq 0$이고 $\mathrm{E}(\delta_i) = 0$, $\mathrm{Var}(\delta_i) = \sigma_\delta^2$, $\mathrm{Cov}(\delta_i, \delta_j) = 0\ (i \neq j)$이 만족되는 경우에, 오차항 ϵ_i 간에는 일차자기상관(first-order autocorrelation)이 존재한다고 말한다. 식 (4.46)을 계속 대입하여 전개하면

$$\begin{aligned} \epsilon_i &= \rho\epsilon_{i-1} + \delta_i = \rho(\rho\epsilon_{i-2} + \delta_{i-1}) + \delta_i \\ &= \delta_i + \rho\delta_{i-1} + \rho^2\delta_{i-2} + \cdots \\ &= \sum_{j=0}^{\infty} \rho^j \delta_{i-j} \end{aligned} \tag{4.47}$$

이 된다. 그런데, $\mathrm{E}(\delta_i) = 0$이며 $\mathrm{Cov}(\delta_i, \delta_j) = 0 (i \neq j)$이므로 모든 i에 대하여 다음이 성립한다.

$$\begin{aligned} &\mathrm{E}(\epsilon_i) = 0 \\ &\mathrm{Var}(\epsilon_i) = \mathrm{Var}\left(\sum_{j=0}^{\infty} \rho^j \delta_{i-j}\right) = \sigma_\delta^2 \left(\sum_{j=0}^{\infty} \rho^{2j}\right) = \frac{\sigma_\delta^2}{1-\rho^2} \end{aligned} \tag{4.48}$$

또한 오차 간 공분산을 살펴보면

$$\begin{aligned} \mathrm{Cov}(\epsilon_i, \epsilon_{i-1}) &= \mathrm{E}(\epsilon_i \epsilon_{i-1}) \\ &= \mathrm{E}\left[(\delta_i + \rho\delta_{i-1} + \rho^2\delta_{i-2} + \cdots)(\delta_{i-1} + \rho\delta_{i-2} + \rho^2\delta_{i-3} + \cdots)\right] \\ &= \rho\mathrm{E}(\delta_{i-1} + \rho\delta_{i-2} + \cdots)^2 \end{aligned}$$

$$= \rho \mathrm{Var}(\epsilon_{i-1}) = \rho\left(\frac{\sigma_\delta^2}{1-\rho^2}\right) \tag{4.49}$$

이다. 같은 방법을 사용하여, $j \neq 0$ 일때

$$\mathrm{E}(\epsilon_i \epsilon_{i-j}) = \rho^j\left(\frac{\sigma_\delta^2}{1-\rho^2}\right) \tag{4.50}$$

이 된다. 따라서, 일차자기상관이 있는 단순 선형 회귀모형에서는 오차벡터 $\epsilon = (\epsilon_1, \epsilon_2, \cdots, \epsilon_n)^\top$의 분산-공분산행렬은 식 (4.51)과 같다.

$$\mathrm{Var}(\boldsymbol{\epsilon}) = \mathrm{E}(\boldsymbol{\epsilon}\boldsymbol{\epsilon}^\top) = \frac{\sigma_\delta^2}{1-\rho^2}\begin{pmatrix} 1 & \rho & \rho^2 & \dots & \rho^{n-1} \\ \rho & 1 & \rho & \dots & \rho^{n-2} \\ \rho^2 & \rho & 1 & \dots & \rho^{n-3} \\ \vdots & \vdots & \vdots & & \vdots \\ \rho^{n-1} & \rho^{n-2} & \rho^{n-3} & \dots & 1 \end{pmatrix} \tag{4.51}$$

다음으로 일차자기상관계수(first-order autocorrelation coefficient) ρ가 존재하는가의 여부를 검정하는 방법을 알아보자. 이 검정에 적절한 통계량은 Durbin-Watson(참고문헌 4.3)의 d 통계량(Durbin-Watson d statistic)이며, 이 통계량은 잔차를 $e_i = y_i - \hat{y}_i = y_i - \hat{\beta}_0 - \hat{\beta}_1 x_i$로 구한 후 다음의 공식에 의하여 얻어진다.

$$d = \frac{\sum_{i=2}^n (e_i - e_{i-1})^2}{\sum_{i=1}^n e_i^2} \tag{4.52}$$

식 (4.52)의 분자는 잔차의 각 시점(x_i) 사이의 잔차의 차이를 제곱해 합계한 것이고 분모는 단순히 잔차의 제곱의 합계이다. 만약, 오차항 ϵ_i가 i의 어느 값을 막론하고 자기상관을 갖지 않았다고 한다면(즉 $\rho = 0$), 다음 식의 공분산항 $\mathrm{E}(\epsilon_i\epsilon_{i-1})$은 0이 된다.

$$\begin{aligned}\mathrm{E}(\epsilon_i - \epsilon_{i-1})^2 &= \mathrm{E}(\epsilon_i^2 - \epsilon_{i-1}^2 - 2\epsilon_i\epsilon_{i-1}) \\ &= \mathrm{E}(\epsilon_i^2) + \mathrm{E}(\epsilon_{i-1}^2) - 2\mathrm{E}(\epsilon_i\epsilon_{i-1})\end{aligned}$$

그러나, 오차가 자기상관을 갖는다면 $\mathrm{E}(\epsilon_i\epsilon_{i-1}) \neq 0$이 되어, 오차가 양의 자기상관(positive autocorrelation)을 가지면

$$\mathrm{E}(\epsilon_i - \epsilon_{i-1})^2 < \mathrm{E}(\epsilon_i^2) + \mathrm{E}(\epsilon_{i-1})^2$$

이고, 음의 자기상관(negative autocorrelation)을 가지면

$$\mathrm{E}(\epsilon_i - \epsilon_{i-1})^2 > \mathrm{E}(\epsilon_i^2) + \mathrm{E}(\epsilon_{i-1})^2$$

이 된다. 이와 같은 이론에 근거하여 ϵ_i 대신에 잔차 e_i를 사용하고 기댓값($\mathrm{E}(\cdot)$) 대신에 표본 평균을 써서 구한 값이 Durbin-Watson의 통계량이다. 한편 잔차 e_i들간의 표본상관계

수는

$$\hat{\rho} = \frac{\sum_{i=2}^{n} e_i e_{i-1}}{\sqrt{\sum_{i=1}^{n} e_i^2}\sqrt{\sum_{i=2}^{n} e_{i-1}^2}} \tag{4.53}$$

로 정의되는데, n이 작지 않으면 대략

$$\sum_{i=1}^{n} e_i^2 = \sum_{i=2}^{n} e_i^2 = \sum_{i=2}^{n} e_{i-1}^2$$

이 성립되므로, 검정통계량 d는

$$\begin{aligned} d &= \frac{\sum_{i=2}^{n}(e_i^2 - 2e_{i-1}e_i + e_{i-1}^2)}{\sum_{i=1}^{n} e_i^2} \\ &\approx \frac{2\sum_{i=2}^{n} e_i^2 - 2\sum_{i=2}^{n} e_i e_{i-1}}{\sum_{i=1}^{n} e_i^2} \\ &\approx 2 - 2\hat{\rho} = 2(1 - \hat{\rho}) \end{aligned} \tag{4.54}$$

이 된다. 즉, $\hat{\rho} = 0$이면 $d = 2$이고, $\hat{\rho}$의 값이 0에서 1로 가면 d의 값은 2에서 0으로 감소하며, 0에서 -1로 가면 2에서 4로 증가하게 된다.

Durbin과 Watson은 자기상관에 대한 검정을 위해, 표본의 크기 n과 설명변수의 개수에 따라 변하는 통계량 d의 상한(d_U)과 하한(d_L)을 계산하여 부록 <표 A-5>과 같은 표를 만들었다. 먼저 양의 자기 상관관계가 존재하는가에 대한 검정절차를 알아보자.

(순서 1) 가설을 세운다.

$$H_0 : \rho = 0 \qquad H_1 : \rho > 0$$

(순서 2) 검정통계량 d의 값을 식 (4.52)에 의하여 구한다.

(순서 3) 부록 <표 A-5>에서 해당되는 d_L과 d_U를 구한다.

(1) $d < d_L$이면 H_0를 기각하고 H_1을 채택한다.

(2) $d_L < d < d_U$이면 불확정적이다.

(3) $d > d_U$이면 H_0를 채택하고 H_1을 기각한다.

이 검정절차의 단점은 만약 통계량 d의 값이 d_L과 d_U 사이에 위치하면 H_0를 채택하지도 기각하지도 못하는 점일 것이다. 다음으로 음의 자기상관관계에 대한 가설검정은 다음의 방법을 따른다.

(순서 1) 가설을 세운다.

$$H_0 : \rho = 0 \qquad H_1 : \rho < 0$$

(순서 2) 검정통계량 d의 값을 식 (4.52)에 의하여 구한다.

(순서 3) 부록 <표 A-5>에서 d_L과 d_U를 구한 후 $d_L^* = 4 - d_U$, $d_U^* = 4 - d_L$에 의하여 상한

(d_U^*)과 하한(d_L^*)을 얻는다. 만약

(1) $d < d_L^*$ 이면 H_0를 채택하고 H_1을 기각한다.

(2) $d_L^* < d < d_U^*$이면 불확정적이다.

(3) $d > d_U^*$이면 H_0를 기각하고 H_1을 채택한다.

일반적으로 음의 자기상관을 갖는 경우는 많지 않고, 이에 대한 가설검정은 별로 많이 사용되지 않는다.

마지막으로 오차항에 자기상관관계가 존재하는 경우 선형회귀모형에 대한 적합에 대하여 살펴보자. 먼저 오차가 자기상관관계를 가지고 있더라도 3장에서 배운 최소제곱추정량 $\hat{\beta}_0$와 $\hat{\beta}_1$은 불편추정량(unbiased estimator)이 된다. 즉, $E(\hat{\beta}_0) = \beta_0$와 $E(\hat{\beta}_1) = \beta_1$를 만족하여 자기상관이 아주 강하지 않는 한 여전히 사용가능한 좋은 추정량이다. 다만 오차의 자기상관이 존재하는 경우에 최소제곱추정량은 7장의 【정리 7.1】에서 소개하게 될 최소분산불편추정량(minimum variance unbiased estimator)이 되지 못하는 단점이 있다. 이를 보안하기 위한 방법은 (1) 최소제곱추정의 잔차들을 이용하여 식(4.53)의 자기상관계수 추정량 $\hat{\rho}$을 계산하고[5] (2) 이를 이용하여 12장에서 소개할 일반화최소제곱(generalized least squares method)을 사용하는 것이다.

4.6 R 실습

아마존 강 수위 문제 3장 연습문제 10번에 대하여 단순회귀모형을 가정하고 이를 추론해 보기로 한다.

lm( ) 함수를 사용하여 반응변수 High와 설명변수 Year에 대한 단순선형회귀모형을 적합할 수 있다. 기본 문법은 lm($y \sim x$, data)이다. 이 때, y는 반응변수, x는 설명변수를 가리키며 data는 두 변수의 정보가 포함된 자료를 가리킨다.

```
> amazon←read.csv("amazon.csv")
> lm.fit←lm(High~Year, data=amazon)
>lm.fit
Call:
lm(formula = High ~ Year, data = amazon)

Coefficients:
(Intercept)          Year
-330.2124          0.1809
```

5) 여기서 1차 자기상관모형이 아닌 보다 일반적인 시계열 모형을 가정하고 모수들을 추정하여도 된다.

이 결과로부터 해가 지날수록 아마존 강의 최고수위는 약 0.1809 미터씩 높아지고 있음을 알 수 있다. 회귀계수에 대한 유의확률값과 표준오차와 결정계수, 그리고 분산분석표의 F-값 등은 summary()를 사용하여 구할 수 있다.

```
> summary(lm.fit)
Call:
lm(formula = High ~ Year, data = amazon)

Residuals:
    Min       1Q   Median       3Q      Max
-1.3629  -0.5341   0.1479   0.4903   1.1412
Coefficients:
               Estimate  Std. Error  t value    Pr(>|t|)
(Intercept)  -330.21235    78.03319   -4.232   0.000725 ***
Year            0.18088     0.03961    4.567   0.000371 ***
---
Signif. codes:
0 ‘***’ 0.001 ‘**’ 0.01 ‘*’ 0.05 ‘.’ 0.1 ‘ ’ 1

Residual standard error: 0.8001 on 15 degrees of freedom
Multiple R-squared: 0.5816,      Adjusted R-squared: 0.5537
F-statistic: 20.85 on 1 and 15 DF,  p-value: 0.0003708
```

각 회귀계수 추정값에 대한 신뢰구간을 얻기 위해 confint() 함수를 사용한다.

```
> confint(lm.fit)
                    2.5 %       97.5 %
(Intercept)  -496.53615985  -163.8885460
Year            0.09645429     0.2653104
```

$\mu_{y \cdot x}$에 대한 신뢰구간을 얻기 위해서는 predict() 함수를 사용할 수 있다. 예를 들어, Year가 1970인 경우 식 (4.13)의 95% 신뢰구간은 다음과 같이 구할 수 있다.

```
> predict(lm.fit, data.frame(Year=1970), interval="confidence")
       fit       lwr       upr
1 26.12588  25.71227  26.53949
```

주어진 x에 대하여 y의 기대값인 $\mu_{y \cdot x}$ 대신에 하나의 예측값 y에 대한 신뢰구간은 interval = "prediction"으로 하여 predict( ) 함수로부터 구할 수 있다.

```
> predict(lm.fit, data.frame(Year=1970), interval="prediction")
       fit      lwr      upr
1 26.12588 24.37108 27.88069
```

여기서 (Year=1970)에 예측한 평균 반응과 하나의 예측값에 대한 추정값은 26.13으로 동일하지만, 개별적인 예측값에 대한 신뢰구간이 더 넓어지는 것을 알 수 있다.

한편, residuals( ) 함수를 사용하여 잔차를 구하고, 이 함수를 이용하여 설명변수(x)와 적합값($\hat{y}$)에 대한 잔차를 그래프로 나타낼 수 있다. 잔차를 그린 후 0을 중심으로 랜덤하게 나타나는 것인지 확인하기 위해 scatter.smooth( )함수[6)]를 사용하여를 그려 보기로 한다. 화면에 2개의 그래프를 보여주기 위해 par( ) 함수를 사용하여 화면을 먼저 분할하기로 한다. 예를 들어, par(mfrow=c(1,2))를 입력하면 화면이 1×2 격자로 분할된다.

```
par(mfrow=c(1,2))
scatter.smooth(x=1:length(amazon$Year), y=residuals(lm.fit),
        xlab="Year", ylab="Residuals")
scatter.smooth(x=predict(lm.fit), y=residuals(lm.fit),
        xlab=expression(hat(y)), ylab="Residuals")
```

설명변수 Year에 대한 잔차그림은 시간이 흐름에 따라 잔차의 모양을 보여주는 것으로, 자료의 갯수가 작아 뚜렷하진 않지만 어떤 일정한 주기(cycle)를 갖는 것으로 의심이 된다. 이를 알아보기 위해 오차에 일차자기상관계수의 존재 여부를 검정하는 Durbin-Waston 검정을 시행하면 다음과 같다. 이를 위해서 간단히 car 패키지의 dwt( ) 함수를 사용해 보기로 한다.

```
> library(car)
> dwt(lm.fit)
lag  Autocorrelation  D-W Statistic  p-value
  1         0.311123       1.048677    0.018
Alternative hypothesis: rho ≠ 0
```

6) 이 함수는 LOESS(locally weighted scatterplot smoothing) 함수를 사용하여 설명변수의 관측값을 기준으로 근방에 있는 자료를 사용하여 비모수적인 방법으로 회귀모형을 적합한 결과를 제공한다. LOESS를 국소회귀(local regression)라고도 한다.

위 결과로부터 $\hat{\rho} = 0.3$이고, Durbin-Waston 통계량은 $d \approx 1.05$임을 알 수 있으며, 유의수준 5%에서 귀무가설 $H_0 : \rho = 0$을 기각하고, 오차항 간에 양의 일차자기상관이 존재한다고 할 수 있다.

예 4.4에서 살펴본 적합결여검정을 실습해 보도록 하자. 먼저 (x, y)를 아래와 같이 입력한 후, 단순 선형회귀모형 적합에 대한 분산분석 결과를 다음과 같이 살펴보도록 하자.

```
> x<-rep(c(75,100,125,150,175,200),2)
> y<-c(28,112,160,143,156,124,42,136,150,161,124,104)
> anova(lm(y~x))
Analysis of Variance Table

Response: y
          Df  Sum Sq  Mean Sq  F value   Pr(>F)
x          1  5531.4   5531.4   3.5389  0.08935 .
Residuals 10  15630.6  1563.1
---
Signif. codes: 0 '***' 0.001 '**' 0.01 '*' 0.05 '.' 0.1 ' ' 1
```

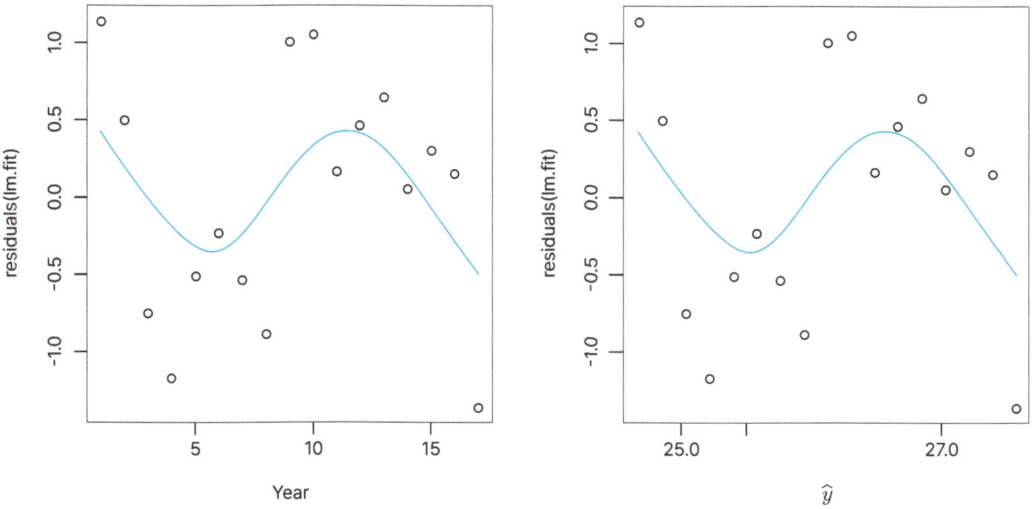

그림 4.7 **잔차그림**

이때, $SSE = 15630.6$임을 알 수 있다. 이 잔차의 크기가 모형의 가정이 적절하지 않은 것 때문인지 객관적으로 판단하기 위해서 x의 반복이 있는 경우 적합결여검정을 통해 알 수 있다. 위 자료는 같은 x에 대한 y 관측값이 존재한다. 따라서 오차제곱합으로부터 순오차제곱합($SSPE$)을 구해볼 수 있다. 이를 위해 다음과 같이 연속적인 설명변수(x)를 범주형

변수(factor (x))로 지정한 후 모형을 적합하면 그 때의 잔차제곱합이 곧 순오차제곱합이 됨을 알 수 있다.

```
> anova(lm(y~factor(x)))
Analysis of Variance Table

Response: y
          Df  Sum Sq  Mean Sq  F value   Pr(>F)
factor(x)  5   19852   3970.4   18.185  0.00145 **
Residuals  6    1310    218.3
---
Signif. codes: 0 ‘***’ 0.001 ‘**’ 0.01 ‘*’ 0.05 ‘.’ 0.1 ‘ ’ 1
> SSLF←15630.6-1310
> MSLF←SSLF/(10-6)
> F0←MSLF/218.3; F0
[1] 16.40014
> pvalue←1-pf(F0,4,6); pvalue
[1] 0.002205842
```

위 결과 $SSPE = 1310$이 됨을 알 수 있으며, 따라서 $SSLF$는 $SSE - SSPE$로 구할 수 있고, **예 4.4**의 결과를 얻게 된다.

참고문헌

4.1 Anscombe, F.J. and Tukey, J.W. (1963) The examination and analysis of residuals, *Technometrics*, 5, 141-160.

4.2 Draper, N. R. and Smith, H. (1998). *Applied Regression Analysis* (3rd Ed.), John Wiley & Sons, New York.

4.3 Durbin, J. and Watson, G.S. (1950) Testing for serial correlation in least squares regression I, *Biometrika*, 37,409-428.

4.4 Fisher, R.A. (1915). Frequency distribution of the values of the correlation coefficient in samples from an indefinitely large population, *Biometrika*, 10, 507-521.

4.5 Fisher, R.A. (1921). On the probable error of a coefficient of correlation deduced from a small sample, *Metron*, 1, 3-32.

4.6 Hogben, D. (1968). The distribution of the sample correlation coefficient with one variable fixed, *Journal of the Research of the National Bureau of Standards, B. Mathematical Sciences*,728(1), 33-35.

4.7 Hotelling, H. (1953). New light on the correlation coefficient and its transforms, *Journal of the Royal Statistical Society* - *Series B*, 15(2),193-232.

4.8 Huang, D.S. (1970). *Regression and Econometric Models*, Wiley, New York.

4.9 Kutner, M.H., Nachtsheim, C.J. Neter, J. and Li, W. (2004) *Applied Linear Statistical Models* (5th Ed.), McGraw-Hill/Irwin, New York.

4.10 Weisberg, S. (1985). *Applied Linear Regression* (2nd Ed.), John Wiley & Sons, New York.

연습문제

4.1 기울기 β_1의 $100(1-\alpha)\%$ 신뢰구간이 0을 그 구간 속에 포함하고 있으면 가설검정 $H_0: \beta_1 = 0$, $H_1: \beta_1 \neq 0$에서 유의수준 α로 귀무가설이 채택되고, 만약 신뢰구간이 0을 포함하고 있지 않으면 대립가설이 채택된다. 이것은 옳은 주장인가?

4.2 식 (4.29)을 증명하시오.

4.3 앞 장의 연습문제 3.1에 대하여 β_1, β_0와 $\mu_{y \cdot x}$($x = 10$ 에서)의 90% 신뢰구간을 구하여라. 그리고 $x = 10$ 에서 하나의 y 값의 90% 신뢰구간을 구하시오.

4.4 앞 장의 연습문제 3.2에 대하여 유의수준 $\alpha = 0.1$을 사용하여 다음의 가설검정을 행하시오.

(1) $H_0: \beta_1 = 1$
$H_1: \beta_1 \neq 1$

(2) $H_0: \mu_{y \cdot x} = 3.3$ ($x = 2.0$ 에서)
$H_1: \mu_{y \cdot x} \neq 3.3$ ($x = 2.0$ 에서)

(3) $H_0: \rho = 0$
$H_1: \rho \neq 0$

(4) $H_0: \rho = 0.4$
$H_1: \rho \neq 0.4$

4.5 생선을 잡아서 얼음창고에 일주일 동안 보관한 후에 생선의 신선도가 어느 정도 변하는가를 실험하였다. 신선도를 y로 놓고 10점 만점으로 하여 0점이 신선도가 전혀 없는 것이고 10점이 가장 좋은 경우이다. 설명변수 x는 생선을 잡은 지 x시간이 경과한 후에 얼음창고에 넣는 것을 가리킨다. 실험으로 10개의 데이터를 얻었다.

y(신선도)	8.5	8.4	7.9	8.1	7.8	7.6	7.3	7.0	6.8	6.7
x(경과시간)	0	0	3	3	6	6	9	9	12	12

(1) 선형회귀모형 ($y = \beta_0 + \beta_1 x + \epsilon$)이 타당한가를 유의수준 $\alpha = 0.05$를 사용하여 적합결여검정을 하시오.

(2) 선형회귀모형이 타당한 경우, 신선도의 점수가 시간당 얼마만큼이나 떨어지는가를 95% 신뢰계수를 가지고 구간추정하시오(즉, β_1의 구간추정).

4.6 어떤 회사의 과거 10년간 판매실적은 다음과 같다. 변환된 x_i의 값은 연도를 표시한다. 즉 $x_1 = 0$는 1969년을 상징한다.

연도	1969	1970	1971	1972	1973	1974	1975	1976	1977	1978
x_i	0	1	2	3	4	5	6	7	8	9
y_i	120	135	162	181	215	234	277	313	374	422

(1) 단순 선형회귀모형을 적합시키고 Durbin-Watson d 통계량을 사용하여 가설검정($H_0 : \rho = 0,\ H_1 : \rho > 0$)을 하고 싶다. 어떠한 방법을 써야 하는지 설명하라. d 통계량의 값은 무엇인가?

(2) 단순 선형회귀모형을 적합시켰을 때 기울기 $\hat{\beta}_1$이 갖는 의미는 무엇인가?

4.7 식 (4.37)을 증명하시오.

4.8 다음의 관계를 만족하는 n개의 이변량 자료 $\{(x_i, y_i), i = 1, \cdots, n\}$에 대하여 단순 선형회귀모형을 가정하고 분석한 경우 다음 질문에 답하시오. 단,

$$x_i = \frac{i}{n} \text{ 이고, } z_i = \sin\left(\frac{i\pi}{n}\right)$$

그리고 $\epsilon_i \sim N(0, 1)$을 가정하시오.

(1) 두 변수에 대한 실제 관계가 $y = \beta_0 + \beta_1 x + \beta_2 x^2 + \epsilon$이라고 가정할 때, x에 대하여 잔차들의 산점도를 그리시오.

(2) 두 변수에 대한 실제 관계가 $y = \beta_0 + \beta_1 x + \beta_2 x^2 + \beta_3 x^3 + \epsilon$이라고 가정할 때, x에 대하여 잔차들의 산점도를 그리시오.

(3) 두 변수에 대한 실제 관계가 $y = \beta_0 + \beta_1 x + \beta_2 z + \epsilon$이라고 가정할 때, x에 대하여 잔차들의 산점도를 그리시오.

4.9 식 (4.51)에 표현된 행렬의 역행렬을 구하시오.

4.10 단순 선형회귀모형에서 기울기 $\beta_1 = 0$에 대한 검정통계량은 다음과 같이 표본크기 (n)와 표본상관계수 (r)의 함수임을 보이시오.

$$t = \frac{\hat{\beta}_1}{\sqrt{MSE/S_{(xx)}}} = \sqrt{n-2}\,\frac{r}{\sqrt{1-r^2}}$$

4.11 R 실습 **보스턴 집값 데이터**(데이터 출처 : MASS 패키지). 이 데이터는 Boston 근처 지역의 지역적 특징과 주택 가격의 중앙값 등을 포함하고 있다. 데이터는 MASS 패키지 설치를 통해 Boston 데이터를 사용할 수 있다. 아래와 같이 사용가능하며 자세한 내용을 살펴볼 수 있다.

```
library(MASS)
head(Boston)
?Boston # Boston 데이터의 자세한 설명을 볼 수 있음
```

1인당 범죄율 crim을 설명변수 x로 하고, 주택가격의 중앙값 medv을 반응변수 y로 할 때 다음에 대하여 답하시오.

(1) 선형회귀모형 $y = \beta_0 + \beta_1 x + \epsilon$을 적합하시오.

(2) 잔차의 산점도를 그려보고 모형의 타당성과 공분산성에 대하여 설명하시오.

(3) 유의수준 $\alpha = 0.1$에서 $H_0 : \beta_1 = 0.3,\ H_0 : \beta_1 \neq 0.3$을 검정하시오.

(4) Durbin-Watson d 통계량을 사용하여 $H_0 : \rho = 0,\ H_0 : \rho > 0$을 유의수준 $\alpha = 0.05$에서 검정하시오.

05 기초적 회귀분석의 기타 논제

〈목차〉

이 장에서는 주로 단순회귀와 관련된 것으로, 앞의 3, 4장에서 다루지 않은 내용 중에서 중요한 것들을 선택하여 논의해 보기로 한다.

5.1 모형의 변환

실제 문제에서 설명변수 x와 반응변수 y 사이의 관계를 규명하는 데 있어서 선형회귀모형 $y = \beta_0 + \beta_1 x + \epsilon$을 가정하는 것이 적절치 않은 경우가 많다. 선형모형이 아닌 비선형모형(nonlinear equation)인 경우에는 최소제곱법에 의하여 회귀계수들을 구하기가 어려우며 사용상 여러 가지 문제점을 가지고 있다. 그러나 특별한 경우에는 비선형 회귀함수이지만, 적절한 수학적 변환을 통하여 다루기 쉬운 선형모형으로 바꿀 수 있는 경우가 있다. 이런 경우에 대하여 고찰하여 보자.

5.1.1 로그변환

만약 x와 y 간에

$$y = \alpha_0 \alpha_1^x \epsilon \tag{5.1}$$

의 관계가 있다 하자. 여기서 α_0와 α_1은 회귀모수(regression parameters)이며 ϵ은 오차를 의미하는 확률변수로 평균이 1이고 분산 σ^2을 가지고 있다. 식 (5.1)의 양쪽에 동시에 밑(base)을 10으로 하는 로그변환(logarithmic transformations)을 취하면

$$\log y = \log \alpha_0 + x \log \alpha_1 + \log \epsilon$$

이 되며,

$$\log y = y', \log \alpha_0 = \beta_0, \log \alpha_1 = \beta_1, \log \epsilon = \epsilon' \tag{5.2}$$

으로 놓으면

$$y' = \beta_0 + \beta_1 x + \epsilon' \tag{5.3}$$

이 되어, 우리가 지금까지 취급하여 온 선형회귀모형이 된다. 최소제곱법에 의하여 β_0와 β_1의 추정값 $\hat{\beta}_0$와 $\hat{\beta}_1$을 쉽게 구할 수 있고, 식 (5.2)의 변환으로부터 로그변환의 역을 취하면 α_0와 α_1의 추정값, $\hat{\alpha}_0$와 $\hat{\alpha}_1$은 각각

$$\hat{\alpha}_0 = \text{antilog}(\hat{\beta}_0), \quad \hat{\alpha}_1 = \text{antilog}(\hat{\beta}_1)$$

가 되고, 따라서 식 (5.1)의 y의 추정값 $\hat{y}$은

$$\hat{y} = \hat{\alpha}_0 \, \hat{\alpha}_1^x \tag{5.4}$$

이 된다. 다른 예로,

$$y = \alpha_0 x^{\alpha_1} \epsilon \tag{5.5}$$

이 x와 y의 회귀함수로서 적절한 경우를 가정하자. 이 때에는

$$\log y = \log \alpha_0 + \alpha_1 \log x + \log \epsilon \tag{5.6}$$

로 쓸 수 있고, $\log y = y'$, $\log \alpha_0 = \beta_0$, $\alpha_1 = \beta_1$, $\log x = x'$, $\log \epsilon = \epsilon'$으로 놓으면 회귀모형

$$y' = \beta_0 + \beta_1 x' + \epsilon' \tag{5.7}$$

을 얻게 된다. β_0와 β_1의 추정값 $\hat{\beta}_0$, $\hat{\beta}_1$을 구한 후 α_0와 α_1의 추정값 $\hat{\alpha}_0$, $\hat{\alpha}_1$은

$$\hat{\alpha}_0 = \text{antilog}(\hat{\beta}_0), \quad \hat{\alpha}_1 = \hat{\beta}_1$$

에 의하여 얻어지며, 추정된 회귀모형은

$$\hat{y} = \hat{\alpha}_0 \, x^{\hat{\alpha}_1} \tag{5.8}$$

이다. 위와 같은 방법으로, 만약 비선형모형이

$$y = e^{\beta_0 + \beta_1 x}\epsilon \tag{5.9}$$

이라면 자연대수(natural logarithm)를 취하여

$$\ln y = \beta_0 + \beta_1 x + \ln \epsilon \tag{5.10}$$

로 선형화시킬 수 있다. 만약 모형이

$$y = \frac{1}{1 + e^{\beta_0 + \beta_1 x + \epsilon}} \tag{5.11}$$

라면

$$\ln\left(\frac{1}{y} - 1\right) = \beta_0 + \beta_1 x + \epsilon \tag{5.12}$$

이 성립되어 선형화된 회귀모형의 관계를 얻게 된다.

비선형모형 (5.1), (5.5), (5.9), (5.11) 등과 같이 선형화가 가능한 경우는 문제가 간단하지만, 선형화가 불가능한 경우도 많다. 이때에는 비선형추정(nonlinear estimation) 방법에 의하여 회귀모형을 추정해야 한다. 이 방법에 대해서는 참고문헌 (5.11)을 참조하기 바란다.

회귀모형이 주어져 있지 않고 자료만 주어져 있을 경우에, 어떤 모형이 두 변수 간의 관계를 가장 잘 나타내는지 결정해야 할 경우가 있다. 이때에는 우선 x와 y의 산점도를 그려서 대략 어떤 모형이 적절한가를 판단하여야 한다. 확실하지 않은 경우는 여러 개의 가능한 모형을 적합시키고 적합의 정도를 고려하여(비교하는 기준으로는 결정계수 R^2가 좋음) 선택하면 좋을 것이다.

예제 5.1

어떤 생명보험회사에서 판매원의 교육정도가 판매성적에 미치는 영향을 조사하기 위하여 개인적인 여건이 비슷한 판매원 지망자를 10명 뽑아서 다음의 조사를 하였다.

표 5.1 보험 판매원 교육 자료

교육 기간(단위: 주) x	판매 성적(계약건수) y	$\log y = y'$
1	45	1.653
1	40	1.602
2	60	1.778
2	62	1.792
3	75	1.875
3	81	1.908
4	115	2.601
5	150	2.176
5	145	2.161
5	148	2.170

풀이

산점도를 그려보니 [그림 5.1]과 같다.

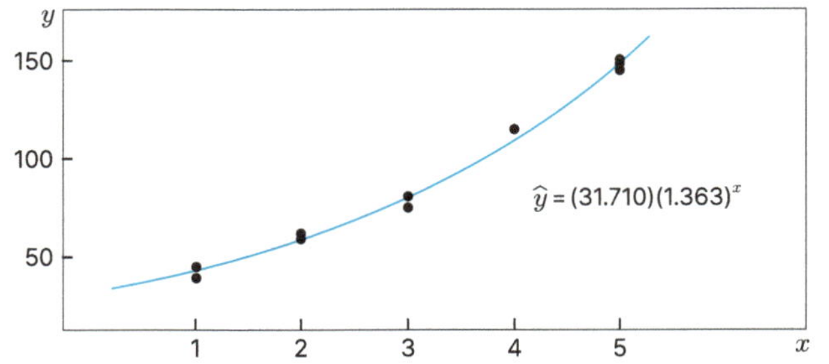

그림 5.1 **보험 자료의 산점도**

[그림 5.1]의 산점도로부터 직선관계보다는 식 (5.1)의 $y = \alpha_0 \alpha_1^x \epsilon$이 더 바람직하다고 판단하고, 이를 적합해 보기로 한다. 식 (5.2)의 변환에 의하여 얻어진 직선회귀식은 식 (5.3)이고, 최소제곱법에 의하여 β_0와 β_1을 추정하기 위해 $y' = \log y$의 값을 구하였다. [표 5.1]에 y'의 값을 적어 놓았다. β_0와 β_1의 추정값은 식 (3.16)으로부터

$$\hat{\beta}_1 = \frac{\sum x_i y_i' - \frac{(\sum x_i)(\sum y_i')}{n}}{\sum x_i^2 - \frac{(\sum x_i)^2}{n}} = \frac{62.528 - \frac{(31)(19.178)}{10}}{119 - \frac{(31)^2}{10}} = 0.134$$

$$\hat{\beta}_0 = \frac{\sum y_i'}{n} - \hat{\beta}_1 \frac{\sum x_i}{n} = \frac{19.178}{10} - (0.134)\left(\frac{31}{10}\right) = 1.502$$

이 된다. 따라서, 변환된 회귀직선의 추정식은

$$\hat{y}' = 1.502 + 0.134x \tag{5.13}$$

이며, 원래의 비선형모형 (5.1)의 추정식은

$$\hat{y} = (\text{antilog}(1.502))(\text{antilog}(0.134))^x = (31.710)(1.363)^x \tag{5.14}$$

이 된다. 이 모형은 [그림 5.1]을 참고하기 바란다. 또, x와 y'의 산점도를 그리고, 회귀모형 (5.13)을 나타내면 [그림 5.2]와 같다.

[표 5.1]의 x, y 자료에 대하여 처음부터 회귀모형을 가정한 경우와 식 (5.14)와 같이 비선형모형을 가정한 경우에 어느 쪽이 적절한 모형인지 선택하기 위해서는, [표 5.1]의 x, y로부터 회귀모형 $\hat{y} = \hat{\beta}_0 + \hat{\beta}_1 x$를 적합하고 다음으로 x, y'로부터 추정한 회귀모형(식 (5.13))을 적합한 후, 결정계수를 비교하거나 4.4절에서 배운 모형의 적합도 검정 또는 회귀진단 등을 참고한다.

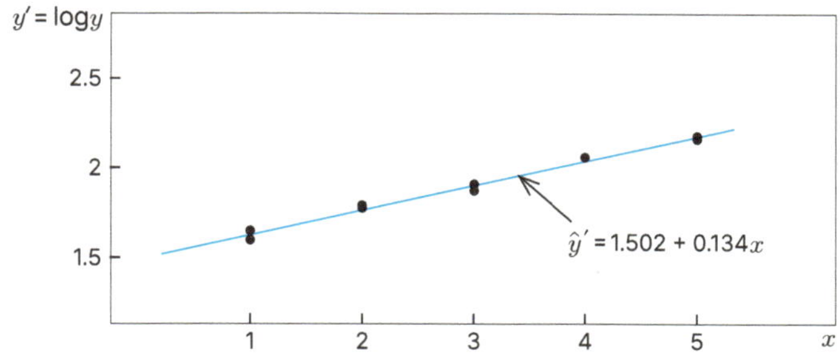

그림 5.2 **변환된 회귀모형**

5.1.2 역변환

만약 y와 x의 관계를 비선형인 모형

$$y = \beta_0 + \beta_1\left(\frac{1}{x}\right) + \epsilon \tag{5.15}$$

으로 표현할 수 있다고 가정하자. 이때에는 x의 역변환(reciprocal transformation)

$$x' = \frac{1}{x} \tag{5.16}$$

을 사용하여 선형회귀모형

$$y = \beta_0 + \beta_1 x' + \epsilon$$

을 만들 수 있다. 이외에도 다음과 같은 역변환이 있다.

$$y' = \beta_0 + \beta_1 x + \epsilon', \text{ 여기서 } y' = \frac{1}{y} \tag{5.17}$$

$$y' = \beta_0 + \beta_1 x + \epsilon', \text{ 여기서 } y' = \frac{1}{y},\ x' = \frac{1}{x} \tag{5.18}$$

그러면, 어떤 경우에 식 (5.15), (5.17), (5.18)과 같은 비선형모형이 쓰여지는가? x와 y의 점들을 산점도로 그려 보아서, 만약 x가 증가함에 따라 y가 곡선(curvilinear)을 그리면서 변하며, 또한 어떠한 값으로 수렴하여 가는 모양을 가지면 역변환이 적절한 모형에 해당된다.

예를 들어, 어떤 아이의 성장곡선을 알기 위하여 이 아이의 과거 자료를 수집하여 [그림 5.3]처럼 나타내 보자. 성장하면서 어떤 일정한 키로 수렴할 것이 확실하며, [그림 5.3]으로부터 곡선이 타당해 보이므로, 비선형회귀모형 (5.15)가 적절하여 보인다. $x' = \frac{1}{x}$의 역변환을 사용한 x', y의 산점도는 [그림 5.4]가 되어, 이 그림으로부터 회귀모형이 적절함을 알 수 있다.

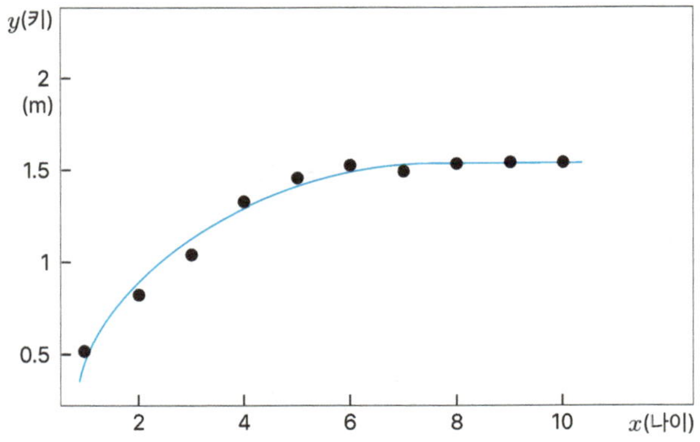

그림 5.3 **성장에 관한 산점도**

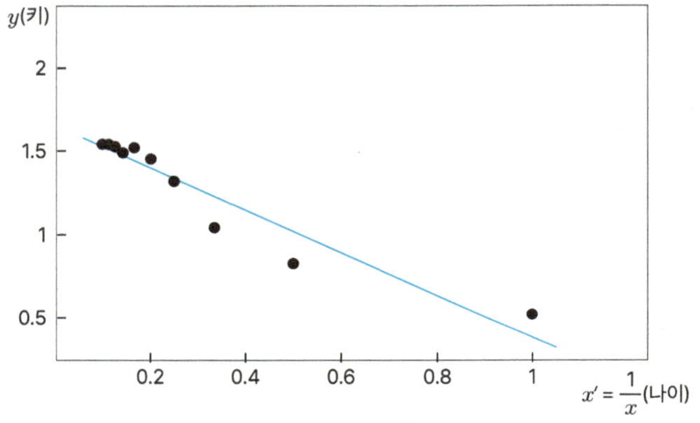

그림 5.4 **역변환된 자료의 산점도**

5.1.3 Box-Cox 변환

실제 자료분석에 있어서는 앞에서 소개한 로그변환과 역변환 이외에도 제곱근 변환, 멱 변환(power transformation) 등의 다양한 변환들이 사용되고 있다. 이러한 변환을 통하여 회귀모형의 등분산성, 정규성, 선형성 등 기본 가정이 만족되면 좋겠지만, 대부분의 경우 근사적으로도 이를 만족시키는 변환을 찾는 것은 쉽지 않다. 이러한 어려움을 해결하고자 Box와 Cox(참고문헌 5.1)는 비정규성을 갖는 반응변수에 대하여 정규성을 만족하는 변환을 선택하는 문제를 해결할 수 있는 체계적인 방법을 제안하였다. 이들은 매개모수 λ를 사용하여 로그변환이나 멱 변환 등을 모두 포함하는 변환들의 모임을 정의하고, 변환된 반응변수가 등분산성, 정규성, 선형성을 만족하도록 매개모수를 추정한다[1]. Box와 Cox의 절차를

1) 엄밀하게 등분산성, 정규성, 선형성의 세 가지 가정을 동시에 만족시키는 변환이 존재하지 않는 예는 쉽게 생각할 수 있다. 예를들어, 특정사건의 빈도를 나타내는 반응변수 Y에 대하여 포아송분포를 가정하면, 등분산성을 보장하기 위한 변환은 $\sqrt{Y}$ 이고 정규분포에 최대한 가까이 보내는 변환(비대칭도(skewness)를 0으로 만드는 변환)은 $Y^{1/3}$임이 알려져 있어, 등분산성과 정규성의 가정을 동시에 만족시키는 변환이 존재하지 않음을 알 수 있다.

조금 더 자세히 살펴보면 다음과 같다. 반응변수 y의 모든 값이 양수임을 가정하고

$$y^{(\lambda)} = \begin{cases} \dfrac{y^{\lambda} - 1}{\lambda} & \lambda \neq 0 \\ \ln(y) & \lambda = 0 \end{cases} \tag{5.19}$$

의 멱 변환들을 생각한다. 여기서 $\lambda = 0$일때는 $y^{\lambda} = \ln(y)$로 정의되어 로그변환을, $\lambda = 1$일때는 $y^{(1)} = y - 1$로 자료의 모양에는 변화가 없고, $\lambda = -1$일때는 역변환, $\lambda = 1/2$일때는 제곱근 변환 등으로 매개변수 λ에 따라 다양한 관계를 표현할 수 있게 된다. 주어진 λ에 대하여 변환된 반응변수 $y^{(\lambda)}$가

$$y^{(\lambda)} = \beta_0 + \beta_1 x + \epsilon \tag{5.20}$$

의 선형모형을 만족한다는 가정하에 모수 $(\beta_0, \beta_1, \sigma^2, \lambda)$를 추정한다.

모수들의 추정에 있어 주어진 λ에 대한 (β_0, β_1)의 추정은 4장에서 설명한 최소제곱추정량을 이용한다. 여기서 회귀계수 추정값 $(\hat{\beta}_0, \hat{\beta}_1)$은 λ에 의존한다. 따라서 잔차제곱합 SSE는

$$SSE_{\lambda} = \sum_{i=1}^{n} (y_i^{(\lambda)} - \hat{\beta}_0 - \hat{\beta}_1 x_i)^2$$

와 같이 표현하고, λ값은 SSE_{λ}를 최소로 하는 값을 선택한다. 다만 변환 후의 $y^{(\lambda)}$의 단위가 각 λ마다 달라지게 되어 SSE_{λ}의 단순 비교는 적절하지 않다. 이를 해결하기 위하여 Box와 Cox는 매개모수 λ를 포함한 $(\beta_0, \beta_1, \sigma^2, \lambda)$에 대하여 최대가능도 추정량(최대가능도 추정량은 참고문헌 (5.15)의 6장을 참조한다)을 이용할 것을 제안하였고, 이의 간편 계산을 위하여 다음의 최소제곱법에 기반한 절차를 생각할 수 있다. 이와 관련한 좀 더 자세한 설명은 5.9.3절을 참고한다.

(1) i번째 원소 y_i에 대하여 다음의 멱 변환을 고려한다.

$$z_i^{(\lambda)} = \begin{cases} \dfrac{y_i^{\lambda} - 1}{\lambda} \left[\dfrac{1}{\left(\prod_{i=1}^{n} y_i \right)^{1/n}} \right]^{\lambda - 1}, & \lambda \neq 0 \\ \ln(y_i) \left(\prod_{\lambda=1}^{n} y_i \right)^{1/n}, & \lambda = 0 \end{cases} \tag{5.21}$$

(2) 회귀모형 $z^{(\lambda)} = \beta_0 + \beta_1 x + \epsilon$을 적합시키고 $SSE_{\lambda} = \sum_{i=1}^{n} (z_i^{(\lambda)} - \hat{\beta}_0 - \hat{\beta}_1 x_i)^2$를 계산한다.

(3) SSE_{λ}가 최소가 되는 λ 값을 추정값으로 사용한다.

위의 최소제곱법에 기초한 절차의 자세한 내용은 Cook과 Weisberg의 참고문헌 (5.3)을 참조하기 바란다. 또한, Box-Cox변환을 반응변수 y가 음수가 되는 경우로 확장한 Yeo-Johanson 변환(참고문헌 5.14)도 최근 널리 사용되고 있다.

5.2 x의 측정오차

이제까지 x값에 오차가 관련되어 있지 않다고 가정하고 x와 y 간의 회귀분석문제를 다루어 왔다. 그러나, 실제에 있어서 설명변수 x를 측정할 때에도 측정오차가 수반되는 경우가 있을 것이다. x를 설명변수의 참값(true value)이라 하고 x^*를 x의 측정값이라 하자. 이 때 i번째 x의 값에서는 측정오차

$$\delta_i = x_i^* - x_i \tag{5.22}$$

가 발생하며 $\mathrm{E}(\delta_i) = 0$, $\mathrm{Var}(\delta_i) = \sigma_\delta^2$이라고 생각하자. 참값 x를 사용하였을 때

$$y_i = \beta_0 + \beta_1 x_i + \epsilon_i \tag{5.23}$$

와 같은 직선회귀모형에서 x_i 대신에 x_i^*를 써서 이의 측정오차 δ_i가 정규분포 $N(0, \sigma_\delta^2)$을 따른다면 x_i^*와 y는 한 쌍의 이변량정규분포(bivariate normal distribution)를 따르게 된다. 이제 식 (5.23)에 $x_i = x_i^* - \delta_i$를 대입하면

$$y_i = \beta_0 + \beta_1(x_i^* - \delta_i) + \epsilon_i = \beta_0 + \beta_1 x_i^* + (\epsilon_i - \beta_1\delta_i) \tag{5.24}$$

이 된다. 이것은 설명변수를 x_i^*로 하고, 오차항을 $(\epsilon_i - \beta_1\delta_i)$로 하는 일반적인 회귀직선 모형 (3.2)처럼 보이지만 큰 차이가 있다. 즉, x_i^*는 확률변수이며 오차항과 상관관계를 가지고 있다[2). x_i^*와 $(\epsilon_i - \beta_1\delta_i)$ 간의 공분산을 구하여 보자. ϵ_i와 δ_i 간에는 상관관계가 없다고 가정한다. 즉,

$$\mathrm{E}(\epsilon_i\delta_i) = 0 \tag{5.25}$$

이다.

$$\begin{aligned}\mathrm{Cov}(x_i^*, \epsilon_i - \beta_1\delta_i) &= \mathrm{E}\{[x_i^* - \mathrm{E}(x_i^*)][(\epsilon_i - \beta_1\delta_i) - \mathrm{E}(\epsilon_i - \beta_1\delta_i)]\}\\ &= \mathrm{E}[(x_i^* - x_i)(\epsilon_i - \beta_1\delta_i)]\\ &= \mathrm{E}[\delta_i(\epsilon_i - \beta_1\delta_i)]\\ &= \mathrm{E}[\delta_i\epsilon_i - \beta_1\delta_i^2] = -\beta_1\sigma_\delta^2\end{aligned} \tag{5.26}$$

이 되어 x와 y 간에 회귀관계가 존재하면(즉, $\beta_1 \neq 0$), 공분산은 0이 아니다. 이제 $(x_i^*, y_i)(i = 1, 2, \cdots, n)$에 대하여 3장에서 배운 회귀계수 β_1의 최소제곱추정량을 계산하면

$$\hat{\beta}_1 = \frac{\sum_{i=1}^n (x_i^* - \bar{x})(y_i - \bar{y})}{\sum_{i=1}^n (x_i^* - \bar{x})^2}$$

2) 본 책에서는 설명변수가 확률변수가 아닌 회귀분석 모형만을 다루고 있다. 설명변수를 확률변수로 가정하는 회귀분석모형에 대한 이론들도 많은 연구가 되어 있지만, 이 경우에도 설명변수와 오차항의 독립성은 회귀분석의 중요한 가정이다.

$$= \frac{\frac{1}{n}\sum_{i=1}^{n}(x_i^* - \bar{x})(y_i - \bar{y})}{\frac{1}{n}\sum_{i=1}^{n}(x_i^* - \bar{x})^2}$$

$$\to \frac{\mathrm{Cov}(x_i^*, y_i)}{\mathrm{Var}(x_i^*)} \tag{5.27}$$

$$= \frac{\beta_1 \mathrm{Var}(x_i^*) + \mathrm{Cov}(x_i^*, \epsilon_i - \beta_1 \delta_i)}{\mathrm{Var}(x_i^*)} = \beta_1\left(1 - \frac{\sigma_\delta^2}{\mathrm{Var}(x_i^*)}\right)$$

이 된다. 식 (5.27)의 수렴은 대수법칙(law of large numbers)에 의한 수렴이다. 따라서 3장에서 배운 최소제곱법을 그대로 사용하여 회귀모형을 구할 경우에는 최소제곱추정량 $\hat{\beta}_1$은 편의(biased) 추정량이 되고 일치성(consistency)도 만족하지 않는다. 이 책에서는 더 깊게 이 문제에 대하여 다루지 않으며, 관심 있는 독자는 참고문헌 (5.5)를 참조하기 바란다.

5.3 x의 수준 선택

실험연구를 통해 자료를 수집하여 x와 y의 회귀모형를 적합할 때 실험자가 먼저 고려해야 할 것은, 어떤 x의 수준에서 y를 측정하여야 하는지, 정해진 x의 값에서 몇 번 y를 관찰할 것인가를 결정하는 것이다. 이것은 변수 x에 대한 실험계획법(design of experiments)상의 문제이며, 어떠한 계획이 가장 좋을까 하는 것은 실험의 목적에 따라 좌우될 것이다.

단순회귀분석을 고려할 때 실험의 목적으로 다음의 예가 있다.

(1) 회귀모형의 기울기를 가능한 한 정확하게 추정하고 싶다.
(2) 회귀모형의 절편을 가능한 한 정확히 구하고 싶다.
(3) 주어진 x의 값에서 Y의 평균반응값 $\mathrm{E}(Y|X = x)$를 가능한 한 정확히 예측하고 싶다.
(4) 주어진 x의 값에서 개별적인 측정값 y_s를 가능한 한 정확히 예측하고 싶다.

각 목적에 따라서 실험계획이 어떻게 영향을 받는가를 알아 보기 위하여 $\hat{\beta}_1$, $\hat{\beta}_0$, $\hat{y}$과 개별적인 하나의 예측값 $\hat{y}_s$의 분산을 고려하여 보자. 앞 장에서 얻은 결과는 다음과 같다.

$$\mathrm{Var}(\hat{\beta}_1) = \sigma^2\left[\frac{1}{\sum(x_i - \bar{x})^2}\right]$$

$$\mathrm{Var}(\hat{\beta}_0) = \sigma^2\left[\frac{1}{n} + \frac{(\bar{x})^2}{\sum(x_i - \bar{x})^2}\right]$$

$$\mathrm{Var}(\hat{y}) = \sigma^2\left[\frac{1}{n} + \frac{(x_i - \bar{x})^2}{\sum(x_i - \bar{x})^2}\right]$$

$$\mathrm{Var}(\hat{y}_s) = \sigma^2\left[1 + \frac{1}{n} + \frac{(x_i - \bar{x})^2}{\sum(x_i - \bar{x})^2}\right]$$

첫 번째로, 회귀직선의 기울기를 정확히 구하는 것이 목적이라면 기울기의 분산을 가능한 한 작게 하는 것이 좋으므로, $S_{(xx)} = \sum(x_i - \bar{x})^2$의 값을 크게 해 주어야 한다. x의 실험영역(experimental region)이 $x_a \leq x \leq x_b$라고 하자. 전체 관측값의 개수 n이 짝수일 때 $S_{(xx)}$를 최대로 하려면 $n/2$개를 x_a에 배치하고 나머지 $n/2$개를 x_b에 배치하면 $S_{(xx)}$는 최대가 될 것이다. 만약, n이 홀수라면 $(n - 1)/2$개와 $(n + 1)/2$개로 나누어 x_a와 x_b에 임의로 배치하면 될 것이다. 결국, 기울기의 분산을 최소화시키는 실험계획은 x의 양쪽 극한점에 반씩 나누어 배치하는 것이다. 그러나, 실제에 있어서 이러한 극단적인 실험계획은 위험을 안고 있다. 만약 회귀함수가 직선으로 적절치 않고, 곡선인 경우에는 두 개의 x수준에서 관찰한 것만으로는 곡선의 관계를 추정할 수 없다. 따라서, 직선관계가 적절치 않은 경우에 곡선의 관계를 탐지할 수 있도록 x의 수준을 최소한 셋으로 나눌 필요가 있다. 결론적으로, x의 범위 (x_a, x_b)에서 x의 수준을 정할 때에는 세 수준 $(x_a, (x_a + x_b)/2, x_b)$에 균등하게 자료점(data point)을 배치하는 것이 바람직할 것이다.

두 번째로, 회귀모형의 절편을 구하는 것이 목적이라면 실험계획에서 x의 평균, $\bar{x}$가 0이 되도록 하여주는 것이 가장 좋을 것이다. $\bar{x} = 0$이면 $S_{(xx)}$의 값에 $\mathrm{Var}(\hat{\beta}_0)$가 아무런 영향을 받지 않는다. 부득이하여 $\bar{x} = 0$이 될 수 없으면 $S_{(xx)}$를 최대로 하는 실험계획을 해야 한다.

세 번째와 네 번째의 목적을 달성키 위해서는, $S_{(xx)}$를 가능한 한 크게 하여 주는 동시에 관심 있는 x의 주어진 값이 $\bar{x}$에 가깝게 오도록 하여야 할 것이다. 가장 좋은 것은 $x = \bar{x}$가 되도록 하는 것이다. 왜냐하면, $\mathrm{Var}(\hat{y})$과 $\mathrm{Var}(\hat{y}_s)$가 $(x - \bar{x})^2$에 비례하여 커지기 때문이다.

5.4 두 회귀선의 비교

우리는 때때로 두 개의 모집단을 비교할 필요가 있는데, 이 절에서는 두 모집단이 갖는 선형회귀모형이 동일한지 여부를 검정하는 방법에 대해 알아보고자 한다. 예를 들어, 서울과 부산을 비교하는 데 있어서, 가구당 소득(x)이 가구당 전력사용량(y)과 어떤 회귀관계가 있는가를 검토할 때, 서울의 회귀모형이 부산의 회귀모형과 차이가 있는가를 알아보는 것은 재미있는 일일 것이다. 다른 예로서, 도시와 농어촌을 비교하는데 있어, 어린 아동들의 연령(x)과 키(y)의 회귀 관계가 같은가 다른가를 분석해 보는 것도 흥미 있는 일이 될 것이다.

두 모집단에 대하여 회귀모형의 동일여부를 검정하는 다른 이유로는, 만약 두 회귀모형이 같은 경우에 두 모집단을 합쳐서 하나의 모집단을 형성하고, 이에 대한 회귀모형을 구함으로써 각 모집단의 회귀모형보다는 더 정도가 좋은 회귀모형을 구할 수 있다는 장점이 있다. 또한 두 개의 회귀모형이 다르다고 판정될 때에도 기울기는 서로 동일할지 모른다는 이차적인 검정을 유도하게 되며, 기울기의 검정은 이 자체로서 의미를 가지고 있다. 예를 들어, 서울과 부산의 가구당 소득과 전력사용량의 회귀모형이 같지 않다 하더라도 만약 절편만이 다르고 기울기가 같다면, 이는 기본 전력소비량은 다르나 소득이 증가함에 따라 전력소비량의 증가속도가 동일하다는 의미가 될 것이다.

본 절에서는 먼저 두 회귀모형의 비교를 소개하고, 다음으로 기울기를 비교하는 방법에 대해 알아보기로 한다.

5.4.1 두 회귀직선의 검정

두 모집단에 대한 회귀모형을 다음과 같이 나타내자.

$$\text{<완전 모형>} \quad y_{ij} = \beta_{0i} + \beta_{1i}x_{ij} + \epsilon_{ij}$$
$$\epsilon_{ij} \sim N(0, \sigma^2), \ \ i = 1, 2\ ;\ j = 1, 2, \cdots, n_i \tag{5.28}$$

이 모형을 완전모형(full model)이라 부르기로 한다. 여기에서 $i = 1, 2$는 모집단을 의미하고 각 모집단으로부터 n_1과 n_2개의 표본을 택했으며, 오차항의 분포는 두 모집단이 동일하게 정규분포 $N(0, \sigma^2)$를 따른다[3]. 따라서, $i = 1, 2$에 대하여

$$\text{모집단 1 : } \mathrm{E}(y_{1j} \mid x_{1j}) = \beta_{01} + \beta_{11}x_{1j} \tag{5.29}$$
$$\text{모집단 2 : } \mathrm{E}(y_{2j} \mid x_{2j}) = \beta_{02} + \beta_{12}x_{2j} \tag{5.30}$$

두 회귀직선이 동일하려면 $\beta_{01} = \beta_{02}$이고, $\beta_{11} = \beta_{12}$가 성립되어야 하므로 가설은 다음과 같다.

$$H_0 : \beta_{01} = \beta_{02} \text{ 그리고 } \beta_{11} = \beta_{12}$$
$$H_0 : \beta_{01} \neq \beta_{02} \text{ 이거나 } \beta_{11} \neq \beta_{12}, \text{ 또는 동시에}$$

귀무가설이 성립될 경우 $\beta_{01} = \beta_{02} = \beta_0$, $\beta_{11} = \beta_{12} = \beta_1$이라고 놓으면 식 (5.28)의 완전모형을 다음의 축소모형(reduced model)으로 바꿀 수 있다.

$$\text{<축소 모형>} \quad y_{ij} = \beta_0 + \beta_1 x_{ij} + \epsilon_{ij} \tag{5.31}$$
$$\epsilon_{ij} \sim N(0, \sigma^2), \ \ i = 1, 2\ ;\ \ j = 1, 2, \cdots, n_i$$

검정절차는 다음과 같다

(순서 1) 완전모형을 적합시키고 완전모형의 잔차제곱합, $SSE(F)$를 구한다. 모집단 i의 SSE를 SSE_i라고 하면

$$SSE_i = \sum_{j=1}^{n_i}(y_{ij} - \hat{y}_{ij})^2 = \sum_{j=1}^{n_i}(y_{ij} - \hat{\beta}_{0i} - \hat{\beta}_{1i}x_{ij})^2 \tag{5.32}$$

이고, $\hat{\beta}_{0i}$, $\hat{\beta}_{1i}$는 모집단 i에 적합한 최소제곱추정값이다. 그러면 다음이 성립한다.

$$SSE(F) = SSE_1 + SSE_2 \tag{5.33}$$

---

3) 먼저 오차항 ϵ_{ij}의 분산이 $i = 1, 2$에서 동일하게 σ^2으로 가정되어야 한다. 이는 완전모형/축소모형을 회귀분석모형으로 나타낼 때 등분산성 가정을 만족시키기 위한 것이다. 또 축소모형은 완전모형의 특수한 경우로 포함관계가 성립하는데, 이렇게 두 모형이 포함관계가 성립하는 경우에만 (순서 1)-(순서 4)의 검정절차가 적용가능하다.

(순서 2) 축소모형을 적합시키고 축소모형의 잔차제곱합, $SSE(R)$을 구한다.

$$SSE(R) = \sum_{i=1}^{2}\sum_{j=1}^{n_i}(y_{ij} - \hat{y}_{ij})^2 = \sum_{i=1}^{2}\sum_{j=1}^{n_i}(y_{ij} - \hat{\beta}_0 - \hat{\beta}_1 x_{ij})^2 \tag{5.34}$$

여기서 $\hat{\beta}_0$, $\hat{\beta}_1$은 두 모집단의 표본을 합쳐서 회귀모형을 적합한 최소제곱추정값이다.

(순서 3) 검정통계량의 값을 구한다. df_F와 df_R을 각각 $SSE(F)$와 $SSE(R)$에 대응되는 자유도라 하면 검정통계량의 값 F_0는

$$F_0 = \frac{SSE(R) - SSE(F)}{df_R - df_F} \div \frac{SSE(F)}{df_F} \tag{5.35}$$

가 된다. 여기서 $df_R = (n_1 - 1) + (n_2 - 1)$, $df_F = (n_1 - 2) + (n_2 - 2)$이며, F_0는 분자의 자유도가 $df_R - df_F = 2$이고, 분모의 자유도 $df_F = n_1 + n_2 - 4$인 F 분포를 따른다[4].

(순서 4) 가설의 검정 : 만약 유의수준 α에서 $F_0 > F_\alpha(2, n_1 + n_2 - 4)$이면 귀무가설을 기각하고, 아니면 귀무가설을 채택한다.

예제 5.2

맥주를 생산하는 어느 맥주회사에 두 개의 생산라인(production line)이 있다. 이 라인을 움직이는 라인 속도(line speed)와 하루 동안에 라인으로부터 흘러 나와서 못 쓰게 되는 맥주의 양 간에는 관계가 있는 것으로 판명되었다. 그런데, 라인속도와 흘러 나오는 소모량 간의 관계가 생산라인이 다름에 따라 차이가 있는가를 알기 위해서 다음의 실험 자료를 얻었다. 두 회귀모형의 동일성 여부를 검정하시오.

---

4) 먼저 df_R은 식 (5.31)의 축소모형에서 두 모집단의 구별이 없으므로 $(n_1 + n_2)$개의 표본으로부터 회귀모형 $y = \beta_0 + \beta_1 x + \epsilon$을 적합한 후 잔차제곱합의 자유도를 계산한 것에 해당한다. 완전모형에서의 df_F의 계산은 완전모형에서의 잔차제곱합 $SSE(F)$가 모집단1로부터의 잔차제곱합($SSE_1(F)$이라 하자)과 모집단2로부터의 잔차제곱합($SSE_2(F)$이라 한다)의 합이고, $SSE_1(F)$와 $SSE_2(F)$가 서로 독립임을 이용하여 이들 자유도의 합으로 계산한다. 다음으로, F_0가 F 분포를 따름을 보이기 위해서는

(1) $[SSE(R) - SSE(F)]/\sigma^2$이 자유도가 $df_R - df_F$ 이 카이제곱 분포를 따르고,
(2) $SSE(F)/\sigma^2$이 자유도가 df_F 인 카이제곱분포를 따르고,
(3) 앞의 두 제곱합이 서로 독립이다

를 보여야 한다. 이는 각각의 제곱합 $SSE(R)$과 $SSE(F)$가 이차형식이므로 5.5절의 이차형식의 성질들을 이용하여 보일 수 있다.

표 5.2 맥주생산라인의 자료

생산라인 1			생산라인 2		
측정번호	라인속도(x_{1j})	소모량(y_{1j})	측정번호	라인속도(x_{2j})	소모량(y_{2j})
1	100	218	1	105	140
2	125	248	2	215	277
3	220	360	3	270	384
4	205	351	4	255	341
5	300	470	5	175	215
6	255	394	6	135	180
7	225	332	7	200	260
8	175	321	8	275	361
9	270	410	9	155	252
10	170	260	10	320	422
11	155	241	11	190	273
12	190	331	12	295	410
13	140	275			
14	290	425			
15	265	367			

풀이

먼저 문제의 성질을 파악하기 위하여 산점도를 그려 보았다. [그림 5.5]로 부터 두 모집단의 회귀모형이 뚜렷이 다른 것같이 보이지도 않으며, 또 완전히 동일한 것처럼 보이지도 않는다.

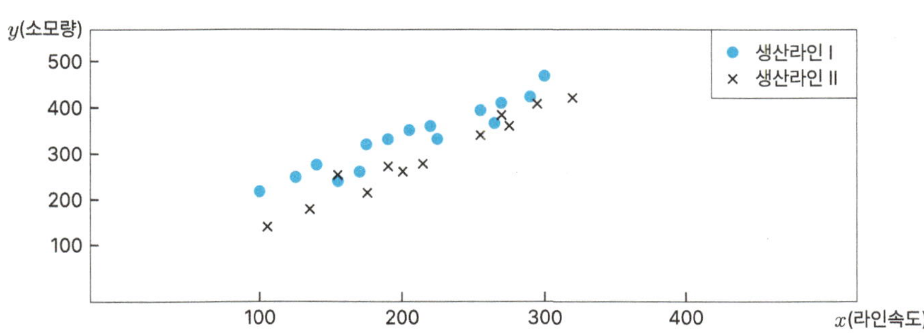

그림 5.5 맥주생산라인자료의 산점도

앞의 검정절차에 따라 동일성 여부에 대한 가설을 검정하여 보자. 계산은 생략하고 결과를 간단히 요약하면 [표 5.3]과 같다.

표 5.3 각 생산라인의 회귀분석 자료

생산라인 1			생산라인 2		
회귀직선 : $\hat{y}_{1j} = 97.965 + 1.145x_{1j}$			회귀직선 : $\hat{y}_{2j} = 7.574 + 1.322x_{2j}$		
분산분석표			분산분석표		
요인	제곱합	자유도	요인	제곱합	자유도
회귀	$SSR_1 = 70{,}441$	1	회귀	$SSR_2 = 87{,}726$	1
잔차	$SSE_1 = 6{,}403$	13	잔차	$SSE_2 = 3{,}501$	10
계	$SST_1 = 76{,}844$	14	계	$SST_2 = 91{,}227$	11

$$SSE(F) = SSE_1 + SSE_2 = 6{,}403 + 3{,}501 = 9{,}904$$
$$df_F = (n_1 - 2) + (n_2 - 2) = 13 + 10 = 23$$

다음으로 축소모형의 회귀분석 결과는 [표 5.4]에 간추려 놓았다.

표 5.4 축소모형의 회귀분석 자료

회 귀 직 선 :	$\hat{y}_{ij} = 64.036 + 1.196x_{ij}$		
분 산 분 석 표 :	요인	제곱합	자유도
	회귀	$SSR(R) = 149{,}661$	1
	잔차	$SSE(R) = 29{,}408$	25
	계	$SST(R) = 179{,}069$	26

$$SSE(R) = 29{,}408$$
$$df_R = (n_1 - 1) + (n_2 - 1) = 14 + 11 = 25$$

따라서, 검정통계량의 값은

$$F_0 = \frac{29,408 - 9,904}{2} \div \frac{9,904}{23} = 22.65$$

가 된다. 그런데, 유의수준 $\alpha = 0.05$에서 $F_{0.05}(2, 23) = 3.42$이므로 두 생산라인의 회귀직선이 동일하다는 귀무가설은 기각된다.

5.4.2 두 기울기의 검정

두 회귀모형이 동일하지 않다는 판정을 내린 후에 우리는 두 회귀직선의 절편은 다르나 기울기는 같을지 모른다는 생각을 가질 수 있다. 여기에 대한 가설의 설정은

$$H_0 : \beta_{11} - \beta_{12} = 0 \qquad H_1 : \beta_{11} - \beta_{12} \neq 0$$

이며, $(\hat{\beta}_{11} - \hat{\beta}_{12})$가 $(\beta_{11} - \beta_{12})$의 점추정량이 되므로 검정통계량 t_0는 다음과 같다.

$$t_0 = \frac{\hat{\beta}_{11} - \hat{\beta}_{12}}{\sqrt{\widehat{\text{Var}}(\hat{\beta}_{11} - \hat{\beta}_{12})} \tag{5.36}$$

여기서 t_0 통계량의 자유도는 $df = (n_1 - 2) + (n_2 - 2)$가 된다. 먼저 $(\hat{\beta}_{11} - \hat{\beta}_{12})$의 분산, $\text{Var}(\hat{\beta}_{11} - \hat{\beta}_{12})$를 구하여 보자. $\hat{\beta}_{11}$과 $\hat{\beta}_{12}$는 서로 다른 두 개의 회귀모형으로부터 추정된 기울기이며, 두 표본의 관측값 사이에 공분산이 없다고 가정하면 $\text{Cov}(\hat{\beta}_{11}, \hat{\beta}_{12}) = 0$이 되며, $(\hat{\beta}_{11} - \hat{\beta}_{12})$의 분산은

$$\begin{aligned}\text{Var}(\hat{\beta}_{11} - \hat{\beta}_{12}) &= \text{Var}(\hat{\beta}_{11}) + \text{Var}(\hat{\beta}_{12}) \\ &= \frac{\sigma^2}{\sum(x_{1j} - \bar{x}_1)^2} + \frac{\sigma^2}{\sum(x_{2j} - \bar{x}_2)^2}\end{aligned} \tag{5.37}$$

이 된다. σ^2은 $MSE(F)$로 추정될 수 있으므로

$$\widehat{\text{Var}}(\hat{\beta}_{11} - \hat{\beta}_{12}) = MSE(F)\left[\frac{1}{\sum(x_{1j} - \bar{x}_1)^2} + \frac{1}{\sum(x_{2j} - \bar{x}_2)^2}\right] \tag{5.38}$$

이 된다. 따라서, 검정의 판정방법(decision rule)은 다음과 같다. 검정통계량 t_0의 값을 구하여 만약 $|t_0| > t_{\alpha/2}(n_1 + n_2 - 4)$이면 귀무가설을 기각하고, 아니면 귀무가설을 기각할 수 없다.

예제 5.3

앞의 **예제 5.2**의 문제에서 두 회귀모형의 기울기가 동일한가를 검정하시오.

풀이

[표 5.3]의 회귀분석에서

$$\hat{\beta}_{11} = 1.1454,\ \hat{\beta}_{12} = 1.3221$$

$$SSE(F) = 9{,}904,\ MSE(F) = \frac{SSE(F)}{df_F} = \frac{9{,}904}{23} = 430.6$$

이며, 또한

$$\sum(x_{1j} - \bar{x}_1)^2 = 53{,}693, \quad \sum(x_{2j} - \bar{x}_2)^2 = 50{,}192$$

이므로

$$\widehat{\text{Var}}(\hat{\beta}_{11} - \hat{\beta}_{12}) = 430.6\left(\frac{1}{53{,}693} + \frac{1}{50{,}192}\right) = 0.0166$$

이다. 따라서, 검정통계량 t_0의 값은

$$t_0 = \frac{1.145 - 1.322}{\sqrt{0.0166}} = -1.374$$

이고 $t_{0.025}(23) = 2.069$이므로 $|t_0| = -1.374 < 2.069$가 되어 귀무가설을 기각할 수 없다. 즉, 두 생산라인에서 라인속도가 증가함에 따라 추가적으로 소모되는 맥주량의 소모율(기울기 β_{11}, β_{12})은 다르다고 말할 수 없다.

5.5 이차형식의 분포

1장에서 $\mathbf{y} = (y_1, y_2, \cdots, y_n)^\top$의 이차형식은 대칭행렬 A에 대하여 $\mathbf{y}^\top A\mathbf{y}$로 정의하였다. 회귀분석에서 다루는 거의 대부분의 이차형식들은 A가 멱등행렬이라는 좋은 추가성질을 지니고 있으나, 이 절에서는 이를 가정하지는 않는다. 이제 이차형식의 확률분포에 대해 알아보자. 이차형식의 분포가 회귀분석과 중요한 연관성을 갖는 이유는 분산분석표의 제곱합(sum of squares)들을 이차형식의 모양으로 바꿀 수 있고, 제곱합의 분포는 이차형식의 분포이론으로부터 유도할 수 있기 때문이다. 예를 들어, 총제곱합(총변동) $\sum_{i=1}^{n}(y_i - \bar{y})^2$이 어떤 이차형식 $\mathbf{y}^\top A\mathbf{y}$를 갖는가를 살펴보자.

$$\begin{aligned} SST &= \sum(y_i - \bar{y})^2 = \sum y_i^2 - \frac{\sum(y_i)^2}{n} \\ &= \mathbf{y}^\top I_n \mathbf{y} - \frac{1}{n}\mathbf{y}^\top \mathbf{1}_n \mathbf{1}_n^\top \mathbf{y} \\ &= \mathbf{y}^\top \left(I_n - \frac{1}{n}J_n\right)\mathbf{y} \end{aligned} \tag{5.39}$$

위에서 $\mathbf{1}_n$과 J_n는 각각 1만으로 구성된 n-벡터와 $n \times n$행렬이다. 즉,

$$\mathbf{1}_n = \begin{pmatrix} 1 \\ 1 \\ 1 \\ \vdots \\ 1 \end{pmatrix}, \quad J_n = \mathbf{1}_n \mathbf{1}_n^\top = \begin{pmatrix} 1 & 1 & 1 & \cdots & 1 \\ 1 & 1 & 1 & \cdots & 1 \\ 1 & 1 & 1 & \cdots & 1 \\ \vdots & \vdots & \vdots & & \vdots \\ 1 & 1 & 1 & \cdots & 1 \end{pmatrix} \tag{5.40}$$

따라서, 총제곱합의 행렬 A의 대각원소는 모두 $\left(1 - \frac{1}{n}\right)$이며, 그 외에는 모두 $-\frac{1}{n}$인 행렬이 된다. 이차형식의 분포를 검토하기 전에 다변량정규분포에 관하여 간단히 알아보자.

5.5.1 다변량정규분포

확률벡터 $\mathbf{y}^\top = (y_1, y_2, \cdots, y_n)$의 기대값이 $\boldsymbol{\mu}^\top = (\mu_1, \mu_2, \cdots, \mu_n)$이고, $\mathbf{y}$의 분산-공분산행렬이 V이며, $\mathbf{y}$가 다변량정규분포(multivariate normal distribution)를 따른다면 $\mathbf{y} \sim N(\boldsymbol{\mu}, V)$라고 표기한다. 행렬 V는 양정치(positive definite)행렬이라고 가정한다. 다변량정규분포를 따르는 확률벡터 $\mathbf{y}$의 확률밀도함수는 다음과 같다.

$$f(y_1, y_2, \cdots, y_n) = (2\pi)^{-\frac{n}{2}}|V|^{-\frac{1}{2}} \exp\left[-\frac{1}{2}(\mathbf{y} - \boldsymbol{\mu})^\top V^{-1}(\mathbf{y} - \boldsymbol{\mu})\right] \tag{5.41}$$

만약, $n = 1$이면 $\mathbf{y} = y$, $\boldsymbol{\mu} = \mu$, $V = \sigma^2$라고 쓸 수 있으며, 식 (5.41)은

$$f(y) = \frac{1}{\sqrt{2\pi} \cdot \sigma} e^{-\frac{1}{2}\left(\frac{y-\mu}{\sigma}\right)^2}$$

이 되는데, 이는 식 (2.21)과 같은 것으로 $N(\mu, \sigma^2)$의 분포를 따르는 확률변수 y의 밀도함수이다.

만약 $\mathbf{y}^\top = (y_1, y_2, \cdots, y_n)$이 $N(\mathbf{0}_n, I_n)$의 분포를 하면 y_i는 $N(0, 1)$의 표준정규분포를 하며, 식 (2.24)로부터

$$\mathbf{y}^\top\mathbf{y} = \sum_{i=1}^{n} y_i^2 \sim \chi^2(n) \tag{5.42}$$

을 따른다. 즉, 이차형식 $\theta = \mathbf{y}^\top\mathbf{y} = \mathbf{y}^\top I_n\mathbf{y}$는 자유도 n인 χ^2-분포를 한다.

만약, 두 개의 이차형식 Q_1과 Q_2가 서로 독립이고 $Q_1 \sim \chi^2(n_1)$이고 $Q_2 \sim \chi^2(n_2)$이면, 식 (2.28)로부터

$$\frac{Q_1/n_1}{Q_2/n_2} \sim F(n_1, n_2) \tag{5.43}$$

를 따른다. 다음으로 $y \sim N(0, 1)$이고 이차형식 Q가 자유도 n인 χ^2-분포를 하며 y와 독립이면 식 (2.24)에서 본 바와 같이

$$\frac{y}{\sqrt{Q/n}} \sim t(n) \tag{5.44}$$

을 따른다.

5.5.2 비중심 χ^2-분포와 F-분포(noncentral χ^2-distribution and F-distribution)

식 (5.42)에서 확률벡터 $\mathbf{y} \sim N(\mathbf{0}_n, I_n)$이면 $\mathbf{y}^\top\mathbf{y}$가 $\chi^2(n)$분포를 한다고 하였다. 만약, $\mathrm{E}(\mathbf{y}) = \mathbf{0}_n$이 아니고 $\mathrm{E}(\mathbf{y}) = \boldsymbol{\mu}$이면, $\mathbf{y}^\top\mathbf{y}$는 어떤 분포를 따르는지 알아보자. $\mathbf{y} \sim N(\boldsymbol{\mu}, I_n)$이면 $\mathbf{y}^\top\mathbf{y} = \sum_{i=1}^{n} y_i^2$은 자유도가 n이고 비중심모수(noncentrality parameter)가 $\lambda = \frac{1}{2}\boldsymbol{\mu}^\top\boldsymbol{\mu}$인 비중심 χ^2-분포를 한다고 알려져 있다. 이 분포에 대한 표현은 다음과 같이 한다.

$$\mathbf{y}^\top\mathbf{y} \sim \chi^2(n, \lambda) \tag{5.45}$$

물론, $\boldsymbol{\mu} = \mathbf{0}_n$이면 $\lambda = 0$이 되며, 이 경우는 $\chi^2(n)$분포를 하게 된다.

다음으로 식 (5.43)에서 $Q_1 \sim \chi^2(n_1)$이고 $Q_2 \sim \chi^2(n_2)$이면, 그 비 $\frac{Q_1/n_1}{Q_2/n_2}$는 $F(n_1, n_2)$분포를 한다고 하였다. 만약 Q_1이 $\chi^2(n_1)$이 아니고 $\chi^2(n_1, \lambda)$이면 그 비는 어떤 분포를 할 것인가? $Q_1 \sim \chi^2(n_1, \lambda)$이고 $Q_2 \sim \chi^2(n_2, \lambda)$이며, 서로 독립이면

$$\frac{Q_1/n_1}{Q_2/n_2} \sim F(n_1, n_2, \lambda) \tag{5.46}$$

로서 비중심모수(noncentrality parameter)가 λ이고 분자의 자유도가 n_1이고, 분모의 자유도가 n_2인 비중심 F-분포(noncentral F -distribution)를 한다고 한다.

비중심 χ^2-분포와 F-분포에 대한 자세한 이론적인 연구에 대해서는 참고문헌 (5.6, 5.7, 5.9, 5.15)를 참조하여 주기 바란다.

5.5.3 이차형식의 분포(distribution of quadratic forms)

이차형식의 확률분포에 대한 이론은 회귀분석의 연구에서 중요한 역할을 한다. 그러나, 이 책에서는 깊이 다루지 않고 중요한 정리만을 간추리고 정리의 증명은 필요한 것만을 하기로 한다. 증명이 없는 정리에 대하여 증명 자체에 흥미가 있는 독자는 참고문헌 (5.6, 5.9, 5.15)를 보면 좋을 것이다.

(정리 5.1) 만약 $\mathbf{y} \sim N(\boldsymbol{\mu}, V)$이면

$$E(\mathbf{y}^\top A\mathbf{y}) = \text{tr}(AV) + \boldsymbol{\mu}^\top A\boldsymbol{\mu}$$
$$\text{Cov}(\mathbf{y}, \mathbf{y}^\top A\mathbf{y}) = 2VA\boldsymbol{\mu}$$

(증명)

(1) $E(\mathbf{y}\mathbf{y}^\top) = E[(\mathbf{y}-\boldsymbol{\mu})(\mathbf{y}-\boldsymbol{\mu})^\top + \mathbf{y}\boldsymbol{\mu}^\top + \boldsymbol{\mu}\mathbf{y}^\top - \boldsymbol{\mu}\boldsymbol{\mu}^\top] = V + \boldsymbol{\mu}\boldsymbol{\mu}^\top$

따라서,

$$\begin{aligned} E(\mathbf{y}^\top A\mathbf{y}) &= E[\text{tr}(A\mathbf{y}\mathbf{y}^\top)] = \text{tr}[AE(\mathbf{y}\mathbf{y}^\top)] \\ &= \text{tr}(AV + A\boldsymbol{\mu}\boldsymbol{\mu}^\top) = \text{tr}(AV) + \boldsymbol{\mu}^\top A\boldsymbol{\mu} \end{aligned}$$

(2)
$$\begin{aligned} \text{Cov}(\mathbf{y}, \mathbf{y}^\top A\mathbf{y}) &= E(\mathbf{y}-\boldsymbol{\mu})[\mathbf{y}^\top A\mathbf{y} - E(\mathbf{y}^\top A\mathbf{y})] \\ &= E(\mathbf{y}-\boldsymbol{\mu})[\mathbf{y}^\top A\mathbf{y} - \boldsymbol{\mu}^\top A\boldsymbol{\mu} - \text{tr}(AV)] \\ &= E(\mathbf{y}-\boldsymbol{\mu})[(\mathbf{y}-\boldsymbol{\mu})^\top A(\mathbf{y}-\boldsymbol{\mu}) + 2(\mathbf{y}-\boldsymbol{\mu})^\top A\boldsymbol{\mu} - \text{tr}(AV)] \\ &= \mathbf{0}_n + 2VA\boldsymbol{\mu} - \mathbf{0}_n = 2VA\boldsymbol{\mu} \end{aligned}$$

(정리 5.2) 만약 $\mathbf{y} \sim N(\boldsymbol{\mu}, V)$이면

$$\text{Var}(\mathbf{y}^\top A\mathbf{y}) = 2\text{tr}(AV)^2 + 4\boldsymbol{\mu}^\top AVA\boldsymbol{\mu}$$

(정리 5.3) $\mathbf{y} \sim N(\boldsymbol{\mu}, V)$일 때에 $\mathbf{y}^\top A\mathbf{y} \sim \chi^2(r(A), \frac{1}{2}\boldsymbol{\mu}^\top A\boldsymbol{\mu})$이 되기 위한 필요충분조건은 AV가 멱등(idempotent)행렬이다.

이 정리를 사용하는 간단한 예를 들어 보자. 단순회귀모형에서

$$y_i = \beta_0 + \beta_1 x_i + \epsilon_i, \quad \epsilon_i \sim N(0, \sigma^2)$$

이므로 $y_i \sim N(\beta_0 + \beta_1 x_i, \sigma^2)$이며, $\boldsymbol{\mu}^\top = (\beta_0 + \beta_1 x_1, \beta_0 + \beta_1 x_2, \cdots, \beta_0 + \beta_1 x_n)$이라 놓으면 $\mathbf{y}^\top =$

$(y_1, y_2, \cdots, y_n) \sim N(\boldsymbol{\mu}, I_n\sigma^2)$. 총제곱합은 σ^2으로 나눈 것은 식 (5.39)로부터

$$\frac{\sum(y_j - \bar{y})^2}{\sigma^2} = \mathbf{y}^\top A\mathbf{y}, \quad A = \frac{1}{\sigma^2}\left(I_n - \frac{1}{n}J_n\right)$$

가 된다. 그런데, $V = \sigma^2 I_n$이므로 $AVAV = AV$로 AV는 멱등행렬이 되고 또한

$$r(A) = n - 1 \tag{5.47}$$

$$\boldsymbol{\mu}^\top A\boldsymbol{\mu} = \beta_1^2 S_{(xx)}/\sigma^2 \tag{5.48}$$

이 됨을 증명할 수 있다. 따라서,

$$\frac{\sum(y_j - \bar{y})^2}{\sigma^2} \sim \chi^2(n - 1,\ \beta_1^2 S_{(xx)}/2\sigma^2) \tag{5.49}$$

임을 알 수 있다. 위의 【정리 5.3】에서 $\boldsymbol{\mu}$와 V의 특수한 경우를 고려하게 되면 다음의 정리를 얻을 수 있다.

(정리 5.4) (1) $\mathbf{y} \sim N(\mathbf{0}_n, I_n)$이면 $\mathbf{y}^\top A\mathbf{y} \sim \chi^2(p)$가 되기 위한 필요충분조건은 A가 계수(rank) p인 멱등행렬이다.

(2) $\mathbf{y} \sim N(\boldsymbol{\mu}, I_n\sigma^2)$이면 $\mathbf{y}^\top\mathbf{y}/\sigma^2 \sim \chi^2\left(n, \frac{1}{2}\boldsymbol{\mu}^\top\boldsymbol{\mu}/\sigma^2\right)$

(3) $\mathbf{y} \sim N(\boldsymbol{\mu}, I_n)$이면 $\mathbf{y}^\top A\mathbf{y} \sim \chi^2\left(p, \frac{1}{2}\boldsymbol{\mu}^\top A\boldsymbol{\mu}\right)$가 되기 위한 필요충분조건은 A가 계수(rank) p인 멱등행렬이다.

(정리 5.5) $\mathbf{y} \sim N(\boldsymbol{\mu}, V)$일 때 $\mathbf{y}^\top A\mathbf{y}$와 $B\mathbf{y}$가 독립적으로 분포(distributed independently)하기 위한 필요충분조건은 $BVA = O_n$이다.

(정리 5.6) $\mathbf{y} \sim N(\boldsymbol{\mu}, V)$일 때 두 이차형식, $\mathbf{y}^\top A\mathbf{y}$와 $\mathbf{y}^\top B\mathbf{y}$가 독립적으로 분포하기 위한 필요충분조건은 $AVB = O_n$(또는 $BVA = O_n$)이다.

【정리 5.5】와 【정리 5.6】의 증명은 A와 B가 대칭멱등행렬임을 가정하면 매우 간단하다.

(정리 5.7) $\mathbf{y} \sim N(\boldsymbol{\mu}, V)$이고, A_j는 대칭행렬이고, $r(A_j) = k_j,\ j = 1, 2, \cdots, p$, 그리고 $A = \sum_{j=1}^{p} A_j$도 대칭이며, $r(A) = k$이면

$$\mathbf{y}^\top A_j\mathbf{y} \sim \chi^2\left(k_j, \frac{1}{2}\boldsymbol{\mu}^\top A_j\boldsymbol{\mu}\right)$$

$\mathbf{y}^\top A_j \mathbf{y}$는 서로 독립

$\mathbf{y}^\top A \mathbf{y} \sim \chi^2\left(k, \frac{1}{2}\boldsymbol{\mu}^\top A \boldsymbol{\mu}\right)$

가 성립되기 위한 필요충분조건은 다음의 I 또는 II 이다.

I : 다음의 (a), (b), (c) 중 어느 두 개만 성립되면 된다.

(a) $A_j V$는 모든 j에 대하여 멱등행렬이다.

(b) 모든 $i < j$에 대하여 $A_i V A_j = O_n$이다.

(c) AV는 멱등행렬이다.

II : I의 (c)와 $k = \sum_{j=1}^{p} k_j$가 성립한다.

【정리 5.7】의 특수한 경우로서 $\boldsymbol{\mu} = \mathbf{0}_n$, $V = I_n = A$인 경우에 대한 정리가 일찍이 Cochran (참고문헌 5.2)에 의하여 증명되었다.

(정리 5.8) (코크란의 정리)

$\mathbf{y} \sim N(\mathbf{0}_n, I_n)$이고 A_j, $j = 1, 2, \cdots, p$는 대칭행렬이며, $\sum_{j=1}^{p} A_j = I_n$이면, $\mathbf{y}^\top A_j \mathbf{y} \sim \chi^2(k_j)$이며, 서로 독립적으로 분포되기 위한 필요충분조건은 $\sum_{j=1}^{p} k_j = n$이다.

이들 이차형식에 대한 분포이론은 다음 장부터 자주 인용이 되므로, 이차형식이 어떻게 회귀분석에 사용되는가에 대한 실제 예제들은 여기서는 생략하기로 한다.

5.6 평균제곱의 기대값

[표 3.3]에 있는 회귀분석의 제곱합과 평균제곱, SSR, SSE, SST, MSR, MSE등은 모두 이차형식으로 표현될 수 있는 통계량으로,【정리 5.1】에 의하여 기대값을 구할 수 있다.【정리 5.1】을 사용하기 위해서는 행렬을 사용해야 하므로, 6장에서 회귀분석의 행렬 사용을 소개한 후에 다시 다루기로 하고, 여기서는 행렬을 사용하지 않고 제곱합과 평균제곱들의 기대값을 구하여 보자.

회귀직선의 대체 모형을 사용할 경우 데이터의 구조식은

$$y_i = \beta_0' + \beta_1(x_i - \bar{x}) + \epsilon_i, \quad \epsilon_i \sim N(0, \sigma^2), \quad i = 1, 2, \cdots, n \tag{5.50}$$

이며, 오차분산 σ^2은 다음과 같이 정의할 수 있다. $\bar{\epsilon} = \sum_{i=1}^{n} \epsilon_i / n$이라 하면

$$\sigma^2 = \mathrm{E}\left[\frac{\sum(\epsilon_i - \bar{\epsilon})^2}{n-1}\right] \tag{5.51}$$

이다. 또한, 식 (5.50)에서 y_i 들의 평균은

$$\bar{y} = \frac{\sum y_i}{n} = \beta_0' + \bar{\epsilon} \tag{5.52}$$

이 되며, 따라서

$$\mathrm{Var}(\bar{y}) = \frac{\sigma^2}{n} \tag{5.53}$$

이다. 먼저 총제곱합, SST의 기대값은

$$\begin{aligned}
\mathrm{E}[SST] &= \mathrm{E}\left[\sum(y_i - \bar{y})^2\right] \\
&= \mathrm{E}\left\{\sum[\beta_0' + \beta_1(x_i - \bar{x}) + \epsilon_i - (\beta_0' + \bar{\epsilon})]^2\right\} \\
&= \mathrm{E}\left\{\sum\left[\beta_1^2(x_i - \bar{x})^2 + (\epsilon_i - \bar{\epsilon})^2\right]\right\} \\
&= \mathrm{E}\left[\beta_1^2 S_{(xx)}\right] + \mathrm{E}\left[\sum(\epsilon_i - \bar{\epsilon})^2\right] \\
&= \beta_1^2 S_{(xx)} + (n-1)\sigma^2
\end{aligned} \tag{5.54}$$

이 된다. 이제 회귀제곱합 SSR의 기대값을 구해 보자. β_0'의 추정값은 $\hat{\beta}_0' = \bar{y}$이며, $\hat{\beta}_1$의 분산은

$$\mathrm{Var}(\hat{\beta}_1) = \mathrm{E}(\hat{\beta}_1^2) - [\mathrm{E}(\hat{\beta}_1)]^2 = \mathrm{E}(\hat{\beta}_1^2) - \beta_1^2$$

이므로, 이를 이용하면

$$\begin{aligned}
\mathrm{E}[SSR] &= \mathrm{E}\left[\sum(\hat{y}_i - \bar{y})^2\right] \\
&= \mathrm{E}\left\{\sum[\hat{\beta}_0' + \hat{\beta}_1(x_i - \bar{x}) - \hat{\beta}_0']^2\right\} \\
&= \mathrm{E}\left\{\sum[\hat{\beta}_1(x_i - \bar{x})]^2\right\} \\
&= S_{(xx)}\mathrm{E}(\hat{\beta}_1^2) = S_{(xx)}\left[\mathrm{Var}(\hat{\beta}_1) + \beta_1^2\right] \\
&= S_{(xx)}\left[\frac{\sigma^2}{S_{(xx)}} + \beta_1^2\right] = \sigma^2 + \beta_1^2 S_{(xx)}
\end{aligned} \tag{5.55}$$

가 된다. 따라서, 잔차제곱합 SSE의 기대값은

$$\mathrm{E}[SSE] = \mathrm{E}[SST] - \mathrm{E}[SSR] = (n-2)\sigma^2 \tag{5.56}$$

가 되며, MSR과 MSE의 기대값은 쉽게 구할 수 있다. 즉

$$\mathrm{E}(MSR) = \mathrm{E}(SSR) = \sigma^2 + \beta_1^2 S_{(xx)} \tag{5.57}$$

$$\mathrm{E}(MSE) = \frac{1}{n-2}\mathrm{E}(SSE) = \sigma^2 \tag{5.58}$$

이다. 위의 결과에 대하여 분산분석표를 만들면 [표 5.5]와 같다.

표 5.5 **분산분석표와 기대값**

요인	제곱합	자유도	평균제곱	평균제곱의 기대값
회귀	SSR	1	MSR	$\sigma^2 + \beta_1^2 S_{(xx)}$
잔차	SSE	$n-2$	MSE	σ^2
계	SST	$n-1$		

이상의 결과로부터 평균제곱의 기대값의 비는

$$\frac{\mathrm{E}(MSR)}{\mathrm{E}(MSE)} = \frac{\sigma^2 + \beta_1^2 S_{(xx)}}{\sigma^2} = 1 + \beta_1^2\left[\frac{S_{(xx)}}{\sigma^2}\right] \tag{5.59}$$

이며, 회귀에 의한 변동이 유의한가에 대한 F-검정(검정통계량은 $F_0 = \dfrac{MSR}{MSE}$)의 귀무가설과 대립가설은

$$H_0 : \beta_1 = 0 \qquad H_1 : \beta_1 \neq 0$$

이라고 볼 수 있다.

5.7 반복측정값의 회귀분석

각 x_i의 수준에서 n_i개의 반복적인 데이터가 있는 경우에 대하여 알아보자. 데이터의 구조식은

$$\begin{aligned} y_{ij} &= \beta_0 + \beta_1 x_i + \epsilon_{ij}, \quad \epsilon_{ij} \sim N(0, \sigma^2) \\ &\quad i = 1, 2, \cdots, k\,;\, j = 1, 2, \cdots, n_i \end{aligned} \tag{5.60}$$

이며, 이는 이미 4장의 적합결여검정에서 취급된 모형이지만 4장에서는 회귀식의 추정보다는 적합결여를 판정하기 위한 F-검정만 하였으므로, 여기서는 추정문제를 살펴보기로 한다.

식 (5.60)의 모형은 3장에서 취급한 바와 같이 $n = \sum_{i=1}^{k} n_i$로 놓고

$$y_i = \beta_0 + \beta_1 x_i + \epsilon_i, \quad i = 1, 2, \cdots, n$$

으로 바꾸어 회귀모형을 적합해도 좋다. 그러나, 같은 x_i가 n_i 번씩 반복되므로, 이러한 특징을 이용하여 다음의 계산방법을 사용할 수 있다.

표현의 간편을 위하여 다음의 기호를 사용하기로 하자.

$$\sum_{i=1}^{k} = \sum_{i}, \quad \sum_{j=1}^{n_i} = \sum_{j}$$

$$n = \sum_{i} n_i, \quad \bar{x} = \frac{1}{n}\sum_{i} n_i x_i, \quad T_i = \sum_{j} y_{ij}$$

$$T = \sum_{i} T_i = \sum_{i}\sum_{j} y_{ij}, \quad \bar{y} = \frac{T}{n}$$

그러면,

$$S_{(xx)} = \sum_{i}\sum_{j}(x_i - \bar{x})^2$$

$$= \sum_{i} n_i(x_i - \bar{x})^2 = \sum_{i} n_i x_i^2 - \frac{(\sum_{i} n_i x_i)^2}{n} \tag{5.61}$$

$$S_{(yy)} = \sum_{i}\sum_{j}(y_{ij} - \bar{y})^2 = \sum_{i}\sum_{j} y_{ij}^2 - \frac{T^2}{n} \tag{5.62}$$

$$S_{(xy)} = \sum_{i}\sum_{j}(x_i - \bar{x})(y_{ij} - \bar{y})$$

$$= \sum_{i}\sum_{j} x_i y_{ij} - \frac{(\sum_{i} n_i x_i)(\sum_{i}\sum_{j} y_{ij})}{n}$$

$$= \sum_{i} x_i T_i - \frac{(\sum_{i} n_i x_i)T}{n} \tag{5.63}$$

이 된다. 따라서, 회귀모수 β_0와 β_1의 추정값은 식 (3.13)으로부터 각각

$$\hat{\beta}_1 = \frac{S_{(xy)}}{S_{(xx)}}, \quad \hat{\beta}_0 = \bar{y} - \hat{\beta}_1 \bar{x}$$

이며, 식 (3.41)에 의해 분산분석에 필요한 제곱합은

$$SST = S_{(yy)}$$

$$SSR = S_{(xy)}^2 / S_{(xx)}$$

$$SSE = SST - SSR$$

로 구할 수 있다. 앞의 4.4.1절에서 논의된 바와 같이, 각 x_i에서 y의 값을 반복측정하였을 경우에는 잔차제곱합을 식 (4.31)과 (4.32)에 있는 순오차제곱합($SSPE$)과 적합결여제곱합($SSLF$)으로 나눌 수 있으며, 가정된 회귀식의 적합결여검정이 가능하다. 여기에 관한 분산분석표를 보이면 [표 5.6]과 같다.

표 5.6 적합결여 검정을 포함한 분석분석표

요인	제곱합	자유도	평균제곱	F_0
회귀	SSR	1	MSR	$F_0 = \dfrac{MSR}{MSE}$
잔차	SSE	$n-2$	MSE	
적합결여	$SSLF$	$k-2$	$MSLF$	$F_0 = \dfrac{MSLF}{MSPE}$
순오차	$SSPE$	$n-k$	$MSPE$	
계	SST	$n-1$		

5.8 고차원 회귀에서의 단순 선형회귀

지금까지 배운 단순선형회귀모형은 모형에서 한 개의 설명변수를 가정한 모형으로, 설명변수의 수가 매우 많은 최근의 자료분석과는 다소 거리가 있어 보인다. 하지만, 설명변수의 수가 매우 큰 초고차원 자료(ultra high dimensional data)[5]에서는 고차원 자료를 위하여 개발된 방법론들 조차도 잘 작동하지 않음이 이론적으로 알려져 있다. 이러한 경우 반응변수와 관련이 없음이 확실한 설명변수들을 일차적으로 모형에서 제거하는 스크리닝(screening)절차가 제안되고 이러한 절차로서 단순회귀분석이 스크리너로서 좋은 성능을 지니고 있음이 알려져 있다(참고문헌 5.4, 5.12).

5.9 R 실습

5.9.1 두 회귀모형의 검정

맥주생산라인의 문제 [표 5.2]의 각 생산라인에서 얻어진 표본자료의 모집단에 대하여 각두 회귀직선모형

$$y_{ij} = \beta_{0j} + \beta_{1j}x_{ij} + \epsilon_{ij}\ (i = 1, \cdots, n_j,\ \ j = 1, 2)$$

이 성립된다고 가정하고 **예제 5.2**와 **예제 5.3**을 실습을 통해 풀어 보기로 한다.

먼저, **예제 5.1**에서 살펴본 서로 다른 자료에 대한 두 회귀모형의 동일성 검정은 gap 패키지의 chow.test( )를 사용할 수 있다. [표 5.2]의 자료를 생성하여 불러온 결과는 다음과 같다.

5) 초고차원 자료의 가장 일반적인 예로는 자기공명영상과 같은 의료영상을 설명변수로 하고 암의 발병 유무나 진행 정도를 반응변수로 하는 회귀모형을 생각할 수 있다.

```
install.packages("gap")
library(gap)
tab5_2 <- read.table("tab5_2.txt", header = T)
> head(tab5_2)
    x   y lab
1 100 218   a
2 125 248   a
3 220 360   a
4 205 351   a
5 300 470   a
6 255 394   a
```

chow.test( )를 사용하기 위해서는 먼저 각 생산라인별로 다음과 같이 설명변수와 반응변수를 생성한다.

```
y1<-tab5_2[which(tab5_2$lab=='a'),2]
y2<-tab5_2[which(tab5_2$lab=='b'),2]
x1<-tab5_2[which(tab5_2$lab=='a'),1]
x2<-tab5_2[which(tab5_2$lab=='b'),1]
chow.test(y1,x1,y2,x2)
> chow.test(y1,x1,y2,x2)
        F value           d.f.1           d.f.2          P value
22.646534296706   2.000000000000  23.000000000000   0.000003668926
```

이 결과로부터 각 생산라인별 라인 속도에 대한 맥주의 평균소모량에 관한 회귀식이 유의수준 $\alpha = 0.05$에서 동일하지 않음을 알 수 있다.

5.9.2 두 기울기의 검정

이제 **예제 5.3**에서 살펴본 것처럼 기울기가 같은지 검정해 보기로 한다. 이를 위하여 서로 다른 두 자료 data1, data2에 대하여 식 (5.36)의 검정통계량으로 유의수준 α검정을 하기 위한 slope_test(data1, data2, alpha)함수를 작성하면 다음과 같다.

```
slope_test = function(line_1, line_2, alpha){
  n_1 = dim(line_1)[1]
  n_2 = dim(line_2)[1]

 xbar_1 = mean(line_1$x)
```

```
  ybar_1 = mean(line_1$y)
  S_xx_1 = sum((line_1$x - xbar_1)^2)
  S_xy_1 = t(line_1$x - xbar_1) %*% (line_1$y - ybar_1)
  beta1_1 = S_xy_1 / S_xx_1
  beta0_1 = ybar_1 - beta1_1 * xbar_1
  yhat_1 = beta0_1 + beta1_1 * line_1$x
  SSE_1 = sum((line_1$y - yhat_1)^2)

  xbar_2 = mean(line_2$x)
  ybar_2 = mean(line_2$y)
  S_xx_2 = sum((line_2$x - xbar_2)^2)
  S_xy_2 = sum(t(line_2$x - xbar_2) %*% (line_2$y - ybar_2))
  beta1_2 = S_xy_2 / S_xx_2
  beta0_2 = ybar_2 - beta1_2 * xbar_2
  yhat_2 = beta0_2 + beta1_2 * line_2$x
  SSE_2 = sum((line_2$y - yhat_2)^2)

  SSEF = SSE_1 + SSE_2
  df_SSEF = (n_1 - 2) + (n_2 - 2)
  MSEF = SSEF / df_SSEF

  t_0 = (beta1_1 - beta1_2) / sqrt(MSEF * (1/S_xx_1 + 1/S_xx_2))
  critical_value = qt(alpha/2, df = df_SSEF, lower.tail = FALSE)

  if(abs(t_0) > critical_value){
    cat("Since |t_0| > t_", alpha/2, "(", df_SSEF, ")",
        " reject the null hypothesis.", "\n",
        "Here, |t_0| = ", round(t_0, 3), " and t_", alpha/2, "(", df_SSEF, ") = ",
        round(critical_value, 3),"\n", sep = "")
  }else{
    cat("Since |t_0| ≤ t_", alpha/2, "(", df_SSEF, ")",
        " there is not enough evidence to reject the null hypothesis." ,"\n",
        "Here, |t_0| = ", abs(round(t_0, 3)), " and t_", alpha/2, "(", df_SSEF, ") = ",
        round(critical_value, 3),"\n", sep = "")
  }
}
```

이 함수를 사용하여 5.9.1절에서 생성한 데이터로부터 두 기울기의 검정결과를 살펴 보면 **예제 5.3**과 같은 결과를 얻는 것을 확인할 수 있다.

```
>line_1←data.frame(x=x1, y=y1)
>line_2←data.frame(x=x2, y=y2)
```

```
> slope_test(line_1, line_2, alpha = 0.05)
Since |t_0| <= t_0.025(23) there is not enough evidence to reject the null
hypothesis.
Here, |t_0| = 1.371 and t_0.025(23) = 2.069
```

5.9.3 Box-Cox 변환에서의 λ 결정

이제 Box-Cox 변환에서 λ를 결정하는 예제를 살펴보자. 먼저 다음과 같은 단순회귀모형을 생성하도록 한다.

```
> set.seed(1234)
> n = 100
> beta0 = 1
> beta1 = 0.7
>
> e = rnorm(n, 0, sqrt(0.1))
> x = runif(n, 0, 5)
> y = exp(beta0 + beta1 * x + e)
>
> mydata = data.frame(x = x, y = y)
> plot(y ~ x, data = mydata)
```

log(y)가 단순회귀모형($\beta_0 = 1$, $\beta_1 = 0.7$)의 관계를 갖는 것으로, $\lambda = 0$에서 (x, y)가 생성되었다. 5.1.3절에서 λ를 결정하는 방법을 소개한 것처럼 식 (5.21)의 멱변환 후 SSE_λ를 계산하는 SSE_lambda( )함수를 생성해 보았다.

```
SSE_lambda = function(x, y, lambda){

 if(lambda == 0){
   z_lambda = log(y) * prod(y)^(1/n)
 }else{
   z_lambda = (y^lambda -1) / lambda * prod(y)^((-1/n)*(lambda -1))
 }

 n = length(y)
 X = matrix(c(rep(1, n), x), n, 2)
 H = X %*% solve(t(X) %*% X) %*% t(X)
 I = diag(1, n)
```

```
 SSE_lambda = t(z_lambda) %*% (I - H) %*% z_lambda
 return(SSE_lambda)
}
```

위에서 생성한 함수를 이용하여, 일련의 lambda(λ)값에 대하여 SSE_lambda(SSE_λ) 함수값을 벡터화하는 함수 vec_SSE_lambda( )를 작성하면, lambda를 [-2, 2]까지 0.2씩 변화시켜가며 SSE_lambda를 최소로 하는 최적의 lambda(λ)를 찾을 수 있다.

```
> vec_SSE_lambda←Vectorize(SSE_lambda, "lambda")
> lambda←seq(-2, 2, 0.2)
> all_SSE←vec_SSE_lambda(mydata$x, mydata$y, lambda)
> (best_lambda ← lambda[which.min(all_SSE)])
[1] 0
> (min_SSE←all_SSE[which.min(all_SSE)])
[1] 2159.084
```

위 결과를 보면 lambda = 0일때 SSE lambda = 2159.1로 최소가 되는 것을 알 수 있다. lambda를 [-2, 2]까지 0.2씩 변화하면서 이에 대응하는 log(SSE_lambda)값을 그리면 다음과 같다.

```
plot(lambda, log(all_SSE),
     type = "b", lwd = 2,
     xlab = "Lambda", ylab = "Sum of Squared Error(log-scale)")
points(x = best_lambda, y = log(min_SSE),
       col = "red", cex = 2, pch = 8)
```

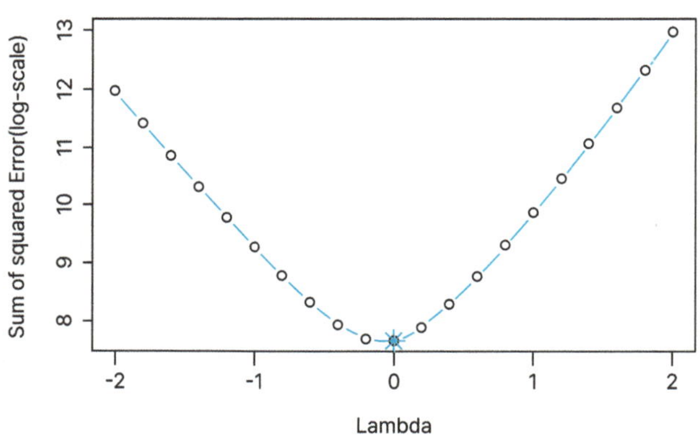

그림 5.6 λ에 따른 $\log(SSE_\lambda)$ 그림

식 (5.19)의 Box-Cox 변환 후에 식 (5.20)과 같은 단순회귀모형을 가정할 때, 모형추정을 위한 가능도함수는 다음과 같이 쓸 수 있다(이후 소개하는 가능도함수에 대한 일반화된 표현은 6장에서 소개하기 때문에, 6장을 학습한 후 읽어보는 것을 권한다).

$$L(\beta_0, \beta_1, \sigma^2, \lambda \mid y_1^{(\lambda)} \cdots, y_n^{(\lambda)}) = \prod_{i=1}^{n} \frac{1}{\sqrt{2\pi\sigma^2}} \exp\left[\frac{1}{2\sigma^2}(y_i^{(\lambda)} - \beta_0 - \beta_1 x_i)^2\right]$$
$$= (2\pi\sigma^2)^{-n/2} \exp\left[-\frac{1}{2\sigma^2}(\mathbf{y}^{(\lambda)} - X\boldsymbol{\beta})^\top (\mathbf{y}^{(\lambda)} - X\boldsymbol{\beta})\right]$$

단, $\boldsymbol{\beta} = \begin{bmatrix} \beta_0 \\ \beta_1 \end{bmatrix}$ and $X = \begin{bmatrix} 1 & x_1 \\ 1 & x_2 \\ \vdots & \vdots \\ 1 & x_n \end{bmatrix}$ 이다. Box-Cox 변환 전의 관측값에 대한 가능도함수는

$$L(\beta_0, \beta_1, \sigma^2, \lambda \mid y_1 \cdots, y_n) = (2\pi\sigma^2)^{-n/2} \exp\left[-\frac{1}{2\sigma^2}(\mathbf{y}^{(\lambda)} - X\boldsymbol{\beta})^\top (\mathbf{y}^{(\lambda)} - X\boldsymbol{\beta})\right] J(\lambda\,;\, y)$$

가 되고 $J(\lambda\,;\, y) = \prod_{i=1}^{n} \left|\frac{dy_i^{(\lambda)}}{dy_i}\right|$ 이다. 고정된 λ에 대하여 회귀모수 $\boldsymbol{\beta}$와 σ^2의 추정량은 다음과 같고, 이때 가능도함수는 다음과 같이 쓸 수 있다.

$$\hat{\boldsymbol{\beta}} = (X^\top X)^{-1} X^\top \mathbf{y}^{(\lambda)}$$
$$\hat{\sigma}^2 = \frac{1}{n}(\mathbf{y}^{(\lambda)} - X\hat{\boldsymbol{\beta}})^\top (\mathbf{y}^{(\lambda)} - X\hat{\boldsymbol{\beta}})$$
$$\log L(\hat{\beta}_0, \hat{\beta}_1, \hat{\sigma}^2, \lambda \mid y_1, \cdots, y_n) \propto -\frac{n}{2}\log\hat{\sigma}^2 + \log J(\lambda\,;\, y)$$

이제 다음과 같은 멱변환을 고려해 보자.

$$z^{(\lambda)} = \frac{y^{(\lambda)}}{\{J(\lambda\,;\, y)\}^{1/n}}$$

멱변환 자료에 대한 가능도함수는 다음과 같다.

$$L(\beta_0, \beta_1, \sigma^2, \lambda \mid z_1^{(\lambda)}, \cdots, z_n^{(\lambda)}) = (2\pi\sigma^2)^{-n/2} \exp\left[-\frac{1}{2\sigma^2}(J(\lambda\,;\, y)^{1/n} z^{(\lambda)} - X\boldsymbol{\beta})^\top (J(\lambda\,;\, y)^{1/n} z^{(\lambda)} - X\boldsymbol{\beta})\right]$$

그리고 이때의 추정량은 다음과 같이 쓸 수 있다.

$$\hat{\boldsymbol{\beta}} = (X^\top X)^{-1} X^\top J(\lambda\,;\, y)^{1/n} z^{(\lambda)}$$
$$\hat{\sigma}^2 = \frac{1}{n}(J(\lambda\,;\, y)^{1/n} z^{(\lambda)} - X\hat{\boldsymbol{\beta}})^\top (J(\lambda\,;\, y)^{1/n} z^{(\lambda)} - X\hat{\boldsymbol{\beta}})$$
$$\log L(\hat{\beta}_0, \hat{\beta}_1, \hat{\sigma}^2, \lambda \mid z_1^{(\lambda)}, \cdots, z_n^{(\lambda)}) \propto -\frac{n}{2}\log\hat{\sigma}^2 = -\frac{n}{2}\log\frac{z^{(\lambda)^\top} a_r z^{(\lambda)}}{n}$$

단, $a_r = I - X(X^\top X)^{-1} X^\top$ 이다. 따라서, 이러한 멱변환 후에는 최대가능도추정량에 기반하여 SSE_λ를 최소로 하는 λ를 선택할 수 있게 된다.

참고문헌

5.1 Box, G. E. P. and Cox, D. R. (1964). An analysis of transformations, *Journal of the Royal Statistical Society*, *Series B*, 26, pp. 211-252.

5.2 Cochran, W. G. (1934). The distribution of quadratic forms in a normal system with applications to the analysis of variance, *Proc. Cambridge Philos. Soc.*, 30, pp. 178-191.

5.3 Cook, R.D. and Weisberg, S. (1982). *Residuals and Influence in Regression*, Chapman and Hall, New York.

5.4 Fan, J. and Lv, J. (2008). Sure independence screening for ultrahigh dimensional feature space. *Journal of the Royal Statistical Society-Series B*, 70(5), 849-911.

5.5 Fuller, W.A. (2009). *Measurement Error Models*, New York, John Wiley & Sons, New York.

5.6 Graybill, F. A. (1961). *An Introduction to Linear Statistical Models*, Vol. 1, McGraw-Hill,New York.

5.7 Hogg, R. V. and Craig, A. T. (2013). *Introduction to Mathematical Statistics*, Pearson, New York.

5.8 Kutner, M.H., Nachtsheim, C.J. Neter, J. and Li, W. (2004). *Applied Linear Statistical Models* (5th Ed.), McGraw-Hill/Irwin, New York.

5.9 Searle, S. R. (1971). *Linear Models*, John Wiley & Sons, New York.

5.10 Seber, G. A. F. (1977) *Linear Regression Analysis*, John Wiley & Sons, New York.

5.11 Ritz, C. and Streibig, J. C. (2008). *Nonlinear regression with R*, Springer, New York.

5.12 Wasserman, L. and Roeder, K. (2009). *The Annals of Statistics*, 37(5A), 2178-2201.

5.13 Weisberg, S. (1985). *Applied Linear Regression* (2nd Ed.), John Wiley & Sons, New York.

5.14 Yeo, I. K. and Johnson, R. (2000) A new family of power transformations to improve normality or symmetry. *Biometrika*, 87, 954-959.

5.15 김우철 : 수리통계학. 민영사, 2012.

연습문제

5.1 어떤 슈퍼마켓에서 고객이 구입하는 상품의 금액과 카운터에서 값을 치르는 데 걸리는 시간 사이에 회귀함수관계가 있는가를 알아보기 위하여 10명의 고객을 임의로 추출하여 다음의 데이터를 얻었다.

구매 상품의 금액 x (단위 : 천원)	소요되는 시간 y (단위 : 분)	구매 상품의 금액 x (단위 : 천원)	소요되는 시간 y (단위 : 분)
06.4	1.7	32.1	4.1
16.1	2.7	07.2	1.2
42.1	4.9	03.4	0.5
02.1	0.3	20.8	3.3
30.7	3.9	01.5	0.2

(1) 데이터의 산점도를 그리시오.

(2) 단순회귀모형, $y = \beta_0 + \beta_1 x + \epsilon$을 가정하고, 이를 적합시킬 경우에 결정계수 r^2의 값은 얼마인가? 만족할 만큼 충분히 큰가?

(3) 다음의 비선형모형을 고려하자.

(a) $y = e^{\beta_0 + \beta_1 x + \epsilon}$

(b) $y = \beta_0 + \beta_1 \sqrt{x} + \epsilon$

(c) $y = \beta_0 x^{\beta_1} \epsilon$

(d) $y = \beta_0 \cdot \beta_1^{x} \epsilon$

(e) $y = \beta_0 + \beta_1 \left(\dfrac{1}{x}\right) + \epsilon$

위의 모형을 적절한 모형변환을 시켜서 선형모형으로 만든 후 회귀모형을 적합하고 각각 r^2을 구하시오. 어떤 모형이 가장 큰 r^2의 값을 가지는가?

(4) 위의 (3)에서 r^2의 값이 가장 큰 모형이 선택되었을 경우, 이 모형의 추정식을 사용하여 구매상품의 총금액이 10,000원인 경우에, 카운터에서 값을 치르는 데 평균 몇 분이 소요되리라고 예측하는가?

5.2 앞 장의 **예제 4.4**에 있는 데이터([표 4.1])는 적합결여검정에서 회귀모형이 옳지 않다는 결정이 내려졌다. 적절한 모형을 적합하시오. 만약 모형의 변환이 필요하면 적절하게 변환 후 적합하고, 추정된 모형을 산점도 위에 그리시오.

5.3 두 타이어회사 A, B에서 생산되는 타이어를 비교하기 위하여 고속도로에서 트럭이 달리는 상황을 모의실험(simulated experiment)하여 다음의 데이터를 얻었다. x는 트럭이 달리는 속도이고 y는 타이어가 마모되기까지의 총 주행거리이다.

$x_{1j} = x_{2j}$	10	20	30	40	50	60	70
$y_{1j}(A)$	9.8	12.5	14.9	16.5	22.4	24.1	25.8
$y_{2j}(B)$	15.0	14.5	16.5	19.1	22.3	20.8	22.4

(1) 산점도를 그리시오.

(2) 각 회사별로 속도와 총주행거리 간의 회귀직선을 구한다면, 두 개의 직선이 동일하다고 볼수 있는가? 유의수준 $\alpha = 0.05$로 가설검정하시오.

(3) 관심의 대상이 x가 증가함에 따라 y가 얼마나 증가하는가에 있다. 두 회사의 타이어에 대하여 각각 회귀모형을 적합했을 때, 기울기가 같은지 유의수준 5%로 검정하시오.

5.4 식 (5.47)과 (5.48)을 증명하라.

5.5 단순회귀에서 회귀제곱합,

$$SSR = \sum_{i=1}^{n} (\hat{y}_i - \bar{y})^2$$

을 이차형식 $\mathbf{y}^\top B\mathbf{y}$로 표현하시오. 이 이차형식의 분포를 구하고, 또한 기대치를【정리 5.1】에 의하여 구하시오.

5.6 단순회귀에서 회귀제곱합,

$$SSE = \sum_{i=1}^{n} (y_i - \hat{y}_i)^2$$

을 이차형식 $\mathbf{y}^\top B\mathbf{y}$로 표현하시오. 이 이차형식의 분포를 구하고, 또한 기대치를【정리 5.1】에 의하여 구하시오.

5.7 식 (5.39)에 있는 총제곱합

$$SST = \sum_{i=1}^{n} (y_i - \bar{y})^2 = \mathbf{y}^\top \left(I_n - \frac{1}{n} J_n \right) \mathbf{y}$$

의 기대값을 구하고, 앞의 문제 **5.5**와 **5.6**의 결과를 사용하여

$$SST = SSR + SSE, \quad \text{E}(SST) = \text{E}(SSR) + \text{E}(SSE)$$

임을 보이시오.

5.8 4장의 연습문제 **4.5**의 데이터에 대하여 식 (5.61), (5.62), (5.63)을 사용하여 제곱합 SSR, SSE와 SST를 구하고 SSE를 분류하여 $SSPE$와 $SSLF$로 나누고 [표 5.6]을 작성하시오.

5.9 단순회귀모형, $y = \beta_0 + \beta_1 x + \epsilon$에서 오차항끼리는 서로 독립이고 $N(0, \sigma^2)$의 분포를 갖는다고 하자. 모수간의 비(ratio)

$$\phi = -\beta_0 / \beta_1$$

에 대한 구간을 다음 절차에 따라서 구하시오.

(1) $\bar{y} = \hat{\beta}_0 + \hat{\beta}_1 \bar{x}$ 이고 $\delta = \text{E}(\bar{y})/\text{E}(\hat{\beta}_1)$라고 놓을 때 다음을 구하시오.

a) $\text{E}(\bar{y} - \delta\hat{\beta}_1)$

b) $\text{Cov}(\bar{y}, \hat{\beta}_1)$

c) $\text{Var}(\bar{y} - \delta\hat{\beta}_1)$

(2) $\bar{y} - \delta\hat{\beta}_1$의 분포를 구하고, $\text{Var}(\bar{y} - \delta\hat{\beta}_1)$ 을 $w\sigma^2$으로 나타내시오.

(3) σ^2을 $MSE = s^2$으로 추정하기로 한다. s^2과 $\bar{y} - \delta\hat{\beta}_1$이 서로 독립임을 증명하시오.

(4) $t = \dfrac{\bar{y} - \delta\hat{\beta}_1}{s\sqrt{w}}$로 놓으면, 이 통계량은 자유도 $n-2$의 t-분포를 하며, 따라서 t^2은 자유도 $(1, n-2)$의 F-분포를 한다. 다음의 부등식

$$t^2 \leq (t_{\alpha/2}(n-2))^2 = F_\alpha(1, n-2)$$

은 δ의 $100(1-\alpha)\%$신뢰구간을 주게 되며, 이 구간을 $d_1 \leq \delta \leq d_2$라 할 때 d_1과 d_2는 다음의 이차방정식

$$d^2\left\{\hat{\beta}_1^2 - \frac{s^2 F_\alpha(1, n-2)}{\sum(x_i - \bar{x})^2}\right\} - 2d\bar{y}\hat{\beta}_1 + \left\{(\bar{y})^2 - \frac{1}{n}s^2 F_\alpha(1, n-2)\right\} = 0$$

의 근이 되어야 함을 보이시오.

(5) δ의 신뢰구간으로부터 $\phi = -\beta_0/\beta_1$의 신뢰구간은

$$\bar{x} - d_2 \leq -\beta_0/\beta_1 \leq \bar{x} - d_1$$

임을 보이시오((참고문헌 5.9)에서 발췌하였음).

5.10 다음의 방정식

$$y = \frac{\alpha\beta}{\alpha \sin^2 \theta + \beta \cos^2 \theta}$$

를 어떻게 변환하면 직선회귀의 형태로 바꾸어서 α와 β를 최소제곱법에 의하여 추정할 수 있는가를 보이시오.

5.11 R 실습 아마존 강 수위 문제. 연습문제 **3.10**의 데이터에 대하여 다음 질문에 대하여 답하시오.

(1) 아마존강의 최저수위와 최고수위와의 산점도를 1960년대, 1970년대 자료별로 다르게 그리고, 각각의 회귀선을 적합하시오.

(2) 아마존강의 최저수위와 최고수위와의 관계가 1960년대와 1970년대에 따라 차이가 있는가? 두 회귀모형의 동일성 여부를 유의수준 $\alpha = 0.01$에서 검정하시오.

(3) (1)에서 구한 두 회귀모형의 기울기가 같은지 유의수준 $\alpha = 0.01$에서 검정하시오.

Part III

중회귀분석

06 기초적 중회귀분석

〈목차〉

6.1 서론

제 1편의 기초적 회귀분석에서는 설명변수가 하나 있는 경우에 직선회귀모형을 적합시키는 단순회귀분석을 논의하였다. 일반적으로 대부분의 자연적, 사회적인 현상을 설명하는 데 있어서 반응변수 y의 변화는 두 개 이상의 설명변수에 의하여 좌우되는 경우가 많으며, 설명력 있는 적절한 설명변수를 여러 개 잘 선택하여 이들의 함수로써 반응변수를 나타낼 경우, 우리는 좀 더 정도(precision) 좋은 예측을 할 수 있을 것이다.

제 3장에서 단순회귀를 설명할 때 예로 들었던 문제를 다시 생각하여 보자. 어떤 특수한 종류의 상품을 팔고 있는 상점을 대상으로 광고료와 총판매액 사이에 직선회귀관계를 살펴보고, 광고료(x)가 총판매액(y)을 설명하는 데 도움이 된다는 것을 관찰하였다. 그런데, 광고료 이외에 총판매액에 영향을 줄 수 있는 다른 요인들(상점의 크기, 총자산, 점원의 수, 판매원의 능력 등)을 함께 고려한다면 총판매액을 설명하는 데 정확한 답을 얻을 수 있을 것이다. 이처럼 반응변수의 변화를 설명하기 위하여 두 개 이상의 설명변수가 사용되는 선형회귀모형을 중선형회귀모형(multiple linear regression model)이라 부르며, '선형'이라는 말

을 빼고 간단히 중회귀모형(multiple regression model)이라고도 한다. 중회귀모형을 이용한 자료분석을 중회귀분석이라 하고, 중회귀분석의 기본적인 개념은 제 3장의 단순회귀분석과 같으며, 유일한 차이점은 한 개의 설명변수 대신에 두 개 이상을 사용한다는 점 뿐이다. 먼저 두 개의 설명변수가 있는 가장 간단한 중회귀모형을 알아보자.

6.2 설명변수가 둘인 경우

하나의 반응변수(y)와 두 개의 설명변수(x_1, x_2) 사이에 다음과 같은 관계식이 성립한다고 하자.

$$y = \beta_0 + \beta_1 x_1 + \beta_2 x_2 + \epsilon \tag{6.1}$$

이것은 식 (3.4)에 대응되는 식이며, β_0, β_1과 β_2는 모집단의 회귀계수(regression coefficients)로 모수(parameters)이며, ϵ은 y를 측정할 때에 발생되는 오차이다.

이제 n개의 관측값을 (x_{11}, x_{12}, y_1), (x_{21}, x_{22}, y_2), $\cdots$, (x_{n1}, x_{n2}, y_n)이라고 표시하자. x_{ij}는 i 번째 관측값의 j 번째 설명변수의 값이다. 그러면, 모형 (6.1)은 다음과 같이 표현할 수 있다.

$$y_i = \beta_0 + \beta_1 x_{i1} + \beta_2 x_{i2} + \epsilon_i, \quad i = 1, 2, \cdots, n \tag{6.2}$$

일반적으로 오차 ϵ_i에 대한 가정은

$$\begin{aligned} &\epsilon_i \overset{i.i.d.}{\sim} N(0, \sigma^2) \\ &\mathrm{Cov}(\epsilon_i, \epsilon_j) = 0, \ \ i \neq j \end{aligned} \tag{6.3}$$

이며, 이러한 가정이 성립되지 않는 특수한 경우에 대해서는 뒤에 별도로 다루기로 한다.

관측된 자료로부터 식 (6.2)의 모수들을 추정하는 방법을 공부하여 보자. β_j의 추정값을 $\hat{\beta}_j$라고 하면 $E(y_i \mid x_{i1}, x_{i2})$의 추정값은

$$\hat{y}_i = \hat{\beta}_0 + \hat{\beta}_1 x_{i1} + \hat{\beta}_2 x_{i2} \tag{6.4}$$

이며, $\hat{\beta}_j$들을 최소제곱법을 이용하여 구하면 다음의 오차제곱합

$$S = \sum_{i=1}^{n} \epsilon_i^2 = \sum_{i=1}^{n} (y_i - \beta_0 - \beta_1 x_{i1} - \beta_2 x_{i2})^2 \tag{6.5}$$

을 최소로 하는 β_j들의 값을 구하면 된다. 식 (6.5)를 β_j에 대하여 각각 편미분하여 0으로 놓으면

$$\frac{\partial S}{\partial \beta_0} = 2\sum (y_i - \beta_0 - \beta_1 x_{i1} - \beta_2 x_{i2})(-1) = 0$$

$$\frac{\partial S}{\partial \beta_1} = 2\sum(y_i - \beta_0 - \beta_1 x_{i1} - \beta_2 x_{i2})(-x_{i1}) = 0$$

$$\frac{\partial S}{\partial \beta_2} = 2\sum(y_i - \beta_0 - \beta_1 x_{i1} - \beta_2 x_{i2})(-x_{i2}) = 0$$

이 되며, 위의 세 식을 만족시키는 β_j의 값을 $\hat{\beta}_j$라 놓으면 다음과 같은 정규방정식(normal equations)을 얻을 수 있다.

$$\begin{aligned} \sum y_i &= n\hat{\beta}_0 + \hat{\beta}_1\sum x_{i1} + \hat{\beta}_2\sum x_{i2} \\ \sum x_{i1}y_i &= \hat{\beta}_0\sum x_{i1} + \hat{\beta}_1\sum x_{i1}^2 + \hat{\beta}_2\sum x_{i1}x_{i2} \\ \sum x_{i2}y_i &= \hat{\beta}_0\sum x_{i2} + \hat{\beta}_1\sum x_{i1}x_{i2} + \hat{\beta}_2\sum x_{i2}^2 \end{aligned} \tag{6.6}$$

위 식은 미지수 세 개($\hat{\beta}_0$, $\hat{\beta}_1$, $\hat{\beta}_2$)를 포함하고 있는 연립방정식이며, 이를 풀면 최소제곱법에 의한 β_j의 추정값인 $\hat{\beta}_j$를 구할 수 있을 것이다.

만약, 설명변수가 세 개라면 네 개의 식을 가진 연립방정식을 다루어야 하며, 더욱 복잡한 모양을 나타내게 되므로 중회귀분석에서는 거의 모든 경우에 행렬을 사용하여 표현 방법을 간소화하고 있다. 이제 행렬을 사용한 중회귀분석 식들을 다음 절부터 다루어 보자.

6.3 행렬의 사용

회귀분석을 하는 데 있어서 행렬을 사용하면 표현이 간결할 뿐만 아니라, 몇 개의 설명변수의 개수에 상관없이 회귀분석을 다루는 행렬표현 방법이 일정하게 된다. 먼저 행렬을 사용하여 **예제 3.1**을 다시 풀어 보기로 하자.

설명변수가 하나이므로, i 번째 관측값에 대한 관계식을 벡터를 사용하여 표시하면,

$$y_i = \beta_0 + \beta_1 x_i + \epsilon_i = (1 \quad x_i)\begin{pmatrix} \beta_0 \\ \beta_1 \end{pmatrix} + \epsilon_i \tag{6.7}$$

가 된다. n개의 관찰점을 한데 묶어서 행렬을 사용하면

$$\begin{pmatrix} y_1 \\ y_2 \\ y_3 \\ \vdots \\ y_n \end{pmatrix} = \begin{pmatrix} 1 & x_1 \\ 1 & x_2 \\ 1 & x_3 \\ \vdots & \vdots \\ 1 & x_n \end{pmatrix} \begin{pmatrix} \beta_0 \\ \beta_1 \end{pmatrix} + \begin{pmatrix} \epsilon_1 \\ \epsilon_2 \\ \epsilon_3 \\ \vdots \\ \epsilon_n \end{pmatrix} \tag{6.8}$$

이라 쓸 수 있고, 이를 간략하게

$$\mathbf{y} = X\boldsymbol{\beta} + \boldsymbol{\epsilon} \tag{6.9}$$

이라고 표현한다. 여기에서 $\mathbf{y}$와 $\boldsymbol{\epsilon}$은 $n\times 1$벡터이고, X는 $n\times 2$행렬이며 $\boldsymbol{\beta}$는 2×1벡터가 된다. [표 3.1]의 데이터에 대해서는

$$\mathbf{y} = \begin{pmatrix} 9 \\ 20 \\ 22 \\ 15 \\ 17 \\ 30 \\ 18 \\ 25 \\ 10 \\ 20 \end{pmatrix} \quad X = \begin{pmatrix} 1 & 4 \\ 1 & 8 \\ 1 & 9 \\ 1 & 8 \\ 1 & 8 \\ 1 & 12 \\ 1 & 6 \\ 1 & 10 \\ 1 & 6 \\ 1 & 9 \end{pmatrix} \quad \boldsymbol{\epsilon} = \begin{pmatrix} \epsilon_1 \\ \epsilon_2 \\ \epsilon_3 \\ \epsilon_4 \\ \epsilon_5 \\ \epsilon_6 \\ \epsilon_7 \\ \epsilon_8 \\ \epsilon_9 \\ \epsilon_{10} \end{pmatrix} \quad \boldsymbol{\beta} = \begin{pmatrix} \beta_0 \\ \beta_1 \end{pmatrix}$$

이다. 최소제곱법에 의하여 최소화시키려는 양은 오차제곱합으로 이는 식 (6.9)로부터

$$\sum_{i=1}^{n} \epsilon_i^2 = \boldsymbol{\epsilon}^\top \boldsymbol{\epsilon} = (\mathbf{y} - X\boldsymbol{\beta})^\top (\mathbf{y} - X\boldsymbol{\beta}) = \mathbf{y}^\top \mathbf{y} - 2\boldsymbol{\beta}^\top X^\top \mathbf{y} + \boldsymbol{\beta}^\top X^\top X \boldsymbol{\beta}$$

가 되며, 이를 $\boldsymbol{\beta}$에 대하여 미분하여 $\mathbf{0}$으로 놓고 이를 만족시키는 $\boldsymbol{\beta}$의 값을 $\hat{\beta}$로 하면 다음의 정규방정식을 얻는다.

$$X^\top X \hat{\boldsymbol{\beta}} = X^\top \mathbf{y} \tag{6.10}$$

위 식은 식 (3.12)-(3.13)을 간략하게 행렬을 사용하여 표현한 데 불과하다. 여기에서 $\hat{\beta}^\top = (\hat{\beta}_0, \hat{\beta}_1)$으로 $\hat{\beta}_0$는 β_0의, $\hat{\beta}_1$은 β_1의 추정값이다.

식 (3.12)-(3.13)과 (6.10)이 같은 것인가를 확인하기 위하여 다음을 관찰하여 보자. 식 (6.10)의 오른쪽 항은

$$X^\top \mathbf{y} = \begin{pmatrix} 1 & 1 & 1 & \cdots & 1 \\ x_1 & x_2 & x_3 & \cdots & x_n \end{pmatrix} \begin{pmatrix} y_1 \\ y_2 \\ y_3 \\ \vdots \\ y_n \end{pmatrix} = \begin{pmatrix} \sum y_i \\ \sum x_i y_i \end{pmatrix} \tag{6.11}$$

이며, 이는 식 (3.12)-(3.13)의 오른쪽과 동일하다. 그런데,

$$X^\top X = \begin{pmatrix} 1 & 1 & 1 & \cdots & 1 \\ x_1 & x_2 & x_3 & \cdots & x_n \end{pmatrix} \begin{pmatrix} 1 & x_1 \\ 1 & x_2 \\ 1 & x_3 \\ \vdots & \vdots \\ 1 & x_n \end{pmatrix} = \begin{pmatrix} n & \sum x_i \\ \sum x_i & \sum x_i^2 \end{pmatrix} \tag{6.12}$$

이므로, 식 (6.10)의 왼쪽은

$$X^\top X\hat{\boldsymbol{\beta}} = \begin{pmatrix} n & \sum x_i \\ \sum x_i & \sum x_i^2 \end{pmatrix} \begin{pmatrix} \beta_0 \\ \beta_1 \end{pmatrix} = \begin{pmatrix} \hat{\beta}_0 n + \hat{\beta}_1 \sum x_i \\ \hat{\beta}_0 \sum x_i + \hat{\beta}_1 \sum x_i^2 \end{pmatrix} \tag{6.13}$$

으로, 이는 식 (3.12)-(3.13)의 왼쪽과 동일하다.

이제 식 (6.10)을 $\hat{\beta}$에 대하여 푸는 것을 생각하여 보자. 만약, $X^\top X$행렬의 역행렬(inverse matrix)이 존재한다면, 식 (6.10)의 양쪽에다 $(X^\top X)^{-1}$을 곱하여

$$\hat{\boldsymbol{\beta}} = (X^\top X)^{-1} X^\top \mathbf{y} \tag{6.14}$$

를 얻는다. $X^\top X$의 역행렬은

$$\begin{aligned}(X^\top X)^{-1} &= \begin{pmatrix} n & \sum x_i \\ \sum x_i & \sum x_i^2 \end{pmatrix}^{-1} \\ &= \begin{pmatrix} \dfrac{\sum x_i^2}{n\sum x_i^2 - (\sum x_i^2)^2} & \dfrac{-\sum x_i}{n\sum x_i^2 - (\sum x_i^2)^2} \\ \dfrac{-\sum x_i}{n\sum x_i^2 - (\sum x_i^2)^2} & \dfrac{n}{n\sum x_i^2 - (\sum x_i^2)^2} \end{pmatrix}\end{aligned} \tag{6.15}$$

이며, 따라서 식 (6.14)의 벡터 $\hat{\boldsymbol{\beta}}$는

$$\hat{\boldsymbol{\beta}} = \begin{pmatrix} \beta_0 \\ \beta_1 \end{pmatrix} = \begin{pmatrix} \dfrac{(\sum x_i^2)(\sum y_i) - (\sum y_i)(\sum x_i y_i)}{n\sum x_i^2 - (\sum x_i)^2} \\ \dfrac{n\sum x_i y_i - (\sum x_i)(\sum y_i)}{n\sum x_i^2 - (\sum x_i)^2} \end{pmatrix} \tag{6.16}$$

이 된다. 이렇게 구한 $\hat{\beta}_0$와 $\hat{\beta}_1$이 3장에서 구한 식 (3.13)의 $\hat{\beta}_0$와 $\hat{\beta}_1$과 일치하는가를 검토하여 보자.

먼저, $\hat{\beta}_1$을 구하는 식에서 분자와 분모를 각각 n으로 나누면, 식 (3.16)의 $\hat{\beta}_1$을 구하는 공식과 일치하고, 다음으로 $\hat{\beta}_0$을 구하는 식에서 분자에 $\dfrac{(\sum y_i)(\sum x_i)^2}{n}$을 뺐다가 더하면

$$\hat{\beta}_0 = \frac{(\sum y_i)\left[\sum x_i^2 - \frac{(\sum x_i)^2}{n}\right] - n\left[\sum x_i y_i - \frac{(\sum x_i)(\sum y_i)}{n}\right]\left(\frac{\sum x_i}{n}\right)}{n\left[\sum x_i^2 - \frac{(\sum x_i)^2}{n}\right]}$$

$$= \frac{\sum y_i}{n} - \hat{\beta}_1\left(\frac{\sum x_i}{n}\right)$$

이 되므로 $\hat{\beta}_0$의 공식도 일치함을 알 수 있다.

위처럼 설명변수가 하나일 경우에는 식 (3.12)-(3.13)과 같은 정규방정식을 직접 푸는 것도 어렵지 않으나, 설명변수의 수가 많은 경우에는 행렬을 사용하여 해를 구하는 것이 바람직하다. 설명변수가 두 개 있는 경우에 i 번째 관측값에 대해서는

$$y_i = \beta_0 + \beta_1 x_{i1} + \beta_2 x_{i2} + \epsilon_i = (1 \quad x_{i1} \quad x_{i2})\begin{pmatrix}\beta_0\\ \beta_1\\ \beta_2\end{pmatrix} + \epsilon_i$$

와 같은 벡터 표현이 성립되며, n개의 관측값에 대해 행렬을 사용하여 표현하면 다음과 같다.

$$\mathbf{y} = X\boldsymbol{\beta} + \boldsymbol{\epsilon}, \quad \boldsymbol{\epsilon} \sim N(\mathbf{0}_n, \sigma^2 I_n)$$

여기에서 각각

$$\mathbf{y} = \begin{pmatrix}y_1\\ y_2\\ \vdots\\ y_n\end{pmatrix} \quad X = \begin{pmatrix}1 & x_{11} & x_{12}\\ 1 & x_{21} & x_{22}\\ \vdots & \vdots & \vdots\\ 1 & x_{n1} & x_{n2}\end{pmatrix} \quad \boldsymbol{\beta} = \begin{pmatrix}\beta_0\\ \beta_1\\ \beta_2\end{pmatrix} \quad \boldsymbol{\epsilon} = \begin{pmatrix}\epsilon_1\\ \epsilon_2\\ \vdots\\ \epsilon_n\end{pmatrix} \tag{6.17}$$

이며, $\boldsymbol{\beta}$의 최소제곱추정값 $\hat{\boldsymbol{\beta}}$는 식 (6.14)에서 본 바와 같이 $\hat{\boldsymbol{\beta}} = (X^\top X)^{-1}X^\top \mathbf{y}$ 가 된다.

설명변수가 둘인 경우에 대한 예를 들어 보자. **예제 3.1**에서는 y가 총판매액이고 하나의 설명변수 x는 광고료였는데, 추가적으로 상점의 크기라는 설명변수를 생각하여 보자. 이와 관련된 자료를 수집하니 [표 6.1]과 같다.

표 6.1 **총판매액의 자료**

상점번호	1	2	3	4	5	6	7	8	9	10
광고료 x_1(단위:10만 원)	4	8	9	8	8	12	6	10	6	9
상점의 크기 x_2(단위:평)	4	10	8	5	10	15	8	13	5	12
총판매액 y(단위:100만 원)	9	20	22	15	17	30	18	25	10	20

이 예제에 대하여 식 (6.17)의 행렬들은 다음과 같다.

$$\mathbf{y} = \begin{pmatrix} 9 \\ 20 \\ 22 \\ 15 \\ 17 \\ 30 \\ 18 \\ 25 \\ 10 \\ 20 \end{pmatrix} \quad X = \begin{pmatrix} 1 & 4 & 4 \\ 1 & 8 & 10 \\ 1 & 9 & 8 \\ 1 & 8 & 5 \\ 1 & 8 & 10 \\ 1 & 12 & 15 \\ 1 & 6 & 8 \\ 1 & 10 & 13 \\ 1 & 6 & 5 \\ 1 & 9 & 12 \end{pmatrix} \quad \boldsymbol{\beta} = \begin{pmatrix} \beta_0 \\ \beta_1 \\ \beta_2 \end{pmatrix} \quad \boldsymbol{\epsilon} = \begin{pmatrix} \epsilon_1 \\ \epsilon_2 \\ \epsilon_3 \\ \epsilon_4 \\ \epsilon_5 \\ \epsilon_6 \\ \epsilon_7 \\ \epsilon_8 \\ \epsilon_9 \\ \epsilon_{10} \end{pmatrix}$$

따라서, $X^\top X$와 $X^\top \mathbf{y}$는

$$X^\top X = \begin{pmatrix} 10 & 80 & 90 \\ 80 & 686 & 784 \\ 90 & 784 & 932 \end{pmatrix} \quad X^\top \mathbf{y} = \begin{pmatrix} 186 \\ 1608 \\ 1866 \end{pmatrix}$$

이며,

$$(X^\top X)^{-1} = \begin{pmatrix} 1.62902 & -0.26385 & 0.06464 \\ -0.26385 & 0.08047 & -0.04222 \\ 0.06464 & -0.04222 & 0.03034 \end{pmatrix}$$

이 되므로, 우리가 구하려는 벡터 $\hat{\boldsymbol{\beta}}$는

$$\hat{\boldsymbol{\beta}} = (X^\top X)^{-1} X^\top \mathbf{y} = \begin{pmatrix} -0.651 \\ 1.551 \\ 0.760 \end{pmatrix}$$

이다. 따라서, 최소제곱법에 의하여 적합된 선형회귀식은

$$\hat{y} = \hat{\beta}_0 + \hat{\beta}_1 x_1 + \hat{\beta}_2 x_2 = -0.651 + 1.551 x_1 + 0.760 x_2$$

이 되며, 임의의 x_1과 x_2에 대하여 총판매액의 기대값 $E(y|\, x_1,\, x_2)$를 추정할 수 있다. 예를 들어, 광고료를 100만 원($x_1 = 10$) 쓰고 상점의 크기가 10평($x_2 = 10$)인 상점의 평균 총판매액의 추정값은

$$\hat{y} = -0.651 + (1.551)(10) + (0.760)(10) = 22.459$$

으로 약 22.459백만 원이 되리라고 예측할 수 있다.

일반적으로 설명변수가 p개인 경우의 중회귀모형은

$$y = \beta_0 + \beta_1 x_1 + \beta_2 x_2 + \cdots + \beta_p x_p + \epsilon \tag{6.18}$$

이고, i 번째 관측값에 대한 표현은

$$y_j = \beta_0 + \beta_1 x_{i1} + \beta_2 x_{i2} + \cdots + \beta_p x_{ip} + \epsilon_i, \quad i = 1, 2, \cdots, n$$

이며, $\epsilon_i \overset{i.i.d.}{\sim} N(0, \sigma^2)$의 가정을 행렬을 사용하여 표현하면

$$\mathbf{y} = X\boldsymbol{\beta} + \boldsymbol{\epsilon}, \quad \boldsymbol{\epsilon} \sim N(\mathbf{0}_n, \sigma^2 I_n) \tag{6.19}$$

이 된다. $\mathbf{y}$와 $\boldsymbol{\epsilon}$은 식 (6.17)과 동일한 $(n\times1)$ 벡터이며, X는 $n\times(p+1)$행렬이고, $\boldsymbol{\beta}$는 $(p+1)\times1$벡터로서 다음과 같다.

$$X = \begin{pmatrix} 1 & x_{11} & x_{12} & \cdots & x_{1p} \\ 1 & x_{21} & x_{22} & \cdots & x_{2p} \\ & & & \cdots & x_{3p} \\ \vdots & \vdots & \vdots & \vdots & \vdots \\ 1 & x_{n1} & x_{n2} & \cdots & x_{np} \end{pmatrix} \quad \boldsymbol{\beta} = \begin{pmatrix} \beta_0 \\ \beta_1 \\ \beta_2 \\ \vdots \\ \beta_p \end{pmatrix} \tag{6.20}$$

식 (6.19)에서 오차벡터 $\boldsymbol{\epsilon}$에 대한 가정은, $\boldsymbol{\epsilon}$는 다변량정규분포를 하며 $\mathrm{E}(\boldsymbol{\epsilon}) = \mathbf{0}_n$, $\mathrm{Var}(\boldsymbol{\epsilon}) = \sigma^2 I_n$이다. 또한 특별한 조건이 붙지 않는 한 행렬 X의 계수(rank)는

$$r(X) = p + 1$$

이라고 가정하며 $n > p$이다. 이제 $\boldsymbol{\beta}$를 최소제곱법에 의하여 추정하면 식 (6.14)와 같다.

$$\hat{\boldsymbol{\beta}} = \begin{pmatrix} \hat{\beta}_0 \\ \hat{\beta}_1 \\ \hat{\beta}_2 \\ \vdots \\ \hat{\beta}_p \end{pmatrix} = (X^\top X)^{-1} X^\top \mathbf{y} \tag{6.21}$$

6.4 분산분석

회귀모형에 대한 분산분석은 총변동(total variation)을 회귀방정식에 의하여 설명되는 변동(variation due to regression equation)과 설명되지 않는 잔차에 의한 변동(variation due to residuals)으로 나누는 것으로부터 시작된다. 설명변수가 p개 있는 식 (16.18)의 중회귀 모형에서 이들 변동이 어떻게 행렬로 표시되는가를 살펴보자.

총변동은 총제곱합(total sum of squares(SST))이라고 흔히 부르며, 이것은

$$SST = \sum(y_i - \bar{y})^2 = \sum y_i^2 - n(\bar{y})^2 = \mathbf{y}^\top\mathbf{y} - n(\bar{y})^2 \tag{6.22}$$

이 된다. 식 (5.38)에서 본 바와 같이 수정항(correction term)도

$$n(\bar{y})^2 = \frac{1}{n}\left(\sum y_i\right)^2 = \mathbf{y}^\top\mathbf{1}_n\mathbf{1}_n^\top\mathbf{y}/n = \mathbf{y}^\top\left(\frac{J_n}{n}\right)\mathbf{y} \tag{6.23}$$

와 같이 행렬표현을 사용할 수 있으나, $n(\bar{y})^2$의 표현이 더 간명한 표현이므로 SST의 행렬표현으로 식 (6.22)를 쓰도록 하겠다.

여기서 잠깐 자유도(degree of freedom)의 개념을 고찰하여 보자[1]. 하나의 독립된 관찰값이 생성되었을 때 자유도 하나를 부여하자. n개의 독립된 관측값이 얻어졌다면 n개의 자유도가 부여된다. 따라서, 회귀분석에서 쓰여지는 $\mathbf{y}^\top\mathbf{y}$는 n개의 독립된 y_i들의 관측값들을 모아서 이루어 놓은 것이므로 자유도 n을 갖는다. 그런데, y_i들 간에 서로 종속관계(dependency)가 존재하여 하나의 y_i의 값은 나머지 $(n-1)$개의 y_i값들이 알려지면, 자동적으로 알 수 있게 될 때, n개의 y_i들은 자유도를 하나 상실하고 $(n-1)$개의 자유도를 갖는다. 총제곱합 SST를 살펴보면, $\sum(y_i - \bar{y}) = 0$이 되고 이것은 y_i들 간에 하나의 선형식이 존재한다는 뜻으로 종속관계가 있음을 알 수 있다. 따라서, n개의 y_i들을 모아서 이루어 놓은

$$SST = \sum(y_i - \bar{y})^2$$

은 자유도 $(n-1)$을 갖는다.

다음으로 회귀모형에 의하여 설명되지 않는 변동을 잔차제곱합(sum of squares due to residual errors : SSE)이라고 부르며,

$$\hat{y}_i = \hat{\beta}_0 + \sum_{j=1}^{p}\hat{\beta}_i x_{ij}, \quad i = 1, 2, \cdots, n$$

을 한데 묶어서 $\hat{\mathbf{y}}^\top = (\hat{y}_1, \hat{y}_2, \cdots, \hat{y}_n)$라고 쓰면 SSE는 다음과 같다.

$$SSE = \sum(y_i - \hat{y}_i)^2 = (\mathbf{y} - \hat{\mathbf{y}})^\top(\mathbf{y} - \hat{\mathbf{y}})$$

---

1) 통계학에서의 자유도(degrees of freedom)란 개념은 근원적으로 카이제곱 분포와 관계가 있다. 즉, 정규성 가정하에 어떤 통계량(예를 들어, t 또는 F 통계량)이 자유도 v인 카이제곱 분포를 따르는 확률변수를 포함하고 있음을 나타낸다. 본 교재에서 자유도와 함께 소개되는 모든 통계량은 5.5절에서 배운 이차형식으로 나타낼 수 있는 통계량이고, 이들의 분포도 5.5절에서 배운 내용을 유도하여 계산할 수 있다. 예를 들어 식 (6.22)의 총제곱합은

$$\mathbf{y}^\top\mathbf{y} - n(\bar{y})^2 = \mathbf{y}^\top\left(I_n - \frac{J_n}{n}\right)\mathbf{y}$$

의 이차형식으로 표현되고, 5.5절의 【정리 5.3】으로부터 자유도는 $n-1$인 카이제곱분포를 따름을 알 수 있다. 여기서 카이제곱분포의 비중심도는 회귀모형의 가정에 따라 정의된다. 이와같이 자유도를 정규분포를 가정하고 이를 이용한 카이제곱분포와 연결하여 생각하면 쉽게 계산이 되고 이해도 쉽다.

그런데,

$$\hat{\mathbf{y}} = \begin{pmatrix} \hat{\beta}_0 + \hat{\beta}_1 x_{11} + \hat{\beta}_2 x_{12} + \cdots + \hat{\beta}_p x_{1p} \\ \hat{\beta}_0 + \hat{\beta}_1 x_{21} + \hat{\beta}_2 x_{22} + \cdots + \hat{\beta}_p x_{2p} \\ \vdots \\ \hat{\beta}_0 + \hat{\beta}_1 x_{n1} + \hat{\beta}_2 x_{n2} + \cdots + \hat{\beta}_p x_{np} \end{pmatrix}$$

$$= \begin{pmatrix} 1 & x_{11} & x_{12} & \cdots & x_{1p} \\ 1 & x_{21} & x_{22} & \cdots & x_{2p} \\ \vdots & \vdots & \vdots & \vdots & \vdots \\ 1 & x_{n1} & x_{n2} & \cdots & x_{np} \end{pmatrix} \begin{pmatrix} \hat{\beta}_0 \\ \hat{\beta}_1 \\ \hat{\beta}_2 \\ \vdots \\ \hat{\beta}_p \end{pmatrix} = X\hat{\boldsymbol{\beta}} \tag{6.24}$$

이므로,

$$\begin{aligned} SSE &= (\mathbf{y} - \hat{\mathbf{y}})^\top (\mathbf{y} - \hat{\mathbf{y}}) \\ &= (\mathbf{y} - X\hat{\boldsymbol{\beta}})^\top (\mathbf{y} - X\hat{\boldsymbol{\beta}}) \\ &= \mathbf{y}^\top \mathbf{y} - 2\hat{\boldsymbol{\beta}}^\top X^\top \mathbf{y} + \hat{\boldsymbol{\beta}}^\top X^\top X\hat{\boldsymbol{\beta}} \end{aligned}$$

가 된다. 여기에 $\hat{\boldsymbol{\beta}} = (X^\top X)^{-1} X^\top \mathbf{y}$를 대입시키면

$$\begin{aligned} SSE &= \mathbf{y}^\top \mathbf{y} - \mathbf{y}^\top X(X^\top X)^{-1} X^\top \mathbf{y} \\ &= \mathbf{y}^\top [I_n - X(X^\top X)^{-1} X^\top] \mathbf{y} \end{aligned} \tag{6.25}$$

또는

$$SSE = \mathbf{y}^\top \mathbf{y} - \hat{\boldsymbol{\beta}}^\top X^\top \mathbf{y} \tag{6.26}$$

를 얻는다. 이 제곱합이 가지는 자유도는 $\mathbf{y}^\top \mathbf{y}$가 가지는 자유도 n에서 $\hat{\boldsymbol{\beta}}^\top X^\top \mathbf{y}$ 가 가지는 자유도 $p+1$을 빼서 $n-p-1$이 된다. $\hat{\boldsymbol{\beta}}^\top X^\top \mathbf{y}$의 자유도가 $p+1$이 되는 것은 벡터 $\hat{\boldsymbol{\beta}}^\top = (\hat{\beta}_0, \hat{\beta}_1, \hat{\beta}_2, \cdots, \hat{\beta}_p)$의 구성원(component)이 $p+1$개 있으며, 각각 y_i 들의 일차선형식으로 추정되면서 자유도 하나씩을 빼앗아가기 때문이라고 생각하면 좋을 것이다[2].

마지막으로 회귀모형에 의하여 설명되는 변동을 구하여 보자. 이를 회귀제곱합(sum of squares due to regression: SSR)이라고 부르며, 다음의 두 가지 방법에 의하여 구할 수 있다.

첫째로, $SST = SSE + SSR$ 이므로 식 (6.22)와 (6.26)으로부터

$$\begin{aligned} SSR &= SST - SSE \\ &= [\mathbf{y}^\top \mathbf{y} - n(\bar{y})^2] - (\mathbf{y}^\top \mathbf{y} - \hat{\boldsymbol{\beta}}^\top X^\top \mathbf{y}) \\ &= \hat{\boldsymbol{\beta}}^\top X^\top \mathbf{y} - n(\bar{y})^2 & (6.27) \\ &= \mathbf{y}^\top X(X^\top X)^{-1} X^\top \mathbf{y} - n(\bar{y})^2 & (6.28) \end{aligned}$$

---

2) 잔차제곱합 SSE의 자유도 또한 식 (6.26)이 이차형식의 통계량이고, $I_n - X(X^\top X)^{-1} X^\top$이 멱등행렬이 되어, 정규분포가정하에 SSE는 자유도가 $n-p-1$인 카이제곱분포를 따름을 알수있다.

임을 알 수 있다. 이 변동이 가지는 자유도는 SST가 $n-1$, SSE가 $n-p-1$이므로, 그 차이 $(n-1)-(n-p-1)=p$가 된다.

두 번째 방법은 SSR의 정의로부터

$$SSR = \sum(\hat{y}_j - \bar{y})^2 = \sum\hat{y}_j^2 - n(\bar{y})^2 = \hat{\mathbf{y}}^\top\hat{\mathbf{y}} - n(\bar{y})^2$$

이다. 그런데 $\hat{\mathbf{y}} = X\hat{\boldsymbol{\beta}}$이므로

$$SSR = \hat{\boldsymbol{\beta}}^\top X^\top\mathbf{y} - n(\bar{y})^2 = \mathbf{y}^\top X(X^\top X)^{-1}X^\top\mathbf{y} - n(\bar{y})^2$$

이 되며, 이는 물론 식 (6.27), (6.28)과 동일한 것이다. 위에서 구한 제곱합과 자유도로부터 중회귀분석의 분산분석표를 만들면 다음과 같다.

표 6.2 **중회귀의 분산분석표**

요인	제곱합	자유도	평균제곱	F_0	$F(\alpha)$
회귀	SSR	p	MSR	$\frac{MSR}{MSE}$	$F_\alpha(p, n-p-1)$
잔차	SSE	$n-p-1$	MSE		
계	SST	$n-1$			

[표 6.2]에서 MSR은 회귀방정식에 의하여 얻어지는 평균제곱(mean of squares due to regression)이며, SSR을 자유도 p로 나누어서 얻어지는 값이다. MSE는 잔차로 인한 평균제곱(mean of squares due to residual errors)이며, SSE를 자유도 $n-p-1$으로 나누어서 얻어지는 값이다. $F_0 = \frac{MSR}{MSE}$는 F-검정을 위한 검정통계량으로 회귀방정식이 데이터의 성질을 설명하는 데 유의한가 아닌가를 검정한다. 유의수준 α에서 만약 F_0의 값이 $F_0 > F_\alpha(p, n-p-1)$이면 회귀모형이 유의한 것이며, 회귀변동(SSR)이 상대적으로 잔차변동(SSE)보다 유의하게 크다고 해석한다. 이 F-검정의 통계적 의미를 고찰하기 위하여 MSR과 MSE의 기대값을 계산하여 보자. 먼저 SSR과 SSE의 기대값을 구해보자.

식 (6.19)로부터

$$\mathrm{E}(\mathbf{y}) = X\boldsymbol{\beta} \tag{6.29}$$

$$\mathrm{Var}(\mathbf{y}) = \mathrm{Var}(\epsilon) = \sigma^2 I_n \tag{6.30}$$

이 되며, 식 (6.23)과 (6.28)로부터

$$\begin{aligned}\mathrm{E}(SSR) &= \mathrm{E}\left[\mathbf{y}^\top X(X^\top X)^{-1}X^\top\mathbf{y} - n(\bar{y})^2\right] \\ &= \mathrm{E}\left[\mathbf{y}^\top X(X^\top X)^{-1}X^\top\mathbf{y} - \mathbf{y}^\top\left(\frac{J_n}{n}\right)\mathbf{y}\right] \\ &= \mathrm{E}\left\{\mathbf{y}^\top\left[X(X^\top X)^{-1}X^\top - \frac{J_n}{n}\right]\mathbf{y}\right\}\end{aligned} \tag{6.31}$$

여기에서 $X(X^\top X)^{-1}X^\top - \frac{J_n}{n} = A$로 놓고 【정리 5.1】을 사용하면

$$\begin{aligned}\mathrm{E}(SSR) &= \mathrm{E}(\mathbf{y}^\top A\mathbf{y}) = \mathrm{tr}\{A[\mathrm{Var}(\mathbf{y})]\} + [\mathrm{E}(\mathbf{y})^\top]^\top A[\mathrm{E}(\mathbf{y})] \\ &= \mathrm{tr}(AI_n\sigma^2) + (X\boldsymbol{\beta})^\top A(X\boldsymbol{\beta}) \\ &= \sigma^2\mathrm{tr}(A) + \boldsymbol{\beta}^\top X^\top AX\boldsymbol{\beta}\end{aligned}$$

그런데,

$$\begin{aligned}\mathrm{tr(A)} &= \mathrm{tr}\left[X(X^\top X)^{-1}X^\top - \frac{J_n}{n}\right] \\ &= \mathrm{tr}\left[X(X^\top X)^{-1}X^\top\right] - \mathrm{tr}\left(\frac{J_n}{n}\right) \\ &= \mathrm{tr}\left[(X^\top X)^{-1}X^\top X\right] - \mathrm{tr}\left(\frac{J_n}{n}\right) \\ &= (p+1) - 1 = p\end{aligned}$$

이므로

$$\begin{aligned}\mathrm{E}(SSR) &= p\sigma^2 + \boldsymbol{\beta}^\top X^\top\left[X(X^\top X)^{-1}X^\top - \frac{J_n}{n}\right]X\boldsymbol{\beta} \\ &= p\sigma^2 + \boldsymbol{\beta}^\top X^\top\left(I_n - \frac{J_n}{n}\right)X\boldsymbol{\beta}\end{aligned} \tag{6.32}$$

가 된다. 따라서, MSR의 기댓값은

$$\mathrm{E}(MSR) = \frac{\mathrm{E}(SSR)}{p} = \sigma^2 + \boldsymbol{\beta}^\top X^\top\left(I_n - \frac{J_n}{n}\right)X\boldsymbol{\beta}/p$$

이다. 다음으로 SSE의 기댓값을 구해보자. 식 (6.25)의 표현을 사용하면

$$\mathrm{E}(SSE) = \mathrm{E}\{\mathbf{y}^\top[I_n - X(X^\top X)^{-1}X^\top]\mathbf{y}\}$$

인데, $I_n - X(X^\top X)^{-1}X^\top = B$로 놓고 【정리 5.1】을 사용하면

$$\mathrm{E}(SSE) = \mathrm{E}(\mathbf{y}^\top B\mathbf{y}) = \sigma^2\mathrm{tr}(B) + \boldsymbol{\beta}^\top X^\top BX\boldsymbol{\beta}$$

이다. 그런데,

$$\begin{aligned}\mathrm{tr}(B) &= \mathrm{tr}[I_n - X(X^\top X)^{-1}X^\top] \\ &= \mathrm{tr}(I_n) - \mathrm{tr}[X(X^\top X)^{-1}X^\top] \\ &= n - (p+1) = n - p - 1\end{aligned}$$

이고,

$$X^\top BX = X^\top[I_n - X(X^\top X)^{-1}X^\top]X = O_{p+1}$$

이므로,

$$\mathrm{E}(SSE) = (n-p-1)\sigma^2 \tag{6.33}$$

이고,

$$\mathrm{E}(MSE) = \frac{\mathrm{E}(SSE)}{n-p-1} = \sigma^2 \tag{6.34}$$

이 된다. 앞의 결과를 이용하여 MSR과 MSE의 기댓값의 비를 보면

$$\frac{\mathrm{E}(MSR)}{\mathrm{E}(MSE)} = 1 + \frac{1}{p\sigma^2}\boldsymbol{\beta}^\top X^\top\left(I_n - \frac{J_n}{n}\right)X\boldsymbol{\beta} \tag{6.35}$$

인데, $X^\top\left(I_n - \frac{J_n}{n}\right)X$가 양반정치행렬(positive semi-definite matrix)이므로 모든 $\boldsymbol{\beta}$에 대하여

$$\boldsymbol{\beta}^\top X^\top\left(I_n - \frac{J_n}{n}\right)X\boldsymbol{\beta} \ge 0 \tag{6.36}$$

이며, 등호(equality)가 성립하는 경우는 β_0의 값은 무엇을 취하든 관계없고

$$\beta_1 = \beta_2 = \cdots = \beta_p = 0$$

이 되어야 한다. 다시 말해, 만약 $\beta_1, \beta_2, \cdots, \beta_p$ 중 하나만이라도 0이 아니면 식 (6.36)의 왼쪽 항의 값은 양이 된다. 따라서, [표 6.2]에 있는 분산분석표의 F-검정은 다음과 같은 가설을 가지고 있다고 보아도 좋을 것이다.

$$H_0 : \beta_1 = \beta_2 = \cdots = \beta_p = 0 \qquad H_1 : \text{최소한 하나의 } \beta_j\text{는 } \beta_j \ne 0,\ j = 1, 2, \cdots, p$$

설명변수가 하나뿐인 단순회귀모형에서는

$$p = 1$$
$$\boldsymbol{\beta}^\top = (\beta_0, \beta_1)$$
$$X^\top = \begin{pmatrix} 1 & 1 & 1 & \cdots & 1 \\ x_1 & x_2 & x_3 & \cdots & x_n \end{pmatrix}$$

이므로, 식 (6.35)의 표현은

$$\begin{aligned} X^\top\left(I_n - \frac{J_n}{n}\right)X &= X^\top X - X^\top\left(\frac{J_n}{n}\right)X \\ &= \begin{pmatrix} n & \sum x_i \\ \sum x_i & \sum x_i^2 \end{pmatrix} - \begin{pmatrix} n & \sum x_i \\ \sum x_i & \frac{(\sum x_i)^2}{n} \end{pmatrix} \\ &= \begin{pmatrix} 0 & 0 \\ 0 & n\sum (x_i - \bar{x})^2 \end{pmatrix} \end{aligned} \tag{6.37}$$

이고,

$$\frac{\mathrm{E}(MSR)}{\mathrm{E}(MSE)} = 1 + \frac{1}{\sigma^2}\beta_1^2\sum(x_i - \bar{x})^2$$

이다. 이것은 우리가 식 (5.55)에서 구한 것과 동일하다.

예제 6.1

[표 6.1]에 있는 데이터에 대하여 중회귀모형, $y_i = \beta_0 + \beta_1 x_{i1} + \beta_2 x_{i2} + \epsilon_i$를 적합시키고 분산분석표를 작성하여 유의수준 $\alpha = 0.05$로 F-검정하시오.

풀이

$$
\begin{aligned}
SST &= \mathbf{y}^\top \mathbf{y} - n(\bar{y})^2 \\
&= 9^2 + 20^2 + \cdots + 20^2 - 10(18.6)^2 \\
&= 368.40 \\
SSR &= \hat{\boldsymbol{\beta}}^\top X^\top \mathbf{y} - n(\bar{y})^2 \\
&= (-0.651 \quad 1.551 \quad 0.760)\begin{pmatrix} 186 \\ 1608 \\ 1866 \end{pmatrix} - 10(18.6)^2 \\
&= 332.12 \\
SSE &= SST - SSR = 36.28
\end{aligned}
$$

따라서 분산분석표는 [표 6.3]과 같다.

표 6.3 **예제의 분산분석표**

요인	제곱합	자유도	평균제곱	F_0	$F(0.05)$
회귀	332.12	2	166.06	32.04	4.74
잔차	36.28	7	5.18		
계	368.40	9			

그런데, F-검정의 기각치(critical value)는 $F_{0.05}(2, 7) = 4.74$이므로, $F_0 = 32.04 > 4.74$가 성립되어 회귀변동이 유의하게 되며, 가정된 중회귀모형이 데이터를 설명하는 데 유의함을 알 수 있다. 이것은 또한 귀무가설 $H_0 : \beta_1 = \beta_2 = 0$이 기각되므로 β_1과 β_2가 동시에 0이 되지는 않을 것이라는 의미가 된다.

6.5 회귀모형의 정도

추정된 회귀모형이 어느 정도 믿을 만한 것이며, 주어진 자료들을 어느 정도 잘 설명하여 주고 있으며, 또한 추정된 회귀모형을 사용하여 $x_1, \cdots, x_p$들의 값에서 $\mathrm{E}(y|x_1, \cdots, x_p)$를 예측할 때 어느 정도 정확할 수 있는가를 검토하여 보자. 먼저 회귀모형에 의하여 추정되는 $\hat{y}_i = \hat{\beta}_0 + \sum_{j=1}^{p} \hat{\beta}_j x_{ij}$의 값과 관측값 $y_i = \beta_0 + \sum_{j=1}^{p} \beta_j x_{ij} + \epsilon_i$ 사이에는 어느 정도 차이가 있는가를 측정하는 방법으로 앞 절의 분산분석에서 논의되었던 MSE를 사용한다. MSE는 잔차로 인한 평균제곱이라고 부르나 간략히 줄여서 잔차평균제곱(residual mean square)이라고 부

르기도 한다. 이것은

$$MSE = \frac{\sum(y_i - \hat{y}_i)^2}{n-p-1} = \frac{\mathbf{y}^\top\mathbf{y} - \hat{\boldsymbol{\beta}}^\top X^\top \mathbf{y}}{n-p-1} = \frac{\mathbf{y}^\top [I_n - X(X^\top X)^{-1}X^\top]\mathbf{y}}{n-p-1}$$

임을 앞 절에서 밝혔으며, 만약 $p = 1$로 설명변수가 하나이면 $MSE = s^2_{y \cdot x}$으로 추정값의 표준오차(식 (3.31)에서 정의되었음)의 제곱과 같다.

식 (6.19)에서 기술한 바와 같이 중회귀모형의 오차 ϵ_i는 분산 σ^2을 갖는다고 가정하는데, 여기서 σ^2은 모수(parameter)로서 일반적으로 모르는 값이다. MSE는 σ^2의 불편추정량(unbiased estimator)이며, MSE의 값이 작으면 관측값 y_i들이 추정된 회귀모형 주위에 가까이 밀집되어 있다는 의미가 된다. MSE가 σ^2의 불편추정량이라는 사실은 이미 식 (6.34)에 의하여 증명되었다.

두 번째로, 추정된 회귀모형이 관측값들을 어느 정도 잘 설명하여 주고 있는가에 대한 측도로서 분산분석에 의한 F-검정을 들 수 있다. 검정통계량 $F_0 = MSR/MSE$의 값이 커야만 추정된 회귀식이 유의하며, 유의성 여부를 판정하는 기준으로 F-분포의 기각치 $F_\alpha(p, n-p-1)$가 쓰여진다.

세 번째로, 추정된 회귀방정식의 정도를 측정하는 방법으로 흔히 쓰는 것은 결정계수(coefficient of determination) R^2이다. 단순회귀에서는 결정계수를 r^2(식 (3.35))로 표시하였다. R^2은 회귀모형에 의하여 설명되는 변동 SSR이, 총변동 SST에 비하여 어느 정도인가를 나타내 주는 값으로

$$R^2 = \frac{SSR}{SST} = \frac{\sum(\hat{y}_i - \overline{y})^2}{\sum(y_i - \overline{y})^2} = \frac{\hat{\boldsymbol{\beta}}^\top X^\top \mathbf{y} - n(\overline{y})^2}{\mathbf{y}^\top\mathbf{y} - n(\overline{y})^2} \tag{6.38}$$

이다. 또한 $SSR = SST - SSE$이므로

$$R^2 = 1 - \frac{SSR}{SST} = 1 - \frac{\hat{\boldsymbol{\beta}}^\top X^\top \mathbf{y} - n(\overline{y})^2}{\mathbf{y}^\top\mathbf{y} - n(\overline{y})^2} \tag{6.39}$$

로 표현될 수도 있으며, 만약 모든 측정값 y_i가 회귀식에 의한 추정값 y_i와 일치한다면 $SSE = 0$이 되며 $R^2 = 1$이다. 실제로 $R^2 = 1$이 되는 경우는 거의 없으며 R^2의 값이 1에 가까운 값을 가지면 추정된 회귀식이 관측값들을 잘 설명해 주고 있으며, R^2의 값이 0에 가까운 작은 값을 갖게 되면 추정된 회귀식이 관측자료를 거의 설명하지 못한다 할 것이다.

네 번째로, 회귀계수 $\boldsymbol{\beta}^\top = (\beta_0, \beta_1, \beta_2, \cdots, \beta_p)$의 정확한 추정이 무엇보다 중요한 경우가 있다. $\boldsymbol{\beta}$의 추정량 $\hat{\boldsymbol{\beta}}$에 대하여 알아보자.

$$\begin{aligned} \mathrm{E}(\hat{\boldsymbol{\beta}}) &= \mathrm{E}[(X^\top X)^{-1}X^\top \mathbf{y}] \\ &= (X^\top X)^{-1}X^\top \mathrm{E}(\mathbf{y}) \\ &= (X^\top X)^{-1}X^\top X\boldsymbol{\beta} = \boldsymbol{\beta} \end{aligned} \tag{6.40}$$

이므로 $\hat{\boldsymbol{\beta}}$는 $\boldsymbol{\beta}$의 불편추정량이며, $\hat{\boldsymbol{\beta}}$의 분산-공분산행렬은

$$
\begin{aligned}
\mathrm{Var}(\hat{\boldsymbol{\beta}}) &= \mathrm{Var}[(X^\top X)^{-1}X^\top \mathbf{y}] \\
&= (X^\top X)^{-1}X^\top\ [\mathrm{Var}(\mathbf{y})]X(X^\top X)^{-1} \\
&= (X^\top X)^{-1}X^\top(\sigma^2 I_n)X(X^\top X)^{-1} \\
&= \sigma^2(X^\top X)^{-1}
\end{aligned}
\tag{6.41}
$$

이다. 그런데, $\mathrm{Var}(\hat{\boldsymbol{\beta}})$는 벡터 $\hat{\boldsymbol{\beta}}$의 구성원들간에 분산과 공분산을 나타내는 행렬

$$
\mathrm{Var}(\hat{\boldsymbol{\beta}}) = \mathrm{Var}\begin{pmatrix} \hat{\beta}_0 \\ \hat{\beta}_1 \\ \hat{\beta}_2 \\ \vdots \\ \hat{\beta}_p \end{pmatrix} = \begin{pmatrix} \mathrm{Var}(\hat{\beta}_0) & \mathrm{Cov}(\hat{\beta}_0, \hat{\beta}_1) & \mathrm{Cov}(\hat{\beta}_0, \hat{\beta}_2) & \cdots & \mathrm{Cov}(\hat{\beta}_0, \hat{\beta}_p) \\ & \mathrm{Var}(\hat{\beta}_1) & \mathrm{Cov}(\hat{\beta}_1, \hat{\beta}_2) & \cdots & \mathrm{Cov}(\hat{\beta}_1, \hat{\beta}_p) \\ & & \mathrm{Var}(\hat{\beta}_2) & & \mathrm{Cov}(\hat{\beta}_2, \hat{\beta}_p) \\ & & & & \vdots \\ & & & & \mathrm{Var}(\hat{\beta}_k) \end{pmatrix} \tag{6.42}
$$

이므로, 식 (6.41)의 $(X^\top X)^{-1}$행렬의 구성원을 $c_{ij}\,(i, j = 0, 1, 2, \cdots, p)$라 하면 다음과 같이 쓸 수 있다.

$$
\begin{aligned}
&\mathrm{Var}(\hat{\beta}_j) = c_{jj}\sigma^2, \quad i = 0, 1, 2, \cdots, p \\
&\mathrm{Cov}(\hat{\beta}_i, \hat{\beta}_j) = c_{ij}\sigma^2, \quad i \neq j, \quad i, j = 0, 1, 2, \cdots, p
\end{aligned}
\tag{6.43}
$$

만약, 우리가 특별히 관심있는 설명변수가 x_j라면 $\hat{\beta}_j$의 분산이 작게 되는 회귀모형이 요구될 것이며, c_{jj}의 값이 크지 않도록 계획행렬(design matrix) X를 설계해 줄 필요가 있을 것이다. X 행렬의 설계에 따라서 $\mathrm{Var}(\hat{\boldsymbol{\beta}})$가 크게 달라지기 때문이다.

설명변수가 하나뿐인 단순회귀에서 $\mathrm{Var}(\hat{\boldsymbol{\beta}})$를 알아보자. 식 (6.15)에서 얻은 결과를 사용하면

$$
\begin{aligned}
\mathrm{Var}(\hat{\boldsymbol{\beta}}) &= \begin{pmatrix} \mathrm{Var}(\hat{\beta}_0) & \mathrm{Cov}(\hat{\beta}_0, \hat{\beta}_1) \\ \mathrm{Cov}(\hat{\beta}_0, \hat{\beta}_1) & \mathrm{Var}(\hat{\beta}_1) \end{pmatrix} \\
&= \sigma^2(X^\top X)^{-1} \\
&= \sigma^2\begin{pmatrix} \dfrac{\sum x_i^2}{n\sum x_i^2 - (\sum x_i^2)^2} & \dfrac{-\sum x_i}{n\sum x_i^2 - (\sum x_i^2)^2} \\ \dfrac{-\sum x_i}{n\sum x_i^2 - (\sum x_i^2)^2} & \dfrac{n}{n\sum x_i^2 - (\sum x_i^2)^2} \end{pmatrix}
\end{aligned}
\tag{6.44}
$$

이 된다. 이렇게 행렬을 사용하여 구간 $\hat{\beta}_0$와 $\hat{\beta}_1$의 분산과 제4장에서 행렬을 사용하지 않고 구한 것과 일치하는가를 살펴보자. 먼저

$$\mathrm{Var}(\hat{\beta}_0) = \frac{\sum x_i^2}{n\sum x_i^2 - (\sum x_i)^2} \cdot \sigma^2$$
$$= \frac{\frac{1}{n}\left[n\sum x_i^2 - (\sum x_i)^2\right] + \frac{(\sum x_i)^2}{n}}{n\sum x_i^2 - (\sum x_i)^2} \cdot \sigma^2$$
$$= \left[\frac{1}{n} + \frac{n(\bar{x})^2}{n\sum x_i^2 - (\sum x_i)^2}\right]\sigma^2$$
$$= \left[\frac{1}{n} + \frac{(\bar{x})^2}{\sum (x_i - \bar{x})^2}\right]\sigma^2$$

이 되고, 이것은 식 (4.10)의 $\mathrm{Var}(\hat{\beta}_0)$와 일치한다. 다음으로

$$\mathrm{Var}(\hat{\beta}_1) = \frac{n}{n\sum x_i^2 - (\sum x_i)^2} \cdot \sigma^2 = \frac{\sigma^2}{\sum (x_i - \bar{x})^2}$$

이 되어 식 (4.2)와 동일하다. 식 (6.44)에서 한 가지 더 얻을 수 있는 정보는 $\hat{\beta}_0$와 $\hat{\beta}_1$의 공분산이다.

$$\mathrm{Cov}(\hat{\beta}_0, \hat{\beta}_1) = \frac{-\sum x_i}{n\sum x_i^2 - (\sum x_i)^2} \cdot \sigma^2$$
$$= \frac{-\bar{x}}{\sum (x_i - \bar{x})^2} \cdot \sigma^2 \tag{6.45}$$

이므로 $\bar{x} = 0$이면 $\hat{\beta}_0$와 $\hat{\beta}_1$ 사이에 공분산이 존재하지 않는다.

마지막으로, 식 (6.18)의 중회귀모형에서 최소제곱법에 의하여 β_j들을 추정한 후, 어떤 주어진 $(x_1, x_2, \cdots, x_p)$의 값에서 $\mathrm{E}(y|x_1, \cdots, x_p)$의 값을 예측하는 데 사용하는 추정량

$$\hat{y} = \hat{\beta}_0 + \hat{\beta}_1 x_1 + \cdots + \hat{\beta}_p x_p \tag{6.46}$$

의 정도를 알아보자. 벡터 표현으로

$$\hat{y} = (1 \quad x_1 \quad x_2 \quad \cdots \quad x_p)\begin{pmatrix}\hat{\beta}_0\\ \hat{\beta}_1\\ \hat{\beta}_2\\ \vdots\\ \hat{\beta}_p\end{pmatrix} = \mathbf{x}^\top \hat{\boldsymbol{\beta}} \tag{6.47}$$

라고 쓰기로 하면 $\mathrm{Var}(\hat{\boldsymbol{\beta}}) = (X^\top X)^{-1}\sigma^2$이므로, $\hat{y}$ 의 분산은

$$\mathrm{Var}(\hat{y}) = \mathrm{Var}(\mathbf{x}^\top \hat{\boldsymbol{\beta}}) = \mathbf{x}^\top \mathrm{Var}(\hat{\boldsymbol{\beta}})\mathbf{x}$$
$$= \mathbf{x}^\top (X^\top X)^{-1}\mathbf{x}\sigma^2 \tag{6.48}$$

이 된다. 따라서, $\hat{y}$ 의 분산은 주어진 $\mathbf{x}^\top = (1, x_1, x_2, \cdots, x_p)$ 벡터에 따라 달라진다.

설명변수가 하나밖에 없는 특수한 경우에는 $\mathbf{x}^\top = (1, x)$이며, $\hat{y}$ 의 분산은

$$\begin{aligned}\mathrm{Var}(\hat{y}) &= \mathbf{x}^\top (X^\top X)^{-1}\mathbf{x}\sigma^2 \\ &= (1 \quad x)\begin{pmatrix} \dfrac{\sum x_i^2}{n\sum(x_i - \bar{x})^2} & \dfrac{-\sum x_i}{n\sum(x_i - \bar{x})^2} \\ \dfrac{-\sum x_i}{n\sum(x_i - \bar{x})^2} & \dfrac{n}{n\sum(x_i - \bar{x})^2}\end{pmatrix}\begin{pmatrix} 1 \\ x \end{pmatrix}\sigma^2 \\ &= \left[\frac{1}{n} + \frac{(x - \bar{x})^2}{\sum(x_i - \bar{x})^2}\right]\sigma^2\end{aligned}$$

이 되며, 행렬을 사용하지 않고 구한 식 (4.13)과 일치한다. $\mathrm{Var}(\hat{y})$은 x의 함수이며, $x = \bar{x}$ 일 때 $\mathrm{Var}(\hat{y})$이 최솟값을 갖는다.

만약, 어떤 벡터 $\mathbf{x}^\top = (1, x_1, x_2, \cdots, x_p)$에서 $E(y|x_1, \cdots, x_p)$의 추정이 아니라 개별적인 y 값(이것을 y_s라고 표기하자)의 추정이라면, y_s는 $E(y|x_1, \cdots, x_p)$로부터 표준편차 σ를 가지고 산포되어 있으므로 그의 추정량 $\hat{y}_s$의 분산은

$$\mathrm{Var}(\hat{y}_s) = [1 + \mathbf{x}^\top (X^\top X)^{-1}\mathbf{x}]\sigma^2 \tag{6.49}$$

이 된다. 설명변수가 하나인 경우에는 식 (4.17)에서 얻은 바와 같이

$$\mathrm{Var}(\hat{y}_s) = \left[1 + \frac{1}{n} + \frac{(x - \bar{x})^2}{\sum(x_i - \bar{x})^2}\right]\sigma^2$$

이 될 것이다.

예제 6.2

[표 6.1]에 있는 데이터에 대하여 중회귀모형을 적합시켰을 때 얻어지는 표본회귀계수 $\hat{\beta}_0$, $\hat{\beta}_1$과 $\hat{\beta}_2$의 분산-공분산행렬을 구하고, $x_1 = x_2 = 10$에서 $\hat{y}$의 분산을 구하시오.

풀이

$(X^\top X)^{-1}$의 행렬은 앞의 6.3절에서 구했으며, 따라서

$$\mathrm{Var}\begin{pmatrix}\hat{\beta}_0 \\ \hat{\beta}_1 \\ \hat{\beta}_2\end{pmatrix} = \sigma^2 (X^\top X)^{-1}$$

$$= \sigma^2 \begin{pmatrix} 1.62902 & -0.26385 & 0.06464 \\ -0.26385 & 0.08047 & -0.04222 \\ 0.06464 & -0.04222 & 0.03034 \end{pmatrix}$$

$$= \begin{pmatrix} \text{Var}(\hat{\beta}_0) & \text{Cov}(\hat{\beta}_0, \hat{\beta}_1) & \text{Cov}(\hat{\beta}_0, \hat{\beta}_2) \\ \text{Cov}(\hat{\beta}_0, \hat{\beta}_1) & \text{Var}(\hat{\beta}_1) & \text{Cov}(\hat{\beta}_1, \hat{\beta}_2) \\ \text{Cov}(\hat{\beta}_0, \hat{\beta}_2) & \text{Cov}(\hat{\beta}_1, \hat{\beta}_2) & \text{Var}(\hat{\beta}_2) \end{pmatrix}$$

즉, $\text{Var}(\hat{\beta}_1) = 0.08047\sigma^2$, $\text{Cov}(\hat{\beta}_1, \hat{\beta}_2) = -0.04222\sigma^2$ 등이 된다. 그런데, σ^2의 불편추정값이 평균제곱오차(MSE)이므로, σ^2 대신에 MSE를 쓰면 분산 및 공분산의 추정값들을 구할 수 있을 것이다.

$x_1 = x_2 = 10$에서의 $\text{Var}(\hat{y})$은

$$\begin{aligned} \text{Var}(\hat{y}) &= \mathbf{x}^\top (X^\top X)^{-1} \mathbf{x}\sigma^2 \\ &= (1 \quad 10 \quad 10) \begin{pmatrix} 1.62902 & -0.26385 & 0.06464 \\ -0.26385 & 0.08047 & -0.04222 \\ 0.06464 & -0.04222 & 0.03034 \end{pmatrix} \begin{pmatrix} 1 \\ 10 \\ 10 \end{pmatrix} \sigma^2 \\ &= 0.28182\sigma^2 \end{aligned}$$

이 된다. 여기서도 마찬가지로 σ^2이 미지인 경우에는 σ^2 대신에 MSE를 사용하여 $\text{Var}(\hat{y})$의 추정값을 구하게 된다.

6.6 절편 없는 중회귀모형

일반적으로 중회귀모형은 절편항(intercept term)을 가지고 있으며, 이를 β_0로 표시하였고 최소제곱법에 의한 추정값을 $\hat{\beta}_0$로 나타내었다. 만약, 설명변수의 값들이 0일 때에 반응변수의 값이 반드시 0이어야 한다는 제약조건이 있다면 절편항은 사용할 수 없으며, 식 (6.18)의 중회귀모형은 j 번째 관측값에 대하여

$$y_i = \beta_1 x_{i1} + \beta_2 x_{i2} + \cdots + \beta_p x_{ip} + \epsilon_i\,, \quad i = 1, 2, \cdots, n$$

라고 표현된다. 이때에 X 행렬은 다음과 같다.

$$X = \begin{pmatrix} x_{11} & x_{12} & \cdots & x_{1p} \\ x_{21} & x_{22} & \cdots & x_{2p} \\ \vdots & \vdots & \vdots & \vdots \\ x_{n1} & x_{n2} & \cdots & x_{np} \end{pmatrix}$$

즉, 이제까지 사용하던 X 행렬과의 차이점은 첫 열(first column)에 $(1, 1, \cdots, 1)$이 없다는 것이다. 절편이 없는 경우에는 분산분석하는 방법도 약간의 차이점이 생기게 된다. 총변동은

$$SST = \sum y_i^2 = \mathbf{y}^\top \mathbf{y}$$

으로 수정항 $n(\bar{y})^2$을 빼지 않으며 자유도는 관측값의 개수 n이 된다. 잔차에 의한 변동은 식 (6.26) 과 같이

$$SSE = \sum(y_i - \hat{y}_i)^2 = \mathbf{y}^\top \mathbf{y} - \hat{\boldsymbol{\beta}}^\top X^\top \mathbf{y}$$

이며, 자유도는 $n-p$이다. 여기서 $\hat{\boldsymbol{\beta}}$는 p개의 회귀계수 β_j들의 추정값

$$\hat{\boldsymbol{\beta}}^\top = (\hat{\beta}_1, \hat{\beta}_2, \cdots, \hat{\beta}_p)$$

이다. 그리고, 회귀에 의하여 설명되는 변동은

$$SSR = \sum \hat{y}_i^2 = \hat{\boldsymbol{\beta}}^\top X^\top \mathbf{y}$$

이며, 자유도는 p를 갖는다. 이를 종합하여 분산분석표를 만들어 보자.

표 6.4 절편 없는 회귀의 분산분석표

요인	제곱합	자유도	평균제곱	F_0	F_α
회귀	$SSR = \hat{\boldsymbol{\beta}}^\top X^\top \mathbf{y}$	p	MSR	$\frac{MSR}{MSE}$	$F_\alpha(p, n-p)$
잔차	$SSE = \mathbf{y}^\top \mathbf{y} - \hat{\boldsymbol{\beta}}^\top X^\top \mathbf{y}$	$n-p$	MSE		
계	$SST = \mathbf{y}^\top \mathbf{y}$	n			

절편이 없는 경우에도 회귀모형의 정도를 나타내는 측도들은 절편이 있는 경우와 똑같이 유효하며, 잔차평균제곱 MSE는

$$MSE = \frac{SSR}{n-p} = \frac{\mathbf{y}^\top \mathbf{y} - \hat{\boldsymbol{\beta}}^\top X^\top \mathbf{y}}{n-p}$$

이며, $\mathrm{E}(MSE) = \sigma^2$이 성립한다. 결정계수 R^2은

$$R^2 = \frac{\hat{\boldsymbol{\beta}}^\top X^\top \mathbf{y}}{\mathbf{y}^\top \mathbf{y}}$$

로 될 것이며, $F_0 = MSR/MSE$의 자유도는 회귀와 잔차의 자유도인 p와 $n-p$가 쓰여질 것이다.

그리고, $\hat{y}$의 분산은 식 (6.48)과 똑같은 표현

$$\mathrm{Var}(\hat{y}) = \mathbf{x}^\top (X^\top X)^{-1} \mathbf{x}\, \sigma^2 \tag{6.50}$$

을 가지나 여기서는 $\mathbf{x}^\top = (x_1, x_2, \cdots, x_p)$이며, $X^\top X$ 행렬의 크기가 $(p+1)\times(p+1)$이 아니고 β_0을 위한 열이 제외된 관계로 $p \times p$인 크기를 갖게 된다.

6.7 제곱합의 분포

이 절에서는 분산분석표에 나타나는 제곱합(SST, SSR과 SSE)의 확률분포를 알아보고, 어째서 $F_0 = \dfrac{MSR}{MSE}$가 F-분포에 따르는가를 밝히고자 한다. 식 (6.19)로부터 중회귀모형은

$$\mathbf{y} = X\boldsymbol{\beta} + \boldsymbol{\epsilon},\ \boldsymbol{\epsilon} \sim N(\mathbf{0}_n, \sigma^2 I_n)$$

이며, 총제곱합(SST)은 식 (6.22)와 (6.23)으로부터

$$SST = \sum_{i=1}^{n}(y_i - \bar{y})^2 = \mathbf{y}^\top\mathbf{y} - n(\bar{y})^2 = \mathbf{y}^\top\left(I_n - \frac{J_n}{n}\right)\mathbf{y}$$

이며, $\mathbf{y} \sim N(X\boldsymbol{\beta}, \sigma^2 I_n)$이므로 【정리 5.3】을 이용하여, $\frac{1}{\sigma^2}\left(I_n - \frac{J_n}{n}\right)(\sigma^2 I_n) = \left(I_n - \frac{J_n}{n}\right)$는 멱등행렬(idempotent matrix)이며, $\left(I_n - \frac{J_n}{n}\right)$의 계수(rank)는 $n - 1$이므로

$$\frac{SST}{\sigma^2} \sim \chi^2\left\{n - 1,\ \boldsymbol{\beta}^\top X^\top\left(I_n - \frac{J_n}{n}\right)X\boldsymbol{\beta}/2\sigma^2\right\} \tag{6.51}$$

임을 알 수 있다.

다음으로 회귀제곱합(SSR)을 살펴보자. 식 (6.28)로부터

$$SSR = \mathbf{y}^\top X(X^\top X)^{-1}X^\top\mathbf{y} - n(\bar{y})^2 = \mathbf{y}^\top\left[X(X^\top X)^{-1}X^\top - \frac{J_n}{n}\right]\mathbf{y}$$

이며, $X(X^\top X)^{-1}X^\top\mathbf{1}_n = \mathbf{1}_n$(연습문제 1.12 참조)이므로 $X(X^\top X)^{-1}X^\top J_n = J_n$, $J_nX(X^\top X)^{-1}X^\top = J_n$로 $J_nJ_n = nJ_n$가 또한 성립한다. 따라서

$$\begin{aligned}
&\left[X(X^\top X)^{-1}X^\top - \frac{J_n}{n}\right]\left[X(X^\top X)^{-1}X^\top - \frac{J_n}{n}\right] \\
&= X(X^\top X)^{-1}X^\top X(X^\top X)^{-1}X^\top - J_nX(X^\top X)^{-1}X^\top/n - X(X^\top X)^{-1}X^\top J_n/n + J_nJ_n/n^2 \\
&= X(X^\top X)^{-1}X^\top - \frac{J_n}{n} - \frac{J_n}{n} + \frac{J_n}{n} \\
&= X(X^\top X)^{-1}X^\top - \frac{J_n}{n}
\end{aligned}$$

가 되며, $\left[X(X^\top X)^{-1}X^\top - \frac{J_n}{n}\right]$는 멱등행렬이고, 이 행렬의 계수는 p가 됨을 알 수 있다. 따라서, 【정리 5.3】을 이용하여 다음의 결과를 얻는다.

$$\frac{SSR}{\sigma^2} \sim \chi^2\left\{k,\ \boldsymbol{\beta}^\top X^\top\left(X(X^\top X)^{-1}X^\top - \frac{J_n}{n}\right)X\boldsymbol{\beta}/2\sigma^2\right\} \tag{6.52}$$

마지막으로, 잔차제곱합(SSE)은 식 (6.25)에서

$$SSE = \mathbf{y}^\top\left[I_n - X(X^\top X)^{-1}X^\top\right]\mathbf{y}$$

이며, $[I_n - X(X^\top X)^{-1}X^\top]$은 멱등행렬이 되고 계수는 $n - p - 1$이 된다. 또한 $(X\boldsymbol{\beta})^\top[I_n - X(X^\top X)^{-1}X^\top](X\boldsymbol{\beta}) = 0$이 되므로, 【정리 5.3】을 이용하여 우리는 쉽게

$$\frac{SSE}{\sigma^2} \sim \chi^2(n-p-1) \tag{6.53}$$

임을 얻을 수 있다.

다음으로 두 개의 $\mathbf{y}$의 이차형식인 $\frac{SSR}{\sigma^2}$과 $\frac{SSE}{\sigma^2}$가 서로 독립적으로 분포되어 있는가를 알아보자. 【정리 5.6】을 이용하기 위하여

$$\mathbf{y} \sim N(X\boldsymbol{\beta}, \sigma^2 I_n),\ V = \sigma^2 I_n$$

$$\mathbf{y}^\top A\mathbf{y} = \mathbf{y}^\top \left[\frac{X(X^\top X)^{-1}X^\top - J_n/n}{\sigma^2}\right]\mathbf{y}$$

$$\mathbf{y}^\top B\mathbf{y} = \mathbf{y}^\top \left[\frac{I_n - X(X^\top X)^{-1}X^\top}{\sigma^2}\right]\mathbf{y}$$

라 놓으면 필요충분조건

$$AVB = \left[\frac{X(X^\top X)^{-1}X^\top - J_n/n}{\sigma^2}\right](\sigma^2 I_n)\left[\frac{I_n - X(X^\top X)^{-1}X^\top}{\sigma^2}\right] = O_n$$

이 만족된다. 따라서, SSR과 SSE는 서로 독립적으로 분포하고 있다. 이제 식 (5.42)의 비중심 F-분포(noncentral F distribution) 이론에서 논의된 바와 같이 $\frac{SSR}{\sigma^2} \sim \chi^2(p, \lambda)$이고 $\frac{SSE}{\sigma^2} \sim \chi^2(n-p-1)$이며, SSR과 SSE가 서로 독립이므로, 검정통계량

$$F_0 = \frac{MSR}{MSE} = \frac{\left(\frac{SSR}{\sigma^2}\right)/p}{\left(\frac{SSR}{\sigma^2}\right)/(n-p-1)} \tag{6.54}$$

는 비중심 F-분포 $F(p, n-p-1, \lambda)$를 하며, 비중심모수는

$$\lambda = \boldsymbol{\beta}^\top X^\top \left(X(X^\top X)^{-1}X^\top - \frac{J_n}{n}\right)X\boldsymbol{\beta}/2\sigma^2 \tag{6.55}$$

이다. 그런데, 중회귀모형

$$y_i = \beta_0 + \sum_{j=1}^{p} \beta_j x_{ij} + \epsilon_i$$

의 분산분석표의 F-검정은 그 귀무가설을 "설명변수($x_1, x_2, \cdots, x_p$)들과 반응변수(y) 간의 관계를 설명하는데 중회귀모형이 의미가 없다."라고 말할 수 있으며, 이는

$$H_0: \beta_1 = \beta_2 = \cdots = \beta_p = 0 \tag{6.56}$$

라고 표현할 수 있다. 만약, 귀무가설 식 (6.56)이 성립하면

$$F_0 = \frac{MSR}{MSE} \sim F(p, n-p-1) \tag{6.57}$$

가 되고, 귀무가설이 유의수준 α에서 옳은 것인가 아닌가의 판단을 F-분포표로부터 기각치(critical value) $F_\alpha(p, n-p-1)$를 찾아서 F_0의 값과 비교하여 결론을 낼 수 있을 것이다.

6.8 변수의 직교화

변수가 하나인 단순선형회귀에서는 회귀계수의 최소제곱추정량이 설명변수 x와 반응변수 y의 표본상관계수 r과 비례함을 3.5절과 4.3절에서 살펴 보았다. 그런데 중회귀분석에서는 이러한 관계가 성립하지 않게 되어 결과를 해석할 때 어려움을 불러온다. 이런 이유로 다중회귀분석에서 추정된 회귀계수의 의미를 정확하게 이해할 필요가 있고, 이번 절에서는 변수의 직교화라는 개념을 통해 중회귀모형에서 회귀계수의 의미를 이해해 보고자 한다.

이제 n개의 관측값 $(y_i, \mathbf{x}_{i1}^\top, \mathbf{x}_{i2}^\top)$ $(i = 1, 2, \cdots, n)$으로부터 중회귀모형

$$y_i = \mathbf{x}_{i1}^\top \boldsymbol{\beta}_1 + \mathbf{x}_{i2}^\top \boldsymbol{\beta}_2 + \epsilon_i, \quad i = 1, 2, \cdots, n \tag{6.58}$$

을 가정해 보자. 여기서 $\mathbf{x}_{i1}^\top = (1, x_{i1}, x_{i2}, \cdots, x_{iq})$는 $(q+1)$차원 벡터로 절편항을 포함하고 있고, $\mathbf{x}_{i2}^\top = (x_{i,q+1}, x_{i,q+2}, \cdots, x_{ip})$는 $(p-q)$차원 벡터이다. 위의 가정하에서 다음의 단계적 절차를 생각하여 보자.

(순서 1) 반응변수 y에 대하여 설명변수벡터 $\mathbf{x}_1$만을 포함한 축소모형

$$y_i = \mathbf{x}_{i1}^\top \boldsymbol{\alpha}_1 + \epsilon_i, \quad i = 1, 2, \cdots, n \tag{6.59}$$

을 적합시켜 잔차 $e_i = y_i - \hat{y}_i$를 계산한다.

(순서 2) $\mathbf{x}_{i2}$의 각 변수를 반응변수[3]로 하고 $\mathbf{x}_{i1}$를 설명변수로 하는 회귀모형을 적합하고 이들의 잔차

$$\mathbf{x}_{2.1i} = \mathbf{x}_{i2} - \hat{\mathbf{x}}_{i2}(\mathbf{x}_{i1}) \tag{6.60}$$

을 계산한다. 여기서 X_1은 $\mathbf{x}_{i1}$벡터들의 설명변수 행렬일 때

$$\hat{\mathbf{x}}_{i2}(\mathbf{x}_{i1}) = \mathbf{x}_{i1}^\top (X_1^\top X_1)^{-1} X_1^\top \mathbf{x}_{i2}$$

이다.

(순서 3) 마지막으로 식 (6.59)의 모형으로부터 추정한 잔차 e_i를 반응변수로 하고 $\mathbf{x}_{2.1i}$를 설명변수로 하는 회귀모형

$$e_i = \mathbf{x}_{2.1i}^\top \boldsymbol{\alpha}_2 + \epsilon_i, \quad i = 1, 2, \cdots, n \tag{6.61}$$

을 적합시켜 $\boldsymbol{\alpha}_2$의 최소제곱추정량을 계산한다.

위에서 계산한 $\boldsymbol{\alpha}_2$는 완전모형 (6.58)의 최소제곱추정량의 $\hat{\boldsymbol{\beta}}_2$과 동일함을 보일 수 있고, 이를 통하여 중회귀모형의 $\mathbf{x}_2$의 회귀계수추정량이 $\mathbf{y}$와 $\mathbf{x}_2$로 부터 $\mathbf{x}_2$ 이외의 다른 설명변수들인 $\mathbf{x}_1$의 선형효과를 모두 제거하고 남은 순수한 $\mathbf{y}$와 $\mathbf{x}_2$만의 효과들의 선형관계를 나타냄을 알 수 있다.

---

3) 이 단계에서 $\mathbf{x}_{i2}^\top = (x_{i,q+1}, x_{i,q+2}, \cdots, x_{ip})$의 각 변수를 $\mathbf{x}_{i2}$로 표시하는 것에 유의하기로 한다.

이제 $\hat{\boldsymbol{\beta}}_2$와 $\hat{\boldsymbol{\alpha}}_2$가 동일함을 살펴보자. $\hat{\boldsymbol{\alpha}}_2$를 행렬을 이용하여 표현하면

$$X_{2.1} = \begin{pmatrix} \mathbf{x}_{2.11}^{\top} \\ \mathbf{x}_{2.12}^{\top} \\ \vdots \\ \mathbf{x}_{2.1n}^{\top} \end{pmatrix}, \quad X_1 = \begin{pmatrix} \mathbf{x}_{11}^{\top} \\ \mathbf{x}_{21}^{\top} \\ \vdots \\ \mathbf{x}_{n1}^{\top} \end{pmatrix}, \qquad X_2 = \begin{pmatrix} \mathbf{x}_{12}^{\top} \\ \mathbf{x}_{22}^{\top} \\ \vdots \\ \mathbf{x}_{n2}^{\top} \end{pmatrix}$$

에 대하여 $X_{2.1} = X_2 - X_1(X_1^{\top}X_1)^{-1}X_1^{\top}X_2$이고

$$\hat{\alpha}_2 = (X_{2.1}^{\top}X_{2.1})^{-1}X_{2.1}^{\top}\mathbf{y} \tag{6.62}$$

이다. 다음으로 완전모형에 대한 최소제곱추정량 $\hat{\boldsymbol{\beta}}_1$, $\hat{\boldsymbol{\beta}}_2$는

$$\begin{pmatrix} X_2^{\top}X_2 & X_2^{\top}X_1 \\ X_1^{\top}X_2 & X_1^{\top}X_1 \end{pmatrix}\begin{pmatrix} \boldsymbol{\beta}_2 \\ \boldsymbol{\beta}_1 \end{pmatrix} = \begin{pmatrix} X_2^{\top}\mathbf{y} \\ X_1^{\top}\mathbf{y} \end{pmatrix} \tag{6.63}$$

의 해이다. 식 (6.63)의 양변에 변수 $\mathbf{x}_2$를 $\mathbf{x}_1$에 대하여 직교화하는 행렬

$$\begin{pmatrix} I_{p-q} & -X_2^{\top}X_1(X_1^{\top}X_1)^{-1} \\ O_{q\times(p-q)} & I_q \end{pmatrix}$$

를 곱하면 행렬 $H_1 = X_1(X_1^{\top}X_1)^{-1}X_1^{\top}$에 대하여

$$\begin{pmatrix} X_2^{\top}X_2 - X_2^{\top}H_1X_2 & X_2^{\top}X_1 - X_2^{\top}H_1X_1 \\ X_1^{\top}X_2 & X_1^{\top}X_1 \end{pmatrix}\begin{pmatrix} \boldsymbol{\beta}_2 \\ \boldsymbol{\beta}_1 \end{pmatrix} = \begin{pmatrix} X_2^{\top}\mathbf{y} - X_2^{\top}H_1\mathbf{y} \\ X_1^{\top}\mathbf{y} \end{pmatrix} \tag{6.64}$$

이다. 여기서

$$X_2^{\top}X_1 - X_2^{\top}H_1X_1 = X_2^{\top}X_1 - X_2^{\top}X_1(X_1^{\top}X_1)^{-1}X_1^{\top}X_1 = O_{(p-q)\times g}$$

이므로 식 (6.64)는

$$\begin{pmatrix} X_2^{\top}(I_n - H_1)X_2 & O_{(p-q)\times q} \\ X_1^{\top}X_2 & X_1^{\top}X_1 \end{pmatrix}\begin{pmatrix} \boldsymbol{\beta}_2 \\ \boldsymbol{\beta}_1 \end{pmatrix} = \begin{pmatrix} X_2^{\top}(I_n - H_1)\mathbf{y} \\ X_1^{\top}\mathbf{y} \end{pmatrix}$$

이다. 따라서

$$\hat{\boldsymbol{\beta}}_2 = \left[X_2^{\top}(I_n - H_1)X_2\right]^{-1}X_2^{\top}(I_n - H_1)\mathbf{y} = \hat{\alpha}_2 \tag{6.65}$$

가 된다.

6.9 R 실습

6.9.1 중회귀 모형 적합

보스턴 집값 데이터 이 데이터는 보스턴 근교 지역의 집값 및 다른 정보를 포함한다. MASS 패키지를 설치하면 데이터를 로딩할 수 있다.

```
>install.packages("MASS")
>library(MASS)
>data(Boston)
> head(Boston)
     crim zn indus chas   nox    rm  age    dis rad tax ptratio  black lstat medv
1 0.00632 18  2.31    0 0.538 6.575 65.2 4.0900   1 296    15.3 396.90  4.98 24.0
2 0.02731  0  7.07    0 0.469 6.421 78.9 4.9671   2 242    17.8 396.90  9.14 21.6
3 0.02729  0  7.07    0 0.469 7.185 61.1 4.9671   2 242    17.8 392.83  4.03 34.7
4 0.03237  0  2.18    0 0.458 6.998 45.8 6.0622   3 222    18.7 394.63  2.94 33.4
5 0.06905  0  2.18    0 0.458 7.147 54.2 6.0622   3 222    18.7 396.90  5.33 36.2
6 0.02985  0  2.18    0 0.458 6.430 58.7 6.0622   3 222    18.7 394.12  5.21 28.7
```

Boston 데이터는 보스턴 근교 506개 지역에 대한 범죄율(crim) 등 14개의 변수로 구성되어 있으며, 이 변수들은 아래와 같다.

- crim : 범죄율
- zn: 25,000평방비트 기준 거지주 비율
- indus: 비소매업종 점유 구역 비율
- chas: 찰스강 인접 여부(1=인접, 0=비인접)
- nox: 일산화질소 농도(천만개 당)
- rm: 거주지의 평균 방 갯수
- age: 1940년 이전에 건축된 주택의 비율
- dis: 보스턴 5대 사업지구와의 거리
- rad: 고속도로 진입용이성 정도
- tax: 재산세율(10,000달러 당)
- ptratio: 학생 대 교사 비율
- black: $1000(B - 0.63)^2$, B : 아프리카계 미국인 비율
- lstat : 저소득층 비율
- medv: 주택가격의 중앙값(단위:1,000달러 당)

위 데이터에 대하여 중회귀모형

$$\text{medv}_i = \beta_0 + \beta_1 \times \text{rm}_i + \beta_2 \times \text{lstat}_i + \epsilon_i \quad (i = 1, \cdots, 506)$$

을 적합하고 분산분석표를 작성한다. 또한 표본회귀계수 $\hat{\beta}_0$, $\hat{\beta}_1$과 $\hat{\beta}_2$의 분산-공분산 행렬을 구해보기로 하자. 먼저, 중회귀모형에 대한 적합은 단순회귀모형에서 추가되는 설명변수들만 더하면 되는데 다음과 같이 사용할 수 있다.

```
> fit<-lm(medv~rm+lstat, data=Boston)
> summary(fit)
Call:
lm(formula = medv ~ rm + lstat, data = Boston)

Residuals:
    Min      1Q  Median      3Q     Max
-18.076  -3.516  -1.010  1.909  28.131

Coefficients:
            Estimate   Std. Error  t value  Pr(>|t|)
(Intercept) -1.35827    3.17283   -0.428    0.669
rm           5.09479    0.44447   11.463   <2e-16 ***
lstat       -0.64236    0.04373  -14.689   <2e-16 ***
---
Signif. codes: 0 '***' 0.001 '**' 0.01 '*' 0.05 '.' 0.1 ' ' 1

Residual standard error: 5.54 on 503 degrees of freedom
Multiple R-squared: 0.6386, Adjusted R-squared: 0.6371
F-statistic: 444.3 on 2 and 503 DF, p-value: < 2.2e-16
```

위에서 주어진 분석결과를 살펴보면 추정된 회귀식은 $\widehat{\text{medv}} = -1.358 + 5.095 \times \text{rm} - 0.642 \times \text{lstat}$이다. 또한 summary( ) 함수를 통한 분산분석 결과를 살펴보면 귀무가설 $H_0 : \beta_1 = \beta_2 = 0$에 대한 F-통계량에 대한 유의확률이 매우 작아($< 2.2 \times 10^{-16}$) 중회귀 모형이 매우 유의하다고 할 수 있다. 또한 변수별 회귀 제곱합과 잔차 제곱합에 대한 계산은 다음의 anova( ) 함수 결과를 통해 살펴볼 수 있다.

```
> anova(fit)
Analysis of Variance Table
```

```
Response: medv
           Df  Sum Sq  Mean Sq  F value     Pr(>F)
rm          1  20654.4  20654.4  672.90  < 2.2e-16 ***
lstat       1   6622.6   6622.6  215.76  < 2.2e-16 ***
Residuals 503  15439.3     30.7
---
Signif. codes: 0 '***' 0.001 '**' 0.01 '*' 0.05 '.' 0.1 ' ' 1
```

이제 회귀계수 추정량에 대한 분산-공분산 행렬 $\text{Var}(\hat{\boldsymbol{\beta}}) = \sigma^2(X^\top X)^{-1}$ 을 추정하기 위해 lm() 함수의 결과를 vcov() 함수에 다음과 같이 대입한다.

```
> vcov(fit)
            (Intercept)           rm         lstat
(Intercept) 10.06683612  -1.39248641  -0.099178133
rm          -1.39248641   0.19754958   0.011930670
lstat       -0.09917813   0.01193067   0.001912441
```

6.9.2 변수의 직교화

먼저 Boston 데이터로부터 grepl() 함수를 사용하여 rm, tax, lstat, medv변수만으로 구성된 데이터를 생성한다.

```
> select ← grepl(pattern = "rm|tax|lstat|medv", x = names(Boston))
> data ← Boston[, select]
```

위 데이터에 대하여 다음의 중회귀모형을 적합시켜 보자.

$$\text{medv}_i = \beta_0 + \beta_1 \times \text{rm}_i + \beta_2 \times \text{tax}_i + \beta_3 \times \text{lstat}_i + \epsilon_i \ (i = 1, \cdots, 506)$$

위 모형에서 β_3에 관한 중회귀모형에서의 추정값과 6.8절에서 소개한 변수의 직교화를 통하여 추정한 β_3의 값이 같은지 다음과 같이 비교해 보자.

```
> # 중회귀모형 적합
> lm.fit ← lm(medv ~ rm + tax + lstat, data = data)
> # 변수의 직교화 절차로 적합
> lm.fit_1 ← lm(medv ~ rm + tax, data = data)
> resid_1 ← lm.fit_1$residuals
```

```
> lm.fit_2 <- lm(lstat ~ rm + tax, data = data)
> resid_2 <- lm.fit_2$residuals
> data_resid <- data.frame(res1 = resid_1, res2 = resid_2)
> lm.fit_3 <- lm(resid_1 ~ 0 + resid_2, data = data_resid)
```

이제 중회귀모형 적합결과 lm.fit에서의 β_3 추정값과 변수의 직교화를 통한 모형 lm.fit_3에서의 α추정값을 비교해 보면 다음과 같이 같은 것을 알 수 있다. 이때 α는 식 (6.61)에서의 추정량을 의미한다.

```
> lm.fit$coefficients

Call:
lm(formula = medv ~ rm + tax + lstat, data = data)

Coefficients:
  (Intercept)         rm         tax       lstat
    -0.498652   5.199529   -0.006501   -0.552564
> coeff_lstat_lm.fit <- as.vector(lm.fit$coefficients[4])
> coeff_lstat_lm.fit_3 <- as.vector(lm.fit_3$coefficients)
> all.equal(coeff_lstat_lm.fit, coeff_lstat_lm.fit_3)
[1] TRUE
```

참고문헌

6.1 Draper, N. R. and Smith, H. (1998) *Applied Regression Analysis*(3rd Ed.) John Wiley & Sons, New York.

6.2 James, G., Witten, D., Hastie, T. and Tibshirani, R. (2013) *An Introduction to Statistical Learning with Applications in R*, Springer, New York.

6.3 Kutner, M.H., Nachtsheim, C.J. Neter, J. and Li, W. (2004) *Applied Linear Statistical Models* (5th deition), McGraw-Hill/Irwin, New York.

6.4 Rao, C. R. (1973) *Linear Statistical Inference and Its Applications*, John Wiley & Sons, New York.

6.5 Seber, G. A. F. (1977) *Linear Regression Analysis*,John Wiley & Sons, New York.

6.6 Weisberg, S. (1985) *Applied Linear Regression* (2nd Ed.), New York, John Wiley & Sons, New York.

6.7 김우철: 수리통계학. 민영사, 2012.

연습문제

6.1 (연습문제 3.1)의 데이터에 대하여 회귀선형모형이 적용될 수 있다고 가정하고 행렬을 사용하여 데이터를 분석하고 싶다. 다음의 질문에 답하시오.

(1) $X^\top X$, $X^\top \mathbf{y}$, $\mathbf{y}^\top \mathbf{y}$와 $(X^\top X)^{-1}$을 구하시오.

(2) $\hat{\boldsymbol{\beta}} = (X^\top X)^{-1} X^\top \mathbf{y}$ 를 구하고, 적합된 회귀직선을 써 보시오.

(3) σ^2을 MSE로 추정할 경우, $\hat{\boldsymbol{\beta}}$의 분산-공분산행렬의 추정은

$$\widehat{\mathrm{Var}}(\hat{\boldsymbol{\beta}}) = (X^\top X)^{-1}(MSE)$$

이다. 먼저 분산분석하여 MSE를 구하고 $\widehat{\mathrm{Var}}(\hat{\boldsymbol{\beta}})$을 구하시오.

(4) 분산분석표를 작성하여 유의수준 $\alpha = 0.05$에서 F-검정을 하시오.

(5) 결정계수를 구하시오.

6.2 어떤 공정에서 나오는 제품의 강도(kg/cm^2)가 그 공정의 온도와 압력에 어떠한 영향을 받는가를 조사하기 위하여 다음의 데이터를 얻었다.

공정온도 x_1 (단위 : °C)	공정압력 x_2 (단위 : psi)	강도 y (단위 : kg/cm^2)
195	57	081.4
179	61	122.2
205	60	101.7
204	62	175.6
201	61	150.3
184	54	064.8
210	58	092.1
209	61	113.8

(1) 선형회귀모형, $y_i = \beta_0 + \beta_1 x_{i1} + \beta_2 x_{i2} + \epsilon_i$가 성립된다고 가정하고 데이터로부터 회귀모형을 추정하시오.

(2) 오차분산이 $\sigma^2 = 3$이라 하면, $\mathrm{Var}(\hat{\beta}_0)$, $\mathrm{Var}(\hat{\beta}_1)$, $\mathrm{Var}(\hat{\beta}_2)$와 $\mathrm{Cov}(\hat{\beta}_1, \hat{\beta}_2)$는 무엇인가?

(3) $x_1 = 200$ °C이고 $x_2 = 59psi$에서 평균 제품의 강도의 추정값 $\hat{y}$ 는 얼마인가? 이의 분산을 $\sigma^2 = 3$이라 가정하고 구하시오.

(4) 추정된 회귀계수 $\hat{\beta}_1$, $\hat{\beta}_2$의 의미는 무엇인가?

(5) 분산분석표를 작성하고 $\alpha = 0.05$로 F-검정을 행하시오.

(6) 결정계수 R^2을 구하시오.

(7) σ^2의 추정값 MSE를 구하시오.

(8) MSR의 기대값을 σ^2과 β_0, β_1, β_2의 함수로 표시하시오.

6.3 어떤 공장에서 물의 소비량을 조사하기 위하여 매달의 물소비량(y), 평균온도(x_1), 작업일수(x_2)와 작업량(x_3)에 관한 데이터를 얻었다.

물소비량 y (단위 : 1,000 톤)	평균온도 x_1 (단위 : °C)	작업일수 x_2 (단위 : 일)	작업량 x_3 (단위 : 1,000 톤)
2.8	10	27	64
3.9	24	26	72
3.9	25	28	80
4.4	28	26	88
3.1	15	30	81
3.1	18	24	45
3.5	22	27	46
3.6	22	25	69
3.0	12	27	54
3.3	15	25	39

(1) 데이터로부터 회귀모형, $\hat{y} = \hat{\beta}_0 + \hat{\beta}_1 x_1 + \hat{\beta}_2 x_2 + \hat{\beta}_3 x_3$을 구하시오. 그리고 이 모형이 선택된 이유에 대하여 토의하시오.

(2) $\hat{\beta}_1$, $\hat{\beta}_2$와 $\hat{\beta}_3$의 의미는 무엇인가?

(3) $\text{Var}(\hat{\beta}_3)$을 구하시오. σ^2을 MSE로 추정하면 $\widehat{\text{Var}}(\hat{\beta}_3)$은 무엇인가?

(4) 분산분석표를 작성하고, 결정계수 R^2을 구하시오.

(5) $x_1 = 20$, $x_2 = 27$, $x_3 = 60$에서 평균 물소비량을 추정하시오. 이 추정된 소비량의 표준편차의 추정값을 구하시오.

(6) $x_1 = 20$, $x_2 = 27$, $x_3 = 60$에서 어느 한 달의 물소비량 y_s를 예측하여라. 이 예측된 물소비량의 표준편차의 추정값을 구하시오.

(7) $y_i = \beta_0 + \beta_1 x_{i1} + \beta_2 x_{i2} + \epsilon_i$라 가정하고 회귀제곱합 SSR의 기대값을 σ^2과 $\beta_j (j = 0, 1, 2, 3)$의 함수로 표시하시오.

6.4 앞의 **6.3**의 데이터에 대하여 물소비량(y)을 두 개만의 설명변수로 회귀모형을 만들려고 한다. x_1, x_2와 x_3을 차례로 빼고 다음과 같이 선형회귀모형을 적합하시오.

(1) $\hat{y} = \hat{\beta}_0 + \hat{\beta}_1 x_1 + \hat{\beta}_2 x_2$

(2) $\hat{y} = \hat{\beta}_0 + \hat{\beta}_1 x_1 + \hat{\beta}_3 x_3$

(3) $\hat{y} = \hat{\beta}_0 + \hat{\beta}_2 x_2 + \hat{\beta}_3 x_3$

위의 각 모형에 대하여 R^2을 구하고 R^2을 가장 크게 하는 모형을 선택하시오.

6.5 앞의 **6.3**의 데이터에 대하여 절편이 없는 회귀모형 $\hat{y} = \hat{\beta}_1 x_1 + \hat{\beta}_2 x_2 + \hat{\beta}_3 x_3$을 적합시키고 다음 물음에 답하시오.

(1) 분산분석표를 작성하고 $\alpha = 0.05$로 F-검정을 하시오.

(2) 결정계수를 구하시오. 이 결정계수는 충분히 크다고 할 수 있는가?

(3) 회귀모형, $\hat{y} = \hat{\beta}_1 x_1 + \hat{\beta}_2 x_2 + \hat{\beta}_3 x_3$과 같이 절편 없는 회귀모형을 이 물소비량 조사 문제에 적용하는 것이 타당한지 논하시오.

6.6 만약 $n \times 1$ 벡터 $\mathbf{y}$가 $N(\mathbf{0}_n, I_n)$의 분포를 한다면 다음의 이차형식은 어떤 분포를 하는가? X는 $n \times (p+1)$행렬이다.

(1) $\mathbf{y}^\top X(X^\top X)^{-1} X^\top \mathbf{y}$

(2) $\mathbf{y}^\top [I_n - X(X^\top X)^{-1} X^\top] \mathbf{y}$

6.7 중회귀모형, $\mathbf{y} = X\boldsymbol{\beta} + \epsilon$, $\epsilon \sim N(\mathbf{0}_n, I_n)$이 성립한다면 다음의 이차형식은 어떤 분포를 하는가? X는 $n \times (p+1)$행렬이다.

(1) $\mathbf{y}^\top X(X^\top X)^{-1} X^\top \mathbf{y} = Q_1$

(2) $\mathbf{y}^\top [I_n - X(X^\top X)^{-1} X^\top] \mathbf{y} = Q_2$

(3) Q_1 과 Q_2 가 독립적으로 분포하고 있음을 보이시오.

(4) $\dfrac{Q_1 / (p+1)}{Q_2 / (n-p-1)}$은 어떤 분포를 하는가?

6.8 만약 $y_i \sim N(\mu_i, \sigma_i^2)$, $i = 1, 2, \cdots, n$이 서로 독립이라 하자.

(1) $\sum_{i=1}^{n} \frac{1}{\sigma_i^2} (y_i - y^*)^2 \chi^2(n-1, \lambda)$임을 증명하고, 비중심도 λ를 구하시오. 여기서

$$y^* = \frac{\sum \left(\frac{y_i}{\sigma_i^2} \right)}{\sum \left(\frac{1}{\sigma_i^2} \right)}$$ 이다.

(2) 만약 $\mu_1 = \mu_2 = \cdots = \mu_n$이면 $\lambda = 0$임을 보이시오.

6.9 설명변수가 둘인 중회귀모형

$$y_i = \beta_0 + \beta_1(x_{i1} - \bar{x}_1) + \beta_2(x_{i2} - \bar{x}_2) + \epsilon_i$$
$$i = 1, 2, \cdots, n$$

에서 $\epsilon \sim N(\mathbf{0}_n, \sigma^2 I_n)$일 때에 β_1의 최소제곱추정량 $\hat{\beta}_1$의 분산이 다음과 같음을 보이시오.

$$\text{Var}(\hat{\beta}_1) = \frac{\sigma^2}{\sum_{i=1}^{n}(x_{i1} - \bar{x}_1)^2(1 - r^2)}$$

여기서 r은 설명변수 x_1과 x_2 간의 표본상관계수(sample coefficient of correlation)이다.

6.10 중회귀모형, $\mathbf{y} = X\boldsymbol{\beta} + \boldsymbol{\epsilon}, \boldsymbol{\epsilon} \sim N(\mathbf{0}_n, \sigma^2 I_n)$에서 X가 $n \times (p+1)$행렬이고 계수가 $p+1$이라면 적합된 모형 $\hat{\mathbf{y}} = X\hat{\boldsymbol{\beta}}$에 대하여

$$\sum_{i=1}^{n} \text{Var}(\hat{y}_i) = (p+1)\sigma^2$$

이 됨을 증명하시오.

6.11 중회귀모형, $\mathbf{y} = X\beta + \boldsymbol{\epsilon}, \boldsymbol{\epsilon} \sim N(\mathbf{0}_n, \sigma^2 I_n)$에서 X가 $n \times (p+1)$행렬이고 계수가 $p+1$이라 하자. $X\boldsymbol{\beta}$를

$$X\boldsymbol{\beta} = (X_1 \quad X_2)\begin{pmatrix} \boldsymbol{\beta}_1 \\ \boldsymbol{\beta}_2 \end{pmatrix}$$

와 같이 나누어 쓸 때 $\boldsymbol{\beta}_2$의 최소제곱추정량 $\hat{\boldsymbol{\beta}}_2$는 다음과 같음을 증명하여라.

$$\hat{\boldsymbol{\beta}}_2 = [X_2^\top X_2 - X_2^\top X_1(X_1^\top X_1)^{-1}X_1^\top X_2]^{-1}[X_2^\top \mathbf{y} - X_2^\top X_1(X_1^\top X_1)^{-1}X_1^\top \mathbf{y}]$$

또한 $\text{Var}(\hat{\beta}_2)$를 구하시오.

6.12 양의 정수(positive integer)인 k_1과 k_2에 대하여

$$\text{E}(y_i) = \beta_0 + \beta_1\cos(2\pi k_1 i/n) + \beta_2\sin(2\pi k_2 i/n), \quad i = 1, 2, \cdots, n$$

이 성립할 때에 β_0, β_1과 β_2의 최소제곱추정량을 구하시오.

6.13 만약

$$E(y_i) = \beta_0 + \beta_1(x_{i1} - \bar{x}_1) + \beta_2(x_{i2} - \bar{x}_2) \quad i = 1, 2, \cdots, n$$

인 경우에 β_0, β_1과 β_2의 최소제곱추정량이 다음과 같이 이단계절차(two-stage procedure)에 의하여 구해질 수 있음을 보이시오.(단, $\sum_{i=1}^{n}(x_{i1} - \bar{x}_1)(x_{i2} - \bar{x}_2) = 0$)

(1) 모형 $E(y_i) = \beta_0 + \beta_1(x_{i1} - \bar{x}_1)$를 적합하시오.

(2) 위의 (1)에서 얻어진 잔차(residuals)를 반응변수로 하고 $(x_{i2} - \bar{x}_2)$를 설명변수로 한 회귀모형을 적합하시오.

6.14 R 실습 **메이저 리그 야구선수 연봉 문제**(문제의 출처 : 참고문헌 (6.2)). Hitters 데이터는 다음과 같이 ISLR 패키지를 설치한 후 얻을 수 있다. 그런데 이 데이터에는 결측치가 존재하기 때문에 na.omit ( )함수를 사용하여 결측치를 제외하기로 한다. 실제 분석에 사용할 데이터는 263명의 야구선수에 대한 20가지의 기록으로 구성되어 있다.

```
> install.packages("ISLR")
> library(ISLR)
> Hitters←na.omit(Hitters)
> dim(Hitters)
[1] 263 20
```

다음 질문에 답하시오.

(1) 반응변수 Salary에 대하여 설명변수 AtBat, Hits, HmRun를 사용하여 중회귀 모형을 적합하고 분산분석표를 작성한 후 모형의 유의성을 유의수준 $\alpha = 0.01$에서 검정하여라. 변수의 자세한 내용은 다음과 같다.

- Salary : 1987년 계약 연봉 (단위: 1,000달러)
- AtBat : 1986년 타수
- Hits : 1986년 안타 수
- HmRun : 1986년 홈런 개수

(2) (1)에서 구한 회귀계수 추정량의 분산-공분산행렬을 추정하시오.

07 추정과 가설검정(I)

〈목 차〉

앞 장에서는 중회귀분석의 기초적인 내용을 검토하였는데, 이 장과 다음 장에 걸쳐 중회귀와 관련된 추정과 검정에 대하여 상세히 알아보도록 하자. 우리가 다루고 있는 중회귀모형은

$$y_i = \beta_0 + \sum_{j=1}^{p} \beta_j x_{ij} + \epsilon_i, \quad i = 1, 2, \cdots, n \tag{7.1}$$

으로 이를 행렬기호를 사용하여 표현하면

$$\mathbf{y} = X\boldsymbol{\beta} + \boldsymbol{\epsilon} \tag{7.2}$$

이 된다. 이때

$$\mathbf{y} = \begin{pmatrix} y_1 \\ y_2 \\ \vdots \\ \vdots \\ y_n \end{pmatrix}, \quad X = \begin{pmatrix} 1 & x_{11} & x_{12} & \dots & x_{1p} \\ 1 & x_{21} & x_{22} & \dots & x_{2p} \\ \vdots & \vdots & \vdots & & \vdots \\ \vdots & \vdots & \vdots & & \vdots \\ 1 & x_{n1} & x_{n2} & \dots & x_{np} \end{pmatrix}, \quad \boldsymbol{\beta} = \begin{pmatrix} \beta_0 \\ \beta_1 \\ \beta_2 \\ \vdots \\ \beta_p \end{pmatrix}, \quad \boldsymbol{\epsilon} = \begin{pmatrix} \epsilon_1 \\ \epsilon_2 \\ \vdots \\ \vdots \\ \epsilon_n \end{pmatrix} \tag{7.3}$$

이다. $\boldsymbol{\epsilon}$은 확률벡터(random vector)이고, $\boldsymbol{\beta}$는 미지의 모수(unknown parameters)이다. 행렬 X는 기지의 고정된 행렬(known fixed matrix)로서 p개의 설명변수에 대한 관측값이 모여 이루어진 $n\times(p+1)$행렬로 $n>p$이고 $r(X)=p+1$이다. 또, $X^\top X$행렬은 정칙(nonsingular)행렬로서 역행렬이 존재한다. 이와 같은 성질을 가진 모형을 완전계수의 중선형회귀모형(multiple linear regression model of full rank)이라 부르며, 간단히 중회귀모형하면 이 모형을 의미한다.

한편, 확률벡터 $\boldsymbol{\epsilon}$의 분포에 대한 가정으로 다음의 두 가지를 생각할 수 있다.

$$\text{가정 } A : \boldsymbol{\epsilon} \sim N(\mathbf{0}, \sigma^2 I_n)$$
$$\text{가정 } B : \mathrm{E}(\boldsymbol{\epsilon}) = \mathbf{0},\ \mathrm{Var}(\boldsymbol{\epsilon}) = \sigma^2 I_n$$

일반적으로 A를 가정하는 경우가 대부분이다. 그러나 정규성(normality) 가정이 적절하지 않은 경우도 있으므로, 이를 구별하여 생각해 보기로 한다. 모수의 점추정에서는 위의 두 가지 가정을 모두 검토하지만, 구간 추정과 가설검정에서는 가정 A의 경우만 다루기로 한다.

7.1 점추정

7.1.1 오차의 정규성을 가정하는 경우

오차항의 확률벡터 $\boldsymbol{\epsilon}$이 정규분포를 한다면 모수 $\beta_0, \beta_1, \beta_2, \cdots, \beta_p$와 σ^2의 추정에 있어서 최대가능도법(method of maximum likelihood)을 사용할 수 있다. 가능도함수는

$$\begin{aligned} f(\boldsymbol{\epsilon};\boldsymbol{\beta},\sigma^2) &= \frac{1}{(2\pi\sigma^2)^{n/2}}\exp(-\boldsymbol{\epsilon}^\top\boldsymbol{\epsilon}/2\sigma^2) \\ &= \frac{1}{(2\pi\sigma^2)^{n/2}}\exp\left[-\frac{(\mathbf{y}-X\boldsymbol{\beta})^\top(\mathbf{y}-X\boldsymbol{\beta})}{2\sigma^2}\right] \end{aligned} \tag{7.4}$$

이며, 여기에 log를 취하면

$$\log f(\boldsymbol{\epsilon};\boldsymbol{\beta},\sigma^2) = -\frac{n}{2}\log 2\pi - \frac{n}{2}\log\sigma^2 - \frac{1}{2\sigma^2}\ (\mathbf{y}-X\boldsymbol{\beta})^\top(\mathbf{y}-X\boldsymbol{\beta})$$

이 된다. 이것을 $\boldsymbol{\beta}$와 σ^2에 대하여 편미분하여 각각 $\mathbf{0}_{p+1}$과 0으로 놓으면

$$\frac{\partial}{\partial\boldsymbol{\beta}}\left[\log f(\boldsymbol{\epsilon};\boldsymbol{\beta},\sigma^2)\right] = \frac{1}{\sigma^2}(X^\top\mathbf{y} - X^\top X\boldsymbol{\beta}) = \mathbf{0}_{p+1}$$
$$\frac{\partial}{\partial\sigma^2}\left[\log f(\boldsymbol{\epsilon};\boldsymbol{\beta},\sigma^2)\right] = -\frac{n}{2\sigma^2} + \frac{(\mathbf{y}-X\boldsymbol{\beta})^\top(\mathbf{y}-X\boldsymbol{\beta})}{2\sigma^4} = 0$$

만약 $\tilde{\boldsymbol{\beta}}$ 와 $\tilde{\sigma}^2$이 위의 방정식을 만족시켜 주는 해라면, 다음의 식이 성립한다.

$$X^\top X\tilde{\boldsymbol{\beta}} = X^\top\mathbf{y} \tag{7.5}$$
$$\tilde{\sigma}^2 = \frac{1}{n}(\mathbf{y}-X\tilde{\boldsymbol{\beta}})^\top(\mathbf{y}-X\tilde{\boldsymbol{\beta}}) \tag{7.6}$$

식 (7.5)의 행렬방정식을 정규방정식(normal equations)이라 부르며, $X^\top X$행렬이 정칙이므로

$$\tilde{\boldsymbol{\beta}} = \begin{pmatrix} \tilde{\beta}_0 \\ \tilde{\beta}_1 \\ \vdots \\ \tilde{\beta}_k \end{pmatrix} = (X^\top X)^{-1} X^\top \mathbf{y}$$

가 된다. 그런데, 최대가능도법에 의한 $\boldsymbol{\beta}$의 추정량 $\tilde{\boldsymbol{\beta}}$는 (6.21)의 최소제곱추정량 $\hat{\boldsymbol{\beta}}$와 일치하며, 또한 식 (6.40)에서 본 바와 같이 불편(unbiased) 추정량이다.

다음으로 식 (7.6)의 σ^2의 최대가능도추정량 $\tilde{\sigma}^2$ 을 보자. $\tilde{\sigma}^2$ 의 기대값을 구해 보면

$$\begin{aligned} \mathrm{E}(\tilde{\sigma}^2) &= \frac{1}{n}\mathrm{E}\left[(\mathbf{y} - X\tilde{\boldsymbol{\beta}})^\top(\mathbf{y} - X\tilde{\boldsymbol{\beta}})\right] \\ &= \frac{1}{n}\mathrm{E}\left[(\mathbf{y} - X\hat{\boldsymbol{\beta}})^\top(\mathbf{y} - X\hat{\boldsymbol{\beta}})\right] \\ &= \frac{1}{n}\mathrm{E}(SSE) \end{aligned}$$

그런데, 식 (6.33)에서 $\mathrm{E}(SSE) = (n - p - 1)\sigma^2$이므로,

$$\mathrm{E}(\tilde{\sigma}^2) = \frac{n - p - 1}{n}\sigma^2$$

이다. 따라서, $\tilde{\sigma}^2$은 편의(biased) 추정량이며, 불편성을 만족하기 위해서는 추정량

$$\begin{aligned} \hat{\sigma}^2 &= \frac{n}{n - p - 1}\tilde{\sigma}^2 \qquad (7.7) \\ &= \frac{1}{n - p - 1}(\mathbf{y} - X\tilde{\boldsymbol{\beta}})^\top(\mathbf{y} - X\tilde{\boldsymbol{\beta}}) \end{aligned}$$

을 사용하여야 하고, 이는 바로

$$\hat{\sigma}^2 = \frac{1}{n - p - 1}(SSE) = MSE$$

가 된다.

7.1.2 오차의 정규성을 가정하지 않는 경우

확률벡터 $\boldsymbol{\epsilon}$의 평균과 분산만이 알려져 있고, 확률분포를 모르는 경우에는 최대가능도법을 사용할 수 없으며, 이 경우에는 최소제곱법(method of least squares)이 널리 사용된다. 앞장에서도 간단히 언급한 바와 같이 오차제곱합

$$\sum_{i=1}^{n} \epsilon_i^2 = \boldsymbol{\epsilon}^\top \boldsymbol{\epsilon} = (\mathbf{y} - X\boldsymbol{\beta})^\top (\mathbf{y} - X\boldsymbol{\beta})$$
$$= \mathbf{y}^\top \mathbf{y} - 2\boldsymbol{\beta}^\top X^\top \mathbf{y} + \boldsymbol{\beta}^\top X^\top X\boldsymbol{\beta}$$

를 $\boldsymbol{\beta}$로 미분하여 $\mathbf{0}_{p+1}$으로 놓으면

$$\frac{\partial(\boldsymbol{\epsilon}^\top \boldsymbol{\epsilon})}{\partial \boldsymbol{\beta}} = 2(X^\top \mathbf{y} - X^\top X\boldsymbol{\beta}) = \mathbf{0}_{p+1}$$

이 되며, 이를 만족시켜 주는 $\boldsymbol{\beta}$의 값을 $\hat{\boldsymbol{\beta}}$로 하면 최소제곱추정량 $\hat{\boldsymbol{\beta}} = (X^\top X)^{-1} X^\top \mathbf{y}$ 를 얻게 된다. 최소제곱추정량 $\hat{\boldsymbol{\beta}}$에 바탕을 둔 σ^2의 불편추정량은

$$\hat{\sigma}^2 = \frac{1}{n-p-1}(\mathbf{y} - X\hat{\boldsymbol{\beta}})^\top (\mathbf{y} - X\hat{\boldsymbol{\beta}})$$

이 되고, 이를 MSE로 표현하였다. 단순회귀(식 (4.3))에서는 이를 $s_{y \cdot x}^2$으로 표시하기도 하였다.

다음으로 최소제곱추정량 $\hat{\boldsymbol{\beta}} = (X^\top X)^{-1} X^\top \mathbf{y}$의 특수한 성질을 Gauss-Markov 정리에 의하여 알아보자.

(정리 7.1) 가우스-마코프(Gauss-Markov) 정리

중회귀모형

$$\mathbf{y} = X\boldsymbol{\beta} + \boldsymbol{\epsilon}$$

에서 $\mathrm{E}(\boldsymbol{\epsilon}) = \mathbf{0}_n$, $\mathrm{Var}(\boldsymbol{\epsilon}) = \sigma^2 I_n$이고 설명변수행렬 X가 완전계수(full rank)를 가진다면 $\boldsymbol{\beta}$의 최소분산 선형 불편추정량(minimum-variance linear unbiased estimator)은 $\hat{\boldsymbol{\beta}} = (X^\top X)^{-1} X^\top \mathbf{y}$이다.

(증명)

이 정리의 내용은 $\boldsymbol{\beta}$의 모든 선형(linear)이고 불편(unbiased)인 추정량 중에서, 최소분산(minimum-variance)을 갖는 추정량이 $\hat{\boldsymbol{\beta}} = (X^\top X)^{-1} X^\top \mathbf{y}$ 라는 뜻이다. 선형이란 y_i들의 선형함수(linear function of the y_i)란 의미이므로 임의의 $(p+1) \times n$ 행렬 A에 대하여 일반적인 $\mathbf{y}$의 선형함수

$$\boldsymbol{\beta}^* = A\mathbf{y}$$

를 고려하여 보자. 여기서 행렬 A가 어떤 형태를 취할 때 $\boldsymbol{\beta}^*$가 불편 추정량이며, 최소분산을 갖는가를 보이고자 한다. 먼저 $A = (X^\top X)^{-1} X^\top + B$라 놓을 수 있으므로,

$$\mathrm{E}(\boldsymbol{\beta}^*) = \mathrm{E}(A\mathbf{y}) = \mathrm{E}\left[(X^\top X)^{-1} X^\top \mathbf{y} + B\mathbf{y}\right]$$
$$= (X^\top X)^{-1} X^\top X\boldsymbol{\beta} + BX\boldsymbol{\beta}$$
$$= \boldsymbol{\beta} + BX\boldsymbol{\beta}$$

가 된다. 그런데, 불편성을 갖기 위해서는 $\mathrm{E}(\boldsymbol{\beta}^*) = \boldsymbol{\beta}$이어야 하므로, 모든 $\boldsymbol{\beta}$에 대하여 $BX\boldsymbol{\beta} = \mathbf{0}_{p+1}$이며, 이것은 $BX = O_{p+1}$를 의미한다.

다음으로, 최소분산을 갖기 위해서는 $BX = O_{p+1}$라는 조건을 만족시키는 행렬 B 중에서 $\mathrm{Var}(\beta_j^*)$, $j = 0, 1, 2, \cdots, p$를 최소로 하는 행렬 B를 구해야 한다. 여기에서 $\boldsymbol{\beta}^* = (\beta_0^*, \beta_1^*, \cdots, \beta_p^*)^\top$이다. $\boldsymbol{\beta}^*$의 분산-공분산 행렬은 $BX = O_{p+1}$이므로

$$\begin{aligned}\mathrm{Var}(\boldsymbol{\beta}^*) &= \mathrm{Var}(A\mathbf{y}) = \mathrm{Var}\left[(X^\top X)^{-1}X^\top + B\right]\mathbf{y} \\ &= \left[(X^\top X)^{-1}X^\top + B\right]\mathrm{Var}(\mathbf{y})\left[(X^\top X)^{-1}X^\top + B\right]^\top \\ &= \left[(X^\top X)^{-1}X^\top + B\right](\sigma^2 I_n)\left[(X^\top X)^{-1}X^\top + B\right]^\top \\ &= \sigma^2\left[(X^\top X)^{-1} + BB^\top\right]\end{aligned}$$

여기에서 $BB^\top = G = (g_{ij})$라 하자. $\mathrm{Var}(\boldsymbol{\beta}^*)$의 대각선상의 원소(diagonal elements)들이 $\mathrm{Var}(\beta_j^*)$ 들이므로 $\mathrm{Var}(\beta_j^*)$를 최소로 하기 위하여서는 대각선상의 원소들이 최소로 되어야 할 것이다. 그런데, $G = BB^\top$은 양반정치(positive semi-definite) 행렬이므로 $\mathrm{Var}(\boldsymbol{\beta}^*)$의 대각선상의 원소들이 최소로 되기 위하여 $g_{jj} = 0$, $j = 0, 1, \cdots, p+1$이 되어야 한다.

그런데, $B = (b_{ij})$라 표시하면 $g_{jj} = \sum_{i=1}^{n} b_{ji}^2$이며, 모든 j에 대하여 $g_{jj} = 0$이 되기 위해서는 모든 i와 j에 대하여 $b_{ij} = 0$이 되어야 한다. 이것은 $B = O_{(p+1)\times n}$을 의미한다. 이 조건은 또한 $BX = O_{p+1}$을 만족한다. 따라서, 선형이고 불편성을 갖는 최소분산을 주는 행렬 A는 $A = (X^\top X)^{-1}X^\top$가 된다.

가우스-마코프(Gauss-Markov) 정리는 회귀분석에서 매우 중요한 정리이므로, 잘 기억해 두기 바란다. 한편, 최소분산이란 용어 대신에 최량(best)이라는 표현을 흔히 사용하여 $\boldsymbol{\beta}$의 최소분산 선형 불편추정량 $\hat{\boldsymbol{\beta}} = (X^\top X)^{-1}X^\top\mathbf{y}$를 '최량 선형 불편추정량'(best linear unbiased estimator:BLUE)이라 부르기도 한다.

7.2 구간추정

중회귀모형을

$$y = \beta_0 + \sum_{j=1}^{p}\beta_j x_j + \epsilon, \quad \epsilon \sim N(0, \sigma^2) \tag{7.8}$$

으로 표현하면

$$\mathrm{E}(y \mid x_1, \cdots, x_p) = \beta_0 + \sum_{j=1}^{p}\beta_j x_j$$

이며, β_0, β_j와 $\mathrm{E}(y)$의 신뢰구간을 추정하는 문제를 알아보자. 먼저 주어진 설명변수의 값

$(x_1, x_2, \cdots, x_p)$에서 y의 기대값 $\mathrm{E}(y \mid x_1, \cdots, x_p)$에 대한 구간추정을 구해 보자. $\mathrm{E}(y \mid x_1, \cdots, x_p)$의 점추정량은 $\hat{y}$으로

$$\hat{y} = \hat{\beta}_0 + \sum_{j=1}^{p} \hat{\beta}_j x_j = (1, x_1, x_2, \cdots, x_p) \begin{pmatrix} \hat{\beta}_0 \\ \hat{\beta}_1 \\ \hat{\beta}_2 \\ \vdots \\ \hat{\beta}_p \end{pmatrix} = \mathbf{x}^\top \hat{\boldsymbol{\beta}}$$

라고 표현하며, 이의 분산은 식 (6.48)에서

$$\mathrm{Var}(\hat{y}) = \mathbf{x}^\top (X^\top X)^{-1} \mathbf{x} \sigma^2$$

으로 얻어진다. 따라서, σ^2이 알려진 경우에는 $\mathrm{E}(y \mid x_1, \cdots, x_p)$의 $100(1-\alpha)\%$의 신뢰구간은

$$\hat{y} \pm z_{\alpha/2} \sqrt{\mathbf{x}^\top (X^\top X)^{-1} \mathbf{x} \sigma^2} \tag{7.9}$$

이 되며, σ^2을 모르는 경우에는 MSE로 추정하여 대입하여

$$\hat{y} \pm t_{\alpha/2}(n-p-1) \sqrt{\mathbf{x}^\top (X^\top X)^{-1} \mathbf{x} \cdot MSE} \tag{7.10}$$

가 된다. 여기서 $n-p-1$은 분산분석에서 잔차항의 자유도이다.

다음으로 주어진 $(x_1, x_2, \cdots, x_p)$에서 하나의 y값 y_s에 대한 예측인 경우에는 식 (6.49)에서 본 바와 같이 $\mathrm{Var}(\hat{y}_s) = [1 + \mathbf{x}^\top (X^\top X)^{-1} \mathbf{x}]\sigma^2$이므로, 이에 대한 $100(1-\alpha)\%$ 신뢰구간은 σ^2이 알려진 경우와 모르는 경우로 나누어서 각각

$$\hat{y} \pm z_{\alpha/2} \sqrt{[1 + \mathbf{x}^\top (X^\top X)^{-1} \mathbf{x}]\sigma^2} \tag{7.11}$$

$$\hat{y} \pm t_{\alpha/2}(n-p-1) \sqrt{(1 + \mathbf{x}^\top (X^\top X)^{-1} \mathbf{x}) \cdot MSE} \tag{7.12}$$

가 된다.

다음으로 $\beta_j (j = 0, 1, 2, \cdots, p)$의 구간추정을 알아보자. 식 (6.41), (6.42)와 (6.43)으로부터 $\mathrm{Var}(\hat{\boldsymbol{\beta}}) = (X^\top X)^{-1}\sigma^2$이고 $\mathrm{Var}(\hat{\beta}_j) = c_{jj}\sigma^2 (j = 0, 1, 2, \cdots, p)$이며, c_{jj}는 $(X^\top X)^{-1}$의 $(j+1)$번째 대각선상의 값이다. 따라서, β_j의 $100(1-\alpha)\%$ 신뢰구간은

$$\hat{\beta}_j \pm z_{\alpha/2} \sqrt{c_{jj}\sigma^2} \tag{7.13}$$

이거나

$$\hat{\beta}_j \pm t_{\alpha/2}(n-p-1) \sqrt{c_{jj} MSE} \tag{7.14}$$

이다.

다음으로 β_j들의 선형함수인 임의의

$$\mathbf{q}^\top \boldsymbol{\beta} = (q_0, q_1, q_2, \cdots, q_p)\begin{pmatrix}\beta_0\\ \beta_1\\ \beta_2\\ \vdots\\ \beta_p\end{pmatrix} = q_0\beta_0 + q_1\beta_1 + \cdots + q_p\beta_p$$

에 대한 신뢰구간을 알아보자. $\mathbf{q}^\top\boldsymbol{\beta}$의 불편추정량은 $\mathbf{q}^\top\hat{\boldsymbol{\beta}}$이며, 이의 분산은

$$\begin{aligned}\mathrm{Var}(\mathbf{q}^\top\hat{\boldsymbol{\beta}}) &= \mathbf{q}^\top \mathrm{Var}(\hat{\boldsymbol{\beta}})\mathbf{q} \\ &= \mathbf{q}^\top(X^\top X)^{-1}\mathbf{q}\sigma^2\end{aligned} \tag{7.15}$$

이므로, $\mathbf{q}^\top\boldsymbol{\beta}$의 $100(1-\alpha)\%$신뢰구간은

$$\mathbf{q}^\top\hat{\boldsymbol{\beta}} \pm z_{\alpha/2}\sqrt{\mathbf{q}^\top(X^\top X)^{-1}\mathbf{q}\sigma^2} \tag{7.16}$$

이거나

$$\mathbf{q}^\top\hat{\boldsymbol{\beta}} \pm t_{\alpha/2}(n-p-1)\sqrt{\mathbf{q}^\top(X^\top X)^{-1}\mathbf{q}\cdot MSE} \tag{7.17}$$

가 됨을 쉽게 알 수 있다. 예를 들어, $\beta_1 - \beta_2$의 신뢰구간을 구하고 싶다하자. 그러면, $\mathbf{q}^\top = (0, 1, -1, 0, 0, \cdots, 0)$이 되며

$$\mathbf{q}^\top(X^\top X)^{-1}\mathbf{q} = c_{11} + c_{22} - 2c_{12}$$

가 되므로, σ^2이 모르는 경우의 구간추정은

$$(\hat{\beta}_1 - \hat{\beta}_2) \pm t_{\alpha/2}(n-p-1)\sqrt{(c_{11}+c_{22}-2c_{12})\cdot MSE}$$

가 될 것이다.

7.3 가설검정

지금까지 $\mathrm{E}(y \mid x_1, \cdots, x_p)$, β_j, $\mathbf{q}^\top\boldsymbol{\beta}$에 관한 구간추정을 살펴 보았는데, 여기에서는 이들의 가설검정을 다루어 보기로 한다. 먼저 다음의 가설을 고려해 보자.

$$\begin{aligned}&H_0 : \mathrm{E}(y \mid x_1, \cdots, x_p) = \eta \\ &H_0 : \mathrm{E}(y \mid x_1, \cdots, x_p) \neq \eta\end{aligned}$$

주어진 $(x_1, x_2, \cdots, x_p)$에서 $\mathrm{E}(y \mid x_1, \cdots, x_p)$의 추정량은 $\hat{y} = \mathbf{x}^\top\hat{\boldsymbol{\beta}}$ 이며 $\mathrm{Var}(\hat{y}) = \mathbf{x}^\top(X^\top X)^{-1}\mathbf{x}\sigma^2$이므로 귀무가설하에서 검정 통계량은 표준 정규분포를 따른다.

$$Z_0 = \frac{\hat{y} - \mathrm{E}(y \mid x_1, \cdots, x_p)}{\sqrt{\mathrm{Var}(\hat{y})}} = \frac{\hat{y} - \mathrm{E}(y \mid x_1, \cdots, x_p)}{\sqrt{\mathbf{x}^\top(X^\top X)^{-1}\mathbf{x}\sigma^2}} \sim N(0, 1) \tag{7.18}$$

σ^2이 미지인 경우에는 Var($\hat{y}$)을 추정하여 $\widehat{\text{Var}}(\hat{y}) = \mathbf{x}^\top (X^\top X)^{-1}\mathbf{x} \cdot MSE$ 로 놓으면 검정통계량은 자유도 $(n-p-1)$인 t-분포를 따른다.

$$t_0 = \frac{\hat{y} - \text{E}(y \mid x_1, \cdots, x_p)}{\sqrt{\text{Var}(\hat{y})}} = \frac{\hat{y} - \text{E}(y \mid x_1, \cdots, x_p)}{\sqrt{\mathbf{x}^\top (X^\top X)^{-1}\mathbf{x} \cdot MSE}} \sim t(n-p-1) \qquad (7.19)$$

자세한 검정절차는 다음과 같다.

(순서 1) 검정통계량의 관측값 z_0 또는 t_0를 식 (7.18) 또는 (7.19)에 의하여 구한다.

(순서 2) 유의수준 α를 정하고, 부록의 표준정규분포표와 t-분포표로부터 기각치 $z_{\alpha/2}$ 또는 $t_{\alpha/2}(n-p-1)$를 구한다.

(순서 3) σ^2이 기지인 경우는 $|z_0| > z_{\alpha/2}$이면 귀무가설을 기각하고, 아니면 귀무가설을 채택한다. σ^2이 미지인 경우는 $|t_0| > t_{\alpha/2}(n-p-1)$이면 귀무가설을 기각하고 아니면 채택한다.

이제 β_j와 이들의 선형조합 $\mathbf{q}^\top\boldsymbol{\beta}$의 가설검정도 위와 같은 절차처럼 할 수 있다. 각 가설과 검정통계량을 정리하면 [표 7.1]과 같다.

표 7.1 **가설검정**

가설(hypothesis)	검정통계량(test statistic)	
	σ^2이 기지인 경우	σ^2이 미지인 경우
$H_0 : \beta_j = \beta_{j0}$ $H_1 : \beta_j \neq \beta_{j0}$	$z_0 = \dfrac{\hat{\beta}_j - \beta_{i0}}{\sqrt{c_{jj}\sigma^2}}$	$t_0 = \dfrac{\hat{\beta}_j - \beta_{j0}}{\sqrt{c_{jj} \cdot MSE}}$
$H_0 : \mathbf{q}^\top\boldsymbol{\beta} = c$ $H_1 : \mathbf{q}^\top\boldsymbol{\beta} \neq c$	$z_0 = \dfrac{\mathbf{q}^\top\hat{\boldsymbol{\beta}} - c}{\sqrt{\mathbf{q}^\top(X^\top X)^{-1}\mathbf{q}\sigma^2}}$	$t_0 = \dfrac{\mathbf{q}^\top\hat{\boldsymbol{\beta}} - c}{\sqrt{\mathbf{q}^\top(X^\top X)^{-1}\mathbf{q} \cdot MSE}}$

예 7.1

[표 6.1]에 있는 데이터에 대하여 중회귀모형, $y = \beta_0 + \beta_1 x_1 + \beta_2 x_2 + \epsilon,\ \epsilon \sim N(0, \sigma^2)$이 적절하다고 판단하고 이를 적합시켰을 때 다음의 질문에 답하시오.

(1) $x_1 = 10,\ x_2 = 10$에서 $\text{E}(y \mid x_1, x_2)$를 95% 신뢰구간으로 추정하시오.

(2) $x_1 = 10,\ x_2 = 10$에서 $\text{E}(y \mid x_1, x_2) = 25$인가를 유의수준 $\alpha = 0.05$로 가설검정하시오.

(3) $\beta_1 = \beta_2$인가를 유의수준 $\alpha = 0.05$로 가설검정하시오.

풀이

(1) 앞장에서 추정한 회귀모형은

$$\begin{aligned}\hat{y} &= \hat{\beta}_0 + \hat{\beta}_1 x_1 + \hat{\beta}_2 x_2 \\ &= -0.651 + 1.551 x_1 + 0.760 x_2\end{aligned}$$

이며, $x_1 = x_2 = 10$에서 $\hat{y}$은

$$\hat{y} = -0.651 + (1.551)(10) + (0.760)(10) = 22.459$$

이다. 한편

$$\begin{aligned}\mathrm{Var}(\hat{y}) &= \mathbf{x}^\top (X^\top X)^{-1}\mathbf{x}\sigma^2 \\ &= (1,\ 10,\ 10)\begin{pmatrix} 1.62902 & -0.26385 & 0.06464 \\ -0.26385 & 0.08047 & -0.04222 \\ 0.06464 & -0.04222 & 0.03034 \end{pmatrix}\begin{pmatrix} 1 \\ 10 \\ 10 \end{pmatrix}\sigma^2 \\ &= 0.28182\sigma^2\end{aligned}$$

이며, [표 6.3]으로부터 $\hat{\sigma}^2 = MSE = 5.18$이므로 95% $\mathrm{E}(y|\ x_1,\ x_2)$의 신뢰구간은

$$\begin{aligned}&\hat{y} \pm t_{\alpha/2}(n-p-1)\sqrt{\mathbf{x}^\top (X^\top X)^{-1}\mathbf{x} \cdot MSE} \\ &\quad \Rightarrow \hat{y} \pm t_{0.025}(7)\sqrt{(0.28182)(5.18)} \\ &\quad \Rightarrow 22.459 \pm (2.36)\sqrt{1.46} \\ &\quad \Rightarrow 22.459 \pm 2.852 \\ &\quad \Rightarrow (19.607,\ 25.311)\end{aligned}$$

이 된다.

(2) $H_0: E(y|\ x_1,\ x_2) = 25, \quad H_1: E(y|\ x_1,\ x_2) \neq 25$

귀무가설하에서 검정통계량의 관측값은

$$t_0 = \frac{\hat{y} - 25}{\sqrt{\mathbf{x}^\top (X^\top X)^{-1}\mathbf{x} \cdot MSE}} = \frac{22.459 - 25}{\sqrt{1.46}} = -2.103$$

으로 $t_{\alpha/2}(n-p-1) = t_{0.025}(7) = 2.36$이므로 $|t_0| < 2.36$이다. 따라서 유의수준 5%에서 귀무가설을 기각할 수 없다.

(3) $\beta_1 = \beta_2$를 $\mathbf{q}^\top \boldsymbol{\beta} = c$의 형태로 바꾸면 $\mathbf{q}^\top = (0,\ 1,\ -1)$이고 $c = 0$이므로 $\mathbf{q}^\top \boldsymbol{\beta} = \beta_1 - \beta_2 = 0$이 된다. 따라서 가설은

$$H_0: \beta_1 - \beta_2 = 0$$
$$H_1: \beta_1 - \beta_2 \neq 0$$

이고, 귀무가설하에서 검정통계량의 관측값은

$$t_0 = \frac{\hat{\beta}_1 - \hat{\beta}_2}{\sqrt{\mathbf{q}^\top (X^\top X)^{-1}\mathbf{q} \cdot MSE}} = \frac{\hat{\beta}_1 - \hat{\beta}_2}{\sqrt{(c_{11} + c_{22} - 2c_{12})MSE}}$$

이다. **예 6.2**의 결과에서 $c_{11} = 0.08047$, $c_{22} = 0.03034$, $c_{12} = -0.04222$이며 또 $MSE = 5.18$ 이므로

$$t_0 = \frac{(1.551 - 0.760)}{\sqrt{[0.08047 + 0.03034 - 2(-0.04222)](5.18)}} = \frac{0.791}{\sqrt{1.0114}} = 0.787$$

가 되어, $|t_0| < t_{0.025}(7) = 2.36$이므로 귀무가설을 기각할 수 없다.

7.4 가설 $C\boldsymbol{\beta} = \mathbf{m}$의 검정

앞에서는 $\mathbf{q}^\top\boldsymbol{\beta} = c$처럼 β_j들의 선형조합(linear combination)에 대한 가설검정을 보았는데, 이 절에서는 k개의 선형조합, $\mathbf{q}_i^\top\boldsymbol{\beta} = c_i$, $i = 1, 2, \cdots, k$가 동시에 성립하는가를 검정하는 문제를 살펴보자. 여기서

$$C = \begin{pmatrix} \mathbf{q}_1^\top \\ \mathbf{q}_2^\top \\ \vdots \\ \mathbf{q}_k^\top \end{pmatrix}, \quad \mathbf{m} = \begin{pmatrix} c_1 \\ c_2 \\ \vdots \\ c_k \end{pmatrix} \tag{7.20}$$

라 놓으면 C는 $k \times (p+1)$행렬이고 $\mathbf{m}$은 $k \times 1$벡터가 되며, 가설은

$$\begin{aligned} H_0 &: C\beta = \mathbf{m} \\ H_1 &: C\beta \neq \mathbf{m} \end{aligned} \tag{7.21}$$

라 쓸 수 있을 것이다. 행렬 C의 계수(rank)는 k라고 가정한다. 즉, k개의 선형조합은 상호독립관계가 있다. 예를 들어 보기로 하자. 회귀선형모형이 $\mathrm{E}(y|\, x_1, x_2, x_3, x_4) = \beta_0 + \beta_1 x_1 + \beta_2 x_2 + \beta_3 x_3 + \beta_4 x_4$라 하자. 여기서 $\beta_1 - \beta_2 = 0$과 $\beta_3 - 2\beta_4 = 0$이 성립하는가를 검정하려고 한다. 그러면,

$$C\boldsymbol{\beta} = \begin{pmatrix} 0 & 1 & -1 & 0 & 0 \\ 0 & 0 & 0 & 1 & -2 \end{pmatrix} \begin{pmatrix} \beta_0 \\ \beta_1 \\ \beta_2 \\ \beta_3 \\ \beta_4 \end{pmatrix} = \begin{pmatrix} 0 \\ 0 \end{pmatrix} = \mathbf{m} \tag{7.22}$$

과 같은 형태가 된다. 만약, $\beta_1 = \beta_2 = \beta_3 = \beta_4$인가를 검정하고 싶다면,

$$C\boldsymbol{\beta} = \begin{pmatrix} 0 & 1 & -1 & 0 & 0 \\ 0 & 0 & 1 & -1 & 0 \\ 0 & 0 & 0 & 1 & -1 \end{pmatrix} \begin{pmatrix} \beta_0 \\ \beta_1 \\ \beta_2 \\ \beta_3 \\ \beta_4 \end{pmatrix} = \begin{pmatrix} 0 \\ 0 \\ 0 \end{pmatrix} = \mathbf{m} \tag{7.23}$$

이 될 것이다.

$C\boldsymbol{\beta} = \mathbf{m}$을 검정하는 방법을 두 가지로 나누어 생각할 수 있다. 첫 번째 방법은 제한조건 $C\boldsymbol{\beta} = \mathbf{m}$을 만족시키는 $\boldsymbol{\beta}$ 중에서 오차제곱합 $(\mathbf{y} - X\boldsymbol{\beta})^\top(\mathbf{y} - X\boldsymbol{\beta})$를 최소로 하는 $\boldsymbol{\beta}$를 구한 후 잔차제곱합 SSE가 제한조건이 없을 경우와 비교하여 어느 정도 증가하는가를 검토하는 절차이고, 두 번째 방법은 $C\boldsymbol{\beta} = \mathbf{m}$ 조건을 만족시키는 축소모형(reduced model)을 만들어 SSE가 어느 정도 증가하는가를 알아보는 방법이다. 이들 방법은 중회귀분석에서 매우 중요한 부분을 차지하므로 좀 더 자세히 알아보기로 하자.

7.4.1 방법 I

$C\boldsymbol{\beta} = \mathbf{m}$을 $\boldsymbol{\beta}$에 관한 제한조건(restriction)이라 간주하고, 이 조건을 만족시키는 $\tilde{\boldsymbol{\beta}}$ 중에서 오차제곱합 $(\mathbf{y} - X\tilde{\boldsymbol{\beta}})^\top(\mathbf{y} - X\tilde{\boldsymbol{\beta}})$를 최소로 하는 $\tilde{\boldsymbol{\beta}}$를 찾아 보자. 이를 다르게 표현하면

$$\min_{\tilde{\boldsymbol{\beta}}} (\mathbf{y} - X\tilde{\boldsymbol{\beta}})^\top(\mathbf{y} - X\tilde{\boldsymbol{\beta}}), \quad \text{단, } C\tilde{\boldsymbol{\beta}} = \mathbf{m} \tag{7.24}$$

이 된다. 식 (7.24)를 풀기 위하여 Lagrange 배수법(method of Lagrange multipliers)을 사용하기로 하자. 이 방법에 대한 자세한 이론적 배경은 참고문헌 (7.2), (7.6)과 (7.7)에 상세히 나타나 있다. 먼저 Lagrangian 함수를 세우면

$$L = (\mathbf{y} - X\tilde{\boldsymbol{\beta}})^\top(\mathbf{y} - X\tilde{\boldsymbol{\beta}}) + 2\boldsymbol{\theta}^\top(C\tilde{\boldsymbol{\beta}} - \mathbf{m}) \tag{7.25}$$

이 되며, $\boldsymbol{\theta}$는 Lagrange 배수로서 $k\times 1$벡터이다. 함수 L을 $\tilde{\boldsymbol{\beta}}$와 $\boldsymbol{\theta}$에 대하여 편미분하여 $\mathbf{0}$으로 놓으면

$$\frac{\partial L}{\partial \tilde{\boldsymbol{\beta}}} = 2(X^\top X\tilde{\boldsymbol{\beta}} + C^\top\boldsymbol{\theta} - X^\top\mathbf{y}) = \mathbf{0}_{p+1}$$
$$\frac{\partial L}{\partial \boldsymbol{\theta}} = 2(C\tilde{\boldsymbol{\beta}} - \mathbf{m}) = \mathbf{0}_k$$

이 되며, 이를 정리하여 다음과 같이 $\tilde{\boldsymbol{\beta}}$와 $\boldsymbol{\theta}$에 관한 연립방정식을 얻는다.

$$X^\top X\tilde{\boldsymbol{\beta}} + C^\top\boldsymbol{\theta} = X^\top\mathbf{y} \tag{7.26}$$
$$C\tilde{\boldsymbol{\beta}} = \mathbf{m} \tag{7.27}$$

식 (7.26)에서 $\tilde{\boldsymbol{\beta}} = (X^\top X)^{-1}(X^\top\mathbf{y} - C^\top\boldsymbol{\theta}) = \hat{\boldsymbol{\beta}} - (X^\top X)^{-1}C^\top\boldsymbol{\theta}$이며 이를 식 (7.27)에 대입시키면

$$C\tilde{\boldsymbol{\beta}} = C\left[\hat{\boldsymbol{\beta}} - (X^\top X)^{-1}C^\top\boldsymbol{\theta}\right] = C\hat{\boldsymbol{\beta}} - C(X^\top X)^{-1}C^\top\boldsymbol{\theta} = \mathbf{m}$$

따라서

$$\boldsymbol{\theta} = \left[C(X^\top X)C^\top\right]^{-1}(C\hat{\boldsymbol{\beta}} - \mathbf{m}) \tag{7.28}$$

가 된다. 이를 식 (7 26)에 대입하여 $\tilde{\boldsymbol{\beta}}$에 대하여 풀면

$$\tilde{\boldsymbol{\beta}} = \hat{\boldsymbol{\beta}} - (X^\top X)^{-1}C^\top\left[C(X^\top X)^{-1}C^\top\right]^{-1}(C\hat{\boldsymbol{\beta}} - \mathbf{m}) \qquad (7.29)$$
$$= \left\{I_{p+1} - (X^\top X)^{-1}C^\top\left[C(X^\top X)^{-1}C^\top\right]^{-1}C\right\}\hat{\boldsymbol{\beta}} + (X^\top X)^{-1}C^\top\left[C(X^\top X)^{-1}C^\top\right]^{-1}\mathbf{m}$$

으로 이것은 $C\tilde{\boldsymbol{\beta}} = \mathbf{m}$을 만족하면서 $(\mathbf{y} - X\tilde{\boldsymbol{\beta}})^\top(\mathbf{y} - X\tilde{\boldsymbol{\beta}})$ 를 최소로 하여 주는 $\tilde{\boldsymbol{\beta}}$의 값이 된다.

다음으로 $\boldsymbol{\beta}$가 $\tilde{\boldsymbol{\beta}}$를 취할 때 잔차제곱합 $SSE(\tilde{\boldsymbol{\beta}})$를 구해 보자.

$$SSE(\tilde{\boldsymbol{\beta}}) = (\mathbf{y} - X\tilde{\boldsymbol{\beta}})^\top(\mathbf{y} - X\tilde{\boldsymbol{\beta}}) \qquad (7.30)$$
$$= \left[\mathbf{y} - X\hat{\boldsymbol{\beta}} + X(\hat{\boldsymbol{\beta}} - \tilde{\boldsymbol{\beta}})\right]^\top\left[\mathbf{y} - X\hat{\boldsymbol{\beta}} + X(\hat{\boldsymbol{\beta}} - \tilde{\boldsymbol{\beta}})\right]$$
$$= (\mathbf{y} - X\hat{\boldsymbol{\beta}})^\top(\mathbf{y} - X\hat{\boldsymbol{\beta}}) + (\hat{\boldsymbol{\beta}} - \tilde{\boldsymbol{\beta}})^\top X^\top X(\hat{\boldsymbol{\beta}} - \tilde{\boldsymbol{\beta}}) + 2(\hat{\boldsymbol{\beta}} - \tilde{\boldsymbol{\beta}})^\top X^\top(\mathbf{y} - X\hat{\boldsymbol{\beta}})$$

그런데, 제한조건이 없는 경우의 정규방정식으로부터 $X^\top X\hat{\boldsymbol{\beta}} = X^\top\mathbf{y}$이므로 $X^\top(\mathbf{y} - X\hat{\boldsymbol{\beta}}) = \mathbf{0}_{p+1}$이 되며, 식 (7.30)의 세 번째 항은 0이다. 또한 $SSE = (\mathbf{y} - X\hat{\boldsymbol{\beta}})^\top(\mathbf{y} - X\hat{\boldsymbol{\beta}})$이며, 식 (7.29)에서 $\hat{\boldsymbol{\beta}} - \tilde{\boldsymbol{\beta}} = (X^\top X)^{-1}C^\top[C(X^\top X)^{-1}C]^{-1}(C\hat{\boldsymbol{\beta}} - \mathbf{m})$이므로, 이를 식 (7.30)에 대입하면

$$SSE(\tilde{\boldsymbol{\beta}}) = SSE + (C\hat{\boldsymbol{\beta}} - \mathbf{m})^\top\left[C(X^\top X)^{-1}C^\top\right]^{-1}(C\hat{\boldsymbol{\beta}} - \mathbf{m}) \qquad (7.31)$$

을 얻는다. $\boldsymbol{\beta}$에 제한조건을 가하여 얻은 것이 $SSE(\tilde{\boldsymbol{\beta}})$이므로 제한조건 없이 얻어진 SSE보다 $SSE(\tilde{\boldsymbol{\beta}})$가 크거나 또는 같거나 할 것이며, 그 차이를 Q로 놓으면

$$Q = SSE(\tilde{\boldsymbol{\beta}}) - SSE \qquad (7.32)$$
$$= (C\hat{\boldsymbol{\beta}} - \mathbf{m})^\top\left[C(X^\top X)^{-1}C^\top\right]^{-1}(C\hat{\boldsymbol{\beta}} - \mathbf{m})$$

이 된다. 이 Q에 대하여 알아보자.

중회귀모형 $\mathbf{y} = X\boldsymbol{\beta} + \boldsymbol{\epsilon},\ \boldsymbol{\epsilon} \sim N(\mathbf{0}, \sigma^2 I_n)$에서 출발하여 $\mathbf{y}, \hat{\boldsymbol{\beta}}$와 $C\hat{\boldsymbol{\beta}} - \mathbf{m}$은 다음의 확률분포를 한다.

$$\mathbf{y} \sim N(X\boldsymbol{\beta}, \sigma^2 I_n)$$
$$\hat{\boldsymbol{\beta}} \sim N(\boldsymbol{\beta}, \sigma^2(X^\top X)^{-1})$$
$$C\hat{\boldsymbol{\beta}} - \mathbf{m} \sim N(C\boldsymbol{\beta} - \mathbf{m}, C(X^\top X)^{-1}C^\top\sigma^2)$$

이때【정리5.3】을 이용하면

$$\frac{Q}{\sigma^2} = (C\hat{\boldsymbol{\beta}} - \mathbf{m})^\top\left[\sigma^2 C(X^\top X)^{-1}C^\top\right]^{-1}(C\hat{\boldsymbol{\beta}} - \mathbf{m})$$

은 비중심 χ^2-분포(noncentral χ^2-distribution)를 하며, 자유도는 $\left[C(X^\top X)^{-1}C^\top\right]^{-1}$의 행렬계수로서

$$r\left\{\left[C(X^\top X)^{-1}C^\top\right]^{-1}\right\} = r\left\{\left[C(X^\top X)^{-1}C^\top\right]\right\}$$
$$= r(C) = k$$

이며, 비중심모수(noncentrality parameter)는

$$\lambda = (C\boldsymbol{\beta} - \mathbf{m})^\top\left[C(X^\top X)^{-1}C^\top\right]^{-1}(C\boldsymbol{\beta} - \mathbf{m})/2\sigma^2$$

이 된다. 즉

$$\frac{Q}{\sigma^2} \sim \chi^2\left\{k, (C\boldsymbol{\beta} - \mathbf{m})^\top \left[C(X^\top X)^{-1}C^\top\right]^{-1}(C\boldsymbol{\beta} - \mathbf{m})/2\sigma^2\right\} \tag{7.33}$$

SSE의 분포는 식 (6.52)에서 이미 얻은 바와 같다.

$$\frac{SSE}{\sigma^2} \sim \chi^2(n - p - 1)$$

다음으로 Q와 SSE가 서로 독립적으로 분포하고 있는가를 알아보자.

$$\begin{aligned} SSE &= \mathbf{y}^\top\left[I_n - X(X^\top X)^{-1}X^\top\right]\mathbf{y} \\ Q &= (C\hat{\boldsymbol{\beta}} - \mathbf{m})^\top\left[C(X^\top X)^{-1}C^\top\right]^{-1}(C\hat{\boldsymbol{\beta}} - \mathbf{m}) \\ &= \mathbf{y}^\top X(X^\top X)^{-1}C^\top\left[C(X^\top X)^{-1}C^\top\right]^{-1}C(X^\top X)^{-1}X^\top\mathbf{y} \\ &\quad - 2\mathbf{m}^\top\left[C(X^\top X)^{-1}C^\top\right]^{-1}C(X^\top X)^{-1}X^\top\mathbf{y} \\ &\quad + \mathbf{m}^\top\left[C(X^\top X)^{-1}C^\top\right]^{-1}\mathbf{m} \end{aligned}$$

이며. $\left[I_n - X(X^\top X)^{-1}X^\top\right]X = O_{n\times(p+1)}$이므로 【정리5.5】와 【정리 5.6】을 이용하여 Q와 SSE가 독립적으로 분포하고 있음을 보일 수 있다. 따라서

$$F_0 = \frac{Q/(k\sigma^2)}{SSE/(n - p - 1)\sigma^2} = \frac{Q/k}{SSE/(n - p - 1)} \sim F(k, n - p - 1, \lambda) \tag{7.34}$$

이며, 비중심모수 λ는

$$\lambda = \frac{1}{2\sigma^2}(C\boldsymbol{\beta} - \mathbf{m})^\top\left[C(X^\top X)^{-1}C^\top\right]^{-1}(C\boldsymbol{\beta} - \mathbf{m})$$

이다. 이 λ의 값은 $H_0 : C\boldsymbol{\beta} = \mathbf{m}$이 성립되면 0이 되므로 귀무가설이 옳은 경우의 F_0의 분포는

$$F_0 = \frac{Q/k}{SSE/(n - p - 1)} = \frac{Q}{(k)(MSE)} \sim F(k, n - p - 1) \tag{7.35}$$

이 된다. 따라서, 유의수준 α에서 귀무가설의 검정은 기각치 $F_\alpha(k, n - p - 1)$를 구하여 만약, $F_0 > F_\alpha(k, n - p - 1)$이면 귀무가설을 기각하고, 아니면 귀무가설을 채택하게 된다.

7.4.2 방법 II

두 번째 방법으로, 귀무가설 $C\boldsymbol{\beta} - \mathbf{m}$으로부터 β_j 간의 종속관계를 반영하여 모수의 재조정(reparametrization)을 하고 축소모형을 만든다. 예를 들어서 식 (7.22)와 같이 귀무가설이 $\beta_1 = \beta_2$, $\beta_3 = 2\beta_4$이면 완전모형과 축소모형은 각각

$$y = \beta_0 + \beta_1 x_1 + \beta_2 x_2 + \beta_3 x_3 + \beta_4 x_4 + \epsilon \quad \text{(완전 모형)}$$
$$y = \beta_0 + \beta_1(x_1 + x_2) + \beta_3\left(x_3 + \frac{1}{2}x_4\right) + \epsilon \quad \text{(축소 모형)}$$

이 된다. 완전모형(full model)과 축소모형(reduced model)에서 얻어지는 잔차제곱합을 각

각 $SSE(F)$, $SSR(R)$이라 하면 이와 관련된 자유도는 각각 $df_F = n - p - 1$, $df_R = n - p - 1 + k$가 된다. $SSE(R)$은 $SSE(F)$보다 작지는 않을 것이며 그 차이인 $SSE(R) - SSE(F)$는 귀무가설이 맞는 경우에는 0에 가깝지만, 귀무가설이 맞지 않을수록 그 차이는 점점 커질 것이다.

다음의 검정통계량

$$F_0 = \frac{SSE(R) - SSE(F)}{df_R - df_F} \div \frac{SSE(F)}{df_F} = \frac{SSE(R) - SSE(F)}{k \cdot MSE} \tag{7.36}$$

를 만들면 귀무가설이 성립될 때 $F(k, n - p - 1)$의 분포를 하게 된다. 따라서 $F_0 > F_\alpha(k, n - p - 1)$이면 유의수준 α로 귀무가설을 기각하고, $F_0 \leq F_\alpha(k, n - p - 1)$이면 귀무가설을 채택하게 된다. 식 (7.36)의 검정통계량에서 분자는 실제로

$$SSE(R) - SSE(F) = Q$$

가 된다. 왜냐하면 $SSE(F) = SSE$이며 $SSE(R)$은 $C\boldsymbol{\beta} = \mathbf{m}$이 성립되도록 β_j들을 재조정한 후 얻어진 최소 잔차제곱합이므로 $SSE(R) = \min_{\tilde{\boldsymbol{\beta}}} (\mathbf{y} - X\tilde{\boldsymbol{\beta}})^\top (\mathbf{y} - X\tilde{\boldsymbol{\beta}})$, $C\tilde{\boldsymbol{\beta}} = \mathbf{m}$이라 표현되며, 이는 식 (7.24)로 부터 $SSE(\tilde{\boldsymbol{\beta}})$와 동일한 것이다. 따라서,

$$SSE(R) - SSE(F) = SSE(\tilde{\boldsymbol{\beta}}) - SSE = Q$$

가 성립한다. 결국, 식 (7.35)와 식 (7.36)의 검정통계량 F_0는 동일한 것이다. 단지 방법 I과 II의 차이점은 Q를 구하는 계산방법의 차이에 있다.

지금까지 절편이 있는 중회귀모형만을 대상으로 귀무가설 $C\boldsymbol{\beta} = \mathbf{m}$을 검정하였으나 절편이 없는 모형

$$y_i = \sum_{j=1}^{p} \beta_j x_{ij} + \epsilon_i, \quad \epsilon_i \sim N(0, \sigma^2), \quad i = 1, 2, \cdots, n$$

을 생각하여 보자. X는 $n \times p$행렬이며, C는 $k \times p$행렬이 되고, $\boldsymbol{\beta}$는 $p \times 1$, $\mathbf{m}$은 $k \times 1$벡터가 된다. 방법 I과 II의 모든 절차는 절편이 있는 경우와 동일하며, 자유도만 유의하면 된다. 식 (7.35)는

$$F_0 = \frac{Q/k}{SSE/(n - p)} = \frac{Q}{k \cdot MSE} \sim F(k, n - p) \tag{7.37}$$

이 되고, 식 (7.36)은

$$F_0 = \frac{SSE(R) - SSE(F)}{(n - p + k) - (n - p)} \div \frac{SSE(F)}{n - p} = \frac{SSE(R) - SSE(F)}{k \cdot MSE} \div \frac{Q}{k \cdot MSE} \sim F(k, n - p) \tag{7.38}$$

으로 F-검정의 기각치는 두 방법 모두 동일하게 $F_\alpha(k, n-p)$가 된다.

예 7.2

오른쪽 데이터에 절편 없는 중회귀모형, $y_i = \beta_1 x_{i1} + \beta_2 x_{i2} + \beta_3 x_{i3} + \epsilon_i$가 적절하다고 판단되어 이를 적합하였다. $H_0 : \beta_1 = \beta_2 + 4$임을 두 가지 방법을 모두 사용하여 가설검정하시오.

풀이

$$(X^\top X)^{-1} = \begin{pmatrix} 11 & 3 & 21 \\ 2 & 31 & 20 \\ 21 & 20 & 73 \end{pmatrix}^{-1} = \begin{pmatrix} 0.2145 & 0.0231 & -0.0680 \\ 0.0231 & 0.0417 & -0.0181 \\ -0.0680 & -0.0181 & 0.0382 \end{pmatrix}$$

$$\mathbf{y}^\top \mathbf{y} = 425, \quad X^\top \mathbf{y} = \begin{pmatrix} 39 \\ 55 \\ 162 \end{pmatrix}$$

으로

$$\hat{\boldsymbol{\beta}} = \begin{pmatrix} \hat{\beta}_1 \\ \hat{\beta}_2 \\ \hat{\beta}_3 \end{pmatrix} = (X^\top X)^{-1} X^\top \mathbf{y} = \begin{pmatrix} -1.39 \\ 0.27 \\ 2.54 \end{pmatrix}$$

이다. 분산분석표는 다음과 같이 계산된다.

요인	제곱합	자유도
회귀	SSR = 372.9	3
잔차	SSE = 52.1	2
계	SST = 425.0	5

방법 I에 의하여 먼저 풀어 보자.

$$H_0 : C\boldsymbol{\beta} = \mathbf{m} \Rightarrow H_0 : (1, -1, 0) \begin{pmatrix} \beta_1 \\ \beta_2 \\ \beta_3 \end{pmatrix} = 4$$

이므로, Q의 값은

$$\begin{aligned} Q &= (C\hat{\boldsymbol{\beta}} - \mathbf{m})^\top [C(X^\top X)^{-1} C^\top]^{-1} (C\hat{\boldsymbol{\beta}} - \mathbf{m}) \\ &= (\hat{\beta}_1 - \hat{\beta}_2 - 4)^\top \left((1, -1, 0)(X^\top X)^{-1} \begin{pmatrix} 1 \\ -1 \\ 0 \end{pmatrix} \right)^{-1} (\hat{\beta}_1 - \hat{\beta}_2 - 4) \end{aligned}$$

$$= \frac{(-1.39 - 0.27 - 4.0)^2}{0.2145 + 0.0417 - 2(0.0231)} = 152.2$$

따라서 검정통계량의 값은

$$F_0 = \frac{Q/p}{SSE/(n-k)} = \frac{152.2/1}{52.1/(53)} = 5.8$$

이 된다. $\alpha = 0.05$에서 $F_\alpha(k, n-p) = F_{0.05}(1, 2) = 18.51$이며, $F_0 = 5.8 < 18.51$이므로 귀무가설은 기각할 수 없다. 다음으로 방법 II에 의하여 풀어보자. 귀무가설이 $\beta_1 = \beta_2 + 4$이므로 축소모형은

$$y_i = (\beta_2 + 4)x_{i1} + \beta_2 x_{i2} + \beta_3 x_{i3} + \epsilon_i$$

이며, 이는

$$(y_i - 4x_{i1}) = \beta_2(x_{i1} + x_{i2}) + \beta_3 x_{i3} + \epsilon_i$$

와 같다. 따라서, 데이터를 다시 정리하면 다음과 같다.

$y - 4x_1$	$x_1 + x_2$	x_3
0	3	4
14	1	1
5	-2	4
-2	3	2
8	6	6

이 된다. 이 데이터로부터

$$(X^\top X)^{-1} = \begin{pmatrix} 48 & 41 \\ 41 & 73 \end{pmatrix}^{-1} = \frac{1}{1823}\begin{pmatrix} 73 & -41 \\ -41 & 48 \end{pmatrix}$$

$$X^\top \mathbf{y} = \begin{pmatrix} 38 \\ 78 \end{pmatrix}$$

$$\hat{\boldsymbol{\beta}} = \begin{pmatrix} \hat{\beta}_2 \\ \hat{\beta}_3 \end{pmatrix} = (x^\top X)^{-1} X^\top \mathbf{y} = \begin{pmatrix} -0.23 \\ 1.20 \end{pmatrix}$$

을 얻는다. 따라서, 축소모형의 SST, SSR과 SSE는 각각

$$SST(R) = 0^2 + 14^2 + 5^2 + (-2)^2 + 8^2 = 289$$

$$SSR(R) = \hat{\boldsymbol{\beta}}^\top X^\top \mathbf{y} = (-0.23,\ 1.20)\begin{pmatrix} 38 \\ 78 \end{pmatrix} = 84.7$$

$$SSE(R) = SST(R) - SSR(R) = 204.3$$

이다. 또한 $SSE(F) = SSE = 52.1$이므로 F- 통계량의 값은

$$F_0 = \frac{SSE(R) - SSE(F)}{k} \div \frac{SSE(F)}{n-p}$$
$$= \frac{204.3 - 52.1}{1} \div \frac{52.1}{2} = 5.8$$

로 앞에서 얻은 검정통계량의 값과 일치한다.

7.5 적합결여검정

우리가 어떤 중회귀모형을 선택했을 때에 이 모형이 y와 $(x_1, x_2, \cdots, x_p)$ 간의 회귀관계를 설명하는 데 적절한가를 검정할 필요가 있다. 앞의 제 4장에서 단순회귀의 적합도(degree of fitness)여부를 판정하는 적합결여검정을 알아보았는데, 이 절에서는 중회귀모형이 선택되었을 때 이 모형의 적합도를 검정하는 절차를 알아보자.

y의 i번째 측정값을 y_i라 하고 $E(y_i \mid x_{i1}, \cdots, x_{ip}) = \eta_i$라 하자. 최소제곱법에 의하여 얻어진 $\boldsymbol{\beta}$의 추정값 $\hat{\boldsymbol{\beta}}$를 사용하여 적합된 η_i의 추정값은

$$\hat{y}_i = \hat{\beta}_0 + \hat{\beta}_1 x_{i1} + \hat{\beta}_2 x_{i2} + \cdots + \hat{\beta}_k x_{ip} = (1, x_{1i}, x_{2i}, \cdots, x_{ip}) \begin{pmatrix} \hat{\beta}_0 \\ \hat{\beta}_1 \\ \hat{\beta}_2 \\ \vdots \\ \hat{\beta}_p \end{pmatrix} \qquad (7.39)$$

$$= \mathbf{x}_i^{\top} \hat{\boldsymbol{\beta}}, \quad i = 1, 2, \cdots, n$$

y_i와 $\hat{y}_i$과의 차이를 잔차(residual) e_i로 나타내면

$$e_i = y_i - \hat{y}_i = [y_i - E(y_i \mid x_{i1}, \cdots, x_{ip})] + [E(y_i \mid x_{i1}, \cdots, x_{ip}) - \hat{y}_i] \qquad (7.40)$$

로 구분할 수 있으며, 만약 η_i의 참값이 $\mathbf{x}_i^{\top}\hat{\boldsymbol{\beta}}$가 아닐 경우에는 식 (7.40)의 둘째 항 $E(y_i \mid x_{i1}, \cdots, x_{ip}) - \hat{y}_i$의 기대값이 0이 아니며, 이 값을 모형의 부적합으로부터 발생되는 적합결여오차(lack-of-fit error)라고 부른다. 식 (7.40)의 첫째 항은 순수하게 실험오차에서 발생되는 오차이므로 순오차(pure error)라고 부른다.

순오차를 데이터로부터 추정하기 위해서는 같은 $(x_1, x_2, \cdots, x_p)$의 위치에서 y를 반복하여 측정할 필요가 있다. 편의상 k개의 서로 다른 $(x_{i1}, x_{i2}, \cdots, x_{ip})$(단, $i = 1, \cdots, k$)에 대하여 n_i 번의 반복측정이 이루어졌다고 가정하자. 즉,

$$(x_{11}, x_{12}, \cdots, x_{1p})\text{에서 } y_{11}, y_{12}, \cdots, y_{1n_1}$$
$$(x_{12}, x_{22}, \cdots, x_{2p})\text{에서 } y_{21}, y_{22}, \cdots, y_{2n2}$$
$$\vdots \qquad\qquad \vdots$$
$$(x_{k1}, x_{k2}, \cdots, x_{kp})\text{에서 } y_{k1}, y_{k2}, \cdots, y_{kn_k}$$

로 표시하기로 하자. 회귀모형의 추정식을

$$\hat{y}_{ij} = \hat{\beta}_0 + \hat{\beta}_1 x_{i1} + \hat{\beta}_2 x_{i2} + \cdots + \hat{\beta}_p x_{ip}, \quad i = 1, 2, \cdots, k, \quad j = 1, 2, \cdots, n_i$$

라 하면 잔차제곱합은

$$SSE = \sum_{i=1}^{k} \sum_{j=1}^{n_i} (y_{ij} - \hat{y}_i)^2 \tag{7.41}$$

이 되고, $\bar{y}_i = \sum_{j=1}^{n_i} y_{ij}/n_i$라 놓으면 SSE는 다음과 같이 둘로 분해할 수 있다.

$$\begin{aligned} SSE &= \sum_{i=1}^{k} \sum_{j=1}^{n_j} [(y_{ij} - \bar{y}_i) + (\bar{y}_i - \hat{y}_i)]^2 \\ &= \sum_{i=1}^{k} \sum_{j=1}^{n_i} (y_{ij} - \bar{y}_i)^2 + \sum_{i=1}^{k} n_i (\bar{y}_i - \hat{y}_i)^2 \end{aligned} \tag{7.42}$$

식 (7.42)에서 첫 번째 항은 순오차제곱합(pure error sum of squares)

$$SSPE = \sum_{i=1}^{k} \sum_{j=1}^{n_i} (y_{ij} - \bar{y}_i)^2 = \sum_{i=1}^{k} \Big[\sum_{j=1}^{n_i} y_{ij}^2 - n_i (\bar{y}_i)^2 \Big] \tag{7.43}$$

이고, 두 번째 항은 적합결여제곱합(lack-of-fit sum of squares)

$$SSLF = \sum_{i=1}^{k} n_i (\bar{y}_i - \hat{y}_i)^2 \tag{7.44}$$

으로, 적합결여오차가 커진다는 것은 $SSE = SSPE + SSLF$의 관계로부터 $SSLF$가 $SSPE$보다 상대적으로 SSE의 큰 비중을 차지함을 뜻한다.

$SSPE$와 관련된 자유도를 $\sum_{i=1}^{k} n_i = n$이라 할 때 $\sum_{i=1}^{k} (n_i - 1) = n - k$가 되며, $SSLF$의 자유도는 SSE의 자유도에서 $SSPE$의 자유도를 뺀 것이 되어야 하므로,

$$\begin{aligned} df(SSLF) &= df(SSE) - df(SSPE) \\ &= (n - p - 1) - (n - k) = k - p - 1 \end{aligned}$$

이 된다. 적합결여검정을 위한 분산분석표를 만들면 다음과 같다.

표 7.2 적합결여검정을 위한 분산분석표

요인	제곱합	자유도	평균제곱	F_0
회귀	SSR	p	MSR	
잔차	$SSE \begin{cases} SSLF \\ SSPE \end{cases}$	$k-p-1$ $n-k$	$MSLF$ $MSPE$	$F_L = \dfrac{MSLF}{MSPE}$
계	SST	$n-1$		

가정된 회귀모형이 적합한가의 검정은 [표 7.2]의 분산분석표에서 F_L의 값과, F_L의 기각치 $F_\alpha(k-p-1, n-p)$를 구하여 비교한다. 만약 $F_L > F_\alpha(k-p-1, n-p)$이면 유의수준 α에서 모형이 적절치 않음을 의미한다. 즉, 식 (7.40)에서 적합결여오차가 상대적으로 순오차에 비하여 무시할 수 없을 정도로 크다는 말이다. 또한 잔차제곱합 SSE에서 상대적으로 $SSLF$의 크기가 $SSPE$의 크기와 비교하여 무시할 수 없을 정도로 크다는 말도 될 수 있다.

7.6 잔차의 검토

중회귀모형을 데이터에 적합시켜서 얻은 추정된 회귀식의 값

$$\hat{y}_i = \hat{\beta}_0 + \sum_{j=1}^{p} \hat{\beta}_j x_{ij}, \quad i = 1, 2, \cdots, n$$

과 y_i의 차이를 $e_i = y_i - \hat{y}_i$라 쓰고 이를 잔차라고 부르며, 잔차를 검토함으로써 여러 가지 유용한 정보를 얻을 수 있다. 먼저 잔차들의 성질을 알아보자.

(1) 잔차들의 합은 0이다. 즉

$$\sum e_i = 0 \tag{7.45}$$

이를 증명하기 위하여 정규방정식 $X^\top X\hat{\boldsymbol{\beta}} = X^\top \mathbf{y}$를 먼저 검토하자.

$$\overset{X^\top X}{\begin{pmatrix} n & \sum x_{i1} & \sum x_{i2} & \cdots & \sum x_{ip} \\ & \sum x_{i1}^2 & \sum x_{i1}x_{i2} & \cdots & \sum x_{i1}x_{ip} \\ & & \sum x_{i2}^2 & \cdots & \sum x_{i2}x_{ip} \\ & & & & \vdots \\ & & & & \sum x_{ip}^2 \end{pmatrix}} \overset{\hat{\boldsymbol{\beta}}}{\begin{pmatrix} \hat{\beta}_0 \\ \hat{\beta}_1 \\ \hat{\beta}_2 \\ \vdots \\ \hat{\beta}_p \end{pmatrix}} = \overset{X^\top \mathbf{y}}{\begin{pmatrix} \sum y_i \\ \sum x_{i1}y_i \\ \sum x_{i2}y_i \\ \vdots \\ \sum x_{ip}y_i \end{pmatrix}}$$

$$\Rightarrow n\hat{\beta}_0 + \sum_{j=1}^{p}\left(\hat{\beta}_j \sum_{i=1}^{n} x_{ij}\right) = \sum_{i=1}^{n} y_i$$

$$\hat{\beta}_0 \sum_{i=1}^{n} x_{ij} + \sum_{l=1}^{p} \hat{\beta}_l \left(\sum_{i=1}^{n} x_{ij}x_{il}\right) = \sum_{i=1}^{n} x_{ij}y_i, \quad j = 1, 2, \cdots, p \tag{7.46}$$

잔차들의 합은

$$\begin{aligned}\sum_{i=1}^{n} e_i &= \sum_{i=1}^{n}(y_i - \hat{y}_i) \\ &= \sum_{i=1}^{n}\left(y_i - \hat{\beta}_0 - \sum_{j=1}^{p}\hat{\beta}_j x_{ij}\right) \\ &= \sum_{i=1}^{n} y_i - \hat{\beta}_0 n - \sum_{j=1}^{p}\hat{\beta}_j\left(\sum_{i=1}^{n} x_{ij}\right)\end{aligned}$$

으로 정규방정식 (7.46)의 첫번째 식으로부터 $\sum e_i = 0$임을 쉽게 알 수 있다.

(2) x_{ij}에 의한 잔차들의 가중합(weighted sum)은 0이다. 즉

$$\sum_i x_{ij} e_i = 0, \quad j = 1, 2, \cdots, p \tag{7.47}$$

을 만족한다. 왜냐하면,

$$\begin{aligned}\sum_i x_{ij} e_i &= \sum_i x_{ij}(y_i - \hat{y}_i) \\ &= \sum_i x_{ij}\left(y_i - \hat{\beta}_0 - \sum_{l=1}^{p}\hat{\beta}_l x_{il}\right) \\ &= \sum_i x_{ij} y_i - \hat{\beta}_0 \sum_i x_{ij} - \sum_{l=1}^{p}\hat{\beta}_l\left(\sum_i x_{ij} x_{il}\right)\end{aligned}$$

인데, 이것은 식 (7.46)으로부터 모든 j에 대하여 0이 됨을 알 수 있다.

(3) $\hat{y}_i$에 의한 잔차들의 가중합도 0이 된다. 즉

$$\sum \hat{y}_i e_i = 0 \tag{7.48}$$

을 만족한다. 그 이유는 식 (7.45)와 식 (7.47)로부터 다음이 성립한다.

$$\sum_i \hat{y}_i e_i = \sum_i (\hat{\beta}_0 + \sum_j \hat{\beta}_j x_{ij})(e_i) = \hat{\beta}_0 \sum_i e_i + \sum_j \hat{\beta}_j \sum_i x_{ij} e_i = 0$$

(4) 중회귀모형, $\mathbf{y} = X\boldsymbol{\beta} + \boldsymbol{\epsilon}$에서 오차항 $\boldsymbol{\epsilon}$은 $N(\mathbf{0}, \sigma^2 I_n)$의 분포를 하며 ϵ_i 들간에는 상관관계가 없이 서로 독립적이지만 잔차 e_i 간에는 상관관계가 일반적으로 존재한다. $\mathbf{e}^\top = (e_1, e_2, \cdots, e_n)$의 분포를 살펴보자.

$$\begin{aligned}\mathbf{e} &= \mathbf{y} - \hat{\mathbf{y}} = \mathbf{y} - X\hat{\boldsymbol{\beta}} = \mathbf{y} - X(X^\top X)^{-1}X^\top \mathbf{y} \\ &= \left[I_n - X(X^\top X)^{-1}X^\top\right]\mathbf{y}\end{aligned} \tag{7.49}$$

이므로 $\mathrm{E}(\mathbf{y}) = X\boldsymbol{\beta}$이고 $\mathrm{Var}(\mathbf{y}) = \sigma^2 I_n$일때 $\mathbf{e}$의 평균벡터와 분산-공분산행렬은

$$\begin{aligned}\mathrm{E}(\mathbf{e}) &= \left[I_n - X(X^\top X)^{-1}X^\top\right]\mathrm{E}(\mathbf{y}) \\ &= \left[I_n - X(X^\top X)^{-1}X^\top\right](X\boldsymbol{\beta}) = \mathbf{0}_n\end{aligned} \tag{7.50}$$

$$\begin{aligned}\mathrm{Var}(\mathbf{e}) &= [I_n - X(X^\top X)^{-1}X^\top]\mathrm{Var}(\mathbf{y})[I_n - X(X^\top X)^{-1}X^\top] \\ &= \sigma^2[I_n - X(X^\top X)^{-1}X^\top][I_n - X(X^\top X)^{-1}X^\top] \\ &= \sigma^2[I_n - X(X^\top X)^{-1}X^\top] \qquad (7.51)\end{aligned}$$

이 된다. 식 (7.51)에서 얻은 바와 같이 일반적으로 $\mathrm{Var}(\mathbf{e})$는 대각행렬은 아니며, e_i와 e_j 간에 공분산이 존재한다. 잔차 e_i와 e_j 간의 상관계수는

$$\rho_{ij} = \frac{\mathrm{Cov}(e_i, e_j)}{\sqrt{\mathrm{Var}(e_i)\mathrm{Var}(e_j)}} \qquad (7.52)$$

이며, $\mathrm{Var}(e_i)$, $\mathrm{Var}(e_j)$와 $\mathrm{Cov}(e_i, e_j)$는 각각 식 (7.51)의 분산-공분산행렬에서 찾을 수 있다. 이 상관계수는 분자와 분모의 σ^2이 서로 지워지므로 σ^2의 함수는 아니며, 단지 계획행렬(design matrix) X에만 의존되어 있다.

다음으로 잔차의 산점도를 그려봄으로써 중회귀모형의 가정을 검토할 수 있다. 잔차의 산점도는 잔차를 y축으로 놓고 x축으로는

(1) $\hat{y}_j$에 대하여

(2) x_{ij} , $j = 1, 2, \cdots, p$에 대하여

(3) y_j가 시계열(time-series)데이터인 경우에 시간에 대하여

그리는 것을 고려한다. 산점도를 그렸을 경우 나타나는 다음의 네 가지 형태를 분석하여 보자.

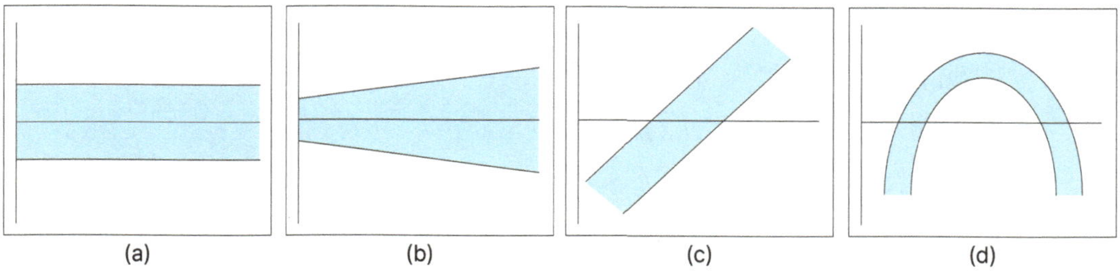

그림 7.1 **잔차의 산점도**

먼저 잔차(e_i)를 $\hat{y}_i$에 대해 그렸을 때 [그림 7.1]형태는 무엇을 의미하는 것인가?

(a) 가정에 아무런 모순이 없는 것으로 판정된다.

(b) 분산이 일정하지 않으며, 가중회귀(weighted regression)를 쓰거나 또는 y_i를 변환(transformation)시켜 회귀분석함이 바람직하다.

(c) 절편이 필요한 모형인데 절편을 사용하지 않았을 경우에 생길 수 있는 형태이다.

(d) 모형이 타당하지 않다. 추가적으로 설명변수의 제곱항(square terms) 등이 필요

하다. 또는 y_i의 적절한 변환이 필요하다.

다음으로 잔차(e_i)를 $x_{ij}(j = 1, 2, \cdots, p)$에 대하여 산점도를 그렸을 경우에 [그림 7.1]의 형태는 무엇을 의미하는가?

(a) 가정의 모순점을 찾기 힘든 경우로 사용된 중회귀모형이 적절하다고 생각된다.

(b) 분산이 일정하지 않다. 앞의 경우와 마찬가지로 가중회귀를 쓰거나 y_i에 변환을 취하여 시정함이 바람직하다.

(c) 중회귀분석 과정에서 계산상에 착오가 있는 경우이다. x_{ij}의 선형효과(linear effect)가 적절히 취급되지 않았다. 즉, x_{ij}항을 빠뜨려서 계산했거나 계산상에 실수가 있다.

(d) 필요한 설명변수의 항들이 포함되어 있지 않다. 특히 필요한 제곱항이 빠졌을 경우에 발생한다.

다음으로 시간에 따른 잔차를 그렸을 경우를 생각할 수 있는데, 위의 분석과 비슷한 내용을 가지며, 다만 시간상의 개념이 도입되면 될 것이다. 위의 내용에 대하여 더욱 상세한 이론적 배경을 원하는 독자는 참고문헌 (7.1), (7.2), (7.3)을 참조하면 좋을 것이다.

7.7 R 실습

[표 6.1]의 데이터에 대하여 중회귀모형, $y = \beta_0 + \beta_1 x_1 + \beta_2 x_2 + \epsilon, \epsilon \sim N(0, \sigma^2)$ 을 가정하여 적합시켰을 때, 다음의 가설들을 $\alpha = 0.05$로 검정해 보자.

(1) $H_0 : \beta_1 = \beta_2, \qquad H_1 : \beta_1 \neq \beta_2$

(2) $H_0 : \beta_1 = 1, \qquad H_1 : \beta_1 \neq 1$

(3) $H_0 : \beta_0 = 0, \qquad H_1 : \beta_0 \neq 0$

(4) $H_0 : \beta_1 = \beta_2 + 1, \qquad H_1 : \beta_1 \neq \beta_2 + 1$

먼저 [표 6.1]의 자료를 생성하여 중회귀모형을 적합한 결과는 다음과 같다.

```
> x1←c(4,8,9,8,8,12,6,10,6,9)
> x2←c(4,10,8,5,10,15,8,13,5,12)
> y←c(9,20,22,15,17,30,18,25,10,20)
>fit←lm(y~x1+x2)
>anova(fit)
```

위 적합결과로부터 귀무가설을 각각 회귀계수들의 선형조합 $\mathbf{q}^{\top}\boldsymbol{\beta} = c$의 형태로 바꾸고 $\mathbf{q}$와 c를 설정하여 검정할 수 있다. 이것은 car 패키지의 linearHypothesis( ) 함수를 사용할 수 있다. 먼저 귀무가설 (1)의 경우는 $\mathbf{q}^\top = (0, 1, -1)$이고, $c = 0$이 된다.

```
>install.packages("car")
>library(car)
>linearHypothesis(fit, c(0,1,-1), 0) # 귀무가설 (1)
Linear hypothesis test

Hypothesis:
x1 - x2 = 0

Model 1: restricted model
Model 2: y ~ x1 + x2

 Res.Df    RSS  Df  Sum of Sq      F  Pr(>F)
1     8  39.535
2     7  36.326  1      3.209  0.6184 0.4574
```

이 경우 식 (7.32)를 참조하면 $SSE(\hat{\boldsymbol{\beta}}) = 39.535$, $SSE = 36.326$으로 $Q = 3.209$가 됨을 알 수 있다. 따라서 $F_0 = 0.6184$가 되고 유의확률이 0.4574로 유의수준 5%에서 귀무가설 (1)을 기각할 수 없다. 한편 귀무가설 (2)-(4)의 경우는 $\mathbf{q}$와 c를 다음과 같이 쓸 수 있다.

```
> linearHypothesis(fit,c(0,1,0),1) # 귀무가설 (2)
Linear hypothesis test

Hypothesis:
x1 = 1

Model 1: restricted model
Model 2: y ~ x1 + x2

 Res.Df    RSS  Df  Sum of Sq      F  Pr(>F)
1     8  40.105
2     7  36.326  1     3.7788  0.7282 0.4217
> linearHypothesis(fit,c(1,0,0),0) # 귀무가설 (3)
Linear hypothesis test

Hypothesis:
(Intercept) = 0
```

```
Model 1: restricted model
Model 2: y ~ x1 + x2

  Res.Df    RSS Df Sum of Sq      F Pr(>F)
1      8 36.586
2      7 36.326  1   0.25988 0.0501 0.8293
> linearHypothesis(fit,c(0,1,-1),1). # 귀무가설 (4)
Linear hypothesis test

Hypothesis:
x1 - x2 = 1

Model 1: restricted model
Model 2: y ~ x1 + x2

  Res.Df    RSS Df Sum of Sq      F Pr(>F)
1      8 36.549
2      7 36.326  1   0.22253 0.0429 0.8418
```

위 결과로부터 귀무가설 (2)-(4)의 경우 모두 $\alpha = 0.05$에서 기각할 수 없음을 알 수 있다. 위 내용은 모두 β_j 들의 선형조합에 대한 검정결과인데, k개의 선형조합 $\mathbf{q}_i\boldsymbol{\beta} = c_i$, $i = 1, 2, \cdots, k$이 동시에 성립하는가를 검정하는 $C\boldsymbol{\beta} = m$의 검정은 13.5절 R 실습 예제를 통해 살펴 보기로 한다.

참고문헌

7.1 Draper, N. R. and Smith, H. (1998). *Applied Regression Analysis* (3rd Ed.),John Wiley & Sons, New York.

7.2 Graybill, F. A. (1961). *An Introduction to Linear Statistical Models*, McGraw-Hill Book, New York.

7.3 James, G., Witten, D., Hastie, T. and Tibshirani, R. (2013). *An Introduction to Statistical Learning with Applications in R, Springer*, New York.

7.4 Kutner, M.H., Nachtsheim, C.J. Neter, J. and Li, W. (2004). *Applied Linear Statistical Models* (5th edition), McGraw-Hill/Irwin, New York.

7.5 Rencher, A.C. and Schaalje, G.B. (2008). *Linear Models in Statistics* (2nd edition), John Wiley & Sons, New York.

7.6 Searle, S. R. (1971). *Linear Models*, John Wiley & Sons, New York.

7.7 Seber, G. A. F. (1977). *Linear Regression Analysis*, John Wiley & Sons, New York.

7.8 Weisberg, S. (1985). *Applied Linear Regression* (2nd Ed.), John Wiley & Sons, New York.

7.9 김우철: 수리통계학. 민영사, 2012.

7.10 박성현: 회귀분석강의, 통계, 제4권, 제2호, 대한통계협회, 1978.

연습문제

7.1 다음의 데이터에 대하여 모형, $y_i = \beta_0 + \beta_1 x_{i1} + \beta_2 x_{i2} + \epsilon_i$, $\epsilon_i \overset{i.i.d.}{\sim} N(0, \sigma^2)$이 옳다고 가정하고 질문에 답하시오.

y	1	5	0	4	4	-1
x_1	1	2	1	3	3	3
x_2	1	1	2	1	2	3

(1) β_0, β_1, β_2와 σ^2을 추정하시오.

(2) $x_1 = x_2 = 2$에서 $E(y)$의 95% 신뢰구간을 구하시오.

(3) β_1의 90% 신뢰구간을 구하시오.

(4) $\beta_1 - \beta_2$의 99% 신뢰구간을 구하시오.

(5) 가설 $H_0 : \beta_1 = \beta_2$, $H_1 : \beta_1 \neq \beta_2$을 유의수준 $\alpha = 0.05$로 검정하시오.

(6) 가설 $H_0 : \beta_1 = 0$, $H_1 : \beta_1 \neq 0$을 유의수준 $\alpha = 0.1$로 검정하시오. 위 (3)의 질문의 결과와 어떠한 연관을 지을 수 있는가?

(7) $x_1 = 2$, $x_2 = 3$에서 가설 $H_0 : E(y) = 4$, $H_1 : E(y) \neq 4$를 $\alpha = 0.05$로 검정하시오.

(8) 가설 $H_0 : \beta_2 = 0$, $H_1 : \beta_2 < 0$을 $\alpha = 0.05$로 검정하시오.

(9) 가설 $H_0 : \beta_1 = 2\beta_2$, $H_1 : \beta_1 \neq 2\beta_2$를 $\alpha = 0.05$로 검정하라. 방법 I과 II를 모두 사용하시오.

7.2 연습문제 **6.3**의 데이터에 대하여 $y_i = \beta_0 + \beta_1 x_{i1} + \beta_2 x_{i2} + \epsilon_i$를 가정하고 다음의 질문에 답하시오.

(1) β_3의 95% 신뢰구간을 구하시오. 이 신뢰구간의 의미를 해석하시오.

(2) β_1의 99% 신뢰구간을 구하시오. 이 신뢰구간의 의미를 해석하시오.

(3) $x_1 = 20$, $x_2 = 27$, $x_3 = 60$에서 평균 물소비량, $E(y)$의 95% 신뢰구간을 구하시오.

(4) 가설 $H_0 : \beta_1 = 0$, $H_1 : \beta_1 > 0$을 $\alpha = 0.05$로 검정하시오.

(5) 가설 $H_0 : \beta_1 = \beta_2 = \beta_3$을 $\alpha = 0.05$로 검정하시오.

(6) 가설 $H_0 : \beta_1 = \beta_2 + 3$을 $\alpha = 0.05$로 검정하시오.

(7) $x_1 = 20$, $x_2 = 27$, $x_3 = 60$에서 $E(y)$에 관한 가설 $H_0 : E(y) = 3.5$, $H_1 : E(y) \neq 3.5$를 $\alpha = 0.05$로 검정하시오.

(8) 가설 $H_0 : \beta_1 = \beta_2 = \beta_3$ 하에서 β_0, β_1, β_2와 β_3를 식 (7.29)를 사용하여 추정하시오.

(9) 가설 $H_0 : \beta_1 = \beta_2 + 3$하에서 β_0, β_1, β_2와 β_3를 식 (7.29)를 사용하여 추정하시오.

7.3 연습문제 6.5에서 6.3의 데이터를 사용하여 절편 없는 회귀모형, $y_i = \beta_0 + \beta_1 x_{i1} + \beta_2 x_{i2} + \epsilon_i$를 적합시켜 보았다. 이 경우에 대하여 다음 질문에 답하시오.

(1) β_2의 95% 신뢰구간을 구하시오.

(2) 가설 $H_0 : \beta_2 = 0,\ H_1 : \beta_2 \neq 0$을 $\alpha = 0.05$로 검정하시오. 이 가설의 결과를 질문 (1)의 결과에서 유도해 낼 수 있는가?

(3) 가설 $H_0 : \beta_1 = \beta_2 = \beta_3$를 $\alpha = 0.05$로 검정하시오.

7.4 다음의 데이터에 대하여 선형모형 $y_i = \beta_0 + \beta_1 x_{i1} + \beta_2 x_{i2} + \epsilon_i$를 적합시킬 때,

y	2.0	2.3	5.7	4.8	4.5	4.2	5.3	5.5
x_1	−1	−1	1	1	−1	−1	1	1
x_2	−1	−1	−1	−1	1	1	1	1

(1) 유의수준 $\alpha = 0.05$로 적합결여검정을 하시오.

(2) 잔차 $e_i = y_i - \hat{y}_i = y_i - \hat{\beta}_0 - \hat{\beta}_1 x_{i1} - \hat{\beta}_2 x_{i2}$를 종축으로 하고 다음을 횡축으로 하여 산점도를 그리고 특징이 있으면 이를 설명하시오.

(a) $\hat{y}_i$에 대하여 (b) x_{i1}에 대하여 (c) x_{i2}에 대하여

(3) 다음의 결과를 수치를 구하여 밝히시오.

(a) $\sum e_i = 0$ (b) $\sum \hat{y}_i e_i = 0$ (c) $\sum x_{i1} e_i = 0$ (d) $\sum x_{i2} e_i = 0$

7.5 연습문제 7.1 의 데이터에 대하여 이를 적합시키고 얻은 잔차들

$$e_i = y_i - \hat{y}_i = y_i - \hat{\beta}_0 - \hat{\beta}_1 x_{i1} - \hat{\beta}_2 x_{i2}, \quad i = 1, 2, \cdots, 6$$

의 분산-공분산행렬, $\mathrm{Var}(\mathbf{e})$를 구하라. 그리고 상관계수 ρ_{12}를 구하시오.

7.6 중회귀모형에서 다음을 증명하시오.

(1) $\mathrm{Cov}(\mathbf{e}, \mathbf{y}) = \sigma^2[I_n - X(X^\top X)^{-1}X^\top]$

(2) $\mathrm{Cov}(\mathbf{e}, \hat{\mathbf{y}}) = O_n$

(3) $\mathrm{Cov}(\mathbf{e}, \hat{\boldsymbol{\beta}}) = O_{n\times(p+1)}$

(4) $\mathrm{Cov}(\boldsymbol{\epsilon}, \hat{\boldsymbol{\beta}}) = \sigma^2 X(X^\top X)^{-1}$

(5) $\sum_{i=1}^{n} e_i y_i = SSE$

(6) $\sum_{i=1}^{n} e_i \hat{y}_i = 0$

또한 절편 없는 중회귀모형에서는 어떻게 되는가에 대하여 답하시오.

7.7 오차의 제곱합이 다음과 같이 됨을 보이고 $\boldsymbol{\beta} = \hat{\boldsymbol{\beta}}$에서 왼쪽의 오차제곱합이 최소가 됨을 말하시오.

$$(\mathbf{y} - \mathbf{X}\boldsymbol{\beta})^\top(\mathbf{y} - \mathbf{X}\boldsymbol{\beta}) = (\mathbf{y} - \mathbf{X}\hat{\boldsymbol{\beta}})^\top(\mathbf{y} - \mathbf{X}\hat{\boldsymbol{\beta}}) + (\boldsymbol{\beta} - \hat{\boldsymbol{\beta}})^\top\mathbf{X}^\top\mathbf{X}(\boldsymbol{\beta} - \hat{\boldsymbol{\beta}})$$

7.8 어떤 알려진 상수 a_i , b_i에 대하여

$$y_i = a_i\beta_1 + b_i\beta_2 + \epsilon_i\ , \quad i = 1, 2, \cdots, n$$

이고 ϵ_i는 서로 독립이며 $N(\mathbf{0}_n, \sigma^2 I_n)$의 분포에 따른다고 하자. β_1과 β_2의 최소제곱추정량이 서로 독립일 필요충분조건을 찾으시오.

7.9 만약

$$y_1 = \beta_1 + \epsilon_1 \qquad y_2 = 2\beta_1 - \beta_2 + \epsilon_1 \qquad y_3 = \beta_1 + 2\beta_2 + \epsilon_1$$
$$\boldsymbol{\epsilon} \sim N(\mathbf{0}_3, \sigma^2 I_3)$$

이라고 하자. 가설 $H_0 : \beta_1 = \beta_2$를 검정하기 위한 F- 통계량을 구하시오.

7.10 선형회귀모형

$$y_i = \beta_0 + \beta_1 x_{i1} + \cdots + \beta_p x_{ip} + \epsilon_i, \quad i = 1, 2, \cdots, n$$

에서 가설 $H_0 : \beta_j = c$을 검정하기 위한 F- 통계량을 구하시오.

7.11 $\mathbf{y} = \boldsymbol{\theta} + \boldsymbol{\epsilon}$ 이고 $\mathbf{y}^\top = (y_1, y_2, y_3, y_4)$, $\boldsymbol{\theta}^\top = (\theta_1, \theta_2, \theta_3, \theta_4)$, $\boldsymbol{\epsilon}^\top = (\epsilon_1, \epsilon_2, \epsilon_3, \epsilon_4)$이며 $\boldsymbol{\epsilon} \sim N(\mathbf{0}_4, \sigma^2 I_4)$이다. 만약 $\theta_1 + \theta_2 + \theta_3 + \theta_4 = 0$인 경우 가설 $H_0 : \theta_1 = \theta_3$을 검정하기 위한 F-통계량이

$$F_0 = \frac{2(y_1 - y_3)^2}{(y_1 + y_2 + y_3 + y_4)^2}$$

임을 증명하시오.

08 추정과 가설검정(II)

〈목차〉

8.1 추가제곱합

중회귀분석에서는 회귀모형에 어떤 특정한 변수를 포함하는 것이 바람직한가를 결정할 필요가 있다. 이런 경우에는 특정 변수를 포함하지 않고 구한 회귀 제곱합(regression sum of squares)과 특정 변수를 포함하고 구한 회귀제곱합을 비교하여, 추가로 어느 정도 커졌는지를 검토하게 된다. 이때 추가적으로 증가한 제곱합을 추가제곱합(extra sum of squares)이라고 부른다. 이 추가제곱합이 오차 분산 σ^2의 추정값과 비교하여 상대적으로 유의하게 커야만, 그 특정 변수를 중회귀모형에 포함하는 것이 유의미하다고 판정한다.

다음의 중회귀모형을 고려해 보자.

$$y = \beta_0 + \beta_1 x_1 + \beta_2 x_2 + \cdots + \beta_p x_p + \epsilon, \quad \epsilon \sim N(0, \sigma^2)$$

최소제곱법에 의하여 모수들을 추정한 결과 $\hat{\beta}_0, \hat{\beta}_1, \cdots, \hat{\beta}_p$와 $\hat{\sigma}^2$을 얻었다. $\hat{\sigma}^2$은 σ^2의 불편추정값으로 MSE에 의하여 구해진다. 이 모형의 적합으로부터 얻어지는 회귀제곱합을 $SS(\hat{\beta}_1, \hat{\beta}_2, \cdots, \hat{\beta}_p \mid \hat{\beta}_0)$으로 표현하자. 즉

$$SS(\hat{\beta}_1, \hat{\beta}_2, \cdots, \hat{\beta}_p \mid \hat{\beta}_0) = \sum_{i=1}^{n} (\hat{y}_i - \bar{y})^2 = \hat{\beta}^\top X^\top \mathbf{y} - n(\bar{y})^2 \tag{8.1}$$

앞에서 $n(\bar{y})^2$은 수정항으로 $y_i = \beta_0 + \epsilon_i$라는 회귀모형을 적합시켰을 때 얻어지는 회귀제곱합에 해당한다. 이 모형의 회귀제곱합은 $SS(\hat{\beta}_0) = n(\bar{y})^2$(증명은 연습문제 8.1 참조)로 쓸 수 있으며, 하나의 자유도를 갖는다. 식 (8.1)의 $\hat{\beta}^\top X^\top \mathbf{y}$는

$$\begin{aligned} \hat{\beta}^\top X^\top \mathbf{y} &= \hat{\beta}_0 \sum y_i + \hat{\beta}_1 \sum x_{i1} y_i + \cdots + \hat{\beta}_p \sum x_{ip} y_i \\ &= SS(\hat{\beta}_0, \hat{\beta}_1, \hat{\beta}_2, \cdots, \hat{\beta}_p) \end{aligned} \tag{8.2}$$

이며, 자유도 $p+1$을 갖는다. 따라서 식 (8.1)을 다시 쓰면

$$\begin{aligned} SS(\hat{\beta}_1, \hat{\beta}_2, \cdots, \hat{\beta}_p \mid \hat{\beta}_0) &= SS(\hat{\beta}_0, \hat{\beta}_1, \hat{\beta}_2, \cdots, \hat{\beta}_p) - SS(\hat{\beta}_0) \\ (df = p) &= (df = p+1) - (df = 1) \end{aligned} \tag{8.3}$$

이 된다. 다음으로 p개의 변수 중에서 q개만을 선택하고(편의상 이를 $x_1, x_2, \cdots, x_q$라 하자), 나머지 $p-q$개의 변수를 중회귀모형에 포함시킬 필요가 있는가를 검토하고자 한다. q개만의 변수를 가진 모형을

$$y = \alpha_0 + \alpha_1 x_1 + \alpha_2 x_2 + \cdots + \alpha_q x_q + \epsilon$$

라 하고 모수들의 최소제곱추정값을 $\hat{\alpha}_0, \hat{\alpha}_1, \hat{\alpha}_2, \cdots, \hat{\alpha}_q$라 하자. 이때 구한 회귀제곱합을, 수정항을 뺀 경우와 안뺀 경우로 나누어서 각각

$$\begin{aligned} &SS(\hat{\alpha}_1, \hat{\alpha}_2, \cdots, \hat{\alpha}_q \mid \hat{\alpha}_0) = \hat{\boldsymbol{\alpha}}^\top X^\top \mathbf{y} - n(\bar{y})^2, \quad df = q \\ &SS(\hat{\alpha}_0, \hat{\alpha}_1, \hat{\alpha}_2, \cdots, \hat{\alpha}_q) = \hat{\boldsymbol{\alpha}}^\top X^\top \mathbf{y}, \quad df = q+1 \end{aligned} \tag{8.4}$$

이다. 위에서 $\hat{\boldsymbol{\alpha}}^\top = (\hat{\alpha}_0, \hat{\alpha}_1, \hat{\alpha}_2, \cdots, \hat{\alpha}_q)$이다. 그러면 $p-q$개의 변수를 모형에 추가함으로서 얻어지는 추가제곱합은

$$SS(\hat{\beta}_1, \hat{\beta}_2, \cdots, \hat{\beta}_p \mid \hat{\beta}_0) - SS(\hat{\alpha}_1, \hat{\alpha}_2, \cdots, \hat{\alpha}_q \mid \hat{\alpha}_0) \tag{8.5}$$

가 되며, 이는 또한 다음과 같이 구할 수 있다.

$$\begin{aligned} &SS(\hat{\beta}_0, \hat{\beta}_1, \hat{\beta}_2, \cdots, \hat{\beta}_p) - SS(\hat{\alpha}_0, \hat{\alpha}_1, \hat{\alpha}_2, \cdots, \hat{\alpha}_q) \\ &= SS(\hat{\boldsymbol{\beta}}) - SS(\hat{\boldsymbol{\alpha}}) \end{aligned} \tag{8.6}$$

이 추가제곱합의 자유도는 $(p+1)-(q+1) = p-q$이다. 식 (8.5)나 (8.6)의 추가제곱합을 편의상

$$SS(\hat{\beta}_{q+1}, \hat{\beta}_{q+2}, \cdots, \hat{\beta}_p \mid \hat{\beta}_0, \hat{\beta}_1, \hat{\beta}_2, \cdots, \hat{\beta}_q) \tag{8.7}$$

로 표현하기로 하자. 이러한 표현식의 의미는 $x_1, x_2, \cdots, x_q$의 변수들이 적합된 후에 변수 $x_{q+1}, \cdots, x_p$를 추가시킴으로써 증가하는 회귀제곱합을 나타내기 위한 방법이다.

이제 식 (8.7)에서 정의된 추가제곱합의 분포적 성질에 대하여 알아보자. 간단한 표현을 위하여 $\boldsymbol{\beta}_1 = (\beta_0, \beta_1, \cdots, \beta_q)^\top$, $\boldsymbol{\beta}_2 = (\beta_{q+1}, \beta_{q+2}, \cdots, \beta_p)^\top$, 그리고 이들에 대응하는 설명변수 행렬을 X_1과 X_2라 하면, 식 (8.7)의 추가제곱합 $SS(\boldsymbol{\beta}_2 | \boldsymbol{\beta}_1)$은

$$\mathbf{y} = X_1\boldsymbol{\beta}_1 + \boldsymbol{\epsilon} \tag{8.8}$$

과

$$\mathbf{y} = X_1\boldsymbol{\beta}_1 + X_2\boldsymbol{\beta}_2 + \boldsymbol{\epsilon} \tag{8.9}$$

의 회귀제곱합의 차이이다. 따라서 모형 (8.8)와 (8.9)의 해트행렬을 각각

$$H_1 = X_1(X_1^\top X_1)^{-1}X_1^\top, \quad H = X(X^\top X)^{-1}X^\top$$

라 할 때

$$SS(\boldsymbol{\beta}_2 \mid \boldsymbol{\beta}_1) = \mathbf{y}^\top(H - H_1)\mathbf{y} \tag{8.10}$$

이 된다.

(정리 8.1) $H - H_1$은 멱등행렬이고 계수는 $p - q$이다.

먼저 $HX = X(X^\top X)^{-1}X^\top X = X$임을 확인하고 이를 풀어적으면

$$(X_1, X_2)H = (X_1, X_2)$$

이므로 $X_1H = X_1$ 그리고 $X_2H = X_2$가 된다. 이제 이를 이용하여

$$(H - H_1)(H - H_1) = H - H_1H - HH_1 + H_1 = H - H_1 - H_1 + H_1 = H - H_1$$

로 멱등행렬이고, 행렬계수는

$$r(H - H_1) = \mathrm{tr}(H - H_1) = (p + 1) - (q + 1) = p - q$$

이다.

(정리 8.2) 모형 (8.9)의 가정하에서, $\frac{1}{\sigma^2}SS(\boldsymbol{\beta}_2 \mid \boldsymbol{\beta}_1)$는 자유도가 $p - q$이고 비중심도가 $\lambda = \frac{1}{2\sigma^2}\boldsymbol{\beta}_2^\top\{X_2^\top X_2 - X_2^\top X_1(X_1^\top X_1)^{-1}X_1^\top X_2\}\boldsymbol{\beta}_2$인 χ^2 분포를 따르고, 잔차제곱합 $SSE = \mathbf{y}^\top(I_n - H)\mathbf{y}$와 서로 독립이다.

제곱합 $\frac{1}{\sigma^2}SS(\boldsymbol{\beta}_2 \mid \boldsymbol{\beta}_1)$의 비중심도 계산은【정리 5.4】로부터 약간의 계산을 통하여 얻을 수 있다. $SS(\boldsymbol{\beta}_2 \mid \boldsymbol{\beta}_1)$와 SSE의 독립성은【정리 5.5】로부터

$$(H - H_1)(I_n - H) = 0$$

으로부터 알 수 있다. 따라서 만약 $\beta_{q+1} = \beta_{q+2} = \cdots = \beta_p = 0$이면

$$\frac{\mathrm{E}\{SS(\hat{\beta}_{q+1}, \cdots, \hat{\beta}_p | \hat{\beta}_0, \hat{\beta}_1, \cdots, \hat{\beta}_q)\}}{p - q} = \sigma^2$$

이며, 다음의 가설검정

$$H_0 : \beta_{q+1} = \beta_{q+2} = \cdots = \beta_p = 0$$

은 검정통계량의 값

$$F_0 = \frac{SS(\hat{\beta}_{q+1}, \cdots, \hat{\beta}_k \,|\, \hat{\beta}_0, \hat{\beta}_1, \cdots, \hat{\beta}_q)/(k - q)}{MSE} \tag{8.11}$$

이 $F_\alpha(p - q, n - p - 1)$보다 작으면 귀무가설을 기각할 수 없어 $\beta_{q+1} = \beta_{q+2} = \cdots = \beta_p = 0$이 성립하며, 변수 $x_{q+1}, \cdots, x_p$를 추가하여 모형에 포함하는 것은 아무런 의미가 없게 된다.

회귀분석의 분산분석에서 총제곱합과 회귀제곱합에서 수정항을 빼고 얻은 결과를 가지고 분산분석표를 작성하는 것이 보통이나 그렇지 않은 경우도 있다. 이때 회귀제곱합은

$$SSR = \hat{\boldsymbol{\beta}}^\top X^\top \mathbf{y} = SS(\hat{\beta}_0, \hat{\beta}_1, \hat{\beta}_2, \cdots, \hat{\beta}_p)$$

이며, 총제곱합은

$$SST = \mathbf{y}^\top \mathbf{y} = \sum y_i^2$$

이다. 이와 같은 경우 잔차제곱합은 변화가 없고, 분산분석표는 [표 8.1]과 같다.

표 8.1 **수정항을 빼지 않는 분산분석표**

요인	제곱합	자유도	평균제곱	F_0	$F(\alpha)$
회귀	$SSR = \hat{\boldsymbol{\beta}}^\top X^\top \mathbf{y}$	$p+1$	MSR	$\frac{MSR}{MSE}$	$F_\alpha(p+1, n-p-1)$
잔차	$SSE = \mathbf{y}^\top\mathbf{y} - \hat{\boldsymbol{\beta}}^\top X^\top \mathbf{y}$	$n-p-1$	MSE		
계	$SST = \mathbf{y}^\top\mathbf{y}$	n			

추가제곱합에 관한 성질을 좀더 알아 보기로 하자. 세 개의 모수 β_0, β_1과 β_2가 관련된 회귀문제에서 각각 다음의 추가제곱합을 고려하여 보자.

$y = \beta_1 x_1 + \epsilon$에서 $SS(\hat{\beta}_1)$
$y = \beta_0 + \beta_1 x_1 + \epsilon$에서 $SS(\hat{\beta}_1 | \hat{\beta}_0)$
$y = \beta_0 + \beta_1 x_1 + \beta_2 x_2 + \epsilon$에서 $SS(\hat{\beta}_1 | \hat{\beta}_0, \hat{\beta}_2)$

위의 세 개의 제곱합은 일반적으로 다른 값들을 갖게 된다. 그러나, X 행렬

$$X = \begin{pmatrix} 1 & x_{11} & x_{12} \\ 1 & x_{21} & x_{22} \\ 1 & x_{31} & x_{32} \\ \vdots & \vdots & \vdots \\ 1 & x_{n1} & x_{n2} \end{pmatrix}$$

(열 머리: $\beta_0 \quad \beta_1 \quad \beta_2$)

에서 'β_0'열(X 행렬의 첫째 열)과 'β_1'열(X 행렬의 둘째 열)이 서로 직교(orthogonal)한다면 $SS(\hat{\beta}_1) = SS(\hat{\beta}_1 \mid \hat{\beta}_0)$가 성립한다. 여기서 서로 직교하기 위해서는

$$(1, 1, \cdots, 1)\begin{pmatrix} x_{11} \\ x_{21} \\ \vdots \\ x_{n1} \end{pmatrix} = \sum x_{i1} = 0 \tag{8.12}$$

이 되어야 한다. 다음으로 'β_1'열과 'β_2'열(X 행렬의 세째 열)이 서로 직교하면, 즉

$$(x_{11}, x_{21}, \cdots, x_{n1})\begin{pmatrix} x_{12} \\ x_{22} \\ \vdots \\ x_{n2} \end{pmatrix} = \sum x_{i1}x_{i2} = 0 \tag{8.13}$$

이면, $SS(\hat{\beta}_1 \mid \hat{\beta}_0, \hat{\beta}_2) = SS(\hat{\beta}_1 \mid \hat{\beta}_0)$가 성립한다.

식 (8.12)에서 만약 $\sum x_{i1} = 0$ 이면 $SS(\hat{\beta}_1) = SS(\hat{\beta}_1 \mid \hat{\beta}_0)$임을 밝혀 보자. 모형 $y_i = \beta_1 x_{i1} + \epsilon_i$의 회귀제곱합은 절편 없는 회귀이므로

$$\begin{aligned} SSR = SS(\hat{\beta}_1) &= \hat{\boldsymbol{\beta}}^\top X^\top \mathbf{y} = \hat{\beta}_1 \sum x_{i1} y_i \\ &= \left(\frac{\sum x_{i1}y_i}{\sum x_{i1}^2}\right)\left(\sum x_{i1}y_i\right) \\ &= \frac{(\sum x_{i1}y_i)^2}{\sum x_{i1}^2} \end{aligned}$$

이다. 그런데, 절편 있는 모형 $y_i = \beta_0 + \beta_1 x_{i1} + \epsilon_i$의 회귀제곱합은

$$\begin{aligned} SSR = SS(\hat{\beta}_1 \mid \hat{\beta}_0) &= \hat{\boldsymbol{\beta}}^\top X^\top \mathbf{y} - n(\bar{y})^2 \\ &= (\hat{\beta}_0, \hat{\beta}_1)\begin{pmatrix} \sum y_i \\ \sum x_{i1} y_i \end{pmatrix} - n(\bar{y})^2 \\ &= \hat{\beta}_0 \sum y_i + \hat{\beta}_1 \sum x_{i1} y_i - n(\bar{y})^2 \end{aligned} \tag{8.14}$$

이다. 만약, $\sum x_{i1} = 0$이면 $\bar{x}_1 = \sum x_{i1}/n = 0$이므로,

$$\hat{\beta}_1 = \frac{\sum(x_{i1} - \bar{x}_1)(y_i - \bar{y})}{\sum(x_{i1} - \bar{x}_1)^2} = \frac{\sum(x_{i1} - \bar{x}_1)y_i}{\sum(x_{i1} - \bar{x}_1)^2} = \frac{\sum x_{i1}y_i}{\sum x_{i1}^2}$$

$$\hat{\beta}_0 = \bar{y} - \hat{\beta}_1\bar{x}_1 = \bar{y}$$

이며, 식 (8.14)는

$$\begin{aligned} SS(\hat{\beta}_1 \mid \hat{\beta}_0) &= \bar{y}\sum y_i + \left(\frac{\sum x_{i1}y_i}{\sum x_{i1}^2}\right)(\sum x_{i1}y_i) - n(\bar{y})^2 \\ &= \frac{(\sum x_{i1}y_j)^2}{\sum x_{i1}^2} \end{aligned}$$

가 되어 $SS(\hat{\beta}_1)$과 일치한다. 같은 방법으로 식 (8.13)의 $\sum x_{i1}x_{i2} = 0$이 성립하면 $SS(\hat{\beta}_1 \mid \hat{\beta}_0)$ $= SS(\hat{\beta}_1 \mid \hat{\beta}_0, \hat{\beta}_2)$이 됨을 증명할 수 있다(연습문제 **8.3**을 참조).

일반적으로 중회귀모형 $\mathbf{y} = X\boldsymbol{\beta} + \boldsymbol{\epsilon}$에서 행렬 X를 둘로 나누어 생각하여 보자.

$$X = \begin{pmatrix} 1 & x_{11} & \cdots & x_{1q} & \vdots & x_{1,q+1} & \cdots & x_{1p} \\ 1 & x_{21} & \cdots & x_{2q} & \vdots & x_{2,q+1} & \cdots & x_{2p} \\ 1 & x_{31} & \cdots & x_{3q} & \vdots & x_{3,q+1} & \cdots & x_{3p} \\ \vdots & \vdots & & \vdots & \vdots & \vdots & & \vdots \\ 1 & x_{n1} & \cdots & x_{nq} & \vdots & x_{n,q+1} & \cdots & x_{np} \end{pmatrix} = (X_1 \vdots X_2)$$

$\hat{\boldsymbol{\beta}} = (X^\top X)^{-1}X^\top\mathbf{y}$를 구하고 이를 분할하여 $\hat{\boldsymbol{\beta}}^\top = (\hat{\boldsymbol{\beta}}_1^\top, \hat{\boldsymbol{\beta}}_2^\top)$라 하자. $\hat{\boldsymbol{\beta}}_1^\top = (\hat{\beta}_0, \hat{\beta}_1, \hat{\beta}_2, \cdots,$ $\hat{\beta}_q)$이고 $\hat{\boldsymbol{\beta}}_2^\top = (\hat{\beta}_{q+1}, \cdots, \hat{\beta}_p)$이다. 여기서 우리가 보이고자 하는 것은 만약

$$X_1^\top X_2 = O_{(q+1)\times(p-q)} \text{ (따라서 } X_2^\top X_1 = O_{(p-q)\times(q+1)}) \tag{8.15}$$

이면(즉, X_1의 모든 열과 X_2의 모든 열은 서로 직교한다), 다음이 성립한다는 것이다.

$$SS(\hat{\boldsymbol{\beta}}_1, \hat{\boldsymbol{\beta}}_2) = SS(\hat{\boldsymbol{\beta}}_1) + SS(\hat{\boldsymbol{\beta}}_2) \tag{8.16}$$

$$SS(\hat{\boldsymbol{\beta}}_1 \mid \hat{\boldsymbol{\beta}}_2) = SS(\hat{\boldsymbol{\beta}}_1) \tag{8.17}$$

$$SS(\hat{\boldsymbol{\beta}}_2 \mid \hat{\boldsymbol{\beta}}_1) = SS(\hat{\boldsymbol{\beta}}_2) \tag{8.18}$$

위의 관계를 증명하기 위하여 중회귀모형을

$$\mathbf{y} = X\boldsymbol{\beta} + \boldsymbol{\epsilon} = X_1\boldsymbol{\beta}_1 + X_2\boldsymbol{\beta}_2 + \boldsymbol{\epsilon}$$

로 표현하면 정규방정식, $X^\top X\hat{\boldsymbol{\beta}} = X^\top\mathbf{y}$는

$$\begin{pmatrix} X_1^\top X_1 & X_1^\top X_2 \\ X_2^\top X_1 & X_2^\top X_2 \end{pmatrix}\begin{pmatrix} \hat{\boldsymbol{\beta}}_1 \\ \hat{\boldsymbol{\beta}}_2 \end{pmatrix} = \begin{pmatrix} X_1^\top\mathbf{y} \\ X_2^\top\mathbf{y} \end{pmatrix} \tag{8.19}$$

이 된다. 만약 $X_1^\top X_2 = O_{(q+1)\times(p-q)}$, $X_2^\top X_1 = O_{(p-q)\times(q+1)}$ 이면 $\hat{\boldsymbol{\beta}}_1$과 $\hat{\boldsymbol{\beta}}_2$는

$$\begin{pmatrix} \hat{\boldsymbol{\beta}}_1 \\ \hat{\boldsymbol{\beta}}_2 \end{pmatrix} = \begin{pmatrix} X_1^\top X_1 & O_{(p-q)\times(q+1)} \\ O_{(p-q)\times(q+1)} & X_2^\top X_2 \end{pmatrix}^{-1} \begin{pmatrix} X_1^\top \mathbf{y} \\ X_2^\top \mathbf{y} \end{pmatrix} = \begin{pmatrix} (X_1^\top X_1)^{-1} X_1^\top \mathbf{y} \\ (X_2^\top X_2)^{-1} X_2^\top \mathbf{y} \end{pmatrix} \quad (8.20)$$

이 되어 $\hat{\boldsymbol{\beta}}_1 = (X_1^\top X_1)^{-1} X_1^\top \mathbf{y}$이고 $\hat{\boldsymbol{\beta}}_2 = (X_2^\top X_2)^{-1} X_2^\top \mathbf{y}$이며, 이것은 회귀모형 $\mathbf{y} = X_1\boldsymbol{\beta}_1 + \boldsymbol{\epsilon}$과 $\mathbf{y} = X_2\boldsymbol{\beta}_2 + \boldsymbol{\epsilon}$을 개별적으로 적합시켜서 얻어지는 $\boldsymbol{\beta}_1$과 $\boldsymbol{\beta}_2$의 추정과 동일하다. 식 (8.20)의 결과로부터 $SS(\hat{\boldsymbol{\beta}}_1) = \hat{\boldsymbol{\beta}}_1^\top X_1^\top \mathbf{y}$이고 $SS(\hat{\boldsymbol{\beta}}_2) = \hat{\boldsymbol{\beta}}_2^\top X_2^\top \mathbf{y}$임을 알 수 있다. 따라서

$$\begin{aligned} SS(\hat{\boldsymbol{\beta}}) &= SS(\hat{\boldsymbol{\beta}}_1, \hat{\boldsymbol{\beta}}_2) = \hat{\boldsymbol{\beta}}^\top X^\top \mathbf{y} = (\hat{\boldsymbol{\beta}}_1^\top, \hat{\boldsymbol{\beta}}_2^\top)(X_1, X_2)^\top \mathbf{y} \\ &= (\hat{\boldsymbol{\beta}}_1^\top, \hat{\boldsymbol{\beta}}_2^\top) \begin{pmatrix} X_1^\top \mathbf{y} \\ X_2^\top \mathbf{y} \end{pmatrix} = \hat{\boldsymbol{\beta}}_1^\top X_1^\top \mathbf{y} + \hat{\boldsymbol{\beta}}_2^\top X_2^\top \mathbf{y} \\ &= SS(\hat{\boldsymbol{\beta}}_1) + SS(\hat{\boldsymbol{\beta}}_2) \end{aligned}$$

이 성립되어 식 (8.16)은 증명되었으며, 식 (8.17)와 (8.18)도 쉽게 성립됨을 보일 수 있다.

$$SS(\hat{\boldsymbol{\beta}}_1 \mid \hat{\boldsymbol{\beta}}_2) = SS(\hat{\boldsymbol{\beta}}_1, \hat{\boldsymbol{\beta}}_2) - SS(\hat{\boldsymbol{\beta}}_2) = SS(\hat{\boldsymbol{\beta}}_1)$$
$$SS(\hat{\boldsymbol{\beta}}_2 \mid \hat{\boldsymbol{\beta}}_1) = SS(\hat{\boldsymbol{\beta}}_1, \hat{\boldsymbol{\beta}}_2) - SS(\hat{\boldsymbol{\beta}}_1) = SS(\hat{\boldsymbol{\beta}}_2)$$

위의 결과들은 X_1과 X_2가 서로 직교하기 때문에 이루어지는 결과이다. 여기서 유의하여야 할 사항은, X_1과 X_2가 직교하면 충분하지 X_1내의 열(column)들끼리는 서로 직교할 필요가 없으며 X_2의 열들끼리도 서로 직교할 필요는 없다.

위의 결과는 X를 둘로 분할하였을 경우만이 아니라, q개로 분할되었을 때에도 성립한다. 즉

$$\mathbf{y} = X\boldsymbol{\beta} + \boldsymbol{\epsilon} = X_1\boldsymbol{\beta}_1 + X_2\boldsymbol{\beta}_2 + \cdots + X_q\boldsymbol{\beta}_q + \boldsymbol{\epsilon}$$

여기에서 $X = (X_1, X_2, \cdots, X_q)$, $\boldsymbol{\beta}^\top = (\boldsymbol{\beta}_1^\top, \boldsymbol{\beta}_2^\top, \cdots, \boldsymbol{\beta}_q^\top)$으로 분할된 것이다. $\boldsymbol{\beta}$를 추정하기 위한 정규방정식 $X^\top X\hat{\boldsymbol{\beta}} = X^\top \mathbf{y}$로부터 얻어진 $\hat{\boldsymbol{\beta}}$를

$$\hat{\boldsymbol{\beta}} = \begin{pmatrix} \hat{\boldsymbol{\beta}}_1 \\ \hat{\boldsymbol{\beta}}_2 \\ \vdots \\ \hat{\boldsymbol{\beta}}_q \end{pmatrix}$$

로 나타내기로 하자. $X^\top X\hat{\boldsymbol{\beta}} = X^\top \mathbf{y}$를 다시 표현하면,

$$\begin{pmatrix} X_1^\top X_1 & X_1^\top X_2 & X_1^\top X_3 & \dots & X_1^\top X_q \\ X_2^\top X_1 & X_2^\top X_2 & X_2^\top X_3 & \dots & X_2^\top X_q \\ X_3^\top X_1 & X_3^\top X_2 & X_3^\top X_3 & \dots & X_3^\top X_q \\ \vdots & \vdots & \vdots & & \vdots \\ X_q^\top X_1 & X_q^\top X_2 & X_q^\top X_3 & \dots & X_q^\top X_q \end{pmatrix} \begin{pmatrix} \hat{\boldsymbol{\beta}}_1 \\ \hat{\boldsymbol{\beta}}_2 \\ \hat{\boldsymbol{\beta}}_3 \\ \vdots \\ \hat{\boldsymbol{\beta}}_q \end{pmatrix} = \begin{pmatrix} X_1^\top \mathbf{y} \\ X_2^\top \mathbf{y} \\ X_3^\top \mathbf{y} \\ \vdots \\ X_q^\top \mathbf{y} \end{pmatrix}$$

이 되며, 만약 $X_i^\top X_j = O(i \neq j)$ 이면 우리는 쉽게

$$\hat{\boldsymbol{\beta}}_j = (X_j^\top X_j)^{-1} X_j^\top \mathbf{y}$$
$$SS(\hat{\boldsymbol{\beta}}_j) = \hat{\boldsymbol{\beta}}_j^\top X_j^\top \mathbf{y}$$

임을 유도할 수 있으며, 또한

$$\begin{aligned} SS(\hat{\boldsymbol{\beta}}) &= SS(\hat{\boldsymbol{\beta}}_1) + SS(\hat{\boldsymbol{\beta}}_2) + \cdots + SS(\hat{\boldsymbol{\beta}}_q) \\ &= \hat{\boldsymbol{\beta}}_1^\top X_1^\top \mathbf{y} + \hat{\boldsymbol{\beta}}_2^\top X_2^\top \mathbf{y} + \cdots + \hat{\boldsymbol{\beta}}_q^\top X_q^\top \mathbf{y} \\ SS(\hat{\boldsymbol{\beta}}_j \mid \hat{\boldsymbol{\beta}}_i) &= SS(\hat{\boldsymbol{\beta}}_j) \quad \text{단, } j \neq i \end{aligned}$$

이 성립함을 보일 수 있다. 따라서 $X_i^\top X_j = O\ (i \neq j)$ 이면 $\boldsymbol{\beta}_i$의 추정은 $\boldsymbol{\beta}_j (j \neq i)$의 항들이 모형에 같이 포함되어 있으나 없으나 아무런 영향을 받지 않는다.

예 8.1

다음과 같은 데이터에 대하여 중회귀모형, $y_i = \beta_0 + \beta_1 x_{i1} + \beta_2 x_{i2} + \beta_3 x_{i3} + \epsilon_i$을가정한다.

y	7	8	10	15	18	26
x_1	1	2	3	1	2	3
x_2	−1	−1	−1	1	1	1
x_3	−1	0	1	1	0	−1

(1) 수정항을 빼지 않은 분산분석표를 작성하라([표 8.1]을 참조).

(2) 추가제곱합 $SS(\hat{\beta}_1 \mid \hat{\beta}_0, \hat{\beta}_2, \hat{\beta}_3)$ 을 구하고 $H_0 : \beta_1 = 0$을 식 (8.11)의 F-검정으로 가설검정하시오.

(3) X행렬을 다음과 같이 분할하고

$$X = \begin{pmatrix} 1 & 1 & \vdots & -1 & -1 \\ 1 & 2 & \vdots & -1 & 0 \\ 1 & 3 & \vdots & -1 & 1 \\ 1 & 1 & \vdots & 1 & 1 \\ 1 & 2 & \vdots & 1 & 0 \\ 1 & 3 & \vdots & 1 & -1 \end{pmatrix} = (X_1, X_2)$$

중회귀모형을

$$\mathbf{y} = X\boldsymbol{\beta} + \boldsymbol{\epsilon} = X_1\boldsymbol{\beta}_1 + X_2\boldsymbol{\beta}_2 + \boldsymbol{\epsilon} = X_1 \begin{pmatrix} \beta_0 \\ \beta_1 \end{pmatrix} + X_2 \begin{pmatrix} \beta_2 \\ \beta_3 \end{pmatrix} + \boldsymbol{\epsilon}$$

으로 표현할 때 다음의 결과를 보이시오.

$$SS(\hat{\boldsymbol{\beta}}) = SS(\hat{\boldsymbol{\beta}}_1) + SS(\hat{\boldsymbol{\beta}}_2)$$
$$SS(\hat{\boldsymbol{\beta}}_1 \mid \hat{\boldsymbol{\beta}}_2) = SS(\hat{\boldsymbol{\beta}}_1)$$
$$SS(\hat{\boldsymbol{\beta}}_2 \mid \hat{\boldsymbol{\beta}}_1) = SS(\hat{\boldsymbol{\beta}}_2)$$

위에서 $\hat{\boldsymbol{\beta}}^\top = (\hat{\beta}_1, \hat{\beta}_0, \hat{\beta}_2, \hat{\beta}_3)$, $\hat{\boldsymbol{\beta}}_1^\top = (\hat{\beta}_0, \hat{\beta}_1)$이고 $\hat{\boldsymbol{\beta}}_2^\top = (\hat{\beta}_2, \hat{\beta}_3)$이다.

풀이

$$X^\top X = \begin{pmatrix} 6 & 12 & 0 & 0 \\ 12 & 28 & 0 & 0 \\ 0 & 0 & 6 & 0 \\ 0 & 0 & 0 & 4 \end{pmatrix}$$

$$(X^\top X)^{-1} = \begin{pmatrix} 1.16667 & -0.5 & 0 & 0 \\ -0.5 & 0.25 & 0 & 0 \\ 0 & 0 & 0.16667 & 0 \\ 0 & 0 & 0 & 0.25 \end{pmatrix}$$

$$X^\top \mathbf{y} = \begin{pmatrix} 84 \\ 182 \\ 34 \\ -8 \end{pmatrix}, \quad \hat{\boldsymbol{\beta}} = (X^\top X)^{-1} X^\top \mathbf{y} = \begin{pmatrix} 7.0 \\ 3.5 \\ 5.667 \\ -2.0 \end{pmatrix} = \begin{pmatrix} \hat{\beta}_0 \\ \hat{\beta}_1 \\ \hat{\beta}_2 \\ \hat{\beta}_3 \end{pmatrix}$$

따라서, 추정된 회귀방정식은

$$\hat{y} = 7.0 + 3.5x_1 + 5.667x_2 - 2.0x_3$$

이 된다.

(1) 수정항을 빼지 않고 관련된 제곱합을 구하여 분산분석표를 만들면 다음과 같다.

$$SST = \mathbf{y}^\top \mathbf{y} = 1438$$
$$SSR = \hat{\boldsymbol{\beta}}^\top X^\top \mathbf{y} = 1433.678$$
$$SSE = \mathbf{y}^\top \mathbf{y} - \hat{\boldsymbol{\beta}}^\top X^\top \mathbf{y} = 4.322$$

요인	제곱합	자유도	평균제곱	F_0
회귀	1433.678	4	358.420	165.858
잔차	4.322	2	2.161	
계	1438	6		

그런데, $F_{0.05}(4, 2) = 19.25$이므로 회귀제곱합은 유의할 정도로 크다고 볼 수 있으며, 가정된 회귀모형은 적절하다고 판단할 수 있다.

(2) $SS(\hat{\beta}_1 \mid \hat{\beta}_0, \hat{\beta}_2, \hat{\beta}_3) = SS(\hat{\beta}_0, \hat{\beta}_1, \hat{\beta}_2, \hat{\beta}_3) - SS(\hat{\beta}_0, \hat{\beta}_2, \hat{\beta}_3)$이므로 $SS(\hat{\beta}_0, \hat{\beta}_1, \hat{\beta}_2, \hat{\beta}_3) = SS(\hat{\boldsymbol{\beta}}) = \hat{\boldsymbol{\beta}}^\top X^\top \mathbf{y} = 1433.678$은 이미 구했으나 $SS(\hat{\beta}_0, \hat{\beta}_2, \hat{\beta}_3)$는 축소된 모형, $y_i = \beta_0 + \beta_2 x_{i2} + \beta_3 x_{i3} + \epsilon_i$를 다시 적합해야 한다.

$$X = \begin{pmatrix} 1 & -1 & -1 \\ 1 & -1 & 0 \\ 1 & -1 & 1 \\ 1 & 1 & 1 \\ 1 & 1 & 0 \\ 1 & 1 & -1 \end{pmatrix} \quad X^\top X = \begin{pmatrix} 6 & 0 & 0 \\ 0 & 6 & 0 \\ 0 & 0 & 4 \end{pmatrix}$$

$$(X^\top X)^{-1} = \begin{pmatrix} 0.16667 & 0 & 0 \\ -0.5 & 0.16667 & 0 \\ 0 & 0 & 0.16667 \end{pmatrix} \quad X^\top \mathbf{y} = \begin{pmatrix} 84 \\ 34 \\ -8 \end{pmatrix}$$

$$\hat{\boldsymbol{\beta}} = (X^\top X)^{-1} X^\top \mathbf{y} = \begin{pmatrix} 14 \\ 5.667 \\ -2 \end{pmatrix}$$

따라서,

$$SS(\hat{\beta}_0, \hat{\beta}_2, \hat{\beta}_3) = \hat{\boldsymbol{\beta}}^\top X^\top \mathbf{y} = 1384.678$$
$$SS(\hat{\beta}_1 \mid \hat{\beta}_0, \hat{\beta}_2, \hat{\beta}_3) = SS(\hat{\beta}_0, \hat{\beta}_1, \hat{\beta}_2, \hat{\beta}_3) - SS(\hat{\beta}_0, \hat{\beta}_2, \hat{\beta}_3)$$
$$= 1433.678 - 1384.678 = 49.0$$

가 된다. 가설,

$$H_0 : \beta_1 = 0 \qquad H_0 : \beta_1 \neq 0$$

의 검정은 검정통계량 식 (8.11)의 값이

$$F_0 = \frac{SS(\hat{\beta}_1 \mid \hat{\beta}_0, \hat{\beta}_2, \hat{\beta}_3)}{MSE} = \frac{49.0}{2.161} = 22.67$$

이므로, 귀무가설 $H_0 : \beta_1 = 0$을 기각할 수 있다.

(3)

$$X_1^\top X_2 = \begin{pmatrix} 1 & 1 & 1 & 1 & 1 & 1 \\ 1 & 2 & 3 & 1 & 2 & 3 \end{pmatrix} \begin{pmatrix} -1 & -1 \\ -1 & 0 \\ -1 & 1 \\ 1 & 1 \\ 1 & 0 \\ 1 & -1 \end{pmatrix} = \begin{pmatrix} 0 & 0 \\ 0 & 0 \end{pmatrix}$$

$$X_2^\top X_1 = (X_1^\top X_2)^{-1} = \begin{pmatrix} 0 & 0 \\ 0 & 0 \end{pmatrix}$$

이므로

$$\hat{\beta}_1 = \begin{pmatrix} \hat{\beta}_0 \\ \hat{\beta}_1 \end{pmatrix} (X_1^\top X_1)^{-1} X_1^\top \mathbf{y} = \begin{pmatrix} 1.16667 & -0.5 \\ -0.5 & 0.25 \end{pmatrix} \begin{pmatrix} 84 \\ 182 \end{pmatrix} = \begin{pmatrix} 7.0 \\ 3.5 \end{pmatrix}$$

$$\hat{\beta}_2 = \begin{pmatrix} \hat{\beta}_2 \\ \hat{\beta}_3 \end{pmatrix} (X_2^\top X_2)^{-1} X_2^\top \mathbf{y} = \begin{pmatrix} 1.16667 & 0 \\ 0 & 0.25 \end{pmatrix} \begin{pmatrix} 34 \\ -8 \end{pmatrix} = \begin{pmatrix} 5.667 \\ -2.0 \end{pmatrix}$$

으로 분할하지 않고 구한 $\hat{\beta}_0, \hat{\beta}_1, \hat{\beta}_2, \hat{\beta}_3$의 값과 동일하다. 또한

$$SS(\hat{\beta}_0, \hat{\beta}_1) = SS(\hat{\boldsymbol{\beta}}_1) = \hat{\boldsymbol{\beta}}_1^\top X_1^\top \mathbf{y} = 1225$$
$$SS(\hat{\beta}_2, \hat{\beta}_3) = SS(\hat{\boldsymbol{\beta}}_2) = \hat{\boldsymbol{\beta}}_2^\top X_2^\top \mathbf{y} = 208.678$$

이 되어

$$SS(\hat{\boldsymbol{\beta}}) = SS(\hat{\boldsymbol{\beta}}_1) + SS(\hat{\boldsymbol{\beta}}_2)$$
$$SS(\hat{\boldsymbol{\beta}}_1 \mid \hat{\boldsymbol{\beta}}_2) = SS(\hat{\boldsymbol{\beta}}) - SS(\hat{\boldsymbol{\beta}}_2) = SS(\hat{\boldsymbol{\beta}}_1)$$
$$SS(\hat{\boldsymbol{\beta}}_2 \mid \hat{\boldsymbol{\beta}}_1) = SS(\hat{\boldsymbol{\beta}}) - SS(\hat{\boldsymbol{\beta}}_1) = SS(\hat{\boldsymbol{\beta}}_2)$$

임을 쉽게 보일 수 있다.

8.2 부분 F-검정과 축차 F-검정

식 (8.7)의 추가제곱합에서 x_j를 제외한 모든 변수들은 이미 모형에 포함되어 있고 x_j를 포함시킬 필요가 있는가 없는가를 검정하고 싶다 하자. 이 때, x_j를 추가함으로써 증가하는 추가제곱합은

$$SS(\hat{\beta}_j \mid \hat{\beta}_0, \hat{\beta}_1, \cdots, \hat{\beta}_{j-1}, \hat{\beta}_{j+1}, \cdots, \hat{\beta}_p) \quad (8.21)$$

이며 하나의 자유도를 갖는다. 이 가설검정의 가설은

$$H_0 : \beta_j = 0 \qquad H_1 : \beta_j \neq 0$$

이 되며, 검정통계량의 값은 식 (8.11)로부터

$$F_0 = \frac{SS(\hat{\beta}_j \mid \hat{\beta}_0, \hat{\beta}_1, \cdots, \hat{\beta}_{j-1}, \hat{\beta}_{j+1}, \cdots, \hat{\beta}_p)}{MSE} \tag{8.22}$$

이고, 만약 $F_0 > F_\alpha(1, n-p-1)$이면 귀무가설은 기각되어 변수 x_j는 모형에 포함시켜야 할 것이다. 이와 같은 검정을 부분 F-검정(partial F-test)이라고 부른다.

부분 F-검정은 중회귀분석에 포함된 변수의 수가 과다하게 많다고 생각될 때에 중요하지 않은 변수를 제거시키는 방법에 활용할 수 있다. 한 가지 방법으로 모든 j에 대하여 식 (8.22)의 F_0의 값을 구하고, 이 가운데 가장 작은 F_0의 값을 주는 j를 택하여 변수 x_j를 제거시킨다. 이 때 F-검정 결과 귀무가설 $H_0: \beta_j = 0$을 기각할 수 없는 경우여야 한다. 똑같은 방법으로 나머지 변수들 중에서 또 하나의 변수를 제거하며, 이와 같은 방법을 계속하다가 제거하려고 택한 변수 x_j에 대한 귀무가설 $H_0: \beta_j = 0$을 기각하게 되면, 이 변수는 제거할 수 없으며 남아 있는 변수들은 모두 중요한 변수가 된다. 여기서 변수제거작업은 중단된다. 뒤에 변수선택(selection of variables)에 관하여 논의할 때에 다시 자세히 다루도록 하겠다.

부분 F-검정은 7장에서 소개한 가설검정 $H_0: C\boldsymbol{\beta} = \mathbf{m}$의 특수한 경우라고 볼 수 있으며, 방법 I과 II에서 가설 $H_0: \beta_j = 0$을 어떻게 다룰 수 있는지 살펴보자. 먼저, 방법 I은 $C = (0, 0, \cdots, 1, 0, \cdots, 0)$으로서 $(j+1)$번째에 1을 쓰고 나머지는 모두 0인 벡터이고, $\mathbf{m}$은 $\mathbf{0}$에 해당된다. 이 때 식 (7.32)의 Q의 값이 바로 추가제곱합 $SS(\hat{\beta}_j \mid \hat{\beta}_0, \hat{\beta}_1, \cdots, \hat{\beta}_{j-1}, \hat{\beta}_{j+1}, \hat{\beta}_p)$가 된다.

방법 II를 사용하게 되면 완전모형과 축소모형으로

$$y = \beta_0 + \sum_{j=1}^{p} \beta_j x_j + \epsilon \quad \text{(완전모형)}$$

$$y = \alpha_0 + \sum_{\substack{k=1 \\ k \neq j}}^{p} \alpha_k x_k + \epsilon \quad \text{(축소모형)}$$

이 되며, $SST = SSR(F) + SSE(F) = SSR(R) + SSE(R)$이므로 식 (7.36)의 분자에 있는 잔차제곱합의 차이는

$$\begin{aligned} & SSE(R) - SSE(F) = SSR(F) - SSR(R) \\ & = SS(\hat{\beta}_1, \hat{\beta}_2, \cdots, \hat{\beta}_p \mid \hat{\beta}_0) - SS(\hat{\alpha}_1, \hat{\alpha}_2, \cdots, \hat{\alpha}_{j-1}, \hat{\alpha}_{j+1}, \cdots, \hat{\alpha}_p \mid \hat{\alpha}_0) \\ & = SS(\hat{\beta}_0, \hat{\beta}_1, \hat{\beta}_2, \cdots, \hat{\beta}_p) - SS(\hat{\alpha}_0, \hat{\alpha}_1, \cdots, \hat{\alpha}_{j-1}, \hat{\alpha}_{j+1}, \cdots, \hat{\alpha}_k) \\ & = SS(\hat{\beta}_j \mid \hat{\beta}_0, \hat{\beta}_1, \cdots, \hat{\beta}_{j-1}, \hat{\beta}_{j+1}, \cdots, \hat{\beta}_p) \end{aligned}$$

로서 추가제곱합과 일치한다.

다음으로, p개의 설명변수가 있을 때 우리가 적절한 회귀모형을 선택하려고 한다. 중요한 변수를 결정하여 하나씩 하나씩 모형에 추가하기로 하고, 먼저 $SS(\hat{\beta}_j \mid \hat{\beta}_0)$, $j = 1, 2, \cdots, p$를 구한 후 부분 F-검정을 거쳐 유의한 것 중에서 가장 큰 추가 제곱합을 갖는 변수

를 선택한다. 이 선택된 변수를 x_1이라 하자. 다음 단계로 $SS(\hat{\beta}_j \mid \hat{\beta}_0, \hat{\beta}_1)$, $(j = 2, 3, \cdots, p)$를 구하고 같은 방법으로 가장 큰 기여를 하는 변수를 선택한다. 이와 같은 방법으로 축차적(sequentially)으로 F-검정을 거쳐서 변수를 차례로 선택하여 가는 방법이 흔히 쓰이며 여기에 사용되는 F-검정을 축차 F-검정(sequential F-test)이라고 부른다.

$SS(\hat{\beta}_j \mid \hat{\beta}_0, \hat{\beta}_1)$의 F-검정에서는 추가제곱합은

$$SS(\hat{\beta}_j \mid \hat{\beta}_0, \hat{\beta}_1) = SS(\hat{\beta}_0, \hat{\beta}_1, \hat{\beta}_j) - SS(\hat{\beta}_0, \hat{\beta}_1)$$

에 의하여 구하며, 자유도는 1이다. 이 때에 MSE는 모형 $y_i = \beta_0 + \beta_1 x_{i1} + \beta_i x_{ij} + \epsilon_i$의 잔차제곱합($SSE$)을 자유도 $n - 3$으로 나눈 것이다. 즉 검정통계량의 값은

$$F_0 = \frac{SS(\hat{\beta}_j \mid \hat{\beta}_0, \hat{\beta}_1)}{MSE}$$

이며, F의 기각치는 $F_\alpha(1, n - 3)$이다. 만약 'β_j'열과 'β_0','β_1'의 열들이 서로 직교한다면 $SS(\hat{\beta}_j \mid \hat{\beta}_0, \hat{\beta}_1)$은 $SS(\hat{\beta}_j)$와 같기 때문에 모형 $y_i = \beta_j x_{ij} + \epsilon_i$ 로부터 회귀제곱합(SSR)을 구하면 $SS(\hat{\beta}_j \mid \hat{\beta}_0, \hat{\beta}_1)$이 될 것이다.

축차 F-검정에서는 매 단계(each stage)마다 완전모형이 변하며 따라서 MSE의 값도 달라지게 된다. 그런데 부분 F-검정이 F-검정으로서 타당성을 지니기 위해서는 MSE가 오차항의 분산 σ^2에 대한 불편추정량이 되어야 하고, 이를 조금 더 엄밀하게 표현하면 $\frac{1}{\sigma^2}SSE$가 χ^2분포를 따르고 이의 비중심도는 0이 되어야 한다. 따라서 완전모형으로 사용하는 모형이 충분히 큰 모형이어서 자료의 참 모형(true model)을 포함하고 있지 않으면 축차 F-검정을 적용할 수 없다.

8.3 변수의 표준화

다음의 데이터에 대하여 중회귀분석을 고려해 보자.

y	상수항	x_1	x_2	$\cdots$	x_p
y_1	1	x_{11}	x_{12}	$\cdots$	x_{1p}
y_2	1	x_{21}	x_{22}	$\cdots$	x_{2p}
$\vdots$	$\vdots$	$\vdots$	$\vdots$		$\vdots$
y_n	1	x_{n1}	x_{n2}	$\cdots$	x_{np}
$\bar{y}$	1	$\bar{x}_1$	$\bar{x}_2$		$\bar{x}_p$

우리가 이제까지 사용하여 온 회귀모형은

$$y = \beta_0 + \beta_1 x_1 + \beta_2 x_2 + \cdots + \beta_p x_p + \epsilon \tag{8.23}$$

이었다. 이 모형을 다음과 같이 바꿔 써 보자.

$$
\begin{aligned}
y &= (\beta_0 + \beta_1\bar{x}_1 + \beta_2\bar{x}_2 + \cdots + \beta_p\bar{x}_p) \\
&\quad + \beta_1(x_1 - \bar{x}_1) + \beta_2(x_2 - \bar{x}_2) + \cdots + \beta_p(x_p - \bar{x}_p) + \epsilon
\end{aligned} \tag{8.24}
$$

여기서 $\beta_0' = \beta_0 + \beta_1\bar{x}_1 + \cdots + \beta_p\bar{x}_p$, $w_j = x_j - \bar{x}_j$로 각각 놓으면 식 (8.24)는

$$y = \beta_0' + \beta_1 w_1 + \beta_2 w_2 + \cdots + \beta_p w_p + \epsilon \tag{8.25}$$

이 된다. 식 (8.25)에 대하여 정규방정식을 만들어서 첫 번째 방정식을 보면

$$n\hat{\beta}_0' + \hat{\beta}_1\sum w_{i1} + \hat{\beta}_2\sum w_{i2} + \cdots + \hat{\beta}_p\sum w_{ip} = \sum y_j$$

이며, n으로 나누어 보면

$$\hat{\beta}_0' + \hat{\beta}_1\bar{w}_1 + \hat{\beta}_2\bar{w}_2 + \cdots + \hat{\beta}_p\bar{w}_p = \bar{y}$$

이 된다. 그런데,

$$\bar{w}_j = \frac{1}{n}\sum_i w_{ij} = \frac{1}{n}\sum_i (x_{ij} - x_j) = 0$$

이므로

$$\hat{\beta}_0' = \bar{y} \tag{8.26}$$

이 되며, 이것은 $\hat{\beta}_1, \hat{\beta}_2, \cdots, \hat{\beta}_p$의 값이 무엇이 되든지 관계없이 β_0'의 추정값은 $\bar{y}$라는 의미이다. 따라서, 식 (8.25)에서 β_0' 을 없애고 대신에

$$y - \bar{y} = \beta_1 w_1 + \beta_1 w_2 + \cdots + \beta_p w_p + \epsilon' \tag{8.27}$$

과 같은 중회귀모형을 사용할 수 있으며, 행렬 X의 크기가 $n\times(p+1)$에서 $n\times p$로 줄어들게 되어 $X^\top X$의 계수(rank)는 $p+1$이 아니라 p가 되고, 계산상의 노력이 줄어들게 된다.

식 (8.25)는 단순회귀에서는

$$y = \beta_0' + \beta_1(x - \bar{x}) + \epsilon$$

이 되어, 대체모형 식 (3.6)이 된다. 또한 식 (8.27)은 단순회귀의 추정에서는 식 (3.16)의 형태 $\hat{y} - \bar{y} = \hat{\beta}_1(x - \bar{x})$를 갖게 된다. 식 (8.27)이 갖는 정규방정식의 $X^\top X$는

$$
\begin{pmatrix}
\sum w_{i1}^2 & \sum w_{i1}w_{i2} & \sum w_{i1}w_{i3} & \ldots & \sum w_{i1}w_{ip} \\
 & \sum w_{i2}^2 & \sum w_{i2}w_{i3} & \ldots & \sum w_{i2}w_{ip} \\
 & & \sum w_{i3}^2 & \ldots & \sum w_{i3}w_{ip} \\
 & & & & \vdots \\
 & & & & \sum w_{ip}^2
\end{pmatrix} \tag{8.28}
$$

가 되며,

$$\sum_i w_{ij} w_{il} = \sum_i (x_{ij} - \bar{x}_j)(x_{il} - \bar{x}_l) = S_{jl}, \quad j, l = 1, 2, \cdots, p \tag{8.29}$$

로 놓고 변수변환(transformation of variables),

$$Z_{ij} = \frac{w_{ij}}{\sqrt{S_{jj}}} = \frac{x_{ij} - \bar{x}_j}{\sqrt{S_{jj}}}, \quad j = 1, 2, \cdots, p \tag{8.30}$$

$$y_i^* = \frac{y_i - \bar{y}}{\sqrt{S_{yy}}}, \text{ 여기서 } S_{yy} = \sum (y_i - \bar{y})^2 \tag{8.31}$$

을 하면, 식 (8.27)은

$$y_i - \bar{y} = \beta_1 w_{i1} + \beta_2 w_{i2} + \cdots + \beta_p w_{ip} + \epsilon_i'$$

$$\Rightarrow y_i^* \sqrt{S_{yy}} = \beta_1 \sqrt{S_{11}}\, Z_{i1} + \beta_2 \sqrt{S_{22}}\, Z_{i2} + \cdots + \beta_p \sqrt{S_{pp}}\, Z_{ip} + \epsilon_i'$$

$$\Rightarrow y_i^* = \beta_1 \sqrt{\frac{S_{11}}{S_{yy}}}\, Z_{i1} + \beta_2 \sqrt{\frac{S_{22}}{S_{yy}}}\, Z_{i2} + \cdots + \beta_p \sqrt{\frac{S_{pp}}{S_{yy}}}\, Z_{ip} + \epsilon_i''$$

가 되어, 이를 간편하게 첨자 i를 빼고

$$y^* = \alpha_1 Z_1 + \alpha_2 Z_2 + \cdots + \alpha_k Z_k + \epsilon'' \tag{8.32}$$

로 쓸 수 있다. 여기서 $\alpha_j = \beta_j \sqrt{\frac{S_{jj}}{S_{yy}}}$ 이다.

식 (8.30)과 (8.31)에서 정의된 변수 Z_j와 y^*를 표준화된 변수(standardized variables)라고 부르며 그 특징은

$$\sum_{i=1}^{n} Z_{ij}^2 = 1, \quad j = 1, 2, \cdots, p$$

$$\sum_{i=1}^{n} (y_i^*)^2 = 1$$

이 된다는 것이며, 이 변수들을 사용하는 회귀모형은 흥미있는 성질을 가지고 있다. 예를 들어

$$\sum_i Z_{i1} Z_{i2} = \sum \frac{(x_{i1} - \bar{x}_1)}{\sqrt{S_{11}}} \cdot \frac{(x_{i2} - \bar{x}_2)}{\sqrt{S_{22}}}$$

$$= \frac{\sum_i (x_{i1} - \bar{x}_1)(x_{i2} - \bar{x}_2)}{\sqrt{S_{11} \cdot S_{22}}} = r_{12}$$

로 변수 Z_1과 Z_2의 표본상관계수(sample coefficient of correlation)이므로, 정규방정식에서 나타나는 행렬 $Z^\top Z$는

$$\begin{pmatrix} \sum Z_{i1}^2 & \sum Z_{i1}Z_{i2} & \sum Z_{i1}Z_{i3} & \ldots & \sum Z_{i1}Z_{ip} \\ & \sum Z_{i2}^2 & \sum Z_{i2}Z_{i3} & \ldots & \sum Z_{i2}Z_{ip} \\ & & \sum Z_{i3}^2 & \ldots & \sum Z_{i3}Z_{ip} \\ & & & & \vdots \\ & & & & \sum Z_{ip}^2 \end{pmatrix} = \begin{pmatrix} 1 & r_{12} & r_{13} & \ldots & r_{1p} \\ & 1 & r_{23} & \ldots & r_{2p} \\ & & 1 & \ldots & r_{3p} \\ & & & & \vdots \\ & & & & 1 \end{pmatrix} \quad (8.33)$$

가 되어 설명변수 $x_1, x_2, \cdots, x_p$ 간의 상관계수를 모두 알 수 있다. 이와 같은 $X^\top X$를 변수 Z들의 상관행렬(correlation matrix)이라고 부른다. 또 행렬 $Z^\top \mathbf{y}^*$는

$$\begin{pmatrix} \sum Z_{i1}y_i^* \\ \sum Z_{i2}y_i^* \\ \vdots \\ \sum Z_{ip}y_i^* \end{pmatrix} = \begin{pmatrix} \dfrac{\sum(x_{i1}-\bar{x}_1)(y_i-\bar{y})}{\sqrt{S_{11}\cdot S_{yy}}} \\ \dfrac{\sum(x_{i2}-\bar{x}_2)(y_i-\bar{y})}{\sqrt{S_{22}\cdot S_{yy}}} \\ \vdots \\ \dfrac{\sum(x_{ip}-\bar{x}_p)(y_i-\bar{y})}{\sqrt{S_{pp}\cdot S_{yy}}} \end{pmatrix} = \begin{pmatrix} r_{1y} \\ r_{2y} \\ \vdots \\ r_{ky} \end{pmatrix} \quad (8.34)$$

으로 y와 $x_1, x_2, \cdots, x_p$ 간의 상관계수를 나타내 준다. 식 (8.32)의 정규방정식은 α_j의 추정값을 $\hat{\alpha}_j$라 할 때

$$\begin{pmatrix} 1 & r_{12} & r_{13} & \ldots & r_{1p} \\ & 1 & r_{23} & \ldots & r_{2p} \\ & & 1 & \ldots & r_{3p} \\ & & & & \vdots \\ & & & & 1 \end{pmatrix} \begin{pmatrix} \hat{\alpha}_1 \\ \hat{\alpha}_2 \\ \hat{\alpha}_3 \\ \vdots \\ \hat{\alpha}_p \end{pmatrix} = \begin{pmatrix} r_{1y} \\ r_{2y} \\ r_{3y} \\ \vdots \\ r_{ky} \end{pmatrix} \quad (8.35)$$

가 된다. 여기서 얻은 $\hat{\alpha}_j$의 값으로부터 원래의 회귀모형의 계수인 식 (8.23)의 $\hat{\beta}_j$(β_j의 추정값)로 환원하고 싶으면

$$\alpha_j = \beta_j\sqrt{\frac{S_{jj}}{S_{yy}}}$$

의 관계로부터

$$\hat{\beta}_j = \hat{\alpha}_j\sqrt{\frac{S_{yy}}{S_{jj}}}, \quad j = 1, 2, \cdots, p \quad (8.36)$$

에 의하여 구할 수 있다. 그리고 $\hat{\beta}_0$은 $\beta_0' = \beta_0 + \beta_1\bar{x}_1 + \cdots + \beta_p\bar{x}_p$로부터

$$\hat{\beta}_0 = \bar{y} - \hat{\beta}_1\bar{x}_1 - \hat{\beta}_2\bar{x}_2 - \cdots - \hat{\beta}_p\bar{x}_p \quad (8.37)$$

가 된다. 설명변수의 수가 둘인 경우에 표준화된 변수를 사용한 모형을 생각하여 보자. 식 (8.32)로부터

$$y^* = \alpha_1 Z_1 + \alpha_2 Z_2 + \epsilon''$$

으로 표현하기로 하고, 식 (8.35)의 정규방정식을 써 보면

$$\begin{pmatrix} 1 & r_{12} \\ r_{12} & 1 \end{pmatrix} \begin{pmatrix} \hat{\alpha}_1 \\ \hat{\alpha}_2 \end{pmatrix} = \begin{pmatrix} r_{1y} \\ r_{2y} \end{pmatrix}$$

이며, $\hat{\alpha}_1$과 $\hat{\alpha}_2$에 대하여 풀면

$$\hat{\alpha}_1 = \frac{r_{1y} - r_{12} r_{2y}}{D}, \quad \hat{\alpha}_2 = \frac{r_{2y} - r_{12} r_{1y}}{D}$$

이며, $D = 1 - r_{12}^2$으로 상관행렬의 행렬식(determinant)이다. 여기서 $\mathrm{Var}(\epsilon'') = \sigma^2$이라 가정하고 $\hat{\alpha}_1$과 $\hat{\alpha}_2$의 분산을 살펴보자.

$$\mathrm{Var}\begin{pmatrix} \hat{\alpha}_1 \\ \hat{\alpha}_2 \end{pmatrix} = \begin{pmatrix} 1 & r_{12} \\ r_{12} & 1 \end{pmatrix}^{-1} \cdot \sigma^2 = \begin{pmatrix} \frac{1}{1 - r_{12}^2} & \frac{-r_{12}}{1 - r_{12}^2} \\ \frac{-r_{12}}{1 - r_{12}^2} & \frac{1}{1 - r_{12}^2} \end{pmatrix} \cdot \sigma^2$$

으로 $\mathrm{Var}(\hat{\alpha}_1) = \mathrm{Var}(\hat{\alpha}_2) = \dfrac{\sigma^2}{1 - r_{12}^2}$이며, 만약 x_1과 x_2간의 상관관계가 커서 $|r_{12}| = 1$에 가까우면 $D = 1 - r_{12}^2$의 값이 0에 접근하게 되며, $\hat{\alpha}_1$과 $\hat{\alpha}_2$의 분산이 엄청나게 커져 α_1과 α_2의 추정값으로서의 $\hat{\alpha}_1$과 $\hat{\alpha}_2$는 정도가 매우 나쁘게 된다. 후에 다시 논의하겠지만, 설명변수 간에 상관관계가 클 경우에는 일반적으로 사용하는 최소제곱추정법이 가장 좋은 방법은 아니다.

설명변수의 수가 p개인 경우의 추정문제에서도 상관행렬 식 (8.33)의 행렬식은 중요한 의미를 가지며, 행렬식이 0에 가까우면 회귀계수의 추정에 특별히 유의해야 한다.

예 8.2

다음과 같은 데이터가 있다.

y	7	8	10	15	18	19	14
x_1	1	2	3	4	5	6	7
x_2	−1	−1	−1	1	1	1	0
x_3	−1	0	1	−1	0	1	0

표준화된 데이터를 만들고, 식 (8.32)와 같은 중회귀모형을 적합하면서 변수 간의 상관관계를 고찰하고 추정된 회귀계수의 정도를 검토하시오.

풀이

먼저 각 변수의 제곱합을 계산하면 다음과 같다.

$$S_{yy} = \sum(y_i - \bar{y})^2 = 136$$
$$S_{11} = \sum(x_{i1} - \bar{x}_1)^2 = 28$$
$$S_{22} = \sum(x_{i2} - \bar{x}_2)^2 = 6$$
$$S_{33} = \sum(x_{i3} - \bar{x}_3)^2 = 4$$

이제

$$y_i^* = \frac{y_i - \bar{y}}{\sqrt{S_{yy}}}, \quad Z_{ij} = \frac{x_{ij} - \bar{x}_j}{\sqrt{S_{jj}}}, \quad j = 1, 2, 3$$

을 계산하여 정리하면 다음과 같다.

y^*	-0.514	-0.429	-0.257	0.171	0.429	0.814	0.086
Z_1	-0.567	-0.378	-0.189	0	0.189	0.378	0.567
Z_2	-0.408	-0.408	-0.408	0	0.408	0.408	0
Z_3	-0.5	0.00	-0.5	-0.5	0	0.5	0

$Z^\top Z$ 행렬과 $Z^\top \mathbf{y}^*$행렬은 각각 다음과 같다.

$$\begin{pmatrix} \sum Z_{i1}^2 & \sum Z_{i1}Z_{i2} & \sum Z_{i1}Z_{i3} \\ \sum Z_{i2}Z_{i1} & \sum Z_{i2}^2 & \sum Z_{i2}Z_{i3} \\ \sum Z_{i3}Z_{i1} & \sum Z_{i3}Z_{i2} & \sum Z_{i3}^2 \end{pmatrix} = \begin{pmatrix} 1 & r_{12} & r_{13} \\ r_{21} & 1 & r_{23} \\ r_{31} & r_{32} & 1 \end{pmatrix}$$
$$= \begin{pmatrix} 1 & 0.694 & 0.378 \\ 0.694 & 1 & 0 \\ 0.378 & 0 & 1 \end{pmatrix}$$

$$\begin{pmatrix} \sum Z_{i1}y_i^* \\ \sum Z_{i2}y_i^* \\ \sum Z_{i3}y_i^* \end{pmatrix} = \begin{pmatrix} r_{1j} \\ r_{2j} \\ r_{3j} \end{pmatrix} = \begin{pmatrix} 0.827 \\ 0.946 \\ 0.300 \end{pmatrix}$$

따라서, 설명변수 간에는 x_1과 x_2의 상관관계가 제일 크고, x_2와 x_3는 상관관계가 없다. 또 y와 x_1, x_2, x_3의 상관관계 중에서 x_2가 제일 크고, x_3가 제일 작다. 또한 x_1, x_2, x_3는 모두 y에 양의 상관관계를 가지고 있다. 상관관계로부터 우리는 x_2가 y를 설명하는 데 가장 큰 기여를 할 수 있으리라고 짐작할 수 있다.

다음으로 회귀계수의 추정은

$$\begin{pmatrix} \hat{\alpha}_1 \\ \hat{\alpha}_2 \\ \hat{\alpha}_3 \end{pmatrix} = \begin{pmatrix} 1 & r_{12} & r_{13} \\ r_{21} & 1 & r_{23} \\ r_{31} & r_{32} & 1 \end{pmatrix}^{-1} \begin{pmatrix} r_{1j} \\ r_{2j} \\ r_{3j} \end{pmatrix}$$

$$= \begin{pmatrix} 1 & 0.694 & 0.378 \\ 0.694 & 1 & 0 \\ 0.378 & 0 & 1 \end{pmatrix}^{-1} \cdot \begin{pmatrix} 0.827 \\ 0.946 \\ 0.300 \end{pmatrix}$$

$$= \begin{pmatrix} 2.633 & -1.848 & -1.007 \\ -1.848 & 2.283 & 0.699 \\ -1.007 & 0.699 & 1.381 \end{pmatrix} \begin{pmatrix} 0.827 \\ 0.946 \\ 0.300 \end{pmatrix} = \begin{pmatrix} 0.152 \\ 0.841 \\ 0.243 \end{pmatrix}$$

이 된다. 따라서, 식 (8.32)의 추정식은

$$\hat{y}^* = 0.152Z_1 + 0.841Z_2 + 0.243Z_3$$

이 된다. $\hat{\alpha}_j\,(j = 1, 2, 3)$으로부터 $\hat{\beta}_j$를 구하려면 식 (8.36)으로부터

$$\hat{\beta}_1 = \hat{\alpha}_1\sqrt{\frac{S_{yy}}{S_{11}}} = (0.152)\sqrt{\frac{136}{28}} = 0.335$$

$$\hat{\beta}_2 = \hat{\alpha}_2\sqrt{\frac{S_{yy}}{S_{22}}} = (0.841)\sqrt{\frac{136}{6}} = 4.404$$

$$\hat{\beta}_3 = \hat{\alpha}_3\sqrt{\frac{S_{yy}}{S_{33}}} = (0.243)\sqrt{\frac{136}{4}} = 1.417$$

이 된다. 그리고, $\hat{\beta}_0$는 식 (8.37)로부터

$$\begin{aligned} \hat{\beta}_0 &= \bar{y} - \hat{\beta}_1\bar{x}_1 - \hat{\beta}_2\bar{x}_2 - \hat{\beta}_3\,\bar{x}_3 \\ &= 13 - (0.335)(4) - (4.004)(0) - (1.417)(0) \\ &= 11.66 \end{aligned}$$

이다. 따라서, 원래의 데이터에 대한 회귀모형, $y = \beta_0 + \beta_1 x_1 + \beta_2 x_2 + \beta_3 x_3 + \epsilon$의 추정식은

$$\hat{y} = 11.66 + 0.335x_1 + 4.004x_2 + 1.417x_3$$ [1)]

이다. 다음으로 $\hat{\alpha}_1$, $\hat{\alpha}_2$와 $\hat{\alpha}_3$의 분산을 살펴보자.

$$\mathrm{Var}\begin{pmatrix} \hat{\alpha}_1 \\ \hat{\alpha}_2 \\ \hat{\alpha}_3 \end{pmatrix} = \begin{pmatrix} 1 & r_{12} & r_{13} \\ r_{21} & 1 & r_{23} \\ r_{31} & r_{32} & 1 \end{pmatrix} \sigma^2 = \begin{pmatrix} 2.633 & -1.848 & -1.007 \\ -1.848 & 2.283 & 0.699 \\ -1.007 & 0.699 & 1.381 \end{pmatrix} \sigma^2$$

1) $y = \beta_0 + \beta_1 x_1 + \beta_2 x_2 + \beta_3 x_3 + \epsilon$에 대한 추정식은 변수의 표준화 여부에 영향 받지 않는다. 즉 여기서 계산된 회귀식은 표준화 전 원자료를 이용한 최소제곱추정량과 동일하다.

따라서, $\mathrm{Var}(\hat{\alpha}_1) = 2.663\,\sigma^2$, $\mathrm{Var}(\hat{\alpha}_2) = 2.283\,\sigma^2$이며, $\mathrm{Var}(\hat{\alpha}_3) = 1.381\,\sigma^2$으로 $\hat{\alpha}_1$의 분산이 가장 크고, $\hat{\alpha}_3$의 분산이 제일 작다.

8.4 공동신뢰영역

중회귀모형, $\mathbf{y} = X\boldsymbol{\beta} + \boldsymbol{\epsilon}$, $\boldsymbol{\epsilon} \sim N(\mathbf{0}, \sigma^2 I_n)$에서 회귀계수 $\beta_j (j = 0, 1, 2, \cdots, p)$의 $100(1-\alpha)\%$ 신뢰구간은 식 (7.14)에서 논의된 바와 같이

$$\hat{\beta}_j \pm t_{\alpha/2}(n-p-1)\sqrt{c_{jj} \cdot MSE}$$

로 나타난다. 여기에서는 β_j들의 개별적인 신뢰구간이 아닌 β_j들의 공동신뢰영역(joint confidence region)을 알아보기로 한다. 공동신뢰영역이란 $(p+1)$개의 회귀계수 β_j를 모두 포함하고 있는 영역으로, 벡터 $\boldsymbol{\beta}$를 포함할 확률이 $(1-\alpha)$인 영역을 말한다.

먼저 $\hat{\boldsymbol{\beta}} = (X^\top X)^{-1} X^\top \mathbf{y}$는 $N(\boldsymbol{\beta}, \sigma^2 (X^\top X)^{-1})$의 분포를 따르며,

$$\hat{\boldsymbol{\beta}} - \boldsymbol{\beta} = (X^\top X)^{-1} X^\top (\mathbf{y} - X\boldsymbol{\beta}) = (X^\top X)^{-1} X^\top \boldsymbol{\epsilon}$$

이고,

$$\frac{1}{\sigma^2}(\hat{\boldsymbol{\beta}} - \boldsymbol{\beta})^\top X^\top X (\hat{\boldsymbol{\beta}} - \boldsymbol{\beta}) = \frac{1}{\sigma^2}\boldsymbol{\epsilon}^\top H \boldsymbol{\epsilon}$$

이 된다. 따라서 【정리 5.3】에 의하여

$$\frac{1}{\sigma^2}(\hat{\boldsymbol{\beta}} - \boldsymbol{\beta})^\top X^\top X (\hat{\boldsymbol{\beta}} - \boldsymbol{\beta}) \sim \chi^2(p+1)$$

의 분포를 따른다. 다른 한편으로

$$SSE = \mathbf{y}^\top (I - H)\mathbf{y} = (X\boldsymbol{\beta} + \boldsymbol{\epsilon})^\top (I - H)(X\boldsymbol{\beta} + \boldsymbol{\epsilon}) = \boldsymbol{\epsilon}^\top (I - H)\,\boldsymbol{\epsilon}$$

이고, 식 (6.53)에 의하여

$$\frac{SSE}{\sigma^2} \sim \chi^2(n-p-1)$$

를 따르고, 【정리 5.5】와 【정리 5.6】을 이용하여 $\frac{1}{\sigma^2}(\hat{\boldsymbol{\beta}} - \boldsymbol{\beta})^\top X^\top X (\hat{\boldsymbol{\beta}} - \boldsymbol{\beta})$와 $\frac{SSE}{\sigma^2}$이 서로 독립적으로 분포함을 보일 수 있으므로, 결국

$$\begin{aligned} &\frac{\frac{1}{\sigma^2}(\hat{\boldsymbol{\beta}} - \boldsymbol{\beta})^\top X^\top X (\hat{\boldsymbol{\beta}} - \boldsymbol{\beta})/(p+1)}{\frac{1}{\sigma^2} SSE/(n-p-1)} \\ &= \frac{(\hat{\boldsymbol{\beta}} - \boldsymbol{\beta})^\top X^\top X (\hat{\boldsymbol{\beta}} - \boldsymbol{\beta})}{(p+1)MSE} \sim F(p+1, n-p-1) \end{aligned} \tag{8.38}$$

의 분포를 하게 되며, 이로부터 $\boldsymbol{\beta}$의 100(1 - α)% 공동신뢰영역은

$$(\hat{\boldsymbol{\beta}} - \boldsymbol{\beta})^\top X^\top X(\hat{\boldsymbol{\beta}} - \boldsymbol{\beta}) \leq (p+1) \cdot MSE \cdot F_\alpha(p+1, n-p-1) \tag{8.39}$$

이 된다. 식 (8.39)를 알기 쉽게 설명하기 위하여 단순회귀모형 ($p = 1$)

$$y_i = \beta_0 + \beta_1 x_i + \epsilon_i \qquad \epsilon \sim N(0, \sigma^2)\ ,\ \ i = 1, 2, \cdots, n$$

에서 β_0과 β_1의 공동신뢰영역을 찾아보자. $\hat{\boldsymbol{\beta}}^\top = (\hat{\beta}_0, \hat{\beta}_1)$, $\boldsymbol{\beta}^\top = (\beta_0, \beta_1)$이며

$$X^\top X = \begin{pmatrix} n & \sum x_i \\ \sum x_i & \sum x_i^2 \end{pmatrix}$$

이므로

$$(\hat{\boldsymbol{\beta}} - \boldsymbol{\beta})^\top X^\top X(\hat{\boldsymbol{\beta}} - \boldsymbol{\beta}) = n(\beta_0 - \hat{\beta}_0)^2 + \left(\sum x_i^2\right)(\beta_1 - \hat{\beta}_1)^2 + 2\left(\sum x_i\right)(\beta_0 - \hat{\beta}_0)(\beta_1 - \hat{\beta}_1)$$

이다. 식 (8.39)는 β_0와 β_1에 대한 타원형방정식,

$$\begin{aligned} n(\beta_0 - \hat{\beta}_0)^2 + \left(\sum x_i^2\right)(\beta_1 - \hat{\beta}_1)^2 + 2\left(\sum x_i\right)(\beta_0 - \hat{\beta}_0)(\beta_1 - \hat{\beta}_1) \\ \leq 2 \cdot MSE \cdot F_\alpha(2, n-2) \end{aligned} \tag{8.40}$$

이 되며, 이 타원형 속이 β_0와 β_1의 100(1 - α)%신뢰영역이 된다. 재미있는 것은 식 (8.40)을 $D = n\sum x_i^2 - \left(\sum x_i\right)^2$으로 나누면

$$\frac{n}{D}(\beta_0 - \hat{\beta}_0)^2 + \frac{\sum x_i^2}{D}(\beta_1 - \hat{\beta}_1)^2 + \frac{2\sum x_i^2}{D}(\beta_0 - \hat{\beta}_0)(\beta_1 - \hat{\beta}_1) \leq \frac{2 \cdot MSE \cdot F_\alpha(2, n-2)}{D}$$

인데,

$$\mathrm{Var}\begin{pmatrix} \hat{\beta}_0 \\ \hat{\beta}_1 \end{pmatrix} = \sigma^2(X^\top X)^{-1} = \sigma^2 \begin{pmatrix} \dfrac{\sum x_i^2}{D} & \dfrac{-\sum x_i^2}{D} \\ \dfrac{-\sum x_i^2}{D} & \dfrac{n}{D} \end{pmatrix}$$

이므로, 식 (8.40)은

$$\begin{aligned} \mathrm{Var}(\hat{\beta}_1)(\beta_0 - \hat{\beta}_0)^2 + \mathrm{Var}(\hat{\beta}_0)(\beta_1 - \hat{\beta}_1^2) - 2\mathrm{Cov}(\hat{\beta}_0, \hat{\beta}_1)(\beta_0 - \hat{\beta}_0)(\beta_1 - \hat{\beta}_1) \\ \leq \frac{2 \cdot MSE \cdot F_\alpha(2, n-2)}{D} \cdot \sigma^2 \end{aligned}$$

이 된다. 따라서, 다음과 같은 [그림 8.1]의 공동신뢰영역을 그릴 수 있다. 중회귀모형에서 β_j ($j = 1, 2, \cdots, p$)들만의 공동신뢰영역을 구하고 절편 β_0는 구하고 싶지 않으면 식 (8.27)처럼

$$y - \bar{y} = \beta_1(x_1 - \bar{x}_1) + \beta_2(x_2 - \bar{x}_2) + \cdots + \beta_p(x_p - \bar{x}_p) + \epsilon$$

로 변환시켜 β_j들의 공동신뢰영역을 구하면 된다.

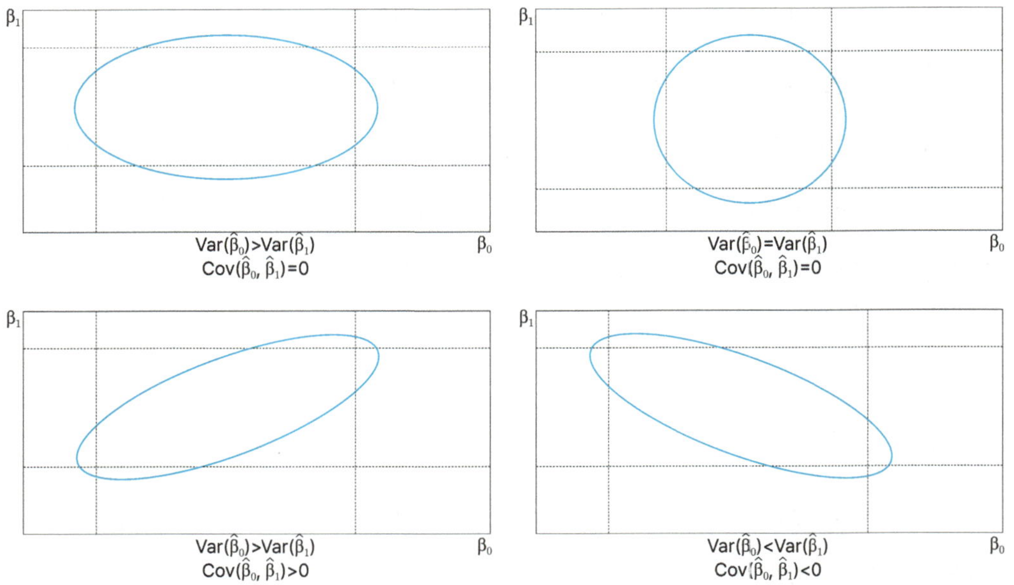

그림 8.1 **공동신뢰영역**

한편, 공동신뢰영역과 매우 유사한 개념으로 동시신뢰구간(simultaneous confidence interval)이 있다. 동시신뢰구간은 개별적인 신뢰구간을 이용하여 전체 모수에 대한 신뢰구간을 구한 것으로 이는 각 모수들에 대하여 '같은 수준'의 신뢰구간들을 계산하고, 이들의 곱집합(Cartesian product)이 모수들을 동시에 포함하고 있을 확률이 $(1 - \alpha)$가 되게 하고자 한다. 따라서 동시신뢰구간은 항상 각 모수들의 신뢰구간들의 곱집합인 $(p + 1)$차원 입방체의 형태로 표현된다. 대표적인 방법으로는 본페로니(Bonferroni) 방법이 있고, 이 방법에 의한 β_j의 신뢰구간은

$$\begin{aligned} A_j &= \left\{\beta_j : \hat{\beta}_j - t_{\alpha/(2(p+1))}(n - p - 1)\sqrt{\widehat{\text{Var}}(\hat{\beta}_j)} \le \beta_j + t_{\alpha/(2(p+1))}(n - p - 1)\sqrt{\widehat{\text{Var}}(\hat{\beta}_j)}\right\} \\ &= \left[\hat{\beta}_j \pm t_{\alpha/(2(p+1))}(n - p - 1)\sqrt{\widehat{\text{Var}}(\hat{\beta}_j)}\right] \end{aligned}$$

이고, 벡터 $\boldsymbol{\beta}$에 대한 동시신뢰구간은 $A_0 \times A_1 \times \cdots \times A_p$의 $(p + 1)$차원 입방체로 계산된다[2]. 이렇게 계산된 입방체의 확률은

$$\text{P}(A_0 \times A_1 \times \cdots \times A_p) = 1 - \text{P}\left(\bigcup_{i=0}^{p} A_i\right) \ge 1 - \sum_{i=0}^{p} \text{P}(A_i) = 1 - (p + 1)\frac{\alpha}{p + 1} = 1 - \alpha$$

을 만족한다. 또 다른 동시신뢰구간 추정으로 Sheffé 방법을 소개하면 다음과 같다. Sheffé 방법은 모든 가능한 모수 ψ

2) 단순선형회귀모형을 예로 들면 동시신뢰구간은 β_0의 신뢰구간과 β_1의 신뢰구간을 나타내는 사각형이 되고, 식 (8.39)에서의 타원형으로 얻어지는 신뢰영역이 사각형으로 얻어지는 신뢰영역보다 더 많은 정보를 가지고 있다.

$$\Psi = \left\{\psi = \mathbf{a}^{\top}\boldsymbol{\beta},\ \forall \mathbf{a} \in \mathcal{R}^{p+1}\right\} \tag{8.42}$$

에 대하여 동시신뢰구간을 찾는 문제이다. 먼저 $\mathbf{a}_j$를 j번째 성분만 1이고 나머지는 0인 벡터라 할 때, 각 모수 $\psi_j = \mathbf{a}_j^{\top}\boldsymbol{\beta}\ (j = 1, \cdots, p+1)$에 대한 신뢰구간은

$$\mathbf{a}^{\top}\hat{\boldsymbol{\beta}} \pm c\sqrt{\mathbf{a}^{\top}\widehat{\mathrm{Var}}(\hat{\boldsymbol{\beta}})\mathbf{a}} \tag{8.43}$$

로 나타나고, 모든 모수가 각 구간안에 존재할 확률이 $(1 - \alpha)$가 된다. 이때 c는

$$c = \sqrt{(p+1)F_{\alpha}(p+1,\ n-p-1)} \tag{8.44}$$

가 된다. 여기서 각 모수 $\mathbf{a}_j^{\top}\boldsymbol{\beta}$의 신뢰수준은 $\mathbf{a}_j$와 관계없이 항상 일정하다는 것을 알 수 있으며, 이것이 동시신뢰구간의 경우 '대전제'임을 기억할 필요가 있다. 다만 p가 커짐에 따라 Sheffé 방법과 Bonferroni 방법 등의 동시신뢰구간 추정방법 등은 신뢰구간이 크게 넓어진다는 것을 알 수 있다.

예제 8.3

어떤 공장에서는 주문을 받아서 생산을 하여 주고 있다. 주문량을 x라 하고 이 주문량을 완성하는 데 걸리는 시간을 y로 하여 주문량과 소요시간 사이의 관계를 대략 파악하기 위하여 올해 초부터 받은 열 번의 주문에 대한 데이터를 분석하려 한다.

주문번호	1	2	3	4	5	6	7	8	9	10
주문량(x)	30	20	60	80	40	50	60	30	70	60
소요시간(y)	73	50	128	170	97	108	135	69	148	132

회귀모형, $y_i = \beta_0 + \beta_1 x_i + \epsilon_i,\ \epsilon_i \sim N(0, \sigma^2)$을 가정하고, 이를 적합시킨 후에 β_0와 β_1의 95% 공동신뢰영역을 구하시오.

풀이

$$n = 10,\ \sum x_i = 500,\ \sum y_i = 1{,}100$$
$$\sum x_i y_i = 61{,}800,\ \sum x_i^2 = 28{,}400,\ \sum y_i^2 = 134{,}660$$
$$\hat{\beta}_1 = \frac{\sum x_i y_i - \frac{(\sum x_i)(\sum y_i)}{n}}{\sum x_i^2 - \frac{(\sum x_i)^2}{n}} = \frac{61{,}800 - \frac{(500)(1{,}100)}{10}}{28{,}400 - \frac{(500)^2}{10}} = 2.0$$
$$\hat{\beta}_0 = \bar{y} - \hat{\beta}_1 \bar{x} = 110 - (2.0)(50) = 10.0$$
$$\begin{aligned} SSE &= \mathbf{y}^{\top}\mathbf{y} - \hat{\boldsymbol{\beta}}^{\top}X^{\top}\mathbf{y} \\ &= \sum y_i^2 - \hat{\beta}_0 \sum y_i - \hat{\beta}_1 \sum x_i y_i \\ &= 134{,}660 - (10.0)(1{,}100) - (2.0)(61{,}800) = 60 \end{aligned}$$

$$MSE = \frac{SSE}{n-2} = \frac{60}{8} = 7.5$$

추정된 회귀직선은

$$\hat{y} = 10.0 + 2.0x$$

이며, $F_{0.05}(2, 8) = 4.46$이므로 식 (8.40)은

$$10(\beta_0 - 10)^2 + 28{,}400(\beta_1 - 2)^2 + 2(500)(\beta_0 - 10)(\beta_1 - 2) \leq 2(7.5)(4.46)$$
$$\Rightarrow (\beta_0 - 10)^2 + 2{,}840(\beta_1 - 2)^2 + 100(\beta_0 - 10)(\beta_1 - 2) \leq 6.69$$

이 된다. 위의 부등식을 만족시켜 주는 (β_0, β_1)의 값들은 [그림 8.2]의 타원형이고, 그 내부에 있는 영역이 공동신뢰영역이 된다. 참고로 $\text{Var}(\hat{\beta}_0)$, $\text{Var}(\hat{\beta}_1)$과 $\text{Cov}(\hat{\beta}_0, \hat{\beta}_1)$을 추정하여 보자.

$$D = n\sum x_i^2 - \left(\sum x_i\right)^2 = 10(28{,}400) - (500)^2 = 34{,}000$$
$$\hat{\sigma}^2 = MSE = 7.5$$

이므로

$$\widehat{\text{Var}}(\hat{\beta}_0) = \frac{\left(\sum x_i\right)^2 \cdot MSE}{D} = \frac{(28{,}400)(7.5)}{34{,}000} = 6.2647$$
$$\widehat{\text{Var}}(\hat{\beta}_1) = \frac{n \cdot MSE}{D} = \frac{(10)(7.5)}{34{,}000} = 0.0022$$
$$\widehat{\text{Cov}}(\hat{\beta}_0, \hat{\beta}_1) = \frac{\left(-\sum x_i\right)^2 \cdot MSE}{D} = \frac{(-500)(7.5)}{34{,}000} = -0.1103$$

즉, $\widehat{\text{Var}}(\hat{\beta}_0) > \widehat{\text{Var}}(\hat{\beta}_1)$이므로 β_0축 쪽으로 타원형이 길어지며 $\text{Cov}(\hat{\beta}_0, \hat{\beta}_1) < 0$이므로 [그림 8.2]와 같은 모양이 된다.

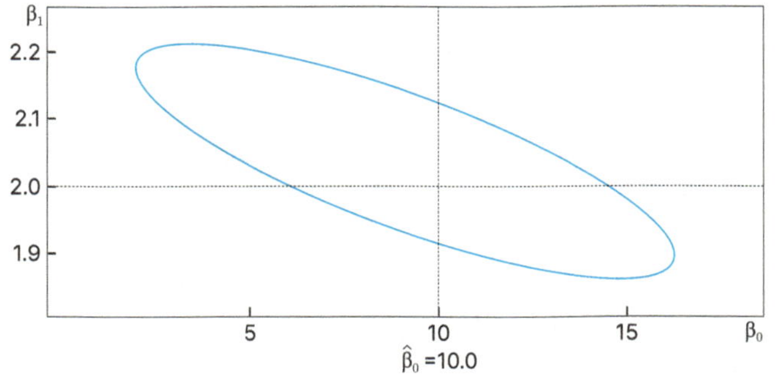

그림 8.2 **예제의 공동신뢰영역**

8.5 회귀모형의 비교검정

제 5장에서 두 개의 회귀직선,

$$y_{i1} = \beta_{01} + \beta_{11}x_{i1} + \epsilon_{i1}$$
$$y_{i2} = \beta_{02} + \beta_{12}x_{i2} + \epsilon_{i2}$$

가 같은 절편과 기울기를 갖고 있는가를 검정하여 보았다. 이 절에서는 두 개 이상의 중회귀모형이 동일한 회귀계수(regression coefficients)를 가지고 있는가를 검정하는 방법을 알아보려 한다. 이와 같은 검정은 실제로 회귀분석을 하면서 가끔 당면하는 문제들이다.

예를 들어보기로 하자. 종래에 사용하여 오던 공정을 약간 바꾸어 새로운 공정을 개발하였다고 가정하자. 종래의 공정에 의한 수율(yield) y_1이 공정조건 $x_1, x_2, \cdots, x_p$의 함수로서

$$y_{i1} = \beta_{01} + \beta_{11}x_{i1} + \beta_{21}x_{i2} + \cdots + \beta_{p1}x_{ip} + \epsilon_{i1} \tag{8.45}$$

의 관계가 있다고 하자. 새로 개발된 공정도 같은 설명변수 $x_1, x_2, \cdots, x_p$에 대하여 식 (8.45)와 동일한 회귀식을 줄 것인가를 알고 싶은 경우가 많다. 새로운 공정의 수율 y_2에 대한 회귀식을

$$y_{i2} = \beta_{02} + \beta_{12}x_{i1} + \beta_{22}x_{i2} + \cdots + \beta_{p2}x_{ip} + \epsilon_{i2} \tag{8.46}$$

으로 표현하면, 우리가 검정하고 싶은 것은 $H_0 : \beta_{i1} = \beta_{i2}$, $(i = 0, 1, 2, \cdots, p)$가 될 것이다.

두 개의 회귀모형에 대한 비교검정을 먼저 알아보기로 하자. y_1에 대하여 n_1번 관찰을 하고, y_2를 n_2번 관찰하였다면 식 (8.45)와 (8.46)을 행렬로 나타내서

$$\mathbf{y}_1 = X_1\boldsymbol{\beta}_1 + \boldsymbol{\epsilon}_1 \tag{8.47}$$
$$\mathbf{y}_2 = X_2\boldsymbol{\beta}_2 + \boldsymbol{\epsilon}_2 \tag{8.48}$$

가 되며, $\mathbf{y}_1$, $\boldsymbol{\epsilon}_1$은 $n_1 \times 1$벡터, $\mathbf{y}_2$, $\boldsymbol{\epsilon}_2$은 $n_2 \times 1$벡터이고, X_1은 $n_1 \times (p+1)$, X_2는 $n_2 \times (p+1)$ 행렬이며, $\boldsymbol{\beta}_1$과 $\boldsymbol{\beta}_2$는 $(p+1) \times 1$벡터이다. 검정하고자 하는 귀무가설과 대립가설은 다음과 같다.

$$H_0 : \boldsymbol{\beta}_1 = \boldsymbol{\beta}_2 (= \boldsymbol{\beta}_0) \tag{8.49}$$
$$H_1 : \boldsymbol{\beta}_1 \neq \boldsymbol{\beta}_2$$

여기에서 $\boldsymbol{\beta}_0$는 $\boldsymbol{\beta}_1$과 $\boldsymbol{\beta}_2$가 동일할 때 취하게 되는 회귀계수의 벡터이다. 식 (8.47)과 (8.48)의 모형을 완전모형(full model)이라 하고, $\boldsymbol{\beta}_1 = \boldsymbol{\beta}_2 = \boldsymbol{\beta}_0$인 모형을 축소모형(reduced model)이라 부를 때, 축소모형은

$$\begin{pmatrix} \mathbf{y}_1 \\ \mathbf{y}_2 \end{pmatrix} = \begin{pmatrix} X_1 \\ X_2 \end{pmatrix} \boldsymbol{\beta}_0 + \begin{pmatrix} \boldsymbol{\epsilon}_1 \\ \boldsymbol{\epsilon}_2 \end{pmatrix} \tag{8.50}$$

이 된다. 다시 $\mathbf{y} = \begin{pmatrix} \mathbf{y}_1 \\ \mathbf{y}_2 \end{pmatrix}$, $X = \begin{pmatrix} X_1 \\ X_2 \end{pmatrix}$ 그리고 $\boldsymbol{\epsilon} = \begin{pmatrix} \boldsymbol{\epsilon}_1 \\ \boldsymbol{\epsilon}_2 \end{pmatrix}$ 라 놓으면, 식 (8.50)은

$$\mathbf{y} = X\boldsymbol{\beta}_0 + \boldsymbol{\epsilon} \tag{8.51}$$

이 되고, $n = n_1 + n_2$이다. 제5장에서 사용된 검정절차를 따르게 되면 다음과 같다.

(순서1) 완전모형을 적합시키고 잔차제곱합 $SSE(F)$를 구한다. 최소제곱법에 의한 회귀계수의 추정벡터를 $\hat{\boldsymbol{\beta}}_1 = (X_1^\top X_1)^{-1}X_1^\top \mathbf{y}_1$, $\hat{\boldsymbol{\beta}}_2 = (X_2^\top X_2)^{-1}X_2^\top \mathbf{y}_2$라 놓으면 다음과 같이 된다.

$$\begin{aligned} SSE(F) &= (\mathbf{y}_1 - \hat{\mathbf{y}}_1)^\top(\mathbf{y}_1 - \hat{\mathbf{y}}_1) + (\mathbf{y}_2 - \hat{\mathbf{y}}_2)^\top(\mathbf{y}_2 - \hat{\mathbf{y}}_2) \\ &= (\mathbf{y}_1 - X_1\hat{\boldsymbol{\beta}}_1)^\top(\mathbf{y}_1 - X_1\hat{\boldsymbol{\beta}}_1) + (\mathbf{y}_2 - X_2\hat{\boldsymbol{\beta}}_2)^\top(\mathbf{y}_2 - X_2\hat{\boldsymbol{\beta}}_2) \end{aligned} \tag{8.52}$$

(순서2) 축소모형을 적합시키고, 그의 잔차제곱합 $SSE(R)$을 구한다.

$$SSE(R) = (\mathbf{y} - \hat{\mathbf{y}})^\top(\mathbf{y} - \hat{\mathbf{y}}) = (\mathbf{y} - X\hat{\boldsymbol{\beta}}_0)^\top(\mathbf{y} - X\hat{\boldsymbol{\beta}}_0) \tag{8.53}$$

여기에는 $\hat{\boldsymbol{\beta}}_0$는 식 (8.51)로부터 구한 $\hat{\boldsymbol{\beta}}_0 = (X^\top X)^{-1}X^\top \mathbf{y}$ 이다.

(순서3) 검정통계량을 만든다. 만약 오차벡터가 다변량정규분포

$$\boldsymbol{\epsilon} = \begin{pmatrix} \boldsymbol{\epsilon}_1 \\ \boldsymbol{\epsilon}_2 \end{pmatrix} \sim N(\mathbf{0}, \sigma^2 I_{n_1+n_2})$$

를 따르면 $SSE(F)/\sigma^2$은 $\chi^2(n - 2p - 2)$의 분포를 하며, $SSE(R)/\sigma^2$은 귀무가설이 옳은 경우에는 $\chi^2(n - p - 1)$의 분포를 한다. 따라서

$$\frac{SSE(R) - SSE(F)}{\sigma^2} \sim \chi^2(p + 1) \tag{8.54}$$

의 분포를 갖는다. 그런데, 귀무가설 하에서는 $SSE(R) - SSE(F)$와 $SSE(F)$는 서로 독립적으로 분포함을 보일 수 있으므로 구하려는 검정통계량은

$$F_0 = \frac{[SSE(R) - SSE(F)]/(p + 1)}{SSE(F)/(n - 2p - 2)} \tag{8.55}$$

이며, 이것은 $F(p + 1, n - 2p - 2)$의 분포를 한다.

(순서4) 유의수준 α에서 검정통계량의 값이 $F_0 > F_\alpha(p + 1, n - 2p - 2)$이면 귀무가설을 기각하고, 아니면 채택한다.

위에서 두 개의 표본(크기가 각각 n_1과 n_2)을 중회귀모형에 적합시켰을 때 회귀계수들이 같은가를 검정하여 보았는데, k개의 표본에 대한 검정도 동일한 방법으로 할 수 있다. 완전모형을

$$
\begin{aligned}
\mathbf{y}_1 &= X_1\boldsymbol{\beta}_1 + \boldsymbol{\epsilon}_1\\
\mathbf{y}_2 &= X_2\boldsymbol{\beta}_2 + \boldsymbol{\epsilon}_2\\
\vdots & \qquad\qquad \vdots\\
\mathbf{y}_k &= X_k\boldsymbol{\beta}_k + \boldsymbol{\epsilon}_k
\end{aligned}
$$

라 하고, $X_1, X_2, \cdots, X_k$를 각각 $n_1\times(p+1), n_2\times(p+1), \cdots, n_k\times(p+1)$행렬이라 하자. 가설은

$$
\begin{aligned}
&H_0 : \boldsymbol{\beta}_1 = \boldsymbol{\beta}_2 = \cdots = \boldsymbol{\beta}_p (= \boldsymbol{\beta}_0)\\
&H_1 : \text{최소한 하나의 } i\text{에 대하여 } \boldsymbol{\beta}_i \neq \boldsymbol{\beta}_0\ (j = 1, 2, \cdots, p)
\end{aligned}
$$

가 된다. 이 경우의 잔차제곱합은 각각,

$$
\begin{aligned}
SSE(F) &= \sum_{i=1}^{k} (\mathbf{y}_i - X_i\hat{\boldsymbol{\beta}}_i)^\top (\mathbf{y}_i - X_i\hat{\boldsymbol{\beta}}_i)\\
\hat{\boldsymbol{\beta}}_i &= (X_i^\top X_i)^{-1} X_i^\top \mathbf{y}_i\\
SSE(R) &= (\mathbf{y} - X\hat{\boldsymbol{\beta}}_0)^\top (\mathbf{y} - X\hat{\boldsymbol{\beta}}_0)\\
\mathbf{y} &= \begin{pmatrix} \mathbf{y}_1 \\ \mathbf{y}_2 \\ \vdots \\ \mathbf{y}_k \end{pmatrix}, \quad X = \begin{pmatrix} X_1 \\ X_2 \\ \vdots \\ X_k \end{pmatrix}, \quad \hat{\boldsymbol{\beta}}_0 = (X^\top X)^{-1} X^\top \mathbf{y}
\end{aligned}
$$

이 되며, 검정통계량은 $n = \sum_{i=1}^{k} n_i$ 일 때

$$
F_0 = \frac{[SSE(R) - SSE(F)]/(k-1)(p+1)}{SSE(F)/[n - k(p+1)]} \tag{8.49}
$$

이며, 이 통계량은 귀무가설이 성립될 때 $F((k-1)(p+1), n-k(p+1))$의 분포를 한다.

8.6 R 실습

8.6.1 추가제곱합

6장의 연습문제 14번 자료로부터 다음의 모형을 적합해보자.

$$
\text{Salary} = \beta_0 + \beta_1 \times \text{AtBat} + \beta_2 \times \text{Hits} + \beta_3 \times \text{HmRun} + \epsilon
$$

이 모형에 대한 분산분석표를 작성하고 추가제곱합 $SS(\hat{\beta}_1 \mid \hat{\beta}_0, \hat{\beta}_2, \hat{\beta}_3)$와 $SS(\hat{\beta}_2 \mid \hat{\beta}_0, \hat{\beta}_1, \hat{\beta}_3)$를 구해보자. 먼저 중회귀 모형을 적합한 후의 분산분석표는 다음과 같다.

```
data("Hitters")
Hitters = Hitters %>% na.omit() %>% select(AtBat, Hits, HmRun, Salary)
fit← lm(Salary~AtBat+Hits+HmRun, data=Hitters)
> anova(fit)
Analysis of Variance Table

Response: Salary
           Df   Sum Sq  Mean Sq  F value    Pr(>F)
AtBat       1  8309469  8309469  52.2251  5.543e-12 ***
Hits        1  2545894  2545894  16.0010  8.266e-05 ***
HmRun       1  1254597  1254597   7.8852  0.005364 **
Residuals 259  41209153  159109
---
Signif. codes: 0 '***' 0.001 '**' 0.01 '*' 0.05 '.' 0.1 ' ' 1
```

이와 같은 분산분석표에서 각 설명변수의 제곱합은 설명변수가 모형에 들어가는 순서에 따라 달라진다. 즉, 위 분산분석표에서 의미하는 변수 AtBat에 대한 제곱합은 $SS(\hat{\beta}_1 \mid \hat{\beta}_0) = 8309469$, 변수 Hits에 대한 제곱합은 $SS(\hat{\beta}_2 \mid \hat{\beta}_0, \hat{\beta}_1) = 2545894$, 그리고 변수 HmRun에 대한 제곱합은 $SS(\hat{\beta}_3 \mid \hat{\beta}_0, \hat{\beta}_1, \hat{\beta}_2) = 1254597$임을 의미한다. 이제 모형에 들어가는 설명변수의 순서를 다음과 같이 바꿔보자.

```
> fit2← lm(Salary~Hits+HmRun+AtBat, data=Hitters) # 설명변수 입력순서 바뀜
> anova(fit2)
Analysis of Variance Table

Response: Salary
            Df    Sum Sq    Mean Sq   F value      Pr(>F)
Hits         1  10260491   10260491   64.4873   3.423e-14 ***
HmRun        1    902182     902182    5.6702   0.01798 *
AtBat        1    947286     947286    5.9537   0.01536 *
Residuals  259  41209153     159109
---
Signif. codes: 0 '***' 0.001 '**' 0.01 '*' 0.05 '.' 0.1 ' ' 1
```

'fit'과'fit2'의 결과를 살펴보면, 같은 설명변수들에 대한 중회귀모형이지만 각 설명변수에 대한 추가제곱합이 모두 바뀌는 것을 알 수 있다. 이렇게 구한 추가제곱합을 '1종의 추가제곱합(Type I Sum of Squares(SS))'이라고 한다. 모형에 있는 설명변수의 순서와 상관

없이 같은 1종의 추가제곱합을 얻는 경우는 식 (8.15) - (8.18)에서 살펴본 것처럼 설명변수가 서로 직교할 때 뿐이다.

이제 추가제곱합 $SS(\hat{\beta}_1 \mid \hat{\beta}_0, \hat{\beta}_2, \hat{\beta}_3)$을 구해보자. 이 추가제곱합은 AtBat변수를 제외한 모든 설명변수들이 이미 모형에 포함되어 있고, AtBat 설명변수를 추가함으로써 증가하는 추가제곱합을 의미한다. 따라서 이 추가제곱합을 구하기 위해서는 전체 설명변수가 있는 모형과 축소모형으로부터

$$
\begin{aligned}
SS(\hat{\beta}_1 \mid \hat{\beta}_0, \hat{\beta}_2, \hat{\beta}_3) &= SSE(\hat{\beta}_0, \hat{\beta}_2, \hat{\beta}_3) - SSE(\hat{\beta}_0, \hat{\beta}_1, \hat{\beta}_2, \hat{\beta}_3) \\
&= SSE(R) - SSE(F)
\end{aligned}
$$

의 관계를 통해 구할 수 있다. 이를 R을 통해 구해보면 다음과 같다.

```
> Reduced<-lm(Salary~Hits+HmRun, data=Hitters)
> anova(Reduced,fit)
Analysis of Variance Table

Model 1: Salary ~ Hits + HmRun
Model 2: Salary ~ AtBat + Hits + HmRun
  Res.Df      RSS  Df  Sum of Sq      F   Pr(>F)
1    260  42156439
2    259  41209153   1     947286  5.9537  0.01536 *
---
Signif. codes: 0 '***' 0.001 '**' 0.01 '*' 0.05 '.' 0.1 ' ' 1
```

여기서 축소모형의 $SSE(\hat{\beta}_0, \hat{\beta}_2, \hat{\beta}_3) = 42156439$, $SSE(\hat{\beta}_0, \hat{\beta}_1, \hat{\beta}_2, \hat{\beta}_3) = 41209153$으로 $SS(\hat{\beta}_1 \mid \hat{\beta}_0, \hat{\beta}_2, \hat{\beta}_3) = 947286$이 됨을 알 수 있다. 또한 이러한 추가제곱합은 $\beta_1 = 0$에 관한 검정결과를 알려주는데, 유의수준 5%에서 1986년도의 타석수는 1987년도 연봉에 유의한 영향이 있다고 말할 수 있다. 한편 이러한 제곱합은 '2종 또는 3종의 추가제곱합(Type II 또는 III)'라고 부를 수 있는데, 2종과 3종의 차이는 교효작용을 다루지 않는 경우와 다루는 경우라고 볼 수 있다. 이와 관련한 자세한 사항은 참고문헌 (8.4)와 (8.5)를 참고하기 바란다. 여기서는 교호작용을 다루고 있지 않기 때문에 2종의 추가제곱합과 3종의 추가제곱합은 같은 결과를 주게 된다. 이러한 추가제곱합은 car 패키지의 Anova( )함수를 통해 축소모형의 적합 없이 구할 수 있다.

```
> library(car)
> Anova(lm(Salary~AtBat+Hits+HmRun, data=Hitters), type="II")
Anova Table (Type II tests)

Response: Salary
            Sum Sq   Df  F value    Pr(>F)
AtBat       947286    1   5.9537  0.015358 *
Hits       2617625    1  16.4518  6.608e-05 ***
HmRun      1254597    1   7.8852  0.005364 **
Residuals 41209153  259
---
Signif. codes: 0 '***' 0.001 '**' 0.01 '*' 0.05 '.' 0.1 ' ' 1
```

즉, 이때의 제곱합은 각 설명변수에 대한 추가제곱합으로 $SS(\hat{\beta}_1 \mid \hat{\beta}_0, \hat{\beta}_2, \hat{\beta}_3) = 947286$, $SS(\hat{\beta}_2 \mid \hat{\beta}_0, \hat{\beta}_1, \hat{\beta}_3) = 2617625$, $SS(\hat{\beta}_3 \mid \hat{\beta}_0, \hat{\beta}_1, \hat{\beta}_2) = 1254597$을 나타낸다.

8.6.2 공동신뢰영역과 동시신뢰영역

이제 다음의 단순회귀모형에서 회귀계수 벡터에 대한 공동신뢰영역(joint confidence region)과 동시신뢰영역(simultaneous confidence region)을 구해보자.

$$\text{Salary} = \beta_0 + \beta_1 \times \text{HmRun} + \epsilon$$

먼저 위의 단순회귀모형을 적합한 후에 ellipse 패키지의 ellipse( ) 함수를 사용하여 공동신뢰영역을 다음과 같이 그릴 수 있다.

```
> library(ellipse) # for ellipse function
> lm.fit ←lm(Salary ~ HmRun, data = Hitters)
> # 100 (1-alpha)% 공동신뢰영역(joint confidence region)
> alpha ← 0.05
> joint_conf ← ellipse(lm.fit, which=c(1, 2), level = 1 - alpha)
> plot(joint_conf, type = "l", col = "blue", lwd = 2,
+    xlim = c(200, 450), ylim = c(5, 30), cex.main = 1.5,
+    xlab = "Intercept", ylab = "HmRun",
+.   main = "Joint and Simultaneous Confidence Regions")
> points(lm.fit$coefficients[1], lm.fit$coefficients[2],
+      lwd = 3, pch = 4, col = "blue")
```

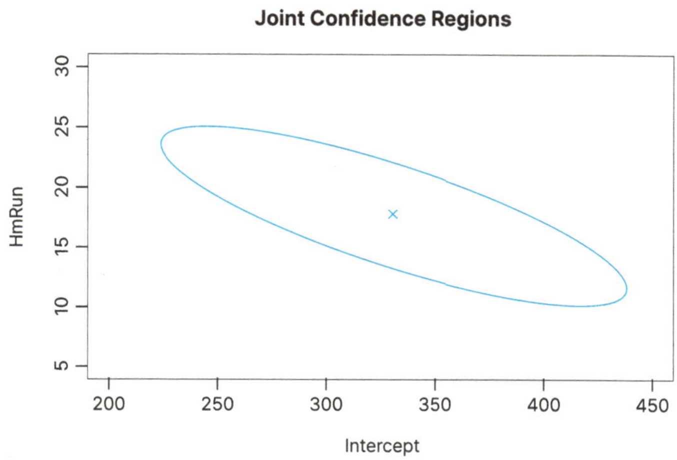

그림 8.3 공동신뢰영역

이제 본페로니 방법을 이용한 공동신뢰구간을 구해보자.

```
> # 본페로니 동시 신뢰구간
> Bonferroni_conf = confint(lm.fit, level = 1 - alpha/2)
> int_lower = Bonferroni_conf[1, 1]
> int_upper = Bonferroni_conf[1, 2]
> HmRun_lower = Bonferroni_conf[2, 1]
> HmRun_upper = Bonferroni_conf[2, 2]
> # Bonferroni simultaneous confidence interval for beta_0
> abline(v = c(int_lower, int_upper), col = "red", lwd = 2)
> # Bonferroni simultaneous confidence interval for beta_1
> abline(h = c(HmRun_lower, HmRun_upper), col = "red", lwd = 2)
```

이렇게 구한 사각형의 영역을 공동신뢰영역에 파란색으로 표현하면 다음과 같다.

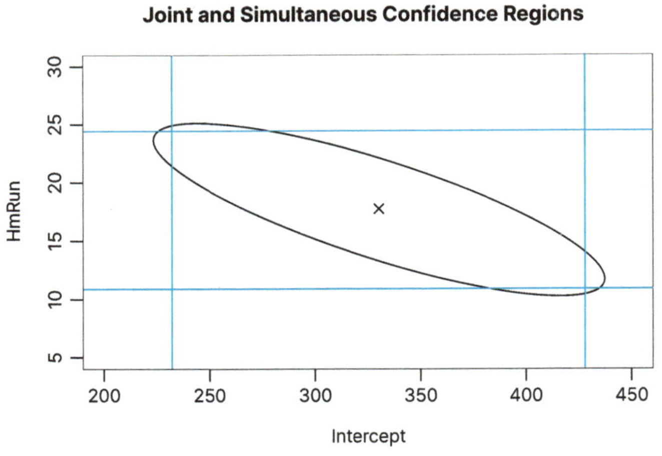
Joint and Simultaneous Confidence Regions
HmRun
30
25
20
15
10
5
200
250
300
350
400
450
Intercept

그림 8.4 공동신뢰영역

참고문헌

8.1 Draper, N. R. and Smith, H. (1998). *Applied Regression Analysis* (3rd Ed.) John Wiley & Sons, New York.

8.2 Graybill, F. A. (1961). *An Introduction to Linear Statistical Models*, McGraw-Hill Book, New York.

8.3 James, G., Witten, D., Hastie, T. and Tibshirani, R. (2013). *An Introduction to Statistical Learning with Applications in R*, Springer, New York.

8.4 Kutner, M.H., Nachtsheim, C.J. Neter, J. and Li, W. (2004). *Applied Linear Statistical Models* (5th edition), McGraw-Hill/Irwin, New York.

8.5 Herr, D.G. (1986). On the history of ANOVA in unblanced, factorial designs: The first 30 years. *The American Statistician*, 40(4), 265-270.

8.6 Langsrud, O. (2003). ANOVA for unbalanced data: Use Type II instead of Type III sums of squares. *Statistics and Computing*, 13(2), 163-167.

8.7 Rencher, A.C. and Schaalje, G.B. (2008). *Linear Models in Statistics* (2nd Ed.) John Wiley & Sons, New York.

8.8 Searle, S. R. (1971). *Linear Models*, John Wiley & Sons, New York.

8.9 Seber, G. A. F. (1977). *Linear Regression Analysis*, John Wiley & Sons, New York.

8.10 Weisberg, S. (1985). *Applied Linear Regression* (2nd Ed.), John Wiley & Sons, New York.

8.11 김우철: 수리통계학. 민영사, 2012.

연습문제

8.1 단순회귀모형

$$y_i = \beta_0 + \beta_1 x_i + \epsilon_i, \quad i = 1, 2, \cdots, n$$

을 적합시키기 위하여 n개의 데이터가 있다.

(1) 데이터에 절편만 있는 모형

$$y_i = \beta_0 + \epsilon_i, \quad i = 1, 2, \cdots, n$$

을 적합시킬 때 얻어지는 회귀제곱합을 $SS(\hat{\beta}_0)$로 표시한다. 이 때

$$SS(\hat{\beta}_0) = n(\bar{y})^2 (= \text{수정항})$$

임을 증명하시오.

(2) 데이터에 절편이 없는 모형

$$y_i = \beta_1 x_i + \epsilon_i, \quad i = 1, 2, \cdots, n \tag{8.57}$$

을 적합시킬 때 얻어지는 회귀제곱합을 $SS(\hat{\beta}_1)$으로 표시한다. $SS(\hat{\beta}_1)$을 x_i와 y_i로 표현하시오.

(3) 단순회귀모형을 적합시켰을 때 얻어지는 수정항을 빼지 않은 회귀제곱합, $SS(\hat{\beta}_0, \hat{\beta}_1)$의 표현식을 구하시오. 어떤 경우에

$$SS(\hat{\beta}_0, \hat{\beta}_1) = SS(\hat{\beta}_0) + SS(\hat{\beta}_1)$$

이 성립하는가? 이를 증명하시오.

8.2 연습문제 6.2의 데이터에 대하여 다음 질문에 답하시오. 중회귀모형, $y_i = \beta_0 + \beta_1 x_{i1} + \beta_2 x_{i2} + \epsilon_i$, $\epsilon_i \sim N(0, \sigma^2)$이 적절하다고 가정한다.

(1) $SS(\hat{\beta}_1)$, $SS(\hat{\beta}_1 \mid \hat{\beta}_0)$와 $SS(\hat{\beta}_1 \mid \hat{\beta}_0, \hat{\beta}_2)$를 각각 구하시오.

(2) 가설 $H_0: \beta_1 = 0$와 $H_1: \beta_1 \neq 1$을 부분 F-검정으로 가설검정하시오. 유의수준은 $\alpha = 0.05$.

(3) x_1과 x_2 중 하나의 변수만을 선택하여 회귀식을 구한다면 어떤 변수를 택하겠는가? 어떤 기준에서 이 변수를 택하였는가?

8.3 회귀모형, $y_i = \beta_0 + \beta_1 x_{i1} + \beta_2 x_{i2} + \epsilon_i$, $i = 1, 2, \cdots, n$에서 만약 $\sum_{i=1}^{n} x_{i1} x_{i2} = 0$, $\bar{x}_1 = 0$ 또는 $\bar{x}_2 = 0$이면 $SS(\hat{\beta}_1 \mid \hat{\beta}_0) = SS(\hat{\beta}_1 \mid \hat{\beta}_0, \hat{\beta}_2)$임을 증명하시오.

8.4 연습문제 **6.3**의 데이터에 대하여 회귀모형, $y_i = \beta_0 + \beta_1 x_{i1} + \beta_2 x_{i2} + \beta_3 x_{i3} + \epsilon_i$, $\epsilon_i \sim N(0, \sigma^2)$이 가정되었다.

(1) 변수의 표준화를 하고 식 (8.32)와 같은 회귀모형

$$y^* = \alpha_1 Z_1 + \alpha_2 Z_2 + \alpha_3 Z_3 + \epsilon$$

을 적합시키시오.

(2) x_1, x_2와 x_3간의 상호 표본상관계수를 구하시오.

(3) 위의 (1)에서 구한 $\hat{\alpha}_1$, $\hat{\alpha}_2$와 $\hat{\alpha}_3$로부터 $\hat{\beta}_0$, $\hat{\beta}_1$, $\hat{\beta}_2$와 $\hat{\beta}_3$을 구하시오.

8.5 연습문제 **3.1**의 데이터에 대하여 단순회귀방정식을 적합시켰다. 단순회귀계수, β_0와 β_1의 95% 공동신뢰영역을 구하고 이를 그려 보시오.

8.6 연습문제 **6.2**의 데이터에 대하여 절편 없는 중회귀모형

$$y_i = \beta_1 x_{i1} + \beta_2 x_{i2} + \epsilon_i, \quad \epsilon_i \sim N(0, \sigma^2)$$

을 가정하고, β_1와 β_2의 90% 공동신뢰영역을 구하고 이를 그려 보시오.

8.7 제품 A를 판매하고 있는 대리점을 상대로 표본조사한 [표 6.1]과 같은 데이터가 있다. 이 데이터는 총판매액(y)이 광고료(x_1)와 상점의 크기(x_2)에 어떤 관계를 가지고 있는가를 규명하기 위하여 구한 데이터이다. 이제 제품 B를 판매하고 있는 대리점들을 상대로 같은 조사를 하여 다음의 데이터를 얻었다.

	상점번호	광고료(x_1) (단위:10만원)	상점의 크기(x_2) (단위:평)	총판매액(y) (단위:100만원)
제품 A	1	4	4	9
	2	8	10	20
	3	9	8	22
	4	8	5	15
	5	8	10	17
	6	12	15	30
	7	6	8	18
	8	10	13	25
	9	6	5	10
	10	9	12	20
제품 B	1	13	12	25
	2	10	8	20
	3	9	8	18
	4	15	14	35
	5	12	13	30
	6	14	10	32
	7	10	8	27
	8	7	7	20
	9	8	10	20
	10	7	9	19

(1) 제품 A와 B에 대하여 각각

$$y_1 = \beta_{01} + \beta_{11}x_1 + \beta_{21}x_2 + \epsilon_1, \text{ 제품 A}$$
$$y_2 = \beta_{02} + \beta_{12}x_1 + \beta_{22}x_2 + \epsilon_2, \text{ 제품 B}$$
$$\epsilon_1 \sim N(0, \sigma^2), \ \ \epsilon_2 \sim N(0, \sigma^2)$$

을 가정하고 $\boldsymbol{\beta}_1^\top = (\beta_{01}, \beta_{11}, \beta_{21})$, $\boldsymbol{\beta}_2^\top = (\beta_{02}, \beta_{12}, \beta_{22})$ 로 놓을 때

$$H_0 : \boldsymbol{\beta}_1 = \boldsymbol{\beta}_2 \text{와 } H_1 : \boldsymbol{\beta}_1 \neq \boldsymbol{\beta}_2$$

를 유의수준 $\alpha = 0.05$에서 가설검정하시오.

(2) 제품 B에 대하여 $SS(\hat{\beta}_{12} \mid \hat{\beta}_{02}, \hat{\beta}_{22})$와 $SS(\hat{\beta}_{22} \mid \hat{\beta}_{02}, \hat{\beta}_{12})$ 중에서 어느 쪽이 더 큰가? 어느 한쪽의 추가제곱합이 더 크다는 것은 어떤 의미를 가지는가?

(3) $\boldsymbol{\beta}_2^\top = (\beta_{02}, \beta_{12}, \beta_{22})$의 90% 공동신뢰영역을 구하라. $\boldsymbol{\beta}_2^\top = (0, 2, 1)$은 이 영역 속에 포함되어 있는가?

(4) 제품 A에 대한 회귀방정식의 R^2과 제품 B에 대한 회귀방정식의 R^2의 값을 구하시오. 그 크기를 비교하여 의미하는 바를 설명하시오.

8.8 선형회귀모형 $\mathbf{y} = X\boldsymbol{\beta} + \boldsymbol{\epsilon}$ 에서 결정계수 R^2은 y_i나 x_{ij}의 단위가 바뀌어도 관계없이 일정함을 증명하시오. 즉 선형변환

$$z_i = cy_i,\ w_{ij} = c_j x_{ij},\quad j = 1, 2, \cdots, p,\quad i = 1, 2, \cdots, n$$

을 시킨 후의 R^2과 시키기 전의 R^2이 같음을 증명하시오.

8.9 두 회귀선

$$y_{i1} = \beta_1 x_i + \epsilon_{i1},\quad y_{i2} = \beta_2 x_i + \epsilon_{i2},\quad i = 1, 2, \cdots, n$$

에서

$$\begin{pmatrix} \boldsymbol{\epsilon}_1 \\ \boldsymbol{\epsilon}_2 \end{pmatrix} \sim N(\mathbf{0}, \sigma^2 I_{2n})$$

의 가정하에 가설 $H_0 : \beta_1 = \beta_2$를 검정하기 위한 F-통계량을 구하시오.

8.10 R 실습 다음 질문에 답하시오.

(1) **예제 8.1**의 데이터에 대하여 중회귀 모형 $y_i = \beta_0 + \beta_1 x_{i1} + \beta_2 x_{i2} + \beta_3 x_{i3} + \epsilon_i$ 를 적합한 경우에 수정항을 빼지 않은 분산분석표를 작성하시오. 그리고 $SS(\hat{\beta}_1 \mid \hat{\beta}_0, \hat{\beta}_2, \hat{\beta}_3)$ 와 $SS(\hat{\beta}_1 \mid \hat{\beta}_0, \hat{\beta}_2, \hat{\beta}_3)$를 각각 구하시오.

(2) **예제 8.2**의 데이터에 대하여 표준화된 데이터를 만들고, 식 (8.32)와 같은 중회귀모형을 적합시켜서 변수 간의 상관계수를 고찰해 보시오.

09 다항회귀

〈목 차〉

9.1 다항회귀모형

설명변수 x의 변화에 따라서 반응변수가 직선적인 관계를 가지고 변한다고 믿어질때 우리는 단순회귀모형을 사용하였다. 만약 y의 변화가 x에 대하여 [그림 9.1]처럼 곡선관계(curvelinear relationship)를 보여 주고 있다면 단순회귀모형은 적당하지 않으며, x의 제곱항(square term)이 들어가는

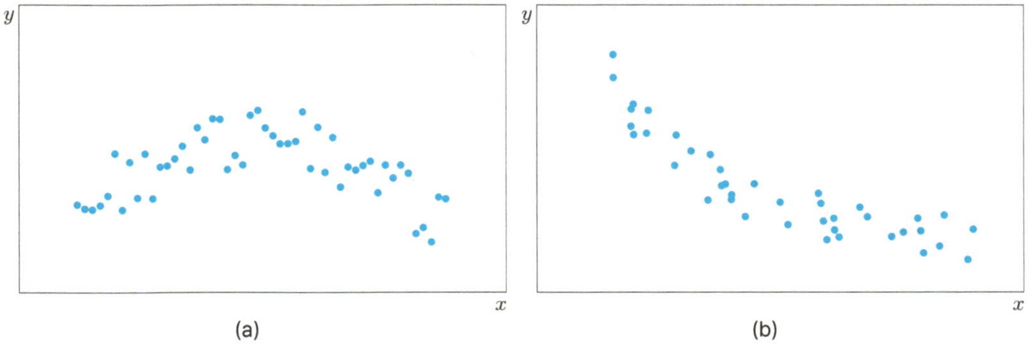

그림 9.1 x와 y간의 곡선 관계

$$y = \beta_0 + \beta_1 x + \beta_2 x^2 + \epsilon \tag{9.1}$$

과 같은 모형이 더 타당할 것이다. 식 (9.1)의 모형을 설명변수가 하나인 경우의 이차다항회귀모형(second-order polynomial regression model with one independent variable)이라고 부른다. 4.4.2절의 잔차의 검토에서 만약 잔차의 산포가 [그림 4.5]의 (a)나 (b)에 해당하는 경우에는 단순회귀모형이 적합하지 않으며 이차다항회귀나 삼차다항회귀와 같이 x의 제곱항(quardratic term)이나 세제곱항(cubic term)이 들어가 있는 곡선회귀(curve linear regression)가 적절할 것이다.

설명변수가 하나인 경우의 삼차다항회귀모형(third-order polynomial regression model)은 다음과 같다.

$$y = \beta_0 + \beta_1 x + \beta_2 x^2 + \beta_3 x^3 + \epsilon \tag{9.2}$$

따라서, 일차다항회귀모형(first-order polynomial regression model)은 단순회귀모형이 된다. 설명변수가 둘인 경우의 이차다항회귀모형은

$$y = \beta_0 + \beta_1 x_1 + \beta_2 x_2 + \beta_{11} x_1^2 + \beta_{22} x_2^2 + \beta_{12} x_1 x_2 + \epsilon \tag{9.3}$$

으로 표현되며, x_1과 x_2의 제곱항이 있고 x_1과 x_2를 곱한 교호작용항(interaction term) $x_1 x_2$가 있다. 이때 β_{12}는 교호작용효과에 관한 회귀모수가 된다. 설명변수가 p개인 경우의 이차모형은

$$y = \beta_0 + \sum_{j=1}^{p} \beta_j x_j + \sum_{j \le l}^{p} \beta_{jl} x_j x_l + \epsilon \tag{9.4}$$

으로 표현할 수 있다. 만약 $k = 3$이면 이차모형은

$$\begin{aligned} y = \beta_0 + \beta_1 x_1 + \beta_2 x_2 + \beta_3 x_3 + \beta_{11} x_1^2 + \beta_{22} x_2^2 + \beta_{33} x_3^2 \\ + \beta_{12} x_1 x_2 + \beta_{13} x_1 x_3 + \beta_{23} x_2 x_3 + \epsilon \end{aligned} \tag{9.5}$$

이 된다.

이제 설명변수가 하나인 경우 이차모형 식 (9.1)을 적합하는 방법을 알아보자. n개의 데이터 $(x_i, y_i)(i = 1, 2, \cdots, n)$가 있으면 식 (9.1)은

$$y_i = \beta_0 + \beta_1 x_i + \beta_2 x_i^2 + \epsilon_i, \quad i = 1, 2, \cdots, n$$

이 되며, $x_i = x_{i1}$, $x_i^2 = x_{i2}$로 놓고 중회귀분석에서 사용하던 방법을 그대로 적용하면 된다. 따라서, X행렬은

$$X = \begin{pmatrix} 1 & x_1 & x_1^2 \\ 1 & x_2 & x_2^2 \\ 1 & x_3 & x_3^2 \\ \vdots & \vdots & \vdots \\ 1 & x_n & x_n^2 \end{pmatrix}$$

이 되고, $X^\top X$와 $X^\top \mathbf{y}$는 각각

$$X^\top X = \begin{pmatrix} n & \sum x_i & \sum x_i^2 \\ \sum x_i & \sum x_i^2 & \sum x_i^3 \\ \sum x_i^2 & \sum x_i^3 & \sum x_i^4 \end{pmatrix}, \quad X^\top \mathbf{y} = \begin{pmatrix} \sum y_j \\ \sum x_i y_i \\ \sum x_i^2 y_i \end{pmatrix}$$

이며, β_0, β_1과 β_2의 최소제곱추정값 $\hat{\beta}_0$, $\hat{\beta}_1$과 $\hat{\beta}_2$는

$$\hat{\boldsymbol{\beta}} = \begin{pmatrix} \hat{\beta}_0 \\ \hat{\beta}_1 \\ \hat{\beta}_2 \end{pmatrix} = (X^\top X)^{-1} X^\top \mathbf{y}$$

로부터 구한다. 일반적으로 k차다항회귀모형

$$y = \beta_0 + \beta_1 x + \beta_2 x^2 + \cdots + \beta_k x^k + \epsilon \tag{9.6}$$

에서 계수 β_j를 추정하려면 독립변수가 k개 있는 중회귀모형으로 다음과 같이 바꾸어 생각하면 간편하다. 즉

$$\begin{pmatrix} x_1 = x \\ x_2 = x^2 \\ \vdots \\ x_k = x^k \end{pmatrix}$$

로 한다. 그러면 n개의 데이터를 가진 모형이

$$\begin{aligned} y_i &= \beta_0 + \beta_1 x_i + \beta_2 x_i^2 + \cdots + \beta_k x_i^k + \epsilon_i \\ &= \beta_0 + \beta_1 x_{i1} + \beta_2 x_{i2} + \cdots + \beta_k x_{ik} + \epsilon_i, \quad i = 1, 2, \cdots, n \end{aligned} \tag{9.7}$$

이 되어, 이제까지 사용한 모든 중회귀분석방법을 그대로 적용할 수 있다.

예제 9.1

어떤 특수분야만을 담당하는 건설회사가 과거 24번의 계약에서 계약규모(x)와 단위계약금액(억원)당 얻은 순이익(y) 간에 어떠한 회귀관계가 있는지를 알고 싶다. 계약금액 순서로 나열한 데이터는 다음과 같다.

계약번호	x(단위:억 원)	y(단위:백만 원)	계약번호	x(단위:억 원)	y(단위:백만 원)
1	1	5	13	5	10
2	1	6	14	6	8
3	2	6	15	6	9
4	2	7	16	6	10
5	2	8	17	7	8
6	3	7	18	7	9
7	3	8	19	8	7
8	4	7	20	8	8
9	4	8	21	8	9
10	4	9	22	9	7
11	5	8	23	9	8
12	5	9	24	10	7

먼저 단순회귀모형을 생각하고 추정식을 구하니

$$\hat{\beta}_1 = \frac{\sum x_i y_i - \frac{(\sum x_i)(\sum y_i)}{n}}{\sum x_i^2 - \frac{(\sum x_i)^2}{n}} = \frac{1007 - \frac{(125)(188)}{24}}{815 - \frac{(125)^2}{24}} = 0.17$$

$$\hat{\beta}_0 = \bar{y} - \hat{\beta}_1 \bar{x} = 7.83 - (0.17)(5.21) = 6.94$$

로

$$\hat{y} = 6.94 + 0.17x$$

가 된다. 이 회귀직선이 유의미한지 살펴 보기 위해 분산분석하여 F-검정을 하여 보자.

요인	제곱합	자유도	평균제곱	F_0	$F_{0.05}(1, 22)$
회귀	4.725	1	4.725	3.4	4.3
잔차	30.608	22	1.391		
계	35.333	23			

풀이

$F_0 < F_{0.05}(1, 22)$이므로 유의수준 $\alpha = 0.05$에서 회귀직선은 유의하지 못하다. 위에서 얻은 회귀제곱합 4.725는 추가제곱합(extra sum of squares)의 표현을 빌리면 $SS(\hat{\beta}_1 \mid \hat{\beta}_0)$라 쓸 수 있다. 다음으로 설명변수가 하나인 이차다항회귀모형

$$y_i = \beta_0 + \beta_1 x_i + \beta_2 x_i^2 + \epsilon_i$$

를 적합해 보자.

$$X = \begin{pmatrix} 1 & 1 & 1 \\ 1 & 1 & 1 \\ 1 & 2 & 4 \\ 1 & 2 & 4 \\ 1 & 2 & 4 \\ 1 & 3 & 9 \\ 1 & 3 & 9 \\ 1 & 4 & 16 \\ 1 & 4 & 16 \\ 1 & 4 & 16 \\ 1 & 5 & 25 \\ 1 & 5 & 25 \\ 1 & 5 & 25 \\ 1 & 6 & 36 \\ 1 & 6 & 36 \\ 1 & 6 & 36 \\ 1 & 7 & 49 \\ 1 & 7 & 49 \\ 1 & 8 & 64 \\ 1 & 8 & 64 \\ 1 & 8 & 64 \\ 1 & 9 & 81 \\ 1 & 9 & 81 \\ 1 & 10 & 100 \end{pmatrix} \quad (\text{columns: } 1,\ x,\ x^2)$$

$$X^\top X = \begin{pmatrix} 24 & 125 & 815 \\ 125 & 815 & 5975 \\ 815 & 5975 & 46955 \end{pmatrix}$$

$$X^\top \mathbf{y} = \begin{pmatrix} 188 \\ 1007 \\ 6545 \end{pmatrix}$$

$$(X^\top X)^{-1} = \begin{pmatrix} 0.6393996 & -0.2489542 & 0.0205812 \\ -0.2489542 & 0.1152191 & -0.0103404 \\ 0.0205812 & -0.0103404 & 0.0004799 \end{pmatrix}$$

따라서, β_0, β_1과 β_2의 최소제곱추정값은

$$\hat{\boldsymbol{\beta}} = \begin{pmatrix} \hat{\beta}_0 \\ \hat{\beta}_1 \\ \hat{\beta}_2 \end{pmatrix} = (X^\top X)^{-1} X^\top \mathbf{y} = \begin{pmatrix} 4.21 \\ 1.54 \\ -0.13 \end{pmatrix}$$

이며, 이차회귀추정식은

$$\hat{y} = 4.21 + 1.54x - 0.13x^2$$

이다. 분산분석표를 작성하여 보자.

$$SSR = \hat{\boldsymbol{\beta}}^\top X^\top \mathbf{y} - n(\bar{y})^2 = (4.21,\ 1.54,\ -0.13)\begin{pmatrix} 188 \\ 1007 \\ 6545 \end{pmatrix} - 24(7.83)^2 = 19.996$$

$$SSE = \mathbf{y}^\top \mathbf{y} - \hat{\boldsymbol{\beta}}^\top X^\top \mathbf{y} = 15.337$$

요인	제곱합	자유도	평균제곱	F_0	$F_{0.01}(2, 21)$
회귀	19.996	2	9.998	13.7^{**}	5.78
잔차	15.337	21	0.730		
계	35.333	23			

따라서, 이차회귀곡선은 매우 유의하다. 회귀제곱합 19.996은 $SS(\hat{\beta}_1, \hat{\beta}_2 \mid \hat{\beta}_0)$에 해당하며, 이는 $SS(\hat{\beta}_1 \mid \hat{\beta}_0) = 4.725$와 $SS(\hat{\beta}_2 \mid \hat{\beta}_0, \hat{\beta}_1) = 15.271$의 합이 된다. 데이터의 산점도와 추정된 회귀직선과 곡선을 같이 그려 보면 [그림 9.2]와 같다. 재미있는 것은 이차회귀추정식을 x로 미분하여 0으로 놓고 풀면

$$\frac{d\hat{y}}{dx} = 1.54 - (2)(0.13)x = 0 \Rightarrow x^* = 5.923$$

으로 계약규모가 약 5.9억원일 때에 가장 높은 순이익을 주는 사실을 발견할 수 있다.

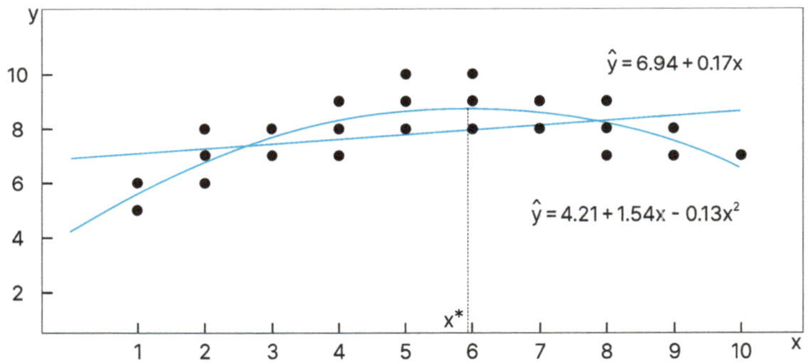

그림 9.2 **일차 및 이차 회귀추정식**

식 (9.3)과 같은 이차모형인 경우에는

$$\begin{pmatrix} x_1 = x_1 \\ x_2 = x_2 \\ x_3 = x_1^2 \\ x_4 = x_2^2 \\ x_5 = x_1 x_2 \end{pmatrix}$$

로 놓고 5개의 독립변수가 있다고 생각하고 중회귀모형 분석방법에 따라서 회귀분석하면 된다. 다음 예제를 통해 독립변수가 둘인 이차다항회귀모형을 적합해 보자.

예제 9.2

어떤 반도체공장에서 생산되고 있는 제품은 마지막 생산과정에서 두 개의 설명변수(습도와 온도)에 의하여 그 제품의 순도가 영향을 받는다. 다음은 습도와 온도가 순도에 어떻게 영향을 미치는가를 분석하기 위하여 실험한 자료인데, 이차다항회귀모형이 적절하리라고 판단된다. 계산의 편리를 위하여 설명변수의 값을 다음과 같이 선형변환하기로 한다.

$$x_1 = \frac{\text{습도(\%)} - 30}{20}, \quad x_2 = \frac{\text{온도(°C)} - 205}{10}$$

실험번호	실제의 독립변수		변환된 독립변수		y
	x_1	x_2	x_1	x_2	
1	10	205	-1	0	54.6
2	20	213.66	-0.5	0.866	71.7
3	20	196.34	-0.5	-0.866	59.8
4	40	213.66	0.5	0.866	78.7
5	40	196.34	0.5	-0.866	78.9
6	50	205	1	0	91.0
7	30	205	0	0	90.4
8	30	205	0	0	87.5
9	30	205	0	0	91.0
10	30	205	0	0	88.3

위 데이터로부터 이차다항회귀모형, $y_i = \beta_0 + \beta_1 x_{i1} + \beta_2 x_{i2} + \beta_{11} x_{i1}{}^2 + \beta_{22} x_{i2}{}^2 + \beta_{12} x_{i1} x_{i2} + \epsilon_i (i = 1, 2, \cdots, n)$을 추정하시오.

풀이

$$X = \begin{pmatrix} 1 & -1 & 0 & 1 & 0 & 0 \\ 1 & -0.5 & 0.866 & 0.25 & 0.75 & -0.433 \\ 1 & -0.5 & -0.866 & 0.25 & 0.75 & 0.433 \\ 1 & 0.5 & 0.866 & 0.25 & 0.75 & 0.433 \\ 1 & 0.5 & -0.866 & 0.25 & 0.75 & -0.433 \\ 1 & 1 & 0 & 1 & 0 & 0 \\ 1 & 0 & 0 & 0 & 0 & 0 \\ 1 & 0 & 0 & 0 & 0 & 0 \\ 1 & 0 & 0 & 0 & 0 & 0 \\ 1 & 0 & 0 & 0 & 0 & 0 \end{pmatrix} \quad \mathbf{y} = \begin{pmatrix} 54.6 \\ 71.7 \\ 59.8 \\ 78.7 \\ 78.9 \\ 91.0 \\ 90.4 \\ 87.5 \\ 91.0 \\ 88.3 \end{pmatrix}$$

(열: x_1, x_2, x_1^2, x_2^2, $x_1 x_2$)

$$X^\top X = \begin{pmatrix} 10 & 0 & 0 & 3 & 3 & 0 \\ 0 & 3 & 0 & 0 & 0 & 0 \\ 0 & 0 & 3 & 0 & 0 & 0 \\ 3 & 0 & 0 & 2.25 & 0.75 & 0 \\ 3 & 0 & 0 & 0.75 & 2.25 & 0 \\ 0 & 0 & 0 & 0 & 0 & 0.75 \end{pmatrix} \quad X^\top \mathbf{y} = \begin{pmatrix} 791.90 \\ 49.45 \\ 10.13 \\ 217.88 \\ 216.83 \\ -5.24 \end{pmatrix}$$

$$(X^\top X)^{-1} = \begin{pmatrix} 0.25 & 0 & 0 & -0.25 & -0.25 & 0 \\ 0 & 0.333 & 0 & 0 & 0 & 0 \\ 0 & 0 & 0.333 & 0 & 0 & 0 \\ -0.25 & 0 & 0 & 0.75 & 0.0833 & 0 \\ -0.25 & 0 & 0 & 0.0833 & 0.75 & 0 \\ 0 & 0 & 0 & 0 & 0 & 1.333 \end{pmatrix}$$

따라서,

$$\hat{\boldsymbol{\beta}} = \begin{pmatrix} \hat{\beta}_0 \\ \hat{\beta}_1 \\ \hat{\beta}_2 \\ \hat{\beta}_{21} \\ \hat{\beta}_{22} \\ \hat{\beta}_{12} \end{pmatrix} = (X^\top X)^{-1} X^\top \mathbf{y} = \begin{pmatrix} 89.30 \\ 16.48 \\ 3.38 \\ -16.50 \\ -17.20 \\ -6.99 \end{pmatrix}$$

이며, 추정된 이차다항회귀식은

$$\hat{y} = 89.30 + 16.48x_1 + 3.38x_2 - 16.50x_1^2 - 17.20x_2^2 - 6.99x_1x_2$$

이다. 분산분석을 수행하면 다음 표와 같다.

$$SST = \mathbf{y}^\top \mathbf{y} - n(\bar{y})^2 = 64304.29 - 62710.56 = 1593.73$$
$$SSR = \hat{\boldsymbol{\beta}}^\top X^\top \mathbf{y} = 64277.98 - 62710.56 = 1567.42$$
$$SSE = SST - SSR = 26.31$$

요인	제곱합	자유도	평균제곱	F_0	$F_{0.01}(5,4)$
회귀	1567.42	5	313.484	47.66**	15.52
잔차	26.31	4	6.578		
계	1593.73	9			

그런데, $F_0 = 47.66 < F_{0.01}(5, 4) = 15.5$이므로 이차다항회귀식은 유의수준 1%에서 매우 유의하다. 또한 어떠한 x_1과 x_2의 값에서 순도(y)가 최대가 되는가를 알기 위하여 추

정된 이차다항회귀식을 각각 x_1과 x_2로 편미분하여 0으로 놓으면

$$\frac{\partial \hat{y}}{\partial x_1} = 16.48 - (2)(16.50)x_1 - 6.99x_2 = 0$$
$$\frac{\partial \hat{y}}{\partial x_2} = 3.38 - (2)(17.20)x_2 - 6.99x_1 = 0$$

이 되고, 이를 풀면 $x_1^* = 0.5004$, $x_2^* = -0.0034$가 되며, 이 점에서 $\hat{y}$ 의 값은 $\hat{y}^* = 93.417$ 이 된다.

원래의 설명변수의 단위로 환원시키면

$$0.5002 = \frac{\text{습도} - 30}{20}, \quad -0.0034 = \frac{\text{온도} - 205}{10}$$

로부터 습도는 약 40% 이고 온도는 약 205°C가 순도를 가장 크게 하는 공정조건임을 알 수 있으며, 이 조건에서 순도는 93.417까지 도달될 수 있음을 예측할 수 있다. x_1과 x_2에 대한 $\hat{y}$의 등고선(contours)을 그리면 [그림 9.3]과 같다.

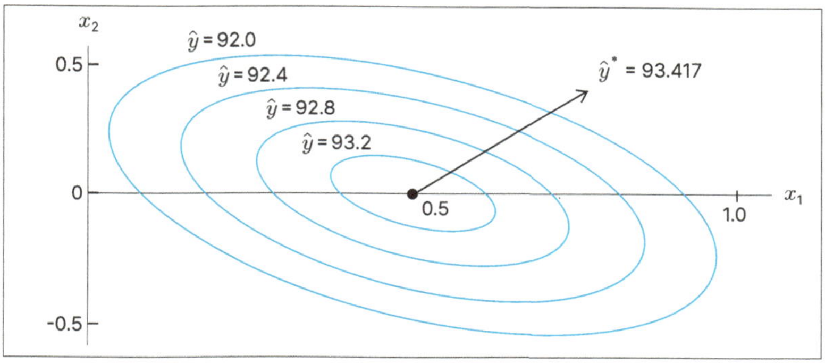

그림 9.3 **등고선표**

9.2 모형의 타당성

9.2.1 설명변수가 하나인 경우

설명변수가 하나인 k차 다항회귀모형은 식 (9.6)과 같이

$$y = \beta_0 + \sum_{j=1}^{k} \beta_j x^j + \epsilon$$

으로 표현되는데, 이때 가장 적절한 다항회귀모형을 찾는 것은 k를 선택하는 문제가 된다. 이를 위해 n개 데이터 $(x_i, y_i)(i = 1, 2, \cdots, n)$의 산점도(scatter diagram)를 먼저 그려보면, 대부분의 경우에 k의 값을 쉽게 짐작할 수 있다. 산점도로부터 어떤 k의 값이 타당할지 판단이 서지 않는 경우에는 일차식($k = 1$)으로 시작하여 회귀직선을 구한 후에 잔차

(residuals)를 검토하여 보거나, 또는 축차 F-검정(sequential F-test)을 실시하여 적절한 k의 값을 정할 수 있다. 이 F-검정에 대하여 자세히 알아보자.

하나의 설명변수를 가지고 있는 다항회귀모형에서 적절한 차수(order) k를 결정하는 축차 F -검정 방법은 다음과 같다. 먼저 일차모형 $y_i = \beta_0 + \beta_1 x_i + \epsilon_i$를 적합하고, 귀무가설 $H_0 : \beta_1 = 0$에 대한 검정을 실시한다. 이 검정은 5장 6절에 본 바와 같이 분산분석표에서 얻은 F-검정에 해당한다. 귀무가설이 기각되면 다음으로 이차모형 $y_i = \beta_0 + \beta_1 x_i + \beta_2 x_i^2 + \epsilon_i$를 적합한 후 $H_0 : \beta_2 = 0$에 관한 가설검정을 수행한다. 이 가설검정은 추가제곱합 $SS(\hat{\beta}_2 \mid \hat{\beta}_0, \hat{\beta}_1)$을 구하여, 이것이 유의하게 큰가를 F-검정하면 될 것이다. 만약 귀무가설을 기각할 수 없다면 일차 모형($k = 1$)으로 만족하며, 귀무가설이 기각되면 다음 단계로 삼차모형 $y_i = \beta_0 + \beta_1 x_i + \beta_2 x_i^2 + \beta_3 x_i^3 + \epsilon_i$를 적합하고 추가제곱합 $SS(\hat{\beta}_3 \mid \hat{\beta}_0, \hat{\beta}_1, \hat{\beta}_2)$의 유의성을 F-검정한다. 귀무가설 $H_0 : \beta_3 = 0$이 채택되면 이차모형이 적절하다고 판정하고, 기각되면 사차모형을 적합하는 순서가 될 것이다. 이와 같은 방법으로 가설검정을 실시하여 어느 단계에 가서 귀무가설 $H_0 : \beta_r = 0$을 기각할 수 없다면 적절한 다항회귀모형의 차수는 $r - 1$이 된다.

9.2.2 설명변수가 둘 이상인 경우

설명변수가 둘 이상인 경우에 적절한 차수의 결정은 일반적으로 다음과 같은 방법을 따른다. 먼저 일차다항회귀모형

$$y = \beta_0 + \sum_{j=1}^{p} \beta_j x_j + \epsilon$$

으로부터 출발하여 이 모형을 적합시키고 결정계수 R^2의 값이나, 분산분석의 F-검정, 잔차의 검토, 또는 적합결여검정 등을 통하여 일차모형의 타당성 여부를 판정한다. 만약 적절하지 않다고 판정되면 이차모형

$$y = \beta_0 + \sum_{j=1}^{p} \beta_j x_j + \sum_{j \le l}^{p} \beta_{jl} x_j x_l + \epsilon$$

을 적합하고 모형의 타당성을 확인하여 보아야 한다.

위와 같은 방법으로 적절한 차수를 선정하며 대체적으로 일차모형이나 이차모형을 많이 사용하고, 삼차모형 이상은 변수의 항의 수가 많아지므로 잘 사용되지 않는다. 또한 이차나 삼차모형으로 결정이 났다고 해도 반드시 이들 모형에 포함된 모든 항을 포함시키는 것이 가장 바람직한 것은 아니다. 이 중에서 필요한 항만을 선택하여 사용하는 것이 더 좋을 경우도 있다. 예를 들어, 변수가 두 개($p = 2$)인 2차모형(식 (9.3))에 대한 부분 F-검정을 통해 귀무가설 $H_0 : \beta_{12} = 0$을 기각할 수 없다고 하자. 이런 경우에 $x_1 x_2$항은 생략해도 좋으며, 이 항을 제거하고 만든 다항회귀모형이 더 적절할 것이다. 이에 대해서는 11장 변수의 선택(selection of variables)에서 다시 논의하기로 한다.

9.3 직교다항회귀

설명변수가 하나인 경우의 다항회귀모형

$$y_i = \beta_0 + \beta_1 x_i + \beta_2 x_i^2 + \cdots + \beta_k x_i^k + \epsilon_i, \quad i = 1, 2, \cdots, n \tag{9.8}$$

은 앞에서 언급한 바와 같이 중회귀모형으로 취급하여 다룰 수 있다. 그러나, 설명변수 x의 수준(level)이 같은 간격으로 떨어져 있으면(equally spaced) 직교다항식(orthogonal polynomials)을 사용하여 계산을 간편하게 할 수 있다. x의 각 수준간의 간격이 똑같은 거리를 가지고 있다 하자. 즉, $x_2 = x_1 + d,\ x_3 = x_2 + d,\ \cdots,\ x_n = x_{n-1} + d$라 하면, 식 (9.8)의 x_i^q항 대신에 x의 차수가 q인 다항식 $p_q(x_i)$를 사용하자. 그러면 식 (9.8)의 표현은 $k < n$에 대하여

$$y_i = \beta_0 + \beta_1 p_1(x_i) + \beta_2 p_2(x_i) + \cdots + \beta_k p_k(x_i) + \epsilon_i, \quad i = 1, 2, \cdots, n \tag{9.9}$$

이 된다. 이때 다항식 p_q는 다음을 만족시켜 주는 것을 선택하여야 한다.

$$\begin{aligned} &\sum_{i=1}^{n} p_q(x_i) = 0, \quad q = 1, 2, \cdots, k \\ &\sum_{i=1}^{n} p_q(x_i) p_r(x_i) = 0, \quad q, r = 1, 2, \cdots, k, \quad q \neq r \\ &\sum_{i=1}^{n} p_q^2(x_i) \neq 0, \quad q = 1, 2, \cdots, k \end{aligned} \tag{9.10}$$

위의 조건을 만족시켜 주는 다항식이 정해졌다면 식 (9.9)의 회귀계수 β_j를 구하는 것은 매우 간편해진다. 먼저 중회귀모형에서 사용하는 X행렬은

$$X = \begin{pmatrix} 1 & p_1(x_1) & p_2(x_1) & \dots & p_k(x_1) \\ 1 & p_1(x_2) & p_2(x_2) & \dots & p_k(x_2) \\ 1 & p_1(x_3) & p_2(x_3) & \dots & p_k(x_3) \\ \vdots & \vdots & \vdots & & \vdots \\ 1 & p_1(x_n) & p_2(x_n) & \dots & p_k(x_n) \end{pmatrix}$$

이 되며, 식 (9.10)의 직교조건(orthogonality conditions)으로부터

$$X^\top X = \begin{pmatrix} n & 0 & 0 & \dots & 0 \\ & \sum p_1^2(x_i) & 0 & \dots & 0 \\ & & \sum p_2^2(x_i) & \dots & 0 \\ & & & & \vdots \\ & (\text{대칭}) & & & \sum p_k^2(x_i) \end{pmatrix}$$

이 성립하고 정규방적식 $X^\top X\hat{\boldsymbol{\beta}} = X^\top \mathbf{y}$의 오른쪽 벡터는

$$X^\top \mathbf{y} = \begin{pmatrix} \sum y_i \\ \sum p_1(x_i) y_i \\ \sum p_2(x_i) y_i \\ \vdots \\ \sum p_k(x_i) y_i \end{pmatrix} \tag{9.11}$$

이다. 따라서, β_j들의 최소제곱추정값은

$$\hat{\boldsymbol{\beta}} = \begin{pmatrix} \hat{\beta}_0 \\ \hat{\beta}_1 \\ \hat{\beta}_2 \\ \vdots \\ \hat{\beta}_k \end{pmatrix} = (X^\top X)^{-1} X^\top \mathbf{y} = \begin{pmatrix} \sum y_i / n \\ \sum p_1(x_i) y_i / \sum p_1^2(x_i) \\ \sum p_2(x_i) y_i / \sum p_2^2(x_i) \\ \vdots \\ \sum p_k(x_i) y_i / \sum p_k^2(x_i) \end{pmatrix} \tag{9.12}$$

으로 간단히 구할 수 있다. 이렇게 계산이 간편하게 나오는 것은 $X^\top X$행렬이 대각행렬(diagonal matrix)이 되기 때문이다.

다음으로 직교다항식 $p_q(x)$는 어떤 형태를 갖는가를 알아보자. $\bar{x} = \sum x_i / n$ 이고 d를 x의 수준간의 거리라고 할 때 식 (9.10)의 조건을 만족하는 다음과 같은 식을 얻을 수 있다. 참고문헌 (9.8)은 여기에 관한 자세한 내용을 다루고 있다.

$$\begin{aligned} p_0(x) &= 1 \\ p_1(x) &= \frac{x - \bar{x}}{d} \\ p_2(x) &= \left(\frac{x - \bar{x}}{d}\right)^2 - \frac{n^2 - 1}{12} \\ p_3(x) &= \left(\frac{x - \bar{x}}{d}\right)^3 - \left(\frac{3n^2 - 7}{20}\right)\left(\frac{x - \bar{x}}{d}\right) \\ &\vdots \\ p_{r+1}(x) &= p_r(x) p_1(x) - \frac{r^2(n^2 - r^2)}{4(4r^2 - 1)} \, p_{r-1}(x), \quad r \geq 1 \end{aligned} \tag{9.13}$$

식 (9.9)의 직교다항회귀식을 데이터를 사용하여 적합시킨 후에 분산분석표를 작성하여 보자. 총제곱합 SST 는

$$SST = \mathbf{y}^\top \mathbf{y} - n(\bar{y})^2 = \sum y_i^2 - n\left(\frac{\sum y_i}{n}\right)^2$$

이며, 회귀제곱합 SSR은 식 (9.11)과 식 (9.12)를 사용하여 나타내 보면

$$SSR = \hat{\boldsymbol{\beta}}^\top X^\top \mathbf{y} - n(\bar{y})^2 = \sum_{j=1}^{k} \left[\frac{\sum_{i=1}^{n} p_j(x_i) y_i}{\sum_{i=1}^{n} p_j^2(x_i)} \cdot \sum_{i=1}^{n} p_j(x_i) y_i \right] \tag{9.14}$$

이 되고, 잔차제곱합 SSE는

$$SSE = SST - SSR = \mathbf{y}^\top \mathbf{y} - \hat{\boldsymbol{\beta}}^\top X^\top \mathbf{y}$$

이다. 그런데, $X^\top X$가 대각행렬이므로 $X^\top X$의 각 열(column)간에는 직교하는 성질이 있으며, 따라서 추가제곱합(extra sum of squares)에 관해서는 다음의 관계가 성립한다.

$$SS(\hat{\beta}_j \mid \hat{\beta}_0, \hat{\beta}_1, \cdots, \hat{\beta}_{j-1}, \hat{\beta}_{j+1}, \cdots, \hat{\beta}_k) = SS(\hat{\beta}_j), \quad j = 1, 2, \cdots, k$$

또한 식 (9.11)과 식 (9.12)로부터

$$\begin{aligned} SS(\hat{\beta}_0) &= n(\bar{y})^2 \\ SS(\hat{\beta}_j) &= \frac{\left[\sum_{i=1}^{n} p_j(x_i) y_i\right]\left[\sum_{i=1}^{n} p_j(x_i) y_i\right]}{\sum_{i=1}^{n} p_j^2(x_i)}, \quad j = 1, 2, \cdots, k \\ SSR &= \sum_{j=1}^{k} SS(\hat{\beta}_j) \end{aligned} \tag{9.15}$$

을 만족한다. 지금까지 논의된 직교다항회귀모형의 분산분석표를 만들어 보면 다음과 같다.

표 9.1 **직교다항회귀의 분산분석표**

요인	제곱합	자유도	평균제곱	F_0	F_α
회귀	SSR	k	MSR	MSR/MSE	$F_\alpha(k, n-k-1)$
일차	$SS(\hat{\beta}_1)$	1	$MS(\hat{\beta}_1)$	$MS(\hat{\beta}_1)/MSE$	$F_\alpha(1, n-k-1)$
이차	$SS(\hat{\beta}_2)$	1	$MS(\hat{\beta}_2)$	$MS(\hat{\beta}_2)/MSE$	$F_\alpha(1, n-k-1)$
⋮	⋮	⋮	⋮	⋮	⋮
k차	$SS(\hat{\beta}_k)$	1	$MS(\hat{\beta}_k)$	$MS(\hat{\beta}_k)/MSE$	$F_\alpha(1, n-k-1)$
잔차	SSE	$n-k-1$	MSE		
계	SST	$n-1$			

위에서 $SS(\hat{\beta}_j)$의 자유도는 1이므로 $SS(\hat{\beta}_j) = MS(\hat{\beta}_j)$이고 검정통계량의 값 $F_0 = \dfrac{MS(\hat{\beta}_j)}{MSE}$를 F-분포의 기각치 $F_\alpha(1, n-k-1)$와 비교하여 F_0의 값이 더 크면 차수 j의 직교다항식 $p_j(x)$는 회귀모형에 유의한 기여를 하며, 만약 F_0의 값이 기각치보다 작으면 $p_j(x)$를 모형에서 제거해도 모형의 유용성에는 차이를 주지 않는다는 말이다. 따라서, 처음에 직교다항회귀모형을 선택할 때에 어떤 차수 k를 쓰는 것이 적절한지 모를 경우에는 $k = 1$에서 시작하여 하나씩 증가시켜 F-검정에서 처음으로 유의하게 되지 않는 $SS(\hat{\beta}_q)$를 구하고, 적절한 차수를 $k = q - 1$로 결정하면 좋을 것이다.

예제 9.3

온도(x)를 다음과 같이 등간격으로 변화시켜 가며 반응량(y)를 관측하여 다음의 데이터를 얻었다.

x	180	200	220	240	260	280	300
y	82.0	89.2	94.5	99.6	102.5	103.2	103.8

2차 직교다항회귀

$$y_i = \beta_0 + \beta_1 p_1(x_i) + \beta_2 p_2(x_i) + \epsilon_i$$

를 적합하고 분산분석하시오. 또한 삼차항 $\beta_3 p_3(x_i)$가 필요한가를 검토하시오.

풀이

$n = 7$, $d = 20$이고 $\bar{x} = 240$ 이므로 $p_1(x)$와 $p_2(x)$는 각각 아래와 같다. 따라서, $X^\top X$와 $X^\top \mathbf{y}$는

x	$p_1(x)$	$p_2(x)$
180	-3	5
220	-2	0
220	-1	-3
240	0	-4
260	1	-3
280	2	0
300	3	5

$$X^\top X = \begin{pmatrix} 7 & 0 & 0 \\ 0 & 28 & 0 \\ 0 & 0 & 84 \end{pmatrix}, \quad X^\top \mathbf{y} = \begin{pmatrix} 674.8 \\ 101.4 \\ -40.4 \end{pmatrix}$$

이며, β_0, β_1과 β_2의 최소제곱추정값은

$$\hat{\boldsymbol{\beta}} = \begin{pmatrix} \hat{\beta}_0 \\ \hat{\beta}_1 \\ \hat{\beta}_2 \end{pmatrix} = (X^\top X)^{-1} X^\top \mathbf{y} = \begin{pmatrix} 96.4 \\ 3.621 \\ -0.719 \end{pmatrix}$$

이 된다. 그러므로, 구하려는 추정식은

$$\begin{aligned} \hat{y} &= \hat{\beta}_0 + \hat{\beta}_1 p_1(x) + \hat{\beta}_2 p_2(x) \\ &= 96.4 + 3.621 + \left[\frac{x - 240}{20}\right] - 0.719\left[\left(\frac{x - 240}{20}\right)^2 - \frac{7^2 - 1}{12}\right] \end{aligned}$$

임을 알 수 있다.

$$\begin{aligned} SST &= \mathbf{y}^\top \mathbf{y} - n(\bar{y})^2 \\ &= 65461.98 - 65050.72 = 411.26 \\ SSR &= SS(\hat{\beta}_1) + SS(\hat{\beta}_2) \end{aligned}$$

$$= (3.621)(101.4) + (-0.719)(-60.4)$$
$$= 367.1694 + 43.4276 = 410.597$$
$$SSE = SST - SSR = 0.663$$

요인	제곱합	자유도	평균제곱	F_0
회귀	410.597	2	205.2985	1238.6**
{ 일차	{ 367.1694	{ 1	{ 367.1694	2215.2**
이차	43.4276	1	43.4276	262.0**
잔차	0.663	4	0.16575	
계	411.26	6		

회귀 및 일차와 이차항의 F_0의 값들이 매우 크므로 이들은 모두 유의하다. 만약 삼차항 $p_3(x)$도 필요한가를 검정하여 보자. $p_3(x)$를 구하여 보면 아래와 같다. 계산의 편의상 x와 y도 같이 적어 본다.

x	$p_3(x)$	y
180	-1	82.0
220	1	89.2
220	1	94.5
240	0	99.6
260	-1	102.5
280	-1	103.2
300	1	103.8

식 (9.12)로 부터

$$\hat{\beta}_3 = \sum_{i=1}^{7} p_3(x_i)y_i / \sum_{i=1}^{7} p_3^2(x_i)$$
$$= \frac{(-1)(82.0) + (1)(89.2) + \cdots + (1)(103.8)}{(-1)^2 + (1)2 + \cdots + (1)^2}$$
$$= \frac{0.2}{6} = \frac{1}{30}$$

이다. 그리고, 식 (9.15)에서 $\hat{\beta}_3$의 추가로 얻어지는 추가제곱합은

$$SS(\hat{\beta}_3) = \hat{\beta}_3 \sum_{i=1}^{7} p_3(x_i)y_i = \left(\frac{1}{30}\right)(0.2) = 0.0067$$

이 된다. 따라서, 분산분석표를 다시 작성하면 다음과 같다.

요인	제곱합	자유도	평균제곱	F_0
회귀	410.6037	3	136.8679	625.5^{**}
일차	367.1694	1	367.1694	1678.1^{**}
이차	43.4276	1	43.4276	198.5^{**}
삼차	0.0067	1	0.0067	0.03
잔차	0.6563	3	0.21877	
계	411.26	6		

3차항의 F_0의 값이 매우 작아 유의미한 항이 아님을 알 수 있다. 따라서, 주어진 데이터를 적합하는 데에는 2차다항회귀모형이 적절하다는 결론을 얻을 수 있다.

만약, 어떤 x의 값에서 $\hat{y}$가 최대가 될 것인가를 예측하려면, $\hat{y}$를 x로 미분하여 0으로 놓고 풀면 된다.

$$\begin{aligned}\frac{\mathrm{d}\hat{y}}{\mathrm{d}x} &= \frac{1}{\mathrm{d}x}\left[\hat{\beta}_0 + \hat{\beta}_1 p_1(x) + \hat{\beta}_2 p_2(x)\right] \\ &= 3.621\left(\frac{1}{20}\right) - (2)(0.719)\left(\frac{x - 240}{20}\right)\left(\frac{1}{20}\right) = 0\end{aligned}$$

이것을 풀면

$$x^* = 290.4°\mathrm{C}$$

가 되며, 이 때에 $\hat{y}$의 값은

$$\begin{aligned}\hat{y} &= 96.4 + 3.621\left(\frac{290.4 - 240}{20}\right) - 0.719\left[\left(\frac{290.4 - 240}{20}\right)^2 - \frac{7^2 - 1}{12}\right] \\ &= 103.84\end{aligned}$$

정도가 된다. 마지막으로 $\hat{\beta}_j$와 $\hat{y}$의 분산을 알아보자. 중회귀분석으로부터

$$\mathrm{Var}(\hat{\boldsymbol{\beta}}) = \mathrm{Var}\begin{pmatrix}\hat{\beta}_0 \\ \hat{\beta}_1 \\ \hat{\beta}_2 \\ \vdots \\ \hat{\beta}_k\end{pmatrix} = (X^\top X)^{-1}\sigma^2$$

이므로 σ^2을 MSE로 추정하면 $\hat{\beta}_j$의 분산의 추정값은

$$\widehat{\mathrm{Var}}(\hat{\beta}_j) = \frac{MSE}{\sum_{i=1}^{n} p_j^2(x_i)}, \quad j = 0, 1, 2, \cdots, k$$

임을 쉽게 구할 수 있다. $\hat{y}$의 분산은

$$\hat{y} = (p_0(x), p_1(x), \cdots, p_k(x))\begin{pmatrix} \hat{\beta}_0 \\ \hat{\beta}_1 \\ \vdots \\ \hat{\beta}_k \end{pmatrix} = \mathbf{p}(x)^\top \hat{\boldsymbol{\beta}}$$

이므로

$$\mathrm{Var}(\hat{y}) = \mathbf{p}(x)^\top (X^\top X)^{-1}\mathbf{p}(x)\,\sigma^2 = \sum_{j=0}^{k} \frac{p_j^2(x)}{\sum_{i=1}^{n} p_j^2(x_i)} \cdot \sigma^2$$

$$\widehat{\mathrm{Var}}(\hat{y}) = \sum_{j=1}^{k} \frac{p_j^2(x)}{\sum_{i=1}^{n} p_j^2(x_i)} \cdot MSE$$

이 된다. 앞의 **예제 9.3**에서 이차다항회귀를 적합할 때 $\hat{\beta}_2$의 분산을 추정하면

$$\widehat{\mathrm{Var}}(\hat{\beta}_2) = \frac{MSE}{\sum_{j=1}^{7} p_2^2(x_j)} = \frac{0.16576}{84} = 0.00197$$

이며, $x = 250°\mathrm{C}$에서 $\hat{y}$의 분산을 추정하여 보면 다음과 같다. $x = 250°\mathrm{C}$에서는 식 (9.13)에서

$$p_0(x) = 1$$
$$p_1(x) = \frac{250 - 240}{20} = 0.5$$
$$p_2(x) = \left(\frac{250 - 240}{20}\right)^2 - \frac{7^2 - 1}{12} = -3.75$$

이므로,

$$\begin{aligned}\widehat{\mathrm{Var}}(\hat{y}) &= \sum_{j=0}^{2}\left[\frac{p_j^2(x)}{\sum_{j=1}^{7} p_j^2(x_i)}\right] MSE \\ &= \left[\frac{(1)^2}{7} + \frac{(0.5)^2}{28} + \frac{(-3.75)^2}{84}\right](0.16575) \\ &= 0.0529\end{aligned}$$

이 된다. 앞의 예제에서 본 바와 같이, 직교다항회귀를 다루기 위해서는 주어진 x의 값에 대하여 $p_j(x)$를 먼저 구해야 한다, 식 (9.13)에 의하여 일일이 구할 수 있으나, 부록의 [표 A-6]에는 x의 수준수 n에 따라서 얻을 수 있는 직교다항식 $p_j(x)$, $j = 1, 2, \cdots, n - 1$의 값들이 수록되어 있다. $p_0(x) = 1$은 언제나 성립한다. 식 (9.13)의 공식을 그대로 사용하면 $p_j(x)$의 값이 분수가 될 수 있으므로, 이들의 값을 모두 정수(interger)로 하기 위하여 λ_j를 곱하여 사용한다. 즉, 부록 [표 A-6]의 값들은

$$p_0(x) = 1$$

$$p_1(x) = \lambda_1\left[\frac{x - \bar{x}}{d}\right]$$
$$p_2(x) = \lambda_1\left[\left(\frac{x - \bar{x}}{d}\right)^2 - \frac{n^2 - 1}{12}\right]$$

등의 직교다항식으로부터 작성되었다.

9.4 조각다항회귀(piecewise polynomial regression)

설명변수 x의 변화에 따라서 반응변수 $y(x)$의 변화를 연구할 때에는 $E[y(x)] = \eta(x)$를 가정하는 다항회귀모형

$$\eta(x) = \beta_0 + \beta_1 x + \beta_2 x^2 + \cdots + \beta_k x^k \tag{9.16}$$

이 많이 쓰인다. 이 모형의 장점은 x에 대하여 $\eta(x)$는 연속함수(continuous function)이고, 모수 β_j에 대하여 선형(linear)이며, 미분 $\frac{\mathrm{d}\eta(x)}{\mathrm{d}x}$도 x에 대하여 연속함수가 된다는 것이다. 그러나, 우리의 관심의 대상이 되는 전 영역, $a \le x \le b$에서 식 (9.16)의 다항회귀모형이 언제나 적절한 모형을 제공하지는 못하며, 다음과 같은 조각다항회귀모형(piecewise polynomial regression)

$$\begin{aligned}
\eta(x) &= \beta_{10} + \beta_{11} x + \cdots + \beta_{1q_1} x^{q_1}, \quad a \le x \le \alpha_1 \\
&= \beta_{20} + \beta_{21} x + \cdots + \beta_{2q_2} x^{q_2}, \quad \alpha_1 \le x \le \alpha_2 \\
&\quad \vdots \qquad\qquad\qquad \vdots \qquad\qquad \vdots \\
&= \beta_{r0} + \beta_{r1} x + \cdots + \beta_{rq_r} x^{q_r}, \quad \alpha_{r-1} \le x \le b
\end{aligned} \tag{9.17}$$

이 더 적절한 경우도 있다. 반응변수 y의 값은

$$y = \eta(x) + \epsilon, \quad \epsilon \sim N(0, \sigma^2)$$

의 분포를 따른다고 가정한다. 어떤 경우에 식 (9.17)과 같은 조각다항회귀모형이 쓰이는지 예를 들어보자. [표 9.2]에 있는 데이터는 어떤 무역회사에서 과거 8년간 수출하여 온 수출실적이다.

표 9.2 **수출액 데이터**

연도	2011	2012	2013	2014	2015	2016	2017	2018
x	0	1	2	3	4	5	6	7
y(단위:100만 불)	1.0	1.2	1.3	1.5	1.7	2.5	3.4	4.2

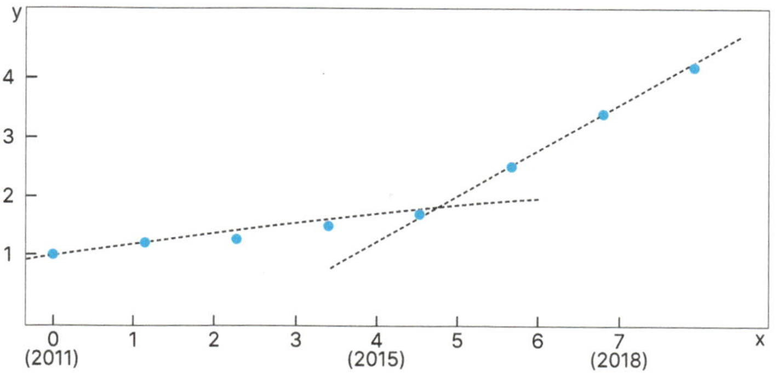

그림 9.4 **수출액 데이터의 산점도**

[표 9.2]의 데이터의 산점도(scatter diagram)를 그려보면 [그림 9.4]가 되는데, 이 그림에서 만약 이 회사의 수출실적이 $x = 8$(2019년)에서도 2015년 이후와 같은 신장을 한다면 다음과 같이 조각1차다항회귀모형이 적절할 것이다.

$$\begin{aligned}\eta(x) &= \beta_{10} + \beta_{11}x, \quad 0 \leq x \leq 4 \\ &= \beta_{20} + \beta_{21}x, \quad 4 < x \leq 8\end{aligned}$$

이 때 $x = 4$를 일차모형 $\eta(x) = \beta_{10} + \beta_{11}x$와 일차모형 $\eta(x) = \beta_{20} + \beta_{21}x$의 불연속점(disconnected point)이라고 부른다. 이 경우는 식 (9.17)의 가장 간단한 경우로 $q_1 = q_2 = 1$이고 $r = 2$이며, $a = 0$, $\alpha_1 = 4$, $b = 8$이 된다.

식 (9.17)에서 만약 $q_l = q$, $l = 1, 2, \cdots, r$이고 전구간 $a \leq x \leq b$에서 $\eta(x)$가 연속함수이며, 또한 $\frac{d\eta(x)}{dx}$, $\frac{d^2\eta(x)}{dx^2}$, $\frac{d^{q-1}\eta(x)}{dx^{q-1}}$이 모두 연속함수이면 함수 $\eta(x)$를 스플라인 함수(spline function)라고 부른다. 스플라인 함수의 통계적 이용에 대해서는 참고문헌 (9.3), (9.4), (9.8), (9.10), (9.11)을, 조각다항회귀모형에 대한 이론적인 연구는 참고문헌 (9.2), (9.7)을 참조한다.

r개의 구간별로 각각의 함수관계로 표현한 식 (9.17)의 모형은 다음의 함수를 이용하여 하나의 함수로 표현이 가능하다.

$$\begin{aligned}&1, x, x^2, \cdots, x^q \\ &T_0(x - \alpha_l), T_1(x - \alpha_l), \cdots, T_q(x - \alpha_l)\end{aligned}$$

위에서

$$q = \max\{q_l, l = 1, 2, \cdots, r\}$$

$$T_j(x - \alpha_l)^j = \begin{cases} 0 & , x \leq \alpha_l \\ (x - \alpha_l)^j, & x > \alpha_l, \quad l = 1, 2, \cdots, r-1, \quad j = 0, 1, 2, \cdots, q \end{cases} \tag{9.18}$$

가 된다. 예를 들어, x의 영역, $a \leq x \leq b$에서 불연속점 $x = \alpha$를 중심으로 이차 다항회귀

모형

$$\eta(x) = \beta_{10} + \beta_{11}x + \beta_{12}x^2, \quad a \le x \le \alpha \\ = \beta_{20} + \beta_{21}x + \beta_{22}x^2, \quad \alpha < x \le b \tag{9.19}$$

이 선택되었다고 하자. 이것을 하나의 방정식으로 만들면 다음과 같다.

$$\eta(x) = \beta_0 + \beta_1 x + \beta_2 x^2 + \beta_3 T_0(x - \alpha) + \beta_4 T_1(x - \alpha) + \beta_5 T_2(x - \alpha) \tag{9.20}$$

$$\beta_0 = \beta_{10} \qquad \beta_1 = \beta_{11} \qquad \beta_2 = \beta_{12}$$

$$\beta_3 = \alpha^2(\beta_{22} - \beta_{12}) + \alpha(\beta_{21} - \beta_{11}) + (\beta_{20} - \beta_{10})$$

$$\beta_4 = 2\alpha(\beta_{22} - \beta_{12}) + (\beta_{21} - \beta_{11})$$

$$\beta_5 = (\beta_{22} - \beta_{12})$$

만약, 식 (9.20)의 $\eta(x)$가 $x = \alpha$에서 연속이라면 식 (9.19)로부터

$$\beta_{10} + \beta_{11}\alpha + \beta_{12}\alpha^2 = \beta_{20} + \beta_{21}\alpha + \beta_{22}\alpha^2$$

또는

$$\alpha^2(\beta_{22} - \beta_{12}) + \alpha(\beta_{21} - \beta_{11}) + (\beta_{20} - \beta_{10}) = 0$$

의 관계식을 얻으며, 이는 식 (9.20)으로부터 $\beta_3 = 0$임을 알 수 있다. 따라서, 불연속점 $x = \alpha$에서의 연속조건은 식 (9.20)의 모형이

$$\eta(x) = \beta_0 + \beta_1 x + \beta_2 x^2 + \beta_4 T_1(x - \alpha) + \beta_5 T_2(x - \alpha)$$

로 되게 한다. 추가적으로 $x = \alpha$에서 $\eta(x)$의 1차미분함수 $\frac{d\eta(x)}{dx}$가 x에 대하여 연속이라는 조건을 붙이면 식 (9.19)로부터

$$2\alpha(\beta_{22} - \beta_{12}) + (\beta_{21} - \beta_{11}) = 0$$

이 성립되며, 따라서 식 (9.20)의 $\beta_4 = 0$이 된다. 이 때 식 (9.20)의 모형은

$$\eta(x) = \beta_0 + \beta_1 x + \beta_2 x^2 + \beta_5 T_2(x - \alpha)$$

으로 쓸 수 있다. 이 모형을 이차 회귀스플라인(regression spline) 모형이라고 한다.

일반적으로 식 (9.17)의 함수 $\eta(x)$를 식 (9.18)의 항들로 표현하면

$$\eta(x) = \sum_{i=0}^{q_1} \beta_{1i} x^i + \sum_{j=0}^{q_2} \beta_{2j} T_j(x - \alpha_1) + \cdots + \sum_{k=0}^{q_r} \beta_{rk} T_k(x - \alpha_{r-1}) \tag{9.21}$$

이 되며, $x = \alpha_l$에서의 연속조건은 $T_0(x - \alpha_l)$항을 필요없게 만들고 1차 미분조건은 $T_1(x - \alpha_l)$을, 2차 미분조건은 $T_2(x - \alpha_l)$를 필요없는 항으로 만들게 된다. 이와 같이 연속조건을 만족하는 불연속점을 연결점 (junction point)이라고 부른다. 연결점 α_l들이 기지인 상수(known constants)라면 식 (9.21)은 β_{lj}에 대하여 선형함수이며, β_{lj}만이 유일한 미지의 모수

(unknown parameters)이므로 데이터 $(x_i, y_i)(i = 1, 2, \cdots, n)$가 있다면 β_{lj}의 값들을 중회귀분석을 사용하여 구할 수 있을 것이다. 그러나, α_l의 값들이 미지라면 $\eta(x)$가 β_{lj}, α_l들에 대하여 선형이 아니므로 중회귀분석으로 할 수 없으며, 뒤에서 다루게 될 비선형회귀(nonlinear regression) 방법을 사용하여야 한다.

예제 9.4

[표 9.2]의 데이터에 대하여 교점을 $x = 4$라 하고 조각다항회귀직선을 추정하여라. $x = 4$에서 두 직선이 연속이라고 가정하시오.

풀이

$x = 4$에서 연속이므로 식 (9.21)은

$$\eta(x) = \beta_{10} + \beta_{11}x + \beta_{20}\,T_0(x - 4) + \beta_{21}T_1(x - 4)$$

에서 $T_0(x - 4)$항은 필요없으며, 따라서 다항회귀모형은

$$\eta(x) = \beta_0 + \beta_1 x + \beta_2 T_1(x - 4)$$

로 표현된다. 여기에서 $\beta_0 = \beta_{10}$, $\beta_1 = \beta_{11}$

$$T_1(x - 4) = \begin{cases} 0 \quad , & x \le 4 \\ x - 4 \, , & x > 4 \end{cases}$$

이다. 8개의 데이터 (x_j, y_j)에 대하여

$$y_i = \eta(x_i) + \epsilon_i, \;\; i = 1, 2, \cdots, 8$$

이라 놓고 중회귀분석으로 β_j의 값들을 추정하면 다음과 같다.

$$X = \begin{pmatrix} 1 & 0 & 0 \\ 1 & 1 & 0 \\ 1 & 2 & 0 \\ 1 & 3 & 0 \\ 1 & 4 & 0 \\ 1 & 5 & 1 \\ 1 & 6 & 2 \\ 1 & 7 & 3 \end{pmatrix} \quad (\text{columns: } \;,\; x,\; T_1(x-4)) \qquad \mathbf{y} = \begin{pmatrix} 1.0 \\ 1.2 \\ 1.3 \\ 1.5 \\ 1.7 \\ 2.5 \\ 3.4 \\ 4.2 \end{pmatrix}$$

$$X^\top X = \begin{pmatrix} 8 & 28 & 6 \\ 28 & 140 & 38 \\ 6 & 38 & 14 \end{pmatrix} \quad (X^\top X)^{-1} = \begin{pmatrix} 0.58636 & -0.18636 & 0.25455 \\ -0.18636 & 0.18636 & -0.15455 \\ 0.25455 & -0.15455 & 0.38182 \end{pmatrix}$$

$$X^\top \mathbf{y} = \begin{pmatrix} 16.8 \\ 77.4 \\ 21.9 \end{pmatrix} \qquad \hat{\boldsymbol{\beta}} = \begin{pmatrix} \hat{\beta}_0 \\ \hat{\beta}_1 \\ \hat{\beta}_2 \end{pmatrix} = (X^\top X)^{-1} X^\top \mathbf{y} = \begin{pmatrix} 1.001 \\ 0.169 \\ 0.676 \end{pmatrix}$$

따라서, 추정된 회귀식은

$$\hat{y} = 1.001 + 0.169x + 0.676\,T_1(x - 4)$$

이다. 이 식은 $x \leq 4$에서 $\hat{y} = 1.001 + 0.169x$이고 $x > 4$에서는

$$\begin{aligned} \hat{y} &= 1.001 + 0.169x + 0.676(x - 4) \\ &= -1.703 + 0.845x \end{aligned}$$

이 된다. $x = 8$ (2019년)에서 $\eta(x)$를 추정하면

$$\hat{y} = -1.703 + 0.845(8) = 5.057 \text{(백만 불)}$$

의 값이 나온다. 참고로 결정계수 R^2의 값을 구해보면 다음과 같다.

$$\begin{aligned} &\bar{y} = 2.1 \\ &\mathbf{y}^\top \mathbf{y} = (1.0)^2 + (1.2)^2 + \cdots + (4.2)^2 = 44.72 \\ &SST = \mathbf{y}^\top \mathbf{y} - n(\bar{y})^2 = 44.72 - 8(2.1)^2 = 9.4400 \\ &SSR = \hat{\boldsymbol{\beta}}^\top X^\top \mathbf{y} - n(\bar{y})^2 \\ &\qquad = (1.001, 0.169, 0.676)\begin{pmatrix} 16.8 \\ 77.4 \\ 21.9 \end{pmatrix} - 8(2.1)^2 = 9.4218 \end{aligned}$$

$$R^2 = \frac{SSR}{SST} = \frac{9.4218}{9.4400} = 0.998$$

9.5 최적실험계획

우리는 이제까지 n개의 데이터 $(x_i, y_i)(i = 1, 2, \cdots, n)$가 있다고 가정하고, 이를 설명변수와 반응변수의 적절한 함수관계를 찾는 문제를 다루어 왔다. 만약 설명변수 x의 흥미영역(region of interest)이 $a \leq x \leq b$로 주어져 있고 이들 간의 적절한 함수관계를 가정할 수 있다면, x의 어떤 수준에서 y를 관측하는 것이 좋을지에 대한 문제를 생각해 볼 수 있고, 이것은 실험계획법(design of experiments) 문제로 접근할 수 있다. 한 가지 유의할 점은 데이터를 n개 측정할 수 있다고 하여 x의 수준을 n개 잡을 필요는 없다. $k(< n)$개의 수준만을 잡고 각 수준에서 $n_1, n_2, \cdots, n_k$의 측정을 하여 $n = n_1 + n_2 + \cdots + n_k$를 만들어 주어도 좋을 것이다.

실험계획을 하기 위해서는 어떤 판정기준(criterion)이 있어야 하며, 이 기준에 의하여

가장 좋은 계획은 이 기준에 대한 최적실험계획(optimal design of experiments)이 될 것이다. 중회귀모형은 다항회귀모형을 포함시키므로 중회귀모형에서 다루어지는 판정기준을 살펴보자.

중회귀모형

$$y_i = \beta_0 + \beta_1 x_{i1} + \cdots + \beta_p x_{ip} + \epsilon_i, \quad \epsilon_i \sim N(0, \sigma^2)$$

에서 $\boldsymbol{\beta}^\top = (\beta_0, \beta_1, \cdots, \beta_p)$의 최소제곱추정량은 $\hat{\boldsymbol{\beta}} = (X^\top X)^{-1} X^\top \mathbf{y}$이며, $\hat{\boldsymbol{\beta}}$의 분산-공분산행렬은

$$\mathrm{Var}(\hat{\boldsymbol{\beta}}) = \sigma^2 (X^\top X)^{-1}$$

임을 식 (6.41)에서 이미 구하였다. 행렬 $\mathrm{Var}(\hat{\boldsymbol{\beta}})$의 행렬식(determinant)

$$|\mathrm{Var}(\hat{\boldsymbol{\beta}})| = |\sigma^2 (X^\top X)^{-1}| \tag{9.22}$$

의 값을 $\hat{\boldsymbol{\beta}}$의 일반화분산(generalized variance)이라고 부른다. 일반화분산을 작게 하기 위해서는 $|(X^\top X)^{-1}|$가 작아져야 하며, $|(X^\top X)^{-1}| = \dfrac{1}{|X^\top X|}$이므로 $|X^\top X|$을 크게 하여야 할 것이다. 그런데, $|X^\top X|$은 완전히 변수 $x_1, x_2, \cdots, x_k$의 수준에만 달려 있으므로 $|X^\top X|$을 크게 하여 주는 x의 수준을 선택하여 주어야 할 것이다.

$|(X^\top X)^{-1}|$을 최소로 하여 주는 실험계획을 D-최적계획(D-optimal design)이라고 부른다[1)]. D-최적계획은 일반화분산을 최소로 하여 주는 계획이다. D-최적계획에 대한 참고문헌은 (9.1), (9.6), (9.8)을 보면 좋을 것이다. D-최적계획에 의하여 얻어지는 실험계획은 다른 모든 실험계획에 비하여 $\boldsymbol{\beta}$의 공동신뢰영역이 작은 면적(또는 부피)을 가진다.

다음으로 행렬 $\mathrm{Var}(\hat{\boldsymbol{\beta}}) = \sigma^2 (X^\top X)^{-1}$의 대각선상에는 $\hat{\beta}_0, \hat{\beta}_1, \cdots, \hat{\beta}_p$의 분산들이 있으며 이들의 합은

$$\mathrm{tr}\left[\sigma^2 (X^\top X)^{-1}\right] \tag{9.23}$$

으로 표현된다. 이 트레이스(trace)를 최소화시키는 실험계획을 A-최적계획이라 부른다. A-최적계획과 D-최적계획이 반드시 일치하지는 않는다. 이 외에도 여러 가지 형태의 실험계획이 연구되고 있으나, 이 책의 범위를 넘으므로 여기서 줄이기로 한다.

예제 9.5

$n = 3$인 실험에서 단순회귀모형

$$y = \beta_0 + \beta_1 x + \epsilon, \ \ \epsilon \sim N(0, \sigma^2)$$

---

1) 요인배치법이나 일부실시법과 같은 전통적인 실험계획법을 적용하기 어려울 때 고려할 수 있는 실험계획법이다

을 추정하기 위하여 x의 수준을 정하려고 한다. x의 실험영역을 간편하게 하기 위하여 $-1 \leq x \leq 1$이라고 하자. D-최적계획에 의하여 x의 수준을 정하시오.

풀이

x의 수준을 x_1, x_2, x_3라 하고, 이들의 값을 구해보는 문제이다. X행렬은

$$X = \begin{pmatrix} 1 & x_1 \\ 1 & x_2 \\ 1 & x_3 \end{pmatrix}$$

이므로

$$X^\top X = \begin{pmatrix} 3 & x_1 + x_2 + x_3 \\ x_1 + x_2 + x_3 & x_1^2 + x_2^2 + x_3^2 \end{pmatrix}$$

이며, 따라서 $|X^\top X|$은

$$\begin{aligned} |X^\top X| &= 3(x_1^2 + x_2^2 + x_3^2) - (x_1 + x_2 + x_3)^2 \\ &= 2(x_1^2 + x_2^2 + x_3^2 - x_1x_2 - x_1x_3 - x_2x_3) \end{aligned}$$

이다. D-최적계획은 $|X^\top X|$을 최대로 (또는 $|(X^\top X)^{-1}| = \frac{1}{|X^\top X|}$을 최소로)하는 것이므로 이를 최대로 하는 x_1, x_2, x_3의 값을 구해 보면,

$$x_1 = x_2 = -1\text{과 } x_3 = 1$$
$$\text{또는 } x_1 = -1\text{과 } x_2 = x_3 = 1$$

으로 두 개의 D-최적계획을 얻는다. 참고로 A-최적계획을 구해보자.

$$\sigma^2(X^\top X)^{-1} = \frac{\sigma^2}{3(x_1^2 + x_2^2 + x_3^2) - (x_1 + x_2 + x_3)^2} \begin{pmatrix} x_1^2 + x_2^2 + x_3^2 & -(x_1 + x_2 + x_3) \\ -(x_1 + x_2 + x_3) & 3 \end{pmatrix}$$

이므로, 식 (9.23)의 트레이스는

$$\mathrm{tr}\left[(X^\top X)^{-1}\sigma^2\right] = \frac{(3 + x_1^2 + x_2^2 + x_3^2)\sigma^2}{(x_1 - x_2)^2 + (x_1 - x_3)^2 + (x_2 - x_3)^2}$$

이 된다. 이를 최소로 하는 x_1, x_2, x_3의 값은 앞에서 얻은 D-최적계획과 동일한 것이다. 그러나, D-최적계획과 A-최적계획이 반드시 일치하는 것은 아니다.

조각다항회귀를 추정하기 위한 실험계획은 불연속점(disconneted point)이 알려져 있는 경우에 구할 수 있으며, 조각다항회귀의 D-최적계획에 대하여서는 참고문헌 (9.1), (9.6)을 참조하고 자세한 내용은 여기서는 다루지 않기로 한다.

9.6 R 실습

설명변수 x의 수준수가 $n = 5$이고 d의 동일한 간격으로 떨어져 있을때, 4차식에 대한 직교다항식의 값은 부록의 [표 A-6]에서 확인할 수 있다. 이때 직교다항식 항에 대한 값은 모두 정수로 되어 있는 것을 확인할 수 있다. R에서는 contr.poly( ) 함수의 argument를 n으로 하여 직교다항식의 값을 관측할 수 있는데, 다음과 같이 사용한다.

```
> contr.poly(5)
             .L         .Q            .C         ^4
[1,] -0.6324555  0.5345225 -3.162278e-01  0.1195229
[2,] -0.3162278 -0.2672612  6.324555e-01 -0.4780914
[3,]  0.0000000 -0.5345225 -4.095972e-16  0.7171372
[4,]  0.3162278. -0.2672612 -6.324555e-01. -0.4780914
[5,]  0.6324555  0.5345225  3.162278e-01  0.1195229
```

부록의 표와 위 값의 차이점은 contr.poly( )함수의 경우 직교다항식에 대한 제곱합이 1이 된다($\sum_{i=}^{n} p_q^2(x_i) = 1,\ q = 1, 2, \cdots, 4$)는 것이다. 한편, poly( )함수는 contr.poly( ) 함수와 마찬가지로 같은 간격을 갖는 설명변수에 대한 직교다항식을 줄 뿐 아니라 같은 간격으로 관측되지 않은 설명변수에 대해서도 직교다항식을 계산해 준다.

임금(Wage) 데이터 이 데이터는 미국의 중부 대서양 지역에 사는 남자들의 임금(wage)과 인구통계학적정보를 포함한다. 이 데이터는 ISLR 패키지를 설치하여 로딩할 수 있다.

```
>install.packages("ISLR")
>library(ISLR)
>data(Wage)
```

이 데이터는 3,000명의 사람들에 대해 12개의 변수(연도, 나이, 임금 등)로 구성되어 있으며, 이 절에서 다룰 변수는 다음과 같다.

- year: 임금 데이터가 기록된 연도
- age : 피고용인의 나이
- wage: 임금

이 데이터에 대하여 다음의 이차다항회귀모형

$$\text{wage}_i = \beta_0 + \beta_1 \times \text{age}_i + \beta_2 \times \text{age}_i^2 + \epsilon_i \ (i = 1, \cdots, 3000)$$

을 적합하고, 이 모형이 적절한지 검토해 보자. 이것은 $\beta_2 = 0$인지를 검정하는 것인데, 먼저 추가제곱합 $SS(\hat{\beta}_2 | \hat{\beta}_0, \hat{\beta}_1)$의 유의성을 알아보기로 한다. 즉, age에 관한 선형모형(M_1)과 이차다항회귀모형(M_2) 중 어느 모형이 적절한지 anova( )함수를 통해 비교해 보도록 한다. 이 때 M_1은 M_2의 특별한 경우로 표현될 수 있어야 한다.

```
> fit1<- lm(wage~age, data=Wage)
> fit2<- lm(wage~age+I(age^2), data=Wage)
> anova(fit1,fit2)
Analysis of Variance Table

Model 1: wage ~ age
Model 2: wage ~ cbind(age, age^2)
  Res.Df     RSS  Df  Sum of Sq      F    Pr(>F)
1   2998  5022216
2   2997  4793430   1     228786  143.04 < 2.2e-16 ***
---
Signif. codes: 0 '***' 0.001 '**' 0.01 '*' 0.05 '.' 0.1 ' ' 1
```

위 결과로부터 이차항에 대한 유의확률이 거의 영($< 2.2\times10^{-16}$)에 가까우므로 이차다항회귀모형이 매우 유의미함을 알 수 있다.

이제 직교다항식을 통해 이차식의 유의성을 살펴보도록 하자. age의 이차 직교다항식을 생성하기위해 poly(age, 2)를 사용할 수 있다. age의 k차 직교다항식은 poly(age, k)로 생성하면 된다.

예를 들어, poly(age, 2)함수는 poly(age, 2, raw=FALSE)함수를 의미하는데, 이것은 age열과 age^{2}열을 생성하면서 서로 직교하도록 한다.

```
> fit<- lm(wage~poly(age,2),data=Wage)
> summary(fit)

Call:
lm.default(formula = wage ~ poly(age, 2), data = Wage)

Residuals:
Min 1Q Median 3Q Max
-99.126 -24.309 -5.017 15.494 205.621
```

```
Coefficients:
              Estimate  Std. Error  t value  Pr(>|t|)
(Intercept)    111.7036     0.7302   152.99    <2e-16 ***
poly(age, 2)1  447.0679    39.9926    11.18    <2e-16 ***
poly(age, 2)2 -478.3158    39.9926   -11.96    <2e-16 ***
---
Signif. codes: 0 '***' 0.001 '**' 0.01 '*' 0.05 '.' 0.1 ' ' 1

Residual standard error: 39.99 on 2997 degrees of freedom
Multiple R-squared: 0.08209,      Adjusted R-squared: 0.08147
F-statistic:   134 on 2 and 2997 DF,  p-value: < 2.2e-16
```

위 결과를 통해서도 나이(age)에 대한 선형효과와 이차효과가 모두 유의함을 알 수 있다. 만약 poly( )함수를 사용하여 각 항을 age, age^2의 값으로 그대로 나타내기 위해서는 poly( ) 함수에 raw=T 인자를 사용할 수 있다. 이 인자의 사용 유무에 따라 회귀모수의 추정값은 달라지지만, 반응변수 wage의 예측값에는 아무런 영향을 주지 않는다.

이제 age 관측값 중 제25 백분위수, 제50백분위수, 그리고 제75 백분위수에 해당하는 점을 α_1, α_2, α_3로 나타내고 이를 연결점으로 하는 삼차 회귀스플라인 모형을 적합해 보기로 한다. 이에 대한 모형은 x를 age로 나타낼때 다음과 같이 쓸 수 있다.

$$\eta(x) = \beta_0 + \beta_1 x + \beta_2 x^2 + \beta_3 x^3 + \beta_4 T_3(x - \alpha_1) + \beta_5 T_3(x - \alpha_2) + \beta_6 T_3(x - \alpha_3)$$

먼저 각 항에 대한 예측변수를 차례대로 생성하면 다음과 같다. [그림 9.5]에서 세로 점선은 각 연결점을 나타낸다.

```
library(dplyr)
> wage.dat<-Wage %>%
+          select(y = wage, x1 = age) %>%
+          mutate(x2 = x1^2, x3 = x1^3,
+                 x4 = pmax(0,(x1 - quantile(x1, prob = 0.25))^3),
+                 x5 = pmax(0,(x1 - quantile(x1, prob = 0.5))^3),
+                 x6 = pmax(0,(x1 - quantile(x1, prob = 0.75))^3))
> head(wage.dat)
                y  x1   x2     x3        x4  x5 x6
231655  75.04315  18  324   5832    0.0000   0  0
86582   70.47602  24  576  13824    0.0000   0  0
161300 130.98218  45 2025  91125 1423.8281  27  0
155159 154.68529  43 1849  79507  791.4531   1  0
```

```
11443    75.04315  50  2500  125000  4291.0156   512   0
376662  127.11574  54  2916  157464  8303.7656  1728  27
```

이로부터 회귀모형을 적합한 후 산점도에 그려보면 [그림 9.5]와 같다.

```
> lm.fit=lm(y ~ ., data = wage.dat)
> o = order(wage.dat$x1)
> plot(wage.dat$x1, wage.dat$y, col = "grey70", xlab="Age",
+     ylab="Wage", main = "Cubic Splines")
> lines(wage.dat$x1[o], lm.fit$fitted.values[o], col = "blue", lwd = 2)
> abline(v=quantile(wage.dat$x1,prob=c(0.25, 0.5, 0.75)), col="black",lty=3,
  lwd=2)
```

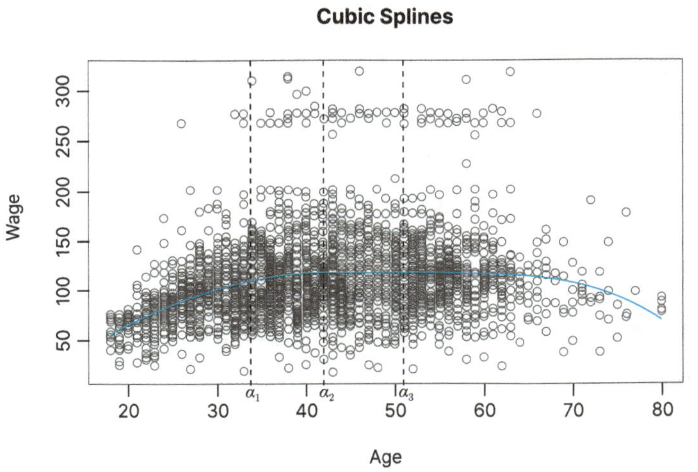

그림 9.5 매듭의 수가 3개인 삼차 회귀스플라인 모형

참고문헌

9.1 Berger, M.P.F. and Wong, W.K. (2005). *Applied Optimal Designs*, John Wiley & Sons, New York.

9.2 Gallant, A. R. and Fuller, W. A. (1973). Fitting segmented polynomial regression models whose join points have to to estimated, *Journal of the American Statistical Association*, 68, 144-147.

9.3 Greville, T. N. E. (1969).*Theory and Applications of Spline Functions*, Academic Press, New York.

9.4 Gu, C. (2002). *Smoothing Splines ANOVA Models*, Spinger, New York.

9.5 James, G., Witten, D., Hastie, T. and Tibshirani, R. (2013) *An Introduction to Statistical Learning with Applications in R*, Springer, New York.

9.6 Johnson, N. L. and Leone, F. C. (1977). *Statistics and Experimental Design in Engineering and the Physical Sciences*, John Wiley & Sons, New York.

9.7 Kiefer, J. and Wolfowitz, J. (1960). The equivalence of two extreme problems, *Canadian Journal of Mathematics*, 12, 363-366.

9.8 Park, S. H. (1978). Experimental designs for fitting segmented polynomial regression models, *Technometrics*, 20, 151-154.

9.9 Rustagi, J. S. (1976). *Variational Methods in Statistics*, Academic Press, New York.

9.10 Seber, G. A. F. (1977). *Linear Regression Analysis*, John Wiley & Sons, New York.

9.11 Wahba, G. (1990). *Spline Models for Observational Data*, Philadelphia, PA, SIAM, New York.

9.1 연습문제 **5.1**의 데이터에 대하여 2차다항회귀모형

$$y_j = \beta_0 + \beta_1 x_i + \beta_2 x_i^2 + \epsilon_i$$

을 적합시켜라. 이 모형은 유의한가? 삼차항 $\beta_3 x_i^3$이 추가되는 것이 더 바람직한가를 결정하시오. 산점도를 그리고 추정된 2차다항회귀식을 그려 넣으시오.

9.2 어떤 반도체 공정에서 생산되는 제품의 강도(kg/cm^2)가 공정과정 중의 온도(x_1)와 압력(x_2)의 영향을 많이 받는 것으로 믿어진다. 관측한 데이터는 다음과 같다. x_1과 x_2의 값은 다음과 같이 선형변환하기로 한다.

$$x_1 = \frac{\text{온도} - 200°\text{C}}{10}, \quad x_2 = \frac{\text{압력} - 80psi}{5}$$

관측번호	실제의 값		변환된 값		강도(kg/cm^2)
	온도(°C)	압력(psi)	x_1	x_2	y
1	190	75	−1	−1	13.9
2	190	85	−1	1	13.1
3	210	75	1	−1	12.9
4	210	85	1	1	13.6
5	200	80	0	0	15.7
6	185	80	−1.5	0	11.8
7	215	80	1.5	0	12.7
8	200	72.5	0	−1.5	12.0
9	200	87.5	0	1.5	12.4

(1) 1차다항회귀모형

$$y_i = \beta_0 + \beta_1 x_{i1} + \beta_2 x_{i2} + \epsilon_i$$

를 적합하고, 이 모형이 적절한가를 검토하시오.

(2) 2차다항회귀모형

$$y_i = \beta_0 + \beta_1 x_{i1} + \beta_2 x_{i2} + \beta_{11} x_{i1}^2 + \beta_{22} x_{i2}^2 + \beta_{12} x_{i1} x_{i2} + \epsilon_i$$

을 적합하고, 이 모형이 적절한가를 검토하시오.

(3) 가설 $H_0 : \beta_{12} = 0$, $H_1 : \beta_{12} \neq 0$을 유의수준 $\alpha = 0.05$에서 검정하시오.

(4) $\hat{\beta}_{11}$과 $\hat{\beta}_{22}$를 β_{11}와 β_{22}의 최소제곱추정량이라 할 때, 다음의 추정값을 구하시오.

a) $\text{Var}(\hat{\beta}_{11})$ b) $\text{Var}(\hat{\beta}_{22})$ c) $\text{Cov}(\hat{\beta}_{11}, \hat{\beta}_{22})$

(5) 이차다항회귀의 추정식

$$\hat{y} = \hat{\beta}_0 + \hat{\beta}_1 x_{1j} + \hat{\beta}_2 x_{2j} + \hat{\beta}_{11} x_1^2 + \hat{\beta}_{22} x_2^2 + \hat{\beta}_{12} x_1 x_2$$

에 대하여 x_1과 x_2에 대한 $\hat{y}$의 등고선을 그리시오.

9.3 어떤 농작물이 비료의 양에 따라서 수확량의 변화하는 상태를 보기 위하여 비료의 양을 등간격이 되게 준 후에 수확량을 측정한 결과가 다음과 같다.

x(비료의 양)	100	110	120	130	140	150	160	170
y(수확량)	20	24	27	28	29	29	28	27

(1) 2차 직교다항회귀모형

$$y_i = \beta_0 + \beta_1 p_1(x_i) + \beta_2 p_2(x_i) + \epsilon_i$$

을 적합하고 분산분석표를 작성하시오. 회귀제곱합은 1차와 2차항으로 분류하시오. 각 항의 유의검정을 실시하시오.

(2) 3차항이 필요한가를 검토하시오.

(3) 산점도를 그리고 여기에 추정된 2차 직교다항회귀식을 그리시오. 어떤 x의 값에서 $\hat{y}$ 가 최대가 되는가?

(4) $\text{Var}(\hat{\beta}_1)$, $\text{Var}(\hat{\beta}_2)$와 $\text{Cov}(\hat{\beta}_1, \hat{\beta}_2)$를 추정하시오.

9.4 10살 이하의 어린 아이들로부터 나이와 키에 따른 몸무게의 비(kg/cm)를 관측한 데이터가 다음과 같다.

x(나이)	$y(kg/cm)$	x(나이)	$y(kg/cm)$
1	0.10	6	0.25
1	0.09	6	0.25
2	0.15	7	0.27
2	0.16	7	0.26
3	0.19	8	0.28
3	0.19	8	0.28
4	0.23	9	0.28
4	0.22	9	0.29
5	0.23	10	0.30
5	0.24	10	0.31

(1) 산점도를 그리시오. 어떠한 다항회귀모형이 타당한 모형이라고 생각하는가?

(2) $x = 4$를 접목점으로 하여 1차-1차 다항회귀모형을 추정하시오. $x = 4$에서 연속인 회귀식을 가정하시오. 결정계수 R^2을 구하시오.

(3) $x = 4$를 접목점으로 하여 1차-2차 다항회귀모형을 추정하시오. $x = 4$에서 연속이고 또 미분된 함수도 또한 연속이라고 가정하시오(1차함수는 $x \leq 4$에서, 2차는 $x \geq 4$에서라고 가정한다).

(4) 위의 (3)에서 구한 회귀식에 대한 분산분석표를 작성하시오. 결정계수 R^2의 값을 구하시오.

(5) 2차다항회귀

$$y_i = \beta_0 + \beta_1 x_i + \beta_2 x_i^2 + \epsilon_i$$

를 가정하여 이를 추정하고 결정계수 R^2을 구하시오. 이 결과를 (2)와 (4)에서 구한 것과 비교하시오.

(6) 산점도 위에 (2), (3)과 (5)에서 구한 회귀식을 그리시오.

9.5 $n = 4$인 실험에서 2차다항회귀

$$y = \beta_0 + \beta_1 x + \beta_2 x^2 + \epsilon, \quad \epsilon \sim N(0, \sigma^2)$$

가 적절하리라고 믿고 x의 실험영역 $-1 \leq x \leq 1$에서 x의 수준을 결정하는 실험계획을 짜고 싶다. 실험계획의 한 가지 조건으로는 $\sum_{i=1}^{4} x_i = 0$ 이다. 이 조건을 만족시켜 주는 실험계획 중에서 D-최적실험을 설계하시오. 또 A-최적실험계획도 구하시오.

9.6 앞 문제 **9.5**에서 $n = 5$인 경우에 대한 최적실험계획을 구하시오.

9.7 회귀모형

$$y_i = \beta_0 + \beta_1 x_{i1} + \cdots + \beta_k x_{ip} + \epsilon_i, \quad i = 1, 2, \cdots, n$$

에서 설명변수들이 $\sum_{i=1}^{n} x_{ij} = 0$, $\sum_{i=1}^{n} x_{ij}^2 = c$, $j = 1, 2, \cdots, p$와 같이 표준화(standardized)되어 있다고 하자, 그러면

$$\frac{1}{p+1} \sum_{j=0}^{p} \mathrm{Var}(\hat{\beta}_j)$$

는 행렬 X의 열들(columns)이 서로 직교(orthogonal)할 때 최소가 됨을 증명하시오.

9.8 다음의 다항회귀모형

$$\mathrm{E}(y_i) = \beta_0 + \beta_1 x_i + \beta_2 \phi(x_i), \quad i = 1, 2, 3$$

을 적합하려 한다. 여기서 $\phi(x)$는 x의 2차 다항식(second order polynomial)이다. 만약 $x_1 = -1$, $x_2 = 0$이고 $x_3 = 1$이라면 행렬 X가 서로 직교하는 열들로 구성되려면 ϕ는 어떤 2차다항식인가?

9.9 다음의 다항회귀모형

$$\mathrm{E}(y) = \beta_0 + \beta_1 x + \beta_2 x^2$$

이 $x = x^*$에서 최대가 된다고 가정하자. x^*는 미지의 값이나 원점 근처에 있다고 가정하자. n개의 데이터 (x_i, y_i), $i = 1, 2, \cdots, n$로부터 x^*의 신뢰구간을 구하는 방법을 제시하시오. 편의상 $-a \leq x_i \leq a$안에 있다 하고 $\bar{x} = 0$으로 가정하시오.

9.10 R 실습 **자동차 연비 문제**(문제의 출처 : 참고문헌 (9.5)). ISLR 패키지의 Auto 데이터는 자동차들에 연비(mpg, 1갤런으로 갈 수 있는 마일 수), 마력(horsepower) 등의 정보를 포함한다. 이 데이터로부터 다음 질문에 대하여 답하시오.

(1) 1차 다항회귀모형

$$\text{mpg} = \beta_0 + \beta_1 \times \text{horsepower} + \epsilon$$

을 적합하고, 이 모형이 적절한지 검토하시오.

(2) 2차 다항회귀모형

$$\text{mpg} = \beta_0 + \beta_1 \times \text{horsepower} + \beta_2 \times \text{horsepower}^2 + \epsilon$$

을 적합하고, 이 모형이 적절한지 검토하시오.

Part IV

회귀분석의 확장

Chapter 10 회귀진단
Chapter 11 변수의 선택
Chapter 12 일반화 회귀분석
Chapter 13 가변수
Chapter 14 분산분석에의 응용
Chapter 15 편의추정
Chapter 16 로지스틱 회귀분석

10 회귀진단

〈목 차〉

10.1 기본적인 개념

반응변수 y와 설명변수 $x_1, x_2, \cdots, x_p$에 대하여 n개의 자료$(x_{i1}, x_{i2}, \cdots, x_{pi}, y_i)$, $i = 1, 2, \cdots, n$가 관측되었을 때, 일반적으로 우리는 다음의 중회귀모형

$$\boldsymbol{y} = X\boldsymbol{\beta} + \boldsymbol{\epsilon}, \ \boldsymbol{\epsilon} \sim N(\mathbf{0}_n, \sigma^2 I_n) \tag{10.1}$$

을 가정하고 최소제곱법에 의하여 $\boldsymbol{\beta}$를

$$\hat{\boldsymbol{\beta}} = (X^\top X)^{-1} X^\top \boldsymbol{y} \tag{10.2}$$

로 추정한다. 여기서 행렬 X는 $n \times (p+1)$ 행렬로 계수(rank)는 $p+1$이라고 가정한다. 이러한 회귀분석을 수행할 때 자료로부터 모형의 타당성을 확인하는 절차를 회귀진단(regression diagnostic)이라 한다.

회귀진단은 회귀식의 선형성, 오차항의 정규성과 등분산성 등의 가정이 타당한지 검토하고, 모형 추정에 있어 관측값에 특이한 점(unusal point)이 있는지 진단하기 위해 사용된다.

여기서 특이한 점이란 설명변수의 값이 극단적으로 큰 지렛대점(high leverage point), 관측값(y)이 모형의 예측값($\hat{y}$)과 크게 다른 이상점(outlier), 그리고 마지막으로 모형추정에 큰 영향을 주는 영향점(influential point)을 의미한다. 회귀진단과 관련한 좀 더 자세한 내용은 다음과 같다.

(1) **오차항 가정의 검토** : 식 (10.1)에서 $\boldsymbol{\epsilon} \sim N(\mathbf{0}_n, \sigma^2 I_n)$을 가정하였는데, 이 의미는 오차항이 정규성(normality), 독립성(independence), 등분산성(equal variance)을 가지고 있다는 뜻이다. 이와 같은 가정이 성립되어야만 식 (10.2)의 추정량 $\hat{\boldsymbol{\beta}}$가 $\boldsymbol{\beta}$의 최량선형불편추정량 또는 최소분산선형불편추정량(best linear unbiased estimator; BLUE)이 되며, 또한 분산분석표에서의 F-검정이 성립한다. 일반적으로 잔차분석(residual analysis)을 통하여 오차항에 대한 가정을 검토할 수 있다. 잔차분석 방법은 7장에 소개하였으므로 여기서는 생략하기로 한다

(2) **적절한 모형의 선택** : 식 (10.1)의 모형은 1차 선형모형이라고 볼 수 있다. 반응변수 y와 p개의 설명변수 사이에 이 모형이 가장 적절한지 검토할 필요가 있다. 경우에 따라서는 변수변환(variable transformation)을 실시하여 $j(j = 1, 2, \cdots, p)$번째 변수 x_j를 $\sqrt{x_j}$, $\log x_j$, $1/x_j$ 등으로 변환시키는 것이 바람직한 경우도 있으며, 또는 y와의 연관성이 낮은 설명변수는 모형에서 제거하는 것이 좋은 경우도 있다(변수변환은 5장에서 언급하였고, 변수선택문제는 11장에서 다루기로 한다).

(3) **설명변수 간 상관관계의 검토** : 설명변수들 간에 상관관계가 크다면 $X^\top X$행렬의 역행렬을 구하기가 매우 어렵거나 계산의 정확도가 낮아진다. 또한 회귀계수의 추정값 $\hat{\beta}_j$들의 분산이 과다하게 커져서 회귀방정식 추정의 의미가 저하된다. 설명변수들 간의 상관관계를 검토하여 만약 상관관계가 크다면 설명변수를 일부 제거하거나 또는 15장에서 설명되는 편의추정(biased estimation)방법을 사용하는 것이 바람직하다.

(4) **지렛대점(leverage point) 탐색** : 지렛대란 $i(i = 1, 2, \cdots, n)$번째 관측값의 설명변수 값이 다른 나머지 데이터에서의 설명변수 값과 얼마나 떨어져 있는가를 측정한다. 큰 지렛대를 갖는 관측값은 설명변수의 값이 다른 관측값과 멀리 떨어져 있다는 것으로, 설명변수 값 근처에 이웃이 되는 관측값이 없다는 의미가 된다. 단순 선형회귀모형에서는 설명변수의 관측값이 다른 관측값과 크게 다른 것을 찾으면 되기 때문에 큰 지렛대점을 갖는 관측값을 식별하는 것이 어렵지 않지만, 중회귀모형($p > 2$)에서는 큰 지렛대점을 갖는 관측값을 식별하는 문제가 단순하지 않다. 개별적인 설명변수 값의 분포로 볼 때 큰 지렛대점은 아니지만, p개의 설명변수 벡터값으로 보면 큰 지렛대점이 될 수 있기 때문이다. 회귀분석에서 이러한 지렛대점을 찾기 위해서는 해트 행렬(hat matrix) $H = X(X^\top X)^{-1}X^\top = (h_{ij})$ $(i, j = 1, 2, \cdots, n)$의 대각원소 h_{ii}의 값을 참고한다. 이 값이 큰 관측값은 큰 지렛대점을 갖는다고 한다.

(5) **이상점(outlier) 탐색** : n개의 반응변수 $y_1, y_2, \cdots, y_n$을 관측할 때 측정 또는 실험상 오류로 인해 이상치가 포함되는 등 다양한 원인으로 이상점이 발생한다. 일반적으로 이러한 이상점은 관측값이 모형의 예측값과 달라 큰 잔차를 주게 되므로 식별이 용이하다. 이상점을 구별하는 방법에 대해서는 뒤에 다시 설명하기로 한다. 이와 같은 이상점이 발견되면 단순한 측정 오류의 경우 그 관측값을 제외하면 되지만, 그런 경우가 아니라면 문제의 성격에 따라 적절한 대응책이 필요하다.

(6) **영향점(influential observation) 탐색** : 회귀분석의 결과(회귀계수의 추정값 또는 결정계수의 값 등)가 몇 개의 관측값에 의해 크게 영향을 받는 경우가 있다. 이처럼 회귀분석의 결과에 큰 영향을 주는 관측값을 영향점이라고 한다. 예를 들어 $i(i = 1, 2, \cdots, n)$번째 관측값 $(y_i, x_{i1}, \cdots, x_{ip})$이 영향을 크게 주는 영향점이라 하자. 그러면 i 번째 관측값을 포함하고 회귀분석을 하는 경우와 i 번째 관측값을 제외하고 회귀분석을 한 결과(회귀계수의 추정값)가 큰 차이를 보이게 되고, 영향점을 판단하는 데는 회귀계수의 추정량 $\hat{\boldsymbol{\beta}}$의 변화가 중요한 지표가 된다. 또한, 비정상적인 설명변수 값을 갖는 지렛대점과 비정상적인 반응변수 값을 갖는 이상점의 경우 영향점이 될 가능성이 있다.

위에서 회귀진단에 필요한 여섯 가지를 언급하였는데 이 장에서는 관측값의 변화가 모형의 추론에 미치는 영향을 알아보기 위해 큰 지렛대점을 갖는 관측값(high leverage case), 이상점(outlier), 그리고 영향점(influential observation)을 진단하는 방법 (4)-(6)에 대해서 상세히 다루기로 한다. 나머지 부분은 모형 진단과 관련있는 부분으로 다른 장에서 조금씩 나누어서 다루었거나 다루기로 한다.

10.2 지렛대점의 검출

10.2.1 해트 행렬 $H = X(X^\top X)^{-1}X^\top$ 의 성질

식 (10.1)과 (10.2)에서 $\mathrm{E}(\mathbf{y})$의 추정벡터는

$$\begin{aligned}\hat{\mathbf{y}} &= X\hat{\boldsymbol{\beta}} \\ &= X(X^\top X)^{-1}X^\top\mathbf{y} = H\mathbf{y}\end{aligned} \tag{10.3}$$

로 나타낼 수 있다. 식 (10.3)에 포함되어 있는 $n \times n$ 행렬 H를 '해트 행렬(hat matrix)'이라고 부르며 회귀진단에서는 매우 중요한 행렬이다. 해트행렬이라고 부르는 이유는 식 (10.3)에서 보는 것처럼 관측값 $\mathbf{y}$로 적합값 $\hat{\mathbf{y}}$($\mathbf{y}$-hat)을 표현할 수 있기 때문이다(참고문헌 10.7). 해트 행렬 $H = (h_{ij}), (i, j = 1, 2, \cdots, n)$는

$$h_{ij} = \mathbf{x}_i^\top (X^\top X)^{-1}\mathbf{x}_j = \mathbf{x}_j^\top (X^\top X)^{-1}\mathbf{x}_i = h_{ji}$$
$$h_{ii} = \mathbf{x}_i^\top (X^\top X)^{-1}\mathbf{x}_i \tag{10.4}$$

로 표현된다. 이때 $\mathbf{x}_i^\top = (1, x_{i1}, x_{i2}, \cdots, x_{ip})$를 의미한다. 해트 행렬 H의 몇 가지 성질을 살펴보자.

(1) $HH = H$가 성립하므로 해트 행렬 H는 멱등행렬이고, H의 계수(rank)는

$$\gamma(H) = \gamma(X) = p + 1$$

이다. 또한 해트 행렬 H의 대각합(trace)도 $p + 1$이다. 즉,

$$\text{tr}(H) = \sum_{i=1}^{n} h_{ii} = p + 1$$

(2) $H = HH$의 관계로부터

$$h_{ii} = \sum_{j=1}^{n} h_{ij}^2 = h_{ii}^2 + \sum_{j \neq i} h_{ij}^2 \tag{10.5}$$

이 성립함을 알 수 있다.

(3) 해트 행렬 H는 양반정치행렬이므로 $h_{ii} \geq 0$이고, 식 (10.5)로부터 $h_{ii}^2 \leq h_{ii}$이므로

$$0 \leq h_{ii} \leq 1 \tag{10.6}$$

의 관계가 있다[1]. 같은 방식으로 식 (10.5)로부터 $i \neq j$인 쌍에 대하여 $h_{ij}^2 \leq h_{ii} - h_{ii}^2 \leq \frac{1}{4}$이므로

$$-\frac{1}{2} \leq h_{ij} \leq \frac{1}{2} \tag{10.7}$$

이다.

(4) 해트 행렬은

$$HX = X(X^\top X)^{-1}X^\top X = X \tag{10.8}$$

가 성립한다. 행렬 X의 j 번째 열벡터($j = 1, 2, \cdots, p+1$, 절편을 포함)에 대하여

$$H\begin{pmatrix} X_{1j} \\ X_{2j} \\ \vdots \\ X_{nj} \end{pmatrix} = \begin{pmatrix} X_{1j} \\ X_{2j} \\ \vdots \\ X_{nj} \end{pmatrix} \tag{10.9}$$

가 성립하고, 특별히 첫째 열이 절편에 해당하는 상수항(constant term)에 대하여

1) 식 (10.11)에서 알 수 있듯이 h_{ii}의 실제 하한은 $\frac{1}{n}$이 된다.

$$H\mathbf{1}_n = \mathbf{1}_n,\ \sum_{i=1}^{n} h_{ij} = \sum_{j=1}^{n} h_{ij} = 1 \tag{10.10}$$

이 된다.

참고로 단순회귀인 경우에 해트 행렬 H를 살펴보자. 이 경우에 $\sum_i (x_i - \bar{x})^2 = S_{(xx)}$로 놓으면 h_{ij}와 h_{ii}는

$$\begin{aligned} h_{ij} &= \mathbf{x}_i^\top (X^\top X)^{-1} \mathbf{x}_j \\ &= (1 \quad x_i) \begin{pmatrix} \dfrac{\sum x_i^2}{nS_{(xx)}} & \dfrac{-\bar{x}}{S_{(xx)}} \\ \dfrac{-\bar{x}}{S_{(xx)}} & \dfrac{1}{S_{(xx)}} \end{pmatrix} \begin{pmatrix} 1 \\ x_j \end{pmatrix} = \frac{1}{n} + \frac{(x_i - \bar{x})(x_j - \bar{x})}{S_{(xx)}} \\ h_{ii} &= \frac{1}{n} + \frac{(x_i - \bar{x})^2}{S_{(xx)}} \end{aligned}$$

이 된다. 따라서

$$\sum_{i=1}^{n} h_{ii} = 1 + \frac{\sum_i (x_i - \bar{x})^2}{S_{(xx)}} = 2$$

가 되고, h_{ii}의 최솟값은 $x_i = \bar{x}$일 때 $1/n$, 최댓값은 x_i가 $\bar{x}$에서 가장 멀리 떨어져 있는 값일 때 생긴다.

중회귀모형에서는

$$h_{ii} = \frac{1}{n} + (\mathbf{x}_i - \bar{\mathbf{x}})^\top (\mathcal{X}^\top \mathcal{X})^{-1} (\mathbf{x}_i - \bar{\mathbf{x}}) \tag{10.11}$$

로 표현된다. 여기서 $\mathbf{x}_i^\top = (x_{i1}, x_{i2}, \cdots, x_{ip})$, $\bar{\mathbf{x}}^\top = (\bar{x}_1, \bar{x}_2, \cdots, \bar{x}_p)$, $\bar{x}_j = \sum_{i=1}^{n} x_{ij}/n$이고 $\mathcal{X}$는

$$\mathcal{X} = \begin{pmatrix} x_{11} - \bar{x}_1 & x_{12} - \bar{x}_2 & \cdots & x_{1p} - \bar{x}_p \\ x_{21} - \bar{x}_1 & x_{22} - \bar{x}_2 & \cdots & x_{2p} - \bar{x}_p \\ \vdots & \vdots & & \vdots \\ x_{n1} - \bar{x}_1 & x_{n2} - \bar{x}_2 & \cdots & x_{np} - \bar{x}_p \end{pmatrix}$$

을 나타낸다.

10.2.2 해트 행렬 H의 대각원소

식 (10.3)으로부터 i 번째 적합값($\hat{y}_i$)을 관측값으로 표현하면

$$\hat{y}_i = h_{i1}y_1 + h_{i2}y_2 + \cdots + h_{i3}y_3 + \cdots + h_{in}y_n = \sum_{j=1}^{n} h_{ij}y_j \tag{10.12}$$

가 된다. 여기서 가중치 h_{ij}는 각 관측값 y_j가 i 번째 적합값 $\hat{y}_i$에 기여한 정도를 나타낸다.

10.1절에서 $h_{ii} = \sum_{j=1}^{n} h_{ij}^2$이 만족함을 보였으므로, 결국 해트 행렬의 대각원소 h_{ii}는 i 번째 관측값이 모든 적합값에 미치는 영향정도(leverage)를 나타낸다. 또한, 행렬 H의 i 번째 대각원소(diagonal element)는

$$\frac{\partial \hat{y}_i}{\partial y_i} = h_{ii}$$

가 만족되어, h_{ii}의 값이 1에 가까울수록(식 (10.6)에서 h_{ii}는 (0, 1)사이에 있음) i 번째 관측값 y_i가 i 번째 적합값 $\hat{y}_i$에 큰 영향을 주고 있음을 알려준다.

행렬 H의 성질에서 밝힌 바와 같이 행렬 H의 트레이스는

$$\text{tr}(H) = \sum_{i=1}^{n} h_{ii} = p + 1$$

이므로, h_{ii}의 평균은 $\bar{h} = \frac{(p+1)}{n}$가 된다. Belsley 등(참고문헌 10.3)은 $h_{ii} > 2\bar{h}$ 일때 i 번째 관측값이 큰 지렛대점인지 주목할 것을 제안했다. 표본이 작은 경우에는 $2\bar{h}$ 보다 큰 관측값이 많을 수 있어 $3\bar{h}$를 기준으로 사용하기도 한다. 큰 지렛대점을 갖는 관측값이라고 해서 모든 관측값이 영향점이 되는 것은 아님에 유의한다. 또한, 이와 같이 큰 지렛대점을 통해 관측값의 특이성을 평가할 때는 반응변수를 제외하고 설명변수의 값에만 의존하여 평가한다는 사실에 유의한다.

10.2.3 마할라노비스(Mahalanobis)의 거리

관측값 $\mathbf{x}_i^\top = (x_{i1}, x_{i2}, \cdots, x_{ip})$가 관측값들의 평균 $\bar{\mathbf{x}}^\top = (\bar{x}_1, \bar{x}_2, \cdots, \bar{x}_p)$로부터 어느 정도 멀리 떨어져 있는가를 측정하는 측도로서 다변량통계분석(multivariate statistical analysis)에서 많이 사용된다. i 번째 관측값의 마할라노비스 거리 M(i)는

$$\text{M}(i) = (\mathbf{x}_i - \bar{\mathbf{x}})^\top \left[\frac{\mathcal{X}^\top \mathcal{X}}{n-1}\right]^{-1} (\mathbf{x}_i - \bar{\mathbf{x}}) \tag{10.13}$$

로 정의된다. 식 (10.11)을 이용하면

$$\text{M}(i) = (n-1)\left(h_{ii} - \frac{1}{n}\right) \tag{10.14}$$

로 간단히 표현되며, h_{ii}가 크면 M(i)도 비례하여 커진다. M(i)의 값이 크면 i 번째 관측값이 다른 $n-1$개의 관측값으로부터 멀리 떨어져 있다는 뜻이어서 지렛대점으로 주목할 필요가 있다.

10.3 이상점 탐색

10.3.1 잔차의 성질

이상점은 자료에 대한 전처리과정에서 식별하기도 하지만, 회귀분석에서는 잔차에 기반하여 이상점을 판별할 수 있다. 이것은 관측값이 모형의 적합값보다 큰 경우를 가리키므로 보통은 잔차벡터(residual vector)를 통해 식별하게 된다. 잔차벡터는

$$\begin{aligned}\mathbf{e} &= \mathbf{y} - \hat{\mathbf{y}} = \mathbf{y} - X\hat{\boldsymbol{\beta}} \\ &= \mathbf{y} - X(X^\top X)^{-1}X^\top \mathbf{y} \\ &= (I_n - X(X^\top X)^{-1}X^\top)\mathbf{y} = (I_n - H)\mathbf{y} \end{aligned} \tag{10.15}$$

로 나타낼 수 있다. 7장에서 밝힌 바와 같이 $\mathbf{e}$의 기댓값 벡터와 분산-공분산 행렬은

$$\mathrm{E}(\mathbf{e}) = \mathbf{0}_n, \quad \mathrm{Var}(\mathbf{e}) = \sigma^2(I_n - H) \tag{10.16}$$

임을 쉽게 밝힐 수 있다. 잔차 e_i의 기대값과 분산은 식 (10.16)으로부터

$$\mathrm{E}(e_i) = \mathbf{0}, \quad \mathrm{Var}(e_i) = \sigma^2(1 - h_{ii}) \tag{10.17}$$

임을 알 수 있고, e_i와 e_j의 공분산은

$$\mathrm{Cov}(e_i, e_j) = -h_{ij}\sigma^2$$

이 된다. 따라서 e_i와 e_j 간의 상관계수는

$$\rho_{ij} = \frac{-h_{ij}\sigma^2}{\sqrt{\sigma^4(1 - h_{ii})(1 - h_{jj})}} = \frac{-h_{ij}}{\sqrt{(1 - h_{ii})(1 - h_{jj})}} \tag{10.18}$$

이다.

10.3.2 이상점을 찾는 방법

(1) 표준화 잔차(standardized residual)

관측벡터 $\mathbf{y}$는 정규분포 $N(X\boldsymbol{\beta}, \sigma^2 I_n)$를 따르므로 식 (10.16)으로부터 $\mathbf{e}$는 $N(\mathbf{0}_n, \sigma^2(I_n - H))$의 분포를 따름을 알 수 있다. 또한 식 (10.17)로부터 i 번째 잔차 e_i의 분포는

$$e_i \sim N(0, \sigma^2(1 - h_{ii})) \tag{10.19}$$

이다. 특히, 잔차의 분산을 보면 큰 지렛대점은 결국 작은 잔차를 갖는 경향이 있음을 알 수 있다. 또한,

$$\frac{e_i}{\sigma\sqrt{1 - h_{ii}}} \sim N(0, 1)$$

임을 쉽게 알 수 있는데, 여기서 σ는 일반적으로 미지이므로 이를 불편 추정량

$$s = \sqrt{\mathbf{e}^\top \mathbf{e}/n - p - 1)} = \sqrt{\mathbf{y}^\top (I_n - H)\mathbf{y}/(n - p - 1)}$$

로 대치하면 표준화 잔차(standardized residual)

$$r_i = \frac{e_i}{s\sqrt{1 - h_{ii}}} \tag{10.20}$$

가 얻어진다. 그러나 이러한 표준화 잔차에 대한 표본분포는 분자와 분모가 서로 독립이 아니기 때문에 t 분포로 근사할 수 없는데, $|e_i|$가 큰 경우, s도 역시 커지게 되기 때문이다. 식 (10.20)의 r_i를 내적 스튜던트화 잔차(internally studentized residual)라고 부른다.

(2) 스튜던트화 잔차(studentized residual)

스튜던트화 잔차는 식 (10.20)의 표준화잔차에서 s대신에 i 번째 측정값 y_i를 제외시키고 $n - 1$개 측정값으로부터 얻어지는 s(이를 $s(i)$로 정의하자)를 사용하는 것이다. 이와 같은 잔차를 스튜던트화 잔차(studentized residual)라 부르고

$$r_i^* = \frac{e_i}{s(i)\sqrt{1 - h_{ii}}} \tag{10.21}$$

로 나타낸다. 이것을 r_i와 구별하여 외적 스튜던트화 잔차(externally studentized residual)라고 부른다.

실제로 r_i^*를 계산할 때에는 $s(i)$때문에 n개의 회귀모형을 적합해야 하는 것 같이 보이나 그럴 필요는 없다. 다음의 등식관계

$$s^2(i) = \left[(n - p - 1)s^2 - \frac{e_i^2}{1 - h_{ii}}\right]/(n - p - 2) \tag{10.22}$$

가 성립하므로 회귀모형은 전체 데이터를 한 번만 적합하면 충분하다. 위의 등식 (10.22)와 함께 회귀계수추정량에 대하여도 $\hat{\boldsymbol{\beta}}(i)$를 i 번째 측정값 y_i와 설명변수 벡터 $\mathbf{x}_i = (1, x_{i1}, x_{i2}, \cdots, x_{ip})^\top$를 제외한 $n - 1$개 관측값으로부터 구한 회귀계수추정량이라 하면,

$$\hat{\boldsymbol{\beta}}(i) = \hat{\boldsymbol{\beta}} - \frac{(X^\top X)^{-1}\mathbf{x}_i e_i}{1 - h_{ii}} \tag{10.23}$$

가 성립함을 보일 수 있다.

다음으로 $|r_i^*|$가 어느 정도 커야만 y_i를 이상점으로 볼 수 있는가를 검정하는 문제를 생각하여 보자. 다음의 이론적인 절차를 고려하여 보면 r_i^*의 확률분포를 알 수 있으며, 따라서 이상점인가 아닌가를 단정할 수 있는 기준을 설정할 수 있다.

(a) n개의 데이터로부터 y_i를 제거한다.

(b) $\hat{\boldsymbol{\beta}}(i)$와 $s^2(i)$를 i 번째 관측값을 제외한 $(n - 1)$개 데이터로부터 얻어진 $\boldsymbol{\beta}$와 σ^2의 추정값이라 하자.

(c) $\mathrm{E}(y_i)$의 추정값을 $\tilde{y}_i = \mathbf{x}_i^\top \hat{\boldsymbol{\beta}}(i)$로부터 구하자. 그러면 $\tilde{y}_i$의 분산은

$$\mathrm{Var}(\tilde{y}_i) = \mathbf{x}_i^\top [X(i)^\top X(i)]^{-1} \mathbf{x}_i \sigma^2$$

이 된다. 여기서 $X(i)$는 X행렬에서 i 번째 행을 제외시킨 행렬이다. 이때 σ^2는 $s^2(i)$로 추정하여 대입하면 $\mathrm{Var}(\tilde{y}_i)$의 추정값을 구할 수 있다.

(d) 만약 y_i가 이상점이라면 $\mathrm{E}(y_i - \tilde{y}_i) \neq 0$이 될 것이고, 이상점이 아니라면 $\mathrm{E}(y_i - \tilde{y}_i) = 0$이 될 것이다. $\tilde{y}_i$을 구할 때에 y_i는 사용되지 않았으므로 y_i와 $\tilde{y}_i$은 서로 독립이며, 또한 y_i와 $s^2(i)$도 독립이다. 또한 $y_i - \tilde{y}_i$의 분산은

$$\mathrm{Var}(y_i - \tilde{y}_i) = \sigma^2\{1 + \mathbf{x}_i^\top [X(i)^\top X(i)]^{-1} \mathbf{x}_i\}$$

이 되고, 이 분산의 추정값은 σ^2대신에 $s^2(i)$로 대입시켜 구할 수 있다. 따라서 y_i가 이상점이 아니라면

$$t_i = \frac{y_i - \tilde{y}_i}{s(i)\sqrt{1 + \mathbf{x}_i^\top [X(i)^\top X(i)]^{-1} \mathbf{x}_i}} \tag{10.24}$$

는 자유도 $(n - p - 2)$인 t-분포를 따른다.

식 (10.24)로부터 모든 t_i를 구하는 것은 $s(i)$, $X(i)$, $\tilde{y}_i$때문에 계산상 매우 어려워 보이나 이 t_i는 식 (10.20)의 r_i와

$$t_i = r_i \left(\frac{n - p - 2}{n - p - 1 - r_i^2}\right)^{\frac{1}{2}} \tag{10.25}$$

의 등식관계에 있음을 Beckman과 Trussell(참고문헌 10.3)은 밝혔다. 따라서 전체 데이터를 한 번만 적합하면 모든 t_i를 구할 수 있다. 또한 우리는 쉽게 식 (10.20), (10.21), (10.22), (10.25)의 관계에서 이 t_i가 스튜던트화 잔차 r_i^*와 동일함을 보일 수 있다. 즉

$$\begin{aligned} r_i^* &= \frac{e_i}{s(i)\sqrt{1 - h_{ii}}} \\ &= \frac{e_i}{\sqrt{1 - h_{ii}}\left\{\left[(n - p - 1)s^2 - \frac{e_i^2}{1 - h_{ii}}\right] / (n - p - 2)\right\}^{\frac{1}{2}}} \\ &= \frac{e_i}{s\sqrt{1 - h_{ii}}}\left[\frac{n - p - 2}{n - p - 1 - \frac{e_i^2}{s^2(1 - h_{ii})}}\right]^{\frac{1}{2}} \\ &= r_i\left(\frac{n - p - 2}{n - p - 1 - r_i^2}\right)^{\frac{1}{2}} = t_i \end{aligned} \tag{10.26}$$

가 된다. 따라서 i 번째 측정값 y_i가 이상점인가를 검정하는 방법은

$$|r_i^*| \geq t_{\alpha/2}(n - p - 2)$$

이면, 유의수준 α에서 y를 이상점이라고 판정할 수 있다. 또한 자료의 개수 n이 큰 경우 식 (10.26)의 제곱근은 1에 수렴하므로 스튜던트화잔차와 표준화잔차의 차이가 거의 없어진다. 스튜던트화잔차는 표준화잔차의 단조함수로, 잔차값의 순서는 동일함을 알 수 있다.

예제 10.1

두 변수 x, y에 대하여 다음의 21개 데이터가 얻어졌다 하자. 이 데이터는 Andrews와 Pregibon(참고문헌 10.2), John과 Draper(참고문헌 10.11), Michy 등(참고문헌 10.12)의 논문에서 사용된 것으로 회귀진단에서 자주 사용되는 데이터이다. 단순회귀모형을 적합하고 지렛대점과 이상점 유무를 판정하시오.

실험번호	x	y	실험번호	x	y
1	15	95	12	9	96
2	26	71	13	10	83
3	10	83	14	11	84
4	9	91	15	11	102
5	15	102	16	10	100
6	20	87	17	12	105
7	18	93	18	42	57
8	11	100	19	17	121
9	8	104	20	11	86
10	20	94	21	10	100
11	7	113			

풀이

21개 데이터를 모두 사용하여 회귀직선을 구하면

$$\hat{y}_i = 109.874 - 1.127x_i$$

를 얻게 되고, 이 직선을 산점도 위에 그려보면 [그림 10.1]과 같다.

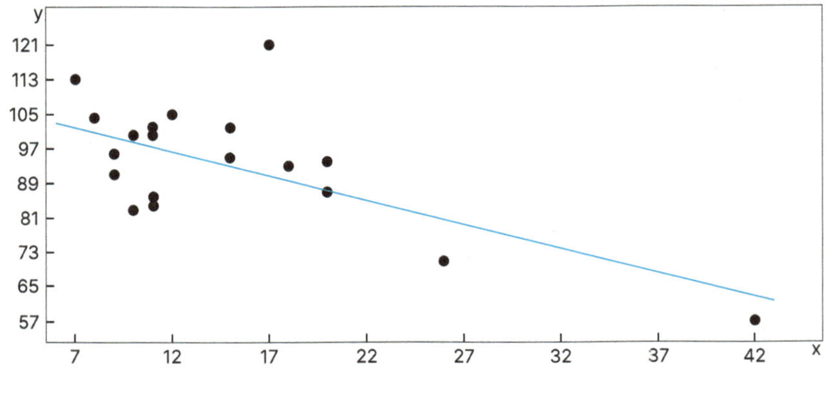

그림 10.1 **산점도와 회귀직선 $\hat{y}$ = 109.874 - 1.127x**

이 단순선형회귀모형의 분산분석표는 다음과 같다.

요인	제곱합	자유도	평균제곱	F_0
회귀	1,604.08	1	1,604.08	13.20
잔차	2,308.59	19	121.505	
계	3,912	20		

여기서 $F_0 = 13.20 > F_{0.05}(1, 19) = 4.38$이 성립하므로 회귀직선은 유의하다. 그리고 잔차의 평균제곱이 121.505이므로 σ의 추정값은

$$s = \sqrt{MSE} = \sqrt{121.505} = 11.0229$$

이다.

다음으로 해트 행렬의 대각원소 h_{ii}, 잔차 e_i, 표준화잔차 r_i, 스튜던트화 잔차 r_i^*의 값을 구하면 [표 10.1]과 같다. 큰 지렛대점을 갖는 관측값은 h_{ii}가 $2\bar{h}$ 또는 $3\bar{h}$ 보다 큰 경우인데, [표 10.1]에서 $2\bar{h} = 4/21 = 0.1905$ 또는 $3\bar{h} = 6/21 = 0.2857$을 넘는 관측값을 살펴보면, [표 10.1]로부터 18번째 관측값이 극단적으로 큰 지렛대점을 갖는다고 할 수 있다. 실제로 [그림 10.1]에서 살펴보면 설명변수 $x = 42$로 다른 x 관측값에 비해 많이 떨어져 있음을 알 수 있다. 다음으로 이상점은 판정기준이 명확한 r_i^*에 의하여 판정하여 보자. $t_{0.025}(n - p - 2) = t_{0.025}(18) = 2.101$이므로 r_i^*가 이 값보다 큰 것은 열아홉 번째 데이터 뿐이다. 이 때, $|r_i|$ 또한 잔차가 제일 크게 나타나고 있음을 확인할 수 있다.

표 10.1 지렛대점과 이상점을 찾는 측도(h_{ii}, r_i와 r_i^*)

실험번호	e_i	h_{ii}	r_i	r_i^*
1	2.0310	0.0479	0.1888	0.1840
2	-9.5721	0.1545	-0.9444	-0.9416
3	-15.6040	0.0628	-1.4623	-1.5108
4	-8.7309	0.0705	-0.8216	-0.8143
5	9.0310	0.0479	0.8397	0.8329
6	-0.3741	0.0726	-0.0315	-0.0306
7	3.4120	0.0580	0.3189	0.3112
8	2.5230	0.0567	0.2357	0.2297
9	3.1421	0.0799	0.2972	0.2899
10	6.6666	0.0726	0.6280	0.6177
11	11.0151	0.0908	1.0480	1.0508
12	-3.7309	0.0705	-0.3511	-0.3428
13	-15.6040	0.0628	-1.4623	-1.5108
14	-13.4770	0.0567	-1.2588	-1.2798

15	4.5230	0.0567	0.4225	0.4132
16	1.3961	0.0628	0.1308	0.1274
17	8.6500	0.0521	0.8060	0.7983
18	-5.5403	0.6516	-0.8515	-0.8451
19	30.2850	0.0531	2.8234	3.6070
20	-11.4770	0.0567	-1.0720	-1.0765
21	1.3961	0.0628	0.1308	0.1274

10.4 영향점 탐색

영향점(influential observation)에 대해서는 이 장의 1절에서 간단히 설명하였는데, 이 절에서는 영향점을 찾아내는 데 널리 사용되는 몇 가지를 소개하고자 한다.

(1) DFFITS

DFFITS는 Belsley 등(참고문헌 10.4)에 의하여 제안된 것으로 $\hat{\boldsymbol\beta}$와 $\hat{\boldsymbol\beta}(i)$의 가장 큰 차이를 주는 y_i를 찾는 방법이다. 여기서 $\hat{\boldsymbol\beta}(i)$는 y_i를 제외시키고 $(n-1)$개 데이터에서 구한 $\boldsymbol\beta$의 최소제곱추정벡터이다. i 번째 데이터의 DFFITS는

$$\text{DFFITS}(i) = \text{sgn}(e_i)\cdot \sup_{\lambda}\frac{|\lambda^\top(\hat{\boldsymbol\beta}-\hat{\boldsymbol\beta}(i))|}{s(i)(\lambda^\top(X^\top X)^{-1}\lambda)^{1/2}} \tag{10.27}$$

으로 정의되는 양으로, $\text{sgn}(e_i)$는 $e_i > 0$이면 '+', $e_i = 0$이면 '0', $e_i < 0$이면 '-'를 취한다. 식 (10.27)은

$$\text{DFFITS}(i) = \text{sgn}(e_i)\frac{[(\hat{\boldsymbol\beta}-\hat{\boldsymbol\beta}(i))^\top X^\top X(\hat{\boldsymbol\beta}-\hat{\boldsymbol\beta}(i))]^{1/2}}{s(i)} \tag{10.28}$$

이 됨을 밝힐 수 있다. Belsley 등은 식 (10.28)이

$$\text{DFFITS}(i) = \frac{\hat{y}_i - \tilde{y}_i(i)}{\sqrt{\text{Var}(\hat{y}_i)\text{의 추정값}}} \tag{10.29}$$

가 됨을 보였고, $\tilde{y}_i(i)$는 i 번째 데이터를 제외시키고 $(n-1)$개 데이터에서 얻은 적합값으로 $\tilde{y}_i(i) = \mathbf{x}_i^\top\hat{\boldsymbol\beta}(i)$로 계산된다. 이 값은 계산의 편의상 다음과 같이 간단히 표현할 수 있다.

$$\begin{aligned}\text{DFFITS}(i) &= \frac{\mathbf{x}_i^\top(\hat{\boldsymbol\beta}-\hat{\boldsymbol\beta}(i))}{s(i)\sqrt{h_{ii}}} = \left(\frac{h_{ii}}{1-h_{ii}}\right)^{1/2}\cdot\frac{e_i}{s(i)\sqrt{1-h_{ii}}}\\ &= \left(\frac{h_{ii}}{1-h_{ii}}\right)^{1/2} r_i^* \end{aligned} \tag{10.30}$$

대략적으로 $|r_i^*| \geq 2$이고 $h_{ii} \geq (p+1)/n$일 때 i번째 관측값을 영향점으로 판단하기로

한다면

$$|\mathrm{DFFITS}(i)| \geq 2\left[\frac{(p+1)/n}{1-(p+1)/n}\right]^{1/2} = 2\left[\frac{p+1}{n-p-1}\right]^{1/2} \geq 2\left[\frac{p+1}{n}\right]^{1/2} \quad (10.31)$$

이 되는 i 번째 관측값이 영향점이라고 말할 수 있다.

(2) Cook의 통계량

Cook(참고문헌 10.6)은 식 (10.28)에서 $s(i)$대신에 s를 대입한 후 이를 제곱하고 $(p+1)$로 나눈 양을 제안하였다. 즉

$$\mathrm{D}(i) = \frac{(\hat{\boldsymbol{\beta}} - \hat{\boldsymbol{\beta}}(i))^\top X^\top X(\hat{\boldsymbol{\beta}} - \hat{\boldsymbol{\beta}}(i))}{(p+1)s^2} \quad (10.32)$$

으로 이 값을 크게 하는 관측값을 영향점으로 판정할 것을 제안하였다. 이것도 DFFITS(i)와 같이 $\hat{\boldsymbol{\beta}}$와 $\hat{\boldsymbol{\beta}}(i)$간에 차이가 크면 커지는 통계량이다. $D(i)$를 계산의 편의상 간단히 하면

$$\mathrm{D}(i) = \frac{1}{p+1} \cdot \frac{h_{ii}e_i^2}{s^2(1-h_{ii})^2} \quad (10.33)$$

이 된다. 이것은 표준화잔차 r_i와는

$$\mathrm{D}(i) = \frac{h_{ii}}{(p+1)(1-h_{ii})} \cdot r_i^2 = \frac{r_i^2}{p+1} \cdot \frac{h_{ii}}{1-h_{ii}} \quad (10.34)$$

의 관계에 있다. 이 관계에서 보면 알 수 있듯이 r_i^2 과 h_{ii}가 커지면 $D(i)$도 커짐을 알 수 있다. 8장에서 $\boldsymbol{\beta}$의 공동신뢰영역(joint confidence region)이

$$\frac{(\hat{\boldsymbol{\beta}} - \boldsymbol{\beta})^\top X^\top X(\hat{\boldsymbol{\beta}} - \boldsymbol{\beta})}{(p+1)s^2} \geq F_\alpha(p+1,\ n-p-1)$$

로 주어짐을 공부하였다. 따라서 $\boldsymbol{\beta}$의 자리에 $\hat{\boldsymbol{\beta}}(i)$를 대입시켜 생각하면

$$D(i) \geq F_\alpha(p+1,\ n-p-1)$$

이 되는 관측값을 영향점으로 판단할 수 있다. Cook(참고문헌 10.6)은 대략적으로

$$D(i) \geq F_{0.50}(p+1,\ n-p-1)$$

이면 영향을 크게 주는 측정값으로 일단 의심하여도 좋다고 제안하고 있다.

(3) Andrews-Pregibon의 통계량

Andrews와 Pregibon(참고문헌 10.2)은 행렬 X와 벡터 $\mathbf{y}$를 같이 고려하여 다음의 통계량

$$\mathrm{AP}(i) = \frac{|X^*(i)^\top X^*(i)|}{|X^{*\top} X^*|} \quad (10.35)$$

을 제안하였다. 여기서 $X^* = (X, \mathbf{y})$, $X^*(i) = (X(i), \mathbf{y}(i))$를 의미한다. 즉, $X^*(i)$는 X^*행렬에서 i 번째 행을 제거시킨 것이다. John과 Draper(참고문헌 10.11)는 AP(i)가

$$\mathrm{AP}(i) = \left[1 - \frac{e_i^2}{(1 - h_{ii})SSE}\right](1 - h_{ii}) = 1 - h_{ii} - \frac{e_i^2}{(n - p - 1)s^2} \tag{10.36}$$

이 됨을 밝혔다. 이 등식관계로부터 AP(i)의 계산이 매우 수월하여 진다. h_{ii}가 크거나 또는 e_i^2 이 크면 AP(i)가 작아지며, 가장 작은 AP(i)의 값을 영향점으로 의심할 수 있다.

(4) COVRATIO

회귀계수의 추정값의 분산-공분산행렬은

$$\mathrm{Var}(\hat{\boldsymbol{\beta}}) = \sigma^2(X^\top X)^{-1}$$
$$\mathrm{Var}(\hat{\boldsymbol{\beta}}(i)) = \sigma^2[X(i)^\top X(i)]^{-1}$$

이다. σ^2대신에 각각 s^2과 $s^2(i)$를 대입한 후 그 행렬식의 비율을 COVRATIO로 하고, 그 값은 일반화분산(generalized variance)의 비율

$$\mathrm{COVRATIO}(i) = \frac{|s^2(i)[X(i)^\top X(i)]^{-1}|}{|s^2(X^\top X)^{-1}|} \tag{10.37}$$

이 된다. 이것을 좀더 간략화하면

$$\mathrm{COVRATIO}(i) = \frac{[s^2(i)]^{p+1}}{[s^2]^{p+1}} \cdot \frac{1}{1 - h_{ii}}$$

이 되는데, 식 (10.21)과 (10.22)의 등식관계를 사용하여

$$\mathrm{COVRATIO}(i) = \frac{1}{\left[1 + \frac{(r_i^*)^2 - 1}{n - p - 1}\right]^{p+1}(1 - h_{ii})} \tag{10.38}$$

이 됨을 밝힐 수 있다. COVRATIO의 값이 1에 가까우면 y_i는 별로 영향을 못주며, 1에서 멀어질수록 영향을 크게 주고 있다고 볼 수 있다. Belsley 등(참고문헌 10.4)은

$$|\mathrm{COVRATIO}(i) - 1| \geq 3(p + 1)/n$$

이면 i 번째 관측값을 영향을 크게 주는 측정값으로 볼 수 있다고 제안하였다.

(5) FVARATIO

$\hat{y}_i$와 $\hat{y}_i(i)$의 분산은

$$\mathrm{Var}(\hat{y}_i) = h_{ii}\sigma^2$$
$$\mathrm{Var}(\hat{y}_i(i)) = \frac{h_{ii}}{1 - h_{ii}}\sigma^2 \tag{10.39}$$

으로 주어진다. 여기서 σ^2을 각각 s^2과 $s^2(i)$로 대치하고 그 비율을 구하면, 식 (16.21)의

정의를 사용하여,

$$\text{FVARATIO}(i) = \frac{h_{ii}s^2(i)/(1-h_{ii})}{h_{ii}s^2} = \frac{s^2(i)}{s^2(1-h_{ii})}$$

$$= \frac{e_i^2}{(r_i^*)^2(1-h_{ii})^2 s^2} \qquad (10.40)$$

을 얻게 된다. Belsley 등(참고문헌 10.4)은 FVARATIO(i)의 값이 FVARATIO(i) $\leq 1 - 3/n$ 이거나 FVARATIO(i) $\geq 1 + \frac{2p+3}{n}$이면 i 번째 관측값을 영향을 크게 주는 측정값으로 제안한다.

10.5 이상한 관측값 탐지: 지렛대점, 이상점과 영향점

10.5.1 측도의 종합검토

앞에서 우리는 지렛대점을 찾을 수 있는 해트 행렬의 대각원소, 이상점(outlier)을 탐지하는 두 종류의 잔차, 그리고 영향점(influential observation)을 검출하는 다섯 가지의 방법을 다루어 보았다. 이들을 정리하면 다음 [표 10.2]와 같다.

표 10.2 지렛대점, 이상점과 영향점을 찾는 데 사용되는 측도

지렛대점	이상점	영향점
1. 행렬 H의 대각원소 h_{ii} 2. 마할라노비스 거리 $\text{M}(i) = (n-1)\left(h_{ii} - \frac{1}{n}\right)$	1. 표준화 잔차 $r_i = \frac{e_i}{s\sqrt{1-h_{ii}}}$ 2. 스튜던트화 잔차 $r_i^* = \frac{e_i}{s(i)\sqrt{1-h_{ii}}}$ $= r_i\left(\frac{n-p-2}{n-p-1-r_i^2}\right)^{1/2}$	1. DFFITS(i) $= \left(\frac{h_{ii}}{1-h_{ii}}\right)^{1/2} r_i^*$ 2. Cook의 통계량 $\text{D}(i) = \frac{h_{ii}}{(p+1)(1-h_{ii})} \cdot r_i^2$ 3. Andrews-Pregibon의 통계량 $\text{AP}(i) = 1 - h_{ii} - \frac{e_i^2}{(n-p-1)s^2}$ 4. COVRATIO(i) $= \frac{1}{\left[1 + \frac{(r_i^*)^2 - 1}{n-p-1}\right]^{p+1}} \cdot (1-h_{ii})$ 5. FVARATIO(i) $= \frac{e_i^2}{(r_i^*)^2(1-h_{ii})^2 s^2}$

상당히 많은 경우에 하나의 측정값이 이상점이면 이것은 또한 영향점이 되고, 영향점이면 이상점이 된다. 이런 현상은 실질적인 대부분의 데이터에서 성립되나 반드시 그런 것

은 아니다. 어떤 경우에는 이상점을 제거해도 회귀분석의 결과(회귀계수, 결정계수 등)에는 큰 변화가 없어 영향을 크게 주는 관측값이 아닌 경우가 있고, 반대로 어떤 경우에는 잔차가 작은 측정값이 잔차가 큰 측정값(이상점)보다 회귀분석의 결과에 더 영향을 주는 경우가 있다. 이와 같은 사실은 뒤에 소개하는 **예제 10.2**에서도 발견할 수 있다. [표 10.2]에서 소개된 아홉 가지의 측도에 대하여 다음과 같은 사항을 고려해 볼 수 있다.

(1) 지렛대점을 찾는 방법에서 소개된 h_{ii} 값과 마할라노비스 거리 M(i)는 반응변수 $\mathbf{y}$의 값과는 직접관련이 없고 설명변수행렬 X만 관련있는 측도이다. h_{ii}와 M(i)의 값이 크면 i 번째의 관측값 $\mathbf{x}_i$가 다른 $\mathbf{x}_j(j \neq i)$와 멀리 떨어져 있다고 해석할 수 있다. 따라서 h_{ii}와 M(i)의 값이 클 때 i 번째 관측값을 큰 지렛대점(leverage point)이라 부른다.

(2) 이상점을 찾는 두 가지 방법은 모두 잔차 e_i의 함수로 $|e_i|$가 커지면 이들 값들도 커진다. 일반적으로 잔차가 매우 크면 이상점이라고 볼 수 있다. 또한, 이들 측도들은 h_{ii}의 함수로서 h_{ii}가 커지면 이들 값들도 커진다. 따라서 h_{ii}가 크고 e_i도 크면 이상점이라고 판단할 수 있다.

(3) 영향점을 찾는 측도에서 DFFITS(i), D(i), AP(i), COVRATIO(i), FVARATIO(i)들은 모두 추정된 회귀계수들의 변화를 검출해내는 방법으로 만들어져서 영향점을 찾는 측도로 쓰이지만, 이들도 모두 잔차 e_i와 h_{ii}의 함수로서 나타난다. 따라서 h_{ii}와 e_i가 큰 경우 영향을 크게 주는 관측값이 될 가능성이 높음을 알 수 있다.

10.5.2 이상점과 영향점의 취급

이상점으로 판정 되었다고 하여 이것을 무조건 버리고 나머지 관측값만으로 회귀분석을 실시하는 것은 옳은 방법이 아니다. 이상점으로 판정되면 먼저 그 원인이 어디있는가를 규명하여야 한다. 그 이유로는 실험이 잘못 되었거나 데이터가 잘못 기록 되었거나, 또는 원료가 잘못 사용 되었거나 데이터 측정오류가 있는 등 다양한 문제가 있을 수 있다. 데이터가 실험으로 관측된 경우 이상점에 대한 원인이 밝혀진다면, 가능한 경우 다시 실험을 하여 데이터를 대체하거나 재실험이 불가능한 경우에는 그 데이터를 제거해도 좋을 것이다. 또한 영향을 크게 주는 측정값으로 판정이 되면 일단 이 측정값이 영향을 크게 주는 이유를 검토하여 해석해 볼 필요가 있다. 예를 들어 실험 데이터의 경우 다른 실험점으로부터 멀리 떨어져 있는 것이 원인이라면, 그 중간에 몇 개의 실험점을 추가하여 실험을 실시하고 다시 회귀분석을 해보는 것이 바람직하다. 만약 다른 실험점으로부터 멀리 떨어져 있지 않은 데도 불구하고 잔차가 커서 영향을 크게 주는 측정값으로 판정되었다면, 이것은 또한 이상점이므로 이상점의 취급과 동일한 방법으로 취급할 수 있을 것이다. 이상점과 영향점에 대한 검토는 회귀진단에서는 꼭 필요한 분석방법으로 분석결과를 더 잘 이해하기 위해서는 이들에 대한 이해가 필요하다.

예제 10.2

앞의 **예제 10.1**에서 사용된 데이터로부터 회귀직선을 적합하고, [표 10.3]에 있는 모든 측도를 구하여 지렛대점, 이상점이 무엇이고, 영향을 크게 주는 측정값이 무엇인가를 구하시오. 그리고 결과를 비교 검토하시오.

표 10.3 **여섯 가지 측도들의 값**

실험번호	DFFITS(i)	D(i)	M(i)	AP(i)	COVRATIO(i)	FVARATIO(i)
1	0.0413	0.0009	0.0061	0.9503	1.1659	1.1066
2	−0.4025	0.0825	2.1379	0.8058	1.1970	1.1899
3	−0.3911	0.0717	0.3039	0.8317	0.9363	0.9996
4	−0.2243	0.0256	0.4585	0.8964	1.1151	1.0953
5	0.1869	0.0177	0.0061	0.9167	1.0850	1.0675
6	−0.0086	0.0000	0.5000	0.9273	1.2013	1.1382
7	0.0772	0.0031	0.2074	0.9370	1.1702	1.1145
8	0.0563	0.0017	0.1810	0.9406	1.1742	1.1157
9	0.0854	0.0038	0.6448	0.9159	1.1997	1.1418
10	0.1728	0.0154	0.5000	0.9081	1.1521	1.1146
11	0.3320	0.0548	0.8027	0.8567	1.0878	1.0938
12	−0.0944	0.0047	0.4585	0.9234	1.1833	1.1283
13	−0.3911	0.0717	0.3039	0.8317	0.9363	0.9996
14	−0.3137	0.0476	0.1810	0.8647	0.9923	1.0256
15	0.1013	0.0054	0.1810	0.9345	1.1590	1.1085
16	0.0330	0.0006	0.3039	0.9363	1.1867	1.1253
17	0.1872	0.0179	0.0898	0.9155	1.0964	1.0755
18	−1.1558	0.6781	12.0498	0.3351	2.9587	2.9142
19	0.8537	0.2233	0.1086	0.5497	0.3964	0.6470
20	−0.2638	0.0345	0.1810	0.8863	1.0426	1.0513
21	0.0330	0.0006	0.3039	0.9363	1.1867	1.1253

풀이

[표 10.1]에서 h_{ii}, r_i, r_i^*에 대해 알아 보았고, 여기서는 나머지 측도들을 검토하기로 한다.

(1) **예제 10.1**에서 설명된 [표 10.1]의 결과에 의해 19번째 관측값은 이상점이다.

(2) h_{ii}의 값을 보면 $h_{ii} \geq 2(p+1)/n = 2(1+1)/21 = 0.1905$인 측정값은 18번째 관측값뿐이다. 또한 18번째 관측값은 가장 큰 M(i)의 값을 가지고 있다. 실제로 18번째 관측값은 $x = 42$로 다른 x로부터 멀리 떨어져 있다고 판단할 수 있다. [그림 10.1]에서 이 점이 다른 x로부터 떨어져 있음을 알 수 있다.

(3) DFFITS(i)를 검토하여 보면 $|\text{DFFITS}(i)| \geq 2\sqrt{(p+1)/n} = 2\sqrt{(1+1)/21} = 0.6172$인 경우는 18번째와 19번째 관측값이고 18번째가 좀 더 큰 값을 가지고 있다.

(4) D(i)를 살펴보면, $F_{0.50}(2, 19) = 0.719$이므로 18번째 관측값은 Cook의 통계량에서 보면 영향을 주는 측정값에 가장 근사하다고 볼 수 있다.

(5) AP(i)의 값은 작은 것이 영향을 크게 주는 관측값인데 18번째 관측값이 가장 작은 AP(i)를 준다.

(6) COVRATIO(i)는 COVRATIO(i) $\geq 1 + 3(p + 1)/n = 1 + 3(1 + 1)/21 = 1.25857$이거나 COVRATIO($i$) $\leq 1 - 3(p + 1)/n = 0.7143$이면 영향을 크게 주는 관측값으로 볼 수 있다. [표 10.2]에서는 18번째, 19번째가 모두 영향을 크게 주는 측정값으로 판단할 수 있다.

(7) 마지막으로 FVARATIO(i)는 $1 - 3/n = 1 - 3/21 = 0.8571$보다 작거나 $1 + (2p + 3)/n = 1 + (2 + 3)/21 = 1.2381$보다 크면 영향을 크게 주는 관측값으로 판단할 수 있다. 여기에서 18번째, 19번째 관측값이 모두 여기에 해당한다.

위에서 검토된 모든 측도들의 결과를 종합하면 18번째 관측값은 지렛대점이면서 영향점임을 알 수 있다. 19번째 관측값은 이상점이면서 영향점이라고 볼 수 있다.

10.6 R 실습

이 절에서는 6장의 연습문제 14에서 메이저리그 야구선수 연봉 데이터에 적합한 다음의 중회귀 모형에 대하여 지렛대점, 이상점과 영향점을 찾는 통계량을 구하는 방법에 대해 살펴보도록 한다.

$$\text{Salary}_j = \beta_0 + \beta_1 \times \text{AtBat}_j + \beta_2 \times \text{Hits}_j + \beta_3 \times \text{HmRun}_j + \epsilon_j, \quad j = 1, 2, \cdots, 263$$

먼저 이상점을 탐색하기 위해 식 (10.21)의 스튜던트화 잔차 r_i^*는 rstudent( ) 함수를 사용하여 다음과 같이 찾을 수 있다.

```
> library(dplyr)
> library(ISLR)
> data(Hitters)
> hitter.dat ← Hitters %>%
+             na.omit %>%
+             select(Salary, AtBat, Hits, HmRun)
> lm.fit←lm(Salary~., hitter.dat)
> res ←rstudent(lm.fit) # 스튜던트화 잔차
> res [abs(res)>qt(0.975,258)]
```

```
   -Dale Murphy      -Dave Winfield      -Eddie Murray    -George Brett
       2.740338            2.880893           4.318954         2.057822
     -Gary Carter          -Joe Carter        -Jack Clark         -Jim Rice
       3.248663           -2.080713           2.442917         3.558398
-Keith Hernandez    -Kirby Puckett   -Mike Schmidt.      -Ozzie Smith
       2.440566           -2.293728           5.333664         3.594832
-Rickey Henderson      -Steve Garvey        -Steve Sax
       2.202444            1.979316          -2.302013
```

또한, 식 (10.20)의 표준화 잔차는 rstandard( ) 함수를 통해 확인할 수 있다. R에서는 [표 10.3]에 있는 통계량 중 지렛대점을 나타내는 h_{ii}와 영향점을 확인할 수 있는 DFFITS(i), D(i), COVRATIO(i)에 대하여 살펴보자. 이들은 각각 hatvalues( ), dffits( ), cooks.distance( ), covratio( ) 함수를 통해 구할 수 있다. 또는 influence.measures( ) 함수를 통해 다음과 같이 쉽게 그 결과를 알아 볼 수 있다.

```
> summary(influence.measures(lm.fit))
Potentially influential observations of
lm(formula = Salary ~ AtBat + Hits + HmRun, data = Hitters) :

                 dfb.1_ dfb.AtBt dfb.Hits dfb.HmRn  dffit   cov.r   cook.d  hat
-Don Mattingly    0.01    -0.38     0.42     0.15  0.50_*  1.07_*   0.06  0.09_*
-Dale Murphy     -0.17     0.11    -0.09     0.24  0.40_*  0.92_*   0.04  0.02
-Dave Winfield   -0.14     0.12    -0.11     0.17  0.34    0.91_*   0.03  0.01
-Dave Winfield   -0.14     0.12    -0.11     0.17  0.34    0.91_*   0.03  0.01
-Eddie Murray     0.06    -0.32     0.36     0.09  0.49_*  0.78_*   0.06  0.01
-George Bell     -0.01    -0.02     0.02     0.02  0.04    1.05_*   0.00  0.03
-Gary Carter     -0.06     0.11    -0.13     0.26  0.38_*  0.88_*   0.03  0.01
-Gary Gaetti      0.01     0.01    -0.01    -0.03 -0.03    1.05_*   0.00  0.03
-Jesse Barfield  -0.01    -0.03     0.02     0.10  0.12    1.06_*   0.00  0.05_*
-Jack Clark       0.20    -0.03    -0.03     0.06  0.24    0.94_*   0.01  0.01
-Jim Rice        -0.05    -0.43     0.54     0.05  0.67_*  0.87_*   0.11  0.03
-Keith Hernandez -0.02    -0.18     0.25    -0.07  0.34    0.94_*   0.03  0.02
-Kirby Puckett    0.05     0.36    -0.41    -0.21 -0.55_*  0.99     0.08  0.06_*
-Mike Schmidt     0.94    -0.41     0.18     0.05  0.95_*  0.69_*   0.20  0.03
-Ozzie Smith     -0.10     0.07     0.06    -0.47  0.55_*  0.85_*   0.07  0.02
-Spike Owen       0.00     0.00     0.00     0.00  0.00    1.05_*   0.00  0.04
-Steve Sax        0.05     0.29    -0.41     0.26 -0.56_*  0.99     0.08  0.06_*
-Tony Gwynn       0.02     0.10    -0.13     0.03 -0.17    1.05_*   0.01  0.04
```

```
-Terry Pendleton 0.06      -0.10    0.07      0.09 -0.13     1.05_*     0.00  0.04
-Vince Coleman   0.06      -0.11    0.08      0.09 -0.13     1.07_*     0.00  0.05_*
-Wade Boggs      0.03      -0.29    0.36     -0.11  0.40_*   1.06_*     0.04  0.07_*
```

위 결과로부터 지렛대점과 영향점으로 의심되는 관측값을 확인해 볼 수 있다. 이 때, 처음 4개의 열은 중회귀모형에서 절편항을 포함한 각 설명변수에 대하여 영향점을 알아본 것으로 $\hat{\beta}_j - \hat{\beta}_j(i)(j = 1, \cdots, 4)$에 해당하며, dfbetas( ) 함수(참고문헌(10.4) 참조)의 결과인데 이 값이 $2/\sqrt{n}$보다 크다는 것은 이 관측값이 각 회귀계수의 추정값에 영향을 많이 미친다는 의미이다. 5번째 열부터 8번째 열까지 차례대로 dffit( ), covratio( ), cooks.distance( ), hatvalues( ) 함수의 결과이다. 이 결과는 각 통계량의 기각치보다 큰 관측값을 모두 보여준 것으로, 유의하다고 판정한 관측값은 추정값 옆에 *로 표시된다.

이제 R 함수를 사용하지 않고 중회귀모형을 적합한 결과로부터 설명변수 행렬 X를 정의하고 다음과 같이 각 통계량을 직접 계산해 보도록 하자.

```
> X←as.matrix(hitter.dat[,-1]) # 설명변수 행렬
> # 잔차
> res←lm.fit$residuals
> # 잔차의 자유도: n-(p+1)
> df.res←lm.fit$df.residual
> # MSE의 제곱근
> s←as.vector(sqrt(res%*%res/df.res))
> # 해트행렬
> hat.mat←X%*%solve(t(X)%*%X)%*%t(X)
> # 표준화잔차
> standard_res←res/(s*sqrt(1-diag(hat.mat)))
> #스튜던트화잔차
> student_res←standard_res*sqrt((df.res-1)/(df.res-standard_res^2))
> # 이상점
> outlier←rownames(hitter.dat)[(abs(student_res)>qt(0.975, df = df.res-1))==TRUE]
> outlier
[1] "-Dale Murphy"       "-Dave Winfield"    "-Eddie Murray"
[4] "-George Brett"      "-Gary Carter"      "-Joe Carter"
[7] "-Jack Clark"        "-Jim Rice"         "-Keith Hernandez"
[10] "-Kirby Puckett"    "-Mike Schmidt"     "-Ozzie Smith"
[13] "-Rickey Henderson" "-Steve Garvey"     "-Steve Sax"
```

여기에서 적합값에 대한 표준화잔차와 스튜던트화잔차를 그려보면 다음과 같다.

```
> yhat_outlier = lm.fit$fitted.values[outlier]
> student_res_outlier = student_res[outlier]
> par(mfrow = c(1,2))
> plot(lm.fit$fitted.values, standard_res, xlab = expression(hat(y)),
+      ylab = "Standardized Residual")
> abline(h = c(-2, 2), col = "blue", lty = "dotted")
> plot(lm.fit$fitted.values, student_res, xlab = expression(hat(y)),
+      ylab = "Studentized Residual")
> abline(h = qt(c(0.025, 0.975), df = df.res - 1), col = "blue", lty = "dotted")
> points(yhat_outlier, student_res_outlier, col = "red")
> text(x = yhat_outlier, y = student_res_outlier, labels = outlier,
+      pos = 4, cex = 0.5, col = "red")
```

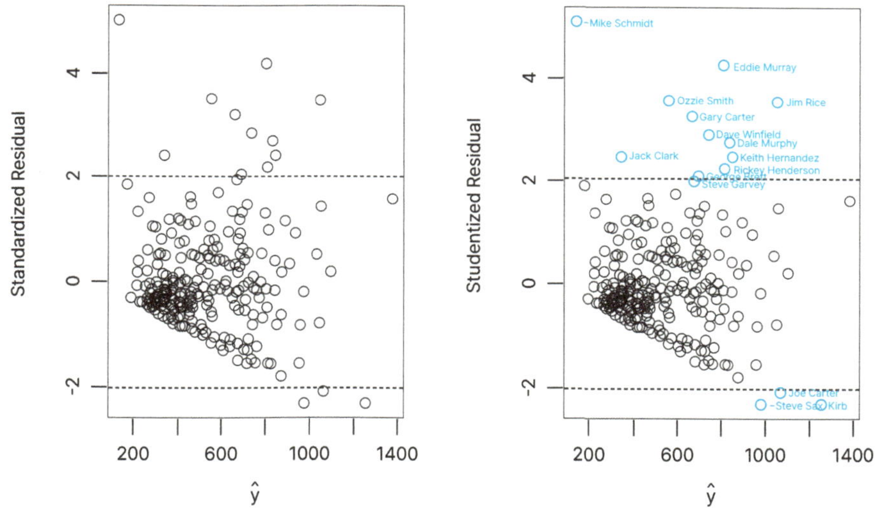

그림 10.2 **표준화잔차와 스튜던트화 잔차**

영향점을 알아보는 것으로 Cook의 통계량 D(i)를 살펴보면 다음과 같다.

```
> D = diag(hat.mat)*standard_res^2/ 4*(1 - diag(hat.mat))
> influence_obs<-hitter.dat$index[D > qf(0.5, 4, df.res)]
> influence_obs
NULL
```

위 결과는 Cook의 통계량으로부터 영향점으로 의심되는 관측값이 없다는 것을 의미하며, 이것은 앞의 influence.measures( )의 결과와 일치함을 알 수 있다.

참고문헌

10.1 Aggarwal, C.C. (2013) *Outlier Analysis*, Springer, New York.

10.2 Andrews, D. F. and Pregibon D. (1978) Finding the outliers that matter. *Journal of the Royal Statistical Society - Series B*, 40, 85-93, .

10.3 Beckman, R. J., and Trussell, H. J. (1974) The distribution of an arbitrary studentized residual and the effects of updating in multiple regression. *Journal of the American Statistical Association*, 69, 199–201.

10.4 Belsley, D. A., Kuh, E. and Welsch, R. E. (1980) *Regression Diagnostics*, John Wiley & Sons, New York.

10.5 Berkman, R. J. and Cook, R. D. (1983) Outliers. *Technometrics*, 25, 119-160.

10.6 Cook, R. D. (1977) Detection of influential observations in linear regression. *Technometrics*, 19, 15-18.

10.7 Fox, J. (2008) *Applied Regression Analysis and Generalized Linear Models*, Sage pubishing, New York.

10.8 Cook, R. D .(1979) Influential observation in linear regression. *Journal of the American Statistical Association*, 74, 169-174.

10.9 Cook, R. D. and Weisburg, S. (1980) Characterizations of an empirical influence function for detecting influential cases in regression. *Technometrics*, 22, 465—507.

10.10 Hoaglin, D. C. and Welsch, R. (1978) The hat matrix in regression and ANOVA. *The American Statistician*, 32, 17-22.

10.11 John, J. A. and Draper, N. R. (1981) Influential observations and outliers in regression. *Technometrics*, 23, 21-26,

10.12 Mickey, M.R., Dunn, O.J. and Clark, V. (1967) Note on the use of stepwise regression in detecting outliers. *Computers and Biomedical Research*, 1, 105-111.

10.13 Park, S. H. and Wakimoto, K. (1987) Detection of an influential observation on a subset of regression parameters in multiple regression. *Journal of the Japan Statistical Society*, 17, 11-19.

10.14 Park, S. H. and Kim, Y. H. (1992) Regression diagnostics for removing an observation with animating graphics. *Statistical Papers*, 33, 227-240.

10.15 Park, S. H. and Huh, M. H. (1990) A local influence approach to regression diagnostics with application to robust regression. *Journal of the Korean Statistical Society*, 19, 151-159.

10.16 Weisberg, S. (1985) *Applied Linear Regression*, 2nd Ed, John Wiley & Sons, New York.

연습문제

10.1 식 (10.10)을 증명하시오.

10.2 식 (10.11)를 증명하시오.

10.3 식 (10.22)를 증명하시오.

10.4 식 (10.23)을 증명하시오.
(힌트: i 번째 측정값의 설명변수벡터 $\mathbf{x}_i = (1, x_{i1}, x_{i2}, \cdots, x_{ip})^\top$를 제외하고 만든 설명변수 행렬을 $X(i)$라 할 때 헤트행렬은 $X(i)^\top X(i) = X^\top X - \mathbf{x}_i\mathbf{x}_i^\top$으로 표시되고, $\hat{\boldsymbol{\beta}}(i)$이 계산시 등장하는 $(X(i)^\top X(i))^{-1}$은 1장의 식 (1.32)

$$(A + \mathbf{uv}^\top)^{-1} = A^{-1} - \frac{A^{-1}\mathbf{uv}^\top A^{-1}}{1 + \mathbf{v}^\top A^{-1}\mathbf{u}}$$

을 이용하여 계산한다.)

10.5 식 (10.25)가 자유도가 $n - p - 2$인 t-분포를 따른다는 것을 증명하시오.

10.6 Cook의 통계량에서 $\frac{(\hat{\boldsymbol{\beta}} - \hat{\boldsymbol{\beta}}(i))^\top X^\top X(\hat{\boldsymbol{\beta}} - \hat{\boldsymbol{\beta}}(i))}{(p+1)s^2} = \frac{1}{p+1} \cdot \frac{h_{ii}e_i^2}{s^2(1 - h_{ii})^2}$ 임을 증명하시오.

10.7 AP 통계량에서 $\frac{X^*(i)^\top X^*(i)}{|X^{*\top}X^*|} = \left[1 - \frac{e_i^2}{(1 - h_{ii})SSE}\right](1 - h_{ii})$임을 증명하시오.

10.8 COVRATIO에서 $\frac{|s^2(i)[X(i)^\top X(i)]^{-1}|}{|s^2(X^\top X)^{-1}|} = \frac{[s^2(i)]^{p+1}}{[s^2]^{p+1}} \cdot \frac{1}{1 - h_{ii}}$ 임을 증명하시오.

10.9 식 (10.39)를 증명하시오.

10.10 중학교 2학년 학생 중에서 15명을 임의로 추출하여 각 학생의 악력(kg), 신장(cm), 체중(kg)과 원반던지기에서 던진 거리(m)를 측정하여 다음의 데이터를 얻었다.

학생번호	독립변수			종속변수
	x_1(악력)	x_2(신장)	x_3(체중)	y(원반던지기 거리)
1	28	146	34	22
2	47	169	57	36
3	39	160	38	24
4	25	156	28	22
5	34	161	37	27
6	29	168	50	29
7	38	154	54	26
8	23	153	40	23
9	52	160	62	31
10	37	152	39	25
11	35	155	46	23
12	39	154	54	27
13	38	157	57	31
14	32	162	53	25
15	25	142	32	23

(1) x_3을 설명변수로 하고 y를 반응변수로 하여 회귀직선을 적합하고 [표 10.2]에 있는 9개의 측도를 모두 구하여 이상점이 있는지, 어떤 것이 영향을 크게 주는 측정값인가를 판정하시오.

(2) x_1, x_2, x_3을 모두 사용하여 y에 대한 중회귀모형을 적합하고, [표 10.2]에 있는 9개의 측도를 모두 구하여 이상점의 존재유무와 영향을 크게 주는 측정값이 어떤 것인가를 판정하시오.

10.11 6장의 [표 6.1]의 데이터를 사용하여 다음 질문에 답하시오.

(1) x_1을 설명변수로 하여 y에 대한 회귀직선을 적합시킬 때에 [표 10.2]의 모든 측도들을 구하여, 이상치가 있는가를 판정하고, 영향을 가장 크게 주는 측정값이 어떤 것인가를 판정하시오.

(2) x_1, x_2 를 모두 사용하여 y에 대한 중회귀모형을 적합시키고, [표 10.2]에 있는 9개의 측도를 모두 구하여 이상치의 존재유무를 판정하고, 영향을 가장 크게 주는 측정값이 어떤 것인지 판정하시오.

10.11 R 실습 연습문제 **5.1**의 데이터에 대하여 단순회귀모형을 적합하고, 특이한 관측치 (지렛대점, 이상점과 영향점)가 있는지 검토하시오.

11 변수의 선택

〈목차〉

이 장에서는 반응변수 y와 이 변수에 영향을 미칠 수 있는 모든 가능한 설명변수 x_1, x_2, $\cdots$, x_p가 주어졌다고 가정한다. 일반적으로 반응변수 y의 변화를 설명하기 위한 모형을 찾을 때 모든 설명변수를 사용한 모형보다는 가능한 적은 수의 변수를 사용한 간단한 모형(parsimonious model)을 선택한다. 이 장에서는 설명변수들을 어떻게 선택할 것인지 소개하기로 한다. 회귀모형에서 설명변수를 선택할 때는 다음의 두 가지 원칙을 고려해야 한다.

(1) y에 영향을 미칠 수 있는 모든 설명변수 x를 사용하여 y의 값을 예측해야 한다. 그렇지 않으면 $\hat{y}$의 편의가 증가할 수 있다.

(2) 설명변수가 많을수록 데이터를 수집, 분석하고 변수들의 변화를 탐지하거나 관리하는 데 큰 노력이 요구될 뿐 아니라, $\hat{y}$의 분산이 증가할 수 있어 가능한 범위 내에서 적은 수의 설명변수를 포함해야 한다.

위의 두 가지 원칙은 서로 이율배반적이므로 타협이 이루어져야 하며, 적절한 판정기준(criterion)을 토대로 설명변수를 선택함으로써 '최적' 회귀모형('best' regression model)을 선택해야 한다. '최적'이란 표현은 상대적인 것으로, 판정기준이 바뀌면 최적회귀모형도 달라질 수 있을 것이다.

변수의 선택 방법을 알아보기 전에, 모든 설명변수를 포함시키지 않고 일부만 선택함으로써 발생하는 회귀분석의 이론적 결과에 대해 먼저 소개하기로 한다.

11.1 변수제거의 결과

p개의 설명변수에 대하여 n개($> p$)의 데이터가 있고, 중회귀모형

$$y_i = \beta_0 + \beta_1 x_{i1} + \cdots + \beta_p x_{ip} + \epsilon_i, \quad \epsilon_i \sim N(0, \sigma^2), \quad i = 1, 2, \cdots, n \tag{11.1}$$

의 관계로부터 반응변수의 값 y_i가 관측되었다고 가정하자. 이때 식 (11.1)의 중회귀모형을 완전모형(full model)이라 부르고, 행렬을 사용하여 표현하면

$$\mathbf{y} = X\boldsymbol{\beta} + \boldsymbol{\epsilon}, \quad \boldsymbol{\epsilon} \sim N(\mathbf{0}_n, \sigma^2 I_n) \tag{11.2}$$

이 된다. 이때 X는 $n \times (p+1)$행렬, $\boldsymbol{\beta}$는 $(p+1) \times 1$, $\mathbf{y}$와 $\boldsymbol{\epsilon}$은 $n \times 1$벡터가 된다. 모형 (11.2)에서 X행렬을 나누어서 $X = (X_k, X_r)$로 하고 다시 표현하면

$$\mathbf{y} = X_k \boldsymbol{\beta}_k + X_r \boldsymbol{\beta}_r + \boldsymbol{\epsilon} \tag{11.3}$$

이 되는데, 여기서 X_k는 절편(intercept)과 k개의 설명변수를 포함하고 X_r은 $p - k$개의 설명변수를 포함하고 있다. $\boldsymbol{\beta}_k$와 $\boldsymbol{\beta}_r$은 X_k와 X_r에 대한 회귀모수 벡터를 나타낸다. $\boldsymbol{\beta}$의 최소제곱추정량을 $\hat{\boldsymbol{\beta}}$라 하고, 이를 나눠서 $\hat{\boldsymbol{\beta}}_k$와 $\hat{\boldsymbol{\beta}}_r$로 표현하자. 즉,

$$\hat{\boldsymbol{\beta}} = \begin{bmatrix} \hat{\boldsymbol{\beta}}_k \\ \hat{\boldsymbol{\beta}}_r \end{bmatrix} = (X^\top X)^{-1} X^\top \mathbf{y} \tag{11.4}$$

라 할 때, 모형 (11.3)에서 $p - k$개의 설명변수를 누락하고 k개의 설명변수만을 적합시킨 축소모형(reduced model) $\mathbf{y} = X_k \boldsymbol{\beta}_k + \boldsymbol{\epsilon}$ 에 대한 최소제곱추정량은

$$\tilde{\boldsymbol{\beta}}_k = (X_k^\top X_k)^{-1} X_k^\top \mathbf{y} \tag{11.5}$$

이 된다. 이때 $\hat{\sigma}^2$과 $\tilde{\sigma}^2$을 각각 완전모형과 축소모형의 잔차평균제곱(residual mean square)이라고 하면

$$\hat{\sigma}^2 = \mathbf{y}^\top [I_n - X(X^\top X)^{-1} X^\top] \mathbf{y}/(n - p - 1) \tag{11.6}$$
$$\tilde{\sigma}^2 = \mathbf{y}^\top [I_n - X_k(X_k^\top X_k)^{-1} X_k^\top] \mathbf{y}/(n - k - 1) \tag{11.7}$$

이 된다. 식 (11.4)와 (11.6)의 $\hat{\boldsymbol{\beta}}$와 $\hat{\sigma}^2$의 통계적인 성질에 대해서는 이미 논의되었고, $\tilde{\boldsymbol{\beta}}_k$와 $\tilde{\sigma}^2$의 몇 가지 중요한 성질에 대해 알아보자.

우선 $\tilde{\boldsymbol{\beta}}_k$의 기댓값은

$$\begin{aligned} \mathrm{E}(\tilde{\boldsymbol{\beta}}_k) &= \mathrm{E}\left[(X_k^\top X_k)^{-1} X_k^\top \mathbf{y}\right] \\ &= (X_k^\top X_k)^{-1} X_k^\top X \boldsymbol{\beta} \\ &= (X_k^\top X_k)^{-1} X_k^\top \left[X_k \boldsymbol{\beta}_k + X_r \boldsymbol{\beta}_r\right] \\ &= \boldsymbol{\beta}_k + (X_k^\top X_k)^{-1} X_k^\top X_r \boldsymbol{\beta}_r \end{aligned}$$

이며, $A = (X_k^\top X_k)^{-1} X_k^\top X_r$로 놓으면

$$\mathrm{E}(\tilde{\boldsymbol{\beta}}_k) = \boldsymbol{\beta}_k + A\boldsymbol{\beta}_r \tag{11.8}$$

이 된다. $\tilde{\boldsymbol{\beta}}_k$의 분산은

$$\begin{aligned} \mathrm{Var}(\tilde{\boldsymbol{\beta}}_k) &= \mathrm{Var}\left[(X_k^\top X_k)^{-1} X_k{}^\top \mathbf{y}\right] \\ &= (X_k^\top X_k)^{-1} X_k^\top \sigma^2 I_n X_k (X_k^\top X_k)^{-1} \\ &= \sigma^2 (X_k^\top X_k)^{-1} \end{aligned} \tag{11.9}$$

임을 쉽게 알 수 있다. 다음으로 $(\tilde{\boldsymbol{\beta}}_k - \boldsymbol{\beta}_k)(\tilde{\boldsymbol{\beta}}_k - \boldsymbol{\beta}_k)^\top$의 기댓값을 $\tilde{\boldsymbol{\beta}}_k$의 평균제곱오차(mean squared error, $\mathrm{MSE}^*(\tilde{\boldsymbol{\beta}}_k)$)라고 정의하면[1], 이는

$$\begin{aligned} \mathrm{MSE}(\tilde{\boldsymbol{\beta}}_k) &= \mathrm{E}(\tilde{\boldsymbol{\beta}}_k - \boldsymbol{\beta}_k)(\tilde{\boldsymbol{\beta}}_k - \boldsymbol{\beta}_k)^\top \\ &= \mathrm{E}\left\{\left[\tilde{\boldsymbol{\beta}}_k - \mathrm{E}(\tilde{\boldsymbol{\beta}}_k) + \mathrm{E}(\tilde{\boldsymbol{\beta}}_k) - \boldsymbol{\beta}_k\right]\left[\tilde{\boldsymbol{\beta}}_k - \mathrm{E}(\tilde{\boldsymbol{\beta}}_k) + \mathrm{E}(\tilde{\boldsymbol{\beta}}_k) - \boldsymbol{\beta}_k\right]^\top\right\} \\ &= \mathrm{E}\left\{\left[\tilde{\boldsymbol{\beta}}_k - \mathrm{E}(\tilde{\boldsymbol{\beta}}_k)\right]\left[\tilde{\boldsymbol{\beta}}_k - \mathrm{E}(\tilde{\boldsymbol{\beta}}_k)\right]^\top\right\} + \left[\mathrm{E}(\tilde{\boldsymbol{\beta}}_k) - \boldsymbol{\beta}_k\right]\left[\mathrm{E}(\tilde{\boldsymbol{\beta}}_k) - \boldsymbol{\beta}_k\right]^\top \\ &= \mathrm{Var}(\tilde{\boldsymbol{\beta}}_k) + \left[\mathrm{E}(\tilde{\boldsymbol{\beta}}_k) - \boldsymbol{\beta}_k\right]\left[\mathrm{E}(\tilde{\boldsymbol{\beta}}_k) - \boldsymbol{\beta}_k\right]^\top \end{aligned}$$

이 되는데, 식 (11.8)과 (11.9)를 이용하면

$$\mathrm{MSE}(\tilde{\boldsymbol{\beta}}_k) = (X_k^\top X_k)^{-1}\sigma^2 + A\boldsymbol{\beta}_r\boldsymbol{\beta}_r^\top A^\top \tag{11.10}$$

이 된다. 또한 $\tilde{\sigma}^2$의 기댓값은 【정리 5.1】에 의하여

$$\mathrm{E}(\tilde{\sigma}^2) = \sigma^2 + \boldsymbol{\beta}_r^\top X_r^\top \left[I - X_k (X_k^\top X_k)^{-1} X_k^\top\right] X_r \boldsymbol{\beta}_r / (n - k - 1) \tag{11.11}$$

이 된다. 여기서 사용되는 평균제곱오차를 상징하는 MSE는 분산분석표에서 사용되는 잔차평균제곱(mean square due to the residual errors 또는 residual mean square)을 나타내는 *MSE*와 다른 것이다. 잔차평균제곱은 *MSE*를 그대로 쓰고, 평균제곱오차는 괄호를 반드시 동반하여 MSE( )의 형태로 쓰니 유의하여 주기 바란다.

이제 설명변수 $(x_1, \cdots, x_p)$가 주어졌을 때 $\mathrm{E}(y)$를 예측하는 문제를 생각해보자. 다음의

---

1) $(p+1)\times 1$ 벡터 $\boldsymbol{\beta}$의 추정량 $\hat{\boldsymbol{\beta}}$에 대하여

$$\mathrm{MSE}(\hat{\boldsymbol{\beta}}) = \mathrm{E}\left[(\hat{\boldsymbol{\beta}} - \boldsymbol{\beta})^\top (\hat{\boldsymbol{\beta}} - \boldsymbol{\beta})\right]$$

로 정의가 되고 이 값은 여기서 정의한 $\mathrm{MSE}^*(\hat{\boldsymbol{\beta}})$의 트레이스(trace)에 해당된다. 즉, $\mathrm{MSE}(\hat{\boldsymbol{\beta}}) = \mathrm{tr}[\mathrm{MSE}^*(\hat{\boldsymbol{\beta}})]$이다.

중회귀모형

$$E(y) = \beta_0 + \beta_1 x_1 + \cdots + \beta_p x_p = \mathbf{x}^\top \boldsymbol{\beta}$$

을 통해 $\mathbf{x}$를 $\mathbf{x}_k$와 $\mathbf{x}_r$로 나누면

$$E(y) = \mathbf{x}_k^\top \boldsymbol{\beta}_k + \mathbf{x}_r^\top \boldsymbol{\beta}_r$$

이 된다. $E(y)$의 추정량은 $p(=k+r)$개의 설명변수를 모두 사용한 완전모형과 k개의 변수만을 사용한 축소모형에 대하여 각각

$$\begin{aligned} \hat{y} &= \mathbf{x}^\top \hat{\boldsymbol{\beta}} = \mathbf{x}_k^\top \hat{\boldsymbol{\beta}}_k + \mathbf{x}_r^\top \hat{\boldsymbol{\beta}}_r \\ \tilde{y}_k &= \mathbf{x}_k^\top \tilde{\boldsymbol{\beta}}_k \end{aligned} \tag{11.12}$$

로 나타낼 수 있다. 이들의 기댓값과 분산은 다음과 같다.

$$\begin{aligned} E(\hat{y}) &= \mathbf{x}^\top \boldsymbol{\beta} \\ \mathrm{Var}(\hat{y}) &= \sigma^2 \mathbf{x}^\top (X^\top X)^{-1} \mathbf{x} \\ E(\tilde{y}_k) &= \mathbf{x}_k^\top \boldsymbol{\beta}_k + \mathbf{x}_k^\top A \boldsymbol{\beta}_r \\ \mathrm{Var}(\tilde{y}_k) &= \sigma^2 \mathbf{x}_k^\top (X_k^\top X_k)^{-1} \mathbf{x}_k \end{aligned} \tag{11.13}$$

축소모형에서 $E(y)$의 예측값 $\tilde{y}_k$에 대한 평균제곱오차는

$$\begin{aligned} \mathrm{MSE}(\tilde{y}_k) &= E(\tilde{y}_k - \mathbf{x}^\top \boldsymbol{\beta})^2 \\ &= E(\tilde{y}_k - E(\tilde{y}_k))^2 + (E(\tilde{y}_k) - \mathbf{x}^\top \boldsymbol{\beta})^2 \\ &= \mathrm{Var}(\tilde{y}_k) + \left[(\mathbf{x}_k^\top \boldsymbol{\beta}_k + \mathbf{x}_k^\top A \boldsymbol{\beta}_r) - (\mathbf{x}_k^\top \boldsymbol{\beta}_k + \mathbf{x}_r^\top \boldsymbol{\beta}_r)\right]^2 \\ &= \mathbf{x}_k^\top (X_k^\top X_k)^{-1} \mathbf{x}_k \sigma^2 + (\mathbf{x}_k^\top A \boldsymbol{\beta}_r - \mathbf{x}_r^\top \boldsymbol{\beta}_r)^2 \end{aligned} \tag{11.14}$$

이 된다. 위에서 얻은 결과를 사용하여 다음과 같은 정리를 얻을 수 있다(참고문헌 11.2, 11.3).

(정리 11.1) 행렬 $\mathrm{Var}(\hat{\boldsymbol{\beta}}_k) - \mathrm{Var}(\tilde{\boldsymbol{\beta}}_k)$은 양반정치행렬(positive semi-definite matrix)이다.

(정리 11.2) $\mathrm{Var}(\hat{y}) \geq \mathrm{Var}(\tilde{y}_k)$

(정리 11.3) 만약 행렬 $\mathrm{Var}(\hat{\boldsymbol{\beta}}_r) - \boldsymbol{\beta}_r \boldsymbol{\beta}_r^\top$이 양반정치행렬이면 $\mathrm{Var}(\hat{\boldsymbol{\beta}}_k) - \mathrm{MSE}^*(\tilde{\boldsymbol{\beta}}_k)$도 양반정치행렬이며, 또한 $\mathrm{Var}(\hat{y}) \geq \mathrm{MSE}(\tilde{y}_k)$이 성립한다.

위에서 【정리 11.1】의 의미는 양반정치행렬의 모든 대각원소가 비음수(non-negative)라는 것으로 완전모형(full model)에서 추정된 회귀계수의 분산은 축소모형(reduced model)

에서 추정된 회귀계수의 분산보다 더 커진다는 것을 나타낸다. 따라서, 회귀모수 벡터 $\boldsymbol{\beta}_p$를 추정할 때, 추정값의 분산이 판정기준이 된다면, 완전모형 $y = \mathbf{x}_k^\top \boldsymbol{\beta}_k + \mathbf{x}_r^\top \boldsymbol{\beta}_r + \boldsymbol{\epsilon}$보다 축소모형 $y = \mathbf{x}_k^\top \boldsymbol{\beta}_k + \boldsymbol{\epsilon}$이 더 바람직한 $\boldsymbol{\beta}_k$의 추정값을 줄 것이다. 【정리 11.2】가 주는 의미도 명백하게 $\hat{y} = \mathbf{x}_k^\top \hat{\boldsymbol{\beta}}_k + \mathbf{x}_r^\top \hat{\boldsymbol{\beta}}_r$에 의한 $E(y)$의 추정이 $\tilde{y}_k = \mathbf{x}_k^\top \tilde{\boldsymbol{\beta}}_k$에 의한 추정보다 더 큰 분산을 가지고 있다는 뜻이다. 이처럼 축소모형은 예측값의 분산이 작아진다는 장점이 있지만, $\tilde{\boldsymbol{\beta}}_k$와 $\tilde{y}_k$는 각각 $\tilde{\boldsymbol{\beta}}_k$와 $E(y)$의 불편추정값(unbiased estimates)이 아니라는 단점을 가지고 있다. 하지만 편의(bias)의 크기가 작으면서 상대적으로 분산이 크게 줄어든다면 변수를 제거한 축소모형을 사용하는 것이 더 바람직할 것이다. 이때 사용할 수 있는 적절한 판정기준은 '평균제곱오차'로 이는 분산과 (편의)^{2}의 합이 된다. 즉, $\tilde{y}_k$의 평균제곱오차를 예로 들면 식 (11.4)에서 본 바와 같이

$$\mathrm{MSE}(\tilde{y}_k) = \mathrm{Var}(\tilde{y}_k) + [\mathrm{Bias}(\tilde{y}_k)]^2$$

으로 표현되며

$$\mathrm{Bias}(\tilde{y}_k) = E(\tilde{y}_k) - E(y) = E(\tilde{y}_k) - \mathbf{x}^\top \boldsymbol{\beta} \tag{11.15}$$

를 의미한다. 【정리 11.3】은 변수제거의 이론적 근거를 제시하는 중요한 정리로서, 행렬 $\mathrm{Var}(\hat{\boldsymbol{\beta}}_r) - \boldsymbol{\beta}_r \boldsymbol{\beta}_r^\top$이 양반정치(positive semi-definite) 행렬이 되면 평균제곱오차의 기준으로 볼 때 축소모형이 완전모형보다 더 바람직하다는 것을 의미한다. 이들 정리의 증명은 대단히 어려운 것이 아니므로 연습문제로 남겨두기로 한다.

위 논의는 식 (11.3)의 완전모형이 참 모형일 때 식 (11.5)에서 살펴 본 것처럼 축소모형의 추정량이 편의추정량이어도 평균제곱오차 관점에서 축소추정량이 더 좋은 추정량이 될 수 있음을 설명하고 있다. 이제 반대로 축소 모형 $\mathbf{y} = X_k \boldsymbol{\beta}_k + \boldsymbol{\epsilon}$이 참 모형일 때, 완전모형 $\mathbf{y} = X_k \boldsymbol{\beta}_k + X_r \boldsymbol{\beta}_r + \boldsymbol{\epsilon}$을 적합한 경우를 살펴 보자. 이 경우 $\boldsymbol{\beta}_r = 0$이고,

$$E(\hat{\boldsymbol{\beta}}) = \begin{bmatrix} \boldsymbol{\beta}_k \\ \boldsymbol{\beta}_r \end{bmatrix} = \begin{bmatrix} \boldsymbol{\beta}_k \\ \mathbf{0}_{p-k} \end{bmatrix} \tag{11.16}$$

이므로 $\hat{\boldsymbol{\beta}}_k$는 $\boldsymbol{\beta}_k$의 불편 추정량이 된다. 여기서 축소모형에서의 최소제곱추정량 $\tilde{\boldsymbol{\beta}}_k$ 또한 $\boldsymbol{\beta}_k$의 불편추정량이고, 【정리 11.1】에 의하여 $\mathrm{Var}(\hat{\boldsymbol{\beta}}_k) - \mathrm{Var}(\tilde{\boldsymbol{\beta}}_k)$은 양반정치행렬이므로 $\mathrm{MSE}^*(\hat{\boldsymbol{\beta}}_k) - \mathrm{MSE}^*(\tilde{\boldsymbol{\beta}}_k)$도 양반정치행렬이 된다. 즉, 참 모형에 불필요한 변수가 추가된 모형을 가정하게 되면 추정량 $\hat{\boldsymbol{\beta}}_k$에 편의가 발생하지는 않지만 추정량 $\hat{\boldsymbol{\beta}}_k$의 분산이 참 모형 하에서의 추정량 $\tilde{\boldsymbol{\beta}}_k$의 분산보다 커지게 되어, 이 경우에도 축소모형(참 모형)이 선택됨을 알 수 있다.

11.2 변수선택의 방법

반응변수 y를 설명하는 데 있어서 p개의 설명변수 $x_1, x_2, \cdots, x_p$ 중에서 일부를 선택하여 회귀방정식을 만들어 주는데, p개의 변수 중에서 하나만 선택하여 주는 방법에는 $\binom{p}{1}$개가 있고, 두 개를 선택하는 방법은 $\binom{p}{2}$개가 되며, 이와 같은 방법으로 가능한 모든 부분집합의 개수를 구하면

$$\sum_{k=0}^{p}\binom{p}{k} = 2^p \tag{11.17}$$

개가 된다. $k = 0$인 경우는 모든 설명변수를 제외하고 절편만을 사용하는 경우이다. p의 값이 작으면 2^p개의 회귀모형을 전부 적합해 보는 것이 어렵지 않지만, p의 값이 크면 2^p개의 회귀모형을 다루는 것은 컴퓨터의 성능이 좋은 요즘에도 시간이 많이 소요되는 일이다. 예를 들어, $p = 50$이라면 적합할 모형의 개수가 $2^{50} \approx 10^{15}$이므로 이들 모형을 모두 적합하는 것은 불가능에 가깝다. 이 절에서는 변수선택의 판정 기준을 고정하고 최적모형을 찾아가는 절차에 대하여 알아보기로 한다. 11.3절에서는 변수선택에 사용되는 다양한 판정 기준에 대해 소개하기로 한다. 최적모형을 찾는 절차로는 다음과 같은 것들이 있다.

(1) 전역탐색법(Exhaustive search method)
(2) 후진제거법(backward elimination method)
(3) 전진선택법(forward selection method)
(4) 단계적 선택법(stepwise selection method)

이들에 대하여 다음 절에서 차례대로 소개하기로 한다.

11.2.1 전역탐색법(Exhaustive search method)

이 방법은 모든 가능한 설명변수들의 조합(전부 $2p$개가 있음)에 대해 회귀모형을 적합하여 가장 좋은 조합을 선택하는 방법으로, 최적의 부분집합선택(best subset selection)절차를 가리킨다. 만약 $p = 10$이라면 $2^{10} = 1024$이므로 1024개의 회귀모형을 적합해 보는 것이다. 일반적으로 p개의 설명변수 중에서 $k(\leq p)$개를 선택한다고 미리 정한 후, '최적'모형을 선택하는 기준으로 결정계수 R^2, 잔차평균제곱 MSE와 11.3절에서 소개하는 다양한 판정 기준을 사용하여 모형을 선택한다. 앞으로 k개의 설명변수로 이루어진 모형의 R^2와 MSE를 R_k^2, MSE_k로 표현하기로 한다. p개 중에서 k개를 선택하는 방법은 $\binom{p}{k} = \frac{p!}{(p-k)!k!}$개가 있으며, 이 중에서 R_k^2을 가장 크게 하는 모형이나, MSE_k를 가장 작게 하는 모형 등 판정기준에 따라 모형을 선택하면 된다.

한편, k가 고정된 경우 R_k^2기준이나 MSE_k기준은 최적모형(best model)으로 같은 모형을 선택한다. 왜냐하면,

$$R_k^2 = 1 - \frac{SSE_k}{SST} = 1 - \left(\frac{n-k-1}{SST}\right) \cdot MSE_k \qquad (11.18)$$

로 R_k^2을 최대로 하는 모형은 MSE_k를 최소로 하기 때문이다. 그러나, k를 1에서 p로 변화시켜 가며 각 k에서 최적모형을 선택한 후 이들 중에서 가장 좋은 모형을 선택하는 경우에는, R_k^2 기준과 MSE_k기준에 따라 최종 선택 모형이 다를 수 있다. 왜냐하면 R_k^2은 k의 값이 커질수록 증가하기 때문에, k가 클수록 좋은 모형이라고 판정하기 때문이다. 따라서, 결정계수보다는 다음의 수정결정계수 R_{ak}^2가

$$R_{ak}^2 = 1 - \frac{n-1}{n-k-1}(1 - R_k^2) = 1 - \frac{n-1}{SST} \cdot MSE_k$$

모형선택의 판정기준으로 사용된다. 수정결정계수는 R_k^2와 달리 단순히 k의 증가만으로 값이 증가하지 않아 좋은 판정기준이 된다. 판정기준에 관해서는 11.3절에서 좀 더 자세히 소개하기로 한다.

예제 11.1

이 예제의 데이터는 (참고문헌 11.6)에서 사용한 것으로 자세한 내용은 생략하고 관측값만 살펴보면 [표 11.1]과 같다. 모든 가능한 회귀를 검토하고 최적회귀모형을 선택하시오.

표 11.1 **Hald 데이터**

데이터 번호	x_1	x_2	x_3	x_4	y
1	7	26	6	60	78.5
2	1	29	15	52	74.3
3	11	56	8	20	104.3
4	11	31	8	47	87.6
5	7	52	6	33	95.9
6	11	55	9	22	109.2
7	3	71	17	6	102.7
8	1	31	22	44	72.5
9	2	54	18	22	93.1
10	21	47	4	26	115.9
11	1	40	23	34	83.8
12	11	66	9	12	113.3
13	10	68	8	12	109.4

풀이

설명변수가 4개($p = 4$)이므로 적합 가능한 모든 회귀모형의 개수는 $2^4 = 16$이 된다. [표 11.2]는 k의 값을 0, 1, 2, 3, 4로 변화시켜 가면서 가능한 모든 회귀모형을 적합한 결과를 나타낸다. 회귀모형에서 $\hat{y} = f(1)$은 절편(intercept)만을 가진 $\hat{y} = \hat{\beta}_0$를 의미하며, $\hat{y} =$

$f(x_1)$은 설명변수 x_1만을 적합한 $\hat{y} = \hat{\beta}_0 + \hat{\beta}_1 x_1$을 의미한다. 설명변수의 개수 $k = 0, 1, 2, 3, 4$에 따라 R_k^2의 값을 가장 크게 하는(따라서, MSE_k를 작게하는) 회귀모형을 선택하여 요약하면 [표 11.3]과 같다.

표 11.2 **전체탐색법**

k	회귀모형	R_{ak}^2	R_k^2	MSE_k
0	$\hat{y} = f(1)$	0	0	226.31
1	$\hat{y} = f(x_1)$	0.4915	0.5339	115.06
	$\hat{y} = f(x_2)$	0.6360	0.6663	82.39
	$\hat{y} = f(x_3)$	0.2210	0.2859	176.31
	$\hat{y} = f(x_4)$	0.6449	0.6745	80.35
2	$\hat{y} = f(x_1, x_2)$	0.9744	0.9787	5.79
	$\hat{y} = f(x_1, x_3)$	0.4578	0.5482	122.71
	$\hat{y} = f(x_1, x_4)$	0.9670	0.9725	7.48
	$\hat{y} = f(x_2, x_3)$	0.8164	0.8470	41.54
	$\hat{y} = f(x_2, x_4)$	0.6161	0.6801	86.89
	$\hat{y} = f(x_3, x_4)$	0.9224	0.9353	17.57
3	$\hat{y} = f(x_1, x_2, x_3)$	0.9764	0.9823	5.35
	$\hat{y} = f(x_1, x_2, x_4)$	0.9764	0.9823	5.33
	$\hat{y} = f(x_1, x_3, x_4)$	0.9751	0.9813	5.65
	$\hat{y} = f(x_2, x_3, x_4)$	0.9637	0.9728	8.20
4	$\hat{y} = f(x_1, x_2, x_3, x_4)$	0.9736	0.9824	5.98

표 11.3 **p에 따른 최적회귀**

k	회귀모형	R_{ak}^2	R_k^2	MSE_k
0	$\hat{y} = f(1)$	0	0	226.31
1	$\hat{y} = f(x_4)$	0.6449	0.6745	80.35
	$\hat{y} = f(x_1, x_2)$	0.9744	0.9787	5.79
	$\hat{y} = f(x_1, x_2, x_4)$	0.9764	0.9823	5.33
	$\hat{y} = f(x_1, x_2, x_3, x_4)$	0.9736	0.9824	5.98

[표 11.3]에서 알 수 있듯이 R_k^2의 값은 k가 커짐에 따라 계속 증가한다. 그러나 $R^2{}_{ak}$의 기준은 $k = 3$인 경우에 $\hat{y} = \hat{\beta}_0 + \hat{\beta}_1 x_1 + \hat{\beta}_2 x_2 + \hat{\beta}_4 x_4$를 최적회귀모형으로 판정한다. 잔차평균제곱 MSE_k도 R_{ak}^2가 선택한 모형과 같은 모형을 최적의 회귀모형으로 판정한다.

한편, 변수간의 상관분석(correlation analysis)을 통해 재미있는 결과를 얻을 수 있다. [표 11.4]는 변수 간의 표본상관계수(sample coefficient of correlation)를 나타낸다.

표 11.4 **표본상관계수**

	x_1	x_2	x_3	x_4	y
x_1	1	0.2286	-0.8241	-0.2454	0.7307
x_2	0.2286	1	-0.1392	-0.9730	0.8163
x_3	-0.8241	-0.1392	1	0.0295	-0.5347
x_4	-0.2454	-0.9730	0.0295	1	-0.8213
y	0.7307	0.8163	-0.5347	-0.8213	1

여기에서 한 가지 유의해야 할 사항은 [표 11.2], [표 11.3]과 [표 11.4]에 있는 R_{ak}^2, R_k^2, MSE_k와 표본상관계수 r은 모두 표본에 대한 것이므로, 표본이 달라지면 이들 값도 달라지게 될 것이다. [표 11.4]에서 i 번째 설명변수와 j 번째 설명변수의 상관계수를 r_{ij}로 나타내면 r_{12}는 x_1과 x_2의 상관계수이고, r_{1y}는 x_1과 y의 상관계수를 의미한다. 그러면

$$r_{1y} = 0.7307,\ \ r_{2y} = 0.8163,\ \ r_{3y} = -0.5347,\ \ r_{4y} = -0.8213 \tag{11.19}$$

이며, x_4와 y 간에 가장 큰 상관관계가 있다. 따라서, 하나의 설명변수만 선택한다면 y와 상관관계가 제일 높은 x_4를 택하게 되며, 다른 어떤 변수보다도 x_4를 택하여 회귀방정식을 만들 때 가장 큰 R_k^2의 값을 줄 것이다. 실제로 [표 11.2]에서 $\hat{y} = f(x_4) = \hat{\beta}_0 + \hat{\beta}_4 x_4$가 가장 큰 R_k^2의 값을 주고 있다. 또한 $k = 1$인 경우는 단순회귀가 되므로 결정계수는 상관계수의 제곱과 같으며(식 (3.39)를 참조), $r_{4y} = -0.8213$의 제곱은 $\hat{y} = f(x_4)$의 $R_k^2 = 0.6745$와 같게 된다. [표 11.4]를 검토하여 보면 상관관계가 가장 큰 경우는 $r_{24} = -0.9730$과 $r_{13} = -0.8241$로서 x_2와 x_4, x_1과 x_3은 서로 의존관계가 크다. 따라서, 두 개의 설명변수를 선택할 경우에 (x_1, x_3)나 (x_2, x_4)를 선택하는 것보다는 (x_1, x_2)나 (x_3, x_4)를 선택하는 것이 더 바람직하다. 이와 같은 사실은 [표 11.2]에서 $\hat{y} = f(x_1, x_3)$와 $\hat{y} = f(x_2, x_4)$의 R_k^2의 값들은 크지 않으나, $\hat{y} = f(x_1, x_2)$와 $\hat{y} = f(x_3, x_4)$의 R_k^2의 값들은 큰 것을 보아도 알 수 있다.

11.2.2 후진제거법(backward elimination method)

후진제거법은 앞에서 소개한 것과 달리 2^p개의 회귀모형을 비교하지 않기 때문에, 모형비교를 위한 계산횟수는 크게 줄어들어 p가 클 경우 매우 유용한 방법 중 하나로 변수를 선택하는 절차가 다음과 같이 간단하다. 다만 최적모형을 위한 변수들의 조합을 찾지 못할 위험이 존재한다.

(1) 모든 변수를 포함한 회귀모형을 적합한다.

(2) 모형에 포함된 모든 변수에 대하여 부분 F-검정(partial F-test)을 실시한다.[2)]

2) 여기서 j 번째 회귀계수 β_j에 대한 부분 F-검정이란 다중회귀모형에서 다른 모든 설명변수가 주어졌을 때 j 번째 변수를 추가함으로서 발생하는 추가제곱합(8장 참조)이 유의미하게 큰 지를 살펴보는 검정이다. 부분 F-검정에 대한 더 자세한 것은 연습문제 11.7에서 살펴본다.

(3) 가장 작은 부분 F-검정치를 F_L이라 놓고, 유의수준 α_{drop}%에서 F-분포의 기각치 F_C와 비교한다.

(4) 만약 $F_L < F_C$이면 F_L의 값을 준 설명변수 x_j을 제거하고, 나머지 변수만을 가지고 회귀모형을 적합한다. 그리고, 위의 순서 (2)로 돌아간다. 만약 $F_L \geq F_C$이면 더 이상 제거할 변수가 없으며, 현재 모형에 있는 변수들을 선택한다.

이 방법은 설명변수가 p개 있을 때 위의 (2)번째 단계에서 비교할 회귀모형의 개수는 p개이고, 단계 (3)에서 한 변수를 제거한 후 다시 단계 (2)에서 그 다음 제거할 변수가 있는지 알아볼 때는 비교할 회귀모형의 개수가 $p - 1$개이다. 이와 같은 방법으로 후진제거법에서 비교할 회귀모형의 최대개수는 $p + (p - 1) + \cdots + 2 + 1 = \frac{p(p+1)}{2}$가 되어 모든 가능한 회귀에서의 2^p에 비교하면 훨씬 적은 수이다. 중간 과정에서 $F_L \geq F_C$가 성립되어 변수 제거작업을 중단하게 되면 비교할 회귀모형의 수는 더 줄어들게 된다. 또한 α_{drop}은 변수를 제거하기 위한 유의수준에 해당하는데, 이것은 각 설명변수가 반응변수와 관련이 있는지 검정하는 것이라기보다, 특정한 다른 설명변수의 조합이 주어져 있을 때 해당 설명변수가 관련이 있다고 할 수 있는지 검정하는 것으로, 설명변수의 조합에 따라 그 연관성을 다르게 평가할 수 있게 된다. 따라서 5%보다는 15-20%의 유의수준을 잡는 것이 최적의 변수조합을 찾을 때 더 적절하다고 알려져 있다. 이와 같이 후진제거법은 계산량이 작은 장점이 있지만 앞서 언급한대로 '최적'모형을 선택하게 된다는 보장은 할 수 없다.[3] 다만 '좋은'모형을 선택하는 것으로 만족할 경우에는 이 방법도 바람직한 방법이라 할 수 있다.

예제 11.2

[표 11.1]의 Hald 데이터에 대한 적절한 회귀방정식을 구하려고 한다. 후진제거법을 사용하여 변수를 선택하시오.

풀이

먼저 모든 설명변수 4개를 사용하여 회귀방정식을 만들어 보면

$$\begin{aligned}\hat{y} &= f(x_1, x_2, x_3, x_4)\\ &= \hat{\beta}_0 + \hat{\beta}_1 x_1 + \hat{\beta}_2 x_2 + \hat{\beta}_3 x_3 + \hat{\beta}_4 x_4\\ &= 62.4052 + 1.5511x_1 + 0.5102x_2 + 0.1019x_3 - 0.1441x_4\end{aligned}$$

이며, 결정계수(R^2)은 0.9824이고 잔차평균제곱(MSE)은 5.9829이다. $\widehat{\text{Var}}(\hat{\boldsymbol{\beta}}) = MSE \cdot$

3) 위의 부분 F-검정치에 기반한 후진제거법이 11.2.1의 전역탐색법의 변수선택의 기준(R^2_{ak} 등 11.3절에서 다루게 될 변수선택의 기준)을 최적화 한다는 이론적 보장이 없다. 만일 11.3절의 변수선택 기준을 최적화하는 변수조합을 찾고자 한다면 위의 단계 (2)에서 부분 F-검정치를 최소화 하는 변수를 선택하지 않고 R^2_{ak} 등의 기준을 최소화 하는 변수를 선택하여야 하고 이런한 변수가 존재하지 않으면 현재의 모형을 선택하면 된다.

$(X^\top X)^{-1}$로부터 $\hat\beta_1$, $\hat\beta_2$, $\hat\beta_3$과 $\hat\beta_4$의 분산을 구하여 보면, $\widehat{\text{Var}}(\hat\beta_1) = 0.5547$, $\widehat{\text{Var}}(\hat\beta_2) = 0.5239$, $\widehat{\text{Var}}(\hat\beta_3) = 0.5696$과 $\widehat{\text{Var}}(\hat\beta_4) = 0.5027$이 된다. 따라서, 부분 F-검정치는 다음과 같다.

$$x_1 : F_0 = \frac{\hat\beta_1^2}{\widehat{\text{Var}}(\hat\beta_1)} = 4.3376$$
$$x_2 : F_0 = \frac{\hat\beta_2^2}{\widehat{\text{Var}}(\hat\beta_2)} = 0.4968$$
$$x_3 : F_0 = \frac{\hat\beta_3^2}{\widehat{\text{Var}}(\hat\beta_3)} = 0.0182$$
$$x_4 : F_0 = \frac{\hat\beta_4^2}{\widehat{\text{Var}}(\hat\beta_4)} = 0.0413$$

여기서 가장 작은 값은 설명변수 x_3에 대한 부분 F-검정치로 $F_L = 0.0182$이다. 유의수준 $\alpha_{drop} = 0.05$에서 F-검정의 기각치는 $F_C = F_{0.05}(1, 8) = 5.32$로서 $F_L < F_C$이므로 설명변수 x_3를 제거한다.

다음으로 나머지 설명변수 x_1, x_2와 x_4에 대하여 y를 회귀해 보면

$$\begin{aligned}\hat y &= f(x_1, x_2, x_4)\\ &= \hat\beta_0 + \hat\beta_1 x_1 + \hat\beta_2 x_2 + \hat\beta_4 x_4\\ &= 71.6482 + 1.4519x_1 + 0.4161x_2 - 0.2365x_4\end{aligned}$$

이며, $MSE = 5.3303$이다. x_1, x_2와 x_4에 대한 부분 F-검정치를 구하면

$$x_1 : F_0 = \frac{\hat\beta_1^2}{\widehat{\text{Var}}(\hat\beta_1)} = 154.0080$$
$$x_2 : F_0 = \frac{\hat\beta_2^2}{\widehat{\text{Var}}(\hat\beta_2)} = 5.0259$$
$$x_4 : F_0 = \frac{\hat\beta_4^2}{\widehat{\text{Var}}(\hat\beta_4)} = 1.8633$$

이며, $F_L = 1.8633$으로 이것은 설명변수 x_4의 F-검정치이다. 기각치로는 $F_C = F_{0.05}(1, 9) = 5.12$일때 $F_L < F_C$로 설명변수 x_4도 제거한다. 다음으로 나머지 두 변수에 대한 y의 회귀방정식은

$$\begin{aligned}\hat y &= f(x_1, x_2)\\ &= 52.5773 + 1.4683x_1 + 0.6623x_2 \qquad (11.20)\end{aligned}$$

이 되며, $R^2 = 0.9787$, $MSE = 5.7904$이다. x_1과 x_2에 대한 부분 F-검정치는

$$x_1 : F_0 = 146.5229$$
$$x_2 : F_0 = 208.5823$$

으로 기각치 $F_C = F_{0.05}(1, 10) = 4.96$보다 모두 크며, 더는 제거할 변수가 없다. 따라서, 후진제거법에 의해 설명변수 x_1과 x_2가 선택되며, 최종회귀모형으로 식 (11.20)이 사용된다.

위의 방법에서 부분 F-검정 대신에 t-검정을 해도 좋다. 이 때에 t-검정치는 변수 x_j에 대하여

$$t = \frac{\hat{\beta}_j}{\sqrt{\widehat{\text{Var}}(\hat{\beta}_j)}}$$

가 되며, 기각치는 $t_C = t_{\alpha_{drop}/2}(\phi_E)$가 된다. 여기서 ϕ_E는 잔차항의 자유도이다. 이와 같은 것이 성립하는 이유는 식 (2.34)에서 본 바와 같이

$$F_\alpha(1, \phi_E) = [t_{\alpha/2}(\phi_E)]^2$$

이 성립되기 때문이다.

또, 부분 F-검정치를 계산할 때 다음과 같은 방법으로 구할 수 있다. 남아있는 모든 변수에 대한 회귀모형을 완전모형(full model)으로 간주하고 회귀제곱합과 잔차제곱합을 각각 $SSR(F)$와 $SSE(F)$로 나타낸다. 그리고, 변수 x_j를 빼고 만든 축소모형(reduced model)에서의 회귀제곱합과 잔차제곱합을 $SSR(R)$과 $SSE(R)$로 나타낸다. 또, 잔차제곱합에 대한 자유도를 각각 $df(F)$와 $df(R)$로 나타내면, 부분 F-검정 통계량은

$$\begin{aligned} F_0 &= \frac{(SSE(R) - SSE(F))/(df(F) - df(R))}{SSE(F)/df(F)} \\ &= \frac{SSR(F) - SSR(R)}{MSE} \end{aligned}$$

이 된다. 이것은 7장 4절의 방법 II에서 논의된 내용으로 이 F-검정의 귀무가설은 $H_0 : \beta_j = 0$으로 생각할 수 있다.

11.2.3 전진선택법(forward selection method)

후진제거법은 모든 설명변수를 포함한 큰 모형으로부터 출발하여 중요하지 않다고 판단되는 설명변수를 하나씩 제거해 나가면서 더 이상 제거할 변수가 없을 때 반복절차를 중단하고 남아 있는 변수들을 중요한 변수로 선택하였다. 즉, 남아있는 설명변수로 중회귀모형을 실시했을 때, 각 변수에 대한 유의성 검정을 실시하면 유의확률이 모두 α_{drop}보다 작게 된다. 이와는 반대로 전진선택법은 절편만 있는 작은 모형에서 출발하여 가장 중요하다고 생각되는 변수를 하나씩 선택하면서, 더 이상 중요한 변수가 없다고 판정될 때 변수선택을 중단하게 된다. 좀 더 자세한 절차는 다음과 같다.

(1) 모든 설명변수 중에서 반응변수 y와 가장 상관관계가 높은 변수를 선택한다. 이 설명변수를 x_k라고 하자. x_k를 선택하기 위하여 각각의 단순회귀 $\hat{y} = f(x_j)$, $j = 1, 2, \cdots, p$를 구하고 결정계수(R^2)를 가장 크게 하는 설명변수를 선택한다. 단순회귀에서는 식 (3.40)에서 언급한 바와 같이 상관계수의 제곱은 결정계수이다. 회귀모형 $\hat{y} = f(x_k)$가 유의한가를 유의수준 α_{add}에서 F-검정한다. 설명변수 x_k가 유의하지 않으면 선택할 변수는 없다고 판정한다. 유의할 경우 순서 (2)로 넘어간다.

(2) 설명변수 $x_j(j \neq k)$에 대하여 $\hat{y} = f(x_k, x_j)$를 적합하고 결정계수 R^2을 구하여 R^2을 가장 크게 하는 설명변수 x_j를 선택한다. 이를 x_q라 하자. 이후 x_q에 대하여 유의수준 α_{add}%에서 부분 F-검정(partial F-test)을 실시하여, 유의하면 다음 변수를 선택하기 위해 순서 (3)으로 가고 유의하지 않으면 x_p만 선택한 모형 $\hat{y} = f(x_k)$를 최종모형으로 선택한다.

(3) 설명변수 $x_j(j \neq k, q)$에 대하여 $\hat{y} = f(x_k, x_q, x_j)$, $j \neq k, q$를 적합하고 각각의 R^2을 구한 후 이 R^2의 값을 가장 크게 하는 변수 x_j를 구한다. 이를 x_r이라 하자. x_r에 대하여 유의수준 α_{add}%에서 부분 F-검정을 하여 유의하면 같은 방법을 사용하여 또 하나의 변수를 선택하고 x_r이 유의하지 않으면 최종모형에서 선택된 변수는 x_k와 x_q가 된다.

여기서 유의수준 α_{add}는 변수를 추가하기 위한 유의수준에 해당하는데, α_{drop}에서와 마찬가지로 5%보다는 훨씬 큰 유의수준으로 정하는 것이 보통이다. 또한, 전진선택법도 후진제거법과 같이 최대로 $p + (p - 1) + \cdots + 2 + 1 = \frac{p(p+1)}{2}$개의 회귀모형을 적합하게 되어, 2^p개의 회귀모형을 적합하는 모든 가능한 회귀방법과 비교해 보면 계산량이 적어 변수의 수가 큰 경우에도 쉽게 사용할 수 있는 절차임을 알 수 있다.

하지만 후진제거법에서와 마찬가지로 이 방법에 의한 회귀모형이 '최적'이라는 보장은 없다[4]. 예를 들어, 회귀모형 $\hat{y} = f(x_p, x_q, x_r)$이 선택되었다고 가정하자. 이때 세 개의 설명변수를 뽑는 모든 회귀($\binom{k}{3}$개의 회귀방정식이 있음)모형을 검토하면 $\hat{y} = f(x_k, x_q, x_r)$보다 R^2의 값을 더 크게 하는 설명변수의 조합이 있을 수 있다. 이런 경우가 발생하는 이유는 처음 모형에 들어간 설명변수 x_k는 다음에 어떤 변수가 선택되든지 상관없이 모형에 남아있기 때문이다. 이와 같은 점을 보완하기 위하여 고안된 방법이 다음에 논의하게 될 단계별 변수선택 절차이다.

---

4) 전진선택법에서도 후진제거법과 마찬가지로 상관계수를 최대로 하는 변수들을 순차적으로 추가하는 방법이 11.2.1의 전역탐색법의 변수선택의 기준(R^2_{ak} 등 11.3절에서 다루게 될 변수선택의 기준)을 최적화 한다는 이론적 보장이 없다. 여기서도 만일 11.3절의 변수선택 기준을 최적화하는 변수조합을 찾고자 한다면 위의 단계 (2)에서 결정계수를 최대로 하는 변수를 선택하지 않고 R^2_{ak} 등의 기준을 최대화 하는 변수를 선택하여야 하고 이런한 변수가 존재하지 않으면 현재의 모형을 선택하면 된다.

예제 11.3

[표 11.1]의 데이터에 대하여 전진선택법에 의해 설명변수들을 선택하시오.

풀이

[표 11.2]에서 하나의 변수만을 사용한 회귀모형의 결정계수를 알 수 있다. 이 표로부터 $y = f(x_4)$가 가장 큰 R^2의 값을 가지며, 이 단순회귀에 대한 분산분석표를 만들어 보면 다음과 같다.

요인	제곱합	자유도	평균제곱	F_0	$F_{0.05}(1.11)$
회귀	1381.8968	1	1831.8698	22.7985	4.84
잔차	883.8668	11	80.3515		
계	2715.7636	12			

따라서, 유의수준 α_{add} = 5%에서 회귀모형 $\hat{y} = f(x_4)$은 유의하며 x_4가 첫 번째로 선택된다. R^2을 비교하지 않고 각 변수 x_j와 y 간의 상관관계를 [표 11.4]로부터 비교하여 x_4를 선택할 수도 있다. 다음으로 $\hat{y} = f(x_4, x_i)$, $j \neq 4$을 적합하고 R^2을 구해보면

$$\hat{y} = f(x_1, x_4) : R^2 = 0.9725$$
$$\hat{y} = f(x_2, x_4) : R^2 = 0.6801$$
$$\hat{y} = f(x_3, x_4) : R^2 = 0.9353$$

으로 $\hat{y} = f(x_1, x_4) = 103.09738 + 1.43996x_1 - 0.61395x_4$가 가장 큰 R^2의 값을 가지며, 변수 x_1이 선택된다. 변수 x_1에 대한 부분 F-검정을 하여 보면 F-검정치가

$$F_0 = \frac{\hat{\beta}_1^2}{\widehat{\mathrm{Var}}(\hat{\beta}_1)} = \frac{(1.43996)^2}{0.019159} = 108.225$$

이며, 기각치가 $F_{0.05}(1, 10) = 4.96$이므로 x_1의 선택은 유의하다. 다음으로 x_4와 x_1이 들어간 후에 추가될 수 있는 변수는, x_2와 x_3로 R_2의 값을 구해 보면

$$\hat{y} = f(x_4, x_1, x_2) : R^2 = 0.9823$$
$$\hat{y} = f(x_4, x_1, x_3) : R^2 = 0.9813$$

으로 x_2를 선택하는 것이 바람직하다. 따라서, 회귀모형은 $\hat{y} = 71.6482 + 1.4519x_1 + 0.4161x_2 - 0.2365x_4$이 되고, 변수 x_2에 대한 부분 F-검정을 해보면

$$F_0 = \frac{\hat{\beta}_2^2}{\widehat{\mathrm{Var}}(\hat{\beta}_2)} = \frac{(0.4161)^2}{0.03445} = 5.0258$$

으로 $F_0 < F_{0.05}(1, 9) = 5.12$이므로 x_2의 추가선택은 유의수준 $\alpha_{add} = 0.05$에서 유의하지 않아 변수를 선택하지 않게 된다. 따라서, 선택절차는 여기서 끝나며 선택된 변수는 x_1과 x_4이며, 회귀모형은

$$\hat{y} = 103.09738 + 1.43996x_1 - 0.61395x_4$$

이 된다.

위의 예제에서 본 바와 같이 후진제거법으로는 $\{x_1, x_2\}$가 선택되었고, 전진선택법으로는 $\{x_1, x_4\}$가 선택되어 똑같은 변수들이 선택되지 않음을 살펴보았다. 이와 같은 현상은 종종 일어나며 결과를 해석하는 데 주의가 필요하다.

11.2.4 단계적 전진선택법(stepwise forward selection method)

이 방법은 전진선택법을 개선한 것으로, 중요한 변수를 하나씩 추가선택하면서 미리 들어간 변수가 새로 추가된 변수로 인하여 모형에서 더 이상 유의하지 않게 되어 모형에서 제거할 수 있는지 매 단계별로 검토하는 선택방법이다. 이 방법의 절차는 다음과 같다.

(1) 전진선택법의 순서 (1)과 동일

(2) 설명변수 $x_j(j \neq k)$에 대하여 $\hat{y} = f(x_k, x_j),\ j \neq k$을 각각 적합하고 R^2을 가장 크게 하여 주는 x_j를 선택한 후 유의수준 α_{add}%에서 부분 F-검정으로 이 변수의 추가선택이 유의한지 검정한다. 유의하지 않으면 $\hat{y} = f(x_k)$를 최종모형으로 하여 x_k만을 선택한다. 선택된 변수 x_j(이 변수를 x_q라 하자)가 유의한 경우 이미 들어간 변수 x_k에 대해서도 유의수준 α_{drop}%에서 부분 F-검정을 행하여 유의하면 계속 남겨 놓고, 유의하지 않으면 제거한다.

(3) x_k와 x_q가 모두 유의하여 남아 있는 경우에 다음으로 들어올 변수를 선택해 주기 위해 $\hat{y} = f(x_k, x_q, x_j),\ j \neq k,\ q$를 적합하고 R^2의 값을 가장 크게 하는 변수 x_j를 구한다. 이를 x_r이라 하자. x_r에 대하여 유의수준 α_{add}%에서 부분 F-검정을 하여 유의하지 않으면 이것으로 변수선택절차를 중단하고 x_k와 x_q만을 선택한다. x_r이 유의한 경우 x_k와 x_q에 대하여 유의수준 α_{drop}%에서 부분 F-검정을 각각 실시하여 유의하지 않은 변수가 있으면 제거하고 다음 순서로 넘어간다. 앞의 순서 (2)에서 x_k가 유의하지 않아서 제거시키고 x_q만이 남아있는 경우에는 다음으로 어떤 변수가 들어갈지를 선택하기 위하여 $\hat{y} = f(x_q, x_j),\ j \neq q$을 각각 적합하고 R^2을 가장 크게 하는 변수 x_j를 선택한다.

이와 같은 단계적 변수 선택절차에 있어서는 α_{add}와 α_{drop} 모두 15%정도의 유의수준을 사용한다. 위와 같은 절차를 계속 반복하며 새로 선택된 변수가 유의하지 않을 때까지 선택절차가 계속된다. 이 방법은 새로 들어온 변수가 유의한 경우에, 앞서 들어온 변수들이 계속 유의하게 남아 있는가를 검토하여 주는 것이 특징이라고 하겠다. 또한 이 선택으로 남아있는 설명변수들에 대한 중회귀모형에서 각 변수의 유의성 검정결과 유의확률은 α_{drop}보다 작고, 모형에 있지 않은 설명변수들에 대한 유의확률은 α_{add} 보다 크다고 할 수 있겠다. 이 방법은 전진선택법(forward selection method)을 보완한 방법이라고 볼 수 있으며, 적합할 회귀모형의 수도 모든 가능한 회귀(all possible regressions)에서 적합할 회귀모형의 수보다 적으므로 k가 큰 경우에도 활용될 수 있다[5].

예제 11.4

[표 11.1]의 데이터에 대하여 단계적 선택법을 이용하여 설명변수들을 선택하시오.

풀이

앞의 **예제 11.3**에서 본 바와 같이 처음에는 x_4가 선택되고, 다음으로 x_1이 선택되며 변수 x_1의 선택은 유의하다. 따라서, 미리 들어가 있는 변수 x_4가 x_1이 들어간 후에도 계속하여 유의하게 남아있는가를 부분 F-검정한다. 이 때, 회귀방정식은 $\hat{y} = f(x_1, x_4) = 103.09738 + 1.43996x_1 - 0.61395x_4$ 이며, 잔차평균제곱은 $MSE = 7.47621$이다. F-검정치는

$$F_0 = \frac{\hat{\beta}_4^2}{\widehat{\text{Var}}(\hat{\beta}_4)} = \frac{(-0.61395)^2}{0.002366} = 159.31$$

으로 기각치 $F_{0.05}(1, 10) = 4.96$보다 크므로 변수 x_4도 유의하게 남아 있다. 다음으로 $\hat{y} = f(x_4, x_1, x_i)$, $j \neq 1, 4$에서 R^2을 더 크게 하는 x_j, $j \neq 1, 4$ 를 구한다. [표 11.2]로부터 변수 x_2가 선택되고 회귀모형은

$$\hat{y} = f(x_4, x_1, x_2) = 71.6482 + 1.4519x_1 + 0.4161x_2 - 0.2365x_4$$

이 되고 $MSE = 5.33029$가 얻어진다. 변수 x_2에 대한 부분 F-검정은 앞의 예제에서 본 바와 같이 $\alpha_{add} = 0.05$에서 유의하지 않으므로, 선택된 변수는 x_1과 x_4라고 할 수 있다. 만약 유의수준을 $\alpha_{add} = 0.10$으로 한다면 전혀 다른 결과를 얻게 된다. x_2의 부분 F-검정치는

$$F_0 = \frac{\hat{\beta}_2^2}{\widehat{\text{Var}}(\hat{\beta}_2)} = 5.0258$$

이고, 기각치는 $F_{0.10}(1, 9) = 3.36$이므로 x_2의 추가선택은 유의하다. 따라서, 이미 들어가 있는 x_4와 x_1에 대한 부분 F-검정을 한다. 먼저 x_4에 대한 부분 F-검정결과는

$$F_0 = \frac{\hat{\beta}_4^2}{\widehat{\text{Var}}(\hat{\beta}_4)} = \frac{(-0.2365)^2}{0.03003} = 1.86$$

으로 유의하지 않아 제거하게 되며, x_1에 대한 부분 F-검정은

5) 단계적 후진제거법(stepwise backward elimination method) : 이 방법은 단계적 전진선택법과 비슷한 절차로, 후진제거법의 순서 (1)에서 출발하여 변수제거 절차를 거친 후 다시 남은 변수 중 선택할 변수가 있는지 검정함으로써, 후진제거법과 전진선택법을 번갈아 사용하는 방법이다.

$$F_0 = \frac{\hat{\beta}_1^2}{\widehat{\mathrm{Var}}(\hat{\beta}_1)} = \frac{(1.4519)^2}{0.01369} = 153.98$$

으로 매우 큰 값이므로 유의하다. 따라서, 현재 남아 있는 변수는 x_1과 x_2가 된다. 다음으로 추가될 변수를 구해 보면 x_4가 들어오는데 이 변수의 추가는 유의하지 않으므로 선택절차는 여기에서 중단되고 결국 선택된 변수는 x_1과 x_2가 되어 최종회귀모형은 다음과 같다.

$$\hat{y} = f(x_1, x_2) = 52.5773 + 1.4683x_1 + 0.6623x_2$$

11.3 변수선택의 판정기준

앞 절에서는 변수선택법으로 4가지를 검토하였는데 주로 계산절차에 관하여 논의하였고, 결정계수(R^2)를 판정기준(criterion)으로 사용하여 변수를 선택해 주었다. 그러나, 변수선택에 있어서 판정기준은 R^2 외에도 다양한 판정기준이 사용될 수 있다. 이들을 소개하면 다음과 같다.

(1) 잔차평균제곱(residual mean square)

$$MSE_k = \frac{SSE_k}{n - k - 1} \tag{11.21}$$

(2) 결정계수(coefficient of determination)

$$R_k^2 = 1 - \frac{SSE_k}{SST} \tag{11.22}$$

(3) 수정결정계수(adjustred coefficient of determination)

$$R_{ak}^2 = 1 - \left(\frac{n-1}{n-k-1}\right)(1 - R_k^2) \tag{11.23}$$

(4) 맬로우(Mallow)의 C_k 통계량

$$C_k = \frac{SSE_k}{\hat{\sigma}^2} + 2(k+1) - n \tag{11.24}$$

여기에서 MSE_k, SSE_k와 R_k^2은 $k(\le p)$개의 설명변수를 선택하여 회귀모형을 적합한 MSE, SSE와 R^2을 의미한다. 또, $\hat{\sigma}^2$은 p개의 설명변수를 모두 사용하여 적합한 회귀모형에서 구한 MSE를 나타낸다. 이제 위 판정기준들에 대해 좀 더 자세히 알아보기로 한다.

11.3.1 MSE_k, R_k^2과 R_{ak}^2

p개의 설명변수들 중에서 k개를 선택하여 반응변수 y의 변화를 설명하고자 할 때에, 결정계수 R_k^2를 크게 하여 주는 k개의 변수들을 선택하는 것은 자연스러운 변수선택 방법이다. 왜냐하면, 결정계수는 총변동(SST) 중에서 회귀식에 의하여 설명되는 변동(SSR)의 비율

로 정의되어, 이 가 크면 클수록 좋기 때문이다. R_k^2을 크다는 것은 회귀모형에 의해 설명되지 않는 변동(SSE)이 작다는 의미이다.

잔차평균제곱(MSE_k)은 SSE_k의 간단한 함수로서 $MSE_k = SSE_k/(n - k - 1)$이므로 SSE_k를 작게 하는 것은 MSE_k를 작게 한다. 그러나, R_k^2과 MSE_k의 차이점은, R_k^2은 k에 대한 증가함수이지만, MSE_k는 k에 대한 증가함수도 아니고 감소함수도 아니라는 것이다. MSE_k는 k가 증가할 때 SSE_k가 감소하지만 $n - k - 1$도 감소하기 때문이다. 이것은 MSE_k를 최소로 하는 k의 값($1 \le k \le p$)이 존재한다는 것을 의미한다. 따라서, MSE_k를 판정기준으로 이를 최소로 하는 k를 선택할 수 있게 된다. R_k^2은 모형을 비교하는 판정기준으로 적절하지 않음을 알 수 있다.

수정결정계수(adjusted R_k^2) R_{ak}^2은 R_k^2을 대신해서 모형 판정기준으로 사용된다. 식 (11.23)의 R_{ak}^2은 p의 증가함수로 표현되지 않고,

$$\begin{aligned} R_{ak}^2 &= 1 - \left(\frac{n-1}{n-k-1}\right)(1 - R_k^2) \\ &= 1 - \left(\frac{n-1}{n-k-1}\right)\frac{SSE_k}{SST} \\ &= 1 - \frac{MSE_k}{SST/(n-1)} \end{aligned} \tag{11.25}$$

가 되어, MSE_k를 최소로 하는 p의 값은 R_{ak}^2을 또한 최대로 만든다는 것을 알 수 있다.

11.3.2 맬로우(Mallow)의 C_k

식 (11.24)에서 보는 바와 같이, C_k 판정기준[6]도 SSE_k의 함수로 표현되나 앞서 논의된 세 개의 판정기준(MSE_k, R_k^2 , R_{ak}^2)들과는 다른 의미를 가지고 있다. 이 판정기준에 대한 자세한 이론적인 고찰은 참고문헌 (11.1), (11.2), (11.9)를 참고하기 바란다.

식 (11.2)로부터 $\mathrm{E}(y) = \mathbf{x}^\top\boldsymbol{\beta}$의 추정을 k개의 설명변수로 할 때의 추정량을

$$\tilde{y}_k = \mathbf{x}_k^\top\tilde{\boldsymbol{\beta}}_k$$

로 표현하였다. 그런데, $\tilde{y}_k$는 편의추정량이므로 $\mathrm{E}(y)$를 얼마나 잘 추정하고 있는가를 보려면 $\tilde{y}_k$의 평균제곱오차(mean square error)를 보면 좋을 것이다. 식 (11.14)에서

$$\mathrm{MSE}(\tilde{y}_k) = \mathbf{x}_k^\top(X_k^\top X_k)^{-1}\mathbf{x}_k\sigma^2 + (\mathbf{x}_k^\top A\boldsymbol{\beta}_r - \mathbf{x}_r^\top\boldsymbol{\beta}_r)^2 \tag{11.26}$$

이며, n개의 자료점(data points)에서 $\mathrm{MSE}(\tilde{y}_k)$를 구하고, 그 합이 최소가 되는 k개의 변수들을 선택하면 $\mathrm{E}(y)$를 추정하는 데는 평균제곱오차의 관점에서 최적의 회귀모형을 선택할 수 있을 것이다.

---

6) 일반적으로 C_p라고 쓰지만, 여기서는 다른 판정기준과 마찬가지로 설명변수의 수가 $k(< p)$인 모형에서 구한 측도임을 강조하기 위해 첨자 k를 사용한다.

$\text{MSE}(\tilde{y}_{ik})$, $i = 1, 2, \cdots, n$의 합을 σ^2으로 나눈 것을 Γ_k로 놓으면

$$\begin{aligned}\Gamma_p &= \frac{1}{\sigma^2}\sum_{i=1}^{n}\text{MSE}(\tilde{y}_{ik}) \\ &= \frac{1}{\sigma^2}\sum_{i=1}^{n}\left[\mathbf{x}_{ik}^\top(X_k^\top X_k)^{-1}\mathbf{x}_{ik}\sigma^2 + (\mathbf{x}_{ik}^\top A\boldsymbol{\beta}_r - \mathbf{x}_{ir}^\top\boldsymbol{\beta}_r)^2\right]\end{aligned}$$

이 되는데, 여기에서

$$\begin{aligned}\sum_{i=1}^{n}\mathbf{x}_{ik}^\top(X_k^\top X_k)^{-1}\mathbf{x}_{ik} &= \sum_{i=1}^{n}\text{tr}\left[\mathbf{x}_{ik}^\top(X_k^\top X_k)^{-1}\mathbf{x}_{ik}\right] \\ &= \sum_{i=1}^{n}\text{tr}\left[(X_k^\top X_k)^{-1}\mathbf{x}_{ik}\mathbf{x}_{ik}^\top\right] \\ &= \text{tr}\left[(X_k^\top X_k)^{-1}\sum_{i=1}^{n}\mathbf{x}_{ik}\mathbf{x}_{ik}^\top\right] \\ &= \text{tr}\left[(X_k^\top X_k)^{-1}(X_k^\top X_k)\right] = k+1 \qquad (11.27)\end{aligned}$$

이며,

$$\begin{aligned}&\sum_{i=1}^{n}(\mathbf{x}_{ik}^\top A\boldsymbol{\beta}_r - \mathbf{x}_{ir}^\top\boldsymbol{\beta}_r)(\mathbf{x}_{ik}^\top A\boldsymbol{\beta}_r - \mathbf{x}_{ir}^\top\boldsymbol{\beta}_r) \\ &= \sum_{i=1}^{n}\left(\boldsymbol{\beta}_r^\top A\mathbf{x}_{ik}\mathbf{x}_{ik}^\top A\boldsymbol{\beta}_r - 2\boldsymbol{\beta}_r^\top\mathbf{x}_{ir}\mathbf{x}_{ik}^\top A\boldsymbol{\beta}_r + \boldsymbol{\beta}_r^\top\mathbf{x}_{ir}\mathbf{x}_{ir}^\top\boldsymbol{\beta}_r\right) \qquad (11.28)\end{aligned}$$

인데,

$$A = (X_k^\top X_k)^{-1}X_k^\top X_r, \quad \sum_{i=1}^{n}\mathbf{x}_{ir}\mathbf{x}_{ik}^\top = X_r^\top X_k, \quad \sum_{i=1}^{n}\mathbf{x}_{ir}\mathbf{x}_{ir}^\top = X_r^\top X_r$$

이므로, 식 (11.28)는 $\boldsymbol{\beta}_r^\top X_r^\top X_r\boldsymbol{\beta}_r - \boldsymbol{\beta}_r^\top X_r^\top X_k(X_k^\top X_k)^{-1}X_k^\top X_r\boldsymbol{\beta}_r$이 된다. 따라서, Γ_k는

$$\Gamma_k = (k+1) + \frac{1}{\sigma^2}\boldsymbol{\beta}_r^\top X_r^\top\left[I - X_k(X_k^\top X_k)^{-1}X_k^\top\right]X_r\boldsymbol{\beta}_r \qquad (11.29)$$

이 된다. 그런데 식 (11.11)로부터

$$\begin{aligned}\text{E}\left[(n-k-1)\tilde{\sigma}^2\right] &= \text{E}(SSE_k) \\ &= (n-k-1)\sigma^2 + \boldsymbol{\beta}_r^\top X_r^\top\left[I - X_p(X_k^\top X_k)^{-1}X_p^\top\right]X_r\boldsymbol{\beta}_r\end{aligned}$$

이므로, 다음이 성립하게 된다.

$$\Gamma_k = \frac{\text{E}(SSE_k)}{\sigma^2} + 2(k+1) - n \qquad (11.30)$$

여기에서 σ^2 대신에 이의 불편추정값 $\hat{\sigma}^2$ 을 대입시키고 $\text{E}(SSE_k)$의 자리에 SSE_k를 사용하여 Γ_k의 추정값을 C_k로 한다면

$$C_k = \frac{SSE_k}{\hat{\sigma}^2} + 2(k+1) - n \qquad (11.31)$$

이 되어, 총제곱오차(total squared error) C_k가 유도된다. 만약, $X_k^\top X_r = O_n$이거나 $\boldsymbol{\beta}_r = \mathbf{0}_r$의 가정이 성립한다면 $\mathrm{E}(SSE_k) = (n - k - 1)\sigma^2$이 되며, 이 경우에는 C_k의 기댓값이 근사적으로

$$\mathrm{E}(C_k \mid X_k^\top X_r = O_n \text{ 또는 } \boldsymbol{\beta}_r = \mathbf{0}_r) = \frac{(n-k-1)\sigma^2}{\sigma^2} + 2(k+1) - n = k+1$$

이 된다. 따라서, p개의 변수 중에서 k개를 선택하고 r개를 버릴 때 버리게 될 변수들을 적절히 잘 선택하여 $\boldsymbol{\beta}_r = \mathbf{0}_r$이 거의 성립할 때에는 C_k의 값이 $k+1$에 가까운 값을 갖게 된다. 일반적으로 $C_k \leq k+1$이면 좋은 모형으로 판정하고, 이를 만족한다면 변수의 수가 적은 모형을 선택하게 된다. 모형을 선택하는 방법으로는 앞에서 사용한 네 가지 방법(모든 가능한 회귀, 후진제거, 전진선택, 단계적 선택)을 모두 사용할 수 있다.

11.4 혼합모형에서의 변수 선택

혼합모형(mixture model)이란 p개의 설명변수들 간에

$$x_1 + x_2 + \cdots + x_p = 1, \quad x_j \geq 0 \ \ (j = 1, 2, \cdots, p) \tag{11.32}$$

라는 제한조건(constraints)이 있는 회귀모형을 말한다. 선형혼합모형

$$\mathrm{E}(y) = \beta_1 x_1 + \beta_2 x_2 + \cdots + \beta_p x_p$$

에서 p개의 성분 중 중요한 성분들(essential components)이 무엇인가를 선택해 내는 방법은 중회귀모형의 일반적인 변수선택방법이 적용될 수 있으나, 이에 추가하여 식 (11.32)의 제한조건 때문에 혼합모형에서만 사용이 가능한 특수한 변수선택방법이 알려져 있다. 이 절에서는 Snee와 Marquardt(참고문헌 11.16)가 제안한 방법을 간략히 소개하고자 한다. 그들은 선형혼합모형에서 변수의 수를 줄이는 방법으로 다음의 두 가지 기준을 제시하였다.

(1) β_j의 추정값 $\hat{\beta}_j$의 값이 나머지 회귀계수들의 추정값 $\hat{\beta}_j$ 들의 평균과 같을 때, 즉

$$E_j = \hat{\beta}_j - \frac{\sum_{k \neq j}^{p} \hat{\beta}_k}{p-1}$$

가 0일 때 변수 x_j는 모형으로부터 제거시킨다. 이 E_j를 변수 x_j의 선형효과(linear effect)라고 부르기도 하며, 만약 $E_j = 0$이면 심플렉스에서 $x_j = 0$이 되는 선에 수직을 이루는 직선상에 있는 모든 점에서 $\hat{y}$의 값은 변함이 없다. 이 때 변수 x_j는 효과를 주지 못한다고 설명하고 이 변수를 제거할 수 있다.

(2) 만약 2개 이상의 $\hat{\beta}_j$의 값들이 같다면 그에 해당되는 변수들은 동등한 효과(equal effects)를 갖는다고 말하고, 이 변수들을 한데 묶어서 하나의 새로운 변수로 만듦으로써 변수의 수를 줄인다.

위의 두 가지 기준을 구체적으로 설명하기 위하여 예를 들어 보자. 만약 추정된 방정식

이 $\hat{y} = 80x_1 + 90x_2 + 100x_3$이라고 하자. x_2의 선형효과는

$$E_2 = \hat{\beta}_2 - \frac{\hat{\beta}_1 + \hat{\beta}_3}{2} = 90 - \frac{80 + 100}{2} = 0$$

이므로 변수 x_2는 제거시킬 수 있다. $\hat{y} = 80x_1 + 90x_2 + 100x_3$의 등고선표를 그려 보면 [그림 11.1]와 같다.

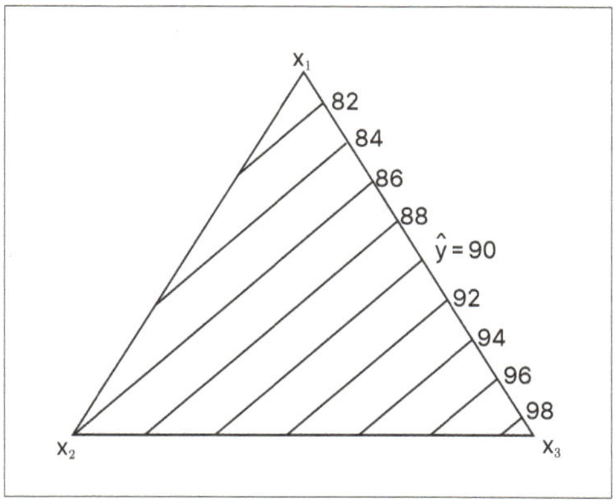

그림 11.1 **$\hat{y}$ = 80x_1 + 90x_2 + 100x_3의 등고선표**

이 그림에서 보듯이 $x_2 = 0$을 주는 직선(x_1의 꼭지점과 x_3의 꼭지점을 연결한 선)에 수직을 이루는 선상에서는 $\hat{y}$이 일정한 값을 갖는다. 예를 들어, $\hat{y} = 90$을 주는 직선상에서의 좌표는 x_2가 0에서 1까지 변할 때 x_1과 x_3는 똑같이

$$x_1 = x_3 = \frac{1 - x_2}{2}$$

의 좌표를 갖는다. x_2의 값이 0에서 1까지 변하여도 이 직선상에서는 $\hat{y}$의 값이 90을 계속 유지하며 변하지 않는다. 즉, x_2의 효과는 없다.

다음으로 만약 추정된 회귀모형이 $\hat{y} = 90x_1 + 80x_2 + 80x_3$이라고 하자. 그러면, $\hat{\beta}_2 = \hat{\beta}_3 = 80$으로 x_2와 x_3은 동등한 효과를 가지며, $x_2^{\top} = x_2 + x_3$으로 나타내면 추정식은 $\hat{y} = 90x_1 + 80x_2^{\top}$이 된다. 즉, x_2와 x_3은 어떤 비율로 섞어도 무방하며, 그 합을 $x_2^{\top}$이라 하면 $\hat{y}$은 두 개의 변수 x_1과 $x_2^{\top}$에 의하여 표현된다. 물론 $x_1 + x_2^{\top} = 1$이어야 한다. $\hat{y} = 90x_1 + 80x_2 + 80x_3$의 등고선표를 그려 보면 [그림 11.2]과 같다. 예를 들어, $\hat{y} = 85$를 갖는 선상에서는 $x_1 = 0.5$이고 $x_2 + x_3 = 0.5$로서 $x_2 + x_3 = 0.5$를 유지하는 한 x_2와 x_3의 자체값이 아무리 변화하여도 $\hat{y}$에는 영향을 못 미친다. 즉, $x_2 + x_3$는 하나의 변수로서 행동한다고 볼 수 있다.

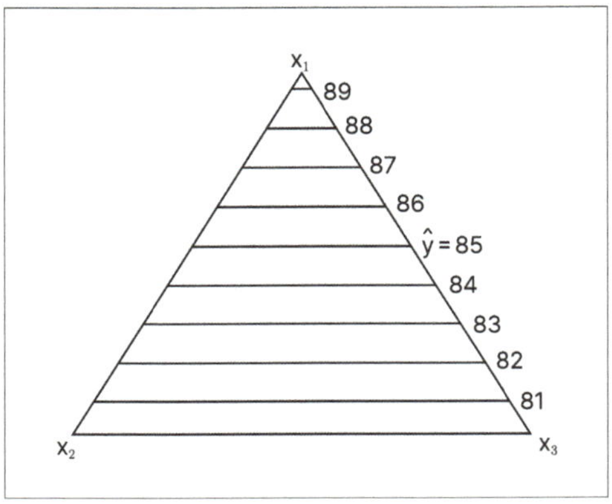

그림 11.2 $\hat{y} = 90x_1 + 80x_2 + 80x_3$의 등고선표

실제의 문제를 다루는 데 있어서 β_j 들의 추정값 $\hat{\beta}_j$ 들이 위의 두 가지 기준을 정확히 만족시켜 주는 경우는 찾기 힘들므로 우리는 다음의 가설검정을 통하여 변수제거를 할 수 있다. 먼저

$$H_0 : \beta_j - \frac{\sum_{k \neq j}^{p} \beta_k}{p-1} = 0$$

의 검정이다. 이는 7장에서 다룬 가설검정 $\boldsymbol{C\beta} = \mathbf{0}$ 의 형태이므로 어렵지 않게 검정을 실시할 수 있다. 만약 귀무가설이 채택되면 x_j를 제거할 수 있는 것이다. 다음으로

$$H_0 : \beta_j - \beta_k = 0, \quad j \neq k$$

이나

$$H_0 : \beta_j = \beta_k = \beta_l, \quad j \neq k \neq l$$

에 관한 검정도 같은 방법으로 실시할 수 있다. 첫 번째 귀무가설이 채택되면 x_j와 x_k를 한데 묶어 하나의 변수로 취급할 수 있으며, 두 번째 가설이 채택되면 x_j, x_k와 x_l을 합해서 하나의 변수로 취급할 수 있다.

혼합모형에 대해서는 Cornell (참고문헌 11.4)이 상세히 문헌 조사를 하였으므로, 혼합모형을 공부하려는 독자에게 많은 도움이 될 것이다.

11.5 R 실습 : 자동차 연비 자료 분석

이 데이터는 (참고문헌 11.6)에서 인용된 것으로 1973-1974년 형 32개의 자동차 모델에 대하여 연비를 반응변수로 하고, 자동차 설계 및 성능과 관련한 10개의 설명변수로 구성되어 있다.

변수	내용
vs	엔진모양 [1=직선, 0=V]
cyl	엔진의 기통수
am	트랜스미션 유형[1=수동, 0=자동]
gear	전진 기어 갯수
disp	배기량 (단위: 큐빅 인치)
hp	마력
carb	캬브레터 배럴(Carburetor Barrels) 갯수
drat	리어 액슬비(rear axle ratio)
wt	무게 (단위: 1000 파운드)
qsec	1/4마일 도달시간 (단위: 초)
mpg	연비 (갤론 당 마일리지)

여기서 반응변수는 mpg로 1 갤론(gallon)으로 주행 가능한 거리(마일수)를 나타낸다. 이 실험의 목적은 자동차 연비의 변화를 잘 설명하고, 예측도 가능한 최적의 회귀모형을 찾는 것이다. 관측치의 갯수는 모두 32개이다. 이 데이터는 R에 mtcars라는 이름으로 저장되어 있다.

```
> library(datasets)
> str(mtcars)
'data.frame': 32 obs. of 11 variables:
 $ mpg : num 21 21 22.8 21.4 18.7 18.1 14.3 24.4 22.8 19.2 ...
 $ cyl : num 6 6 4 6 8 6 8 4 4 6 ...
 $ disp: num 160 160 108 258 360 ...
 $ hp : num 110 110 93 110 175 105 245 62 95 123 ...
 $ drat: num 3.9 3.9 3.85 3.08 3.15 2.76 3.21 3.69 3.92 3.92 ...
 $ wt : num 2.62 2.88 2.32 3.21 3.44 ...
 $ qsec: num 16.5 17 18.6 19.4 17 ...
 $ vs : num 0 0 1 1 0 1 0 1 1 1 ...
 $ am : num 1 1 1 0 0 0 0 0 0 0 ...
 $ gear: num 4 4 4 3 3 3 3 4 4 4 ...
 $ carb: num 4 4 1 1 2 1 4 2 2 4 ...
```

먼저 데이터 간 상관관계를 알아보면, 다음과 같이 설명변수 간에 상관관계가 큰 것들이 많으며, 특히 cyl(엔진의 기통수)와 disp(배기량)은 상관계수가 0.90이고 disp(배기량)과 wt(무게)는 상관계수가 0.89로 상당히 높은 상관관계를 가지고 있다.

```
> mcor←round(cor(mtcars),2)
> mcor
       mpg   cyl  disp    hp  drat    wt  qsec    vs    am  gear  carb
mpg   1.00 -0.85 -0.85 -0.78  0.68 -0.87  0.42  0.66  0.60  0.48 -0.55
cyl  -0.85  1.00  0.90  0.83 -0.70  0.78 -0.59 -0.81 -0.52 -0.49  0.53
disp -0.85  0.90  1.00  0.79 -0.71  0.89 -0.43 -0.71 -0.59 -0.56  0.39
hp   -0.78  0.83  0.79  1.00 -0.45  0.66 -0.71 -0.72 -0.24 -0.13  0.75
drat  0.68 -0.70 -0.71 -0.45  1.00 -0.71  0.09  0.44  0.71  0.70 -0.09
wt   -0.87  0.78  0.89  0.66 -0.71  1.00 -0.17 -0.55 -0.69 -0.58  0.43
qsec  0.42 -0.59 -0.43 -0.71  0.09 -0.17  1.00  0.74 -0.23 -0.21 -0.66
vs    0.66 -0.81 -0.71 -0.72  0.44 -0.55  0.74  1.00  0.17  0.21 -0.57
am    0.60 -0.52 -0.59 -0.24  0.71 -0.69 -0.23  0.17  1.00  0.79  0.06
gear  0.48 -0.49 -0.56 -0.13  0.70 -0.58 -0.21  0.21  0.79  1.00  0.27
carb -0.55  0.53  0.39  0.75 -0.09  0.43 -0.66 -0.57  0.06  0.27  1.00
```

이제 이들 설명변수에 대하여 후진제거법을 적용하여 유의한 설명변수를 선택해 보기로 한다. 먼저 후진제거법의 (1)단계로 10개의 설명변수에 대한 중회귀모형을 적합해 보기로 한다.

```
> fit←lm(mpg~.,data=mtcars)
> summary(fit)
Coefficients:
            Estimate Std.   Error  t value  Pr(>|t|)
(Intercept) 12.30337 18.71788   0.657   0.5181
cyl         -0.11144  1.04502  -0.107   0.9161
disp         0.01334  0.01786   0.747   0.4635
hp          -0.02148  0.02177  -0.987   0.3350
drat         0.78711  1.63537   0.481   0.6353
wt          -3.71530  1.89441  -1.961   0.0633 .
qsec         0.82104  0.73084   1.123   0.2739
vs           0.31776  2.10451   0.151   0.8814
am           2.52023  2.05665   1.225   0.2340
gear         0.65541  1.49326   0.439   0.6652
carb        -0.19942  0.82875  -0.241   0.8122
```

여기서 유의확률이 가장 큰 변수를 골라 α_{drop} = 5%와 비교하여 크면 제거하기로 한다. cyl이 제거되며 이를 제외한 후 모형을 적합하면 다음과 같다.

```
> fit←update(fit,.~.-cyl)
> summary(fit)
Coefficients:
       Estimate Std.    Error  t value  Pr(>|t|)
(Intercept) 10.96007 13.53030   0.810    0.4266
disp          0.01283  0.01682   0.763    0.4538
hp           -0.02191  0.02091  -1.048    0.3062
drat          0.83520  1.53625   0.544    0.5921
wt           -3.69251  1.83954  -2.007    0.0572 .
qsec          0.84244  0.68678   1.227    0.2329
vs            0.38975  1.94800   0.200    0.8433
am            2.57743  1.94035   1.328    0.1977
gear          0.71155  1.36562   0.521    0.6075
carb         -0.21958  0.78856  -0.278    0.7833
```

그 다음에는 vs, carb, gear, drat, disp, hp 순으로 제거하여 다음과 같은 결과를 얻는다.

```
> fit←update(fit,.~.-hp)
> summary(fit)
Coefficients:
      Estimate Std.  Error   t value   Pr(>|t|)
(Intercept)  9.6178 6.9596    1.382   0.177915
wt          -3.9165 0.7112   -5.507   6.95e-06 ***
qsec         1.2259 0.2887    4.247   0.000216 ***
am           2.9358 1.4109    2.081   0.046716 *
```

이렇게 후진제거법으로 선택된 변수들은 모두 유의수준 α_{drop} = 5%에서 유의한 것을 알 수 있다.

이제 11.3절에서 소개한 4개의 판정기준(MSE_k, R_k^2, R_{ak}^2, C_k)으로 설명변수를 선택해 보기로 하자. 이를 위해 p가 1개부터 9개를 갖는 회귀모형 중 가장 적절한 회귀모형을 선택하도록 하자. 이를 위해서는 leaps 패키지의 regsubsets( ) 함수를 사용하면 된다.

```
>install.packages("leaps")
>library(leaps)
>fit←regsubsets(mpg~., data=mtcars, nbest=1,nvmax=9)
>fit2←summary(fit)
```

```
>out=with(fit2,round(cbind(which,rss,rsq,adjr2, cp),3))
>out
(Intercept) cyl disp hp drat wt qsec vs am gear carb     rss   rsq adjr2     cp
1         1   0    0  0    0  1    0  0  0    0    0 278.322 0.753 0.745 11.627
2         1   1    0  0    0  1    0  0  0    0    0 191.172 0.830 0.819  1.219
3         1   0    0  0    0  1    1  0  1    0    0 169.286 0.850 0.834  0.103
4         1   0    0  1    0  1    1  0  1    0    0 160.066 0.858 0.837  0.790
5         1   0    1  1    0  1    1  0  1    0    0 153.438 0.864 0.838  1.846
6         1   0    1  1    1  1    1  0  1    0    0 150.093 0.867 0.835  3.370
7         1   0    1  1    1  1    1  0  1    1    0 148.528 0.868 0.830  5.147
8         1   0    1  1    1  1    1  0  1    1    1 147.843 0.869 0.823  7.050
9         1   0    1  1    1  1    1  1  1    1    1 147.574 0.869 0.815  9.011
```

이 표는 행의 순서대로 주어진 p의 값(선택되는 변수의 수)를 나타낸 것으로, 각 p에 대하여 가장 좋은 모형을 제시한다. 각 변수명에 대하여 변수가 선택된 경우 1 아니면 0이 나타난다. 네 개의 판정기준에서 rss는 SSE_k, rsq는 R_k^2, adjr2는 R_{ak}^2 , cp는 C_k 값을 나타낸다. 식 (11.21), (11.22), (11.24)로부터

$$MSE_k = \frac{SSE_k}{n-k-1}$$
$$R_k^2 = 1 - \frac{SSE_k}{SST}$$
$$C_k = \frac{SSE_k}{\hat{\sigma}^2} + 2(k+1) - n$$

로 모두 SSE_k의 선형함수이며, 고정된 k의 값에서는 SSE_k를 최소로 하는 변수들이 MSE_k, C_k를 최소로 하고 R_k^2을 최대로 한다.

MSE_k는 $k = 5$에서 최소가 되며, C_k는 $k = 3$에서, R_k^2은 p에 따른 증가함수이므로 $k = 9$에서 최댓값을 가지나 $k = 5$정도에서 R_k^2의 증가가 현저히 둔화됨을 알 수 있다. 결론적으로, k의 값이 3, 4, 5의 근처가 좋아 보이며, $k = 4$에서는 4개의 판정기준이 똑같은 변수들 (hp, wt, qsec, am)을 선택하여 주고 있다. 따라서, 이들 4개의 변수들을 선택한다.

또 다른 예로 Hitters 자료에서 야구선수의 연봉을 잘 설명해주는 설명변수를 선택해 보자. 이를 위해 후진제거법과 전진선택법을 위한 back.eli( ) 함수와 forward.sel( ) 함수를 생성하였다. 이 때의 모형선택 기준으로는 수정결정계수와 Mallow의 C_k만 사용하였다. 이 함수를 생성하기 위한 R코드는 이 절의 마지막에 소개되어 있다. 먼저 자료는 dplyr 패키지로부터 파이프연산자(%>%)를 사용하여 다음과 같이 간단하게 불러올 수 있다.

```
library(dplyr)
hitter.dat <- read.csv("Hitters.csv") %>%
              na.omit() %>%
              select(AtBat:CWalks, PutOuts:Salary)
```

위 자료에 대하여 forward.sel( ) 함수를 사용하여 선택한 변수는 모형기준 별로 다음과 같다.

```
> result.adj.R = forward.sel(hitter.dat, alpha = 0.05, method = "adj.R")
> table.adj.R = data.frame(result.adj.R[[1]], result.adj.R[[2]])
> table.adj.R
  selected.values     adj.R
1            CRBI 0.3188503
2            Hits 0.4208024
3         PutOuts 0.4450753
4           AtBat 0.4621594
5           Walks 0.4805047

> result.Mallow = forward.sel(hitter.dat, alpha = 0.05, method = "Mallow")
> table.Mallow = data.frame(result.Mallow[[1]], result.Mallow[[2]])
> table.Mallow
  selected.values Mallow.cp
1            CRBI  94.59919
2            Hits  42.52169
3         PutOuts  30.86566
4           AtBat  22.99516
5           Walks  14.54795
```

이제 back.eli( ) 함수를 사용하여 제거한 변수를 살펴보자.

```
> result.adj.R = back.eli(hitter.dat, alpha = 0.05, method = "adj.R")
> table.adj.R = data.frame(result.adj.R[[1]], result.adj.R[[2]])
> table.adj.R
  eliminated.values     adj.R
1               RBI 0.4992625
2             CHits 0.5012591
3             Years 0.5031548
4            CHmRun 0.5049397
```

```
5            HmRun  0.5064485
6           Errors  0.5077531
7             Runs  0.5086408

> result.Mallow = back.eli(hitter.dat, alpha = 0.05, method = "Mallow")
> table.Mallow = data.frame(result.Mallow[[1]], result.Mallow[[2]])
> table.Mallow
  eliminated.values  Mallow.cp
1               RBI  15.000077
2             CHits  13.011156
3             Years  11.064319
4            CHmRun   9.165013
5             HmRun   7.396384
6            Errors   5.724198
7              Runs   4.256524
```

이 자료에서는 두 모형기준에서의 변수선택 결과가 전진선택법과 후진제거법에서 모두 같게 나타났다.

마지막으로, 전진선택법을 위한 forward.sel( ) 함수와 back.eli( ) 함수는 다음과 같다.

```
forward.sel <- function(data, alpha, method = c("adj.R", "Mallow")){
  p = ncol(data)
  b.X = data[,-ncol(data)]
  b.data = data.frame(Salary = data[,ncol(data)])
  b.val.names = colnames(b.X)
  b.lm.fit = lm(Salary ~ 1, data = b.data)

  lm.fit.full = lm(Salary ~ ., data = data)

  if(method == "adj.R"){
    b.cri = -100 # sufficiently small
  }else if(method == "Mallow"){
    b.cri = 1e+5 # sufficiently large
  }

    total.sel_val = NULL
  total.cri = NULL
  i = 1
  repeat{
```

```
if(method == "adj.R"){
  # calculate adj.R
  T.adj = numeric(length = ncol(b.X))
  T.adata = vector(mode = "list", length = ncol(b.X))
  for(j in 1:ncol(b.X)){
    x = data.frame(b.X[,j])
    colnames(x) = b.val.names[j]
    T.adata[[j]] = data.frame(x, b.data)
    T.adj[j] = summary(lm(Salary ~ ., data = T.adata[[j]]))$adj
  }
  # candidate
  cri = max(T.adj)
  loc_cri = which.max(T.adj)
  adata = T.adata[[loc_cri]]
  # stopping rule
  anova1 = anova(b.lm.fit, lm(Salary ~ ., data = adata))
  numerator = anova1$'Sum of Sq'[2]
  anova2 = anova(b.lm.fit, lm.fit.full)
  denominator = anova2$RSS[2] / anova2$Res.Df[2]
  F = numerator / denominator
  rej_cri = qf(1-alpha, 1, anova2$Res.Df[2], lower.tail = T)
  stop = b.cri > cri | F < rej_cri
 }else if(method == "Mallow"){
   # calculate Mallow's cp
   T.Mallow = numeric(length = ncol(b.X))
   T.adata = vector(mode = "list", length = ncol(b.X))
   for(j in 1:ncol(b.X)){
     x = data.frame(b.X[,j])
     colnames(x) = b.val.names[j]
     T.adata[[j]] = data.frame(x, b.data)
     T.Mallow[j] = ols_mallows_cp(lm(Salary ~ ., data = T.adata[[j]]),
     lm(Salary~., data = data))
  }
    # candidate
    cri = min(T.Mallow)
    loc_cri = which.min(T.Mallow)
    adata = T.adata[[loc_cri]]
    # stopping rule
    anova1 = anova(b.lm.fit, lm(Salary ~ ., data = adata))
    numerator = anova1$'Sum of Sq'[2]
```

```
      anova2 = anova(b.lm.fit, lm.fit.full)
      denominator = anova2$RSS[2] / anova2$Res.Df[2]
      F = numerator / denominator
      rej_cri = qf(1-alpha, 1, anova2$Res.Df[2], lower.tail = T)
      stop = b.cri < cri | F < rej_cri
    }
    if(stop){
      break
    }else{
      selected.val = b.val.names[loc_cri]
      total.sel_val = rbind(total.sel_val, selected.val)
      total.cri = rbind(total.cri, cri)
      b.data = adata
      b.X = b.X[,-loc_cri]
      b.val.names = b.val.names[-loc_cri]
      b.cri = cri
      b.lm.fit = lm(Salary ~ ., data = b.data)
    }
```

```
back.eli = function(data, alpha, method = c("adj.R", "Mallow")){
  p = ncol(data)
  lm.fit.full = lm(Salary ~ ., data = data)

  if(method == "adj.R"){
    b.cri = summary(lm.fit.full)$adj
  }else if(method == "Mallow"){
    b.cri = p # k + 1
  }

  total.eli_val = NULL
  total.cri = NULL
  i = 1
  repeat{
    if(method == "adj.R"){
      # calculate adj.R
      T.adj = numeric(ncol(data)-1)
      for(j in 1:(ncol(data)-1)){
        adata = data[,-j]
        T.adj[j] = summary(lm(Salary ~ ., data = adata))$adj
      }
```

```
    # candidate
    cri = max(T.adj)
    loc_cri = which.max(T.adj)
    # stopping rule
    stop = b.cri > cri | summary(lm(Salary ~ ., data = data))$coef[-1,4]
    [loc_cri] < alpha
  }else if(method == "Mallow"){
    # calculate Mallow's cp
    T.Mallow = numeric(ncol(data)-1)
    for(j in 1:(ncol(data)-1)){
      adata = data[,-j]
      T.Mallow[j] = ols_mallows_cp(lm(Salary ~ ., data = adata), lm.fit.full)
    }
    # candidate
    cri = min(T.Mallow)
    loc_cri = which.min(T.Mallow)
    # stopping rule
    stop = b.cri < cri | summary(lm(Salary ~ ., data = data))$coef[-1,4]
    [loc_cri] < alpha
  }
  if(stop){
    break
  }else{
    eliminated.val = colnames(data)[loc_cri]
    total.eli_val = rbind(total.eli_val, eliminated.val) ####
    total.cri = rbind(total.cri, cri)
    data = data[,-loc_cri]
    b.cri = cri
  }
  i = i + 1
  if(i >= p){
    break
  }
}
colnames(total.eli_val) = "eliminated.values"
rownames(total.eli_val) = seq_along(total.eli_val)
if(method == "adj.R"){
  colnames(total.cri) = "adj.R"
}else if(method == "Mallow"){
  colnames(total.cri) = "Mallow.cp"
```

```
  }
  rownames(total.cri) = seq_along(total.cri)
  return(list(eliminated.values = total.eli_val, cri = total.cri, final.data
  = data))
}
```

참고문헌

11.1 Belsley, D. A., Kuh, E. and Welsch, R. E. (1980) *Regression Diagnostics*, John Wiley & Sons, New York.

11.2 Rencher, A.C. and Schaalje, B. (2008) *Linear Models in Statistics* (2nd Ed.), John Wiley & Sons, New York.

11.3 Brownlee, K.A. (1965) *Statistical Theory and Methodology in Science and Engineering*, John Wiley & Sons, New York.

11.4 Cornell, J.A. (2002) *Experiments with Mixtures: Designs, Models, and the Analysis of Mixture Data* (3rd edition), John Wiley & Sons, New York.

11.5 Hald, A. (1952) *Statistical Theory and Engineering Applications*, John Wiley & Sons, New York.

11.6 Helms, R. (1974) The average estimated variance criterion for the selection of variable problem in genenal linear models. *Technometrics*, Vol.16, 261-274.

11.7 Hocking, R.R. (1974) Misspecification in regression. *The American Statistician*, 28, 38-40.

11.8 Hocking, R.R. (1976) The analysis and selection of variables in linear regression. *Biometrics*, 32, 1-49.

11.9 Mallows, C. (1973) Some comments on C_p. *Technometrics*, 15, 661-675.

11.10 Marquardt, D.W. and Snee, R.D. (1974). Test statistics for mixture models. *Technometrics*, 16, 533-538.

11.11 Park, S.H. (1977) Selection of polynomial terms for response surface experiments. *Biometrics*, 33, 225-229.

11.12 Rao, P. (1971) Some notes on misspecification in multiple regressions. *The American Statistician*, 26, 42.

11.13 Searle, S.R. (1997) *Linear Models*. John Wiley & Sons, New York.

11.14 Scheffe, H. (1958) Experiments with mixtures. *Journal of Royal Statistical Society-Series B*, 20, 344-360.

11.15 Seber, G.A.F. and Lee, A.J. (2003) *Linear Regression Analysis* (2nd Ed.), John Wiley & Sons, New York.

11.16 Snee, R.D. and Marquardt, D.W. (1976) Screening concepts and disigns for experiments with mixtures. *Technometrics*, 18, 19-30.

연습문제

11.1 어떤 화학공장에서 NH_3를 HNO_3로 산화시키는 공정을 가지고 있다. 이 산화공정에 미치는 중요한 요인으로 생각되어지는 변수는

x_1 = 작업속도

x_2 = 냉각수의 온도

x_3 = 흡수액 속의 HNO_3의 농도

실험번호	x_1	x_2	x_3	y	실험번호	x_1	x_2	x_3	y	실험번호	x_1	x_2	x_3	y
1	80	27	89	42	8	62	24	93	20	15	50	18	89	8
2	80	27	88	37	9	58	23	87	15	16	50	18	86	7
3	75	25	90	37	10	58	18	90	14	17	50	19	72	8
4	62	24	87	28	11	58	18	89	14	18	50	19	79	8
5	62	22	87	18	12	58	17	88	13	19	50	20	80	9
6	62	23	87	18	13	58	18	82	11	20	56	20	82	15
7	62	24	93	19	14	58	19	93	12	21	70	20	91	15

이다. y는 NH_3를 HNO_3로 바꿀 때 손실되는 NH_3의 %로 잡아주었다. 21일간의 공정기간 중에 얻은 자료는 앞의 것과 같다. 데이터와 관련한 좀 더 자세한 설명은 (참고문헌 11.3)을 참조하기 바란다.

(1) 중회귀모형

$$y_i = \beta_0 + \beta_1 x_{i1} + \beta_2 x_{i2} + \beta_3 x_{i3} + \epsilon_i$$
$$\epsilon_i \sim N(0, \sigma_\epsilon^2), \quad i = 1, 2, \cdots, 21$$

이 데이터 간의 관계를 설명하는 데 충분하다고 가정하고 다음의 물음에 답하시오. 유의수준 $\alpha = 0.05$를 사용하고 판정기준은 R^2을 사용하시오.

(a) 후진제거법에 의하여 가장 적절한 회귀모형을 구하시오.

(b) 전진선택법에 의하여 가장 적절한 회귀모형을 구하시오.

(c) 단계적 선택법에 의하여 가장 적절한 회귀모형을 구하시오.

(2) C_k 판정기준을 사용하여 변수선택의 수가 각각 $k = 1$, $k = 2$, $k = 3$일 때 어떤 변수가 선택되는가를 구하시오.

(3) 일차 선형항(lenear terms)만으로는 충분하지 않다고 생각하고 이차다항회귀모형

$$y_i = \beta_0 + \sum_{j=1}^{3} \beta_j x_{ij} + \sum_{j=1}^{3} \beta_{jj} x_{ij}^2 + \sum_{\substack{j \neq k \\ j,\, k = 1,\, 2,\, 3}} \beta_{jk} x_{ij} x_{ik} + \epsilon_i$$

을 가정하였다. R 또는 다른 적절한 통계 패키지를 이용하여 다음에 답하시오.

(a) 단계적 후진제거법에 의하여 적절한 회귀모형을 구하시오.

(b) 이차다항회귀모형에는 x_j^2, $x_j x_k$항까지 합쳐서 9개의 변수가 있다고 볼 수 있다. 변수 선택의 수를 k = 5로 할 때 MSE_k를 사용하여 어떤 변수들이 선택되는지 구하시오.

(참고자료)

	x_1	x_2	x_3	y
평균	60.4286	21.0952	86.2857	17.5238
표준편차	9.1683	3.1608	5.3587	10.1716
상관행렬 x_1	1.0000 9	0.7819	0.5001	0.9197
x_2		1.0000	0.3909	0.8755
x_3		7	1.0000	0.3998

$$\begin{aligned}\hat{y} &= \hat{\beta}_0 + \hat{\beta}_1 x_1 + \hat{\beta}_2 x_2 + \hat{\beta}_3 x_3 \\ &= -39.9197 + 0.7156 x_1 + 1.2953 x_2 - 0.1521 x_3\end{aligned}$$

이고, 이 완전모형(full model)에 대한 분산분석표는 다음과 같다.

요인	제곱합	자유도	평균제곱
회귀	1890.4071	3	630.1357
잔차	178.8299	17	10.5194
계	2069.2370	20	

11.2 다음의 데이터는 (참고문헌 11.6)에서 수집한 것으로 변수는 다음과 같다.

y = change of rut depth in inches/million whell passes

x_1 = viscosity of asphalt

x_2 = percentage of asphalt in surface course

x_3 = percentage of asphalt in base course

x_4 = indicator variable to separate two sets of runs

x_5 = percentage of fines in surface course

x_6 = percentage of voids in surface course

실험번호	x_1	x_2	x_3	x_4	x_5	x_6	y
1	2.80	4.68	4.87	-1	8.4	4.916	6.75
2	1..40	5.19	4.50	-1	6.5	4.563	13.00
3	1.40	4.82	4.73	-1	7.9	5.321	14.75
4	3.30	4.85	4.76	-1	8.3	4.865	12.60
5	1.70	4.86	4.95	-1	8.4	3.776	8.25
6	2.90	5.16	4.45	-1	7.4	4.397	10.67
7	3.70	4.82	5.05	-1	6.8	4.867	7.28
8	0.92	4.86	4.70	-1	8.6	4.828	12.67
9	0.68	4.78	4.84	-1	6.7	4.865	12.58
10	0.68	5.16	4.76	-1	7.7	4.034	20.60
11	6.00	4.57	4.82	-1	7.4	5.450	3.58
12	4.30	4.61	4.65	-1	6.7	4.853	7.00
13	0.60	5.07	5.10	-1	7.5	4.257	26.20
14	1.80	4.66	5.09	-1	8.2	5.144	11.67
15	6.00	5.42	4.41	-1	5.8	3.718	7.67
16	4.40	5.01	4.74	-1	7.1	4.715	12.25
17	88.00	4.97	4.66	1	6.5	4.625	0.76
18	62.00	5.01	4.72	1	8.0	4.977	1.35
19	50.00	4.96	4.90	1	6.8	4.322	1.44
20	58.00	5.20	4.70	1	8.2	5.087	1.60
21	90.00	4.80	4.60	1	6.6	5.971	1.10
22	66.00	4.98	4.69	1	6.4	4.647	0.85
23	140.00	5.35	4.76	1	7.3	5.115	1.20
24	240.00	5.04	4.80	1	7.8	5.939	0.56
25	420.00	4.80	4.80	1	7.4	5.916	0.72
26	500.00	4.83	4.60	1	6.7	5.471	0.47
27	180.00	4.66	4.72	1	7.2	4.602	0.33
28	270.00	4.67	4.50	1	6.3	5.043	0.26
29	170.00	4.72	4.70	1	6.8	5.075	0.76
30	98.00	5.00	5.07	1	7.2	4.334	0.80
31	35.00	4.70	4.80	1	7.7	5.705	2.00

네 번째의 가변수는 다음에 실려 있는 31개의 데이터를 얻을 때 처음의 16개와 뒤의 15개가 시간상으로 차이를 두고 얻어졌으므로 이를 구분하기 위하여 나타낸 변수이다. 처음의 16개의 데이터는 $x_4 = -1$로 하고 나중 15개는 $x_4 = 1$로 하여 주었다.

중회귀모형을 사용하여 $E(y)$의 추정식과 그와 관련된 정보를 얻어보니 다음과 같다(단, x_1과 y는 log 변환을 통해 계산하였다).

$$\hat{y} = -2.64 - 0.51x_1 + 0.50x_2 + 0.10x_3 - 0.13x_4 + 0.02x_5 + 0.14x_6$$

$$R^2 = 0.972$$

$SSE = 0.3070$

$SST = 11.0506$

$SSR = 10.7436$

$MSE = 0.01279$

설명변수 간 상관계수는 다음과 같다.

	x_1	x_2	x_3	x_4	x_5	x_6	y
x_1	1.00	-0.06	-0.22	0.93	-0.30	0.46	-0.97
x_2		1.00	-0.26	0.01	-0.14	-0.43	0.15
x_3			1.00	-0.12	0.44	-0.03	0.19
x_4				1.00	-0.23	0.40	-0.93
x_5					1.00	0.12	0.32
x_6						1.00	-0.41

(1) 설명변수 6개를 모두 사용한 완전모형(full model)에 대한 분산분석표를 작성하고 $\alpha = 0.05$에서 선형회귀모형의 유의성을 검정하시오.

(2) 상관계수들을 보고 변수를 하나만 선택할 때에는 어떤 변수가 선택될 것인지를 말하시오.

(3) 상관계수들을 보고 변수를 하나만 제거시키려고 할 때, 어떤 변수가 제거될 것인가를 말할 수 있는가?

(4) 변수들의 모든 조합에 대하여 판정기준인 C_k의 값을 구하였다. 그 결과를 정리하여 보면 다음 페이지에 있는 것과 같다.

(a) p = 1, 2, 3, 4, 5, 6인 각각의 경우에 대하여 어떤 변수들이 선택되는지 구하시오.

(b) 위의 C_k 값들로부터 (a)에서 선택된 여섯 가지 경우에 대하여 MSE_k, R_k^2, R_{ak}^2을 구하시오.

(c) 위의 C_k를 최소로 하는 k는 무엇인가? MSE_k를 최소로 하는 k는?

(d) 위의 최적 C_k, MSE_k, R_{ak}^2으로부터 가장 적절한 k의 값을 최종적으로 선택한 후, 어떤 변수들이 선택되었는지 회귀모형을 쓰시오.

11.3 식 (11.11)을 증명하시오.

선택된 변수	p	C_k	선택된 변수	p	C_k	선택된 변수	p	C_k	선택된 변수	p	C_k
			e	1	748.8	f	1	692	ef	2	575.5
a	1	20.43	ae	2	21.68	af	2	20.00	aef	3	21.87
b	1	817.0	be	2	716.1	bf	2	693.7	bef	3	577.4
ab	2	13.98	abe	3	14.29	abf	3	5.67	abef	4	7.45
c	1	806.7	ce	2	748.3	cf	2	666.8	cef	3	577.3
ac	2	21.90	ace	3	22.53	acf	3	21.37	acef	4	22.84
bc	2	770.0	bce	3	709.0	bcf	3	668.0	bcef	4	579.1
abc	3	15.95	abce	4	16.17	abcf	4	7.56	abcef	5	9.43
d	1	92.0	de	2	84.2	df	2	92.8	def	3	82.7
ad	2	20.53	ade	3	21.46	adf	3	20.61	adef	4	22.24
bd	2	70.23	bde	3	57.56	bdf	3	70.21	bdef	4	59.09
abd	3	12.22	abde	4	11.32	abdf	4	4.26	abdef	5	5.51
cd	2	88.6	cde	3	85.1	cdf	3	89.36	cdef	4	83.9
acd	3	22.42	acde	4	22.86	acdf	4	22.36	acdef	5	23.65
bcd	3	58.38	bdce	4	53.92	bcdf	4	56.83	bcdef	5	54.38
abcd	4	13.51	abcde	5	13.24	abcdf	5	5.31	abcdef	6	7.00

11.4 【정리 11.1】을 증명하시오.

11.5 【정리 11.2】를 증명하시오.

11.6 【정리 11.3】을 증명하시오.

11.7 후진제거법에서 부분 F-검정치

$$F_0 = \frac{\hat{\beta}_j^2}{\widehat{\text{Var}}(\hat{\beta}_j)}$$

가 11.2.2절에 설명되어 있는 부분 F-검정치

$$F_0 = \frac{SSR(F) - SSR(R)}{MSE}$$

와 같음을 증명하시오.

11.8 R 실습 **보스턴 집값 데이터(데이터 출처 : MASS 패키지).** 4장의 연습문제 10번에서 사용한 보스턴 집값 데이터로부터, 주택가격의 중앙값을 가장 잘 설명하는 선형 모형을 선택하고자 한다.

(1) 후진제거법, 전진선택법, 단계적 전진선택법, 그리고 단계적 후진선택법을 사용하여 MSE_k를 기준으로 가장 적절한 회귀모형을 구하시오.

(2) 전역탐색법을 사용하여 C_k, MSE_k, R^2_{ak} 기준으로 가장 적절한 모형을 선택한 후, 그 결과를 (1)과 비교하시오.

12 일반화 회귀분석

〈목 차〉

12.1 일반화최소제곱추정

이제까지 다루어 온 선형회귀모형은

$$\mathbf{y} = X\boldsymbol{\beta} + \boldsymbol{\epsilon}, \quad \boldsymbol{\epsilon} \sim N(\mathbf{0}_n, \sigma^2 I_n)$$

으로 n개의 오차 $\epsilon_1, \epsilon_2, \cdots, \epsilon_n$는 서로 독립이고 동일한 분산을 가정하였다. 즉,

$$\text{Cov}(\epsilon_i, \epsilon_j) = \begin{cases} 0 & : i \neq j \\ \sigma^2 & : i = j \end{cases}$$

이다. 그러나, 실제의 문제를 다루는 데 있어서 이와 같은 오차의 가정이 적절하지 않은 경우가 많이 있으며, 식 (12.1)에서와 같이 좀 더 일반적인 관계를 설정하게 된다. 이 장에서는 오차항에 대한 가정 변화가 회귀모형의 추정량에 어떠한 영향을 미치는지 살펴보기로 한다.

$$\mathbf{y} = X\boldsymbol{\beta} + \boldsymbol{\epsilon}, \quad \boldsymbol{\epsilon} \sim N(\mathbf{0}, \sigma^2 V) \tag{12.1}$$

여기서 $\mathrm{Var}(\boldsymbol{\epsilon}) = \sigma^2 V$으로 V는 $n \times n$ 정칙행렬(nonsingular matrix)로서 $\sigma^2 I_n$이 아니며, X는 $n \times (p+1)$행렬로 계수는 $p+1$이고, $\mathbf{y}$는 $n \times 1$, $\boldsymbol{\beta}$는 $(p+1) \times 1$ 벡터이다. 식 (12.1)과 같은 모형을 일반다중선형회귀(general multiple linear regression)모형이라고 부르며, 이 경우에는 $\boldsymbol{\beta}$의 최소제곱추정량 $\hat{\boldsymbol{\beta}} = (X^\top X)^{-1} X^\top \mathbf{y}$는 $\boldsymbol{\beta}$의 최량선형불편추정량(best linear unbiased estimator : BLUE)이 되지는 않는다($\mathrm{Var}(\boldsymbol{\epsilon}) = \sigma^2 I_n$인 경우에는 $\hat{\boldsymbol{\beta}} = (X^\top X)^{-1} X^\top \mathbf{y}$는 $\boldsymbol{\beta}$의 BLUE임을 7장에서 증명하였다). 그러면, 어떤 추정량이 $\boldsymbol{\beta}$의 BLUE인가?

한편 V는 정칙행렬이며 또한 대칭이므로, 【정리 1.37】에 의해 $C^\top VC = \Lambda$를 만족시키는 직교행렬 C가 존재하며, Λ는 V의 고윳값들로 구성된 대각선행렬이다. 따라서,

$$V = C\Lambda C^\top = (C\Lambda^{1/2})(C\Lambda^{1/2})^\top = TT^\top$$

의 관계를 성립시키는 정칙행렬 T가 있다. 이 행렬의 역행렬 T^{-1}를 식 (12.1)의 좌변과 우변에 동시에 곱하여 선형회귀모형을 변환(transformation)시키면

$$T^{-1}\mathbf{y} = T^{-1}X\boldsymbol{\beta} + T^{-1}\boldsymbol{\epsilon} \tag{12.2}$$

이 된다. 간편하게

$$T^{-1}\mathbf{y} = \mathbf{z}$$
$$T^{-1}X = W$$
$$T^{-1}\boldsymbol{\epsilon} = \boldsymbol{\nu}$$

로 놓으면, 모형 (12.2)는

$$\mathbf{z} = W\boldsymbol{\beta} + \boldsymbol{\nu} \tag{12.3}$$

의 형태를 갖는다. 그러면, 벡터 $\boldsymbol{\nu}$의 분산-공분산행렬은

$$\begin{aligned}\mathrm{Var}(\boldsymbol{\nu}) &= \mathrm{Var}(T^{-1}\boldsymbol{\epsilon}) \\ &= T^{-1}\mathrm{Var}(\boldsymbol{\epsilon})(T^{-1})^\top \\ &= T^{-1}(\sigma^2 V)(T^{-1})^\top \\ &= \sigma^2 T^{-1}TT^\top(T^\top)^{-1} \\ &= \sigma^2 I_n\end{aligned}$$

이 되어 $\boldsymbol{\beta}$를 추정하는데 BLUE인 최소제곱추정량을 사용할 수 있다. 식 (12.3)에 의하여 얻어지는 $\boldsymbol{\beta}$의 BLUE를 $\hat{\boldsymbol{\beta}}^*$라 하자. 그러면 $V^{-1} = (T^\top)^{-1}T^{-1}$이므로

$$\begin{aligned}\hat{\boldsymbol{\beta}}^* &= (W^\top W)^{-1}W^\top \mathbf{z} \\ &= \left[X^\top (T^\top)^{-1}T^{-1}X\right]^{-1}X^\top (T^\top)^{-1}T^{-1}\mathbf{y} \\ &= (X^\top V^{-1}X)^{-1}X^\top V^{-1}\mathbf{y}\end{aligned} \tag{12.4}$$

가 된다. 이 $\hat{\boldsymbol{\beta}}^*$를 $\boldsymbol{\beta}$의 일반화최소제곱추정량(generalized least squares estimator)이라고 부

른다[1].

12.2 일반화최소제곱추정량의 특성

앞 절에서 구한 일반화최소제곱추정량 $\hat{\boldsymbol{\beta}}^*$의 성질을 알아보기로 하자. 먼저 $\hat{\boldsymbol{\beta}}^*$는 선형모형 (12.3)에 있는 $\boldsymbol{\beta}$의 BLUE이므로 $\boldsymbol{\beta}$의 최량선형불편추정량이다. $\hat{\boldsymbol{\beta}} = (X^\top X)^{-1}X^\top \mathbf{y}$와 $\hat{\boldsymbol{\beta}}^* = (X^\top V^{-1}X)^{-1}X^\top V^{-1}\mathbf{y}$를 구별하기 위하여 $\hat{\boldsymbol{\beta}}$를 보통최소제곱(ordinary least squares : OLS)추정량이라 부르고 $\hat{\boldsymbol{\beta}}^*$를 일반최소제곱(generalized least squares:GLS)추정량이라고 부르기도 한다. GLS 추정량인 $\hat{\boldsymbol{\beta}}^*$의 기댓값 벡터와 분산-공분산행렬은

$$\begin{aligned} \mathrm{E}(\hat{\boldsymbol{\beta}}^*) &= (X^\top V^{-1}X)^{-1}X^\top V^{-1}X\boldsymbol{\beta} = \boldsymbol{\beta} \\ \mathrm{Var}(\hat{\boldsymbol{\beta}}^*) &= (X^\top V^{-1}X)^{-1}X^\top V^{-1}(\sigma^2 V)V^{-1}X(X^\top V^{-1}X)^{-1} \\ &= \sigma^2(X^\top V^{-1}X)^{-1} \end{aligned} \tag{12.5}$$

이 된다. 만약, 식 (12.1)의 선형모형의 가정이 성립되는 경우에 $\boldsymbol{\beta}$를 OLS 추정량 $\hat{\boldsymbol{\beta}}$으로 추정한다면,

$$\begin{aligned} \mathrm{E}(\hat{\boldsymbol{\beta}}) &= (X^\top X)^{-1}X^\top X\boldsymbol{\beta} = \boldsymbol{\beta} \\ \mathrm{Var}(\hat{\boldsymbol{\beta}}) &= (X^\top X)^{-1}X^\top(\sigma^2 V)X(X^\top X)^{-1} \\ &= \sigma^2(X^\top X)^{-1}X^\top VX(X^\top X)^{-1} \end{aligned}$$

이 되어, OLS 추정량 $\hat{\boldsymbol{\beta}}$는 여전히 $\boldsymbol{\beta}$의 불편추정량이지만 $V = I_n$이 아닌 경우에는 최량(best)이 아님을 나타낸다. GLS 추정방법을 사용하였을 때 잔차 벡터는

$$\begin{aligned} \mathbf{e}^* &= \mathbf{y} - X\hat{\boldsymbol{\beta}}^* \\ &= \mathbf{y} - X(X^\top V^{-1}X)^{-1}X^\top V^{-1}\mathbf{y} \\ &= [I_n - X(X^\top V^{-1}X)^{-1}X^\top V^{-1}]\,\mathbf{y} \end{aligned} \tag{12.6}$$

로 $\mathbf{y} \sim N(X\boldsymbol{\beta}, \sigma^2 V)$이므로, $\mathbf{e}^*$의 기댓값 벡터와 분산-공분산행렬이 각각

$$\begin{aligned} \mathrm{E}(\mathbf{e}^*) &= [I_n - X(X^\top V^{-1}X)^{-1}X^\top V^{-1}]X\boldsymbol{\beta} = \mathbf{0}_n \\ \mathrm{Var}(\mathbf{e}^*) &= [I_n - X(X^\top V^{-1}X)^{-1}X^\top V^{-1}](\sigma^2 V) \\ &= \sigma^2[V - X(X^\top V^{-1}X)^{-1}X^\top] \end{aligned} \tag{12.7}$$

이 된다. GLS 추정방법에 의하여 발생되는 잔차제곱합 $SSE(\hat{\boldsymbol{\beta}}^*)$은 식 (12.3)으로부터

$$SSE(\hat{\boldsymbol{\beta}}^*) = (\mathbf{z} - W\hat{\boldsymbol{\beta}}^*)^\top(\mathbf{z} - W\hat{\boldsymbol{\beta}}^*) \tag{12.8}$$

이며, $\mathbf{z} = T^{-1}\mathbf{y}$, $W = T^{-1}X$ 이므로

---

1) 이 추정량은 $\hat{\boldsymbol{\beta}}^* = \min_{\boldsymbol{\beta}}(\mathbf{y} - X\boldsymbol{\beta})^\top V^{-1}(\mathbf{y} - X\boldsymbol{\beta})$에 해당한다.

$$SSE(\hat{\boldsymbol{\beta}}^*) = (\mathbf{y} - X\hat{\boldsymbol{\beta}}^*)V^{-1}(\mathbf{y} - X\hat{\boldsymbol{\beta}}^*) \qquad (12.9)$$
$$= (\mathbf{e}^*)^\top V^{-1}(\mathbf{e}^*)$$

가 된다. 또, 식 (12.6)을 대입시켜서

$$SSE(\hat{\boldsymbol{\beta}}^*) = \mathbf{y}^\top V^{-1}\left[I_n - X(X^\top V^{-1}X)^{-1}X^\top V^{-1}\right]\mathbf{y}$$

로 된다. 이 잔차제곱합의 기댓값은 【정리 5.1】과 $\mathbf{e}^*$의 분포는 식 (12.7)과 같음을 이용하여

$$\begin{aligned} \mathrm{E}\left[SSE(\hat{\boldsymbol{\beta}}^*)\right] &= \mathrm{E}\left[(\mathbf{e}^*)^\top V^{-1}(\mathbf{e}^*)\right] \\ &= \mathrm{tr}\left[V^{-1}(V - X(X^\top V^{-1}X)^{-1}X^\top)\sigma^2\right] \\ &= \sigma^2\mathrm{tr}\left[(I_n - V^{-1}X(X^\top V^{-1}X)^{-1}X^\top\right] \\ &= \sigma^2(n-p-1) \end{aligned} \qquad (12.10)$$

이 된다. 따라서 σ^2의 불편추정량은

$$\tilde{\sigma}^2 = \frac{SSE(\hat{\boldsymbol{\beta}}^*)}{n-p-1} \qquad (12.11)$$

이 되고, $\mathrm{Var}(\hat{\boldsymbol{\beta}}^*)$의 불편추정량은

$$\widehat{\mathrm{Var}}(\hat{\boldsymbol{\beta}}^*) = \tilde{\sigma}^2(X^\top V^{-1}X)^{-1} \qquad (12.12)$$

임을 알 수 있다. 만약 $\widehat{\mathrm{Var}}(\hat{\boldsymbol{\beta}}^*)$의 추정량으로 식 (12.12)에서 $\tilde{\sigma}^2$ 대신에 OLS 추정에서 얻어진

$$\begin{aligned} \hat{\sigma}^2 = MSE &= \frac{(\mathbf{y} - X\hat{\boldsymbol{\beta}})^\top(\mathbf{y} - X\hat{\boldsymbol{\beta}})}{n-p-1} \\ &= \frac{\mathbf{y}^\top\left[I_n - X(X^\top X)^{-1}X^\top\right]\mathbf{y}}{n-p-1} \end{aligned}$$

을 그대로 사용한다면 $\hat{\sigma}^2(X^\top V^{-1}X)^{-1}$은 $\mathrm{Var}(\hat{\boldsymbol{\beta}}^*)$의 불편추정량은 아닐 것이다. 왜냐하면, $\hat{\sigma}^2$의 기댓값은 【정리 5.1】을 사용하여

$$\begin{aligned} \mathrm{E}(\hat{\sigma}^2) &= \frac{1}{n-p-1}\mathrm{E}\left[\mathbf{y}^\top(I_n - X(X^\top X)^{-1}X^\top)\,\mathbf{y}\,\right] \\ &= \frac{1}{n-p-1}\left\{\mathrm{tr}\left[(I_n - X(X^\top X)^{-1}X^\top)V\sigma^2\right] + (X\boldsymbol{\beta})^\top\left[I_n - (X(X^\top X)^{-1}X^\top\right](X\boldsymbol{\beta})\right\} \\ &= \frac{\sigma^2}{n-p-1}\left\{\mathrm{tr}(V) - \mathrm{tr}\left[(X(X^\top X)^{-1}X^\top V\right]\right\} \end{aligned}$$

로 $\mathrm{E}(\hat{\sigma}^2) \neq \sigma^2$임이 확실하기 때문이다. V의 특정한 형태로서

$$V\sigma^2 = \begin{bmatrix} \sigma_1^2 & 0 & 0 & \cdots & 0 \\ 0 & \sigma_2^2 & 0 & \cdots & 0 \\ 0 & & \sigma_3^2 & \cdots & 0 \\ \vdots & \vdots & \vdots & \ddots & \vdots \\ 0 & 0 & 0 & \cdots & \sigma_n^2 \end{bmatrix}$$

와 같이 대각선행렬이면 이는 3장 8절에서 다룬 가중회귀(weighted regression)모형이 된다. 만약 V가

$$V = c\begin{bmatrix} 1 & \rho & \rho^2 & \cdots & \rho^{n-1} \\ & 1 & \rho & \cdots & \rho^{n-2} \\ & & 1 & \cdots & \rho^{n-3} \\ & (\text{대칭}) & & \ddots & \vdots \\ & & & & 1 \end{bmatrix}$$

와 같은 모양이면(여기서 c는 상수) 오차 ϵ_i들 간에 일차자기상관(first-order autocorrelation) 관계가 있는 경우로서 4장 5절에서 다룬 내용과 같다.

일반적으로 OLS 추정량인 $\hat{\boldsymbol{\beta}} = (X^\top X)^{-1}X^\top \mathbf{y}$와 GLS 추정량인 $\hat{\boldsymbol{\beta}}^* = (X^\top V^{-1}X)^{-1}X^\top V^{-1}\mathbf{y}$는 $V = I_n$인 경우가 아니면 서로 같지 않으나 McElroy(참고문헌 (12.5))는

$$V = [(1-\rho)I_n + \rho J_n], \quad 0 \leq \rho < 1 \tag{12.13}$$

인 경우에는 $\hat{\boldsymbol{\beta}} = \hat{\boldsymbol{\beta}}^*$임을 증명하였다. 관심있는 독자는 그의 논문을 참조하여 주기 바란다.

12.3 다변량회귀

지금까지 우리가 다룬 여러 가지의 회귀모형에서 공통적인 사항은 설명변수의 수는 하나 이상으로 제한이 없으나 반응변수의 수는 단 하나라는 점이다. 그러나, 실제 사회문제에 회귀분석모형을 적용할 때 반응변수의 수가 두 개 이상인 경우도 있으며, 이런 경우에는 어떤 방법으로 회귀분석을 하는 것이 좋은가를 검토하여 보자.

설명변수의 수가 p개 있고, 반응변수의 수가 g개 있는 경우에 각각의 반응변수에 대한 선형회귀모형을

$$y_h = \beta_{0h} + \beta_{1h}x_1 + \beta_{2h}x_2 + \cdots + \beta_{ph}x_p + \epsilon_h, \quad h = 1, 2, \cdots, g$$

와 같이 표현할 수 있고 $(x_1, x_2, \cdots, x_p, y_h)$에 대하여 표본의 크기 n인 데이터가 얻어지면 이를 행렬로 간편하게

$$\mathbf{y}_h = X\boldsymbol{\beta}_h + \boldsymbol{\epsilon}_h, \quad h = 1, 2, \cdots, g \tag{12.14}$$

으로 나타낼 수 있다. 이와 같은 회귀모형을 다변량중회귀모형(multivariate linear regression model)이라고 부른다. 여기서 물론 방정식 하나씩만을 고려할 때는 앞에서 배운 반응변수가 1개인 선형회귀모형과 동일한 것이 된다.

모형 (12.14)와 관련된 가정으로

$$\boldsymbol{\epsilon}_h \sim N(\mathbf{0}_n, \sigma_h^2 I_n) \tag{12.15}$$

$$\mathrm{E}(\boldsymbol{\epsilon}_h \boldsymbol{\epsilon}_q^\top) = \sigma_{hq} I_n \tag{12.16}$$

이 성립된다고 하고, X는 $n \times (p+1)$행렬로서 주어진 계획행렬(design matrix)이고 계수는 $p+1$이라고 하자. 식 (12.16)의 가정에서 $h = q$이면

$$\mathrm{E}(\boldsymbol{\epsilon}_h \boldsymbol{\epsilon}_h^\top) = \mathrm{Var}(\boldsymbol{\epsilon}_h) = \sigma_{hh} I_n = \sigma_h^2 I_n$$

으로 식 (12.15)가 되며 $\sigma_h^2 = \sigma_{hh}$는 같은 것을 의미하는 것으로 한다. 가정 (12.16)의 의미는 두 오차벡터

$$\boldsymbol{\epsilon}_h^\top = (\epsilon_{h1}, \epsilon_{h2}, \cdots, \epsilon_{hn}), \quad \boldsymbol{\epsilon}_q^\top = (\epsilon_{q1}, \epsilon_{q2}, \cdots, \epsilon_{qn})$$

사이에는

$$\mathrm{E}(\epsilon_{hi}\epsilon_{qj}) = \begin{cases} 0, & i \neq j \\ \sigma_{hq}, & i = j \end{cases} \tag{12.17}$$

인 관계가 성립하여서 g개의 반응변수들을 n번 관찰할 때에 같은 j번째 관찰된 반응변수들의 값, $y_{1j}, y_{2j}, \cdots, y_{gj}$ 간에는 상관관계가 존재하며, 같이 관찰되지 않은 값들 간에는 상관관계가 없다는 말이다. 이런 경우는 특히 계량경제(econometrics) 분야에서 많이 나타나는 것으로 참고문헌 (12.2), (12.3), (12.6)을 보면 상세히 다루고 있다. 일반적으로 계량경제 모형에서 n개의 데이터가 시계열 데이터(time series data)이므로 가정 (12.17)의 의미는 동시에 관측된 반응변수들 간에 상관관계가 존재하고, 동시에 관측되지 않은 반응변수 간에는 상관관계가 없다고 가정하는 것이다. 이때,

$$\mathrm{E}(\epsilon_{hj}\epsilon_{qj}) = \sigma_{hq}$$

을 오차 ϵ_{hj}와 ϵ_{qj} 간의 '동시 공분산'(comtemporaneous covariance)이라고 부른다. 계량경제학에서는 설명변수를 흔히 내생변수(endogenous variable)라고 부르고, 반응변수를 외생변수(exogenous variable)라고 부른다.

식 (12.14)의 다변량회귀모형에서 $\boldsymbol{\beta}_h$를 추정하기 위하여 다음과 같이 g개의 방정식을 묶어보자.

$$\begin{bmatrix} \mathbf{y}_1 \\ \mathbf{y}_2 \\ \vdots \\ \mathbf{y}_g \end{bmatrix} = \begin{bmatrix} X & O_{n\times(p+1)} & O_{n\times(p+1)} & O_{n\times(p+1)} & O_{n\times(p+1)} \\ O_{n\times(p+1)} & X & \cdots & O_{n\times(p+1)} & O_{n\times(p+1)} \\ \vdots & \vdots & \ddots & \vdots & \vdots \\ O_{n\times(p+1)} & O_{n\times(p+1)} & \cdots & X & O_{n\times(p+1)} \\ O_{n\times(p+1)} & O_{n\times(p+1)} & \cdots & O_{n\times(p+1)} & X \end{bmatrix} \begin{bmatrix} \boldsymbol{\beta}_1 \\ \boldsymbol{\beta}_2 \\ \vdots \\ \boldsymbol{\beta}_g \end{bmatrix} + \begin{bmatrix} \boldsymbol{\epsilon}_1 \\ \boldsymbol{\epsilon}_2 \\ \vdots \\ \boldsymbol{\epsilon}_g \end{bmatrix}$$

이를 간략하게

$$\mathbf{y} = Z\boldsymbol{\beta} + \boldsymbol{\epsilon} \tag{12.18}$$

으로 표현하자. 그러면 $\mathbf{y}$는 $gn \times 1$, $\boldsymbol{\beta}$는 $g(p+1) \times 1$, $\boldsymbol{\epsilon}$는 $gn \times 1$이고 Z는 $gn \times g(p+1)$ 행렬이 된다. 가정 (12.16)으로부터 벡터 $\boldsymbol{\epsilon}$의 분산-공분산행렬을 구하여 보면

$$\begin{aligned}
\mathrm{Var}(\boldsymbol{\epsilon}) &= \begin{bmatrix} \mathrm{E}(\boldsymbol{\epsilon}_1\boldsymbol{\epsilon}_1^\top) & \mathrm{E}(\boldsymbol{\epsilon}_1\boldsymbol{\epsilon}_2^\top) & \cdots & \mathrm{E}(\boldsymbol{\epsilon}_1\boldsymbol{\epsilon}_g^\top) \\ & \mathrm{E}(\boldsymbol{\epsilon}_2\boldsymbol{\epsilon}_2^\top) & \cdots & \mathrm{E}(\boldsymbol{\epsilon}_2\boldsymbol{\epsilon}_g^\top) \\ (\text{대칭}) & & \ddots & \vdots \\ & & & \mathrm{E}(\boldsymbol{\epsilon}_g\boldsymbol{\epsilon}_g^\top) \end{bmatrix} \\
&= \begin{bmatrix} \sigma_1^2 I_n & \sigma_{12} I_n & \cdots & \sigma_{1g} I_n \\ & \sigma_2^2 I_n & \cdots & \sigma_{2g} I_n \\ (\text{대칭}) & & \ddots & \vdots \\ & & & \sigma_g^2 I_n \end{bmatrix} = \begin{bmatrix} \sigma_1^2 & \sigma_{12} & \cdots & \sigma_{1g} \\ & \sigma_2^2 & \cdots & \sigma_{2g} \\ (\text{대칭}) & & \ddots & \vdots \\ & & & \sigma_g^2 \end{bmatrix} \otimes I_n \\
&= \Sigma \otimes I_n = \Omega
\end{aligned} \tag{12.19}$$

이 된다. 여기서 사용된 $\otimes$는 크로넥커 곱(Kronecker product)을 나타내는 기호로 $A \otimes B = (a_{ij}) \otimes B = (a_{ij}B)$와 같은 기능을 가진다. 식 (12.19)에서 얻어진 행렬 Ω는 $gn \times gn$의 대칭행렬이다. 결과적으로

$$\mathrm{Var}(\boldsymbol{\epsilon}) = \Omega \neq \sigma^2 I_n$$

이므로, 모형 (12.18)의 $\boldsymbol{\beta}$추정에는 GLS 추정방법으로 사용하여야 한다. 따라서, $\boldsymbol{\beta}$의 추정량은

$$\hat{\boldsymbol{\beta}}^* = (Z^\top \Omega^{-1} Z)^{-1} Z^\top \Omega^{-1} \mathbf{y} = \begin{bmatrix} \hat{\boldsymbol{\beta}}_1^* \\ \hat{\boldsymbol{\beta}}_2^* \\ \vdots \\ \hat{\boldsymbol{\beta}}_g^* \end{bmatrix} \tag{12.20}$$

로 표현된다. 식 (12.14)에 있는 g개의 방정식에 대하여 방정식별로 $\boldsymbol{\beta}_h$를 추정하게 되면 가정 (12.15)에 의하여 OLS추정방법을 사용하며, 이를

$$\hat{\boldsymbol{\beta}}_h = (X^\top X)^{-1} X^\top \mathbf{y}_h, \quad h = 1, 2, \cdots, g$$

로 표현한다. 이후 g개의 추정벡터를 같이 합치면

$$\hat{\boldsymbol{\beta}} = \begin{bmatrix} \hat{\boldsymbol{\beta}}_1 \\ \hat{\boldsymbol{\beta}}_2 \\ \vdots \\ \hat{\boldsymbol{\beta}}_g \end{bmatrix} = \begin{bmatrix} (X^\top X)^{-1} X^\top \mathbf{y}_1 \\ (X^\top X)^{-1} X^\top \mathbf{y}_2 \\ \vdots \\ (X^\top X)^{-1} X^\top \mathbf{y}_g \end{bmatrix}$$

$$
= \begin{bmatrix} X^\top X & O_{p+1} & \cdots & O_{p+1} \\ O_{p+1} & X^\top X & \cdots & O_{p+1} \\ \vdots & \vdots & \ddots & \vdots \\ O_{p+1} & O_{p+1} & \cdots & X^\top X \end{bmatrix}^{-1} \begin{bmatrix} X & O_{n\times(p+1)} & \cdots & O_{n\times(p+1)} \\ O_{n\times(p+1)} & X & \cdots & O_{n\times(p+1)} \\ \vdots & \vdots & & \vdots \\ O_{n\times(p+1)} & O_{n\times(p+1)} & \cdots & X \end{bmatrix}^\top \begin{bmatrix} \mathbf{y}_1 \\ \mathbf{y}_2 \\ \vdots \\ \mathbf{y}_g \end{bmatrix}
$$

$$
= (Z^\top Z)^{-1} Z^\top \mathbf{y} \qquad (12.21)
$$

가 된다.

그런데 재미있는 결과는 식(12.14)의 다변량중회귀모형에 대하여 위의 가정 (12.15), (12.16)이 성립되는 경우에는 OLS추정과 GLS추정이 동일하다는 것이다. 즉,

$$
\begin{aligned}
\hat{\boldsymbol{\beta}}^* &= (Z^\top \Omega^{-1} Z)^{-1} Z^\top \Omega^{-1} \mathbf{y} \\
&= (Z^\top Z)^{-1} Z^\top \mathbf{y} = \hat{\boldsymbol{\beta}}
\end{aligned}
$$

가 된다. 이의 증명은 행렬의 크로네커 곱의 성질로부터

$$
\begin{aligned}
& I_m \otimes I_n = I_{mn} \\
& (A \otimes B)(C \otimes D) = AC \otimes BD \\
& (A \otimes B)^{-1} = A^{-1} \otimes B^{-1} \\
& (A \otimes B)^\top = A^\top \otimes B^\top
\end{aligned} \qquad (12.22)
$$

의 결과를 이용하면 얻어진다. GLS 추정량이

$$
\hat{\boldsymbol{\beta}}^* = (Z^\top \Omega^{-1} Z)^{-1} Z^\top \Omega^{-1} \mathbf{y}
$$

로 표현되고, $(Z^\top \Omega^{-1} Z)^{-1}$와 $(Z^\top \Omega^{-1} \mathbf{y})$을 계산하면 아래와 같다. 먼저

$$
\begin{aligned}
Z^\top \Omega^{-1} &= Z^\top (\Sigma^{-1} \otimes I_n) = \Sigma^{-1} \otimes X^\top \\
Z^\top \Omega^{-1} Z &= Z^\top (\Sigma^{-1} \otimes I_n) Z = (\Sigma^{-1} \otimes X^\top) Z = \Sigma^{-1} \otimes (X^\top X)
\end{aligned}
$$

이므로

$$
(Z^\top \Omega^{-1} Z)^{-1} = \left[\Sigma^{-1} \otimes (X^\top X)\right]^{-1} = \Sigma \otimes (X^\top X)^{-1}
$$

이다. 다음으로

$$
Z^\top \Omega^{-1} \mathbf{y} = Z^\top (\Sigma^{-1} \otimes I_n) \mathbf{y} = (\Sigma^{-1} \otimes X^\top) \mathbf{y}
$$

이다. 위의 두 결과를 합하여 GLS를 계산하면

$$
\begin{aligned}
\hat{\boldsymbol{\beta}}^* &= (Z^\top \Omega^{-1} Z)^{-1} (Z^\top \Omega^{-1} \mathbf{y}) \\
&= \left[\Sigma \otimes (X^\top X)^{-1}\right] \left[(\Sigma^{-1} \otimes X^\top) \mathbf{y}\right] \\
&= \left[(\Sigma \Sigma^{-1}) \otimes (X^\top X)^{-1} X^\top\right] \mathbf{y} \\
&= \left[I_g \otimes (X^\top X)^{-1} X^\top\right] \mathbf{y} \\
&= (Z^\top Z)^{-1} Z^\top \mathbf{y} = \hat{\boldsymbol{\beta}}
\end{aligned}
$$

가 된다. 따라서, 많은 계산이 요구되는 $\hat{\boldsymbol{\beta}}^*$를 구할 필요가 없이 OLS 추정방법에 의하여 각 방정식으로부터 $\hat{\boldsymbol{\beta}}$를 구하면 된다. 그러나, 가정 (12.15)와 (12.16)이 성립되지 않는 경우에는 $\hat{\boldsymbol{\beta}}^*$와 $\hat{\boldsymbol{\beta}}$의 값이 일치한다는 보장이 없다.

모형 (12.14)에서는 각 방정식마다 계획행렬 X는 동일하다고 가정하였다. 그러나 그렇지 않은 경우도 있으며, 다음과 같이 더욱 일반적인 다변량 선형회귀모형

$$\mathbf{y}_h = X_h\boldsymbol{\beta}_h + \boldsymbol{\epsilon}_h\ , \quad h = 1, 2, \cdots, g \tag{12.23}$$

를 고려해 보자. 오차벡터 $\boldsymbol{\epsilon}_h$에 대한 가정으로 식 (12.15)와 (12.16)이 그대로 성립된다고 하자. 그러면 회귀모형은 식 (12.18)과 같이 표현될 수 있으나 행렬 Z는

$$Z = \begin{bmatrix} X_1 & O_{n\times(p+1)} & \cdots & O_{n\times(p+1)} \\ O_{n\times(p+1)} & X_2 & \cdots & O_{n\times(p+1)} \\ \vdots & \vdots & & \vdots \\ O_{n\times(p+1)} & O_{n\times(p+1)} & \cdots & X_g \end{bmatrix}$$

가 되며, $\boldsymbol{\beta}$의 GLS추정량은

$$\hat{\boldsymbol{\beta}}^* = (Z^\top\Omega^{-1}Z)^{-1}Z^\top\Omega^{-1}\mathbf{y} \tag{12.24}$$

으로 $\hat{\boldsymbol{\beta}} = (Z^\top Z)^{-1}Z^\top\mathbf{y}$와는 동일하지 않다. 이 경우는 $\hat{\boldsymbol{\beta}}^*$는 BLUE이지만 $\hat{\boldsymbol{\beta}}$는 아니다.

결론적으로, 모형 (12.14)의 $\boldsymbol{\beta}_h$추정은 그의 BLUE가 $\hat{\boldsymbol{\beta}} = (Z^\top Z)^{-1}Z^\top\mathbf{y}$이므로, 각각의 방정식으로부터 $\hat{\boldsymbol{\beta}}_h = (X^\top X)^{-1}X^\top\mathbf{y}_h$에 의하여 구할 수 있다. 모형 (12.23)인 경우에는 BLUE가 식 (12.24)의 $\hat{\boldsymbol{\beta}}^*$이므로 GLS 추정방법을 사용하여야 한다. 만약, Ω가 알려져 있지 않을 때에는 데이터로부터 먼저 Ω를 추정하고, 이를 대입하여 구하여야 한다. 그 절차를 간략히 설명하면 다음과 같다.

식 (12.23)의 행렬 X_h가 $(p_h + 1)$개의 열을 가지고 있다고 하자. 먼저 OLS 추정방법에 의하여 $\boldsymbol{\beta}_h$를 $\hat{\boldsymbol{\beta}}_h = (X_h^\top X_h)^{-1}X_h^\top\mathbf{y}_h$로 추정한 후 이로부터 얻어지는 잔차벡터

$$\mathbf{e}_h = \mathbf{y}_h - X_h\hat{\boldsymbol{\beta}}_h\ , \quad h = 1, 2, \cdots, g$$

를 구한다. 다음으로

$$\Sigma = \begin{bmatrix} \sigma_1^2 & \sigma_{12} & \sigma_{13} & \cdots & \sigma_{1g} \\ & \sigma_2^2 & \sigma_{23} & \cdots & \sigma_{2g} \\ & & \sigma_3^2 & \cdots & \sigma_{3g} \\ (\text{대칭}) & & & \ddots & \vdots \\ & & & & \sigma_g^2 \end{bmatrix}$$

의 추정을 $S = (S_{hq})(h, q = 1, 2, \cdots, g)$로 한다. 여기서 S_{hq}는

$$S_{hq} = \frac{\mathbf{e}_h^\top \mathbf{e}_q}{n - p_h - 1} \tag{12.25}$$

로부터 얻는다. 그러면 GLS추정은

$$\tilde{\boldsymbol{\beta}} = [Z^\top (S \otimes I)^{-1} Z]^{-1} [Z^\top (S \otimes I)^{-1} \mathbf{y}] \tag{12.26}$$

으로 표현된다. Zellner(참고문헌 12.7과 12.8)는 Ω가 미지일 때에 식 (12.26)의 $\tilde{\boldsymbol{\beta}}$ 는 식 (12.24)의 $\hat{\boldsymbol{\beta}}^*$의 일치추정량(consistent estimator variance-covariance matrix estimator)이며, $\sqrt{n}\,(\hat{\boldsymbol{\beta}}^* - \boldsymbol{\beta})$ 와 $\sqrt{n}\,(\tilde{\boldsymbol{\beta}} - \boldsymbol{\beta})$는 같은 점근 분산-공분산행렬(asymptotic variance-covariance matrix)을 가지고 있음을 증명하였다.

12.4 자기상관

12.4.1 자기상관모형의 GLS추정

단순회귀모형

$$y_i = \beta_0 + \beta_1 x_i + \epsilon_i\,, \quad i = 1, 2, \cdots, n \tag{12.27}$$

에서 오차 ϵ_i 사이에

$$\begin{aligned} &\epsilon_i = \rho\epsilon_{i-1} + \delta_i, \quad |\rho| < 1 \\ &\delta_i \sim N(0, \sigma_\delta^2), \quad \mathrm{Cov}(\delta_i, \delta_j) = 0, \quad i \neq j \end{aligned} \tag{12.28}$$

인 관계가 성립할 때, 이 단순회귀모형을 일차자기상관회귀모형(first-order autocorrelation regression model)이라 부르고, ρ를 자기상관계수(autocorrelation coefficient)라고 부른다. 일차자기상관에 관한 기본적인 사항은 이미 4장의 5절에서 논의되었으므로, 여기에서는 주로 4장에서 다루지 않았던 모형 (12.27)의 β_0와 β_1을 추정하는 문제를 다루기로 한다.

오차항 간에 일차자기상관이 있으면 $\boldsymbol{\epsilon}^\top = (\epsilon_1, \epsilon_2, \cdots, \epsilon_n)$의 분산-공분산행렬은 식 (4.51)에 의하여

$$\mathrm{Var}(\boldsymbol{\epsilon}) = \sigma_\epsilon^2 V = \frac{\sigma_\delta^2}{1 - \rho^2} \begin{bmatrix} 1 & \rho & \rho^2 & \ldots & \rho^{n-1} \\ & 1 & \rho & \ldots & \rho^{n-2} \\ & & 1 & \ldots & \rho^{n-3} \\ & \text{(대칭)} & & & \vdots \\ & & & & 1 \end{bmatrix}$$

과 같다. 여기서 $\mathrm{Var}(\epsilon_i) = \frac{\sigma_\delta^2}{1 - \rho^2} = \sigma_\epsilon^2$임을 유의하시오. 따라서 식 (12.27)의 β_0와 β_1의 BLUE는 GLS 추정방법에 의하여

$$\hat{\boldsymbol{\beta}}^* = \begin{pmatrix} \hat{\beta}_0^* \\ \hat{\beta}_1^* \end{pmatrix} = (X^\top V^{-1}X)^{-1}X^\top V^{-1}\mathbf{y} \tag{12.29}$$

이 된다. 여기서

$$X = \begin{pmatrix} 1 & x_1 \\ 1 & x_2 \\ \vdots & \vdots \\ 1 & x_n \end{pmatrix} \quad \mathbf{y} = \begin{pmatrix} y_1 \\ y_1 \\ \vdots \\ y_n \end{pmatrix}$$

임은 이미 단순회귀모형에서 많이 다루었다. 그러나, 실제로 자기상관계수 ρ를 알고 있는 경우는 거의 없으며, 식 (12.29)에 의하여 BLUE인 $\hat{\boldsymbol{\beta}}^*$를 구할 수 없다는 것을 뜻한다. 이 식을 그대로 사용하기 위하여 데이터로부터 ρ를 추정하여 V에 대입하여 $\hat{V}$를 구하면 식 (12.29)의 $\hat{\boldsymbol{\beta}}^*$는 BLUE라고 볼 수 없다.

자기상관계수 ρ를 추정하는 방법으로 먼저 모형 (12.27)의 β_0와 β_1을 OLS 추정량으로 추정한 후, 잔차 e_i를 사용하여 식 (12.28)의 가정으로부터

$$e_i = \rho e_{i-1} + \delta_i\,, \quad i = 2, 3, \cdots, n \tag{12.30}$$

로 하고 OLS추정법으로 ρ를 추정한다. 즉

$$\hat{\rho} = \frac{\sum_{i=2}^{n}(e_{i-1} - \bar{e}_1)(e_i - \bar{e}_2)}{\sum_{i=2}^{n}(e_{i-1} - \bar{e}_1)^2} \tag{12.31}$$

이 된다. 여기서

$$\bar{e}_1 = \frac{\sum_{i=2}^{n} e_{i-1}}{n-1}\,, \quad \bar{e}_2 = \frac{\sum_{i=2}^{n} e_i}{n-1}$$

이다. 그러나, $\bar{e}_1$과 $\bar{e}_2$는 거의 0에 가깝게 되므로, 이를 0으로 놓고 계산하는 것이 보통이다.

식 (12.31)에 의하여 $\hat{\rho}$를 구하고 이를 V에 대입시켜 $\hat{V}$를 구하면

$$\hat{V} = \begin{bmatrix} 1 & \hat{\rho} & \hat{\rho}^2 & \cdots & \hat{\rho}^{n-1} \\ & 1 & \hat{\rho} & \cdots & \hat{\rho}^{n-2} \\ & & 1 & \cdots & \hat{\rho}^{n-3} \\ & \text{(대칭)} & & \ddots & \vdots \\ & & & & 1 \end{bmatrix} \tag{12.32}$$

이다. 따라서 식 (12.29)의 $\hat{\boldsymbol{\beta}}^*$는

$$\hat{\boldsymbol{\beta}}^* = (X^\top \hat{V}^{-1}X)^{-1}X^\top \hat{V}^{-1}\mathbf{y} \tag{12.33}$$

이 된다. 이 공식을 사용할 때 한 가지 편리한 것은 $\hat{V}$의 역행렬은 간단한 모양을 갖는 것이다. 즉

$$\hat{V}^{-1} = \frac{1}{1-\rho^2}\begin{pmatrix} 1 & -\hat{\rho} & 0 & \cdots & 0 & 0 \\ -\hat{\rho} & 1+\hat{\rho}^2 & -\hat{\rho} & \cdots & 0 & 0 \\ 0 & -\hat{\rho} & 1+\hat{\rho}^2 & \cdots & 0 & 0 \\ \vdots & \vdots & \vdots & \ddots & \vdots & \vdots \\ 0 & 0 & 0 & \cdots & -\hat{\rho} & 1 \end{pmatrix} \tag{12.34}$$

이 된다. 따라서, 식 (12.33)의 사용에 큰 어려움이 없다. 앞에서 지적한 바와 같이 식 (12.33)의 $\hat{\boldsymbol{\beta}}^*$는 BLUE는 아니며, 또한 표본의 크기 n이 커지면 계산이 복잡하여지므로 이 공식을 사용하지 않고 데이터 변환을 통하여 OLS 추정을 하도록 하는 방법이 많이 쓰여지고 있다. 이를 다음 절에서 소개하기로 하자.

12.4.2 데이터변환에 의한 OLS 추정

식 (12.27)의 자기상관 회귀모형은 오차벡터 $\boldsymbol{\epsilon}$의 분산-공분산행렬이 $\sigma^2 I_n$의 형태가 아니므로 앞에서 GLS추정방법을 논의하였는데, 만약 x_i와 y_i의 적절한 데이터 변환 후에 새롭게 발생되는 오차벡터가 $\sigma^2 I_n$의 분산-공분산행렬을 가지면 OLS추정방법을 사용할 수 있다. 다음과 같이 데이터를 바꾸어 보자.

$$\begin{aligned} y_i' &= y_i - \rho y_{i-1} \\ x_i' &= x_i - \rho x_{i-1} \end{aligned} \tag{12.35}$$

그러면

$$\begin{aligned} y_i' &= y_i - \rho y_{i-1} \\ &= (\beta_0 + \beta_1 x_i + \epsilon_i) - \rho(\beta_0 + \beta_1 x_{i-1} + \epsilon_{i-1}) \\ &= \beta_0(1-\rho) + \beta_1(x_i - \rho x_{i-1}) + (\epsilon_i - \rho\epsilon_{i-1}) \\ &= \beta_0' + \beta_1 x_i' + \epsilon_i' \end{aligned} \tag{12.36}$$

이 되며, 여기서

$$\begin{aligned} \beta_0' &= \beta_0(1-\rho) \\ \epsilon_i' &= \epsilon_i - \rho\epsilon_{i-1} \end{aligned}$$

으로 놓은 것이다. 데이터변환을 통하여 얻어진 새로운 모형 (12.36)을 검토하여 보자.

$$\begin{aligned} \mathrm{Var}(\epsilon_i') &= \mathrm{Var}(\epsilon_i - \rho\epsilon_{i-1}) \\ &= (1-\rho^2)\sigma_\epsilon^2 \end{aligned}$$

이고

$$\begin{aligned}\mathrm{Cov}(\epsilon_i', \epsilon_{i-1}') &= \mathrm{E}\left[(\epsilon_i - \rho\epsilon_{i-1})(\epsilon_{i-1} - \rho\epsilon_{i-2})\right] \\ &= \mathrm{E}\left[\epsilon_i\epsilon_{i-1} - \rho\epsilon_i\epsilon_{i-2} - \rho\epsilon_{i-1}^2 + \rho\epsilon_{i-1}\epsilon_{i-2}\right] \\ &= \rho\sigma_\epsilon^2 - \rho(\rho^2\sigma_\epsilon^2) - \rho(\sigma_\epsilon^2) + \rho^2(\rho\sigma_\epsilon^2) = 0\end{aligned}$$

이 되며 같은 방법으로

$$\mathrm{Cov}(\epsilon_i', \epsilon_j') = 0, \quad i \neq j$$

임을 쉽게 증명할 수 있다. 따라서 오차벡터

$$\boldsymbol{\epsilon}' = \begin{pmatrix} \epsilon_1' \\ \epsilon_2' \\ \vdots \\ \epsilon_n' \end{pmatrix}$$

의 분산-공분산 행렬은

$$\mathrm{Var}(\boldsymbol{\epsilon}') = (1 - \rho^2)\sigma_\epsilon^2 I_n$$

으로 식 (12.36)의 β_0'과 β_1의 BLUE는 OLS 추정방법에 의하여 얻어지는 추정값이 된다. β_0'가 구해지면 β_0는 $\beta_0' = \beta_0(1 - \rho)$의 관계식으로부터 곧 구해진다.

그러나, 자기상관계수 ρ가 미지인 경우에는 식 (12.35)을 얻을 수 없으므로 데이터 변환 방법을 사용할 수 없다. 따라서, ρ의 추정값을 데이터로부터 구하여야 한다. ρ의 추정값 $\hat{\rho}$은 식 (12.31)에서처럼 구할 수 있으며, 더 간략히

$$\hat{\rho} = \frac{\sum_{i=2}^n e_{i-1}e_i}{\sum_{i=2}^n e_{i-1}^2} \tag{12.37}$$

의 공식을 사용한다. 그러면 식 (12.35)의 데이터 변환은

$$\begin{aligned} y_i' &= y_i - \hat{\rho}y_{i-1} \\ x_i' &= x_i - \hat{\rho}x_{i-1} \end{aligned} \tag{12.38}$$

이 된다. 따라서 β_1와 β_0의 OLS 추정은

$$\begin{aligned} \hat{\beta}_1 &= \frac{\sum_{i=1}^n (x_i' - \bar{x}')(y_i' - \bar{y}')}{\sum_{i=1}^n (x_i' - \bar{x}')^2} \\ \hat{\beta}_0 &= \frac{\hat{\beta}_0'}{1 - \hat{\rho}} = \frac{1}{1 - \hat{\rho}}\left[\bar{y}' - \hat{\beta}_1\bar{x}'\right] \\ \bar{x}' &= \sum_{i=1}^n x_i'/n \\ \bar{y}' &= \sum_{i=1}^n y_i'/n \end{aligned} \tag{12.39}$$

으로 얻어진다.

예제 12.1

어떤 큰 회사의 연구개발비와 총판매액에 대한 분기별 데이터가 [표 12.1]과 같다. 판매액(y_i)과 연구개발비(x_i) 간에 산포도를 그려 보니 연구개발비가 증가함에 따라 총판매액이 대체적으로 증가하는 현상을 나타내므로 단순회귀모형

$$y_i = \beta_0 + \beta_1 x_i + \epsilon_i, \quad i = 1, 2, \cdots, 20$$

을 적합하려 한다. 일차자기상관관계가 있는가를 검토하고 β_0와 β_1을 추정하시오.

표 12.1 연구개발비와 총판매액 데이터

연도	분기	i	y_i 총판매액(억원)	x_i 연구개발비(백만원)	e_i 잔차
2015	1	1	349.7	133.6	-9.9655
	2	2	353.5	135.4	-9.8090
	3	3	359.2	137.6	-8.5622
	4	4	366.4	140.0	-6.2203
2016	1	5	376.5	143.8	-3.8122
	2	6	385.7	147.1	-1.2920
	3	7	391.3	148.8	0.8669
	4	8	398.9	151.4	3.2040
2017	1	9	404.2	153.3	4.6580
	2	10	414.0	156.5	7.9806
	3	11	423.4	160.8	8.6766
	4	12	430.5	163.6	10.1089
2018	1	13	440.4	166.9	13.3291
	2	14	451.8	171.4	15.6202
	3	15	457.0	174.0	15.5573
	4	16	460.9	175.4	16.6235
2019	1	17	462.9	180.5	8.3001
	2	18	443.4	184.9	-20.1063
	3	19	445.0	187.1	-22.9595
	4	20	449.0	188.7	-22.1982

풀이

먼저 일차자기상관계수(first-order autocorrelation coefficient) $\rho = 0$인가를 검정하여 보자. 경제 문제에서 취급되는 ρ는 일반적으로 양(positive)이므로 다음의 통계적 가설검정

$$H_0 : \rho = 0$$
$$H_1 : \rho > 0$$

을 실시하여 보자. 앞의 4장에서 다룬 Durbin-Watson d 통계량을 구하기 위하여 OLS 추정방법에 의하여 β_0와 β_1을 일단 추정하고 잔차 e_i를 구하여 보자.

$$\hat{\beta}_0 = 89.2339$$
$$\hat{\beta}_1 = 2.0242$$

가 되며, 잔차는

$$e_i = y_i - \hat{y}_i = y_i - (89.2339 + 2.0242x_i)$$

에 의하여 얻어진다. 그 결과는 [표 12.1]에 데이터와 같이 수록되어 있다. Durbin-Watson d 통계량의 값은 식 (4.52)를 사용하여

$$d = \frac{\sum_{i=2}^{20}(e_i - e_{i-1})^2}{\sum_{i=2}^{20} e_i^2} = \frac{946.71}{3030.69} = 0.312$$

가 얻어진다. 유의수준 $\alpha = 0.01$을 사용하면 부록 [표 A-6]에서 $n = 20$, $p = 1$이므로, $d_L = 0.95$, $d_U = 1.15$가 된다. 그런데, $d = 0.312$이므로 $d_L = 0.95$보다 작아 귀무가설은 기각되고 대립가설 $\rho > 0$이 채택된다. 즉, 오차항에 일차자기상관관계가 존재하고 있음을 알 수 있다. [표 12.1]의 잔차들을 검토하여 보면 처음 6분기의 잔차는 모두 음(negative)이고, 그 다음 11 분기는 모두 양(positive)이며, 다시 음으로 되는 관계를 볼 때 오차항 ϵ_i 간에 어떤 관련성이 있음을 감지할 수 있다. 다음으로 β_0와 β_1을 추정하기 위하여 ρ를 식 (12.37)에 의하여 추정하고 식 (12.38)에 의하여 데이터변환을 시키면 다음과 같다.

$$\hat{\rho} = \frac{\sum_{i=2}^{20} e_{i-1}e_i}{\sum_{i=2}^{20} e_{i-1}^2} = \frac{2261.300}{2537.930} = 0.891$$

[표 12.2]의 변환된 데이터에 대하여 식 (12.39)의 OLS 추정값을 구하면

$$\hat{\beta}_0 = \frac{\hat{\beta}_0'}{1 - \hat{\rho}} = \frac{40.2457}{1 - 0.891} = 369.2266$$
$$\hat{\beta}_1 = 0.4862$$

가 된다. 이 추정값들은 앞에서 구한 $\hat{\beta}_0 = 89.2339$, $\hat{\beta}_1 = 2.0242$와는 많은 차이가 있다. 앞의 추정값들은 데이터변환을 통하여 자기상관을 무시하고 직접 구한 OLS 추정값이며, 뒤의 추정값들은 오차 간에 자기상관을 제거시킨 이후에 OLS 추정법을 사용한 것이다.

표 12.2 **변환된 데이터**

i	$y_i' = y_i - 0.891y_{i-1}$	$x_i' = x_i - 0.891x_{i-1}$
1	×	×
2	41.917	16.362
3	44.232	16.959
4	46.353	17.398
5	50.038	19.060
6	50.238	18.974
7	47.641	17.734
8	50.252	18.819
9	48.780	18.403
10	53.858	19.910
11	54.526	21.358
12	53.251	20.327
13	56.824	21.132
14	59.404	22.692
15	54.446	21.283
16	53.713	20.366
17	52.238	24.219
18	30.956	24.074
19	49.931	22.354
20	52.505	21.994

12.5 R 실습

Longley 데이터 이 데이터는 R에 기본적으로 내장되어 있는 것으로 1947년부터 1962년까지 7가지의 경제학적 변수를 관측한 값으로 구성되어 있다. 반응변수는 고용자수(Employed), 설명변수는 국민총생산(GNP), 14세 이상의 인구수(Population)로 할 때, GLS 추정량을 구해보자. 먼저 다음과 같은 중회귀모형을 가정해 보자.

$$\text{Employed}_i = \beta_0 + \beta_1 \times \text{GNP}_i + \beta_2 \times \text{Population}_i + \epsilon_i,$$
$$\epsilon_i \sim N(0, \sigma^2), \quad i = 1, \cdots, 16$$

```
> data(longley)
> fit←lm(Employed~GNP+Population, data=longley)
> summary(fit, cor=T)

Call:
lm(formula = Employed ~ GNP + Population, data = longley)
```

```
Residuals:
     Min       1Q   Median       3Q      Max
 -0.80899 -0.33282 -0.02329 0.25895 1.08800

Coefficients:
             Estimate Std. Error t value Pr(>|t|)
(Intercept) 88.93880   13.78503   6.452 2.16e-05 ***
GNP          0.06317    0.01065   5.933 4.96e-05 ***
Population  -0.40974    0.15214  -2.693 0.0184 *
---
Signif. codes: 0 '***' 0.001 '**' 0.01 '*' 0.05 '.' 0.1 ' ' 1
Residual standard error: 0.5459 on 13 degrees of freedom
Multiple R-squared: 0.9791,      Adjusted R-squared: 0.9758
F-statistic: 303.9 on 2 and 13 DF, p-value: 1.221e-11

Correlation of Coefficients:
            (Intercept) GNP
GNP          0.98
Population  -1.00       -0.99
```

위 결과는 $\boldsymbol{\epsilon} \sim N(0, \sigma^2 I_n)$을 가정한 것으로 회귀계수 추정값의 상관계수를 살펴보면 $\widehat{\text{Corr}}(\hat{\beta}_0, \hat{\beta}_1) = 0.98$, $\widehat{\text{Corr}}(\hat{\beta}_0, \hat{\beta}_2) = -1.00$, $\widehat{\text{Corr}}(\hat{\beta}_1, \hat{\beta}_2) = -0.99$으로 추정값들 사이의 상관성이 매우 높음을 알 수 있다. 특히 시간에 따라 관측된 이 데이터는 오차 ϵ_i 간 다음과 같은 일차자기상관관계의 가정이 더 적절할 수 있다.

$$\epsilon_i = \rho\epsilon_{i-1} + \delta_i, \quad \delta_i \sim N(0, \sigma_\delta^2)$$

이때, $\rho = 0$인지 알아보기 위해 Durbin-Watson 통계량으로 검정해 보기로 한다. 이것은 car 패키지를 설치하여 DurbinWatsonTest( )함수를 사용하면 된다.

```
> durbinWatsonTest(fit)
 lag Autocorrelation D-W Statistic p-value
   1       0.2878177      1.301484   0.032
 Alternative hypothesis: rho != 0
```

위 결과로부터 귀무가설 $\rho = 0$은 유의수준 5%에서 기각할 수 있다. 이제 $\boldsymbol{\epsilon} \sim N(0, \sigma^2 V)$을 가정하고 GLS 추정량 $\hat{\beta}^* = (X^\top V^{-1} X)^{-1} X^\top V^{-1} \mathbf{y}$를 구해 보자. 일차자기상관관계를 가정한

경우 오차의 분산-공분산행렬은 $V_{ij} = \rho^{|i-j|}$이고, 자기상관계수 ρ가 알려져 있다고 가정해야 하므로 위의 OLS 적합결과로부터 이를 추정하면 다음과 같다.

```
> cor(fit$residuals[-16], fit$residuals[-1])
[1] 0.3104092
```

이것은 식 (12.31)을 계산한 것이다. 이제 $V_{ij} = \rho^{|i-j|}$에서 ρ대신 $\hat{\rho} = 0.3104092$를 대입하면 다음과 같다.

```
> V←diag(16)
> V←0.3104092^abs(row(V)-col(V))
> X←model.matrix(fit)
> V.inv←solve(V)
> beta←solve(t(X)%*%V.inv%*%X)%*%t(X)%*%V.inv%*%longley$Employed # GSL 추정량
> beta
                    [,1]
(Intercept) 94.89887752
GNP          0.06738948
Population  -0.47427391
```

GLS 추정량의 표준오차 $\sqrt{\widehat{\text{Var}}(\boldsymbol{\hat{\beta}}^*)} = \sqrt{\hat{\sigma}^2(X^\top V^{-1}X)^{-1}}$는 다음과 같이 구할 수 있다.

```
> res←longley$Employed-X%*%beta
> sig←sum(res^2)/fit$df
> sqrt(diag(solve(t(X)%*%V.inv%*%X))*sig)
(Intercept)         GNP  Population
14.15760467  0.01086675  0.15572652
```

참고문헌

12.1 Faraway, J. (2002) *Practical Regression and Anova Using R* (*electronic book*). https://cran.rproject.org/doc/contrib/Faraway-PRA.pdf.

12.2 Greene, W.H. (2018) *Econometric Analysis* (8th Ed.), New Jersy, Prentice Hall.

12.3 Hayashi, F. (2011) *Econometrics*, New Jersy, Princeton University Press.

12.4 Kutner, M.H., Nachtsheim, C.J. Neter, J. and Li, W. (2004) *Applied Linear Statistical Models* (5th Ed.), New York, McGraw-Hill/Irwin.

12.5 McElroy, F. W. (1967) A necessary and sufficient condition that ordinary least squares estimator to be best linear unbiased. *Journal of the American Statistical Association*, 62, 1302-1304.

12.6 Wooldridge, J.M. (2019) *Introductory Econometrics*: *A Modern Approach* (7th Ed.), Boston, Cengage Learning.

12.7 Zellner, A. (1962) An efficient method of estimating seemingly unrelated regressions and tests for aggregation bias. *Journal of the American Statistical Association*, 57, 348—368.

12.8 Zellner, A. and Huang, D. S. (1962) Further properties of efficient estimators for seemingly unrelated regression equations. *International Economic Review*, 3, 300—313.

연습문제

12.1 식 (12.13)에 있는 것과 같이 오차벡터의 분산-공분산행렬이

$$V = [(1-\rho)I_n + \rho J_n], \quad 0 \leq \rho < 1$$

인 경우에 OLS 추정값과 GLS 추정값이 같음을 증명하시오.

12.2 선형회귀모형

$$y_i = \beta_0 + \beta_1 x_i + \epsilon_i, \quad i = 1, 2, \cdots, n$$

에서 만약 오차벡터 $\boldsymbol{\epsilon}^\top = (\epsilon_1, \epsilon_2, \cdots, \epsilon_n)$의 분산-공분산행렬이

$$\text{Var}(\boldsymbol{\epsilon}) = \begin{bmatrix} \sigma_1^2 & O & \cdots & O \\ O & \sigma_2^2 & \cdots & O \\ \vdots & \vdots & & \vdots \\ O & O & \cdots & \sigma_n^2 \end{bmatrix}$$

인 경우 β_0 와 β_1의 GLS 추정값을 구하시오. 또 회귀모형이

$$y_i = \beta_1 x_i + \epsilon_i$$

이면 β_1의 GLS 추정값을 구하시오.

12.3 서로 독립인 변수 y_i 들이

$$y_i \sim (i\theta, i^2\sigma^2), \quad i = 1, 2, \cdots, n$$

의 분포를 한다면 θ 의 GLS 추정량은 무엇이며 그의 분산은 무엇인가를 구하시오.

12.4 선형회귀모형, $\mathbf{y} = X\boldsymbol{\beta} + \boldsymbol{\epsilon}$ 에서

$\mathbf{y} \sim N(X\boldsymbol{\beta}, \sigma^2 V)$
V : 알고 있는 $n \times n$ 양정치행렬
$X : n \times (p+1)$ 행렬로 계수는 $p+1$
$\hat{\boldsymbol{\beta}}^* = (X^\top V^{-1} X)^{-1} X^\top V^{-1} \mathbf{y}$

인 경우에 다음을 증명하시오.

(1) $\theta = \frac{1}{\sigma^2}(\mathbf{y} - X\hat{\boldsymbol{\beta}}^*)^\top V^{-1}(\mathbf{y} - X\hat{\boldsymbol{\beta}}^*) \sim \chi^2(n-p-1)$

(2) $\mathbf{y}^* = X\hat{\boldsymbol{\beta}}^* = P\mathbf{y}$일 때에 P는 멱동(idempotent)행렬이나, 일반적으로 대칭(symmetric) 행렬은 아니다.

12.5 선형회귀모형

$$\mathbf{y} = X\boldsymbol{\beta} + \boldsymbol{\epsilon}, \quad \mathrm{Var}(\boldsymbol{\epsilon}) = V\sigma^2$$

에서 $\boldsymbol{\beta}$ 의 GLS 추정량을 $\hat{\boldsymbol{\beta}}^*$라 할 때 $p^\top\hat{\boldsymbol{\beta}}^*$와 $q^\top\hat{\boldsymbol{\beta}}^*$의 공분산을 구하시오.

12.6 다변량 선형회귀모형 (식 (12.18)과 (12.19))에서

$$\begin{aligned}\hat{\boldsymbol{\beta}}^* &= (Z^\top\Omega^{-1}Z)^{-1}Z^\top\Omega^{-1}\mathbf{y} \\ &= (Z^\top Z)^{-1}Z^\top\mathbf{y} = \hat{\boldsymbol{\beta}}\end{aligned}$$

임이 밝혀져서, 방정식별로 OLS 추정을 하는 것과 같이 묶어서 GLS 추정을 하는 것이 모두 결과가 같은 것으로 판명되었다. 이 결과의 증명을 다음의 순서대로 밝힘으로써 증명하시오. $\Sigma = (\sigma_{ij})$일 때 Σ^{-1}을 (σ^{ij})로 표시하자.

(1) $Z^\top\Omega^{-1}Z = \begin{bmatrix} \sigma^{11}X^\top X & \sigma^{12}X^\top X & \cdots & \sigma^{1g}X^\top X \\ & \sigma^{22}X^\top X & \cdots & \sigma^{2g}X^\top X \\ \text{(대칭)} & & & \vdots \\ & & & \sigma^{gg}X^\top X \end{bmatrix}$

(2) $(Z^\top\Omega^{-1}Z)^{-1} = \begin{bmatrix} \sigma_{11}(X^\top X)^{-1} & \sigma_{12}(X^\top X)^{-1} & \cdots & \sigma_{1g}(X^\top X)^{-1} \\ & \sigma_{22}(X^\top X)^{-1} & \cdots & \sigma_{2g}(X^\top X)^{-1} \\ \text{(대칭)} & & & \vdots \\ & & & \sigma_{gg}(X^\top X)^{-1} \end{bmatrix}$

(3) $Z^\top\Omega^{-1}\mathbf{y} = \begin{bmatrix} \sum_{h=1}^{g}\sigma^{1h}X^\top\mathbf{y}_h \\ \vdots \\ \sum_{h=1}^{g}\sigma^{gh}X^\top\mathbf{y}_h \end{bmatrix}$

(4) $\sum_{h=1}^{g}\sigma_{ih}\sigma^{ih} = \begin{cases} 1, & i = j \\ 0, & i \neq j \end{cases}$

$$(5)\ \hat{\boldsymbol\beta}^* = \begin{bmatrix} \hat{\boldsymbol\beta}_1^* \\ \hat{\boldsymbol\beta}_2^* \\ \vdots \\ \hat{\boldsymbol\beta}_g^* \end{bmatrix} = (Z^\top \Omega^{-1} Z)^{-1} Z^\top \Omega^{-1} \mathbf{y}\text{로부터}$$

$$\hat{\boldsymbol\beta}_i^* = \sum_{h=1}^{g} \sigma_{ih}(X^\top X)^{-1} \sum_{j=1}^{g} \sigma^{hj} X^\top \mathbf{y}_j = (X^\top X)^{-1} X^\top \mathbf{y}_i$$

12.7 다변량 선형회귀모형

$$\mathbf{y}_1 = X_1\boldsymbol\beta_1 + \boldsymbol\epsilon_1,\ \ \mathbf{y}_2 = X_2\boldsymbol\beta_2 + \boldsymbol\epsilon_2$$

$$\mathrm{Var}\begin{pmatrix} \boldsymbol\epsilon_1 \\ \boldsymbol\epsilon_2 \end{pmatrix} = \begin{pmatrix} \sigma_{11} & \sigma_{12} \\ \sigma_{12} & \sigma_{22} \end{pmatrix} \otimes I$$

$$\sigma_{12} = \sqrt{\sigma_{11}\sigma_{12}}$$

에서 $\hat{\boldsymbol\beta}^* = (Z^\top \Omega^{-1} Z)^{-1} Z^\top \Omega^{-1} \mathbf{y}$ 와 $\mathrm{Var}(\hat{\boldsymbol\beta}^*)$를 X_1, X_2, ρ, σ_{11}, σ_{22}와 $\mathbf{y}_1$, $\mathbf{y}_2$를 사용하여 표현하시오.

12.8 연습문제 4.6의 데이터에 대하여 데이터변환

$$y_i' = y_i - \hat\rho y_{i-1}$$
$$x_i' = x_i - \hat\rho x_{i-1}$$

을 한 후 회귀직선의 β_0와 β_1을 구하시오.

12.9 다음의 데이터는 과거 20분기에 걸쳐서 A 전자회사에서 판매한 판매실적 Y_i와 전체 전자회사에서 판매한 실적 X_i의 데이터다(단위:조원). 데이터는 계절변동지수(seasonal variation)에 의하여 조정된 값이다.

i	1	2	3	4	5	6	7	8	9	10
x_i	127.3	130.0	132.7	129.4	135.0	137.1	141.2	142.8	145.5	145.3
y_i	20.9	21.4	21.9	21.5	22.3	22.7	23.4	23.6	24.1	24.0

i	11	12	31	14	15	16	17	18	19	20
x_i	148.3	146.4	150.2	153.1	157.3	160.7	164.2	165.6	168.7	171.7
y_i	24.5	24.3	25.0	25.6	26.3	26.9	27.5	27.7	28.2	28.7

(1) 자기상관관계가 있는가를 검정하시오.

$$H_0 : \rho = 0$$
$$H_1 : \rho > 0$$

(2) OLS 추정방법으로 $y_i = \beta_0 + \beta_1 x_i + \epsilon_i$의 모형을 적합시켜 β_0와 β_1을 추정하여 $\hat{\beta}_0$와 $\hat{\beta}_1$을 구하시오. 잔차 e_i를 구하고 이를 시간 i에 대하여 산점도를 그려서 오차항 간의 상관관계를 검토하시오.

(3) 위의 (1)에서 대립가설이 옳은 경우에 데이터변환 $y_i' = y_i - \hat{\rho} y_{i-1}$, $x_i' = x_i - \hat{\rho} x_{i-1}$을 통하여 β_0와 β_1을 추정하시오. 이 때의 추정값을 $\hat{\beta}_0^*$, $\hat{\beta}_1^*$이라고 하자.

(4) 위의 (2)에서 구한 $\hat{\beta}_0$와 $\hat{\beta}_1$의 분산의 추정값을 구하시오. 그리고 $\hat{\beta}_0^*$, $\hat{\beta}_1^*$의 분산의 추정값을 구하여 이와 비교하시오.

12.10 직선회귀모형 $y_i = \beta_0 + \beta_1 x_i + \epsilon_i$, $x_i > 0$, $i = 1, 2, \cdots, n$ 에서 $\epsilon_i = \rho\epsilon_{i-1} + \delta_i$, $\delta_i \sim N(0, \sigma\delta^2)$이고, δ_i 들은 서로 독립이라고 가정된다. 만약 $\hat{\beta}_1$이 β_1의 OLS 추정량이라면 $\rho > 0$일 때에 $\mathrm{Var}(\hat{\beta}_1)$은 $\rho = 0$일 때의 $\mathrm{Var}(\hat{\beta}_1)$보다 더 큼을 증명하시오.

12.11 만약

$$y_i = \beta_0 + \beta_1 x_i + \epsilon_i\,,\ \ i = 1, 2, 3$$
$$\mathrm{E}(e_i) = 0$$
$$\mathrm{Var}(\boldsymbol{\epsilon}) = \sigma^2 V$$

으로

$$V = \begin{pmatrix} 1 & \rho a & \rho \\ \rho a & a^2 & \rho a \\ \rho & \rho a & 1 \end{pmatrix},\quad 0 < \rho < 1$$

이며, ρ와 a는 미지의 상수라고 하자. x_i의 값이 $x_1 = -1$, $x_2 = 0$, $x_3 = 1$을 취할 때 β_0와 β_1의 GLS 추정값이 다음과 같음을 증명하시오.

$$\begin{pmatrix} \hat{\beta}_0^* \\ \hat{\beta}_1^* \end{pmatrix} = \begin{pmatrix} \dfrac{1}{r}\left[(a^2 - a\rho)y_1 + (1 - 2a\rho + \rho)y_2 + (a^2 - a\rho)y_3\right] \\ -\dfrac{1}{2}y_1 + \dfrac{1}{2}y_3 \end{pmatrix}$$

여기서 $r = 1 + \rho + 2a^2 - 4a\rho$이다.

12.12 만약 $y_i(i = 1, 2, \cdots, n)$가 서로 독립인 확률변수로서 기댓값 θ와 분산 σ^2/w_i를 갖는다고 하자. θ의 BLUE를 구하고, 그 최소분산(minimum variance)이 무엇인지를 밝히시오.

12.13 만약 X의 계수(rank)가 X의 열의 수보다 작을 때 정규방정식

$$X^\top V^{-1} X\boldsymbol{\beta} = X^\top V^{-1}\mathbf{y}$$

의 $\boldsymbol{\beta}$에 대한 어떤 임의의 해(solution)도 $(\mathbf{y} - X\boldsymbol{\beta})^\top V^{-1}(\mathbf{y} - X\boldsymbol{\beta})$를 최소로 함을 보이시오.

12.14 R 실습 **예제 12.1**의 데이터에 대하여 다음 질문에 대하여 답하시오.

(1) OLS 추정방법으로 $y_i = \beta_0 + \beta_1 x_i + \epsilon_i$의 모형을 적합시켜 β_0와 β_1을 추정하여 $\hat{\beta}_0$와 $\hat{\beta}_1$을 구하시오. 잔차 e_i를 구하고 오차 간 일차자기상관관계가 있는가를 검토하시오.

(2) 일차자기상관회귀모형을 가정하고 GLS 추정방법으로 β_0 와 β_1을 추정하시오.

13 가변수

〈목 차〉

앞서 12장까지 다루어온 회귀분석모형에서는 모든 변수들이 양적변수(quantitative variables)라 가정하였다. 양적변수란 어떤 구간에 속하는 모든 값을 관측값으로 취할 수 있는 변수로서 온도, 압력, 습도와 무게 등과 같은 것이다[1). 이 양적 변수의 값들은 양적으로 비교가 가능한 변수이다. 반면에 양적으로 비교가 안 되는 질적인 변수들이 있는데, 이 변수들을 질적변수(qualitative variables) 또는 범주형변수(categorical variable)라고 부른다. 질적변수의 예로는 성별(남, 여), 신용(상태 좋음, 나쁨), 보험의 종류(생명 보험, 손해 보험 등) 등을 생각해 볼 수 있다.

회귀분석의 실제 응용 문제들에서는 양적변수들 뿐만아니라 질적변수들 또한 자주 사용될 수 있으며, 이 장에서는 질적변수의 사용에 대하여 배워본다. 질적변수는 설명변수와

1) 양적변수를 구간변수(interval variable)와 비율변수(ratio varialbe)로 구분하기도 한다. 구간변수란 순서형 변수를 확장한 것으로 두 값의 차이를 측정할 수 있다. 다만 절대 0의 값이 없는 경우이다. 예를 들면, 온도나 IQ 등을 생각하면 된다. 이에 반하여 비율변수란 절대 0을 포함하고 있는 값을 나타낸다. 예를 들어, 온도도 Kelvin값으로 표현되면 비율변수라고 할 수 있으며, 키, 몸무게, 인터넷 사용시간 등 데이터 분석에서 사용하는 대부분의 양적인 변수는 비율변수가 된다.

반응변수 모두에서 관측될 수 있으며 이 장에서는 이 두 가지 경우 모두를 다루어 보기로 한다. 질적변수의 관측값이 두 가지로 분류될 수 있을 때는 일반적으로 '0'과 '1'의 값을 갖도록 설정하는 것이 편리하며, 이 변수를 가변수(dummy variable) 또는 이진형 변수(binary variable)라고 부른다. 이 절에서는 가변수라는 이름으로 사용하기로 한다. 먼저 설명변수가 가변수인 경우를 다루고, 뒤에 반응변수가 가변수인 경우를 다루기로 한다.

13.1 설명변수로 한 개의 가변수를 갖는 경우

13.1.1 기본적인 모형

중회귀모형에서 한 설명변수가 0과 1의 값을 갖는 가변수인 경우를 실제 예제를 통해 알아보자. 어떤 회사에서 새로운 프로그램을 도입하고, 이를 직원들에게 교육하면서 다음과 같은 데이터를 수집하였다.

표 13.1 **데이터**

일련번호	y (총 소요시간)	x_1 (적성검사점수)	x_2 (성별)	일련번호	y (총 소요시간)	x_1 (적성검사점수)	x_2 (성별)
1	17	151	남자	11	28	164	여자
2	26	92	남자	12	15	272	여자
3	21	175	남자	13	11	295	여자
4	30	31	남자	14	38	68	여자
5	22	104	남자	15	31	85	여자
6	1	277	남자	16	21	224	여자
7	12	210	남자	17	20	166	여자
8	19	120	남자	18	13	305	여자
9	4	290	남자	19	30	124	여자
10	16	238	남자	20	14	246	여자

반응변수 y는 이 새로운 프로그램을 익히는 데 소요된 시간이고, 설명변수 x_1은 교육을 시작하기 직전에 실시한 적성검사시험의 점수(500점 만점 기준)이고, 두 번째 설명변수 x_2로 성별(sex)이 있다. 교육을 받은 직원 중에서 10명의 여자직원과 10명의 남자직원의 데이터를 수집한 결과 [표 13.1]과 같다. 이를 분석하기 위하여 중회귀모형은

$$y_i = \beta_0 + \beta_1 x_{i1} + \beta_2 x_{i2} + \epsilon_i, \quad \epsilon_i \sim N(0, \sigma^2) \tag{13.1}$$
$$\mathrm{Cov}(\epsilon_i, \epsilon_j) = 0, \quad i \neq j, \quad i, j = 1, 2, \cdots, n$$

이고 설명변수 x_{i2}는

$$x_{i2} = \begin{cases} 0, & \text{남자인 경우} \\ 1, & \text{여자인 경우} \end{cases}$$

와 같이 가정할 수 있다. 여기서 표본의 크기는 $n = 20$이다. 이 모형의 반응함수(response function)는

$$E(y) = \beta_0 + \beta_1 x_1 + \beta_2 x_2$$

가 된다. 위 모형에서 회귀계수의 의미를 좀 더 상세히 이해하기 위하여 성별에 따른 총 소요시간의 기대값을 구해 보자. 남자인 경우는 $x_2 = 0$이므로

$$E(y) = \beta_0 + \beta_1 x_1 : \text{남자}$$

이고, 여자인 경우는 $x_2 = 1$ 이므로

$$\begin{aligned} E(y) &= \beta_0 + \beta_1 x_1 + \beta_2 : \text{여자} \\ &= (\beta_0 + \beta_2) + \beta_1 x_1 \end{aligned}$$

이다. 이 두 반응함수는 모두 직선이며, 기울기는 같은 β_1이나 프로그램을 익히는 데 소용되는 평균시간은 남자와 여자의 차이가 β_2로 나타난다. β_2는 물론 양의 값도 될 수 있고 음의 값도 될 수 있다. [그림 13.1]에서는 β_2가 양의 값을 가질 때를 나타낸다. [표 13.1] 데이터로부터 β_0, β_1과 β_2를 추정하기 위해서는 최소제곱추정법을 사용하면 된다. 즉,

$$\mathbf{y} = \begin{bmatrix} 17 \\ 26 \\ 21 \\ 30 \\ 22 \\ 1 \\ 12 \\ 19 \\ 4 \\ 16 \\ 28 \\ 15 \\ 11 \\ 38 \\ 31 \\ 21 \\ 20 \\ 13 \\ 30 \\ 14 \end{bmatrix} \qquad X = \begin{bmatrix} 1 & 151 & 0 \\ 1 & 92 & 0 \\ 1 & 175 & 0 \\ 1 & 31 & 0 \\ 1 & 104 & 0 \\ 1 & 277 & 0 \\ 1 & 210 & 0 \\ 1 & 120 & 0 \\ 1 & 290 & 0 \\ 1 & 238 & 0 \\ 1 & 164 & 1 \\ 1 & 272 & 1 \\ 1 & 295 & 1 \\ 1 & 68 & 1 \\ 1 & 85 & 1 \\ 1 & 224 & 1 \\ 1 & 166 & 1 \\ 1 & 205 & 1 \\ 1 & 124 & 1 \\ 1 & 246 & 1 \end{bmatrix}$$

으로 놓고, $\hat{\beta}_0$, $\hat{\beta}_1$과 $\hat{\beta}_2$를 구하면

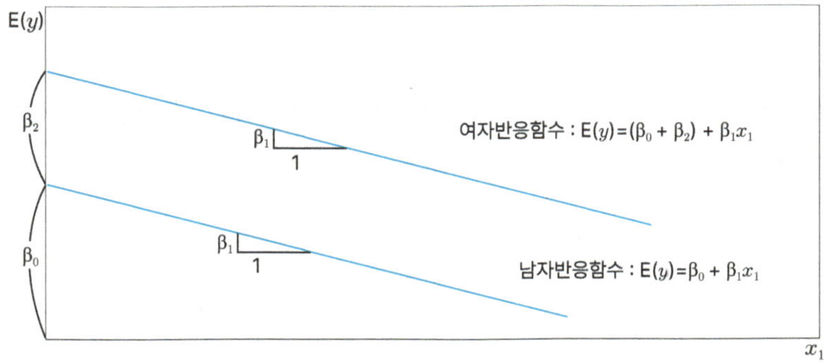

그림 13.1 **회귀식 비교**

$$\begin{bmatrix} \hat{\beta}_0 \\ \hat{\beta}_1 \\ \hat{\beta}_2 \end{bmatrix} = (X^\top X)^{-1} X^\top \mathbf{y} = \begin{bmatrix} 33.8741 \\ -0.1017 \\ 8.0555 \end{bmatrix}$$

이다. 따라서, 반응함수의 추정은

$$\hat{y} = 33.8741 - 0.1017x_1 + 8.0555x_2$$

가 된다. 기울기 β_1의 추정값이 $\hat{\beta}_1$ = -0.1017이므로, 적성검사의 점수가 높은 직원이 짧은 시간 안에 프로그램에 익숙해 진다고 할 수 있으며, 평균 100점이 더 높은 직원이 약 10시간 더 빨리 프로그램을 익히고 있음을 알 수 있다. β_2의 추정값이 $\hat{\beta}_2$ = 8.0555인 양의 값을 취하므로 여자보다 남자가 평균적으로 약 8시간 빨리 프로그램을 익히고 있음을 알 수 있다. 또, 두 직선의 기울기가 같으므로 적성검사점수(x_1)에 관계없이 남자와 여자의 차가 일정하다는 것을 알 수 있다. 실제 데이터와 적합된 회귀식을 한 그림에 그려 보면 [그림 13.2]

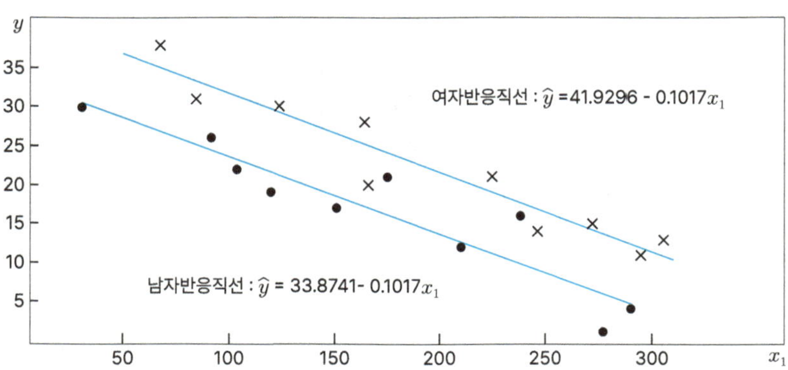

그림 13.2 **성별에 따른 회귀모형**

와 같다. 적합된 직선은 남녀별로 각각 다음과 같다.

$$\begin{cases} \hat{y} = \hat{\beta}_0 + \hat{\beta}_1 x_1 = 33.8741 - 0.1017x_1 : \text{남자} \\ \hat{y} = (\hat{\beta}_0 + \hat{\beta}_2) + \hat{\beta}_1 x_1 = (33.8741 + 8.0555) - 0.1017x = 41.9296 - 0.1017x_1 : \text{여자} \end{cases}$$

식 (13.1)의 회귀모형에 대한 분산분석이나 구간추정, 가설검정 등은 이미 다루어온 중회귀분석의 경우와 일치한다. 참고로 분산분석표를 작성해 보면 [표 13.2]와 같다. [표 13.2]의 결과로부터 식 (13.1)에서 가정한 회귀모형은, x_1(적성검사점수), x_2(성별)과 y(소요시간) 간의 관계를 설명하는 데 매우 유의함을 알 수 있다.

표 13.2 **분산분석표**

요인	제곱합	자유도	평균제곱	F_0	$F_{0.05}(2,17)$
회귀	SSR = 1504.4	2	MSR = 752.2	72.3**	3.59
잔차	SSE = 176.4	17	MSE = 10.4		
계	SST = 1680.8	19			

13.1.2 교호작용효과를 포함한 모형

앞 절에서 모형 (13.1)을 설정할 때 x_1과 x_2간에 교호작용(interaction)이 없다고 가정하였다. 즉, 적성검사의 점수(x_1)와 소요시간 간의 관계가 남녀에 따라 같다고 가정하였다. 만약, 적성검사의 점수(x_1)와 소요시간과의 관계가 남녀(x_2)에 따라 달라진다면 두 변수 x_1과 x_2간에는 교호작용이 존재한다고 하고, 이 경우에는 다음과 같은 모형을 가정하게 된다.

$$y_i = \beta_0 + \beta_1 x_{i1} + \beta_2 x_{i2} + \beta_3 x_{i1} x_{i2} + \epsilon_i, \quad i = 1, 2, \cdots, n \tag{13.2}$$

따라서 반응함수는

$$\mathrm{E}(y) = \beta_0 + \beta_1 x_1 + \beta_2 x_2 + \beta_3 x_1 x_2$$

이며, 남녀별로 평균 소요시간은 다음과 같다.

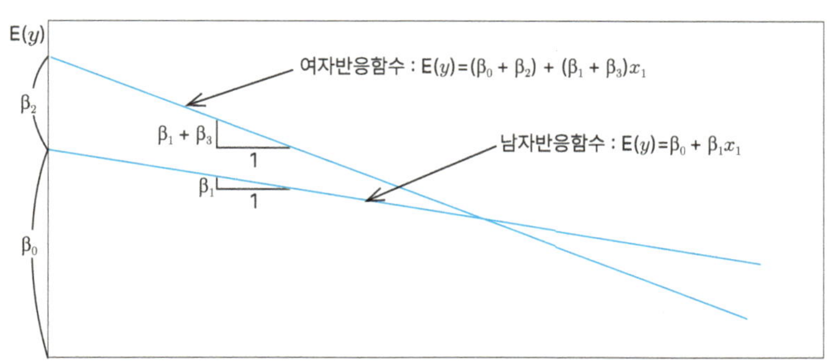

그림 13.3 **교호작용이 있을 때 회귀식 비교**

$$\begin{cases} E(y) = \beta_0 + \beta_1 x_1 & \text{: 남자} \\ E(y) = \beta_0 + \beta_1 x_1 + \beta_2 + \beta_3 x_1 & \\ \quad\quad = (\beta_0 + \beta_2) + (\beta_1 + \beta_3) x_1 & \text{: 여자} \end{cases}$$

남녀별로 반응함수를 그려 보면 [그림 13.3]과 같다. 이 그림에서 보는 바와 같이 두 직선의 기울기의 차이는 β_3이며, 절편의 차이는 β_2이다. 따라서, 남녀 간에 새로운 프로그램을 익히는 데 걸리는 소요시간이 적성검사점수에 따라 어떤 차이를 가지고 있는가를 데이터로 알아내기 위해서는 β_2와 β_3의 추정이 중요하다. [표 13.1]의 데이터에 대하여 교호작용의 효과를 포함한 모형 (13.2)를 적합할 때 설명변수 X 행렬은

$$X = \begin{bmatrix} 1 & 151 & 0 & 0 \\ 1 & 92 & 0 & 0 \\ 1 & 175 & 0 & 0 \\ 1 & 31 & 0 & 0 \\ 1 & 104 & 0 & 0 \\ 1 & 277 & 0 & 0 \\ 1 & 210 & 0 & 0 \\ 1 & 120 & 0 & 0 \\ 1 & 290 & 0 & 0 \\ 1 & 238 & 0 & 0 \\ 1 & 164 & 1 & 164 \\ 1 & 272 & 1 & 272 \\ 1 & 295 & 1 & 295 \\ 1 & 68 & 1 & 68 \\ 1 & 85 & 1 & 85 \\ 1 & 224 & 1 & 224 \\ 1 & 166 & 1 & 166 \\ 1 & 205 & 1 & 205 \\ 1 & 124 & 1 & 124 \\ 1 & 246 & 1 & 246 \end{bmatrix}$$

가 되고, 회귀계수 $\beta_0, \beta_1, \beta_2$ 와 β_3 의 최소제곱추정값은

$$\begin{bmatrix} \hat{\beta}_0 \\ \hat{\beta}_1 \\ \hat{\beta}_2 \\ \hat{\beta}_3 \end{bmatrix} = (X^\top X)^{-1} X^\top \mathbf{y} = \begin{bmatrix} 33.8384 \\ -0.1015 \\ 8.1313 \\ -0.0004 \end{bmatrix}$$

이 되며, 적합된 반응함수는 다음과 같다.

$$\hat{y} = 33.8384 - 0.1015x_1 + 8.1313x_2 - 0.0004x_1x_2$$

표 13.3 교호작용을 포함한 모형의 분산분석표

요인	제곱합	자유도	평균제곱	F_0	$F_{0.05}(3,16)$
회귀	SSR = 1504.4	3	MSR = 501.50	45.51**	3.24
잔차	SSE = 176.3	16	MSE = 11.02		
계	SST = 1680.8	19			

모형 (13.2)에 대한 분산분석표([표13.3])를 모형 (13.1)의 분산분석표([표13.2])와 비교하여 살펴보면, 교호작용항 x_1x_2 를 모형에 추가함으로써 증가되는 회귀제곱합의 추가제곱합은 불과 1504.5 - 1504.4 = 0.1에 지나지 않아 교호작용의 효과가 거의 존재하고 있지 않다는 것을 알 수 있다. 참고로 교호작용항의 회귀계수 β_3에 대한 귀무가설 $H_0 : \beta_3 = 0$에 대하여 유의수준 $\alpha = 0.05$에서 검정을 해보자. t-검정을 사용하기로 하고 검정통계량

$$t_0 = \frac{\hat{\beta}_3}{\sqrt{\widehat{\mathrm{Var}}(\hat{\beta}_3)}}$$

을 구하여 보자.

$$(X^\top X)^{-1} = \begin{bmatrix} c_{00} & c_{01} & c_{02} & c_{03} \\ & c_{11} & c_{12} & c_{13} \\ & & c_{22} & c_{23} \\ & (\text{대칭}) & & c_{33} \end{bmatrix}$$

으로 놓으면 $\hat{\beta}_3$의 분산은

$$\mathrm{Var}(\hat{\beta}_3) = c_{33}\sigma^2$$

이며, 이의 추정값은

$$\widehat{\mathrm{Var}}(\hat{\beta}_3) = c_{33}MSE$$
$$= (0.00003049)(11.02) = 0.000336$$

이다. 따라서, 검정통계량의 값은

$$t_0 = \frac{-0.0004}{\sqrt{0.000336}} = -0.022$$

이다. 기각치는 $t_{0.025}(16) = 2.120$이므로 $|t_0| < 2.120$가 되어 귀무가설 $H_0 : \beta_3 = 0$은 기각할 수 없다. 설명변수가 가변수인 경우에 대한 데이터의 분석은 참고문헌 (13.2), (13.4), (13.5) 등에 있는 내용을 읽어 보면 많은 도움이 될 것이다.

13.2 설명변수로 여러 개의 가변수를 갖는 경우

앞 절에서는 한 개의 설명변수가 가변수인 경우를 다루었는데, 이 절에서는 범주가 세 개 이상인 설명변수 혹은 두 개 이상의 설명변수들이 가변수인 경우로 회귀모형에 여러 개의 가변수가 있는 경우를 다루어 보기로 한다.

13.2.1 세 개 이상의 범주를 갖는 질적변수

앞의 예제에서 새로운 프로그램을 익히는데 직원들의 학력을 중요한 요인이라고 판단하고, 이를 회귀분석모형에 포함하는 경우를 살펴보자. 이 회사 직원들의 학력은 고등학교 졸(E_1), 대학교 졸(E_2), 대학원 이상(E_3) 중 하나라고 관측될 때, 학력은 범주가 3개인 질적 변수로서 직관적으로 다음과 같이 세 개의 가변수를 생각 할 수 있다.

$$x_2 = \begin{cases} 1 & \text{학력이 } E_1 \text{인 경우} \\ 0 & \text{기타} \end{cases} \qquad x_3 = \begin{cases} 1 & \text{학력이 } E_2 \text{인 경우} \\ 0 & \text{기타} \end{cases} \qquad x_4 = \begin{cases} 1 & \text{학력이 } E_3 \text{인 경우} \\ 0 & \text{기타} \end{cases}$$

앞 절에서 고려했던 성별에 대한 가변수는 잠시 생략하고, 적성검사점수(x_1)와 학력과 관련한 가변수(x_2, x_3, x_4)를 포함한 중회귀모형을 만들면

$$y_i = \beta_0 + \beta_1 x_{i1} + \beta_2 x_{i2} + \beta_3 x_{i3} + \beta_4 x_{i4} + \epsilon_i, \quad i = 1, 2, \cdots, n \tag{13.3}$$

이 된다. 이 모형은 직관적으로 이해하기 쉬우나 모형의 모수들이 서로 분리되어 있지 못해 계산상 어려운 점이 존재한다. 그 이유를 보기 위하여 간단히 n = 5라 하고, 처음 두 명의 학력은 E_1 , 다음 두 명은 E_2, 마지막 한 명은 E_3라고 하자. 이 경우 X 행렬은

$$X = \begin{bmatrix} 1 & x_{11} & 1 & 0 & 0 \\ 1 & x_{21} & 1 & 0 & 0 \\ 1 & x_{31} & 0 & 1 & 0 \\ 1 & x_{41} & 0 & 1 & 0 \\ 1 & x_{51} & 0 & 0 & 1 \end{bmatrix}$$

인데 x_2, x_3, x_4의 열을 모두 합치면 첫 번째 열이 된다. 이를 수리적으로 행렬의 열들 사이에 종속관계가 존재한다고 하고 이 경우 행렬 X의 계수(rank)는 5보다 작아진다. 따라서, $X^\top X$ 행렬은 정칙행렬(non-singular matrix)이 아니며, 최소제곱추정량 $\hat{\boldsymbol{\beta}} = (X^\top X)^{-1} X^\top \mathbf{y}$가 잘 정의되지 않는다[2]. 이와 같은 문제를 해결하기 위한 쉬운 방법은 x_4를 제거하고 x_2와 x_3만을 사용하여 학력을 나타내는 것이다. 일반적으로 범주가 q개로 분류되는 질적변수는 q - 1

2) 최소제곱추정량은 정규방정식 $X^\top X\hat{\boldsymbol{\beta}} = X^\top \mathbf{y}$의 해로 정의되는데, 행렬 $X^\top X$가 비정칙행렬(singular matrix)이면 방정식의 해가 무수히 많이 존재하여 최소제곱추정량이 하나로 정해지지 않는다. 이는 앞에서 이야기한 모형 (13.3)의 모수가 서로 분리되어 있지 않다는 이야기와 동치인 내용이다.

개의 가변수를 사용하여 나타낼 수 있다. 가변수 x_4를 제거시킨 후 식 (13.3)을 다시 써 보면

$$y_i = \beta_0 + \beta_1 x_{i1} + \beta_2 x_{i2} + \beta_3 x_{i3} + \epsilon_i, \quad i = 1, 2, \cdots, n \tag{13.4}$$

이 되는데 이 모형에서 각 회귀계수 가 갖는 의미를 살펴보자. 모형 (13.4)의 평균 반응함수는

$$\mathrm{E}(y) = \beta_0 + \beta_1 x_1 + \beta_2 x_2 + \beta_3 x_3, \quad i = 1, 2, \cdots, n$$

이며, 고등학교 졸(E_1), 대학교 졸(E_2), 대학원 이상(E_3) 직원에 대한 반응함수를 구하면 다음과 같다. 먼저 E_1에 대해서는 $x_2 = 1$, $x_3 = 0$이고 E_2는 $x_2 = 0$, $x_3 = 1$이며, E_3는 $x_2 = x_3 = 0$이므로

$$\begin{cases} \mathrm{E}(y) = \beta_0 + \beta_1 x_1 + \beta_2 x_2 = (\beta_0 + \beta_2) + \beta_1 x_1 : \text{고등학교 졸}(E_1) \\ \mathrm{E}(y) = \beta_0 + \beta_1 x_1 + \beta_3 x_3 = (\beta_0 + \beta_3) + \beta_1 x_1 : \text{대학교 졸}(E_2) \\ \mathrm{E}(y) = \beta_0 + \beta_1 x_1 : \text{대학원 이상}(E_3) \end{cases}$$

이 된다. 이들 반응함수들을 살펴보면 $E(y)$는 모두 x_1에 대하여 같은 기울기를 가지고 있으며, E_1, E_2, E_3 의 차이는 단지 절편 $(\beta_0 + \beta_2)$, $(\beta_0 + \beta_3)$, β_0에 있다. 만약, E_1과 E_3간의 평균 소요시간의 차이를 알려면 β_2만을 추정하면 충분할 것이며, E_2와 E_3간의 차이는 β_3, E_1과 E_2의 차이는 $\beta_2 - \beta_3$의 추정을 통해 알 수 있다. 만약, 학력이란 질적변수와 적성검사점수(x_1)라는 양적변수 간에 교호작용을 가정하고, 이를 모형에 포함하면

$$y_i = \beta_0 + \beta_1 x_{i1} + \beta_2 x_{i2} + \beta_3 x_{i3} + \beta_4 x_{i1} x_{i2} + \beta_5 x_{i1} x_{i3} + \epsilon_i, \quad i = 1, 2, \cdots, n$$

과 같이 된다. 이 경우에는 학력에 따른 반응함수는 다음과 같이 나타난다.

$$\begin{cases} \mathrm{E}(y) = \beta_0 + \beta_1 x_1 + \beta_2 + \beta_4 x_1 = (\beta_0 + \beta_2) + (\beta_1 + \beta_4) x_1 : \text{고등학교 졸}(E_1) \\ \mathrm{E}(y) = \beta_0 + \beta_1 x_1 + \beta_3 + \beta_5 x_1 = (\beta_0 + \beta_3) + (\beta_1 + \beta_5) x_1 : \text{대학교 졸}(E_2) \\ \mathrm{E}(y) = \beta_0 + \beta_1 x_1 : \text{대학원 이상}(E_3) \end{cases}$$

즉, 교호작용을 포함하는 경우에는 학력에 따라 절편과 기울기가 모두 다르게 된다.

13.2.2 두 개 이상의 질적변수

앞 절에서 범주가 세 개 이상인 질적변수에서 (수준 수 - 1)개의 가변수를 통해 회귀모형을 적합했던 것처럼, 질적변수의 수가 두 개 이상인 경우도 여러 개의 가변수를 설정하여 회귀모형을 적합할 수 있다. 앞에서 다루었던 예제에서 새로운 프로그램을 학습하는데 소요된 시간 데이터가 적성검사점수(x_1), 성별(x_2), 학력(x_3, x_4)의 정보와 함께 수집되었다면 세 개의 가변수를 사용하여 다음과 같은 모형을 만들 수 있다.

$$E(y) = \beta_0 + \beta_1 x_1 + \beta_2 x_2 + \beta_3 x_3 + \beta_4 x_4$$

$$x_1 = \text{적성검사점수} \qquad x_2 = \begin{cases} 0, & \text{남자인 경우} \\ 1, & \text{여자인 경우} \end{cases}$$

$$x_3 = \begin{cases} 1, & \text{학력이 고등학교 졸}(E_1) \\ 0, & \text{기타} \end{cases} \qquad x_4 = \begin{cases} 1, & \text{학력이 대학교 졸}(E_1) \\ 0, & \text{기타} \end{cases}$$

위에서 만약 학력이 대학원 이상(E_3)이면 $x_3 = x_4 = 0$에 해당하게 된다. 만약 적성검사 점수와 성별, 적성검사점수와 학력, 성별과 학력 간에 상호 교호작용의 효과가 존재한다고 예상된다면, 다음의 반응함수를 가진 중회귀모형을 가정한다.

$$\begin{aligned} E(y) = \beta_0 &+ \beta_1 x_1 + \beta_2 x_2 + \beta_3 x_3 + \beta_4 x_4 \\ &+ \beta_5 x_1 x_2 + \beta_6 x_1 x_3 + \beta_7 x_1 x_4 + \beta_8 x_2 x_3 + \beta_9 x_2 x_4 \end{aligned}$$

지금까지 양적변수인 적성검사점수(x_1)는 이미 모형에 포함되어 있다고 가정하고, 추가적으로 질적변수를 나타내주는 가변수들의 사용방법을 다루었다. 그러나, 설명변수가 모두 질적변수인 경우에도 회귀분석은 가능하며, 이와 같이 질적변수(따라서 가변수)만이 설명변수로 되어 있는 회귀모형을 분산분석 모형(analysis of variance model)이라고 부른다. 이 모형에 대해서는 다음 장에서 상세히 다루기로 한다.

13.3 구간별 선형회귀를 적합하는 경우

양적변수 x를 여러 구간으로 나누어서 각 구간별로 선형회귀모형을 적합하는 것은 9장 4절에서의 조각다항회귀(piecewise polynomial regression)모형 식 (9.17)을 적합하는 것과 같다. 단, 회귀모형이 1차(linear)라고 제한하면 차수(q_1, q_2, $\cdots$, q_r)들은 모두 1이 된다. 9장에서는 식 (9.18)의 절단 멱 기저함수(truncated power basis function) $T_j(x - \alpha_i)$를 사용하여 구간별로 선형회귀모형을 적합하는 방법을 다루었지만, 가변수를 사용하지는 않았다. 이 절에서는 가변수를 사용하여 구간별 선형회귀모형을 적합하는 방법을 알아보기로 한다.

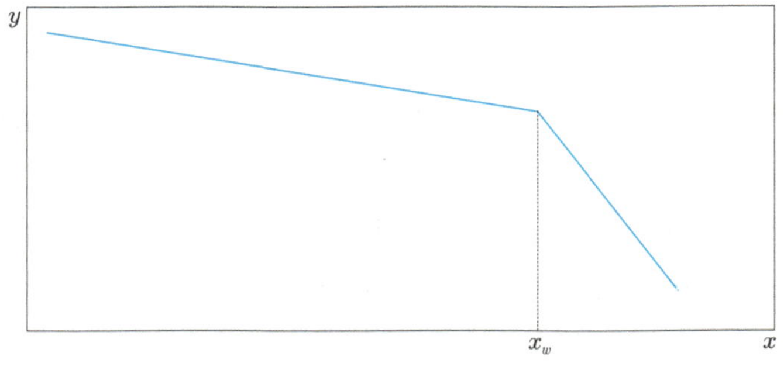

그림 13.4 **구간별 선형회귀**

태블릿을 만드는 중소기업체를 대상으로 조사한 결과 이들은 대부분 주문생산을 하고 있으며, 주문량(x)이 커지면 단가(y)를 싸게 하여 주고 있다. 주문량과 단가는 대략 선형관계를 가지고 있으나, 일정 주문량(x_w) 이상이면 단가가 [그림 13.4]에서와 같이 급격히 작아진다고 한다. 만약 x_w = 700이라면 [그림 13.4]와 같이 두 개의 구간 (0, 700)과 (700, ∞)을 가진 구간별 선형회귀모형은 다음과 같이 표현할 수 있다.

$$y_i = \beta_0 + \beta_1 x_{i1} + \beta_2 (x_{i1} - 700) x_{i2} + \epsilon_i \tag{13.5}$$

$$x_{i1} = \text{주문량}$$

$$x_{i2} = \begin{cases} 1 & \text{만약 } 700 < x_{i1}\text{이면} \\ 0 & \text{만약 } x_{i1} \leq 700\text{이면} \end{cases}$$

이를 평균 반응함수로 표시하면

$$E(y) = \beta_0 + \beta_1 x_1 + \beta_2 (x_1 - 700) x_2$$

이 되는데, 두 구간에서 각각의 반응함수는

$$\begin{cases} E(y) = \beta_0 + \beta_1 x_1 & , \quad x_1 \leq 700 \\ E(y) = \beta_0 + \beta_1 x_1 + \beta_2 (x_1 - 700) & \\ \quad = (\beta_0 - 700\beta_2) + (\beta_1 + \beta_2) x_1, & \quad x_1 > 700 \end{cases}$$

이 된다. 이 반응함수들을 그려보면 [그림 13.5]와 같다.

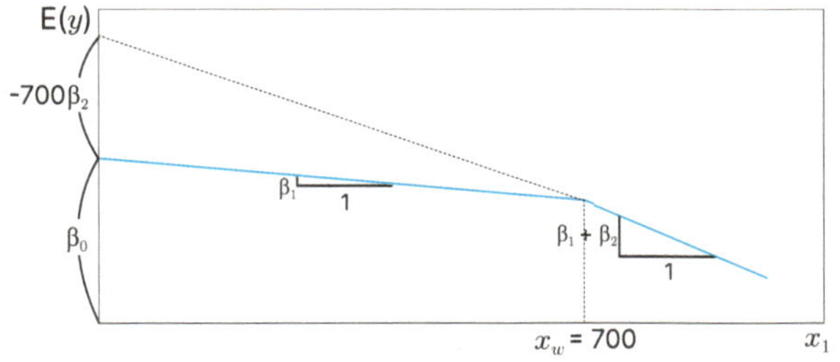

그림 13.5 **반응함수의 비교**

즉, 절편의 차이는 $-700\beta_2$이고, 기울기의 차이는 β_2가 된다. 실제로 x_1 = 700을 중심으로 $x_1 \leq 700$의 구간에서 하나의 직선이고 $x_1 > 700$의 구간에서 다른 직선이므로 두 개의 선형회귀를 적합하는 문제처럼 보이나, 모형 (13.5)는 두 개의 선형회귀를 동시에 취급할 수 있으며, 또한 두 개의 회귀방정식이 하나의 모형으로부터 동시에 적합될 수 있다. 예를 들어 보자. 8개의 업체를 대상으로 단가와 주문량에 대한 데이터를 수집한 결과는 [표 13.4]와 같다.

표 13.4 태블릿 주문량 데이터

기업체번호	주문량(x_1)	단가(y)
1	480	377
2	720	249
3	570	355
4	300	475
5	800	139
6	400	452
7	340	440
8	650	257

기울기가 변화하는 주문량의 크기가 $x_w = 500$라 가정하고, 모형 (13.5)를 적합시켜 보자. 이 경우는

$$y_i = \beta_0 + \beta_1 x_{i1} + \beta_2 (x_{i1} - 500) x_{i2} + \epsilon_i, \quad i = 1, 2, \cdots, 8$$

$$x_{i2} = \begin{cases} 1, & x_{i1} \geq 500 \\ 0, & x_{i1} < 500 \end{cases}$$

이 된다. $\mathbf{y}$와 X행렬은 각각

$$\mathbf{y} = \begin{bmatrix} 377 \\ 249 \\ 355 \\ 475 \\ 139 \\ 452 \\ 440 \\ 257 \end{bmatrix}, \quad X = \begin{bmatrix} 1 & 480 & 0 \\ 1 & 720 & 220 \\ 1 & 570 & 70 \\ 1 & 300 & 0 \\ 1 & 800 & 300 \\ 1 & 400 & 0 \\ 1 & 340 & 0 \\ 1 & 650 & 150 \end{bmatrix}$$

이고, 회귀계수들의 최소제곱추정값은

$$\begin{bmatrix} \hat{\beta}_0 \\ \hat{\beta}_1 \\ \hat{\beta}_2 \end{bmatrix} = (X^\top X)^{-1} X^\top \mathbf{y} = \begin{bmatrix} 589.5447 \\ -0.3954 \\ -0.3893 \end{bmatrix}$$

으로 추정방정식은

$$\hat{y} = 589.5447 - 0.3954 x_1 - 0.3893 (x_1 - 500) x_2$$

이다. 따라서, 주문량 $x_1 < 500$까지는 주문량이 하나 증가할 때 단가가 0.3954원이 감소하며, 주문량이 $x_1 \geq 500$인 경우는 주문량이 하나 증가할 때 단가가 0.7847원이 감소한다.

지금까지 구간이 둘인 경우를 살펴보았는데 세 개 이상의 구간에서도 쉽게 구간별 선형회귀직선을 가질 수 있다. 예를 들어, 주문량에 대한 단가의 기울기가 $x_w = 500$에서 변하고, $x_w = 700$에서 또 변한다고 하면 다음과 같은 중회귀모형이 된다.

$$y_i = \beta_0 + \beta_1 x_{i1} + \beta_2(x_{i1} - 500)x_{i2} + \beta_3(x_{i1} - 700)x_{i3} + \epsilon_i$$

$$x_{i1} = \text{주문량}$$

$$x_{i2} = \begin{cases} 1, & x_{i1} \geq 500 \\ 0, & x_{i1} < 500 \end{cases}$$

$$x_{i3} = \begin{cases} 1, & x_{i1} \geq 700 \\ 0, & x_{i1} < 700 \end{cases}$$

반응함수를 살펴보면

$$\mathrm{E(y)} = \begin{cases} \beta_0 + \beta_1 x_1, & x_1 < 500 \\ (\beta_0 - 500\beta_2) + (\beta_1 + \beta_2)x_1, & 500 \leq x_1 < 700 \\ (\beta_0 - 500\beta_2 - 700\beta_3) + (\beta_1 + \beta_2 + \beta_3)x_1, & 700 \leq x_1 \end{cases}$$

이고 어렵지 않게 세 구간에서의 반응함수들을 비교할 수 있다.

13.4 반응변수가 가변수인 경우

앞에서는 설명변수가 가변수인 경우들을 살펴 보았는데, 반응변수가 가변수인 경우도 자주 발생한다. 예를 들어, 반응변수로 나타날 수 있는 결과가 단지 두 가지 밖에 없는 경우가 있다. 제조업체를 대상으로 통계적 공정관리(statistical process control: SPC) 활동 여부가 회사의 매출액에 의하여 영향을 받는지를 알아보려 한다. 이 경우 설명변수 x를 매출액으로 놓고 반응변수 y를 SPC 활동 여부로 다음과 같이 놓을 수 있다.

$$y = \begin{cases} 1, & \text{SPC 활동 함} \\ 0, & \text{SPC 활동 하지 않음} \end{cases}$$

또 다른 예로, 개인의 수입(x)에 따른 생명보험 가입여부(y)를 알고 싶을 때, 회귀분석에서

$$y = \begin{cases} 1, & \text{생명보험에 가입} \\ 0, & \text{생명보험에 가입하지 않음} \end{cases}$$

을 정의할 수 있다.

13.4.1 반응함수의 의미

단순회귀모형에서 반응변수가 가변수라 하자. 그러면

$$y_i = \beta_0 + \beta_1 x_i + \epsilon_i, \quad y_i = 0, 1 \tag{13.6}$$

이 되는데, $E(\epsilon_i) = 0$으로 하면 이 모형은

$$E(y_i) = \beta_0 + \beta_1 x_i$$

으로 표현되며, y_i는 0이나 1이므로 반응변수 y_i에 대하여 다음과 같은 베르누이(Bernoulli) 확률분포를 가정할 수 있다.

y_i	확률
0	$P(y_i = 0) = 1 - p_i = q_i$
1	$P(y_i = 1) = p_i$

여기에서 p_i는 $y_i = 1$이 되는 확률이고, q_i는 $y_i = 0$이 되는 확률로서 $p_i + q_i = 1$ 이다. 따라서

$$E(y_i) = \beta_0 + \beta_1 x_i = p_i \tag{13.7}$$

이므로 설명변수가 x_i의 값을 취할 때 y_i의 기대반응(expected response)은 $y_i = 1$이 되는 확률과 같다.

[그림 13.6]은 개인 수입 x와 생명보험 가입여부 y에 대한 관계를 나타낸다. 이때 평균반응함수가 확률을 나타내고 있음에 유의해야 한다. [그림 13.6]은 개인 수입이 증가함에 따라 생명보험가입여부의 확률이 어떻게 변하고 있는가를 보여주고 있다.

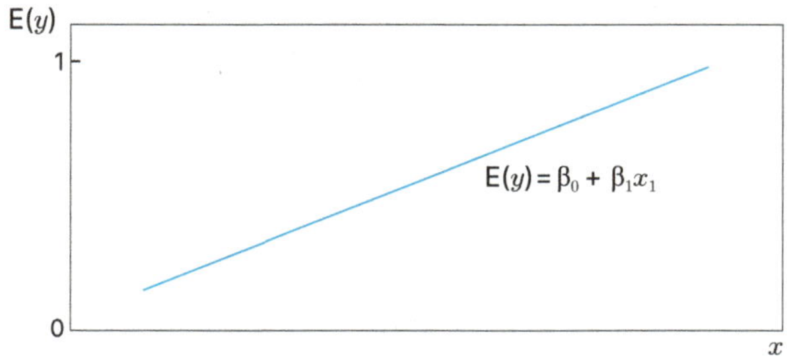

그림 13.6 **반응변수가 가변수인 경우**

13.4.2 반응변수가 가변수인 경우의 문제점

설명변수가 범주형인 경우와 달리 반응변수가 범주형일때 선형회귀모형을 그대로 사용하면 여러 가지 문제점이 발생하게 된다, 특히 다음의 세 가지 문제점은 통계적인 추정과 검정에 어려움을 일으킨다.

(1) 오차의 비정규성(non-normality of errors)

(2) 오차의 이분산성(unequal variance of errors)

(3) 반응함수의 제약성(constraint on response function)

먼저 오차의 비정규성은 모형 (13.6)에서

$$\epsilon_i = y_i - (\beta_0 + \beta_1 x_i)$$

는 단지 두 개의 값

$$\epsilon_i = \begin{cases} 1 - \beta_0 - \beta_1 x_i, & y_i = 1 \\ -\beta_0 - \beta_1 x_i, & y_i = 0 \end{cases}$$

밖에 취할 수 없으므로 오차항 ϵ_i가 정규분포를 따르지 않음은 명백하다. 따라서, 오차가 정규분포를 따른다는 가정하에 가능하였던 회귀분석과 관련된 각종의 t-검정, F-검정 등이 성립되지 않는다. 두 번째로 오차항 ϵ_i는 같은 분산을 갖고 있지 않다. 즉

$$\begin{aligned} \mathrm{Var}(\epsilon_i) &= \mathrm{Var}(y_i) \\ &= \mathrm{E}[y_i - \mathrm{E}(y_i)]^2 \\ &= (1 - p_i)^2 p_i + (0 - p_i)^2 (1 - p_i) \\ &= p_i(1 - p_i) \end{aligned} \tag{13.8}$$

으로 $p_i \neq p_j$이면 $\mathrm{Var}(\epsilon_i) \neq \mathrm{Var}(\epsilon_j)$으로 오차항들이 일반적으로 등분산(equal variance)성질을 갖고 있지 않다. 단순회귀모형인 경우 $p_i = \beta_0 + \beta_1 x_i$의 관계로부터 오차항의 분산을 살펴보면

$$\mathrm{Var}(\epsilon_i) = (\beta_0 + \beta_1 x_i)(1 - \beta_0 - \beta_1 x_i) \tag{13.9}$$

가 되어, $\mathrm{Var}(\epsilon_i)$는 x_i의 이차함수(quadratic function)이다. 따라서, 오차 벡터의 분산-공분산행렬은 $\mathrm{Var}(\boldsymbol{\epsilon}) = \sigma^2 I_n$의 형태가 아니므로 회귀계수를 추정할 때 오차의 등분산 가정에 기반한 최소제곱추정방법을 그대로 사용하는 것은 적절하지 않다. 마지막으로, 반응함수 $\mathrm{E}(y)$ 는 확률이므로 이 함수의 범위는

$$0 \leq \mathrm{E}(y) = p \leq 1$$

이 되어, 회귀식을 이와 같은 제약조건 없이 그대로 적합하고 해석하는 것은 타당하지 않을 수 있다. 이와 관련한 내용은 16장 로지스틱 회귀분석 단원에서 좀 더 자세히 다루기로 한다. 이 절에서는 위의 세 가지 문제점을 염두에 두고, 반응변수가 가변수인 경우에 선형회귀모형을 적합하는 방법에 대해 생각해 보기로 한다.

13.4.3 추정방법

오차항이 정규분포를 하고 있지는 않으나 $\hat{\boldsymbol{\beta}} = (X^\top X)^{-1}X^\top \mathbf{y}$의 최소제곱추정량은 $\boldsymbol{\beta}$의 불편(unbiased)성을 그대로 유지하며, 데이터의 수가 커지면 $\hat{\boldsymbol{\beta}}$는 점근적으로(asymptotically) 정규분포를 하게 된다. 따라서, 표본크기가 클 때에는 반응변수가 양적변수인 경우와 마찬가지로 모형의 추정과 검정을 하여도 크게 문제가 되지는 않는다. 오차항 간에 상관관계가 없다는 가정하에, 식 (13.8)에서 구한 것과 같이

$$\mathrm{Var}(\boldsymbol{\epsilon}) = \begin{bmatrix} p_1(1-p_1) & 0 & 0 & \cdots & 0 \\ & p_2(1-p_2) & 0 & \cdots & 0 \\ & & p_3(1-p_3) & \cdots & 0 \\ (\text{대칭}) & & & & \vdots \\ & & & & p_n(1-p_n) \end{bmatrix} = V \quad (13.10)$$

이므로, $\hat{\boldsymbol{\beta}}$의 추정에는 이론적으로 일반화최소제곱추정량

$$\hat{\boldsymbol{\beta}}^* = (X^\top V^{-1}X)^{-1}X^\top V^{-1}\mathbf{y} \quad (13.11)$$

를 사용해야 한다. 이때 행렬 V가 대각행렬이므로, 이는 가중회귀(weighted regression)의 방법으로도 추정이 가능하다. 그러나, 실제로는 p_i가 미지의 값으로 일반화최소제곱추정방법 또는 가중회귀 추정방법을 그대로 사용할 수가 없으며, 일반적으로 다음과 같은 절차를 따른다.

간단한 설명을 위하여 설명변수가 하나인 단순회귀모형을 이용하여 설명한다.

(1) 최소제곱추정방법에 의하여 β_0와 β_1의 추정값 $\hat{\beta}_0$와 $\hat{\beta}_1$을 구한다.

(2) $p_i = \beta_0 + \beta_1 x_i$의 관계식으로부터 p_i를

$$\hat{p}_i = \hat{\beta}_0 + \hat{\beta}_1 x_i$$

에 의하여 추정한다.

(3) $\hat{p}_i$를 사용하여 행렬 V를 추정하고 이를 $\hat{V}$라 한다.

(4) 일반화최소제곱추정량은

$$\hat{\boldsymbol{\beta}}^* = (X^\top \hat{V}^{-1}X)^{-1}X^\top \hat{V}^{-1}\mathbf{y} \quad (13.12)$$

에 의하여 구한다.

위의 방법으로 $\hat{\boldsymbol{\beta}}^*$를 구한 후에 $\hat{\boldsymbol{\beta}}^*$의 분산-공분산행렬은

$$\mathrm{Var}(\hat{\boldsymbol{\beta}}^*) = (X^\top V^{-1}X)^{-1} \quad (13.13)$$

이므로 행렬 V의 p_i에 $p_i^* = \hat{\beta}_0^* + \hat{\beta}_1^* x_i$를 대입시켜

$$\hat{V}^* = \begin{bmatrix} p_1^*(1-p_1^*) & 0 & 0 & \cdots & 0 \\ & p_2^*(1-p_2^*) & 0 & \cdots & 0 \\ & & p_3^*(1-p_3^*) & \cdots & 0 \\ \text{(대칭)} & & & & \vdots \\ & & & & p_n^*(1-p_n^*) \end{bmatrix}$$

를 계산하고 $\text{Var}(\hat{\boldsymbol{\beta}}^*)$를

$$\widehat{\text{Var}}(\hat{\boldsymbol{\beta}}^*) = (X^\top (\hat{V}^*)^{-1} X)^{-1}$$

로 추정한다. 가변수 데이터에 대한 분석방법으로 Cox(참고문헌 11.1)의 책을 보면 좋은 참고가 될 것이다.

예제 13.1

다음의 데이터는 임의로 선출된 25개의 중소기업에 대하여 2020년도 연간 총 매출액(x)과 SPC 활동여부(y)에 대하여 수집한 결과이다. SPC 활동이 비교적 활발히 이루어지고 있는 기업은 $y = 1$의 값을 부여하고 그렇지 않으면 $y = 0$으로 하였다.

표 13.5 **매출액과 SPC 활동여부 데이터**

기업	매출액 x_i (단위:100억)	활동여부 y_i	$\hat{p}_i$	$\dfrac{1}{\hat{p}_i(1-\hat{p}_i)}$
1	8	1	0.160	7.439
2	22	1	0.601	4.172
3	28	1	0.791	6.040
4	4	0	0.034	30.520
5	19	0	0.507	4.001
6	13	1	0.318	4.614
7	24	0	0.664	4.485
8	32	1	0.917	13.097
9	9	0	0.192	6.457
10	13	0	0.318	4.614
11	20	1	0.538	4.024
12	5	0	0.065	16.350
13	30	1	0.854	8.004
14	11	0	0.255	5.269
15	30	1	0.854	8.004
16	6	0	0.097	11.420
17	22	1	0.601	4.172
18	12	0	0.286	4.896
19	18	0	0.475	4.010

20	4	0	0.034	30.520
21	18	1	0.475	4.010
22	25	1	0.696	4.726
23	6	0	0.097	11.420
24	29	0	0.822	6.838
25	14	0	0.349	4.4000

먼저 최소제곱추정방법에 의하여 β_0와 β_1을 추정하면

$$\hat{\boldsymbol{\beta}} = \begin{pmatrix} \hat{\beta}_0 \\ \hat{\beta}_1 \end{pmatrix} = (X^\top X)^{-1} X^\top \mathbf{y} = \begin{pmatrix} -0.0922 \\ 0.0315 \end{pmatrix}$$

이고 추정된 반응함수는

$$\hat{\mathrm{E}}(y) = -0.0922 + 0.0315x \tag{13.14}$$

가 된다. 식 (13.7)로부터 $\hat{y} = \hat{p}$ 로서 $\hat{y}$는 확률 p의 추정값이 된다. 예를 들어 총 매출액이 1000억인 기업은 $x = 10$이므로

$$\hat{y} = \hat{p} = -0.0922 + 0.0315(10) = 0.2228$$

이 되어, 이 기업이 SPC 활동을 할 것이라 예상되는 확률은 0.2228이다. 그리고, 추정된 직선의 기울기가 0.0315이므로, 매출액 100억 증가에 SPC 활동을 할 확률이 약 3% 증가한다. 한편, 반응함수의 제약성을 이 문제에서도 생각해 볼 수 있다. 만약, 매출액이 4000억으로 $x = 40$이면 확률 p의 추정값은

$$\hat{p} = -0.0922 + 0.0315(40) = 1.1678$$

으로 1을 넘게 되어 분명히 확률로서는 의미가 없다. 선형 회귀모형으로부터 x의 범위가 $4 \le x \le 32$인 범위 안에서만 적합된 회귀직선이 의미가 있다고 할 수 있는데, 무리하게 $x = 40$에서 확률 p를 추정하려면 이런 문제가 발생한다. 각각의 x의 값에서 추정된 확률 $\hat{y}_i = \hat{p}_i$은 [표 13.5]를 참고하기 바란다. 그리고, 일반화최소제곱추정(또는 가중회귀추정)을 위한 $\dfrac{1}{\hat{p}_i(1-\hat{p}_i)}$의 값도 살펴보기 바란다. 식 (13.12)에 의하여 β_0와 β_1의 일반화최소제곱추정을 하면

$$\hat{\boldsymbol{\beta}} = \begin{pmatrix} \hat{\beta}_0 \\ \hat{\beta}_1 \end{pmatrix} = (X^\top (\hat{V}^*)^{-1} X)^{-1} X^\top (\hat{V}^*)^{-1} \mathbf{y} = \begin{pmatrix} -0.1171 \\ 0.0327 \end{pmatrix}$$

로 확률의 추정방정식은

$$\hat{\mathrm{E}}(y) = \hat{p} = -0.1171 + 0.0327x$$

이다. 마지막으로 최소제곱추정량과 일반화최소제곱추정량의 분산 추정값을 비교하면 다음 [표 13.6]과 같다. 이 표에서 보는 바와 같이 일반화최소제곱추정량의 분산이 최소제곱추정량의 분산보다 약 절반 정도 작게 나타나고 있다.

표 13.6 **추정값과 분산의 추정값**

최소제곱추정	$\hat{\beta}_0 = -0.0922$ $\hat{\beta}_1 = 0.0315$	$\widehat{Var}(\hat{\beta}_0) = 0.03360$ $\widehat{Var}(\hat{\beta}_1) = 0.00009$
일반화최소제곱추정	$\hat{\beta}_0^* = -0.1171$ $\hat{\beta}_1^* = 0.0327$	$\widehat{Var}(\hat{\beta}_0^*) = 0.01251$ $\widehat{Var}(\hat{\beta}_1^*) = 0.00004$

13.5 R 실습

13.5.1 가변수를 사용한 회귀모형 추정

Carseats 데이터 이 데이터는 ISLR 패키지를 설치한 후 얻을 수 있으며, 400개 지점에서의 카시트 판매 정보를 담고 있다. Carseats 데이터에서 사용할 변수에 대한 설명은 다음과 같다.

- Sales : 판매량(단위: 1,000)
- Price : 각 지점에서의 카시트 가격
- ShelveLoc : 진열대의 등급(Bad, Medium, Good)
- Urban :도시 여부(Yes, No)
- US : 미국 여부(Yes, No)

위 데이터에서 ShelveLoc, Urban, US가 질적변수임을 알 수 있다. 판매량을 반응변수로 하여 중회귀모형을 적합한 결과를 살펴보자.

```
> fit←lm(Sales~ShelveLoc+Urban+US, data=Carseats)
> summary(fit)
Call:
lm(formula = Sales ~ ShelveLoc + Urban + US, data = Carseats)

Residuals:
   Min      1Q  Median      3Q     Max
-6.713  -1.634  -0.019   1.738   5.823

Coefficients:
```

```
              Estimate Std.   Error t value   Pr(>|t|)
(Intercept)       4.8965   0.3398   14.41 < 2e-16 ***
ShelveLocGood     4.6400   0.3453   13.44 < 2e-16 ***
ShelveLocMedium   1.8168   0.2834    6.41   4.1e-10 ***
UrbanYes          0.0999   0.2543    0.39   0.6947
USYes             0.8506   0.2424    3.51   0.0005 ***
---
Signif. codes: 0 '***' 0.001 '**' 0.01 '*' 0.05 '.' 0.1 ' ' 1

Residual standard error: 2.31 on 395 degrees of freedom
Multiple R-squared: 0.338,       Adjusted R-squared: 0.332
F-statistic: 50.5 on 4 and 395 DF, p-value: <2e-16
```

위 결과에서 보면 ShelveLocGood, ShelveLocMedium, UrbanYes, USYes 변수는 데이터에 없는 변수명인데 모형을 적합한 결과 자동으로 생성된 것을 확인할 수 있다. 이유는 R에서는 질적인 변수들에 대하여 가변수를 자동으로 생성하기 때문이다. 위 데이터를 살펴보면 세 개의 변수 ShelveLoc, Urban, US는 factor 변수로 저장되어 있어 질적변수임을 알 수 있다. 예를 들어, 범주가 3개인 ShelveLoc의 경우 2개의 가변수가 필요한데, 이 가변수가 ShelveLocGood과 ShelveLocMedium로 표현되었음을 알 수 있다. 이를 확인하기 위해서는 다음과 같이 contrasts( ) 함수를 사용할 수 있다. 아래 결과를 살펴보면 열에 나타난 Good, Medium이 ShelveLoc 변수의 가변수에 해당하고, 각 범주에 따라 두 가변수가 어떤 값을 갖는지 보여 준다.

```
> contrasts(Carseats$ShelveLoc)
       Good  Medium
Bad       0       0
Good      1       0
Medium    0       1
```

위 데이터에서 Price, ShelveLoc, Urban, US 변수를 사용하여 Sales를 예측하기 위한 다중회귀모형을 쓰면 다음과 같다.

$$\text{Sales}_i = \beta_0 + \beta_1\text{Price}_i + \beta_2\text{ShelveLocGood}_i + \beta_3\text{ShelveLocMedium}_i + \beta_4\text{UrbanYes}_i + \beta_5\text{USYes}_i + \epsilon_i$$

따라서 설명변수 진열대의 등급(ShelveLoc)이 판매량(sales)에 영향을 미치는 변수인지 검정하기 위해서는 $H_0 : \beta_2 = \beta_3 = 0$을 검정해야 한다. 이것은 7장에서 학습한 $C\boldsymbol{\beta} = 0$의 검정으

로 표현하면

$$C\boldsymbol{\beta} = \begin{pmatrix} 0 & 0 & 1 & 0 & 0 & 0 \\ 0 & 0 & 0 & 1 & 0 & 0 \end{pmatrix} \begin{pmatrix} \beta_0 \\ \beta_1 \\ \beta_2 \\ \beta_3 \\ \beta_4 \\ \beta_5 \end{pmatrix} = \begin{pmatrix} 0 \\ 0 \end{pmatrix}$$

이 됨을 알 수 있고, 7장 실습에서 했던 car 패키지의 linearHypothesis( )함수를 사용하여 다음과 같이 검정할 수 있다.

```
> C←rbind(c(0,0,1,0,0,0),
          c(0,0,0,1,0,0))
> linearHypothesis(fit, C)
Linear hypothesis test

Hypothesis:
ShelveLocGood = 0
ShelveLocMedium = 0

Model 1: restricted model
Model 2: Sales ~ Price + ShelveLoc + Urban + US

  Res.Df   RSS  Df  Sum of Sq    F   Pr(>F)
1    396  2421
2    394  1358   2       1063  154   <2e-16 ***
---
Signif. codes: 0 '***' 0.001 '**' 0.01 '*' 0.05 '.' 0.1 ' ' 1
```

13.5.2 교호작용효과 추정

먼저 두 질적변수에 대한 교효작용효과를 알아보기 위해, 설명변수로 Urban, US 변수를 선택하여 적합해 보기로 한다.

```
> fit1 = lm(Sales ~ US * Urban, data = Carseats)
> summary(fit1)
```

```
Call:
lm(formula = Sales ~ US * Urban, data = Carseats)

Residuals:
   Min      1Q   Median     3Q    Max
-7.341  -1.961   -0.016  1.812  8.559

Coefficients:
              Estimate Std.  Error  t value  Pr(>|t|)
(Intercept)      6.4583   0.4097   15.764   < 2e-16 ***
USYes            1.8115   0.5245    3.454  0.000612 ***
UrbanYes         0.5396   0.4982    1.083  0.279512
USYes:UrbanYes  -1.0983   0.6301   -1.743  0.082081 .
---
Signif. codes: 0 '***' 0.001 '**' 0.01 '*' 0.05 '.' 0.1 ' ' 1

Residual standard error: 2.779 on 396 degrees of freedom
Multiple R-squared: 0.0393,        Adjusted R-squared: 0.03202
F-statistic:   5.4 on 3 and 396 DF,  p-value: 0.001191
```

위 결과에서 살펴보면 교호작용의 효과는 -1.0983으로, 유의수준 5%에서 미국내에서의 판매여부(US)와 판매량과의 관계가 도시여부(Urban)에 따라 달라진다고 말할 수 없다. 교호작용효과에 대한 그림을 직접 그리기 위해 도시가 아닌 경우 (Urban_No)에 미국내 판매량과 미국외 판매량을 구하고, 도시인 경우 (Urban_Yes)에 미국내 판매량과 미국외 판매량을 구하여 plot( ) 함수를 사용하여 다음과 같이 그릴 수 있다.

```
> coeff <- fit1$coefficients
> Urban_No = matrix(0,2,1)
> Urban_No[1,1] <- t(coeff)%*%c(1,0,0,0) # beta_0
> Urban_No[2,1] <- t(coeff)%*%c(1,1,0,0) # beta_0 + beta_1
> Urban_Yes <- matrix(0,2,1)
> Urban_Yes[1,1] <- t(coeff)%*%c(1,0,1,0) # beta_0 + beta_2
> Urban_Yes[2,1] <- t(coeff)%*%c(1,1,1,1) # beta_0 + beta_1 + beta_2 +
> x <- c(0,1)
> plot(x, Urban_No, type = "b", col = "red", lwd = 2,
+      xlab = "US", ylab = "Sales", main = "US*Urban effect plot", xaxt = "n")
> axis(side = 1, at = c(0,1), labels = c("No", "Yes"))
```

```
> lines(x, Urban_Yes, type = "b", col = "blue", lwd = 2)
> legend("topleft", legend = c("Urban : No", "Urban : Yes"), col = c("red",
"blue"), lwd =
```

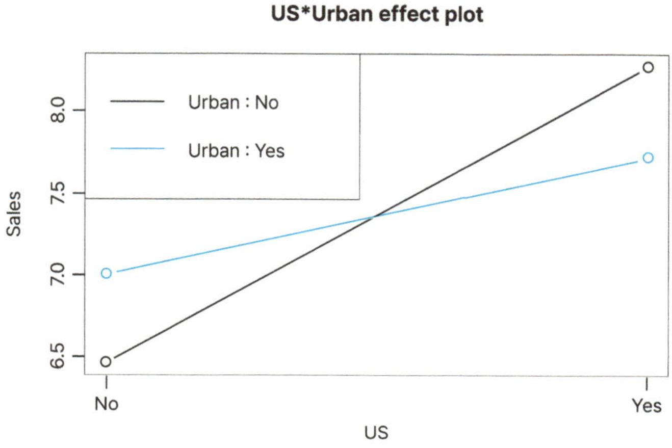

그림 13.7 두 질적변수의 교호작용효과가 있을 때 회귀식 비교

또, 교호작용효과를 적합한 회귀모형의 결과로부터 effects 패키지에서 effects( ) 함수를 사용하면 다음과 같다.

```
> library(effects)
> a = effect(term = "US*Urban", mod = fit1)
> plot(a, multiline = TRUE)
```

이 결과는 [그림 13.7]과 같다. 이제 설명변수가 연속형과 질적변수인 경우의 교호작용효과에 대해 살펴보자. 이를 위해 Price와 Urban을 설명변수로 하여 교호작용이 있는 회귀모형을 적합해 보기로 한다.

```
> fit2 = lm(Sales ~ Price * Urban, data = Carseats)
> summary(fit2)

Call:
lm(formula = Sales ~ Price * Urban, data = Carseats)

Residuals:
```

```
  Min       1Q   Median      3Q     Max
-6.5340  -1.8539  -0.0799  1.6758  7.5815

Coefficients:
              Estimate Std.    Error  t value  Pr(>|t|)
(Intercept)      14.60526   1.18398   12.336   < 2e-16 ***
Price            -0.06173   0.01018   -6.067  3.06e-09 ***
UrbanYes         -1.33702   1.40228   -0.953     0.341
Price:UrbanYes    0.01195   0.01198    0.998     0.319
---
Signif. codes: 0 '***' 0.001 '**' 0.01 '*' 0.05 '.' 0.1 ' ' 1

Residual standard error: 2.535 on 396 degrees of freedom
Multiple R-squared:    0.2,       Adjusted R-squared: 0.194
F-statistic:   33 on 3 and 396 DF,  p-value: < 2.2e-16
```

위 결과에서 살펴보면 교호작용의 효과는 0.01195로, 유의수준 5%에서 카시트 가격(Price)과 카시트의 판매량(Sales)과의 관계는 도시여부(Urban)에 따라 달라진다고 말할 수 없다. 이번에도 교호작용효과에 대한 그림을 직접 그리기 위해 도시가 아닌 경우(Urban_No)와 도시인 경우 (Urban_Yes)에 따라 가격과 판매량의 회귀식을 다음과 같이 그려 보았다.

```
> coeff = fit2$coefficients
> x = seq(min(Carseats$Price), max(Carseats$Price), length = 10) # grid points
> # beta_0 + beta_1 * Price
> Urban_No = Vectorize(function(x) t(coeff) %*% c(1, x, 0, 0))
> # (beta_0 + beta_2) + (beta_1 + beta_3) * Price
> Urban_Yes = Vectorize(function(x) t(coeff) %*% c(1, x, 1, x))
>
> plot(x, Urban_No(x), type = "l", col = "red", lwd = 2,
+      xlab = "Price", ylab = "Sales", main = "Price*Urban effect plot")
> lines(x, Urban_Yes(x), type = "l", col = "blue", lwd = 2)
> legend("topright", legend = c("Urban : No", "Urban : Yes"), col = c("red",
 "blue"), lwd =
```

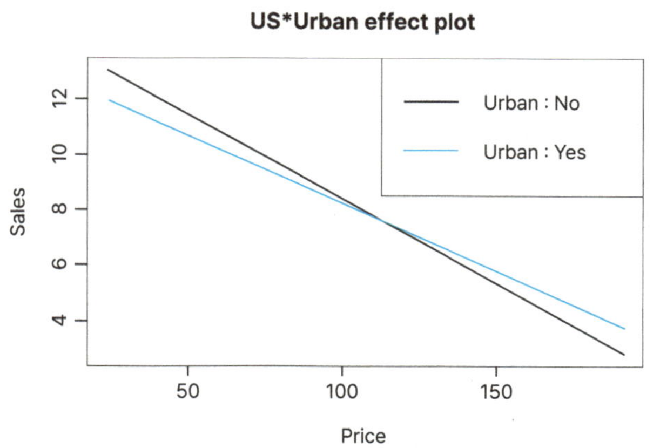

그림13.8 연속형변수와 질적변수의 교호작용효과에서 회귀식 비교

또, 교호작용효과를 적합한 회귀모형의 결과로부터 effects 패키지에서 effects( ) 함수를 사용하여 다음과 같이 간단하게 [그림 13.8]을 그려볼 수 있다.

```
a = effect(term = "Price*Urban", mod = fi2)
plot(a, multiline = TRUE)
```

참고문헌

13.1 Cox, D. R. and Snell, E. J. (1989) *Analysis of Binary Data* (2nd Ed.), Chapman & Hall, New York.

13.2 Draper, N. R. and Smith, H. (1998) *Applied Regression Analysis* (3rd Ed.), John Wiley & Sons, New York.

13.3 Finney, D. J. (1952) *Probit Analysis* (2nd Ed.), Cambridge, Cambridge University Press.

13.4 Kutner, M.H., Nachtsheim, C.J., Neter, J. and Li, W. (2005) *Applied Linear Statistical Models* (5th Ed.), McGraw-Hill/Irwin, New York.

13.5 Searle, S. R. and Gruber, M.H.J. (2017) *Linear Models* (2nd Ed.), John Wiley & Sons, New York.

연습문제

13.1 [표 13.1]에 있는 데이터에 대하여 x_1을 x로 놓고 각 성별에 대하여 회귀모형을 적합하시오. 그런 후 두 회귀직선의 기울기가 같은지에 대한 가설검정을 하시오(5장 4절의 두 회귀선의 비교를 참조하시오).

13.2 [표 13.1]의 데이터에 대하여 모형 (13.1)을 적합시켜서 얻어진 추정식은

$$\begin{aligned}\hat{y} &= \hat{\beta}_0 + \hat{\beta}_1 x_1 + \hat{\beta}_2 x_2 \\ &= 33.8741 - 0.1017x_1 + 8.0555x_2\end{aligned}$$

이었다. β_1의 추정값 $\hat{\beta}_1$이 갖는 분산을 추정하여라. β_1의 95% 신뢰구간을 구하시오.

13.3 [표 13.1]의 데이터에 대하여 모형 (13.2)를 적합시켜 다음의 추정식을 얻었다.

$$\begin{aligned}\hat{y} &= \hat{\beta}_0 + \hat{\beta}_1 x_1 + \hat{\beta}_2 x_2 + \hat{\beta}_3 x_1 x_2 \\ &= 33.8384 - 0.1015x_1 + 8.1313x_2 - 0.0004x_1 x_2\end{aligned}$$

회귀모수 $\beta_1 = E(\hat{\beta}_1)$에 대한 다음의 가설

$$H_0 : \beta_1 = -0.3, \quad H_1 : \beta_1 \neq -0.3$$

을 유의수준 $\alpha = 0.1$로 검정하시오.

13.4 [표 5.2]의 맥주 생산라인의 데이터에 대하여 생산라인을 가변수

$$x_2 = \begin{cases} 1 & : \text{생산라인 I} \\ 0 & : \text{생산라인 II} \end{cases}$$

로 하고, 라인속도를 x_1, 소모량을 y로 하여 다음의 질문에 답하시오.

(1) 선형회귀모형

$$y_i = \beta_0 + \beta_1 x_{i1} + \beta_2 x_{i2} + \epsilon_i$$

.를 적합시키고 β_1과 β_2의 95% 신뢰구간을 구하라. 이 신뢰구간이 무엇을 의미하는가를 자료에 맞추어서 해석해 보시오.

(2) 교호작용이 있는 선형회귀모형

$$y_i = \beta_0 + \beta_1 x_{i1} + \beta_2 x_{i2} + \beta_2 x_{i1} x_{i2} + \epsilon_i$$

를 적합하시오. β_2와 β_3에 대한 95%신뢰구간을 구하고, 이를 구체적으로 해석하시오.

13.5 [표 13.1]의 데이터에 추가적으로 각 직원의 학력을 조사하여 다음의 데이터를 얻었다.

일련번호	1	2	3	4	5	6	7	8	9	10
총소요시간(y)	17	26	21	30	22	1	12	19	4	16
적성검사점수(x_1)	151	92	175	31	104	277	210	120	290	238
성별(x_2)	남	남	남	남	남	남	남	남	남	남
학력(졸)	대	고	대	고	고	대학원	대학원	대	대학원	대학원

일련번호	11	12	13	14	15	16	17	18	19	20
총소요시간(y)	28	15	11	38	31	21	20	13	30	14
적성검사점수(x_1)	164	272	295	68	85	24	166	205	124	246
성별(x_2)	여	여	여	여	여	여	여	여	여	여
학력(졸)	대학원	대학원	대학원	고	대	대학원	대	대학원	대	대학원

(1) 다음의 모형을 적합하시오.

$$y_i = \beta_0 + \beta_1 x_{i1} + \beta_2 x_{i2} + \beta_3 x_{i3} + \beta_4 x_{i4} + \epsilon_i$$

$$x_{i3} = \begin{cases} 1 & : \text{학력이 초등학교졸} \\ 0 & : \text{기타} \end{cases}$$

$$x_{i4} = \begin{cases} 1 & : \text{학력이 중학교졸} \\ 0 & : \text{기타} \end{cases}$$

(2) 위의 모형에서 β_3과 β_4가 갖는 의미를 해석하시오.

(3) 위의 β_3과 β_4의 최소제곱추정값 $\hat{\beta}_3$과 $\hat{\beta}_4$가 갖는 각각의 분산을 추정하시오. β_3과 β_4의 95% 신뢰구간을 구하시오.

(4) 만약 적성검사점수와 성별, 적성검사점수와 학력, 성별과 학력간에 교호작용이 있다면, 다음의 반응함수를 가정할 수 있다.

$$E(y) = \beta_0 + \beta_1 x_1 + \beta_2 x_2 + \beta_3 x_3 + \beta_4 x_4 + \beta_5 x_1 x_2 + \beta_6 x_1 x_3 + \beta_7 x_1 x_4 + \beta_8 x_2 x_3 + \beta_9 x_2 x_4$$

데이터로부터 위의 반응함수를 적합하고, 다섯 개의 다음 가설을 유의수준 $\alpha = 0.1$에서 검정하시오.

$$H_0 : \beta_i = 0, \quad H_1 : \beta_i \neq 0 \ (i = 5, 6, 7, 8, 9)$$

(5) 위 (4)의 반응함수에 대하여 회귀분석을 통한 분산분석표를 작성하고, 회귀변동의 유의성을 F-검정하시오. 이때 F-검정의 귀무가설을 β_i들로 표현하시오.

13.6 다음의 데이터가 있다.

x	1	2	3	4	5	6	7
y	2.0	3.2	4.1	5.2	7.0	9.7	11.5

(1) x와 y에 대한 산점도를 그려보고, 어떤 x의 값(x_w)에서 구간을 두 개로 나누면 적절한지 논하시오.

(2) 위의 (1)에서 얻은 점을 경계로 구간별 단순선형회귀선을 추정하시오. 사용되는 모형은

$$x_{i2} = \begin{cases} 1 & : \text{만약 } x_{i1} \geq x_w \text{ 이면} \\ 0 & : \text{만약 } x_{i1} < x_w \text{ 이면} \end{cases}$$

과 같다.

(3) 위의 (2)에 있는 모형에서 β_2의 90% 신뢰구간을 구하고, 그 의미를 해석하시오.

13.7 어떤 심리학자가 10명의 환자를 대상으로 정신적인 안정성(x)과 추리를 요구하는 질문에 대한 대답여부(y)에 대한 관계를 조사하였다. 정신적인 안정성은 필기시험에 의하여 점수로 측정하였고 질문에 대답여부를

$$y = \begin{cases} 1 & : \text{정답일 때} \\ 0 & : \text{오답일 때} \end{cases}.$$

으로 나타내었다. 그 결과는 다음과 같다.

환자	1	2	3	4	5	6	7	8	9	10
x_i	410	500	471	619	584	681	399	481	624	589
y_i	0	1	0	1	0	1	0	1	1	1

(1) 최소제곱추정방법에 의하여 단순회귀모형

$$y_i = \beta_0 + \beta_1 x_i + \epsilon_i$$

를 적합하시오.

(2) 일반화최소제곱추정방법에 의하여 (1)의 모형을 적합하시오.

(3) 위의 두 추정방법에서 얻은 β_1의 추정값이 갖는 분산을 비교하시오.

(4) x = 550일 때에 답을 맞게 할 확률을 추정하시오.

13.8 R 실습 pbc 데이터는 1974년부터 1984년까지 미국의 Mayo Clinic에서 실시한 원발성담즙성 간경변증(primary biliary cirrhosis, 이하 PBC) 환자를 대상으로한 임상연구로부터 수집한 데이터이다. 이 때, 환자의 상태(status) 변수가 0인 경우는 이식을 받지 못한 경우, 1인 경우는 이식받은 환자, 2인 경우는 사망한 환자를 나타낸다. 이 데이터에서 이식받은 환자 25명을 제외하고 환자의 상태를 반응변수로 하여 환자의 나이(age), 성별(sex), 치료(trt)상태에 따라 이식여부에 관련이 있는지 회귀모형을 적합하고 분석하시오. 이 때, 치료(trt)변수의 경우 환자가 치료약을 처방받은 경우 1, 위약을 처방받은 경우는 2로 기록되어 있다.

```
data(pbc, package="survival")
```

14 분산분석에의 응용

〈목차〉

14.1 일원배치법

분산분석(analysis of variance)은 회귀분석과 함께 널리 쓰이는 방법 중 하나이다. 분산분석은 관심 있는 반응변수의 총변동(total variation)을 설명할 수 있는 요인과 설명할 수 없는 요인으로 분해(decomposition)하여, 어떤 변동의 요인(source of variation)이 총변동을 설명하는 데 중요한 몫을 차지하고 있는가를 분석하는 방법이다. 일반적으로 회귀분석에서는 설명변수로 양적변수와 질적인 변수가 모두 포함될 수 있지만, 분산분석모형에서는 설명변수가 주로 질적인 변수로만 이루어져 있는 차이가 있다. 따라서 회귀모형이 관측연구를 통한 데이터 분석에서 많이 활용되는 것에 비해, 분산분석모형은 실험 연구(experimental study)에서 수집된 데이터의 분석에 자주 활용된다. 이와 관련해서는 (참고문헌 14.7)을 참고하기 바란다.

이렇게 분산분석모형과 회귀모형이 서로 다른 모형으로 여겨질 수 있지만, 분산분석에서 얻어지는 분산분석표(analysis of variance table)는 회귀분석모형의 결과로 작성될 수 있다. 이런 의미로 볼 때 넓은 의미에서 분산분석은 회귀분석의 특별한 경우로 해석될 수 있다. 그러나, 분산분석만이 요구되는 통계적 분석에서 굳이 회귀분석을 이용한 분산분석방법을 사용할 필요는 없다. 이것은 일반적으로 회귀분석을 수행하는 것이 분산분석에 의한 계산보다도 더 많은 계산을 요구하기 때문이다. 때에 따라서는 어떤 모형을 설정하여 회귀분석을 하는 도중 분산분석을 실시하고 싶은 경우가 있는데, 이런 때에는 회귀분석방법을 사용한 분산분석을 하는 것이 오히려 비교가 간편하고 문제점을 발견하는데 편리한 경우도 있다. 다음 절에서 기초적인 분산분석방법이 어떻게 회귀분석의 입장에서 다루어질 수 있는가를 살펴보도록 한다.

14.1.1 하나의 인자에 대한 분산분석

일반적으로 분산분석모형에서는 질적인 설명변수를 인자(factor)로 표현한다. 어떤 하나의 인자 A가 있고 이 인자가 l개의 수준 $A_1, A_2, \cdots, A_l$ 을 가지고 있다 하자. 이 인자의 각 수준이 주는 효과 α_i는 고정된 효과(fixed effect)라고 가정한다. 각 수준에서 m개의 데이터가 있다면 데이터의 배열은 [표 14.1]과 같다. 이와 같은 데이터를 얻게 되는 실험계획법을 일원배치법(one factor design of experiment)이라고 한다.

표 14.1 일원배치법의 데이터의 배열

	A_1	A_2	$\cdots$	A_l	
	y_{11} y_{12} $\vdots$ y_{1m}	y_{21} y_{22} $\vdots$ y_{2m}	$\cdots$ $\cdots$ $\cdots$	y_{l1} y_{l2} $\vdots$ y_{lm}	
합	$T_{1.}$	$T_{2.}$	$\cdots$	$T_{l.}$	T
평균	$\bar{y}_{1.}$	$\bar{y}_{2.}$	$\cdots$	$\bar{y}_{l.}$	$\bar{\bar{y}}$

[표 14.1]에서 $T_{i.}$ 는 A_i 수준에서 취해진 m개 데이터의 총합이며, $\bar{y}_{i.}$ 는 그 평균이다. 즉

$$T_{i.} = \sum_{j=1}^{m} y_{ij}, \quad \bar{y}_{i.} = \frac{T_{i.}}{m}$$

이고, 모든 데이터의 총합 (T)과 평균($\bar{\bar{y}}$)은 각각

$$T = \sum_{i=1}^{l} T_{i.} = \sum_{i=1}^{l}\sum_{j=1}^{m} y_{ij}, \quad \bar{\bar{y}} = \frac{1}{l}\sum_{i=1}^{l} \bar{y}_{i.} = \frac{1}{lm}\sum_{i=1}^{l}\sum_{j=1}^{m} y_{ij}$$

로 나타낸다. 이처럼 하나의 인자를 지닌 분산분석모형은 A_i 수준에서 수집된 j번째 관측값 y_{ij}에 대하여

$$y_{ij} = \mu_i + \epsilon_{ij} = \mu + \alpha_i + \epsilon_{ij}, \quad \epsilon_{ij} \sim N(0, \sigma^2) \tag{14.1}$$
$$i = 1, 2, \cdots, l, \quad j = 1, 2, \cdots, m$$

을 가정한다. 모형 (14.1)에서 μ_i를 i번째 수준에서의 평균이라 할 때 $\mu = (\sum_{i=1}^{l} \mu_i / l)$이고, 인자 A의 i번째 수준의 고정효과는 $\alpha_i = \mu_i - \mu$이며, 오차항 ϵ_{ij}는 $N(0, \sigma^2)$의 분포를 따르고 서로 독립이라고 가정한다. 분산분석방법에 의한 분산분석표의 작성은 다음 [표 14.2]의 방법에 따른다. 이와 같은 분산분석표가 회귀분석에 의해서도 쉽게 구할 수 있음을 알아보자.

표 14.2 **일원배치법의 분산분석표**

요인	제곱합	자유도	평균제곱	F_0
A(요인)	$S_A = m\sum_{i=1}^{l}(y_{i.} - \bar{\bar{y}})^2$	$l - 1$	$V_A = \frac{S_A}{l-1}$	$F_0 = \frac{V_A}{V_E}$
E(잔차)	$S_E = S_T - S_A$	$l(m-1)$	$V_E = \frac{S_E}{l(m-1)}$	
T(계)	$S_T = \sum_{i=1}^{l}\sum_{j=1}^{m}(y_{ij} - \bar{\bar{y}})^2$	$lm - 1$		

분산분석모형 (14.1)에서 인자의 효과는

$$\sum_{i=1}^{l} \alpha_i = \sum_{i=1}^{l} (\mu_i - \mu) = 0 \tag{14.2}$$

이므로 $\alpha_1 + \alpha_2 + \cdots + \alpha_l = 0$을 만족한다. 이제 분산분석모형 (14.1)을 선형회귀모형으로 표현해 보자.

$$y_{ij} = \mu + \alpha_1 x_1 + \alpha_2 x_2 + \cdots + \alpha_l x_l + \epsilon_{ij}$$
$$x_k = \begin{cases} 1 : k = i \text{ 인 경우} \\ 0 : k \neq i \text{ 인 경우} \end{cases} \tag{14.3}$$
$$k, i = 1, 2, \cdots, l, \quad j = 1, 2, \cdots, m$$

즉, $x_k (k = 1, 2, \cdots, l)$는 가변수로서 데이터가 인자 A의 k 수준에서 관측된 것이면 $x_k = 1$이고 아니면 0이다. 모형 (14.3)을 행렬로 나타내면

$$\mathbf{y} = X\boldsymbol{\beta} + \boldsymbol{\epsilon} \tag{14.4}$$

$$
\mathbf{y}=\begin{bmatrix} y_{11}\\ y_{12}\\ \vdots\\ y_{1m}\\ y_{21}\\ y_{22}\\ \vdots\\ y_{2m}\\ \vdots\\ y_{lm}\end{bmatrix}\quad
X=\begin{array}{c} \begin{array}{cccccc} & x_1 & x_2 & x_3 & \cdots & x_l \end{array}\\
\left[\begin{array}{cccccc}
1 & 1 & 0 & 0 & \cdots & 0\\
1 & 1 & 0 & 0 & \cdots & 0\\
\vdots & \vdots & \vdots & \vdots & & \vdots\\
1 & 1 & 0 & 0 & \cdots & 0\\ \hline
1 & 0 & 1 & 0 & \cdots & 0\\
1 & 0 & 1 & 0 & \cdots & 0\\
\vdots & \vdots & \vdots & \vdots & & \vdots\\
1 & 0 & 1 & 0 & \cdots & 0\\ \hline
\vdots & \vdots & \vdots & \vdots & & \vdots\\ \hline
1 & 0 & 0 & 0 & \cdots & 1\\
1 & 0 & 0 & 0 & \cdots & 1\\
\vdots & \vdots & \vdots & \vdots & & \vdots\\
1 & 0 & 0 & 0 & \cdots & 1
\end{array}\right]\end{array}\quad
\boldsymbol{\beta}=\begin{bmatrix} \mu\\ \alpha_1\\ \alpha_2\\ \alpha_3\\ \vdots\\ \alpha_l\end{bmatrix}\quad
\boldsymbol{\epsilon}=\begin{bmatrix} \epsilon_{11}\\ \epsilon_{12}\\ \vdots\\ \epsilon_{1m}\\ \epsilon_{21}\\ \epsilon_{22}\\ \vdots\\ \epsilon_{2m}\\ \vdots\\ \epsilon_{lm}\end{bmatrix}
$$

이고, $\boldsymbol{\beta}$를 추정하기 위한 정규방정식(normal equations)은

$$
X^{\top}X\boldsymbol{\beta}=X^{\top}\mathbf{y} \tag{14.5}
$$

로 $X^{\top}X$와 $X^{\top}\mathbf{y}$는

$$
X^{\top}X=\begin{bmatrix} lm & m & m & \dots & m\\ m & m & 0 & \dots & 0\\ m & 0 & m & \dots & 0\\ \vdots & \vdots & \vdots & & \vdots\\ m & 0 & 0 & \dots & m\end{bmatrix}\quad
X^{\top}\mathbf{y}=\begin{bmatrix} lm\bar{\bar{y}}\\ m\bar{y}_{1.}\\ m\bar{y}_{2.}\\ \vdots\\ m\bar{y}_{l.}\end{bmatrix}=\begin{bmatrix} T\\ T_{1.}\\ T_{2.}\\ \vdots\\ T_{l.}\end{bmatrix} \tag{14.6}
$$

이다. 따라서, 정규방정식을 풀어서 써 보면

$$
\begin{aligned}
& lm\mu+m\sum_{i=1}^{l}\alpha_i=T \qquad (14.7)\\
& m\mu+m\alpha_i=T_{i.},\quad i=1,2,\cdots,l
\end{aligned}
$$

이 되고, $X^{\top}X$는 식 (14.6)에서 보면 두 번째 열에서 마지막 열까지 모두 더하여 첫 번째 열이 되므로 정칙(nonsingular)행렬이 아니다. 따라서, 정규방정식 (14.7)의 μ, α_1, $\cdots$, α_l에 대한 해는 무수히 많다. 이것은 13장에서 언급했듯이 l개의 수준을 갖는 변수에 대하여 l개의 가변수를 생성했기 때문에 생성되는 문제이다. 분산분석모형에서는 $(l-1)$개의 가변수를 생성하는 것 대신에 가정 (14.2)에 의해서 유일한 해를 구할 수 있게 된다. 이 해를 $\hat{\mu}$, $\hat{\alpha}_1$, $\cdots$, $\hat{\alpha}_l$라고 쓰면 $\sum_{i=1}^{l}\alpha_i=0$이므로 연립방정식 (14.7)을 풀어서

$$\hat{\mu} = \frac{T}{lm} = \bar{\bar{y}}$$

$$\hat{\alpha}_i = \frac{T_{i.} - m\bar{\bar{y}}}{m} = \bar{y}_{i.} - \bar{\bar{y}} \ (i = 1, 2, \cdots, l) \tag{14.8}$$

로 구한다. 여기서 회귀분석에 의한 총변동, 회귀변동과 잔차변동을 구해 보면 흥미 있는 결과를 얻을 수 있다. 이 변동들을 구하는 공식 (6.22), (6.27)에서 $\bar{y}$는 여기에서는 $\bar{\bar{y}}$에 해당하고 n은 lm과 같다.

$$\begin{aligned} SST &= \mathbf{y}^{\top}\mathbf{y} - n(\bar{y})^2 \\ &= \sum_{i=1}^{l}\sum_{j=1}^{m} y_{ij}^2 - lm(\bar{\bar{y}})^2 \\ &= \sum_{i=1}^{l}\sum_{j=1}^{m} (y_{ij} - \bar{\bar{y}})^2 \end{aligned} \tag{14.9}$$

이 되어 총변동 SST 는 [표 14.2]의 총제곱합 S_T 와 동일하다. 또한 회귀변동은

$$\begin{aligned} SSR &= \hat{\boldsymbol{\beta}}^{\top} X^{\top}\mathbf{y} - n(\bar{y})^2 \\ &= (\hat{\mu}, \hat{\alpha}_1, \hat{\alpha}_2, \cdots, \hat{\alpha}_l) \begin{bmatrix} lm\bar{\bar{y}} \\ m\bar{y}_{1.} \\ m\bar{y}_{2.} \\ \vdots \\ m\bar{y}_{l.} \end{bmatrix} - lm(\bar{\bar{y}})^2 \\ &= lm(\bar{\bar{y}})^2 + m\sum_{i=1}^{l}(\bar{y}_{i.} - \bar{\bar{y}})\bar{y}_{i.} - lm(\bar{\bar{y}})^2 \\ &= m\sum_{i=1}^{l}(\bar{y}_{i.} - \bar{\bar{y}})^2 \end{aligned} \tag{14.10}$$

으로 [표 14.2]에서 구한 A의 변동 S_A와 동일하다. 마찬가지로 $SSE = S_E$임도 보일 수 있다.

결론적으로 분산분석모형으로부터 작성한 분산분석표는 회귀모형으로부터 계산한 결과와 일치한다. 또한 분산분석에서 항상 쓰이는 가설검정

$$\begin{aligned} &H_0 : A\text{의 변동이 유의하지 않다} \\ &H_1 : A\text{의 변동이 유의하다} \end{aligned} \tag{14.11}$$

는 회귀분석에서는 회귀계수 $\alpha_1, \alpha_2, \cdots, \alpha_l$이 모두 0이라는 가설검정에 해당한다. 즉,

$$\begin{aligned} &H_0 : \alpha_1 = \alpha_2 = \cdots = \alpha_l = 0 \\ &H_1 : \alpha_i\text{가 모두 0은 아니다.} \end{aligned} \tag{14.12}$$

와 가설 (14.11)은 실질적으로 동일하다. 가설 (14.11)의 검정통계량은 [표 14.2]의

$$F = \frac{V_A}{V_E} \tag{14.13}$$

이며, F 값이 $F_\alpha(l-1, l(m-1))$보다 크면 유의수준 α에서 귀무가설을 기각한다. 그리고, 가설 (14.12)의 검정통계량은

$$F = \frac{SSR/(l-1)}{SSE/l(m-1)} = \frac{MSR}{MSE}$$

로 식 (14.13)의 F와 동일하며, 기각치도 $F_\alpha(l-1, l(m-1))$이다.

14.1.2 각 수준에서 반복수가 다른 경우

앞 절에서는 A의 각 수준에서 m개의 동일한 반복수가 관측된 경우를 생각해 보았는데, 이제 반복수가 같지 않은 경우에 대하여 알아보자. 수준 A_i에서 m_i개의 측정값이 있다면 데이터는 [표 14.1]의 표현과 모두 같으나, 다만 각 수준의 마지막 측정값이 각각 y_{1m1}, y_{2m2}, …, y_{lml}로 바뀌는 것만이 차이가 있다. 즉, $j = 1, 2, \cdots, m$이 아니고 $j = 1, 2, \cdots, m_i$가 된다. 그리고, 분산분석모형 (14.1)에서 전체 데이터의 모평균 $\mu = \sum_{i=1}^{l} m_i\mu_i / \sum_{i=1}^{l} m_i$이므로 가정 (14.2)는 다음과 같게 된다.

$$\sum_{i=1}^{l} m_i\alpha_i = m_1\alpha_1 + m_2\alpha_2 + \cdots + m_l\alpha_l = 0 \tag{14.14}$$

반복수가 다른 경우에 분산분석에 의하여 얻어지는 분산분석표는 다음과 같다. 제곱합과 자유도의 계산에서 [표 14.2]와 약간의 차이가 있음을 볼 수 있다.

표 14.3 반복수가 다른 경우의 분산분석표

요인	제곱합	자유도	평균제곱	F_0
A(요인)	$S_A = \sum_{i=1}^{l} m_i(\bar{y}_{i\cdot} - \bar{\bar{y}})^2$	$l - 1$	V_A	$\frac{V_A}{V_E}$
E(잔차)	$S_E = S_T - S_A$	$\sum_{i=1}^{l} m_i - l$	V_E	
T(계)	$S_T = \sum_{i=1}^{l}\sum_{j=1}^{m}(y_{ij} - \bar{\bar{y}})^2$	$\sum_{i=1}^{l} m_i - 1$		

이제 회귀분석에 의하여 제곱합을 구하여 보자. 정규방정식 $X^\top X\boldsymbol{\beta} = X^\top \mathbf{y}$에서 $X^\top X$와 $X^\top \mathbf{y}$는 각각 다음과 같다. 독자들은 이를 식 (14.6)과 비교해 보기 바란다.

$$X^\top X = \begin{bmatrix} \sum_{i=1}^{l} m_i & m_1 & m_2 & \dots & m_l \\ m_1 & m_1 & 0 & \dots & 0 \\ m_2 & 0 & m_2 & \dots & 0 \\ \vdots & \vdots & \vdots & & \vdots \\ m_l & 0 & 0 & \dots & m_l \end{bmatrix} \quad X^\top \mathbf{y} = \begin{bmatrix} \bar{\bar{y}} \sum_{i=1}^{l} m_i \\ m_1 \bar{y}_{1.} \\ m_2 \bar{y}_{2.} \\ \vdots \\ m_l \bar{y}_{l.} \end{bmatrix} = \begin{bmatrix} T \\ T_{1.} \\ T_{2.} \\ \vdots \\ T_{l.} \end{bmatrix}$$

정규방정식을 풀어 써 보면

$$\mu \sum_{i=1}^{l} m_i + \sum_{i=1}^{l} m_i \alpha_i = T$$

$$m_i(\mu + \alpha_i) = T_{i.}, \quad i = 1, 2, \cdots, l$$

인데, 가정 $\sum_{i=1}^{l} m_i \alpha_i = 0$을 대입하여 해를 구하면

$$\hat{\mu} = \frac{T}{\sum_{i=1}^{l} m_i} = \bar{\bar{y}}$$

$$\hat{\alpha}_i = \bar{y}_{i.} - \bar{\bar{y}}, \quad i = 1, 2, \cdots, l$$

로 식 (14.8)의 반복수가 동일한 경우의 해와 같은 형태를 갖는다. 회귀분석에 의한 총변동(SST), 회귀변동(SSR)과 잔차변동(SSE)을 구하면 각각 다음과 같고, 이들은 [표14.3]에 실려 있는 분산분석의 총제곱합(S_R), A의 변동(S_A), 잔차제곱합(S_E)과 같음을 알 수 있다.

$$\begin{aligned} SST &= \mathbf{y}^\top \mathbf{y} - n(\bar{\bar{y}})^2 \\ &= \sum_{i=1}^{l} \sum_{j=1}^{m_i} y_{ij}^2 - (\bar{\bar{y}})^2 \sum_{i=1}^{l} m_i \\ &= \sum_{i=1}^{l} \sum_{j=1}^{m_i} (y_{ij} - \bar{\bar{y}})^2 = S_T \end{aligned}$$

$$\begin{aligned} SSR &= \hat{\boldsymbol{\beta}}^\top X^\top \mathbf{y} - n(\bar{\bar{y}})^2 \\ &= (\hat{\mu}, \hat{\alpha}_1, \hat{\alpha}_2, \cdots, \hat{\alpha}_l) \begin{bmatrix} \bar{\bar{y}} \sum_{i=1}^{l} m_i \\ m_1 \bar{y}_{1.} \\ m_2 \bar{y}_{2.} \\ \vdots \\ m_l \bar{y}_{l.} \end{bmatrix} - (\bar{\bar{y}})^2 \sum_{i=1}^{l} m_i \\ &= \sum_{i=1}^{l} m_i (\bar{y}_{i.} - \bar{\bar{y}})^2 = S_A \end{aligned}$$

$$SSE = SST - SSR - S_T - S_A = S_E$$

예제 14.1

A구 보건소에서는 구민들에게 적절한 건강에 관련한 정보를 주기 위해 기존에 알려진 몇 가지 다이어트 방법을 비교평가하고자 한다. 이를 위하여 4종류의 다이어트 방법(A_1, A_2, A_3, A_4)을 선택하여 건강상태와 생활습관이 비슷한 주민 10명을 선택하여, 이중 랜덤하게 선택한 2명에게는 A_1 방법을, 3명에게는 A_2 방법을, 또 다른 3명에게는 A_3 방법을, 그리고 나머지 사람들에게 A_4 방법을 6개월간 적용하여 감량한 몸무게가 다음과 같다.

네 가지 다이어트 방법에 따른 체중 감량 데이터

	A_1	A_2	A_3	A_4	
체중 감량	12 18	14 12 13	19 17 21	24 30	
합	30	39	57	54	180
평균	15	13	19	27	18

위 데이터에 대하여 회귀분석에 의한 분산분석표를 작성하고 다이어트 방법이 체중감소에 유의한 차이를 주는가를 가설검정하시오.

풀이

이 문제에 대한 회귀모형은

$$y_{ij} = \mu + \alpha_1 x_1 + \alpha_2 x_2 + \alpha_3 x_3 + \alpha_4 x_4 + \epsilon_{ij}$$

로 가변수 $x_k(k = 1, 2, 3, 4)$는

$$x_k = \begin{cases} 1, & k = i \\ 0, & k \neq i \end{cases}$$

을 나타낸다. 이때 α_k $(k = 1, 2, 3, 4)$는 k번째 수준(A_k)이 주는 효과로 $2\alpha_1 + 3\alpha_2 + 3\alpha_3 + 2\alpha_4 = 0$[1]을 만족한다. 회귀분석모형을 행렬로 나타내 보면 다음과 같다.

---

1) 주어진 제약조건 $\sum_{i=1}^{l} m_i \alpha_i = 0$은 제곱합의 기대값을 수월하게 하는 계산으로 기초통계 교재들의 분산분석에서 사용되는 선형제약이다. 이 제약조건의 암묵적인 가정은 y_{ij}가 전체모집단의 랜덤표본으로 전체모집단에서 효과 i가 차지하는 비율이 $\pi_i = m_i / \sum_{i=1}^{l} m_i$가 되어 전체 모집단에서 반응변수 y_{ij}의 평균이

$$\sum_{i=1}^{l} \frac{m_i}{\sum_{i=1}^{l} m_i} \mathrm{E}(y_{ij}) = \mu + \frac{1}{\sum_{i=1}^{l} m_i} \sum_{i=1}^{l} m_i \alpha_i = \mu$$

가 되게한다. 실제 회귀분석을 이용하여 분산분석을 하는 경우, 위의 선형제약 보다는 $\alpha_1 = 0$의 선형제약을 사용하는게 편리하고 이는 효과 1의 평균을 μ로 가정한다. 두 선형제약의 공통점과 차이를 본 예제에서 살펴본다.

$$y = X\boldsymbol{\beta} + \boldsymbol{\epsilon}$$

$$\begin{bmatrix} 12 \\ 18 \\ 14 \\ 12 \\ 13 \\ 19 \\ 17 \\ 21 \\ 24 \\ 30 \end{bmatrix} = \begin{array}{c} \begin{array}{ccccc} & x_1 & x_2 & x_3 & x_4 \end{array} \\ \begin{bmatrix} 1 & 1 & 0 & 0 & 0 \\ 1 & 1 & 0 & 0 & 0 \\ 1 & 0 & 1 & 0 & 0 \\ 1 & 0 & 1 & 0 & 0 \\ 1 & 0 & 1 & 0 & 0 \\ 1 & 0 & 0 & 1 & 0 \\ 1 & 0 & 0 & 1 & 0 \\ 1 & 0 & 0 & 1 & 0 \\ 1 & 0 & 0 & 0 & 1 \\ 1 & 0 & 0 & 0 & 1 \end{bmatrix} \end{array} \begin{bmatrix} \mu \\ \alpha_1 \\ \alpha_2 \\ \alpha_3 \\ \alpha_4 \end{bmatrix} + \begin{bmatrix} \epsilon_{11} \\ \epsilon_{12} \\ \epsilon_{21} \\ \epsilon_{22} \\ \epsilon_{23} \\ \epsilon_{31} \\ \epsilon_{32} \\ \epsilon_{33} \\ \epsilon_{41} \\ \epsilon_{42} \end{bmatrix}$$

$X^\top X$와 $X^\top \mathbf{y}$ 행렬은 쉽게 계산되고 정규방정식 $X^\top X\boldsymbol{\beta} = X^\top \mathbf{y}$를 풀어 써 보면

$$\begin{aligned} &10\mu + 2\alpha_1 + 3\alpha_2 + 3\alpha_3 + 2\alpha_4 = 180 \\ &2\mu + 2\alpha_1 = 30 \\ &3\mu + 3\alpha_2 = 39 \\ &3\mu + 3\alpha_3 = 57 \\ &2\mu + 2\alpha_4 = 54 \end{aligned}$$

이 된다. 그런데 이 정규방정식은 미지의 수가 5개인데 실제로 방정식의 개수는 4개로 해를 구할 수 없게 된다. 그러나 가정 $\alpha_1 + 3\alpha_2 + 3\alpha_3 + 2\alpha_4 = 0$을 고려하면 정규방정식의 해를

$$\hat{\mu} = 18,\ \ \hat{\alpha}_1 = -3,\ \ \hat{\alpha}_2 = -5,\ \ \hat{\alpha}_3 = 1,\ \ \hat{\alpha}_4 = 9$$

로 구할 수 있다.

다른 방법으로 네 가지 다이어트 방법은 범주가 4개인 질적변수로서 13.2.1절에서 소개한 것처럼 다음과 같이 가변수를 설정할 수 있다[2].

$$x_1 = \begin{cases} 1 & \text{다이어트 방법이 } A_2\text{인 경우} \\ 0 & \text{기타} \end{cases}$$

$$x_2 = \begin{cases} 1 & \text{다이어트 방법이 } A_3\text{인 경우} \\ 0 & \text{기타} \end{cases}$$

$$x_3 = \begin{cases} 1 & \text{다이어트 방법이 } A_4\text{인 경우} \\ 0 & \text{기타} \end{cases}$$

2) 위의 $\alpha_1 + 3\alpha_2 + 3\alpha_3 + 2\alpha_4 = 0$외에도 모형의 추정을 가능하게 하는 선형제약은 무수히 많고 여기에서 가변수를 사용한 방법은 $\alpha_1 = 0$의 선형제약과 동일하다.

이 경우 중회귀모형은

$$\hat{y}_i = 15 - 2x_{i1} + 4x_{i2} + 12x_{i3}$$

이 되어, 질적변수에 대한 제한조건이 달라짐에 따라 회귀모형의 적합결과는 달라질 수 있음을 알 수 있다. 그러나 두 회귀모형 모두 다이어트 방법에 따른 평균 체중감량은 각각 15, 13, 19, 27로 차이가 없음을 알 수 있다3). 특히, R 소프트웨어를 이용한 분석에서 다이어트 방법을 범주형 변수로 설정한 경우에는 디폴트로 위와 같은 가변수가 생성됨을 확인할 수 있다. 자세한 것은 14.5절의 R 실습을 참고하기 바란다. 분산분석표의 제곱합을 각각 구해보면 $n = 10$, $\bar{y} = 18$ 이므로

$$\begin{aligned} SST &= \mathbf{y}^\top \mathbf{y} - n(\bar{y})^2 \\ &= (12)^2 + (18)^2 + \cdots + (30)^3 - 10(18)^2 \\ &= 304 \\ SSR &= \hat{\boldsymbol{\beta}}^\top X^\top \mathbf{y} - n(\bar{y})^2 \\ &= (18)(180) + (03)(30) + (-5)(39) + (1)(57) + (9)(54) - 10(18)^2 \\ &= 258 \\ SSE &= SST - SSR = 46 \end{aligned}$$

이고, 분산분석표는 다음과 같다.

요인	제곱합	자유도	평균제곱	F_0
A(요인)	258	3	86	11.21
E(잔차)	46	6	7.67	
T(계)	304	9		

귀무가설

$$H_0 : \alpha_1 = \alpha_2 = \alpha_3 = \alpha_4 = 0$$

에 대한 가설검정은 검정통계량의 값이 $F_0 = 11.21$이고, $\alpha = 0.05$에서 기각치가 $F_{0.05}(3, 6) = 4.76$이므로, $F_0 > 4.76$이 되어 귀무가설은 기각된다. 즉, 다이어트 방법에 따라 체중감소량에 유의한 차이가 있음을 알 수 있다.

3) 효과 i의 관측값 y_{ij}의 평균을 $\mu_i = \mu + \alpha_i$라 할 때 질적변수의 선형제약조건이 바뀌더라도 μ_i에 대한 추정량과 바로 다음에서 계산하게 될 분산분석표는 변하지 않는다. 관심있는 학생은 선형모형과 관련한 참고문헌 (14.5)와 (14.6)을 참조하여 이 성질을 증명하여 보기바란다.

14.2 반복이 없는 이원배치법

앞 절에서 인자가 하나인 경우에 대하여 회귀분석방법에 의한 분산분석표를 작성하여 보았는데 두 인자 A, B가 있는 이원배치법(two factor design of experiment)에 대하여 생각해 보자. 인자 A의 i수준(A_i)이 주는 효과를 α_i, 인자 B의 j수준(B_j)이 주는 효과를 β_j라고 나타내기로 하고, α_i와 β_j는 고정된 효과라고 하자. A_i와 B_j의 조건에서 측정값에 반복이 없다면 다음과 같이 분산분석모형을 가정할 수 있다.

$$y_{ij} = \mu + \alpha_i + \beta_j + \epsilon_{ij}, \quad \epsilon_{ij} \sim N(0, \sigma^2) \qquad (14.15)$$
$$i = 1, 2, \cdots, l, \quad j = 1, 2, \cdots, m$$

오차항 ϵ_{ij}간에는 서로 독립이라고 가정한다. 이 경우에 α_i와 β_j에 널리 쓰이는 가정은

$$\sum_{i=1}^{l} \alpha_i = 0, \quad \sum_{j=1}^{m} \beta_j = 0 \qquad (14.16)$$

이다. 모형 (14.15)를 선형회귀모형으로 바꾸어 보면

$$y_{ij} = \mu + \sum_{i=1}^{l} \alpha_i x_i + \sum_{j=1}^{m} \beta_j x_{l+j} + \epsilon_{ij} \qquad (14.17)$$

$$x_k = \begin{cases} 1, & k = i \\ 0, & k \neq i, \quad k = 1, 2, \cdots, l \end{cases}$$

$$x_{l+v} = \begin{cases} 1, & v = j \\ 0, & v \neq j, \quad v = 1, 2, \cdots, m \end{cases}$$

으로 표현된다. 데이터 y_{ij}를 이원배치법의 배열표에 작성하면 다음 [표 14.4]와 같다.

표 14.4 반복이 없는 이원배치법의 데이터의 배열

	A_1	A_2	…	A_l	합	평균
B_1	y_{11}	y_{21}	…	y_{l1}	$T_{.1}$	$\bar{y}_{.1}$
B_2	y_{12}	y_{22}	…	y_{l2}	$T_{.2}$	$\bar{y}_{.2}$
⋮	⋮	⋮		⋮	⋮	⋮
B_m	y_{1m}	y_{2m}	…	y_{lm}	$T_{.m}$	$\bar{y}_{.m}$
합	$T_{1.}$	$T_{2.}$	…	$T_{l.}$	T	
평균	$\bar{y}_{1.}$	$\bar{y}_{2.}$	…	$\bar{y}_{l.}$	$\bar{\bar{y}}$	

분산분석에 의한 분산분석표의 작성요령은 다음의 [표 14.5]와 같게 된다.

표 14.5 이원배치법의 분산분석표

요인	제곱합	자유도	평균제곱	F_0
A(인자)	$S_A = m\sum_{i=1}^{l}(\bar{y}_{i.} - \bar{\bar{y}})^2$	$l - 1$	$V_A = \dfrac{S_A}{l-1}$	$\dfrac{V_A}{V_E}$
B(인자)	$S_B = l\sum_{j=1}^{m}(\bar{y}_{.j} - \bar{\bar{y}})^2$	$m - 1$	$V_B = \dfrac{S_B}{m-1}$	$\dfrac{V_B}{V_E}$
E(잔차)	$S_E = S_T - S_A - S$	$(l-1)(m-1)$	$V_E = \dfrac{S_E}{(l-1)(m-1)}$	
T(계)	$S_T = \sum_{i=1}^{l}\sum_{j=1}^{m}(y_{ij} - \bar{\bar{y}})^2$	$lm - 1$		

[표 14.5]의 분산분석표의 제곱합을 회귀분석의 입장에서 구하여 보자. 만약 $l = 2$, $m = 3$이라면 모형 (14.17)은 행렬의 표현으로

$$\mathbf{y} = X\boldsymbol{\beta} + \epsilon$$

$$\begin{bmatrix} y_{11} \\ y_{12} \\ y_{13} \\ y_{21} \\ y_{22} \\ y_{23} \end{bmatrix} = \overset{\begin{matrix} & x_1 & x_2 & x_3 & x_4 & x_5 \end{matrix}}{\begin{bmatrix} 1 & 1 & 0 & 1 & 0 & 0 \\ 1 & 1 & 0 & 0 & 1 & 0 \\ 1 & 1 & 0 & 0 & 0 & 1 \\ 1 & 0 & 1 & 1 & 0 & 0 \\ 1 & 0 & 1 & 0 & 1 & 0 \\ 1 & 0 & 1 & 0 & 0 & 1 \end{bmatrix}} \begin{bmatrix} \mu \\ \alpha_1 \\ \alpha_2 \\ \beta_1 \\ \beta_2 \\ \beta_3 \end{bmatrix} + \begin{bmatrix} \epsilon_{11} \\ \epsilon_{12} \\ \epsilon_{13} \\ \epsilon_{21} \\ \epsilon_{22} \\ \epsilon_{23} \end{bmatrix}$$

이 되며, 정규방정식은

$$X^{\top}X\boldsymbol{\beta} = X^{\top}\mathbf{y}$$

$$\begin{bmatrix} 6 & 3 & 3 & 2 & 2 & 2 \\ 3 & 3 & 0 & 1 & 1 & 1 \\ 3 & 0 & 3 & 1 & 1 & 1 \\ 2 & 1 & 1 & 2 & 0 & 0 \\ 2 & 1 & 1 & 0 & 2 & 0 \\ 2 & 1 & 1 & 0 & 0 & 2 \end{bmatrix} \begin{bmatrix} \mu \\ \alpha_1 \\ \alpha_2 \\ \beta_1 \\ \beta_2 \\ \beta_3 \end{bmatrix} = \begin{bmatrix} T \\ T_{1.} \\ T_{2.} \\ T_{.1} \\ T_{.2} \\ T_{.3} \end{bmatrix}$$

으로 나타난다. 이를 풀어 쓰면

$$\begin{aligned} 6\mu + 3(\alpha_1 + \alpha_2) + 2(\beta_1 + \beta_2 + \beta_3) &= T \\ 3\mu + 3\alpha_1 \qquad\quad + (\beta_1 + \beta_2 + \beta_3) &= T_{1.} \end{aligned}$$

$$
\begin{aligned}
3\mu \qquad\quad + 3\alpha_2 + (\beta_1 + \beta_2 + \beta_3) &= T_{2.} \\
2\mu + (\alpha_1 + \alpha_2) + 2\beta_1 \qquad\qquad &= T_{.1} \\
2\mu + (\alpha_1 + \alpha_2) \qquad + 2\beta_2 \qquad &= T_{.2} \\
2\mu + (\alpha_1 + \alpha_2) \qquad\qquad + 2\beta_3 &= T_{.3}
\end{aligned}
$$

와 같다. 이 연립방정식을 풀어서 α_i와 β_j의 추정값을 구하기 위하여 가정 (14.16)을 대입하여 풀면 다음의 추정값이 얻어진다.

$$
\begin{aligned}
&\hat{\mu} = \bar{\bar{y}} \\
&\hat{\alpha}_i = \bar{y}_{i.} - \bar{\bar{y}}, \ \ i = 1, 2 \\
&\hat{\beta}_j = \bar{y}_{.j} - \bar{\bar{y}}, \ \ j = 1, 2, 3
\end{aligned}
\tag{14.18}
$$

위의 추정값의 공식은 가정 (14.16) 아래에서는 언제나 이렇게 되며, $\hat{\alpha}_i$의 합과 $\hat{\beta}_j$의 합은 각각 0이 된다. 즉

$$
\sum_{i=1}^{l} \hat{\alpha}_i = \sum_{i=1}^{l} (\bar{y}_{i.} - \bar{\bar{y}}) = 0
$$
$$
\sum_{j=1}^{m} \hat{\beta}_j = \sum_{j=1}^{m} (\bar{y}_{.j} - \bar{\bar{y}}) = 0
$$

이다. 이제 회귀변동을 구하여 보면 공식 (6.27)로부터

$$
\begin{aligned}
SSR &= \hat{\boldsymbol{\beta}}^{\top} X^{\top} \mathbf{y} - n(\bar{\bar{y}})^2 \\
&= (\hat{\mu}, \hat{\alpha}_1, \cdots, \hat{\alpha}_l, \hat{\beta}_1, \cdots, \hat{\beta}_m) \begin{pmatrix} T \\ T_{1.} \\ \vdots \\ T_{l.} \\ T_{.1} \\ \vdots \\ T_{.m} \end{pmatrix} - lm(\bar{\bar{y}})^2 \\
&= \hat{\mu} T + \sum_{i=1}^{l} \hat{\alpha}_i T_{i.} + \sum_{j=1}^{m} \hat{\beta}_j T_{.j} - lm(\bar{\bar{y}})^2 \\
&= \sum_{i=1}^{l} (\bar{y}_{i.} - \bar{\bar{y}}) T_{i.} + \sum_{j=1}^{m} (\bar{y}_{.j} - \bar{\bar{y}}) T_{.j} \\
&= m \sum_{i=1}^{l} (\bar{y}_{i.} - \bar{\bar{y}})^2 + l \sum_{j=1}^{m} (\bar{y}_{.j} - \bar{\bar{y}})^2 = S_A + S_B
\end{aligned}
$$

가 되어 회귀변동을 계산하는 과정에서 S_A와 S_B를 구할 수 있다.

A의 변동 S_A를 개별적으로 구하기 위해 또 하나의 다른 회귀분석방법은 모형 (14.15)

에서 B의 각 수준이 주는 효과 β_j가 모두 없다고 한 후 축소모형(reduced model)

$$y_{ij} = \mu + \sum_{i=1}^{l} \alpha_i x_i + \epsilon_{ij}$$

로부터 회귀변동을 구하면 앞 절에서 고찰한 바와 같이 S_A가 얻어진다. 이 축소모형은 모형 (14.3)과 동일한 것임을 유의하여 주기 바란다. 마찬가지로 S_B를 구하기 위해서는 α_i를 모두 0으로 놓으면 축소모형은

$$y_{ij} = \mu + \sum_{j=1}^{m} \beta_j x_{l+j} + \epsilon_{ij}$$

가 되며, 회귀변동을 구하게 되면 S_B만을 얻을 수 있다. 총변동과 잔차변동은 각각

$$\begin{aligned} SST &= \mathbf{y}^\top \mathbf{y} - n(\bar{\bar{y}})^2 = \sum_{i=1}^{l} \sum_{j=1}^{m} y_{ij}^2 - lm(\bar{\bar{y}})^2 \\ &= \sum_{i=1}^{l} \sum_{j=1}^{m} (y_{ij} - \bar{\bar{y}})^2 = S_T \\ SSE &= SST - SSR = S_E \end{aligned}$$

이 됨은 쉽게 알 수 있다. 따라서, 이원배치법의 분산분석표도 회귀분석의 입장에서 구해질 수 있다.

14.3 반복이 있는 이원배치법

인자가 둘인 이원배치법에서는 A_i와 B_j의 수준의 조합에서 여러 번 반복하여 측정값을 구하는 경우가 흔히 있다. 이 반복수를 r이라고 하자. 반복이 있는 이원배치법에서는 두 인자 A, B간에 교호작용(interaction)의 효과를 측정할 수 있으므로, 분산분석의 모형은 일반적으로 다음과 같이 표현한다.

$$y_{ijk} = \mu + \alpha_i + \beta_j + (\alpha\beta)_{ij} + \epsilon_{ijk} \tag{14.19}$$
$$\epsilon_{ijk} \sim N(0, \sigma^2),\ i = 1, 2, \cdots, l,\ j = 1, 2, \cdots, m,\ k = 1, 2, \cdots, r$$

여기에서 $(\alpha\beta)_{ik}$는 A_i 수준과 B_j 수준에서 발생되는 두 인자 A, B 간의 교호작용의 효과이다. 데이터의 합과 평균은 앞에서 표현한 그대로 적용하여

$$T_{i..} = \sum_{j=1}^{m} \sum_{k=1}^{r} y_{ijk},\quad T_{.j.} = \sum_{i=1}^{l} \sum_{k=1}^{r} y_{ijk},\quad T_{ij.} = \sum_{k=1}^{r} y_{ijk}$$
$$\bar{y}_{i..} = T_{i..}/mr,\quad \bar{y}_{.j.} = T_{.j.}/lr,\quad \bar{y}_{ij.} = T_{ij.}/r$$

으로 표현하자. 모형 (14.19)와 관련하여 많이 사용되는 가정은 다음과 같다. α_i와 β_j는 각

각 고정된 효과라고 간주한다.

$$\sum_{i=1}^{l} \alpha_i = 0, \quad \sum_{j=1}^{m} \beta_j = 0 \tag{14.20}$$

$$\sum_{i=1}^{l} (\alpha\beta)_{ij} = 0, \quad j = 1, 2, \cdots, m$$

$$\sum_{j=1}^{m} (\alpha\beta)_{ij} = 0, \quad i = 1, 2, \cdots, l$$

분산분석모형 (14.19)를 가변수의 사용을 도입하여 회귀분석모형으로 바꾸면 다음과 같이 표현할 수 있다.

$$y_{ijk} = \mu + \sum_{i=1}^{l} \alpha_i x_i + \sum_{j=1}^{m} \beta_j x_{l+j} + \sum_{i=1}^{l}\sum_{j=1}^{m} (\alpha\beta)_{ij} x_i x_{l+j} + \epsilon_{ijk} \tag{14.21}$$

$$x_u = \begin{cases} 1, & u = i \\ 0, & u \neq i, \quad u = 1, 2, \cdots, l \end{cases}$$

$$x_{l+u} = \begin{cases} 1, & u = j \\ 0, & u \neq j, \quad u = 1, 2, \cdots, m \end{cases}$$

반복이 있는 이와 같은 이원배치법에 대하여 분산분석에서 얻어지는 분산분석표는 다음과 같다.

표 14.6 반복이 있는 이원배치법의 분산분석표

요인	제곱합	자유도	평균제곱	F_0
A(인자)	$S_A = m\sum_{i=1}^{l}(\overline{y}_{i..} - \overline{\overline{y}})^2$	$l-1$	V_A	$\frac{V_A}{V_E}$
B(인자)	$S_B = lr\sum_{j=1}^{m}(\overline{y}_{.j.} - \overline{\overline{y}})^2$	$m-1$	V_B	$\frac{V_B}{V_E}$
$A \times B$ (교호작용)	$S_{A\times B} = r\sum_{i=1}^{l}\sum_{j=1}^{m}(\overline{y}_{ij.} - \overline{y}_{i..} - \overline{y}_{.j.} + \overline{\overline{y}})^2$	$(l-1)(m-1)$	$V_{A\times B}$	$\frac{V_{A\times B}}{V_E}$
E(잔차)	$S_E = S_T - S_A - S_B - S_{A\times B}$	$lm(r-1)$	V_E	
T(계)	$S_T = \sum_{i=1}^{l}\sum_{j=1}^{m}\sum_{k=1}^{r}(y_{ijk} - \overline{\overline{y}})^2$	$lm-1$		

다음으로 회귀분석에 의하여 [표 14.6]의 제곱합들을 구하여 보자. 간편히 설명하기 위하여 $l = 2$, $m = 2$, $r = 2$이면 회귀분석모형은 다음과 같이 표현된다.

$$\mathbf{y} = X\boldsymbol{\beta} + \epsilon$$

$$
\begin{bmatrix} y_{111} \\ y_{112} \\ y_{121} \\ y_{122} \\ y_{211} \\ y_{212} \\ y_{221} \\ y_{222} \end{bmatrix} = \begin{bmatrix} 1 & 1 & 0 & 1 & 0 & 1 & 0 & 0 & 0 \\ 1 & 1 & 0 & 1 & 0 & 1 & 0 & 0 & 0 \\ 1 & 1 & 0 & 0 & 1 & 0 & 1 & 0 & 0 \\ 1 & 1 & 0 & 0 & 1 & 0 & 1 & 0 & 0 \\ 1 & 0 & 1 & 1 & 0 & 0 & 0 & 1 & 0 \\ 1 & 0 & 1 & 1 & 0 & 0 & 0 & 1 & 0 \\ 1 & 0 & 1 & 0 & 1 & 0 & 0 & 0 & 1 \\ 1 & 0 & 1 & 0 & 1 & 0 & 0 & 0 & 1 \end{bmatrix} \begin{bmatrix} \mu \\ \alpha_1 \\ \alpha_2 \\ \beta_1 \\ \beta_2 \\ (\alpha\beta)_{11} \\ (\alpha\beta)_{12} \\ (\alpha\beta)_{21} \\ (\alpha\beta)_{22} \end{bmatrix} + \begin{bmatrix} \epsilon_{111} \\ \epsilon_{112} \\ \epsilon_{121} \\ \epsilon_{122} \\ \epsilon_{211} \\ \epsilon_{212} \\ \epsilon_{221} \\ \epsilon_{222} \end{bmatrix}
$$

정규방정식 $X^\top X\boldsymbol{\beta}$를 만들고, 가정 (14.20)을 대입하여 μ, α_i, β_j와 $(\alpha\beta)_{ij}$를 추정하면 다음의 결과를 얻는다.

$$
\begin{aligned}
&\hat{\mu} = \bar{\bar{y}} \\
&\hat{\alpha}_i = \bar{y}_{i..} - \bar{\bar{y}},\ \ \hat{\beta}_{.j} = \bar{y}_{.j.} - \bar{\bar{y}} \\
&\widehat{(\alpha\beta)}_{ij} = \bar{y}_{ij.} - \bar{y}_{i..} - \bar{y}_{.j.} + \bar{\bar{y}}
\end{aligned}
\tag{14.22}
$$

회귀변동을 구하면

$$
\begin{aligned}
SSR &= \hat{\boldsymbol{\beta}}^\top X^\top \mathbf{y} - n(\bar{\bar{y}})^2 \\
&= \left[\, \hat{\mu},\ \hat{\alpha}_1,\ \cdots,\ \hat{\alpha}_l,\ \hat{\beta}_1,\ \cdots,\ \hat{\beta}_m,\ \widehat{(\alpha\beta)}_{11},\ \cdots,\ \widehat{(\alpha\beta)}_{lm} \right] \begin{bmatrix} T \\ T_{1..} \\ \vdots \\ T_{l..} \\ T_{.1.} \\ \vdots \\ T_{.m.} \\ T_{11.} \\ \vdots \\ T_{lm.} \end{bmatrix} - lmr(\bar{\bar{y}})^2 \\
&= lmr(\bar{\bar{y}})^2 + \sum_{i=1}^{l} \hat{\alpha}_i T_{i..} + \sum_{j=1}^{m} \hat{\beta}_j T_{.j.} + \sum_{i=1}^{l}\sum_{j=1}^{m} \widehat{(\alpha\beta)}_{ij} T_{ij.} - lmr(\bar{\bar{y}})^2 \\
&= mr\sum_{i=1}^{l} (\bar{y}_{i..} - \bar{\bar{y}})^2 + lr\sum_{j=1}^{m} (\bar{y}_{.j.} - \bar{\bar{y}})^2 + r\sum_{i=1}^{l}\sum_{j=1}^{m} (\bar{y}_{ij.} - \bar{y}_{i..} - \bar{y}_{.j.} + \bar{\bar{y}})^2 \\
&= S_A + S_B + S_{A\times B}
\end{aligned}
$$

이 된다. 즉, 회귀변동 SSR은 [표 14.6]의 세 가지 제곱합 S_A, S_B와 $S_{A\times B}$를 합한 것과 같다.

S_A, S_B와 $S_{A\times B}$를 하나하나 개별적으로 회귀분석에 의하여 구할 수 있는 또 하나의 다른 방법은 모형 (14.21)에서 먼저 $\beta_j = 0$, $(\alpha\beta)_{ij} = 0$으로 놓고 축소모형

$$y_{ijk} = \mu + \sum_{i=1}^{l} \alpha_i x_i + \epsilon_{ijk} \tag{14.23}$$

를 만들어 회귀변동을 구하면 S_A를 얻을 수 있다. 또한 $\alpha_i = 0$, $(\alpha\beta)_{ij} = 0$으로 놓고

$$y_{ijk} = \mu + \sum_{j=1}^{m} \beta_j x_{l+j} + \epsilon_{ijk} \tag{14.24}$$

의 축소모형에 대한 회귀변동을 구하여 S_B를 얻는다. 같은 방법으로 $\alpha_i = 0$, $\beta_j = 0$으로 놓고 축소모형

$$y_{ijk} = \mu + \sum_{i=1}^{l}\sum_{j=1}^{m} (\alpha\beta)_{ij} x_i x_{l+j} + \epsilon_{ijk} \tag{14.25}$$

를 만들어 회귀변동을 구하면 $r\sum_{i=1}^{l}\sum_{j=1}^{m}(\bar{y}_{ij\cdot} - \bar{\bar{y}})^2$이 되는데, 여기에서 S_A와 S_B를 빼면 $S_{A\times B}$를 얻을 수 있다. 총변동은 회귀분석에서 구한 공식 (6.22)로부터

$$\begin{aligned} SST &= \sum_{i=1}^{l}\sum_{j=1}^{m}\sum_{k=1}^{m} y_{ijk}^2 - lmr(\bar{\bar{y}})^2 \\ &= \sum_{i=1}^{l}\sum_{j=1}^{m}\sum_{k=1}^{m} (y_{ijk} - \bar{\bar{y}})^2 = S_T \end{aligned}$$

가 됨을 쉽게 보일 수 있고 잔차변동은

$$\begin{aligned} SSE &= SST - SSR \\ &= S_T - (S_A + S_B + S_{A\times B}) = S_E \end{aligned}$$

임이 명백하다.

예제 14.2

어떤 공기 청정기 제조 회사에서는 새로 개발한 자동차 필터가 오염을 줄이는데 효과적이라고 주장하였다. 그런데, 새로 개발한 필터가 차량 소음에 미치는 영향은 없는지 의문이 생겨 실험을 계획하게 되었다. 새로 개발한 필터가 차량소음에 미치는 영향을 알아보기, 차량소음에 대한 중요 인자로서 차량의 크기와 필터의 종류를 선택하여 다음과 같이 인자의 수준을 선택하고 차량 소음을 반복 2회 측정하였다. 이 때 차량은 같은 회사에서 생산한 것으로 크기만 다른 차량을 선택하였다.

인자/수준	1	2	3	4
A(자동차 크기)	대형차	중형차	소형차	경차
B(자동차 필터)	기존형 1	기존형 2	신제품	

표 14.7 **자동차 소음측정 데이터**

	A_1	A_2	A_3	A_4	합	평균
B_1	2.5 3.3	2.6 3.0	2.9 3.2	3.0 3.4	23.9	2.99
B_2	2.6 3.2	2.5 3.1	3.1 2.8	2.9 3.5	23.7	2.96
B_3	1.9 2.1	2.0 2.3	2.7 3.2	4.2 4.0	22.4	2.80
합 평균	15.6 2.60	15.5 2.58	17.9 2.98	21.0 3.50	70.0	 2.92

이와 같이 반복이 있는 이원배치법의 데이터로부터 회귀분석방법을 사용하여 분산분석표를 작성하고 인자 A, B 또는 교호작용 $A \times B$가 차량소음에 유의한 영향을 미치는지를 검정하시오. 또한 소음을 가장 작게 하는 A와 B인자 수준의 최적조합(optimal combination) 조건을 구하시오.

풀이

위 데이터에 회귀분석모형을 가정하면 다음과 같다.

$$y_{ijk} = \mu + \sum_{i=1}^{4} \alpha_i x_i + \sum_{j=1}^{3} \beta_j x_{4+j} + \sum_{i=1}^{4} \sum_{j=1}^{3} (\alpha\beta)_{ij} x_i x_{4+j} + \epsilon_{ijk}$$

$$x_u = \begin{cases} 1, & u = i \\ 0, & u \neq i, \quad u, i = 1, 2, 3, 4 \end{cases}$$

$$x_{4+u} = \begin{cases} 1, & u = j \\ 0, & u \neq j, \quad u, j = 1, 2, 3 \end{cases}$$

이 모형에 부수되는 가정은

$$\sum_{i=1}^{4} \alpha_i = 0, \quad \sum_{j=1}^{3} \beta_j = 0$$

$$\sum_{i=1}^{4} (\alpha\beta)_{ij} = 0, \quad j = 1, 2, 3$$

$$\sum_{j=1}^{3} (\alpha\beta)_{ij} = 0, \quad i = 1, 2, 3, 4$$

이다. 이 문제에 대하여 선형회귀모형 $\mathbf{y} = X\boldsymbol{\beta} + \boldsymbol{\epsilon}$을 행렬로 표현하면 다음과 같다.

$$
\begin{bmatrix} 2.5 \\ 3.3 \\ 2.6 \\ 3.2 \\ 1.9 \\ 2.1 \\ 2.6 \\ 3.0 \\ 2.5 \\ 3.1 \\ 2.0 \\ 2.3 \\ 2.9 \\ 3.2 \\ 3.1 \\ 2.8 \\ 2.7 \\ 3.2 \\ 3.0 \\ 3.4 \\ 2.9 \\ 3.5 \\ 4.2 \\ 4.0 \end{bmatrix}
=
\begin{bmatrix}
1 & 1 & 0 & 0 & 0 & 1 & 0 & 0 & 1 & 0 & 0 & 0 & 0 & 0 & 0 & 0 & 0 & 0 & 0 & 0 \\
1 & 1 & 0 & 0 & 0 & 1 & 0 & 0 & 1 & 0 & 0 & 0 & 0 & 0 & 0 & 0 & 0 & 0 & 0 & 0 \\
1 & 1 & 0 & 0 & 0 & 0 & 1 & 0 & 0 & 1 & 0 & 0 & 0 & 0 & 0 & 0 & 0 & 0 & 0 & 0 \\
1 & 1 & 0 & 0 & 0 & 0 & 1 & 0 & 0 & 1 & 0 & 0 & 0 & 0 & 0 & 0 & 0 & 0 & 0 & 0 \\
1 & 1 & 0 & 0 & 0 & 0 & 0 & 1 & 0 & 0 & 1 & 0 & 0 & 0 & 0 & 0 & 0 & 0 & 0 & 0 \\
1 & 1 & 0 & 0 & 0 & 0 & 0 & 1 & 0 & 0 & 1 & 0 & 0 & 0 & 0 & 0 & 0 & 0 & 0 & 0 \\
1 & 0 & 1 & 0 & 0 & 1 & 0 & 0 & 0 & 0 & 0 & 1 & 0 & 0 & 0 & 0 & 0 & 0 & 0 & 0 \\
1 & 0 & 1 & 0 & 0 & 1 & 0 & 0 & 0 & 0 & 0 & 1 & 0 & 0 & 0 & 0 & 0 & 0 & 0 & 0 \\
1 & 0 & 1 & 0 & 0 & 0 & 1 & 0 & 0 & 0 & 0 & 0 & 1 & 0 & 0 & 0 & 0 & 0 & 0 & 0 \\
1 & 0 & 1 & 0 & 0 & 0 & 1 & 0 & 0 & 0 & 0 & 0 & 1 & 0 & 0 & 0 & 0 & 0 & 0 & 0 \\
1 & 0 & 1 & 0 & 0 & 0 & 0 & 1 & 0 & 0 & 0 & 0 & 0 & 1 & 0 & 0 & 0 & 0 & 0 & 0 \\
1 & 0 & 1 & 0 & 0 & 0 & 0 & 1 & 0 & 0 & 0 & 0 & 0 & 1 & 0 & 0 & 0 & 0 & 0 & 0 \\
1 & 0 & 0 & 1 & 0 & 1 & 0 & 0 & 0 & 0 & 0 & 0 & 0 & 0 & 1 & 0 & 0 & 0 & 0 & 0 \\
1 & 0 & 0 & 1 & 0 & 1 & 0 & 0 & 0 & 0 & 0 & 0 & 0 & 0 & 1 & 0 & 0 & 0 & 0 & 0 \\
1 & 0 & 0 & 1 & 0 & 0 & 1 & 0 & 0 & 0 & 0 & 0 & 0 & 0 & 0 & 1 & 0 & 0 & 0 & 0 \\
1 & 0 & 0 & 1 & 0 & 0 & 1 & 0 & 0 & 0 & 0 & 0 & 0 & 0 & 0 & 1 & 0 & 0 & 0 & 0 \\
1 & 0 & 0 & 1 & 0 & 0 & 0 & 1 & 0 & 0 & 0 & 0 & 0 & 0 & 0 & 0 & 1 & 0 & 0 & 0 \\
1 & 0 & 0 & 1 & 0 & 0 & 0 & 1 & 0 & 0 & 0 & 0 & 0 & 0 & 0 & 0 & 1 & 0 & 0 & 0 \\
1 & 0 & 0 & 0 & 1 & 1 & 0 & 0 & 0 & 0 & 0 & 0 & 0 & 0 & 0 & 0 & 0 & 1 & 0 & 0 \\
1 & 0 & 0 & 0 & 1 & 1 & 0 & 0 & 0 & 0 & 0 & 0 & 0 & 0 & 0 & 0 & 0 & 1 & 0 & 0 \\
1 & 0 & 0 & 0 & 1 & 0 & 1 & 0 & 0 & 0 & 0 & 0 & 0 & 0 & 0 & 0 & 0 & 0 & 1 & 0 \\
1 & 0 & 0 & 0 & 1 & 0 & 1 & 0 & 0 & 0 & 0 & 0 & 0 & 0 & 0 & 0 & 0 & 0 & 1 & 0 \\
1 & 0 & 0 & 0 & 1 & 0 & 0 & 1 & 0 & 0 & 0 & 0 & 0 & 0 & 0 & 0 & 0 & 0 & 0 & 1 \\
1 & 0 & 0 & 0 & 1 & 0 & 0 & 1 & 0 & 0 & 0 & 0 & 0 & 0 & 0 & 0 & 0 & 0 & 0 & 1
\end{bmatrix}
\begin{bmatrix} \mu \\ \alpha_1 \\ \alpha_2 \\ \alpha_3 \\ \alpha_4 \\ \beta_1 \\ \beta_2 \\ \beta_3 \\ (\alpha\beta)_{11} \\ (\alpha\beta)_{12} \\ (\alpha\beta)_{13} \\ (\alpha\beta)_{21} \\ (\alpha\beta)_{22} \\ (\alpha\beta)_{23} \\ (\alpha\beta)_{31} \\ (\alpha\beta)_{32} \\ (\alpha\beta)_{33} \\ (\alpha\beta)_{41} \\ (\alpha\beta)_{42} \\ (\alpha\beta)_{43} \end{bmatrix}
+
\begin{bmatrix} \epsilon_{111} \\ \epsilon_{112} \\ \epsilon_{121} \\ \epsilon_{122} \\ \epsilon_{131} \\ \epsilon_{132} \\ \epsilon_{211} \\ \epsilon_{212} \\ \epsilon_{221} \\ \epsilon_{222} \\ \epsilon_{231} \\ \epsilon_{232} \\ \epsilon_{311} \\ \epsilon_{312} \\ \epsilon_{321} \\ \epsilon_{322} \\ \epsilon_{331} \\ \epsilon_{332} \\ \epsilon_{411} \\ \epsilon_{412} \\ \epsilon_{421} \\ \epsilon_{422} \\ \epsilon_{431} \\ \epsilon_{432} \end{bmatrix}
$$

정규방정식 $X^{\top}X\boldsymbol{\beta} = X^{\top}\mathbf{y}$를 만들고, 이를 풀기 위하여 가정 (14.26)을 도입하여 정규방정식의 해를 구하면 다음과 같다.

$$
\begin{aligned}
\hat{\mu} &= \bar{\bar{y}} = 2.92 \\
\hat{\alpha}_1 &= \bar{y}_{1..} - \bar{\bar{y}} = 2.60 - 2.92 = -0.32 \\
\hat{\alpha}_2 &= \bar{y}_{2..} - \bar{\bar{y}} = 2.58 - 2.92 = -0.34 \\
\hat{\alpha}_3 &= \bar{y}_{3..} - \bar{\bar{y}} = 2.98 - 2.92 = 0.06 \\
\hat{\alpha}_4 &= \bar{y}_{4..} - \bar{\bar{y}} = 3.50 - 2.92 = 0.58 \\
\hat{\beta}_1 &= \bar{y}_{.1.} - \bar{\bar{y}} = 2.99 - 2.92 = 0.07 \\
\hat{\beta}_2 &= \bar{y}_{.2.} - \bar{\bar{y}} = 2.96 - 2.92 = 0.04 \\
\hat{\beta}_3 &= \bar{y}_{.3.} - \bar{\bar{y}} = 2.80 - 2.92 = -0.12 \\
(\widehat{\alpha\beta})_{11} &= \bar{y}_{11.} - \bar{y}_{1..} - \bar{y}_{.1.} + \bar{\bar{y}} = (2.5 + 3.3)/2 - 2.60 - 2.99 + 2.92 = 0.23 \\
(\widehat{\alpha\beta})_{12} &= \bar{y}_{12.} - \bar{y}_{2..} - \bar{y}_{.2.} + \bar{\bar{y}} = (2.6 + 3.5)/2 - 2.60 - 2.69 + 2.92 = 0.26 \\
(\widehat{\alpha\beta})_{13} &= \bar{y}_{13.} - \bar{y}_{1..} - \bar{y}_{.3.} + \bar{\bar{y}} = (1.9 + 2.1)/2 - 2.60 - 2.80 + 2.92 = -0.48
\end{aligned}
$$

$$(\widehat{\alpha\beta})_{21} = \bar{y}_{21.} - \bar{y}_{2..} - \bar{y}_{.1.} + \bar{\bar{y}} = (2.6 + 3.0)/2 - 2.58 - 2.99 + 2.92 = 0.15$$
$$(\widehat{\alpha\beta})_{22} = \bar{y}_{22.} - \bar{y}_{2..} - \bar{y}_{.2.} + \bar{\bar{y}} = (2.5 + 3.1)/2 - 2.58 - 2.96 + 2.92 = 0.18$$
$$(\widehat{\alpha\beta})_{23} = \bar{y}_{23.} - \bar{y}_{2..} - \bar{y}_{.3.} + \bar{\bar{y}} = (2.0 + 2.3)/2 - 2.58 - 2.80 + 2.92 = -0.31$$
$$(\widehat{\alpha\beta})_{31} = \bar{y}_{31.} - \bar{y}_{3..} - \bar{y}_{.1.} + \bar{\bar{y}} = (2.9 + 3.2)/2 - 2.98 - 2.99 + 2.92 = 0$$
$$(\widehat{\alpha\beta})_{32} = \bar{y}_{32.} - \bar{y}_{3..} - \bar{y}_{.2.} + \bar{\bar{y}} = (3.1 + 2.8)/2 - 2.98 - 2.96 + 2.92 = -0.07$$
$$(\widehat{\alpha\beta})_{33} = \bar{y}_{33.} - \bar{y}_{3..} - \bar{y}_{.3.} + \bar{\bar{y}} = (2.7 + 3.2)/2 - 2.98 - 2.80 + 2.92 = 0.09$$
$$(\widehat{\alpha\beta})_{41} = \bar{y}_{41.} - \bar{y}_{4..} - \bar{y}_{.1.} + \bar{\bar{y}} = (3.0 + 3.4)/2 - 3.50 - 2.99 + 2.92 = -0.37$$
$$(\widehat{\alpha\beta})_{42} = \bar{y}_{42.} - \bar{y}_{4..} - \bar{y}_{.2.} + \bar{\bar{y}} = (2.9 + 3.5)/2 - 3.50 - 2.96 + 2.92 = -0.34$$
$$(\widehat{\alpha\beta})_{43} = \bar{y}_{43.} - \bar{y}_{4..} - \bar{y}_{.3.} + \bar{\bar{y}} = (4.2 + 4.0)/2 - 3.50 - 2.80 + 2.92 = 0.72$$

위의 추정값들을 이용하여 회귀변동을 구하면

$$\begin{aligned}
SSR &= \hat{\boldsymbol{\beta}} X^{\top}\mathbf{y} - n(\bar{y})^2 \\
&= \sum_{i=1}^{4}\hat{\alpha}_i T_{i..} + \sum_{j=1}^{3}\hat{\beta}_i T_{.j.} + \sum_{i=1}^{4}\sum_{j=1}^{3}(\alpha\beta)_{ij}T_{ij.} \\
&= (-0.32)(15.6) + (-0.34)(15.5) + (0.06)(17.9) + (0.58)(21.0) \\
&\quad + (0.07)(23.9) + 0.04(23.7) + (-0.12)(22.4) + (0.23)(2.5 + 3.3) \\
&\quad + \cdots + (0.72)(4.2 + 4.0) \\
&= 3.33 + 0.16 + 2.53 \\
&= S_A + S_B + S_{A\times B} = 6.07
\end{aligned}$$

이 되어 $S_A = 3.33,\ S_B = 0.16,\ S_{A\times B} = 2.58$이 각각 얻어진다. 이 때 위의 계산은 소숫점의 반올림으로 계산결과가 통계 소프트웨어를 통한 계산과 정확하게 일치하지 않으니 독자들은 유의하여 주기 바란다. 다음으로 총변동을 구하면

$$\begin{aligned}
SST &= \mathbf{y}^{\top}\mathbf{y} - n(\bar{y})^2 \\
&= \sum_{i=1}^{4}\sum_{j=1}^{3}\sum_{k=1}^{2} y_{ijk}^2 - 24(\bar{\bar{y}})^2 \\
&= (2.5)^2 + (3.3)^2 + \cdots + (4.2)^2 + (4.0)^2 - 24(2.92)^2 = 7.39
\end{aligned}$$

이 되고, 따라서 잔차변동은

$$\begin{aligned}
SSE &= SST - SSR \\
&= 7.39 - 6.07 = 1.32
\end{aligned}$$

이다. 이를 종합하여 분산분석표를 만들면 다음과 같다.

표 14.8 예제 14.2의 분산분석표

요인	제곱합	자유도	평균제곱	F_0	$F_{0.05}$
A	3.33	3	1.11	10.09*	3.49
B	0.16	2	0.08	0.73	3.89
$A\times B$	2.58	4	0.43	3.91*	3.00
E	1.32	12	0.11		
계	7.39	23			

각 요인의 변동이 유의한지 F-검정을 하여 보면 A(자동차 크기)와 $A\times B$ (자동차 크기와 필터의 종류)는 유의한 영향을 미치고 있다. 이제 A인자와 B인자의 어떤 수준 조합에서 가장 작은 차량소음이 발생했는지 살펴보자. A_i와 B_j 수준에서 차량소음의 모평균을 $\mu(A_iB_j)$라고 하면, 이는 식 (14.19)로부터

$$\begin{aligned}\mu(A_iB_j) &= \mathrm{E}(\bar{y}_{ij.})\\ &= \mu + \alpha_i + \beta_j + (\alpha\beta)_{ij}\end{aligned}$$

가 된다. 그런데, B의 변동이 유의하지 않다는 결론이 나왔으므로 $\beta_j = 0,\ \ j = 1, 2, 3$으로 가정하고, 모평균 $\mu(A_iB_j)$의 추정값을 구하면

$$\begin{aligned}\hat{\mu}(A_iB_j) &= \widehat{\mu + \alpha_i + (\alpha\beta)_{ij}}\\ &= \hat{\mu} + \hat{\alpha}_i + \widehat{(\alpha\beta)}_{ij}\\ &= \bar{y} + (\bar{y}_{i..} - \bar{y}) + (\bar{y}_{ij.} - \bar{y}_{i..} - \bar{y}_{.j.} + \bar{y})\\ &= \bar{y}_{ij.} - \bar{y}_{.j.} + \bar{y}\end{aligned}$$

가 된다. 이 모평균의 점추정값을 모든 i와 j에 대하여 구하면 다음의 결과가 얻어진다. 따라서, 가장 작은 소음은 A_1B_3에서 얻어지며, 이 조건이 최적조건이 된다. 즉, 차량소음이 가장 작았던 경우는 대형차에서 신제품 필터를 장착한 경우가 된다[4].

표 14.9 $\mu(A_iB_j)$의 점추정값

	A_1	A_2	A_3	A_4
B_1	2.83	2.73	2.98	3.13
B_2	2.86	2.76	2.91	3.16
B_3	2.12	2.27	3.27	4.22

4) 요인효과에 대한 실험을 할 때, 교호작용효과와 같은 고차항이 유의한 경우, 교호작용을 구성하는 주효과와 같은 저차항을 모형에 포함할 것을 권한다. 이러한 효과선택의 원칙을 효과계층의 원칙(principle of effect heredity)라 하고, 유의한 교호작용과 관련한 모든 저차 항들을 포함시키는 것을 강-효과계층의 원칙(strong effect heredity)라 하고 교호작용을 구성하는 저차 항들 중 적어도 하나의 저차 항을 포함하는 경우를 약-효과계층의 원칙(strong effect heredity)이라 부른다. 예를 들어, 3인자 교호작용이 유의한 강-효과계층의 원칙하에서 3차 교호작용이 유의하며 이를 구성하는 3개의 2인자 교호작용효과와 3개의 주효과를 모두 모형에 포함하게 된다. 위 예제의 경우 주효과 B는 모형에서 제외되었기 때문에 약-효과계측의 원칙을 만족하는 모형이라고 할 수 있다.

14.4 모수의 재조정법

앞에서 기본적인 몇 가지의 실험계획법에 의하여 얻어진 데이터를 분석하는 방법으로 회귀분석의 적용을 검토하여 보았다. 이 때에 공통적인 것은 $X^\top X$는 비정칙행렬(singular matrix)이 되어 $X^\top X$ 행렬의 역행렬을 구할 수 없으며, 따라서 최소제곱추정량 $\hat{\boldsymbol{\beta}} = (X^\top X)^{-1}X^\top \mathbf{y}$를 그대로 사용할 수 없었다. 이런 문제를 극복하기 위하여 모수들 간에 가정을 도입하여 정규방정식을 풀어서 해를 얻었다. 여기서 모수들이란 회귀계수가 되는 μ, α_i, β_j 등을 말한다.

이 모수들을 추정하는데 위의 방법을 사용하지 않고 모수들 간의 가정을 직접 회귀모형에 도입시켜서 모수의 재조정(reparametrization of parameters)을 통하여 $X^\top X$행렬을 정칙행렬(non-singular matrix)로 만들어 모수들을 추정하는 방법이 있다. 이 재조정법은 7장의 4절에서 가정 $C\boldsymbol{\beta} = \mathbf{m}$의 검정에서 간단히 논의된 적이 있다. 이 방법을 상세히 살펴보기로 하자.

14.4.1 일원배치법(방법 I)

먼저 반복수가 다른 일원배치법에 대한 회귀모형을 살펴보자.

식 (14.14)의 가정 $m_1\alpha_1 + m_2\alpha_2 + \cdots + m_l\alpha_l = 0$을 모형에 직접 대입하면

$$\alpha_l = -\frac{1}{m_l}(m_1\alpha_1 + m_2\alpha_2 + \cdots + m_{l-1}\alpha_{l-1}) \tag{14.27}$$

이므로

$$\begin{aligned} y_{ij} &= \mu + \alpha_1 x_1 + \alpha_2 x_2 + \cdots + \alpha_l x_l + \epsilon_{ij} \\ &= \mu + \alpha_1 x_1 + \alpha_2 x_2 + \cdots + \frac{1}{m_l}(-m_1\alpha_1 - \cdots - m_{l-1}\alpha_{l-1})x_l + \epsilon_{ij} \\ &= \mu + \alpha_1\left(x_1 - \frac{m_1}{m_l}x_l\right) + \cdots + \alpha_{l-1}\left(x_{l-1} - \frac{m_{l-1}}{m_l}x_l\right) + \epsilon_{ij} \\ &= \mu + \alpha_1 w_1 + \cdots + \alpha_{l-1}w_{l-1} + \epsilon_{ij} \end{aligned} \tag{14.28}$$

가 되어, 설명변수의 수가 하나 줄어들게 된다. 여기서

$$w_i = x_i - \frac{m_i}{m_l}x_l\,,\ \ i = 1, 2, \cdots, l-1 \tag{14.29}$$

로서 A_i 수준의 데이터에 대해서는 $x_i = 1$이고 $x_l = 0$이므로 $w_i = 1$이고, A_l수준의 데이터에 대해서는 $x_i = 0$이고 $x_l = 1$이므로 $w_i = -\frac{m_i}{m_l}$이며, 그 이외의 수준에 대해서는 $w_i = 0$의 값을 갖는다. 만약, A_i의 각 수준에서 같은 반복수를 갖는다면

$$m_1 = m_2 = \cdots = m_l = m$$

으로 w_i는 -1, 0 또는 1의 값을 갖게 된다.

예제 14.1에 대하여 모수 재조정법에 의한 모형을 써 보면

$$y_{ij} = \mu + \alpha_1 w_1 + \alpha_2 w_2 + \alpha_3 w_3 + \epsilon_{ij}$$

인데 $m_1 = m_4 = 2$, $m_2 = m_3 = 3$ 이므로

$$w_1 = x_1 - \frac{2}{2}x_4 = x_1 - x_4$$
$$w_2 = x_2 - \frac{3}{2}x_4$$
$$w_3 = x_3 - \frac{3}{2}x_4$$

이며, 선형회귀모형의 행렬표현은 다음과 같다.

$$\mathbf{y} = X\boldsymbol{\beta} + \epsilon$$
$$\begin{bmatrix} 12 \\ 18 \\ 14 \\ 12 \\ 13 \\ 19 \\ 17 \\ 21 \\ 24 \\ 30 \end{bmatrix} = \begin{bmatrix} 1 & 1 & 0 & 0 \\ 1 & 1 & 0 & 0 \\ 1 & 0 & 1 & 0 \\ 1 & 0 & 1 & 0 \\ 1 & 0 & 1 & 0 \\ 1 & 0 & 0 & 1 \\ 1 & 0 & 0 & 1 \\ 1 & 0 & 0 & 1 \\ 1 & -1 & -1.5 & -1.5 \\ 1 & -1 & -1.5 & -1.5 \end{bmatrix} \begin{bmatrix} \mu \\ \alpha_1 \\ \alpha_2 \\ \alpha_3 \end{bmatrix} + \boldsymbol{\epsilon}$$

여기서 얻어지는 행렬 X는 정칙행렬로서 μ, α_1, α_2와 α_3의 추정이 공식 $\hat{\boldsymbol{\beta}} = (X^\top X)^{-1}X^\top\mathbf{y}$로부터 직접 얻어진다.

$$\hat{\boldsymbol{\beta}} = \begin{bmatrix} \hat{\mu} \\ \hat{\alpha}_1 \\ \hat{\alpha}_2 \\ \hat{\alpha}_3 \end{bmatrix} = (X^\top X)^{-1}X^\top\mathbf{y}$$
$$= \begin{bmatrix} 10 & 0 & 0 & 0 \\ 0 & 4 & 3 & 3 \\ 0 & 3 & 7.5 & 4.5 \\ 0 & 3 & 4.5 & 7.5 \end{bmatrix}^{-1} \begin{bmatrix} 12 + 18 + \cdots + 30 \\ 12 + 18 - 24 - 30 \\ 14 + 12 + 13 - 1.5(24 + 30) \\ 19 + 17 + 21 - 1.5(24 + 30) \end{bmatrix}$$
$$= \begin{bmatrix} 0.1 & 0 & 0 & 0 \\ 0 & 0.4 & -0.1 & -0.1 \\ 0 & -0.1 & 0.233 & -0.1 \\ 0 & -0.1 & -0.1 & 0.2333 \end{bmatrix} \begin{bmatrix} 180 \\ -24 \\ -42 \\ -24 \end{bmatrix} = \begin{bmatrix} 18 \\ -3 \\ -5 \\ 1 \end{bmatrix}$$

그리고, α_4의 추정은 식 (14.27)로부터

$$\hat{\alpha}_4 = -\frac{1}{2}(2\hat{\alpha}_1 + 3\hat{\alpha}_2 + 3\hat{\alpha}_3) = -\frac{1}{2}(2(-3) + 3(-5) + 3(1)) = 9$$

가 되어 μ, α_1, α_2, α_3, α_4의 추정값이 모두 **예제 14.1**에서 구한 결과와 동일하다.

14.4.2 일원배치법 (방법 II)

앞의 방법 I에서는 가정 $\alpha_l = -\frac{1}{m_l}\sum_{i=1}^{l-1} m_i \alpha_i$를 회귀모형에 대입시켜서 변수를 하나 줄이는 방법을 선택했다. 이 방법 외에 다음과 같은 모수의 재조정법을 사용할 수도 있다. 회귀모형 (14.3)에서 마지막 변수 x_l을 제거한다[5]. 그리고, 새로운 모수들로 표현하면

$$y_{ij} = \gamma_0 + \gamma_1 x_1 + \gamma_2 x_2 + \cdots + \gamma_{l-1} x_{l-1} + \epsilon_{ij} \tag{14.30}$$

가 된다. 새로운 모수 γ_i와 α_i들간의 관계를 살펴보자. A_l수준의 데이터에 대해서는 원래의 모형 (14.3)은

$$y_{lj} = \mu + \alpha_l + \epsilon_{lj}$$

이나, 새로운 모형 (14.30)은

$$y_{lj} = \gamma_0 + \epsilon_{ij}$$

이므로, γ_0는

$$\gamma_0 = \mu + \alpha_l \tag{14.31}$$

의 관계가 성립한다. 다음으로 A_1수준의 데이터에 대해서는 모형 (14.3)은

$$y_{1j} = \mu + \alpha_1 + \epsilon_{1j}$$

이고, 모형 (14.30)은

$$y_{1j} = \gamma_0 + \gamma_1 + \epsilon_{1j} = \mu + \alpha_l + \gamma_1 + \epsilon_{1j}$$

이므로, 이 두 모형의 비교로부터

$$\gamma_1 = \alpha_1 - \alpha_l$$

의 결론을 얻는다. 일반적으로

$$\gamma_i = \alpha_i - \alpha_l, \quad i = 1, 2, \cdots, l-1 \tag{14.32}$$

---

5) 마지막 설명변수 x_l이 아니고 첫 번째 수준을 나타내는 설명변수 x_1 또는 임의의 수준에 대한 설명변수 하나를 제거하면 된다. x_l을 제거하는 것은 $\alpha_l = 0$을 가정한 것과 동일하다. 실제로 이 방법은 13장에서 소개한 범주형 변수에 대하여 (수준 수-1)개의 가변수를 생성하는 것과 동일하다.

의 관계가 성립하고 이것은 i 수준과 마지막 수준 l과의 처리효과 차를 의미하게 된다[6]. 따라서 일반적으로 마지막 수준을 기본범주로 하여 가변수를 생략하는 경우, 회귀계수의 의미는 기본범주에 대한 i 수준에서의 처리효과를 의미하게 된다.

예제 14.1에 대하여 이 방법에 따라 회귀분석모형을 적어 보면

$$y_{ij} = \gamma_0 + \gamma_1 x_1 + \gamma_2 x_2 + \gamma_3 x_3 + \epsilon_{ij}$$

이 되며, 행렬표현으로 나타내면 다음과 같다.

$$\mathbf{y} = X\boldsymbol{\beta} + \epsilon$$

$$\begin{bmatrix} 12 \\ 18 \\ 14 \\ 12 \\ 13 \\ 19 \\ 17 \\ 21 \\ 24 \\ 30 \end{bmatrix} = \begin{bmatrix} 1 & 1 & 0 & 0 \\ 1 & 1 & 0 & 0 \\ 1 & 0 & 1 & 0 \\ 1 & 0 & 1 & 0 \\ 1 & 0 & 1 & 0 \\ 1 & 0 & 0 & 1 \\ 1 & 0 & 0 & 1 \\ 1 & 0 & 0 & 1 \\ 1 & 0 & 0 & 0 \\ 1 & 0 & 0 & 0 \end{bmatrix} \begin{bmatrix} \gamma_0 \\ \gamma_1 \\ \gamma_2 \\ \gamma_3 \end{bmatrix} + \boldsymbol{\epsilon}$$

공식을 사용하여 γ_i들의 추정값을 구하면

$$\hat{\boldsymbol{\beta}} = \begin{bmatrix} \hat{\gamma}_0 \\ \hat{\gamma}_1 \\ \hat{\gamma}_2 \\ \hat{\gamma}_3 \end{bmatrix} = (X^\top X)^{-1} X^\top \mathbf{y}$$

$$= \begin{bmatrix} 10 & 2 & 3 & 3 \\ 2 & 2 & 0 & 0 \\ 3 & 0 & 3 & 0 \\ 3 & 0 & 0 & 3 \end{bmatrix}^{-1} \begin{bmatrix} 12 + 18 + \cdots + 24 + 30 \\ 12 + 18 \\ 14 + 12 + 13 \\ 19 + 17 + 21 \end{bmatrix}$$

$$= \begin{bmatrix} 0.5 & -0.5 & -0.5 & -0.5 \\ -0.5 & 1 & -0.5 & 0.5 \\ -0.5 & 0.5 & 0.8333 & 0.5 \\ -0.5 & 0.5 & 0.5 & 0.833 \end{bmatrix} \begin{bmatrix} 180 \\ 30 \\ 39 \\ 57 \end{bmatrix} = \begin{bmatrix} 27 \\ -12 \\ -14 \\ -8 \end{bmatrix}$$

6) R에서는 보통 $\gamma_i = \alpha_i - \alpha_1$, $i = 2, \cdots, l$을 디폴트로 생성하며, 기준이 되는 수준을 다시 설정할 수 있다. 단, 각 수준별 평균의 추정값이나 분산분석표는 이러한 선형제약조건에 영향을 받지 않는다.

이 얻어진다. 이 추정값들을 검토하여 보면 다음과 같은 것임을 알 수 있다.

$$\hat{\gamma}_0 = \hat{\mu} + \hat{\alpha}_4 = \bar{\bar{y}} + (\bar{y}_{4.} - \bar{\bar{y}}) = \bar{y}_{4.}$$
$$\hat{\gamma}_i = \hat{\alpha}_i - \hat{\alpha}_4 = (\bar{y}_{i.} - \bar{\bar{y}}) - (\bar{y}_{4.} - \bar{\bar{y}}) = \bar{y}_{i.} - \bar{y}_{4.}, \quad i = 1, 2, 3$$

모형이 재조정되어 회귀계수들이 다른 의미를 갖더라도 얻어지는 회귀변동은 변함이 없다. 적합된 모형

$$\hat{y} = \hat{\gamma}_0 + \sum_{i=1}^{3} \hat{\gamma}_i x_i$$

에 대한 회귀변동은

$$SSR = \hat{\boldsymbol{\beta}}^\top X^\top \mathbf{y} - n(\bar{y})^2 = (\hat{\gamma}_0, \hat{\gamma}_1, \hat{\gamma}_2, \hat{\gamma}_3)\begin{bmatrix} 180 \\ 30 \\ 39 \\ 57 \end{bmatrix} - 10(\bar{\bar{y}})^2$$
$$= (27)(180) + (-12)(30) + (-14)(39) + (-8)(57) - 10(18)^2$$
$$= 258$$

로 **예제 14.1**에서 얻은 회귀변동과 동일하다. 따라서, 분산분석표를 작성하는 데는 재조정(reparam-etrized)된 모형을 쓰거나 원래의 모형을 그대로 쓰거나 아무런 차이가 없다.

14.4.3 반복이 없는 이원배치법

앞에서 검토된 두 가지의 재조정법을 이원배치법에서도 그대로 적용될 수 있다. 먼저 반복이 없는 이원배치법에 대하여 재조정방법 I을 알아보자. 가정이

$$\alpha_l = -(\alpha_1 + \alpha_2 + \cdots + \alpha_{l-1})$$
$$\beta_m = -(\beta_1 + \beta_2 + \cdots + \beta_{m-1}) \tag{14.33}$$

이므로, 이를 모형 (14.17)에 대입시키면

$$y_{ij} = \mu + \alpha_1(x_1 - x_l) + \alpha_2(x_2 - x_l) + \cdots + \alpha_{l-1}(x_{l-1} - x_l)$$
$$+ \beta_1(x_{l+1} - x_{l+m}) + \cdots + \beta_{m-1}(x_{l+m-1} - x_{l+m}) + \epsilon_{ij}$$
$$= \mu + \sum_{i=1}^{l-1} \alpha_i w_i + \sum_{j=1}^{m-1} \beta_j w_{l+j-1} + \epsilon_{ij} \tag{14.34}$$

으로 표현되며, 변수 $w_k(k = 1, 2, \cdots, l + m - 2)$는 -1, 0과 1의 값을 갖는다. 예를 들어, $l = 2$, $m = 3$이라면

$$y_{ij} = \mu + \alpha_1(x_1 - x_2) + \beta_1(x_3 - x_5) + \beta_2(x_4 - x_5) + \epsilon_{ij}$$
$$= \mu + \alpha_1 w_1 + \beta_1 w_2 + \beta_2 w_3 + \epsilon_{ij}$$

이 되어, 회귀분석모형은 다음과 같이 나타내진다.

$$\mathbf{y} = X\boldsymbol{\beta} + \epsilon$$

$$\begin{bmatrix} y_{11} \\ y_{12} \\ y_{13} \\ y_{21} \\ y_{22} \\ y_{23} \end{bmatrix} = \begin{bmatrix} 1 & 1 & 0 & 0 \\ 1 & 1 & 0 & 1 \\ 1 & 1 & -1 & -1 \\ 1 & -1 & 1 & 0 \\ 1 & -1 & 0 & 1 \\ 1 & -1 & -1 & -1 \end{bmatrix} \begin{bmatrix} \mu \\ \alpha_1 \\ \beta_2 \\ \beta_3 \end{bmatrix} + \boldsymbol{\epsilon}$$

이 모형의 $\boldsymbol{X}$행렬은 물론 정칙행렬이 된다. $\mu,\ \alpha_1,\ \beta_1,\ \beta_2$는

$$\hat{\boldsymbol{\beta}} = \begin{bmatrix} \hat{\mu} \\ \hat{\alpha}_1 \\ \hat{\beta}_2 \\ \hat{\beta}_3 \end{bmatrix} = (X^{\top}X)^{-1}X^{\top}\mathbf{y}$$

에 의하여 추정되고, α_2와 β_3은

$$\hat{\alpha}_2 = -\hat{\alpha}_1$$

$$\hat{\beta}_3 = -(\hat{\beta}_1 + \hat{\beta}_2)$$

과 같이 추정된다. 방법 II에 의한 재조정법을 사용하게 되면 이원배치법의 선형모형 (14.17),

$$y_{ij} = \mu + \sum_{i=1}^{l} \alpha_i x_i + \sum_{j=1}^{m} \beta_j x_{l+j} + \epsilon_{ij}$$

에서 x_l과 x_{l+m}을 제거시킨 축소모형이 되며, 이를

$$y_{ij} = \gamma_0 + \sum_{i=1}^{l-1} \gamma_i x_i + \sum_{j=1}^{m-1} \tau_j x_{l+j-1} + \epsilon_{ij}$$

으로 나타내자. 그러면 모수들간의 관계는

$$\gamma_0 = \mu + \alpha_1 + \beta_m$$

$$\gamma_i = \alpha_i - \alpha_l,\ \ i = 1, 2, \cdots, l-1$$

$$\tau_j = \beta_j - \beta_m,\ \ j = 1, 2, \cdots, m-1$$

과 같아진다.

14.4.4 반복이 있는 이원배치법

A_i 수준과 B_j 수준에서 데이터의 반복측정이 있고, 그 반복수가 일정한 이원배치법의 경우를 살펴보자. 먼저 14.4.1절의 방법 I을 보면 가정 (14.20)으로부터

$$\begin{aligned} \alpha_l &= -\sum_{i=1}^{l-1} \alpha_i \\ \beta_m &= -\sum_{j=1}^{m-1} \beta_j \\ (\alpha\beta)_{lj} &= -\sum_{i=1}^{l-1} (\alpha\beta)_{ij}, \quad j = 1, 2, \cdots, m \\ (\alpha\beta)_{im} &= -\sum_{j=1}^{m-1} (\alpha\beta)_{ij}, \quad i = 1, 2, \cdots, l \end{aligned} \tag{14.35}$$

이므로, 이를 모형 (14.21)에 대입시키면

$$\begin{aligned} y_{ijk} &= \mu + \sum_{i=1}^{l-1} \alpha_i(x_i - x_l) + \sum_{j=1}^{m-1} \beta_j(x_{l+j} - x_{l+m}) \\ &\quad + \sum_{i=1}^{l-1}\sum_{j=1}^{m-1} (\alpha\beta)_{ij}(x_i - x_l)(x_{l+j} - x_{l+m}) + \epsilon_{ijk} \qquad (14.36) \\ &= \mu + \sum_{i=1}^{l-1} \alpha_i w_i + \sum_{j=1}^{m-1} \beta_j w_{l+j-1} + \sum_{i=1}^{l-1}\sum_{j=1}^{m-1} (\alpha\beta)_{ij} w_i w_{l+j-1} + \epsilon_{ijk} \qquad (14.37) \end{aligned}$$

와 같이 된다.

예제 14.2의 데이터에서는 $l = 4$, $m = 3$, $r = 2$이므로, 모형은

$$y_{ijk} = \mu + \sum_{i=1}^{3} \alpha_i w_i + \sum_{j=1}^{2} \beta_j w_{3+j} + \sum_{i=1}^{3}\sum_{j=1}^{2} (\alpha\beta)_{ij} w_i w_{3+j} + \epsilon_{ijk}$$

가 되며, X와 $\boldsymbol{\beta}$행렬을 만들어 보면 각각 다음과 같다.

$$
\boldsymbol{X} = \begin{bmatrix}
1 & 1 & 0 & 0 & 1 & 0 & 1 & 0 & 0 & 0 & 0 & 0 \\
1 & 1 & 0 & 0 & 1 & 0 & 1 & 0 & 0 & 0 & 0 & 0 \\
1 & 1 & 0 & 0 & 0 & 1 & 0 & 1 & 0 & 0 & 0 & 0 \\
1 & 1 & 0 & 0 & 0 & 1 & 0 & 1 & 0 & 0 & 0 & 0 \\
1 & 1 & 0 & 0 & -1 & -1 & -1 & -1 & 0 & 0 & 0 & 0 \\
1 & 1 & 0 & 0 & -1 & -1 & -1 & -1 & 0 & 0 & 0 & 0 \\
1 & 0 & 1 & 0 & 1 & 0 & 0 & 0 & 1 & 0 & 0 & 0 \\
1 & 0 & 1 & 0 & 1 & 0 & 0 & 0 & 1 & 0 & 0 & 0 \\
1 & 0 & 1 & 0 & 0 & 1 & 0 & 0 & 0 & 1 & 0 & 0 \\
1 & 0 & 1 & 0 & 0 & 1 & 0 & 0 & 0 & 1 & 0 & 0 \\
1 & 0 & 1 & 0 & -1 & -1 & 0 & 0 & -1 & -1 & 0 & 0 \\
1 & 0 & 1 & 0 & -1 & -1 & 0 & 0 & -1 & -1 & 0 & 0 \\
1 & 0 & 0 & 1 & 1 & 0 & 0 & 0 & 0 & 0 & 1 & 0 \\
1 & 0 & 0 & 1 & 1 & 0 & 0 & 0 & 0 & 0 & 1 & 0 \\
1 & 0 & 0 & 1 & 0 & 1 & 0 & 0 & 0 & 0 & 0 & 1 \\
1 & 0 & 0 & 1 & 0 & 1 & 0 & 0 & 0 & 0 & 0 & 1 \\
1 & 0 & 0 & 1 & -1 & -1 & 0 & 0 & 0 & 0 & -1 & -1 \\
1 & 0 & 0 & 1 & -1 & -1 & 0 & 0 & 0 & 0 & -1 & -1 \\
1 & -1 & -1 & -1 & 1 & 0 & -1 & 0 & -1 & 0 & -1 & 0 \\
1 & -1 & -1 & -1 & 1 & 0 & -1 & 0 & -1 & 0 & -1 & 0 \\
1 & -1 & -1 & -1 & 0 & 1 & 0 & -1 & 0 & -1 & 0 & -1 \\
1 & -1 & -1 & -1 & 0 & 1 & 0 & -1 & 0 & -1 & 0 & -1 \\
1 & -1 & -1 & -1 & -1 & -1 & 1 & 1 & 1 & 1 & 1 & 1 \\
1 & -1 & -1 & -1 & -1 & -1 & 1 & 1 & 1 & 1 & 1 & 1
\end{bmatrix}
\qquad
\boldsymbol{\beta} = \begin{bmatrix}
\mu \\ \alpha_1 \\ \alpha_2 \\ \alpha_3 \\ \beta_1 \\ \beta_2 \\ (\alpha\beta)_{11} \\ (\alpha\beta)_{12} \\ (\alpha\beta)_{21} \\ (\alpha\beta)_{22} \\ (\alpha\beta)_{31} \\ (\alpha\beta)_{32}
\end{bmatrix}
$$

이 X 행렬은 정칙행렬이므로 μ, α_j, β_j, $(\alpha\beta)_{ij}$의 추정은 $(X^\top X)^{-1}X^\top \mathbf{y}$에 의하여 얻어지며, 모형 (14.37)에 나타나 있지 않는 α_l, β_m, $(\alpha\beta)_{lj}$, $(\alpha\beta)_{im}$ 등은 가정 (14.35)의 관계로부터 얻어진다.

14.4.2절의 방법 II에 의한 방법으로는 모형(14.21)에서 변수 x_l, x_{l+m}, $x_l x_{l+j}(j = 1, 2, \cdots, m)$, $x_i x_{l+m}(i = 1, 2, \cdots, l)$을 모두 제거하고, 축소된 모형

$$
y_{ijk} = \gamma_0 + \sum_{i=1}^{l-1} \gamma_i x_i + \sum_{j=1}^{m-1} \tau_j w_{l+j-1} + \sum_{i=1}^{l-1} \sum_{j=1}^{m-1} (\gamma\tau)_{ij} x_{l+j-1} + \epsilon_{ijk} \tag{14.38}
$$

을 만들어 분석하면 될 것이다. 상세한 내용은 생략하기로 하고, 독자들은 연습문제를 통하여 연습해 보기 바란다.

14.5 R 실습

A	B	C
210	210	180
240	240	210
270	240	210
270	270	210
300	270	240

한 제약 회사는 콜레스테롤 감소에 효과적인 약물로 알려진 A, B, C에 대한 효능을 비교하기 위하여, 무작위로 15명의 피험자를 선택하여 세 가지 방법을 랜덤하게 할당하여 관찰한 결과 3주 후 오른쪽 표와 같은 결과를 얻게 되었다. 이 모형으로부터 분산모형과 회귀모형을 적합해 보도록 한다. aov( ) 함수를 이용한 분산분석 모형의 적합은 다음과 같다.

```
> group←factor(c(rep("A",5),rep("B",5),rep("C",5)))
> y←c(210,240,270,270,300,210,240,240,270,270,180,210,210,210,240)
> aov.fit←aov(y~group)
> summary(aov.fit)
            Df  Sum Sq  Mean Sq  F value    Pr(>F)
group        2   6240     3120     4.16   0.0424 *
Residuals 12   9000      750
---
Signif. codes: 0 '***' 0.001 '**' 0.01 '*' 0.05 '.' 0.1 ' ' 1
> aov.fit$coefficient
(Intercept)  groupB  groupC
        258     -12     -48
```

lm()함수를 사용한 회귀모형의 적합은 다음과 같다.

```
> lm.fit←lm(y~group)
> summary(lm.fit)

Call:
lm(formula = y ~ group)

Residuals:
  Min   1Q  Median   3Q   Max
  -48  -12       0   18    42

Coefficients:
             Estimate Std.  Error  t value    Pr(>|t|)
(Intercept)       258.00  12.25   21.066    7.6e-11 ***
groupB            -12.00  17.32   -0.693     0.5016
```

```
groupC          -48.00   17.32   -2.771     0.0169 *
---
Signif. codes: 0 '***' 0.001 '**' 0.01 '*' 0.05 '.' 0.1 ' ' 1

Residual standard error: 27.39 on 12 degrees of freedom
Multiple R-squared: 0.4094,   Adjusted R-squared: 0.311
F-statistic: 4.16 on 2 and 12 DF, p-value: 0.04242
```

위 둘의 결과를 비교해보면 aov( ) 함수를 이용한 분산분석 모형의 결과와 lm( ) 함수를 이용한 모형의 결과가 일치함을 알 수 있다. 그런데, 회귀분석 모형에서는 μ, α_1, α_2, α_3가 추정되야 하는데, 위에서 추정한 값은 3개 뿐이다. 따라서 이들 4개의 추정값을 살펴보기 위해서는 dummy.coef( )함수를 다음과 같이 사용한다.

```
> dummy.coef(aov.fit)
Full coefficients are

(Intercept): 258
group:         A   B   C
               0 -12 -48
```

여기서 $\hat{\mu} = 258$, $\hat{\alpha}_1 = 0$, $\hat{\alpha}_2 = -12$, $\hat{\alpha}_3 = -48$로 이해할 수 있다. 즉, 인자의 첫 번째 수준의 효과를 $\alpha_1 = 0$로 가정한다. 따라서, aov( )함수를 디폴트로 사용하는 경우 인자의 효과에 대하여 (14.2)의 가정이 만족하지 않음을 알 수 있다. 이제 R 소프트웨어에서 aov( )함수와 lm( ) 함수 모두 인자 'group'에 대한 가변수를 어떻게 생성했는지 contrasts( ) 함수를 통해 알아 보고, model.matrix( )함수를 사용하여 'X'행렬 또한 살펴보자.

```
> contrasts(group)
  B C
A 0 0
B 1 0
C 0 1
> X<-model.matrix(~group);X
  (Intercept)  groupB   groupC
1          1       0        0
2          1       0        0
3          1       0        0
```

```
4        1     0     0
5        1     0     0
6        1     1     0
7        1     1     0
8        1     1     0
9        1     1     0
10       1     1     0
11       1     0     1
12       1     0     1
13       1     0     1
14       1     0     1
15       1     0     1
```

만약 (14.2)의 효과를 가정한 분산모형을 적합하기 위해서는 contrast( )를 다음과 같이 변경한다.

```
> contrasts(group)<-contr.sum
> contrasts(group)
  [,1] [,2]
A   1    0
B   0    1
C  -1   -1
> aov.fit<-aov(y~group)
> summary(aov.fit)

             Df  Sum Sq  Mean Sq  F value  Pr(>F)
group         2    6240     3120     4.16  0.0424 *
Residuals    12    9000      750
---
Signif. codes: 0 '***' 0.001 '**' 0.01 '*' 0.05 '.' 0.1 ' ' 1
> aov.fit$coefficient
(Intercept)  group1  group2
        238      20       8
> dummy.coef(aov.fit)
Full coefficients are

(Intercept): 238
group:          A   B   C
               20   8 -28
```

contr.sum( ) 함수를 통해 가변수를 생성한 경우에는 dummy.coef( ) 함수를 통해 $\hat{\mu} = 238$, $\hat{\alpha}_1 = 20$, $\hat{\alpha}_2 = 8$, $\hat{\alpha}_3 = -28$로 $\sum_{i=1}^{3} \alpha_i = 0$의 제약조건이 만족함을 알 수 있다. 또한 $\hat{\mu}_i = \hat{\mu} + \hat{\alpha}_i$, $i = 1, 2, 3$로 추정할 수 있고 이러한 결과는 가변수를 어떻게 생성했는지와 관계없이 같은 결과를 얻음을 알 수 있다[7].

반복수가 일정하지 않은 경우로 **예제 14.1** 데이터에 대하여 분산분석모형을 적합한 후 분산분석표를 작성하면 다음과 같다.

```
> diet←factor(c(1,1,2,2,2,3,3,3,4,4))
> loss←c(12,18,14,12,13,19,17,21,24,30)
> summary(aov(loss~diet))
          Df  Sum Sq  Mean Sq  F value  Pr(>F)
diet       3    258     86.0     11.2  0.0071 **
Residuals  6     46      7.7
---
Signif. codes: 0 ‘***’ 0.001 ‘**’ 0.01 ‘*’ 0.05 ‘.’ 0.1 ‘ ’ 1
```

또, 회귀모형을 적합한 후의 분산분석표는 다음과 같다. 즉, 선형회귀모형을 적합한 결과의 분산분석표가 분산분석모형의 분석결과로 얻은 분산분석표와 같은 결과임을 확인할 수 있다.

```
> fit←lm(loss~diet)
> anova(fit)
Analysis of Variance Table

Response: loss
          Df  Sum Sq  Mean Sq  F value  Pr(>F)
diet       3    258     86.0     11.2  0.0071 **
Residuals  6     46      7.7
---
Signif. codes: 0 ‘***’ 0.001 ‘**’ 0.01 ‘*’ 0.05 ‘.’ 0.1 ‘ ’ 1

> summary(fit)

Call:
lm(formula = loss ~ diet, data = ex14.1)
```

7) 반복수가 같은 경우에는 인자의 가변수를 생성할 때 contr.sum을 이용하여 모수효과의 제약식 $\sum_i \alpha_i = 0$을 사용한 결과를 얻을 수 있지만, 반복수가 일정하지 않은 경우에는 사용할 수 없다.

```
Residuals:
  Min     1Q  Median    3Q   Max
-3.00  -1.75   0.00  1.75  3.00

Coefficients:
            Estimate Std.  Error  t value   Pr(>|t|)
(Intercept)       15.00    1.96     7.66    0.00026 ***
diet2             -2.00    2.53    -0.79    0.45892
diet3              4.00    2.53     1.58    0.16462
diet4             12.00    2.77     4.33    0.00491 **
---
Signif. codes: 0 ‘ *** ’ 0.001 ‘**’ 0.01 ‘*’ 0.05 ‘.’ 0.1 ‘ ’ 1

Residual standard error: 2.77 on 6 degrees of freedom
Multiple R-squared: 0.849,   Adjusted R-squared: 0.773
F-statistic: 11.2 on 3 and 6 DF, p-value: 0.00713
```

또한, 회귀모형 적합의 결과를 summary( ) 함수를 통해 살펴보면 다이어트 방법에 대해서는 1번째 방법에 대해서 체중감량이 15정도가 이루어졌음을 알 수 있으며, diet2 방법을 사용한 경우 1번째 방법에 비해 체중감량정도가 2정도 작게 나타나, 결국 13정도 감량됨을 알 수 있다. 이와 비슷하게 diet3 방법은 19, 그리고 diet4 방법은 27로 체중이 감량된 것을 알 수 있다. 이것은 각 처리에서의 모평균 μ_i가 $\bar{y}_i$로 추정된 것과 같다.

참고문헌

14.1 Draper, N. R. and Smith, H. (1998) *Applied Regression Analysis* (3rd Ed.), New York, John Wiley & Sons.

14.2 Duncan, A. J. (1986) *Quality Control and Industrial Statistics* (5th Ed.), New York, McGraw-Hill/Irwin.

14.3 Hicks, C. R. and Turner Jr., K.V. (1999) *Fundamental Concepts in the Design of Experiments* (5th Ed.), Oxford, Oxford University Press.

14.4 Kutner, M.H., Nachtsheim, C.J., Neter, J. and Li, W. (2005) *Applied Linear Statistical Models* (5th Ed.), New York, McGraw-Hill/Irwin.

14.5 Scheffe, H. (1999) *The Analysis of Variance*, New York, John Wiley & Sons.

14.6 Searle, S. R. and Gruber, M.H.J. (2017) *Linear Models* (2nd Ed.), New York, John Wiley & Sons.

14.7 박성현, 현대실험계획법, 민영사, 2009.

연습문제

14.1 인자 A의 각 수준에서 반복수가 같은 일원배치법의 분산분석모형 (14.1)에 대하여 [표 12.2]의 분산분석표에 있는 제곱합(S_A, S_E, S_T)들을 다음의 순서에 의하여 구하시오.

$(y_{ij} - \bar{\bar{y}}) = (y_{ij} - \bar{y}_{i.}) + (\bar{y}_{i.} - \bar{\bar{y}})$의 관계로부터 좌변과 우변을 제곱하고 모든 i와 j에 대한 제곱합을 구하여라. 즉,

$$\sum_{i=1}^{l}\sum_{j=1}^{m}(y_{ij} - \bar{\bar{y}})^2 = \sum_{i=1}^{l}\sum_{j=1}^{m}(y_{ij} - \bar{y}_{i.})^2 + \sum_{i=1}^{l}\sum_{j=1}^{m}(\bar{y}_{i.} - \bar{\bar{y}})^2 + \sum_{i=1}^{l}\sum_{j=1}^{m}(y_{ij} - \bar{y}_{i.})(\bar{y}_{i.} - \bar{\bar{y}})$$

좌변은 총변동(S_T)이라고 정의하고 우변의 세 번째 항은 0임을 증명하시오. 우변의 첫 번째 항은 오차변동(S_E)이라고 하고, 두 번째 항은 A의 변동(S_A)이라고 한다.

14.2 어떤 반도체 공정에서 반응온도를 4수준(A_1 = 80°C, A_2 = 90 °C, A_3 = 100 °C, A_4 = 110 °C)로 하여 수율(yield)을 높이기 위한 실험을 실시하였다. 그 결과, 다음의 데이터를 얻었다. 회귀분석에 의하여 분산분석표를 작성하고 수율이 반응온도의 변화에 따라 유의한 영향을 받는가를 분산분석표에서 F-검정하시오. 이 F-검정의 귀무가설을 쓰시오.

수율의 데이터(단위:%)

A_1	A_2	A_3	A_4
90.1	89.8	91.6	91.3
90.0	90.5	91.4	90.0
89.5	90.8	91.1	90.6

14.3 전기차에 필요한 배터리는 현재 3개의 회사(A_1 = A사, A_2 = B사, A_3 = C사)로부터 제조 판매되고 있다. 제조회사에 따른 배터리 수명의 차이를 조사하기 위하여 실험을 한 결과 다음의 데이터를 얻었다. 단, A_1사의 배터리를 사용한 전기차는 6대, A_2사의 배터리는 4대, A_3사의 배터리를 사용한 전기차는 5대가 사용되었다.

A_1	A_2	A_3
1.02	1.28	0.94
0.86	1.72	0.86
1.00	1.60	0.90
1.22	1.60	1.26
1.33	-	1.04
1.10	-	-

(1) 회귀분석모형 $\mathbf{y} = X\boldsymbol{\beta} + \boldsymbol{\epsilon}$를 작성하고 이와 관련하여 $\boldsymbol{\beta}$의 가정을 쓰시오.

(2) 정규방정식 $X^{\top}X\boldsymbol{\beta} = X^{\top}\mathbf{y}$를 풀어서 작성하시오.

(3) 회귀변동(SSR), 총변동(SST), 잔차변동(SSE)을 구하고, 분산분석표를 작성하시오.

(4) 제조회사의 차이에 따라 건전지의 수명이 달라지는가를 검정하시오.

(5) 제조방법 중에서 방법 I에 의하여, 회귀분석에 의한 분석분석표를 작성하시오.

(6) 제조방법 중에서 방법 II에 의하여, 회귀분석에 의한 분석분석표를 작성하시오.

14.4 어떤 금속회사에서 강철의 재료로서 4개의 회사(P사, Q사, R사, S사)로부터 납품을 받고 있다. 담금질에 의한 강철재료의 구부러짐 발생이 강철재료 제조회사에 따라 차이가 있는가를 보기 위하여 다음과 같이 반복이 없는 이원배치법 실험을 하였다. 실험은 모두 랜덤한 순서로 행하였고 특성치로서 담금질 후에 발생되는 구부러짐의 정도를 단위 0.01mm의 값으로 측정한 결과는 다음과 같다.

인자 \ 수준	1	2	3	4	5
A(담금질온도)	900	920	940	960	980
B(강철재료 제조회사)	P사	Q사	R사	S사	

	A_1(900)	A_2(920)	A_3(940)	A_4(960)	A_5(980)
B_1(P사)	5.2	5.0	5.5	6.9	8.3
B_2(Q사)	4.4	5.3	5.8	6.6	8.4
B_3(R사)	4.3	5.1	4.8	6.6	8.5
B_4(S사)	4.9	4.7	4.9	7.3	7.9

(1) 회귀분석방법을 사용하여 분산분석표를 작성하시오. 담금질온도에 따라 구부러짐의 정도에차이가 있는가를 F-검정하시오.

(2) 강철재료 제조회사의 차에 따라 구부러짐에 차이가 있는가를 F-검정하시오.

(3) A_iB_j 에서의 모평균 $\mu(A_iB_j)$의 추정은

$$\hat{\mu}(A_iB_j) = \widehat{\mu + \alpha_i + \beta_j} = \widehat{\mu + \alpha_i} + \widehat{\mu + \beta_j} - \hat{\mu} = \bar{y}_{i\cdot} + \bar{y}_{\cdot j} - \bar{\bar{y}}$$

에 의하여 이루어진다. 모든 i와 j에 대하여 $\mu(A_iB_j)$를 점추정하고 가장 작은 추정값을 주는 A의 수준과 B의 수준을 선택하시오.

(4) 모수의 재조정방법 중에서 방법 I에 의하여 회귀변동을 구하시오. 그리고, 이 회귀변동을 S_A와 S_B로 분류하시오.

(5) 모수의 재조정방법 중에서 방법 II에 의하여 회귀변동을 구하시오. 그리고, 이 회귀변동을 S_A와 S_B로 분류하시오.

14.5 반복이 있는 이원배치법의 데이터에 대하여 선형모형(14.21)에 있는 모수 μ, α_i, β_j, $(\alpha\beta)_{ij}$의 최소제곱추정값이 가정 (14.20) 아래에서는 다음과 같이 됨을 증명하시오.

$$\hat{\mu} = \bar{\bar{y}}$$
$$\hat{\alpha}_i = \bar{y}_{i..} - \bar{\bar{y}}, \quad i = 1, 2, \cdots, l$$
$$\hat{\beta}_j = \bar{y}_{.j.} - \bar{\bar{y}}, \quad j = 1, 2, \cdots, m$$
$$\widehat{(\alpha\beta)}_{ij} = \bar{y}_{ij.} - \bar{y}_{i..} - \bar{y}_{.j.} + \bar{\bar{y}}, \quad i = 1, 2, \cdots, l, \quad j = 1, 2, \cdots, m$$

14.6 반복이 있는 이원배치법에서 축소모형 (14.25)의 회귀변동을 구하시오.

14.7 어떤 중간원료로부터 제품이 되는 공정에 있어서 제품의 수율에 관한 영향을 조사할 목적으로 가열온도 A를 $A_1 = 100\,^{\circ}C$, $A_2 = 120\,^{\circ}C$, $A_3 = 140\,^{\circ}C$ 3수준으로 변화시켜 주고 공정압력 B를 $B_1 = 50psi$, $B_2 = 60psi$, $B_3 = 70psi$로 변화시켜 가며 반복 2회의 3×3×2 = 18회의 실험전체를 랜덤화하여 실험한 결과 다음과 같은 데이터를 얻었다.

	A_1	A_2	A_3
B_1	61.0 60.2	64.1 63.2	65.2 66.1
B_2	63.3 62.7	66.2 65.4	66.6 67.2
B_3	61.3 61.9	63.2 64.2	66.0 66.4

(1) 회귀분석 방법을 사용하여 분산분석표를 작성하고, 가열온도(A)나 공정압력(B)이 수율에 유의한 영향을 미치고 있는지 검정하시오.

(2) 수율을 가장 크게 하는 A, B 인자의 수준의 최적합조건을 구하시오.

※참조 : 만약 $A\times B$의 교호작용이 유의하지 않으면

$$\hat{\mu}(A_iB_j) = \widehat{\mu + \alpha_i + \beta_j}$$
$$= \widehat{\mu + \alpha_i} + \widehat{\mu + \beta_j} - \hat{\mu}$$
$$= \bar{y}_{i..} + \bar{y}_{.j.} - \bar{\bar{y}}$$

을 사용하고, 만약 $A\times B$의 교호작용이 유의하면 다음의 점추정방법을 사용하시오.

$$\hat{\mu}(A_iB_j) = \mu + \alpha_i + \beta_j + (\alpha\beta)_{ij} = \bar{y}_{ij.}$$

14.8 **예제 14.2**에 있는 데이터에 대하여 재조정법의 방법 II에 의하여 모수 μ, α_i들을 추정하고자 한다. 마지막 변수 x_4를 제거시키지 않고 첫 번째 변수 x_1 을 제거시킨 후에 회귀분석모형을 만들어 분산분석표를 작성하시오.

14.9 방법 I에 의한 일원배치법의 재조정법에서 식 (14.27)

$$\alpha_l = -\frac{1}{m_l}(m_1\alpha_1 + \cdots + m_{l-1}\alpha_{l-1})$$

을 대입시켜, 모수 α_l을 제거시키지 말고

$$\alpha_l = -\frac{1}{m_l}(m_2\alpha_2 + \cdots + m_l\alpha_l)$$

을 대입시켜 α_1을 제거시킨 후 모수 μ, α_i들의 추정값을 구하시오.

14.10 반복이 없는 이원배치실험의 모형

$$y_{ij} = \mu + \alpha_i + \beta_j + \epsilon_{ij}, \quad i = 1, 2, \cdots, l, \quad j = 1, 2, \cdots, m$$

에서 ϵ_{ij}는 서로 독립이고, $N(0, \sigma^2)$의 분포에 따른다고 가정하자.

(1) $\bar{\epsilon}_{i.} = \sum_{j=1}^{m} \epsilon_{ij} / m$, $\bar{\epsilon}_{.j} = \sum_{i=1}^{l} \epsilon_{ij} / l$, $\bar{\bar{\epsilon}} = \sum_{i=1}^{l}\sum_{j=1}^{m} \epsilon_{ij} / lm$ 을 나타낼 때,

$\sum_{i=1}^{l}\sum_{j=1}^{m}(\bar{\epsilon}_{i.} - \bar{\bar{\epsilon}}^2)$과 $\sum_{i=1}^{l}\sum_{j=1}^{m}(\epsilon_{ij} - \bar{\epsilon}_{i.} - \bar{\epsilon}_{.j} + \bar{\bar{\epsilon}}^2)$ 이 서로 독립임을 증명하시오.

(2) 만약 $l = 4$일 때 귀무가설

$$H_0 : \alpha_1 = 2\alpha_2 = 3\alpha_3$$

을 검정하는 F-통계량을 구하시오.

14.11 반복이 있는 이원배치실험의 모형

$$y_{ijk} = \mu + \alpha_i + \beta_j + (\alpha\beta)_{ij} + \epsilon_{ijk}$$
$$i = 1, 2, \cdots, l$$
$$j = 1, 2, \cdots, m$$
$$k = 1, 2, \cdots, r$$

에서 ϵ_{ijk}는 서로 독립이고, $N(0, \sigma^2)$의 분포를 따른다고 한다.

(1) α_i 와 β_j의 최소제곱추정량은 서로 독립임을 증명하시오.

(2) 만약 $m = 3$일 때에 귀무가설

$$H_0 : \beta_1 = \beta_2$$

을 F-검정하는 통계량을 구하시오.

15 편의추정

〈목차〉

우리가 지금까지 사용하여 온 선형 회귀모형

$$\mathbf{y} = X\boldsymbol{\beta} + \boldsymbol{\epsilon}, \ \ \boldsymbol{\epsilon} \sim N(\mathbf{0}_n, \sigma^2 I_n)$$

에서 회귀계수 $\boldsymbol{\beta}$를 최소제곱법에 의하여 $\hat{\boldsymbol{\beta}} = (X^\top X)^{-1} X^\top \mathbf{y}$로 추정할 것을 제안하였다. 최소제곱추정량은 BLUE(최량 선형 불편 추정량)(Best linear unbaised estimator)으로 선형 불편 추정량들 중 최소분산을 갖는 추정량이고, 최소제곱추정량의 분산은 $\sigma^2(X^\top X)^{-1}$이 된다. 만일 일부 설명변수 간에 강한 상관관계가 존재한다면, $X^\top X$의 정칙성(non-singularity)에 문제가 생기고 $(X^\top X)^{-1}$에 비정상적으로 큰 값이 발생하는 현상이 생긴다. 따라서, 이번 장에서는 설명변수들 사이에 강한 상관관계가 존재할 때 어떠한 문제점이 발생하며, 최소제곱추정량을 대신해서 어떤 추정량을 사용할 수 있는지 알아 보기로 한다.

그런데, 본 장을 시작하기 이전에 먼저 변수의 표준화에 대해 언급할 필요가 있다. 본 절에서 다루는 모든 편의추정방법은 이를 적용하기 전에 8.3절에서 배운 변수의 표준화 작업을 진행할 필요가 있다. 그 이유는 능형회귀를 적합할 때 벌점함수(penalty function)에 해당하는 $\sum_{j=1}^{p}\beta_j^2$을 고려해야 하는데, 이 값이 각 설명변수의 단위에 영향을 받지 않고 모든 변수에 대하여 골고루 작용할 것을 기대하기 때문이다. 또, 주성분회귀나 부분최소제곱회귀에서는 두 방법 모두 분산을 기준으로 변수들의 차원축소를 진행하는데, 차원축소 결과가 분산이 큰 특정한 변수에 의하여 지나치게 영향을 받는 것을 방지해야 하기 때문이다.

각 편의추정 회귀분석이 표준화된 변수들(Y변수 포함)에 대하여 진행되기 때문에, 편의추정 방법들의 회귀모형에 절편항이 존재하지 않게 되고 이번 절을 읽을 때 이 부분을 기억하기로 한다. 또한 최종 결과를 정리할 때는 표준화 이전 변수에 대한 회귀추정량으로 환원하여야 한다. 즉, 만일 편의추정에 의한 회귀추정량이 $\hat{\boldsymbol{\beta}} = (\hat{\beta}_1, \hat{\beta}_2, \cdots, \hat{\beta}_p)^\top$로 주어졌다 하면 최종 회귀추정량 $\tilde{\boldsymbol{\beta}} = (\tilde{\beta}_1, \tilde{\beta}_2, \cdots, \tilde{\beta}_p)^\top$는

$$\tilde{\beta}_0 = \bar{y} - \sum_{j=1}^{p}\hat{\beta}_j\frac{s_y}{s_j}\bar{x}_j, \quad \tilde{\beta}_j = \frac{s_y}{s_j}\hat{\beta}_j, \quad j = 1, 2, \cdots, p \tag{15.1}$$

이다. 여기서 $\bar{y}$, s_y^2는 반응변수 관측값들의 표본평균과 표본분산, 그리고 $\bar{x}_j$, s_j^2은 j 번째 설명변수 관측값의 표본평균과 표본분산이다.

15.1 다중공선성의 문제

다중공선성(multicollinearity)은 중회귀모형에서 2개 이상의 설명변수에 선형관계가 존재하는 문제이다. 즉, X 행렬에서 한 열이 다른 한 열, 또는 여러 열과 선형결합(linear combination)의 관계를 맺고 있는 상태를 말한다.

행렬 X가 $n \times p$행렬일 때, 설명변수 간에 완전한 다중공선성(perfect multicollinearity) 관계가 있으면 X의 계수(rank)는 p보다 작고, $X^\top X$행렬의 역행렬 $(X^\top X)^{-1}$가 존재하지 않아서 $\hat{\boldsymbol{\beta}} = (X^\top X)^{-1}X^\top\mathbf{y}$의 공식을 사용할 수 없다. 완전한 다중공선성인 경우가 아니더라도 설명변수 간에 완전에 가까운 다중공선성(approximate multicollinearity) 관계가 있는 경우에 $(X^\top X)^{-1}$는 이론상으로는 존재하지만 실제로 계산하기는 쉽지 않아 $\hat{\boldsymbol{\beta}} = (X^\top X)^{-1}X^\top\mathbf{y}$를 구하는 데 어려움이 생기게 된다. 그 문제점을 파악하기 위하여 다음의 간단한 경우를 살펴보자. 두 개의 설명변수(x_1, x_2)와 하나의 반응변수(y)사이에

$$y_i = \beta_1 x_{i1} + \beta_2 x_{i2} + \epsilon_i, \quad \epsilon_i \sim \mathrm{N}(0, \sigma^2), \quad i = 1, 2, \cdots, n \tag{15.2}$$

과 같은 선형모형을 가정하고, 이 변수들은 모두 표준화된 변수라고 가정하자. 즉

$$\sum y_i = \sum x_{i1} = \sum x_{i2} = 0$$
$$\sum y_i^2 = \sum x_{i1}^2 = \sum x_{i2}^2 = 1$$

이 성립한다고 하자. 이런 경우에는 절편항 β_0가 필요 없음을 유의하기 바란다. 모형 (15.2)

에 대한 행렬 $X^\top X$와 $X^\top \mathbf{y}$ 는

$$X^\top X = \begin{pmatrix} \sum x_{i1}^2 & \sum x_{i1}x_{i2} \\ \sum x_{i2}x_{i1} & \sum x_{i2}^2 \end{pmatrix} = \begin{pmatrix} 1 & r_{12} \\ r_{12} & 1 \end{pmatrix}$$

$$X^\top \mathbf{y} = \begin{pmatrix} \sum x_{i1}y_i \\ \sum x_{i2}y_i \end{pmatrix} = \begin{pmatrix} r_{1y} \\ r_{2y} \end{pmatrix}$$

이 되고, r_{12}는 설명변수 x_1과 x_2 간의 표본상관계수를 의미하며, r_{jy}는 설명변수 x_j $(j = 1, 2)$와 반응변수 y 간의 표본상관계수이다. 이제 β_1과 β_2의 최소제곱추정량 $\hat{\beta}_1$과 $\hat{\beta}_2$을 구하면

$$\hat{\boldsymbol{\beta}} = \begin{pmatrix} \hat{\beta}_1 \\ \hat{\beta}_2 \end{pmatrix} = (X^\top X)^{-1} X^\top \mathbf{y}$$

$$= \begin{pmatrix} \dfrac{1}{1 - r_{12}^2} & \dfrac{- r_{12}}{1 - r_{12}^2} \\ \dfrac{- r_{12}}{1 - r_{12}^2} & \dfrac{1}{1 - r_{12}^2} \end{pmatrix} \begin{pmatrix} r_{1y} \\ r_{2y} \end{pmatrix}$$

$$= \begin{pmatrix} \dfrac{1}{1 - r_{12}^2} (r_{1y} - r_{12}r_{2y}) \\ \dfrac{- r_{12}}{1 - r_{12}^2} (r_{2y} - r_{12}r_{1y}) \end{pmatrix}$$

이 되고, 이 추정량들의 분산-공분산 행렬은 $\mathrm{Var}(\hat{\boldsymbol{\beta}}) = \sigma^2 (X^\top X)^{-1}$의 공식으로부터

$$\begin{pmatrix} \mathrm{Var}(\hat{\beta}_1) & \mathrm{Cov}(\hat{\beta}_1, \hat{\beta}_2) \\ \mathrm{Cov}(\hat{\beta}_1, \hat{\beta}_2) & \mathrm{Var}(\hat{\beta}_2) \end{pmatrix} = \begin{pmatrix} \dfrac{1}{1 - r_{12}^2} & \dfrac{- r_{12}}{1 - r_{12}^2} \\ \dfrac{- r_{12}}{1 - r_{12}^2} & \dfrac{1}{1 - r_{12}^2} \end{pmatrix} \sigma^2$$

이 되며,

$$\mathrm{Var}(\hat{\beta}_j) = \frac{\sigma^2}{1 - r_{12}^2}, \quad j = 1, 2 \tag{15.3}$$

임을 알 수 있다. 따라서, x_1과 x_2 간에 상관관계가 커서 $|r_{12}| = 1$에 가까우면 식 (15.3)에서 분모 $1 - r_{12}^2$은 0에 가까운 값이 되어, $\hat{\beta}_j$의 분산이 매우 커진다. 즉, $\hat{\beta}_1$과 $\hat{\beta}_2$는 β_1과 β_2의 추정량으로 신뢰할만하지 않다. 회귀계수 β_j의 신뢰구간을 구하여 보자. σ^2의 불편추정량(unbiased estimator)으로 MSE가 얻어지므로 β_j의 $100(1 - \alpha)\%$ 신뢰구간은

$$\hat{\beta}_j \pm t_{\alpha/2}(n - 3)\sqrt{\frac{MSE}{1 - r_{12}^2}} \tag{15.4}$$

으로 얻어지며, $MSE/(1 - r_{12}^2)$의 값이 대단히 커지면 이 신뢰구간의 폭이 매우 커져서 신뢰

구간은 거의 쓸모없는 구간추정값을 제공하게 된다. 모형 (15.2) 외에도 p개의 설명변수를 가지고 있는 일반적인 선형회귀모형

$$\mathbf{y} = X\boldsymbol{\beta} + \epsilon, \quad \epsilon \sim N(\mathbf{0}_n, \sigma^2 I_n)$$

에서 $n \times p$행렬 X의 계수가 p이나 설명변수 간 상관관계가 높은 경우는 이러한 현상이 발생한다. $\text{Var}(\hat{\boldsymbol{\beta}}) = \sigma^2(X^\top X)^{-1}$의 관계로부터

$$\sum_{j=1}^{p} \text{Var}(\hat{\beta}_j) = \sigma^2 \text{tr}\left[(X^\top X)^{-1}\right] \tag{15.5}$$

이 되며, 【정리 1.31】을 이용하여 λ_j들이 $X^\top X$의 고윳값일 때에

$$\sum_{j=0}^{p} \text{Var}(\hat{\beta}_j) = \sigma^2 \sum_{j=0}^{p} \lambda_j^{-1} \tag{15.6}$$

이 성립된다. 그런데, 만약 x_j들 간에 완전에 가까운 다중공선성이 있으면 행렬 $X^\top X$는 거의 비정칙성(near singularity)을 갖게 되며, 고윳값 중에서 제일 작은 것은 거의 0에 가까워진다. 따라서, 식 (15.5)의 $\sum_{j=1}^{k} \text{Var}(\hat{\beta}_j)$는 매우 커지며, 최소제곱추정량 $\hat{\beta}_j$의 사용에 어려움이 발생한다. 위에서 본 것처럼 다중공선성이 있게 되면 최소제곱추정량 $\hat{\boldsymbol{\beta}} = (X^\top X)^{-1}X^\top \mathbf{y}$의 맹목적인 사용은 적절하지 않으므로 행렬 $X^\top X$를 검토하여 다중공선성이 있다면 최소제곱추정량을 대신하여 다음에서 소개하는 능형회귀추정량(ridge regression estimator), 주성분회귀추정량(principal component regression estimator) 또는 부분최소제곱추정량(partial least squares estimator) 등과 같은 편의(bias)를 지닌 추정량(biased estimator)을 사용하는 것이 평균제곱오차의 관점에서 보다 바람직하다.

편의추정방법을 설명하기 전에 데이터의 다중공선성을 알아내는 방법을 살펴보기로 한다.

행렬 $X^\top X$의 고윳값을 구하여 0이거나 또는 0에 가까운 고윳값이 존재하면 다중공선성이 있다고 말할 수 있다. 이 방법 외에 한 가지 방법을 더 제시하면 다음과 같다. 선형회귀모형의 X 행렬이 $n \times p$의 크기로 계수가 p이고 표준화되어 있다고 하자. 즉

$$\sum_{i=1}^{n} x_{ij} = 0, \quad \sum_{i=1}^{n} x_{ij}^2 = 1, \quad j = 1, 2, \cdots, p$$

일 때 $\boldsymbol{\beta}$의 최소제곱추정량은 $\hat{\boldsymbol{\beta}} = (X^\top X)^{-1}X^\top \mathbf{y}$이며, $\text{E}(\hat{\beta}_j) = \beta_j$가 성립되고

$$\text{Var}(\hat{\beta}_j) = c_{jj}\sigma^2, \quad j = 1, 2, \cdots, p$$

이다. 여기서 c_{jj}는 $C = (X^\top X)^{-1}$ 행렬의 j 번째 대각원소의 값이다. 행렬 X를

$$X = (\mathbf{x}_j, X_j^*)$$

로 나누어 보자. 여기서 $\mathbf{x}_j$는 행렬의 j번째 열이고, X_j^*는 $\mathbf{x}_j$를 뺀 X행렬의 나머지이다. 그러면

$$C = (X^\top X)^{-1} = \begin{pmatrix} \mathbf{x}_j^\top \mathbf{x}_j & \mathbf{x}_j^\top X_j^* \\ X_j^{*\top} \mathbf{x}_j & X_j^{*\top} X_j^* \end{pmatrix}^{-1}$$

이므로 c_{jj}는

$$c_{jj} = (\mathbf{x}_j^\top \mathbf{x}_j - \mathbf{x}_j^\top X_j^* (X_j^{*\top} X_j^*)^{-1} X_j^{*\top} \mathbf{x}_j)^{-1}$$

가 된다. $\mathbf{x}_j$를 반응변수로 하고, 나머지 $(p-1)$개의 설명변수에 대하여 회귀방정식을 적합할 때 얻어지는 결정계수를 R_j^2이라 하자. 그러면

$$R_j^2 = \frac{\mathbf{x}_j^\top X_j^* (X_j^{*\top} X_j^*)^{-1} X_j^{*\top} \mathbf{x}_j}{\mathbf{x}_j^\top \mathbf{x}_j - \left(\sum_{i=1}^n x_{ij}\right)^2 / n}, \quad j \neq 0$$

이 되는데, X 행렬이 표준화되었으므로 위의 R_j^2 공식의 분모는 1이다. 따라서,

$$\begin{aligned} c_{jj} &= (\mathbf{x}_j^\top \mathbf{x}_j - \mathbf{x}_j^\top X_j^* (X_j^{*\top} X_j^*)^{-1} X_j^{*\top} \mathbf{x}_j)^{-1} \\ &= (1 - R_j^2)^{-1} \end{aligned}$$

로 간략히 표현되며,

$$\mathrm{Var}(\hat{\beta}_j) = \frac{\sigma^2}{1 - R_j^2}$$

이다. 만약 $\mathbf{x}_j$가 X_j^*의 각 열과 직교(orthogonal)한다면 $R_j^2 = 0$이며, 만약 $\mathbf{x}_j$를 X_j^*의 열들의 선형조합으로 거의 표현할 수 있다면 R_j^2은 1에 가깝게 된다. 후자의 경우는 X행렬의 일부 열들 사이에 매우 높은 상관관계가 존재한다고 볼 수 있다. 따라서, R_j^2 을 모든 j에 대하여 구한 후 이 중에서 최댓값을 뽑았을 때 이 값이 1이면 완전한 다중공선성이 존재하고, 이 값이 1에 가까우면 완전에 가까운 다중공선성의 관계가 있다고 하겠다. $c_{jj} = (1 - R_j^2)^{-1}$을 분산팽창계수(variance inflation factor: VIF)라고 한다. R_j^2의 값이 1에 가까우면 c_{jj}는 커지며, 보통 c_{jj}의 값이 10 이상이면 다중공선성이 있다고 말한다. 분산팽창계수에 대한 보다 자세한 것은 참고문헌 (15.2)를 찾아보기 바란다.

15.2 능형회귀

지금까지 다루어 온 중회귀모형에서 행렬 X와 $\mathbf{y}$가 표준화(standardized)되었다고 하고 X의 열의 수를 p라 하자. 그러면 $X^\top X$와 $X^\top \mathbf{y}$는 각각 상관계수행렬(matrices of correlation coefficients)이 될 것이다. 이 때에 최소제곱추정량 $\hat{\boldsymbol{\beta}} = (X^\top X)^{-1} X^\top \mathbf{y}$와 $\boldsymbol{\beta}$ 간의 거리의 제곱을

$$L^2 = (\hat{\boldsymbol{\beta}} - \boldsymbol{\beta})^\top (\hat{\boldsymbol{\beta}} - \boldsymbol{\beta}) \tag{15.7}$$

이라 할 때, $\hat{\boldsymbol{\beta}}$의 평균제곱오차(mean squared error)는 다음과 같다.

$$\begin{aligned} \text{MSE}(\hat{\boldsymbol{\beta}}) &= \text{E}(L^2) = \text{E}\left[(\hat{\boldsymbol{\beta}} - \boldsymbol{\beta})^\top (\hat{\boldsymbol{\beta}} - \boldsymbol{\beta})\right] \\ &= \text{tr}\left\{\text{E}[(\hat{\boldsymbol{\beta}} - \boldsymbol{\beta})^\top (\hat{\boldsymbol{\beta}} - \boldsymbol{\beta})]\right\} \\ &= \text{E}\left[\text{tr}(\hat{\boldsymbol{\beta}} - \boldsymbol{\beta})(\hat{\boldsymbol{\beta}} - \boldsymbol{\beta})^\top\right] \\ &= \sum_{j=1}^{p} \text{Var}(\hat{\beta}_j) \\ &= \sigma^2 \sum_{j=1}^{p} \lambda_j^{-1} \end{aligned} \tag{15.8}$$

여기서 λ_j는 행렬 $X^\top X$의 고윳값이다. 따라서 설명변수 간에 완전에 가까운 다중공선성이 존재하면 λ_j중에서 0에 가까운 값이 있으며 $\hat{\boldsymbol{\beta}}$는 $\boldsymbol{\beta}$로부터 거리가 멀어지게 되어 평균제곱오차의 기준에서 $\hat{\boldsymbol{\beta}}$는 $\boldsymbol{\beta}$의 좋은 추정량이라고 볼 수 없다.

위의 단점을 보완하기 위하여 Hoerl 과 Kennard(참고문헌 15.7)은 다음과 같은 추정량

$$\hat{\boldsymbol{\beta}}(k) = (X^\top X + kI_p)^{-1} X^\top \mathbf{y}, \quad k > 0 \tag{15.9}$$

을 제안하고 이를 능형회귀추정량(ridge regression estimator)이라고 불렀다. 여기서 k는 양의 상수(positive constant)로서 보통 $0 < k < 1$범위 내에 있다. 여기서 모든 설명변수가 직교하는 경우를 가정하면 $X^\top X = I_p$가 되어 $\hat{\boldsymbol{\beta}}(k)$와 최소제곱추정량 $\hat{\boldsymbol{\beta}}$는

$$\hat{\boldsymbol{\beta}}(k) = \frac{1}{1+k} \hat{\boldsymbol{\beta}}$$

의 관계가 되어 능형추정량이 최소제곱추정량의 크기를 축소한 추정량(shrinkage estimator)임을 쉽게 알 수 있다. 능형추정량 $\hat{\boldsymbol{\beta}}(k)$는 그 기대값이

$$\begin{aligned} \text{E}[\hat{\boldsymbol{\beta}}(k)] &= (X^\top X + kI_p)^{-1} X^\top \text{E}(\mathbf{y}) \\ &= (X^\top X + kI_p)^{-1} X^\top X \boldsymbol{\beta} \neq \boldsymbol{\beta} \end{aligned}$$

로 편의 추정량이 되며 $\hat{\boldsymbol{\beta}}(k)$의 분산은

$$\text{Var}[\hat{\boldsymbol{\beta}}(k)] = \sigma^2 (X^\top X + kI_p)^{-1} X^\top X (X^\top X + kI_p)^{-1} \tag{15.10}$$

이다. 잔차제곱합은

$$\begin{aligned} &[\mathbf{y} - X\hat{\boldsymbol{\beta}}(k)]^\top [\mathbf{y} - X\hat{\boldsymbol{\beta}}(k)] \\ &= (\mathbf{y} - X\hat{\boldsymbol{\beta}})^\top (\mathbf{y} - X\hat{\boldsymbol{\beta}}) + [\hat{\boldsymbol{\beta}}(k) - \hat{\boldsymbol{\beta}}]^\top X^\top X [\hat{\boldsymbol{\beta}}(k) - \hat{\boldsymbol{\beta}}] \end{aligned} \tag{15.11}$$

으로 최소제곱추정량 $\hat{\boldsymbol{\beta}}$로 추정한 모형의 잔차제곱합보다 크게 된다. 능형추정량 $\hat{\boldsymbol{\beta}}(k)$의 평

균제곱오차를 계산하면 어떤 $\boldsymbol{\alpha} = (\alpha_1, \alpha_2, \cdots, \alpha_p)^\top$가 존재하여[1)]

$$\begin{aligned}\mathrm{MSE}[\hat{\boldsymbol{\beta}}(k)] &= \mathrm{E}[L^2(k)] = \mathrm{E}[(\hat{\boldsymbol{\beta}}(k) - \boldsymbol{\beta})^\top(\hat{\boldsymbol{\beta}}(k) - \boldsymbol{\beta})] \\ &= \sigma^2 \mathrm{tr}[(X^\top X + kI_p)^{-1}X^\top X(X^\top X + kI_p)^{-1}] + k^2\boldsymbol{\beta}^\top(X^\top X + kI_p)^{-2}\boldsymbol{\beta} \\ &= \sigma^2\sum_{j=1}^{p}\lambda_j(\lambda_j + k)^{-2} + \sum_{j=1}^{p}\frac{k^2\alpha_j^2}{(\lambda_j + k)^2} \qquad (15.12)\end{aligned}$$

이 된다. 식 (15.12)에서 오른쪽의 첫 항은 $\hat{\boldsymbol{\beta}}(k)$의 분산(variance)으로,

$$\mathrm{E}\{[\hat{\boldsymbol{\beta}}(k) - \mathrm{E}(\hat{\boldsymbol{\beta}}(k))]^\top[\hat{\boldsymbol{\beta}}(k) - \mathrm{E}(\hat{\boldsymbol{\beta}}(k))]\}$$

에 해당되며, 둘째 항은 편의의 제곱으로 $[\mathrm{E}(\hat{\boldsymbol{\beta}}(k)) - \boldsymbol{\beta}]^\top[\mathrm{E}(\hat{\boldsymbol{\beta}}(k)) - \boldsymbol{\beta}]$에 해당된다. 식 (15.8)의 $\mathrm{E}(L^2)$와 비교해 볼 때 Hoerl과 Kennard(참고문헌 15.6)는

$$\mathrm{E}[L^2(k)] < \mathrm{E}(L^2) \qquad (15.13)$$

이 성립되는 $k > 0$의 값이 항상 존재함을 증명함으로써 능형추정량이 최소제곱추정량보다 평균제곱오차(mean squared error)관점에서 항상 더 우수할 수 있음을 증명하였다. 이를 그림으로 나타내면 [그림 15.1]과 같다. 일반적으로 k가 작을 때 분산은 급격히 감소하고, 편의의 제곱은 서서히 증가하기 때문에, $\mathrm{E}[L^2(k)]$가 $\mathrm{E}(L^2)$보다 작게 되는 $k > 0$의 값이 존재한다. 그러나, k가 너무 커지면 편의의 제곱이 급격히 증가하여 $\mathrm{E}[L^2(k)] > \mathrm{E}(L^2)$이 될 것이다.

이상으로 능형회귀(ridge regression)의 기본적인 개념을 살펴보았는데, 실제로 능형회귀를 사용하려면 k를 정해야 한다. 이를 위하여 능형회귀추정량의 몇몇 성질에 관하여 공부하고 자료로부터 k의 값을 선택하는 방법을 알아보기로 한다.

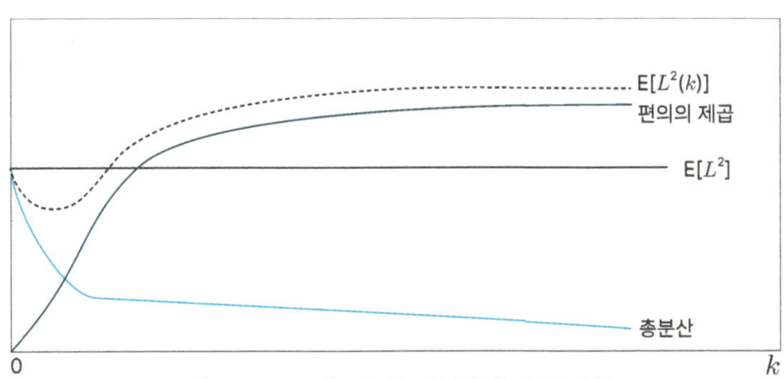

그림 15.1 **$\mathrm{E}[L^2(k)]$의 k의 값에 따른 변화**

1) 15.2.1절에서 소개하겠지만 $X^\top X$의 고윳값분해로부터 얻어진 직교행렬 P에 대하여 $\boldsymbol{\alpha} = P^\top\boldsymbol{\beta}$로 정의된다.

15.2.1 능형회귀추정량의 성질

행렬 $X^\top X$의 고윳값들의 행렬을 Λ라고 하고 고유벡터들을 열로 하는 행렬을 P라고 정의하자. 즉 행렬

$$\Lambda = \begin{pmatrix} \lambda_1 & 0 & \cdots & 0 \\ 0 & \lambda_2 & \cdots & 0 \\ \vdots & \vdots & \ddots & \vdots \\ 0 & 0 & \cdots & \lambda_p \end{pmatrix}, \quad P = [\mathbf{p}_1, \mathbf{p}_2, \cdots, \mathbf{p}_p]$$

는

$$(X^\top X - \lambda_j I_p)\,\mathbf{p}_j = \mathbf{0}_p, \quad j = 1, 2, \cdots, p$$

를 만족하고, $P^\top P = PP^\top = I_p$가 되며, 또한

$$X^\top X = P\Lambda P^\top$$

가 된다. 선형모형 $\mathbf{y} = X\boldsymbol{\beta} + \boldsymbol{\epsilon}$을 $Z = XP$, $\boldsymbol{\alpha} = P^\top \boldsymbol{\beta}$의 변환을 이용하여 재표현하면

$$\begin{aligned} \mathbf{y} &= X\boldsymbol{\beta} + \boldsymbol{\epsilon} \\ &= XP\,P^\top \boldsymbol{\beta} + \boldsymbol{\epsilon} \\ &= Z\boldsymbol{\alpha} + \boldsymbol{\epsilon}, \quad \boldsymbol{\epsilon} \sim N(\mathbf{0}_n, \sigma^2 I_n) \end{aligned} \tag{15.14}$$

이 된다. 모형 (15.14)에서

$$Z^\top Z = P^\top X^\top XP = \Lambda$$

이고 $\boldsymbol{\alpha}$의 최소제곱추정량은

$$\hat{\boldsymbol{\alpha}} = (Z^\top Z)^{-1} Z^\top \mathbf{y} = \Lambda^{-1} Z^\top \mathbf{y}$$

이며, 적합된 모형 $\mathbf{y} = Z\hat{\boldsymbol{\alpha}}$의 잔차제곱합은

$$\begin{aligned} SSE(\hat{\boldsymbol{\alpha}}) &= (\mathbf{y} - Z\hat{\boldsymbol{\alpha}})^\top (\mathbf{y} - Z\hat{\boldsymbol{\alpha}}) \\ &= \mathbf{y}^\top \mathbf{y} - 2\mathbf{y}^\top Z\hat{\boldsymbol{\alpha}} + \hat{\boldsymbol{\alpha}}^\top \Lambda \hat{\boldsymbol{\alpha}} \end{aligned} \tag{15.15}$$

이고, $\hat{\boldsymbol{\alpha}}$의 분산은

$$\begin{aligned} \mathrm{Var}(\hat{\boldsymbol{\alpha}}) &= \mathrm{Var}(\Lambda^{-1} Z^\top \mathbf{y}) \\ &= \Lambda^{-1} Z^\top \mathrm{Var}(\mathbf{y}) Z \Lambda^{-1} \\ &= \sigma^2 \Lambda^{-1} \end{aligned}$$

이다. 앞에서 정의한 $\boldsymbol{\alpha}$의 능형회귀추정량은

$$\hat{\boldsymbol{\alpha}}(k) = (Z^\top Z + kI)^{-1} Z^\top \mathbf{y}$$

$$= (\Lambda + kI)^{-1} Z^{\top} \mathbf{y}$$
$$= (\Lambda + kI)^{-1} \Lambda \hat{\boldsymbol{\alpha}}$$

이 된다. 즉,

$$\hat{\alpha}_j(k) = \frac{\lambda_j}{\lambda_j + k} \hat{\alpha}_j, \quad j = 1, 2, \cdots, p$$

로 능형회귀추정량은 λ_j 값이 k에 비해 커지면 최소제곱추정량과 별 차이가 없지만, λ_j 값이 k보다 작은 경우에는 능형회귀추정량이 최소제곱추정량보다 작은 값을 갖게 된다. 한편, $\hat{\boldsymbol{\alpha}}(k)$의 분산-공분산행렬(variance-covariance matrix)은

$$\begin{aligned} \mathrm{Var}[\hat{\boldsymbol{\alpha}}(k)] &= \mathrm{Var}\left[(\Lambda + kI)^{-1} Z^{\top} \mathbf{y}\right] \\ &= (\Lambda + kI)^{-1} Z^{\top} \mathrm{Var}(\mathbf{y}) Z (\Lambda + kI)^{-1} \\ &= \sigma^2 \Lambda (\Lambda + kI)^{-2} \end{aligned} \tag{15.16}$$

로서 대각행렬이 된다. 그리고 $\hat{\boldsymbol{\alpha}}(k)$가 갖는 편의(bias)의 크기는

$$\mathrm{E}[\hat{\boldsymbol{\alpha}}(k) - \boldsymbol{\alpha}] = [(\Lambda + kI_p)^{-1} \Lambda - I_p]\, \boldsymbol{\alpha} \tag{15.17}$$

이다. 따라서, $\hat{\boldsymbol{\alpha}}(k)$의 평균제곱오차는

$$\begin{aligned} \mathrm{MSE}(\hat{\boldsymbol{\alpha}}(k)) &= \mathrm{E}\left[L^2(k)\right] = \mathrm{E}\left[(\hat{\boldsymbol{\alpha}}(k) - \boldsymbol{\alpha})^{\top} (\hat{\boldsymbol{\alpha}}(k) - \boldsymbol{\alpha})\right] \\ &= \mathrm{tr}\left\{\mathrm{Var}\left[\hat{\boldsymbol{\alpha}}(k)\right]\right\} + \left[\hat{\boldsymbol{\alpha}}(k)\text{의 편의}\right]^2 \\ &= \sigma^2 \mathrm{tr}[\Lambda(\Lambda + kI)^{-2}] + \boldsymbol{\alpha}^{\top} [(\Lambda + kI)^{-1} \Lambda - I_p]^{\top} [(\Lambda + kI)^{-1} \Lambda - I_p] \boldsymbol{\alpha} \\ &= \sigma^2 \sum_{j=1}^{p} \frac{\lambda_j}{(\lambda_j + k)^2} + \sum_{j=1}^{p} \frac{k^2 \alpha_j^2}{(\lambda_j + k)^2} \end{aligned} \tag{15.18}$$

이 된다. 위의 식 (15.18)은 모형 (15.14) $\mathbf{y} = Z\boldsymbol{\alpha} + \boldsymbol{\epsilon}$에 대한 능형회귀 추정량의 평균제곱오차로, 이는 식 (15.12) $\mathbf{y} = X\boldsymbol{\beta} + \epsilon$에 대한 능형회귀 추정량의 평균제곱오차와 동일함을 알 수 있다[2].

이제 식 (15.18)의 $\mathrm{E}\left[L^2(k)\right]$를 k로 미분하면

$$\frac{d\mathrm{E}\left[L^2(k)\right]}{dk} = -2\sigma^2 \sum_{j=1}^{p} \frac{\lambda_j}{(\lambda_j + k)^3} + 2k \sum_{j=1}^{p} \frac{\lambda_j \alpha_j^2}{(\lambda_j + k)^3}$$

이 되는데, $k = 0$에서 $\mathrm{E}[L^2(0)] = \mathrm{E}[L^2]$이며, $L^2(k)$는 k의 연속함수이고 $k \to 0+$로 접근할 때에

$$\lim_{k \to 0+} \frac{d\mathrm{E}\left[L^2(k)\right]}{dk} = -2\sigma^2 \sum_{j=1}^{p} \frac{1}{\lambda_j^2} < 0$$

2) 본문의 계산은 직교변환 P를 $X^{\top}X$의 고유벡터 행렬로 설정하여 평균제곱오차를 계산하였으니, 실제로 P를 임의의 $p \times p$직교변환으로 정의하고 변화된 모형 $\mathbf{y} = Z\boldsymbol{\alpha} + \boldsymbol{\epsilon}$ 을 생각하여도 동일한 결과가 유도된다.

이므로 $E[L^2(k)]$가 $E(L^2)$보다 작게 되는 k의 값이 존재한다. 식 (15.18)을 최소로 하는 k의 값을 간단한 공식으로 구할 수는 없으나, 만약 $X^\top X = I_p$라면 $E[L^2(k)]$가

$$k = p\sigma^2 / \boldsymbol{\alpha}^\top \boldsymbol{\alpha} \tag{15.19}$$

일 때에 최소가 됨을 (참고문헌 15.7)에서 제시하였다.

만약 능형회귀 추정량의 정의를 식 (15.8)보다 더 일반적으로

$$K = \begin{pmatrix} k_1 & 0 & \cdots & 0 \\ 0 & k_2 & \cdots & 0 \\ \vdots & \vdots & \ddots & \vdots \\ 0 & 0 & \cdots & k_p \end{pmatrix} \tag{15.20}$$

로 정의하여, p개의 서로 다른 k의 값을 허용한다면 $\hat{\boldsymbol{\alpha}}(K)$를

$$\hat{\boldsymbol{\alpha}}(K) = (\Lambda + K)^{-1}\Lambda\hat{\boldsymbol{\alpha}} \tag{15.21}$$

으로 정의할 수 있다. 이 경우 $\hat{\boldsymbol{\alpha}}(K)$의 평균제곱오차는

$$\mathrm{MSE}(\hat{\boldsymbol{\alpha}}(K)) = E[L^2(K)] = \sigma^2 \sum_{j=1}^{p} \frac{\lambda_j}{(\lambda_j + k_j)^2} + \sum_{j=1}^{p} \frac{k_j^2 \alpha_j^2}{(\lambda_j + k_j)^2}$$

이 되며, $k_j = \dfrac{\sigma^2}{\alpha_j^2}\ (j = 1, 2, \cdots, p)$에서 $\mathrm{MSE}[\hat{\boldsymbol{\alpha}}(K)]$ 최소가 됨을 쉽게 보일 수 있다.

15.2.2 k값의 선택

이번 절에서는 자료로부터 k를 정하는 문제를 다루어 보자. Hoerl과 Kennard(참고문헌 15.7)은 능형회귀추정값 $\hat{\boldsymbol{\beta}}(k) = (X^\top X + kI_p)^{-1}X^\top \mathbf{y}$의 정의로부터 출발하여 k의 값이 0에서 1까지 증가할 때에 각각의 $\hat{\boldsymbol{\beta}}(k) = (\hat{\beta}_1(k), \hat{\beta}_2(k), \cdots, \hat{\beta}_p(k))^\top$가 변화하는 것을 그려보고, 이 그림으로부터 $\hat{\beta}_j(k)$의 값들이 급격히 변화하지 않고 안정되어(stabilized)가는 k의 값을 선택할 것을 제안하였다. 이러한 $\hat{\beta}_j(k)$들의 궤적을 능형트레이스(ridge trace)라 부른다. 이렇게 선택된 k의 값은 $X^\top X + kI_p$로 바꾸어 줄 때 다중공선성이 거의 제거된 상태가 될 수 있다. 그러나 이 방법은 계산량이 많고 각자의 주관에 따라 k의 선택이 다를 수 있다는 단점이 있다.

두 번째 방법으로는 식 (15.19)의 관계식으로부터

$$k = p\hat{\sigma}^2 / \hat{\boldsymbol{\alpha}}^\top \hat{\boldsymbol{\alpha}} \tag{15.22}$$

로 선택하는 것이다. 즉 σ^2대신에 불편추정값 $\hat{\sigma}^2$을[3] 구하여 대입하고 $\boldsymbol{\alpha}$대신에 $\hat{\boldsymbol{\alpha}} = P^\top \hat{\boldsymbol{\beta}} = P^\top (X^\top X)^{-1} X^\top \mathbf{y}$를 대입하여 k의 값을 구하는 것이다. 이 방법은 최소제곱추정량을 이용하

3) $\hat{\sigma}^2$은 모형 $\mathbf{y} = X\boldsymbol{\beta} + \boldsymbol{\epsilon}$에서의 MSE로 추정할 수 있다.

여 한 번에 k를 정할 수도 있고, 다음과 같이 반복적인 방법을 사용하여 선택할 수도 있다. 식 (15.22)에 의하여 얻어진 k를 k_1이라 하고, 이 값으로

$$\hat{\boldsymbol{\beta}}(k_1) = (X^\top X + k_1 I_p)^{-1} X^\top \mathbf{y}$$

을 구한 후에

$$\hat{\boldsymbol{\alpha}}(k_1) = P^\top \hat{\boldsymbol{\beta}}(k_1)$$

을 구한다. 다음으로 이 $\hat{\boldsymbol{\alpha}}(k_1)$을 사용하여 k의 두 번째 값

$$k_2 = p\hat{\sigma}^2 \hat{\boldsymbol{\alpha}}(k_1)^\top \hat{\boldsymbol{\alpha}}(k_1)$$

을 구한 후

$$\hat{\boldsymbol{\beta}}(k_2) = (X^\top X + k_2 I_p)^{-1} X^\top \mathbf{y}$$
$$\hat{\boldsymbol{\alpha}}(k_2) = P^\top \hat{\boldsymbol{\beta}}(k_2)$$

을 얻고, 다음의 k값

$$k_3 = p\hat{\sigma}^2 \hat{\boldsymbol{\alpha}}(k_2)^\top \hat{\boldsymbol{\alpha}}(k_2)$$

을 구한다. 이와 같이 반복적으로 $k_1, k_2, \cdots, k_q$를 구하여 가는 과정에서, 만약 k_{q-1}의 값과 k_q의 값에 유의한 차이가 없으면 k_{q-1}의 값을 k의 값으로 선택할 수 있다.

조절모수 k를 정하기 위한 세 번째 방법으로 예측오차제곱합(PRESS, predicted residual error sum of squares)을 이용할 수 있다. 주어진 k에 대한 능형회귀모형에 대한 예측오차제곱합은

$$\text{PRESS}(k) = \sum_{i=1}^{n} (y_i - \hat{y}_i^{(i)})^2 = \sum_{i=1}^{n} (y_i - \mathbf{x}_i^\top \hat{\boldsymbol{\beta}}^{(i)}(k))^2 \tag{15.23}$$

으로 정의된다. 여기서 $\hat{\boldsymbol{\beta}}^{(i)}(k)$는 10.3.2절의 식 (10.23)에서 정의된 것과 유사하게 i 번째 관측값 y_i와 그 설명변수 벡터 $\mathbf{x}_i = (x_{i1}, x_{i2}, \cdots, x_{ip})^\top$를 제외하고 계산한 능형회귀 추정량으로서 행렬 $A = X(X^\top X + kI_p)X^\top$의 i 번째 대각행렬 a_{ii}에 대하여

$$\hat{\boldsymbol{\beta}}^{(i)}(k) = \hat{\boldsymbol{\beta}}(k) - \frac{(X^\top X + kI_p)^{-1} \mathbf{x}_i e_i}{1 - a_{ii}} \tag{15.24}$$

로 계산된다. 이때, e_i는 전체 자료를 이용한 능형회귀모형의 잔차로 다음과 같다.

$$e_i = y_i - \mathbf{x}_i^\top \hat{\boldsymbol{\beta}}^{(i)}(k).$$

위의 결과를 이용하여 (15.23)을 정리하면

$$\text{PRESS}(k) = \sum_{i=1}^{n} \frac{e_i^2}{1 - a_{ii}} \tag{15.25}$$

가 된다. 여기서 능형회귀의 조절모수 k는 예측잔차제곱합 PRESS(k)를 최소로 하는 값으로 정할 수 있다.

마지막으로 최근 널리 사용되는 교차검증(cross validation)방법으로도 k를 선택할 수 있는데, 교차검증과 관련해서는 19장에서 자세히 다루기로 한다. 앞에서 설명한 예측잔차제곱합(PRESS)는 교차검증의 특별한 형태인 하나빼기-교차검증(LOOCV, leave one out cross validation)에 해당한다.

15.3 주성분회귀

주성분회귀(principal component regression)는 다변량 자료분석의 차원축소(dimension reduction)방법에 기반한 회귀분석방법으로 자세한 내용은 (참고문헌 15.1, 15.9)를 참조하고, 여기서는 간단히 기술하기로 한다.

앞 절에서와 같이 Λ와 P를 각각 $X^\top X$행렬의 고윳값들의 행렬과 고유벡터들의 행렬이라고 하면, 식 (15.14)와 같이 선형모형을 $Z = XP$, $\boldsymbol{\alpha} = P^\top \boldsymbol{\beta}$를 이용하여

$$\begin{aligned} \mathbf{y} &= X\boldsymbol{\beta} + \boldsymbol{\epsilon} = XPP^\top \boldsymbol{\beta} + \boldsymbol{\epsilon} \\ &= Z\boldsymbol{\alpha} + \boldsymbol{\epsilon} \end{aligned} \tag{15.26}$$

으로 바꾸어 준다. 여기서 $Z^\top Z = P^\top X^\top XP = \Lambda$이므로 $\boldsymbol{\alpha}$의 최소제곱추정량은

$$\Lambda \hat{\boldsymbol{\alpha}} = Z^\top \mathbf{y} \tag{15.27}$$

을 만족하고 $\boldsymbol{\beta}$의 최소제곱추정량은 $\boldsymbol{\alpha} = P^\top \boldsymbol{\beta}$이고 $\boldsymbol{\beta} = P\boldsymbol{\alpha}$이므로

$$\hat{\boldsymbol{\beta}} = P\hat{\boldsymbol{\alpha}} \tag{15.28}$$

이 된다.

만약에 p개의 고윳값 λ_j들 중에서 s개가 0이라고 하자. 그러면 P의 행렬에서 고윳값이 0에 대응되는 고유벡터들은 모두 0만 포함하는 벡터로 간주할 수 있다. 따라서 모형 (15.26)에서 Z의 s개의 열들은 모두 0으로, 식 (15.27)은 p개의 방정식이 아니라 $g = p - s$개의 방정식만을 포함하게 된다.

이제 P, Λ, $\boldsymbol{\alpha}$를 다음과 같이 나누어 생각하기로 한다.

$$P = (P_g, P_s) \qquad \boldsymbol{\alpha}^\top = (\boldsymbol{\alpha}_g^\top, \boldsymbol{\alpha}_s^\top) \qquad \Lambda = \begin{pmatrix} \Lambda_g & \mathbf{0} \\ \mathbf{0} & \Lambda_s \end{pmatrix}$$

이때 $\lambda_1 \geq \lambda_2 \geq \cdots \geq \lambda_p \geq 0$으로 가정하고 처음 g개의 λ_j를 포함하는 대각행렬을 Λ_g로 하고, Λ_s는 그 나머지 고윳값으로 이루어진 대각행렬을 의미한다. 그러면 식 (15.27)은

$$\Lambda_g \hat{\boldsymbol{\alpha}}_g = P_g^\top X^\top \mathbf{y} \tag{15.29}$$

이 되며, $\hat{\boldsymbol{\beta}}_g = P_g \hat{\boldsymbol{\alpha}}_g$로 표현하게 된다. 식 (15.29)에 의하여 추정되는 방법을 주성분회귀추정이라고 말한다. 고윳값이 0이 아니더라도 아주 작아서 거의 0에 가까우면 이 값들을 0으로 간주하고 식 (15.29)에 의하여 $\boldsymbol{\alpha}$를 추정할 수 있을 것이다. 예를 들어, λ_j가 0에 가까운 값이라 하자. 그러면

$$\Lambda = P^\top X^\top XP = (XP)^\top (XP)$$

이므로,

$$\lambda_j = \mathbf{p}_j^\top X^\top X\mathbf{p}_j = (X\mathbf{p}_j)^\top (X\mathbf{p}_j)$$

로 표현할 수 있고, $X\mathbf{p}_j \approx \mathbf{0}_n$으로 되어 거의 영벡터(zero vector)에 가깝게 된다. 이런 경우에 $\mathbf{p}_j$를 영벡터로 간주하고 $\lambda_j = 0$으로 놓고 회귀추정량을 계산하는 방법이 주성분 회귀분석이다. 여기서 $X\mathbf{p}_j \approx \mathbf{0}_n$이면 X의 열들 사이에는 완전에 가까운 다중공선성이 존재하여, 열들 사이에 어떤 설명관계가 존재함을 알 수 있다. $X^\top X$의 p개의 고윳값 중에서 s개의 고윳값이 거의 0에 가까울 경우에 $\boldsymbol{\beta}$의 주성분회귀추정량은

$$\hat{\boldsymbol{\beta}}_g = P_g \hat{\boldsymbol{\alpha}}_g = P_g \Lambda_g^{-1} P_g^\top X^\top \mathbf{y} \tag{15.30}$$

로 최소제곱추정량 $\hat{\boldsymbol{\beta}}$과는

$$\hat{\boldsymbol{\beta}}_g = (I - P_s P_s^\top)\hat{\boldsymbol{\beta}} \tag{15.31}$$

의 관계가 있음을 알 수 있다. 따라서, 명백히 $\hat{\boldsymbol{\beta}}_g$는 $\boldsymbol{\beta}$의 편의된 추정량이며, $\hat{\boldsymbol{\beta}}_g$의 기댓값과 분산은

$$\mathrm{E}(\hat{\boldsymbol{\beta}}_g) = \boldsymbol{\beta} - \sum_{j=g+1}^{p} (\mathbf{p}_j^\top \boldsymbol{\beta})\mathbf{p}_j \tag{15.32}$$

$$\mathrm{Var}(\hat{\boldsymbol{\beta}}_g) = \sigma^2 \sum_{j=1}^{g} \lambda_j^{-1} \mathbf{p}_j \mathbf{p}_j^\top \tag{15.33}$$

이 된다. 또한 $\hat{\boldsymbol{\beta}}_g$의 평균제곱오차는

$$\mathrm{MSE}(\hat{\boldsymbol{\beta}}_g) = \mathrm{E}[(\hat{\boldsymbol{\beta}}_g - \boldsymbol{\beta})^\top (\hat{\boldsymbol{\beta}}_g - \boldsymbol{\beta})] = \sigma^2 \sum_{j=1}^{g} \lambda_j^{-1} + \sum_{j=g+1}^{p} (\mathbf{p}_j^\top \boldsymbol{\beta})^2 \tag{15.34}$$

이다. 식 (15.8)에서 증명한 바와 같이 최소제곱추정량 $\hat{\boldsymbol{\beta}}$의 평균제곱오차는

$$\mathrm{MSE}(\hat{\boldsymbol{\beta}}) = \mathrm{E}[(\hat{\boldsymbol{\beta}} - \boldsymbol{\beta})^\top (\hat{\boldsymbol{\beta}} - \boldsymbol{\beta})] = \sigma^2 \sum_{j=1}^{g} \lambda_j^{-1} \tag{15.35}$$

이므로, 다중공선성의 관계가 존재하여 $\lambda_p, \lambda_{p-1}, \cdots, \lambda_{g+1}$이 0에 가까운 값이면 $\text{MSE}(\hat{\boldsymbol{\beta}}_g) < \text{MSE}(\hat{\boldsymbol{\beta}})$을 만족하는 $1 \le g < p$의 값이 존재하게 된다.

15.3.1 g값의 선택

이번 절에서는 자료로부터 g를 선택하는 문제를 다루어 보자. 앞에서 g는 고윳값이 0이 아닌 것으로 큰 고윳값을 갖는 갯수 g개를 선택하였는데, 이것은 주성분의 개수를 선택하는 문제가 된다. 일반적으로 주성분은 자료의 특징을 잘 이해하기 위해 필요한 최소한의 개수만 사용한다. 이를 위해 능형회귀에서 능형트레이스(ridge trace)가 안정화되는 k를 선택한 것처럼, 주성분회귀에서는 $\lambda_1 \ge \cdots \ge \lambda_p$를 주성분 개수에 대해 그리고, 고윳값이 크게 떨어지는 지점에서 주성분의 개수 g를 선택한다4). 이것을 산비탈 그림(scree plot)이라 한다. 그림에서 고윳값이 크게 떨어지는 지점이 나타나면 팔꿈치와 비슷한 모양을 갖게 되는데, 해당지점을 '*elbow*' 지점이라 한다. 그러나 이렇게 선택된 g의 값은 각자의 주관에 따라 선택이 달라지는 단점이 있다. 더군다나 이렇게 선택된 주성분은 반응변수를 잘 설명하는 설명변수가 된다는 보장이 없다는 문제가 있다. 이러한 문제점을 해결하기 위해 나온 또 다른 편의회귀추정방법으로 다음 절에 소개하는 부분최소제곱 회귀(partial least square regression)가 있다.

주성분의 개수 g를 선택하는 또 다른 방법으로 능형회귀에서 언급된 교차검증(cross validation)방법을 사용할 수 있는데, 이와 관련하여 19장에서 자세히 다루기로 한다.

15.4 부분최소제곱회귀(partial least squares regression)

주성분회귀모형에서는 설명변수 $X_1, X_2, \cdots, X_p$[5]의 전체 변동을 가장 잘 나타내는 선형결합(linear combination)인 주성분(principal components)을 찾고, 이들을 새로운 설명변수로 하여 선형회귀모형을 고려한다. 이때 주성분의 개수는 p보다 작지만 설명변수의 전체 변동을 잘 설명할 수 있도록 선택한다. 그런데, 이러한 회귀모형의 설명력은 좋은 것일까? 주성분회귀모형에서 주성분을 결정할 때 반응변수 Y를 고려하지 않기 때문에, 설명변수의 전체 변동을 가장 잘 요약하는 주성분이 반응변수를 가장 잘 설명한다고 기대하기 어려울 것이다. 즉, 주성분회귀에서 처음 $g(< p)$개의 주성분보다 설명변수로 사용하지 않은 $s(= p - g)$

---

4) 고윳값 대신 전체 자료의 분산 중 각 주성분이 차지하고 있는 분산의 비율을 그리기도 한다. 전체자료의 분산은 $\sum_{j=1}^{p} \widehat{\text{Var}}(X_j) = \sum_{j=1}^{p} \frac{1}{n} \sum_{i=1}^{n} X_{ij}^2$이고 g번째 주성분에 의해 설명되는 분산은 $\sum_{j=1}^{p} \frac{1}{n} \sum_{i=1}^{n} Z_{ij}^2$이다.

5) 지금까지 편의상 확률변수와 확률변수의 관측값을 각각 대문자와 소문자로 구분하지 않고 사용하였는데, 이 절에서는 구분하여 설명하기로 한다.

개의 주성분들이 반응변수와 더 강한 연관성을 가질 수도 있다. 이러한 주성분회귀분석의 단점을 보완하고자 제안된 방법이 부분최소제곱회귀(partial least squares regression)이다.

주성분회귀에서와 달리 부분최소제곱회귀에서는 설명변수들의 변동 뿐만 아니라 동시에 반응변수를 잘 설명하는, 서로 직교하는 성질을 가진 소수의 설명변수들의 선형결합을 찾아 새로운 설명변수 $T_1, T_2, \cdots, T_p$ 로 정의한다. 부분최소제곱회귀분석에서는 새로운 변수 T_l $(l = 1, \cdots, p)$과 반응변수와의 선형회귀모형을 가정한다. 즉,

$$\mathbf{y} = T\boldsymbol{\alpha} + \epsilon \tag{15.36}$$

에서 $\boldsymbol{T} = [T_1, \cdots, T_p]$이고 $\boldsymbol{\alpha} = (\alpha_1, \cdots, \alpha_p)^\top$라고 할 때, $\boldsymbol{\alpha}$를 최소제곱법으로 추정하게 된다. 여기서 T_l은 설명변수의 변동을 잘 설명할 뿐만아니라 반응변수도 잘 설명하는 설명변수의 선형결합으로 결정되기 때문에, 주성분회귀와 마찬가지로 설명변수에 대한 차원축소라는 점에서 비슷한 점이 있지만 선형결합의 방향에 있어 차이가 있다고 요약할 수 있다.

부분최소제곱회귀에서 $T_1, \cdots, T_p$는 서로 직교하도록 다음과 같은 절차에 의해 순차적으로 생성된다[6]. 먼저, 부분최소제곱회귀에서는 계산을 간단히 하기 위해 반응변수(Y)와 모든 설명변수(X)에 대하여 다음과 같이 중심을 먼저 변환한다.

$$U_1 = Y - \overline{Y}, \quad V_{1j} = X_j - \overline{X}_j \ (j = 1, \cdots, p)$$

위와 같은 중심 변환 후 각 평균이 0이라고 가정하고, 이들 확률변수에 대한 n개의 관측값은

$$\mathbf{u}_1 = \mathbf{y} - \bar{y} \cdot \mathbf{1}_n \text{과 } \mathbf{v}_{1j} = \mathbf{x}_j - \bar{x}_j \cdot \mathbf{1}_n$$

로 표현한다. 즉,

$$\mathbf{u}_1 = \begin{pmatrix} y_1 - \bar{y} \\ y_2 - \bar{y} \\ \vdots \\ y_n - \bar{y} \end{pmatrix} \quad \mathbf{v}_{1j} = \begin{pmatrix} x_{1j} - \bar{x}_{.j} \\ x_{2j} - \bar{x}_{.j} \\ \vdots \\ x_{nj} - \bar{x}_{.j} \end{pmatrix}$$

가 된다. 이런 변환 후 첫 번째 새로운 설명변수 T_1은 설명변수 V_{1j} $(j = 1, \cdots, p)$의 선형결합으로 결정되는데, 여기서 각 설명변수에 대한 가중치로는 설명변수 V_{1j}와 반응변수 U_1에 대한 p개의 단순회귀모형

$$U_1 = \phi_{1j}V_{1j} + \epsilon_j, \quad j = 1, \cdots, p \tag{15.37}$$

로부터 구한 회귀계수의 추정값 $\hat{\phi}_{1j} = \dfrac{\mathbf{v}_{1j}^\top \mathbf{u}_1}{\mathbf{v}_{1j}^\top \mathbf{v}_{1j}}$를 사용한다. 이때 식 (15.37)에서 보는 것처럼

6) 주성분회귀에서 사용하는 설명변수들의 선형결합 즉, 주성분점수 $Z_1, \cdots, Z_p$는 순차적으로 생성되는 것이 아니라 주성분분석을 통해 한 번에 알 수 있다는 점에서 부분최소제곱회귀에서 사용되는 설명변수들의 선형결합 T와 차이가 있다.

각 설명변수에 대하여 단순회귀모형을 적합함으로써 설명변수 V_{1j}들 간의 연관성은 고려하지 않았기 때문에, 각 회귀계수의 추정값에 대하여 또 다른 가중치 w_{1j}를 고려하여 최종적으로 첫 번째 성분 T_1은 다음과 같이 결정한다.

$$T_1 = \sum_{j=1}^{p} w_{1j}\hat{\phi}_{1j}V_{1j} \tag{15.38}$$

여기서 $\sum_{j=1}^{p} w_{1j} = 1$으로 w_{1j}에 대한 선택에 관해서는 이 절 마지막에 따로 배워보기로 한다. 이와 같이 정의된 T_1은 설명변수 V_{1j}의 가중평균으로서 U_1(즉 Y)에 대하여 높은 설명력을 나타낼 것으로 기대한다.

다음으로 T_1이 주어진 상태에서 T_1에 의하여 설명되지 않는 $X_1, \cdots, X_p$의 변동과 반응변수 Y의 변동을 잘 설명하는 선형결합 T_2를 찾는다. 먼저 T_1이 설명하지 못하는 $X_j(j = 1, \cdots, p)$들의 변동을 계산하기 위하여 X_j(실제로는 V_{1j})를 반응변수로 하고 T_1을 설명변수로 하는 회귀모형의 잔차(V_{2j})를 추정한다. 또 T_1이 설명하지 못하는 Y(실제로는 U_1)의 변동을 계산하기 위하여 U_1을 반응변수로 T_1을 설명변수로 하는 회귀모형의 잔차(U_2)를 계산한다. 이렇게 계산된 잔차 V_{2j}와 U_2를 이용하여, 두 번째 성분 T_2는 V_{2j}들의 선형결합으로 결정되고, 이 때의 가중치는 T_1을 결정할 때와 비슷하게 V_{2j}와 U_2로부터 구한 단순회귀모형의 회귀계수 추정값으로 결정된다. 이러한 절차를 반복적으로 사용하여 $T_2, \cdots, T_p$를 결정한다. 즉, T_{l+1}은 V_{lj}를 반응변수, T_l을 설명변수로하는 회귀모형의 잔차 $V_{(l+1)j}$ $(j = 1, \cdots, p)$와 U_l를 반응변수로하고 T_l을 설명변수로하는 회귀모형의 잔차 U_{l+1}로 부터 결정되고, T_{l+1}을 얻기 위해서는 먼저 $V_{(l+1)j}$와 U_{l+1}의 단순회귀모형에 대한 회귀계수 추정값 $\hat{\phi}_{(l+1)j}$를 구한 다음 이를 가중치로 하여 $V_{(l+1)j}$들의 선형결합을 얻으면 된다. 이상의 알고리즘을 구체적으로 요약하면 다음과 같다.

부분최소제곱 알고리즘

(1) 설명변수 X_j와 반응변수 Y에 대하여 표본평균을 0으로 하는 새로운 변수 $V_{1j} = X_j - \bar{X}$ 와 $U_1 = Y - \bar{Y}$를 생성한다. 여기서 $j = 1, \cdots, p$이다.

(2) 설명변수를 V_{1j}로 하고 반응변수를 U_1로 하여 단순회귀모형의 회귀계수 $\hat{\phi}_{1j}$를 다음과 같이 추정한다.

$$\hat{\phi}_{1j} = \left(\frac{\mathbf{v}_{1j}^{\top}\mathbf{u}_1}{\mathbf{v}_{1j}^{\top}\mathbf{v}_{1j}}\right)$$

(3) 첫 번째 새로운 변수 T_1은 다음과 같이 결정한다.

$$T_1 = \sum_{j=1}^{p} w_{1j}\hat{\phi}_{1j}V_{1j}$$

(4) $l = 1, \cdots, m - 1$에 대하여

(4.1) 순차적으로 T_{l+1}을 생성하기 위해 T_l로 설명되지 않는 설명변수 V_{lj}와 반응변수 U_l을 각각 단순회귀모형의 잔차로부터 구하여 $V_{(l+1)j}$와 U_{l+1}라 하고 다음과 같이 결정한다.

$$V_{(l+1)j} = V_{lj} - [\mathbf{t}_l^\top \mathbf{v}_{lj} / (\mathbf{t}_l^\top \mathbf{t}_l)]T_l, \quad j = 1, \cdots, p$$
$$U_{l+1} = U_l - [\mathbf{t}_l^\top \mathbf{u}_l / (\mathbf{t}_l^\top \mathbf{t}_l)]T_l$$

여기서 $\mathbf{t}_l$, $\mathbf{u}_l$, $\mathbf{v}_{lj}$는 T_l, U_l 그리고 V_{lj}의 관측벡터이다.

(4.2) 설명변수를 $V_{(l+1)j}$로 하고 반응변수를 U_{l+1}로 하여 단순회귀모형의 회귀계수 $\phi_{(l+1)j}$를 다음과 같이 추정한다.

$$\hat{\phi}_{(l+1)j} = \left(\frac{\mathbf{v}_{(l+1)j}^\top \mathbf{u}_{l+1}}{\mathbf{v}_{(l+1)j}^\top \mathbf{v}_{(l+1)j}}\right)$$

(4.3) 위 식으로부터 T_{l+1}을 다음과 같이 결정한다.

$$T_{l+1} = \sum_{j=1}^{p} w_{(l+1)j} \hat{\phi}_{(l+1)j} V_{(l+1)j}$$

위 알고리즘은 주성분회귀에서와 마찬가지로 새로운 설명변수 $T_l(l = 1, \cdots, p)$들의 표본상관계수를 0으로 한다. 이것은 모형에 다른 주성분이 더해지거나 빠져도 성분의 영향력 $\hat{\alpha}_l$의 영향은 변하지 않는 것을 의미한다.

위 알고리즘을 완성하기 위해서는 가중치 w_{lj}를 설정해야 한다. 가중치를 정하는 첫 번째 방법은 일반적으로 부분최소제곱회귀에서 많이 사용되는 것으로 w_{lj}는 모든 l, j에 대하여 $\mathbf{v}_{lj}^\top \mathbf{v}_{lj}$와 같다고 가정한다. 즉, $w_{lj} \propto \mathrm{Var}(V_{lj})$를 가정한다. 이 경우 ϕ_{lj}의 분산은 V_{lj}의 분산에 반비례하게 된다. 이 경우 $w_{1j}[\mathbf{v}_{lj}^\top \mathbf{u}_l / (\mathbf{v}_{lj}^\top \mathbf{v}_{lj})] = \mathbf{v}_{lj}^\top \mathbf{u}_l$이고 $T_l = \sum_{j=1}^{p} (\mathbf{v}_{lj}^\top \mathbf{u}_l) V_{lj} \propto \sum_j \widehat{\mathrm{Cov}}(V_{lj}, U_l) V_{lj}$가 되어 일반적으로 새로운 변수 T_l의 결정이 설명변수와 반응변수의 공분산에 의해 결정된다는 것을 알 수 있다. 두 번째 방법은 가중치를 $w_{lj} = 1/p$로 하는 것이다. 이러한 가중치의 선택에 따라 부분최소제곱회귀는 서로 다른 불변성(invariance) 성질을 가진다. 첫 번째 가중치는 설명변수 X의 직교변환(orthogonal transformations)에 대하여 반응변수 Y의 예측이 불변이고, 두 번째 방법은 설명변수 X의 척도변환(scale transformations)에 대하여 반응변수 Y의 예측값이 불변이다. 이에 관한 좀 더 자세한 것은 (참고문헌 15.13)을 살펴보기 바란다.

한편, 부분최소제곱회귀에서 T_l은 반복적으로 생성된다고 했는데, 적당한 개수의 주성분 $T_1, \cdots, T_g$ 를 사용하기 위해 g를 결정해야 한다. 이것은 19장에서 소개할 교차검증(cross validation)방법을 사용하기로 한다.

15.5 제한회귀(restricted regression)

중회귀모형 $\mathbf{y} = X\boldsymbol{\beta} + \boldsymbol{\epsilon}, \boldsymbol{\epsilon} \sim N(\mathbf{0}_n, \sigma^2 I_n)$에서 회귀계수벡터 $\boldsymbol{\beta}$에 제한조건(restriction)

$$C\boldsymbol{\beta} = \mathbf{0}_k \tag{15.39}$$

이 성립한다고 가정하자. 7장 4절에서는 $C\boldsymbol{\beta} = \mathbf{m}$으로 놓고 가설검정을 검토하였으나, 문제를 간편하게 하기 위하여 $\mathbf{m} = \mathbf{0}_k$로 하고 논의하여 보기로 한다. 여기에서 X는 $n \times (p+1)$ 행렬로서 계수(rank)는 $p+1$이고 C는 $k \times (p+1)$행렬로서 계수(rank)는 $k (\leq p+1)$라고 가정한다, 이 제한조건 아래에서 $\boldsymbol{\beta}$의 최소제곱추정량은

$$\tilde{\boldsymbol{\beta}} = \left(I_{p+1} - (X^\top X)^{-1}C^\top\left[C(X^\top X)^{-1}C^\top\right]^{-1}C\right)\hat{\boldsymbol{\beta}}$$

가 됨을 식 (7.29)에서 증명하였다. 이때 $C\boldsymbol{\beta} = \mathbf{0}_k$이 사실이라면 $\tilde{\boldsymbol{\beta}}$ 는 $\boldsymbol{\beta}$의 불편추정량이지만 $C\boldsymbol{\beta} = \mathbf{0}_k$이 사실이 아니라면 $\tilde{\boldsymbol{\beta}}$ 는 $\boldsymbol{\beta}$의 편의추정량이 된다. 이와 같은 제한추정량(restricted estimator) $\tilde{\boldsymbol{\beta}}$ 의 분산은

$$\mathrm{Var}(\tilde{\boldsymbol{\beta}}) = \sigma^2(X^\top X)^{-1} - \sigma^2(X^\top X)^{-1}C^\top\left[C(X^\top X)^{-1}C^\top\right]^{-1}C(X^\top X)^{-1} \tag{15.40}$$

으로 행렬 $(X^\top X)^{-1}C^\top\left[C(X^\top X)^{-1}C^\top\right]^{-1}C(X^\top X)^{-1}$이 양정치(positive definite)이므로 $\mathrm{Var}(\tilde{\beta}_j) < \mathrm{Var}(\hat{\beta}_j)$가 됨이 명백하다. 그러나, $C\boldsymbol{\beta} = \mathbf{0}_k$이 사실이 아닐 경우에는 $\tilde{\boldsymbol{\beta}}$는 편의추정량이 되며, 편의의 크기는

$$\mathrm{E}(\tilde{\boldsymbol{\beta}}) - \boldsymbol{\beta} = (X^\top X)^{-1}C^\top\left[C(X^\top X)^{-1}C^\top\right]^{-1}C\boldsymbol{\beta} \tag{15.41}$$

이 된다. 최소제곱추정량 $\hat{\boldsymbol{\beta}} = (X^\top X)^{-1}X^\top\mathbf{y}$와 $\tilde{\boldsymbol{\beta}}$의 평균제곱오차를 비교하여 보자. $\hat{\boldsymbol{\beta}}$는 불편추정량으로

$$\mathrm{MSE}(\hat{\boldsymbol{\beta}}) = \mathrm{E}\left[(\hat{\boldsymbol{\beta}} - \boldsymbol{\beta})^\top(\hat{\boldsymbol{\beta}} - \boldsymbol{\beta})\right] = \sigma^2\mathrm{tr}\left[(X^\top X)^{-1}\right]$$

이고 $\tilde{\boldsymbol{\beta}}$는 편의추정량이므로 식 (15.40)과 (15.41)로부터

$$\begin{aligned}\mathrm{MSE}(\tilde{\boldsymbol{\beta}}) &= \mathrm{E}\left[(\tilde{\boldsymbol{\beta}} - \boldsymbol{\beta})^\top(\tilde{\boldsymbol{\beta}} - \boldsymbol{\beta})\right] = \mathrm{tr}\left[\mathrm{Var}(\tilde{\boldsymbol{\beta}})\right] + \left[\mathrm{E}(\tilde{\boldsymbol{\beta}}) - \boldsymbol{\beta}\right]^\top\left[\mathrm{E}(\tilde{\boldsymbol{\beta}}) - \boldsymbol{\beta}\right] \\ &= \sigma^2\mathrm{tr}\left[(X^\top X)^{-1}\right] - \sigma^2\mathrm{tr}\left[(X^\top X)^{-1}C^\top\left[C(X^\top X)^{-1}C^\top\right]^{-1}C(X^\top X)^{-1}\right] \\ &\quad + \boldsymbol{\beta}^\top C^\top\left[C(X^\top X)^{-1}C^\top\right]^{-1}C(X^\top X)^{-2}C^\top\left[C(X^\top X)^{-1}C^\top\right]^{-1}C\boldsymbol{\beta}\end{aligned}$$

이 된다. 따라서 평균제곱오차의 차이는 $B = (X^\top X)^{-1}C^\top\left[C(X^\top X)^{-1}C^\top\right]^{-1}C$로 놓으면,

$$\mathrm{MSE}(\hat{\boldsymbol{\beta}}) - \mathrm{MSE}(\tilde{\boldsymbol{\beta}}) = \sigma^2\mathrm{tr}\left[B(X^\top X)^{-1}\right] - (B\boldsymbol{\beta})^\top(B\boldsymbol{\beta}) \tag{15.42}$$

가 된다. 여기서 $B(X^\top X)^{-1}$은 양정치행렬이므로 $\mathrm{tr}\left[B(X^\top X)^{-1}\right] > 0$이며 $(B\boldsymbol{\beta})^\top(B\boldsymbol{\beta})$는 제곱의 형태이므로 $C\boldsymbol{\beta} = \mathbf{0}_k$이 성립하지 않으면 양(positive)의 값을 갖는다. 따라서, $C\boldsymbol{\beta} = \mathbf{0}_k$ 이 거의 성립하는 경우에는 $(B\boldsymbol{\beta})^\top(B\boldsymbol{\beta})$는 작은 값을 갖게되어, $\tilde{\boldsymbol{\beta}}$ 가 $\hat{\boldsymbol{\beta}}$보다 평균제곱오차

의 기준으로 볼 때 더 우수한 추정량이 될 수 있다. 그러나 $C\boldsymbol{\beta} = \mathbf{0}_k$이 사실이 아니라면 $(B\boldsymbol{\beta})^\top(B\boldsymbol{\beta})$의 값이 커지게 되어 $\hat{\boldsymbol{\beta}}$가 $\tilde{\boldsymbol{\beta}}$ 보다 좋은 추정량이 될 수 있을 것이다. 따라서 이들 중 어떤 추정량이 더 적절한지 판단하는 하나의 기준으로 식 (15.42) 의 차이를 구하는 통계량

$$D = \sigma^2 \mathrm{tr}\left[B(X^\top X)^{-1}\right] - (B\boldsymbol{\beta})^\top(B\boldsymbol{\beta}) \tag{15.43}$$

를 만들고 최소제곱법에 의하여 일단 σ^2과 $\boldsymbol{\beta}$를 MSE, $\hat{\boldsymbol{\beta}}$로 추정한 후 이를 식 (15.43)에 대입시켜 D를 구하면 좋을 것이다. 만약 $D > 0$이면 $\tilde{\boldsymbol{\beta}}$ 가 좋고 $D < 0$이면 $\hat{\boldsymbol{\beta}}$를 쓰는 것이 바람직하다.

15.6 R 실습

이 절에서는 11장 5절 R 실습에서 소개한 자동차 연비(gas mileage) 데이터를 가지고 이 장에서 다룬 편의 추정량에 대해 알아보기로 한다. 해당 절에서 살펴보았지만, 설명변수 cyl(엔진의 기통수)와 disp(배기량), 그리고 disp(배기량)과 wt(무게) 등은 높은 상관관계를 나타내었다. 따라서, 이들 설명변수를 모두 사용하는 경우 다중공선성의 문제가 나타난다. 이를 확인하기 위해 분산팽창계수(VIF)를 구해보도록 한다. 이것은 car 패키지에 vif( ) 함수를 통해 다음과 같이 구할 수 있다.

```
>library(car)
> fit←lm(mpg~. ,data=mtcars)
> round(vif(fit),1)
 cyl  disp   hp  drat    wt  qsec   vs   am  gear  carb
15.4  21.6  9.8   3.4  15.2   7.5  5.0  4.6   5.4   7.9
```

위 결과에서 보면 위에서 언급한 cyl, disp, wt가 10이상의 VIF를 갖게 되어 다중공선성이 있음을 확인할 수 있다. 이에 최소제곱추정량 대신 편의 추정량을 구하도록 한다. 단, 본문에서는 VIF를 설명하면서 표준화된 변수를 가정했는데, 변수의 표준화 여부에 상관없이 VIF는 같은 값을 갖는다.

15.6.1 능형회귀

먼저 능형회귀모형을 적합해 보자. 능형회귀모형은 MASS 패키지에 있는 lm.ridge( )함수를 통해 다음과 같이 적합할 수 있다. 먼저 설명변수와 반응변수 모두 scale( )함수를 통해 표준화를 한 후, 회귀모형을 적합하기로 한다. R에서는 조절모수 k를 λ로 표현하는데, 이 예제에

서는 λ를 0.01부터 100까지 0.01 간격으로 변화시키며 능형추정량을 적합하고 있다.

```
>library(MASS)
>sc.mtcars←data.frame(scale(mtcars))
>rfit←lm.ridge(mpg~.,data=sc.mtcars, lambda=seq(0.01,100,0.1))
>matplot(rfit$lambda,t(rfit$coef),type="l",xlab=expression(k),
                    ylab=expression(bold(beta)(k)))
```

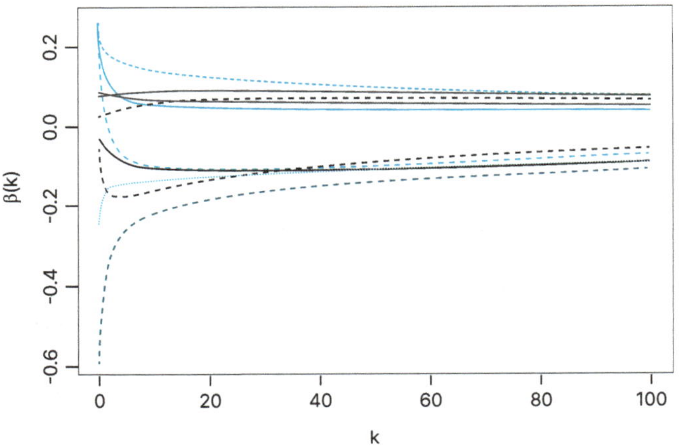

그림 15.2 **자동차 연비 데이터의 능형트레이스**

위에서 matplot( )함수를 통하여 능형추정값 $\hat{\beta}_j(k)$에 대하여 능형트레이스를 그려 보면 [그림 15.2]가 된다. 설명변수가 모두 10개이므로 10개의 곡선이 그려진다. 능형추정량에서 적절한 k를 선택하는 문제는 19장 교차검증에서 자세히 소개하기로 한다.

식 (15.9)로부터 $k=0$인 경우 능형회귀추정량이 최소제곱추정량과 같음을 확인할 수 있는데, R 결과에서 확인해 보면 다음과 같다.

```
> lm.ridge(mpg~.,data=sc.mtcars, lambda=0)
   cyl   disp     hp   drat     wt   qsec     vs     am   gear   carb
-0.033  0.270 -0.241  0.069 -0.594  0.240  0.026  0.205  0.079 -0.053
> lm.ridge(mpg~.,data=sc.mtcars)
   cyl   disp     hp   drat     wt   qsec     vs     am   gear   carb
-0.033  0.270 -0.241  0.069 -0.594  0.240  0.026  0.205  0.079 -0.053
```

또한 k가 작을 때와 클 때 추정량의 성질을 비교해 보기 위해 $k=14.91$을 적합한 결과를 살펴보면 다음과 같다.

```
> round(rfit$coef[,rfit$lam==14.91],3)
   cyl    disp     hp   drat     wt   qsec     vs     am   gear   carb
-0.109  -0.107 -0.130  0.092 -0.197  0.047  0.063  0.132  0.066 -0.144
```

위 결과에서 알 수 있듯이 $k=0$인 경우에 비해 k가 큰 경우 회귀계수가 작아지는 경향이 있다.

15.6.2 주성분회귀

이제 주성분회귀모형을 적합하기 위해 주성분을 구하기로 한다. 자동차 연비 데이터의 경우 설명변수들의 측정단위가 다르기 때문에, 주성분을 찾기 위해 설명변수에 대한 표준화를 하기로 한다7). 표준화 이후 주성분을 찾는 것은 상관계수 행렬을 이용하여 주성분 분석을 하는 것과 동일하다. eigen( ) 함수의 결과로 고윳값 e$values과 고유벡터 e$vectors를 구할 수 있다. 고윳값들을 대각원소로 하는 대각행렬이 Λ이고, 고유벡터들의 행렬은 P가 된다.

```
> x<-as.matrix(mtcars[,-1])
> e<-eigen(cor(x))
> e$values
[1] 5.76021744 2.64964319 0.59721486 0.26950667 0.22225006
[6] 0.21011744 0.13292009 0.08068158 0.05365235 0.02379633
```

위 결과로부터 식 (15.26)의 모형을 적합해 보자. 주성분 $Z=XP$는 표준화된 설명변수 X의 선형결합으로 구해야 한다. 상관계수에 대하여 고윳값과 고유벡터를 구했기 때문에 먼저 scale( ) 함수를 통해 설명변수를 표준화한 후 주성분을 구하여 회귀모형을 적합한다.

```
> s.X<-scale(X) # 설명변수의 표준화
> Z<-s.X%*%e$vectors # Z=XP
> pcr<-lm(mtcars$mpg~Z)
> summary(pcr)

Coefficients:
```

7) 주성분의 개수를 결정하기 위해서는 설명변수를 표준화하여 모든 변수들이 같은 척도를 갖도록 해야 한다. 표준화를 하지 않는 경우 분산이 큰 변수들이 주성분 결정에 큰 역할을 하는 경향이 발생하는 등 그 결과가 변수의 단위에 민감하게 나타난다. 예를 들어 한 변수만 g으로 관측되고 다른 변수는 모두 kg으로 관측된 경우, 자료의 산포는 g으로 관측된 변수에 의존하게 된다.

```
            Estimate Std.   Error  t value  Pr(>|t|)
(Intercept) 20.09062 0.46849   42.884  < 2e-16 ***
Z1            2.28131 0.19833   11.503  1.58e-10 ***
Z2           -0.11632 0.29242   -0.398  0.6948
Z3           -1.29925 0.61593   -2.109  0.0471 *
Z4            0.09002 0.91688    0.098  0.9227
Z5            0.31279 1.00966    0.310  0.7598
Z6           -0.38410 1.03840   -0.370  0.7152
Z7           -0.26029 1.30558   -0.199  0.8439
Z8           -1.10156 1.67575   -0.657  0.5181
Z9            1.28202 2.05496    0.624  0.5394
Z10          -3.51367 3.08562   -1.139  0.2676
---
Signif. codes:
0 '***' 0.001 '**' 0.01 '*' 0.05 '.' 0.1 ' ' 1
Residual standard error: 2.65 on 21 degrees of freedom
Multiple R-squared: 0.869,       Adjusted R-squared: 0.8066
F-statistic: 13.93 on 10 and 21 DF,   p-value: 3.793e-07
```

여기서 주성분회귀모형의 장점은 새로운 설명변수 $Z_1, \cdots, Z_{10}$들이 서로 직교한다는 것이다. 한편, 위 결과로부터 두 번째 주성분은 유의하지 않은 반면에 세 번째 주성분은 유의하게 나타나는 것을 주목할 필요가 있다. 두 번째 고유벡터 방향이 설명변수들이 두 번째로 많이 몰려 있는 방향을 나타내긴 하지만, 이 결과를 통해 주성분 순서대로 반응변수와의 유의성을 보장하지 않음을 알 수 있다.

위 결과로부터 식 (15.29)에 있는 주성분의 개수 g를 결정하기 위해 다음과 같이 산비탈 그림(scree plot)을 그려보기로 한다.

```
> plot(e$values,type="l",xlab="No. of components")
```

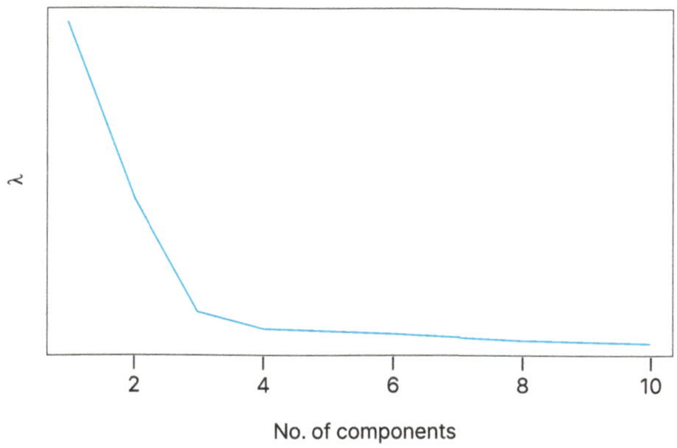

그림 15.3 자동차 연비 데이터의 주성분 결정을 위한 산비탈 그림

위 산비탈 그림으로부터 고윳값이 크게 줄어들어 앞서 관측된 값에 비해 현저하게 값이 작아 무시할 수 있는 지점(elbow)을 확인할 수 있다. 위 자료에서는 주성분의 개수가 3부터 크게 줄어들어 3개의 성분을 취하는 것을 고려해 볼 수 있다. 지금까지의 계산은 $\boldsymbol{\alpha}$에 대한 추정량이고 식 (15.29)와 $\hat{\boldsymbol{\beta}}_g = P_g\, \hat{\boldsymbol{\alpha}}_g$로부터 $\boldsymbol{\beta}$에 대한 추정량을 구할 수 있다.

15.6.3 부분최소제곱회귀

이제 부분최소제곱회귀에 대하여 살펴보자. 먼저 모든 설명변수와 반응변수에 대하여 중심화(centering)를 통해 각각의 기대값을 0으로 한다.

```
> x←as.matrix(mtcars[,-1])
> y←mtcars$mpg
> cx←sweep(x,2,apply(x,2,mean))
> cy←y-mean(y)
```

여기서 설명변수 행렬(x)의 각 열에 대한 표본평균과 반응변수(y)의 표본평균을 0으로 하기 위해 cx와 cy를 생성한다. 설명변수가 모두 10개이므로, 이들로부터 단순선형회귀모형을 적합한 10개의 회귀계수는 다음과 같이 계산할 수 있다.

```
> phi1←rep(0,10)
> for (j in 1:length(phi1)){
+ phi1[j]←crossprod(cx[,j],cy)/crossprod(cx[,j],cx[,j])
+ }
> round(phi1,1)
 [1] -2.9 0.0 -0.1 7.7 -5.3 1.4 7.9 7.2 3.9 -2.1
```

```
> ncx←sweep(cx,2,phi1,"*")
> t1←apply(ncx,1,mean)
```

여기서 ncx는 cx에 있는 설명변수와 회귀계수 추정값과의 곱을 계산한 것으로 V_{1j}와 $\hat{\phi}_{1j}$의 곱으로 생각할 수 있다. 또한 위와 같이 정의된 t1은 $w_{1j} = 1/p = 1/10$을 사용하여 구한 결과이다. 이제 새롭게 생성된 설명변수 T_1(t1)이 반응변수 y를 얼마나 잘 예측하는지 살펴보도록 하자.

```
> pls1←lm(cy~t1-1)
> summary(pls1)

Call:
lm(formula = cy ~ t1 - 1)

Residuals:
    Min       1Q   Median       3Q      Max
-4.3338  -1.6419  -0.4208   1.2763   5.5797

Coefficients:
   Estimate  Std. Error  t value  Pr(>|t|)
t1   1.7423      0.1407    12.38  1.55e-13 ***
---
Signif. codes: 0 '***' 0.001 '**' 0.01 '*' 0.05 '.' 0.1 ' ' 1

Residual standard error: 2.472 on 31 degrees of freedom
Multiple R-squared:  0.8318,      Adjusted R-squared: 0.8264
F-statistic: 153.3 on 1 and 31 DF, p-value: 1.553e-13
```

위 결과를 $g = 1$인 주성분 회귀 결과와 비교해 보자.

```
> Z1←Z[,1] # 1st component
> pcr1←lm(cy~Z1-1)
> summary(pcr1)

Coefficients:
   Estimate  Std. Error  t value  Pr(>|t|)
Z1   2.2813      0.1885     12.1   2.8e-13 ***
```

```
---
Signif. codes:
0 ‘ *** ’ 0.001 ‘**’ 0.01 ‘*’ 0.05 ‘.’ 0.1 ‘ ’ 1

Residual standard error: 2.519 on 31 degrees of freedom
Multiple R-squared:  0.8253,        Adjusted R-squared: 0.8197
F-statistic: 146.5 on 1 and 31 DF,   p-value: 2.8e-13
```

결정계수 R^2를 비교해 보면 부분최소제곱으로 선택한 선형결합 T_1의 반응변수에 대한 설명력이 Z_1보다 약간 높은 것을 알 수 있다.

이제 w_{1j}가 설명변수 x_j의 분산에 비례하는 경우를 살펴보자.

```
> varx←apply(cx,2,var)
> vncx←sweep(ncx,2,varx,"*")
> t1a←apply(vncx,1,sum)/sum(varx)
> pls1a←lm(cy~t1a-1)
> summary(pls1a)

Call:
lm(formula = cy ~ t1a - 1)

Residuals:
    Min      1Q   Median     3Q     Max
-4.8465  -2.3529  -0.6959  1.6595  6.9679

Coefficients:
    Estimate  Std. Error  t value  Pr(>|t|)
t1a   1.0787     0.1132    9.528     1e-10 ***
---
Signif. codes: 0 ‘ *** ’ 0.001 ‘**’ 0.01 ‘*’ 0.05 ‘.’ 0.1 ‘ ’ 1
Residual standard error: 3.041 on 31 degrees of freedom
Multiple R-squared: 0.7454,         Adjusted R-squared: 0.7372
F-statistic: 90.78 on 1 and 31 DF,   p-value: 1.005e-10
```

이 결과를 앞의 결과와 비교해보면 설명력(R^2)이 약간 떨어지는 것으로 보인다.

이제 부분최소제곱의 두 번째 성분을 계산해 보자. 이를 위해 각 설명변수와 반응변수 모두 첫 번째 성분 T_1에 대한 회귀모형에서의 잔차를 구해야 하고, 이들 값을 새로운 설명변수와 반응변수로 하여 위의 절차를 사용하면 된다.

```
> cx2←matrix(0,32,10) #dim(x) =(32,10)
> for (j in 1:10){
+ cx2[,j]←lm(cx[,j]~t1-1)$res
+ }
> cy2←lm(cy~t1-1)$res
>
> phi2←rep(0,10)
> for (j in 1:length(phi2)){
+   phi2[j]←crossprod(cx2[,j],cy2)/crossprod(cx2[,j],cx2[,j])
+ }
> ncx2←sweep(cx2,2,phi2,"*")
> t2←apply(ncx2,1,mean)
```

이때 두 성분 T_1과 T_2의 상관계수를 살펴보면 거의 0과 같음을 알 수 있다.

```
> cor(t1,t2)
[1] -1.106597e-18
```

이제 두 성분 T_1과 T_2를 사용하여 회귀모형을 적합하면 다음과 같다.

```
> pls2←lm(cy~t1+t2-1)
> summary(pls2)

Call:
lm(formula = cy ~ t1 + t2 - 1)

Residuals:
    Min       1Q    Median      3Q      Max
-3.7220  -1.3251  -0.6148  1.2997  5.0579

Coefficients:
    Estimate  Std. Error  t value  Pr(>|t|)
t1    1.7423      0.1318   13.216  4.82e-14 ***
t2    5.2212      2.2624    2.308    0.0281 *
---
Signif. codes: 0 '***' 0.001 '**' 0.01 '*' 0.05 '.' 0.1 ' ' 1
Residual standard error: 2.316 on 30 degrees of freedom
Multiple R-squared: 0.8571,        Adjusted R-squared: 0.8476
F-statistic: 90 on 2 and 30 DF,    p-value: 2.106e-13
```

첫 번째 성분(T_1)의 회귀계수 추정값이 첫 번째 성분만 사용한 부분최소제곱회귀에서의 회귀계수와 차이가 없는 것을 확인할 수 있다. 위 결과를 두 개의 주성분 Z_1과 Z_2를 사용한 주성분 회귀모형의 결과와 비교해 보자.

```
pcr2←lm(cy~Z[,1:2]-1)
summary(pcr2)
summary(pcr2)

Call:
lm(formula = cy ~ Z[, 1:2] - 1)

Residuals:
    Min       1Q    Median      3Q       Max
-4.3611  -1.7263  -0.3322  1.3208  5.6763

Coefficients:
          Estimate  Std. Error   t value   Pr(>|t|)
Z[, 1:2]1   2.2813    -0.1911    11.939   6.34e-13 ****
Z[, 1:2]2  -0.1163     0.2817    -0.413   0.683
---
Signif. codes: 0 '***' 1e-03 '**' 0.01 '*' 0.05 '.' 0.1 ' ' 1

Residual standard error: 2.553 on 30 degrees of freedom
Multiple R-squared: 0.8263,         Adjusted R-squared: 0.8147
F-statistic: 71.35 on 2 and 30 DF,   p-value: 3.957e-12
```

결과를 비교해 보면 주성분회귀에 비하여 부분최소제곱회귀가 반응변수에 대한 설명력(R^2)이 높게 나타난다. 여기서 몇 개의 성분을 사용할 것인가 하는 것은 교차검증을 통하여 정할 수 있다. 이 부분과 관련해서는 19장에서 자세히 알아보기로 한다.

추가로 주성분회귀와 부분최소제곱회귀에 대해서는 pls 패키지의 pcr( ) 함수와 pls( ) 함수를 사용할 수 있으며, 이 함수 사용의 결과와 위에서 소개한 프로그램 간의 관계가 어떻게 일치하는지 살펴보자. 먼저 첫 번째 주성분(Z_1)만 사용한 주성분회귀 결과와 pls 패키지의 pcr( ) 함수를 사용한 경우를 비교해 보자. pcr( ) 함수에서 ncomp=1을 사용하여 첫 번째 주성분만 사용한 주성분회귀를 할 수 있다. 이 모형의 결과로부터 주성분과 위에서 고윳값 분해를 통해 구한 주성분을 비교해 보면 방향만 다른 것을 알 수 있다.

```
pcr.fit←pcr(cy~cx, scale=T, ncomp=1)
> cbind(pcr.fit$scores, Z[,1]) # 주성분 비교

       Comp 1
1  -0.62217900  0.62217900
2  -0.59549821  0.59549821
3  -2.75742785  2.75742785
4  -0.25512188  0.25512188
5   2.00049846 -2.00049846
6  -0.20164079  0.20164079
7   2.80149673 -2.80149673
8  -1.90811489  1.90811489
9  -2.26404399  2.26404399
10 -0.62695425  0.62695425
```

실제로 pcr( ) 함수를 통해 적합한 값과 첫 번째 주성분(Z_1)을 사용하여 단순선형회귀모형(pcr1)을 적합한 결과를 살펴보면 거의 같음을 알 수 있다.

```
> pc.yhat←predict(pcr.fit,cx)
> pc.yhat1←predict(pcr1,as.data.frame(cx))
> cbind(pc.yhat, pc.yhat1)
                      pc.yhat    pc.yhat1
Mazda RX4          1.41938560  1.41938560
Mazda RX4 Wag      1.35851834  1.35851834
Datsun 710         6.29055850  6.29055850
Hornet 4 Drive     0.58201309  0.58201309
Hornet Sportabout -4.56376497 -4.56376497
Valiant            0.46000595  0.46000595
Duster 360        -6.39109346 -6.39109346
Merc 240D          4.35300905  4.35300905
Merc 230           5.16499505  5.16499505
Merc 280           1.43027946  1.43027946
```

이번에는 부분최소제곱회귀를 plsr( ) 함수를 통해 적합한 결과와 첫 번째 주성분 (T_1)을 사용하여 단순선형회귀모형 (pls1)을 적합한 결과를 살펴보도록 하자.

```
> pls.fit←plsr(cy~cx,scale=T,ncomp=1)
> yhat←predict(pls.fit,cx)
> yhat1←predict(pls1,as.data.frame(cx))
> cbind(yhat,yhat1)
                        yhat      yhat1
Mazda RX4          1.5908131  1.5908131
Mazda RX4 Wag      1.4911445  1.4911445
Datsun 710         6.3678270  6.3678270
Hornet 4 Drive     0.4813651  0.4813651
Hornet Sportabout -4.4787912 -4.4787912
Valiant            0.3134535  0.3134535
Duster 360        -6.3583573 -6.3583573
Merc 240D          4.1558031  4.1558031
Merc 230           4.8643239  4.8643239
Merc 280           1.2187860  1.2187860
```

이들의 적합결과도 거의 일치함을 알 수 있다. 여기서 pls.fit 결과를 잠깐 살펴보면, plsr( ) 함수에서 부분최소제곱회귀에 대한 알고리즘으로 kernelpls가 디폴트로 쓰이는 것을 알 수 있는데, 다른 방법이 선택되어도 같은 결과를 주는 것을 확인할 수 있다.

```
> summary(pls.fit)
Data:       X dimension: 32 10
        Y dimension: 32 1
Fit method: kernelpls
Number of components considered: 1
TRAINING: % variance explained
    1 comps
X     57.58
cy    83.18
```

이 절에서 소개한 것은 부분최소제곱회귀의 기본이 되는 알고리즘으로 이보다 좀 더 빠르게 계산할 수 있는 다양한 알고리즘들이 개발되어 있으며, 이와 관련한 내용은 (참고문헌 15.10)을 참고하기 바란다.

참고문헌

15.1 Anderson, T.W. (2003) *An Introduction to Multivariate Statistical Analysis* (3rd Ed.), John Wiley & Sons, New York.

15.2 Belsley, D. A., Kuh, E. and Welsch, R. E. (1980) *Regression Diagnostics*, John Wiley & Sons, New York.

15.3 Farebrother, R. W. (1975) The minimum mean square error linear estimator and ridge regression, *Technometrics*, 17, 127-128.

15.4 Fomby, T. B., Hill, R. C. and Johnson, S. R. (1978) An optimal property of principal components in the context of restricted least squares, *Journal of the American Statistical Association*, 73, 191-193.

15.5 Hastie, T., Tibshirani, R., and Friedman, J. (2017) *The Elements of Statistical Learning:Data mining, Inference, and Prediction* (2nd Ed.), Springer, New York.

15.6 Hoerl, A. E. and Kennard, R. W. (1970) Ridge regression : applications to non-orthogonal problems, *Technometrics*, 12, 69-82.

15.7 Hoerl, A. E.□Kennard, R. W. and Baldwin, K. F. (1975) Ridge regression: some simulations, *Communications in Statistics*, 4, 105-123.

15.8 James, G., Witten, D., Hastie, T., and Tibshirani, R. (2013) *An Introduction to Statistical Learning with Applications in R*, Springer, New York.

15.9 Jolliffe, I.T. (2002) *Principal Component Analysis* (2nd Ed.), Springer, New York.

15.10 Mevik, B.H. and Wehrens, R. (2007) The pls package: principal component and partial least squares regression in R, *Journal of Statistical Software*, 18(2), 1-24.

15.11 Park, S.H. (1978) Selecting contrasts among parameters in Scheffe's mixture models: screening components and model reduction, *Technometrics*, 20, 273-279.

15.12 Park, S.H. (1981) Collinearity and optimal restrictions on regression parameters for estimating responses, *Technometrics*, 23, 289-295.

15.13 Olkin, I. (1960) *Contributions to Probability and Statistics. Essays in honor of Harold Hotelling*, Stanford University Press.

15.14 Stones, M. and Brooks, R. J. (1990) Continuum regression: cross-validated sequentially constructed prediction embracing ordinary least squares, partial least squares and principal components regression (with discussion), *Journal of the Royal Statistical Society, Series B*, 52, 237-269.

15.15 Toro-Vizcarrondo, C. and Wallace, T. D. (1968) A test of the mean square error criterion for restrictions in linear regression, *Journal of the American Statistical Association*, 63, 558-572.

연습문제

15.1 식 (15.11)을 증명하시오.

15.2 식 (15.13)의 $\mathrm{E}[L^2(k)] < \mathrm{E}[L^2]$을 만족시키는 $k > 0$의 값이 항상 존재함을 증명하시오.

15.3 능형회귀의 총평균제곱오차 $\mathrm{E}[L^2(k)]$가 식 (15.18)과 같이 됨을 상세히 밝히고 그의 미분이

$$\frac{d\mathrm{E}[L^2](k)}{dk} = -2\sigma^2 \sum_{j=1}^{p} \frac{\lambda_i}{(\lambda_j + k)^3} + 2k \sum_{j=1}^{p} \frac{\lambda_i \alpha_j^2}{(\lambda_j + k)^3}$$

이 됨을 증명하시오.

15.4 15.2.1절의 주석 2)에 대해 증명하시오.

15.5 식 (15.24)를 증명하시오.

15.6 식 (15.25)를 증명하시오.

15.7 식 (15.20)의 일반능형회귀추정량 $\hat{\boldsymbol{\beta}}(K) = (X^\top X + K)^{-1} X^\top \mathbf{y}$가 사용될 때에 총평균제곱오차 $\mathrm{E}[L^2(K)]$가 $k_j = \frac{\sigma^2}{\alpha_j^2}$에서 최소가 됨을 증명하시오.

15.8 식 (15.31)이 성립됨을 증명하시오.

15.9 식 (15.32), (15.33), (15.34)을 증명하시오.

15.10 제약조건이 $C\boldsymbol{\beta} = \mathbf{0}_k$이 아니고 $C\boldsymbol{\beta} = \mathbf{m}$일 때에 제한회귀추정량 $\tilde{\boldsymbol{\beta}}$를 구하고 식 (15.42)의 편의의 크기를 구하시오.

15.11 제약조건 $C\boldsymbol{\beta} = \mathbf{0}_k$이 아니고 $C\boldsymbol{\beta} = \mathbf{m}$일 때에 제한회귀추정량 $\tilde{\boldsymbol{\beta}}$의 총평균제곱오차를 구하시오.

15.12 식 (15.14)의 선형모형, $\mathbf{y} = Z\boldsymbol{\alpha} + \boldsymbol{\epsilon}$에 대하여 능형추정량

$$\hat{\boldsymbol{\alpha}}(k) = (Z^\top Z + kI_p)^{-1} Z^\top \mathbf{y}$$

가 사용될 때, 어떤 임의의 점 $\mathbf{z}^\top = \mathbf{x}^\top P$에서의 반응의 추정량

$$\hat{\mathbf{y}}_k(\mathbf{z}) = \mathbf{z}^\top \hat{\boldsymbol{\alpha}}(k)$$

를 생각하여 보자. 다음을 구하시오.

(1) $\mathrm{Var}[\hat{\mathbf{y}}_k(\mathbf{z})]$

(2) $\mathrm{E}[\hat{\mathbf{y}}_k(\mathbf{z})] - \mathbf{z}^\top \boldsymbol{\alpha}$

(3) $\mathrm{MSE}[\hat{\mathbf{y}}_k(\mathbf{z})]$

15.13 식 (15.30)의 주성분회귀추정량

$$\hat{\boldsymbol{\beta}}_g = P_g \hat{\boldsymbol{\alpha}}_g$$

가 사용될 때 어떤 임의의 점 $\mathbf{x}$에서의 반응의 추정량

$$\hat{\mathbf{y}}_g(\mathbf{x}) = \mathbf{x}^\top \hat{\boldsymbol{\beta}}_g$$

를 고려하여 보자. 다음을 구하시오.

(1) $\mathrm{Var}[\hat{\mathbf{y}}_g(X)]$

(2) $\mathrm{E}[\hat{\mathbf{y}}_g(X)] - \mathbf{x}^\top \boldsymbol{\beta}$

(3) $\mathrm{MSE}[\hat{\mathbf{y}}_g(X)]$

15.14 R 실습 연습문제 6.14번 자료(메이저 리그 야구선수 연봉 문제)에 대하여 19가지의 설명변수를 모두 사용하여 능형회귀, 주성분회귀, 그리고 부분최소제곱 회귀방법을 적용하여 연봉을 적합하는 모형을 찾고, 그 결과에 대해 해석하시오.

16 로지스틱 회귀분석

〈목 차〉

이번 장에서는 반응변수 y가 0 또는 1의 값을 갖는 경우 가장 널리 사용되는 로지스틱 회귀모형에 대하여 살펴 보기로 한다. 로지스틱 회귀모형은 선형회귀모형의 개념을 반응변수가 범주형인 경우로 확장한 것이다.

반응변수가 가변수인 경우에 y의 기대값은 13.4절에서 살펴본 바와 같이 $y = 1$의 확률이 된다. 이 경우 $E(y)$모양은 [그림 16.1]과 같이 S자형 곡선을 그리는 경우가 실제로 많이 나타난다. 이 반응함수는 x가 증가함에 따라 $E(y \mid x)$의 값이 1로 서서히 수렴하는 양상을 보인다. 이런 모양의 반응함수는 반응함수의 제약성 $0 \le E(y \mid x) \le 1$이 저절로 만족된다. [그림 16.1]과 같은 S자형 함수 중 가장 널리 사용 되는 함수가 로지스틱 함수(logistic function)이고 함수식은

$$E(y \mid x) = \frac{\exp(\beta_0 + \beta_1 x)}{1 + \exp(\beta_0 + \beta_1 x)} \tag{16.1}$$

으로 표현된다. 이 함수의 모양은 β_0와 β_1의 값에 따라 약간씩 차이가 있으나, 일반적으로 [그림 16.2]의 모양을 갖게 된다.

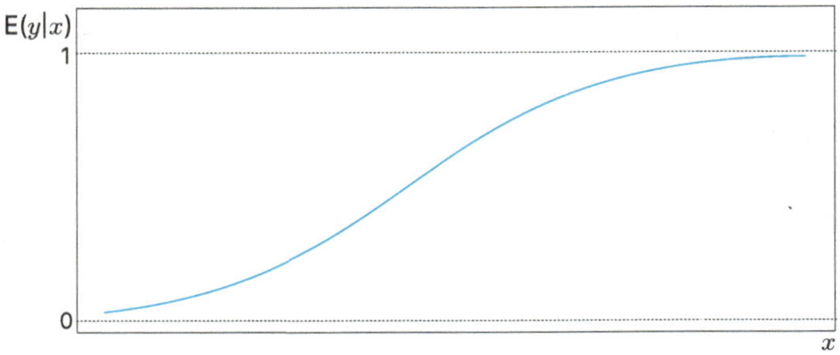

그림 16.1 **로지스틱함수**

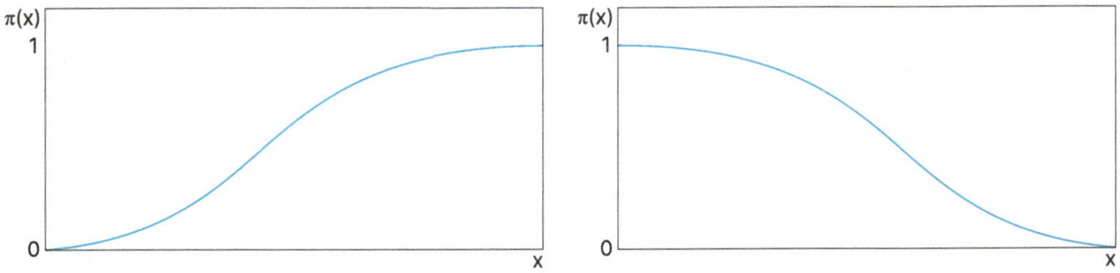

그림 16.2 **로지스틱함수**

식 (16.1)의 로지스틱 반응함수는 β_0와 β_1에 대해서 비선형함수로 나타나지만, 이를 선형으로 변환시킬 수 있다. 설명변수 값이 x일때 조건부 평균 반응함수 $E(y \mid x)$는 식 (16.2)에서와 같이 x에서 $y = 1$의 확률을 의미하므로

$$E(y \mid x) = P(y = 1 \mid x) = \pi(x) \tag{16.2}$$

가 된다. 이 후 로짓(logit) 변환을 통하여 식 (16.1)와 식 (16.2)의 관계를 고려하면

$$\text{logit}(\pi(x)) = \ln\left[\frac{\pi(x)}{1 - \pi(x)}\right] = \beta_0 + \beta_1 x \tag{16.3}$$

을 만족하게 된다. 모형 (16.3)을 로지스틱 회귀모형이라고 부른다.

16.1 단순 로지스틱 회귀

반응변수 y가 0 또는 1의 값을 갖고 한 개의 설명변수를 갖는 경우를 먼저 가정해 보자. 이 경우 단순선형회귀모형

$$y = \beta_0 + \beta_1 x + \epsilon$$

을 적용하는 경우에 $\beta_0 + \beta_1 x$는 범위 [0, 1]을 벗어날 수 있고, 오차항 ϵ의 분포가 정규분포가 아니라는 문제점이 있다. 이에 대한 대안으로 구간 [0, 1]에서 $(-\infty, \infty)$로 가는 연속이

고 단조(증가 또는 감소) 함수 g에 대하여

$$g(\pi(x)) = \beta_0 + \beta_1 x$$

로 모형화하는 것이 로지스틱 회귀분석의 기본개념이다. 이때 $g(x)$를 연결함수(link function)라 한다. 연결함수의 형태에 따라 $g(x) = \exp(x)/[1 + \exp(x)]$이면 로지스틱 회귀모형, $g(x) = \exp[-\exp(x)]$이면 검벨(Gumbel)모형, $g(x) = \Phi^{-1}(x)$로 표준정규분포 분포함수의 역함수인 경우면 프로빗(probit) 모형이라 부르며 생물학 독성실험 등에서 자주 사용된다. 이들 중 결과 해석이 상대적으로 쉬운 로지스틱 모형이 널리 사용된다.

(단순) 로지스틱 회귀모형은 설명변수 x에 대응하는 반응변수의 기댓값 $\mathrm{E}(y|x)$에 대하여 식 (16.3)의 로짓변환을 통해

$$\pi(x) = \frac{\exp(\beta_0 + \beta_1 x)}{1 + \exp(\beta_0 + \beta_1 x)} \tag{16.4}$$

의 확률모형을 가정한다. 여기서 회귀계수의 해석은 오즈(odds)[1]와 오즈비(odds ratio)개념을 사용한다. 모형 (16.4)에 대해 $y = 1$일 오즈(즉, "성공"일 오즈)는

$$\frac{\pi(x)}{1 - \pi(x)} = \exp(\beta_0 + \beta_1 x) = e^{\beta_0}(e^{\beta_1})^x \tag{16.5}$$

가 되어 x가 한 단위 증가함에 따라 오즈는 $\exp(\beta_1)$배만큼 증가하게 되고, 이것이 결국 오즈비가 된다. 즉, 오즈비(odds ratio)는

$$\frac{P(y=1|x+1)/P(y=0|x+1)}{P(y=1|x)/P(y=0|x)} = \frac{P(y=1|x+1)P(y=0|x)}{P(y=0|x+1)P(y=1|x)} = \exp(\beta_1) \tag{16.6}$$

로 정의된다. 오즈비는 x가 한 단위 증가할 때 $y = 1$일 오즈의 증가율을 나타낸다. 예를 들어, x는 소득이고 y는 어떤 상품에 대한 구입여부(1=구입, 0=미구입)라 하자. $\hat{\beta}_1 = 3.72$이면 소득이 한 단위 증가하면 물품을 구매할 확률의 오즈가 $\exp(3.72) = 42$배 증가하는 것으로 해석할 수 있다. 이와 같이 검벨모형이나 프로빗 모형과 달리 로지스틱 회귀모형의 경우에는 회귀계수에 대한 의미가 식 (16.6)에서 알 수 있듯이 로그 오즈비가 되어 설명변수와 반응변수의 관계를 잘 설명할 수 있게 된다.

16.2 로지스틱 모형의 추정

다중 로지스틱 회귀모형은 설명변수 $\mathbf{x}^\top = (x_0, x_1, \cdots, x_p)$(여기서 $x_0 = 1$)에 대응하는 반응변수 y에 대하여

1) y가 이진형 변수로 성공, 실패라고 한다면, 성공확률을 $P(y = 1) = \pi$라 할 때 오즈는 $\pi/(1 - \pi) = P(y = 1)/P(y = 0)$로 정의한다. 오즈는 $[0, \infty)$의 값을 가질 수 있고, $\pi = odds/(1 + odds)$의 관계가 존재한다.

$$P(y=1\,|\,\mathbf{x}) = \pi(\mathbf{x}^\top \boldsymbol{\beta}) = \frac{\exp(\mathbf{x}^\top \boldsymbol{\beta})}{1+\exp(\mathbf{x}^\top \boldsymbol{\beta})} \tag{16.7}$$

를 가정한다. 이와 같은 로지스틱 회귀모형에서 회귀계수의 추정은 선형회귀모형과 달리 최소제곱법을 사용하지 않고 최대가능도 추정법(maximum likelihood method)를 사용한다. n개의 관측값 $\{(y_i, \mathbf{x}_i),\ i = 1, 2, \cdots, n\}$이 주어져 있을 때 로지스틱 회귀모형에 대한 가능도함수(likelihood function)는

$$L(\boldsymbol{\beta}) = \prod_{i=1}^{n} \pi(\mathbf{x}_i^\top \boldsymbol{\beta})^{y_i} (1 - \pi(\mathbf{x}_i^\top \boldsymbol{\beta}))^{1-y_i} \tag{16.8}$$

이다. 여기서 $\pi(x) = \exp(x)/[1+\exp(x)]$이다. 로그 가능도함수는

$$\ln L(\boldsymbol{\beta}) = \sum_{i=1}^{n} \left[y_i \ln \pi(\mathbf{x}_i^\top \boldsymbol{\beta}) + (1 - y_i) \log(1 - \pi(\mathbf{x}_i^\top \boldsymbol{\beta})) \right] \tag{16.9}$$

로 나타나 회귀계수에 대한 비선형 함수가 되어, 이를 최대화하는 최대가능도(maximun likelihood) 추정값 $\hat{\boldsymbol{\beta}}$ 은 수치적 방법을 이용하여 구하게 된다.

식 (16.9)에 대한 로그가능도 함수의 도함수를 구하면

$$\frac{\partial \ln L(\boldsymbol{\beta})}{\partial \boldsymbol{\beta}} = \sum_{i=1}^{n} \mathbf{x}_i [y_i - \pi(\mathbf{x}_i^\top \boldsymbol{\beta})] = X^\top [\mathbf{y} - \pi(\boldsymbol{\beta})]$$

$$\frac{\partial^2 \ln L(\boldsymbol{\beta})}{\partial \boldsymbol{\beta} \partial \boldsymbol{\beta}^\top} = -\sum_{i=1}^{n} \mathbf{x}_i \mathbf{x}_i^\top \pi(\mathbf{x}_i^\top \boldsymbol{\beta})[1 - \pi(\mathbf{x}_i^\top \boldsymbol{\beta})] = -X^\top W(\boldsymbol{\beta}) X$$

가 된다. 여기서 X은 i번째 행이 $\mathbf{x}_i$인 행렬, $\pi(\boldsymbol{\beta}) = \left(\pi(\mathbf{x}_1^\top \boldsymbol{\beta}), \cdots, \pi(\mathbf{x}_n^\top \boldsymbol{\beta})\right)^\top$, 그리고 $W(\boldsymbol{\beta})$는 i번째 대각원소가 $\pi(\mathbf{x}_i^\top \boldsymbol{\beta})[1 - \pi(\mathbf{x}_i^\top \boldsymbol{\beta})]$인 대각행렬이다. 추정량을 업데이트하기 위한 Newton-Raphson 알고리즘은

$$\hat{\boldsymbol{\beta}} = \boldsymbol{\beta} - \left[\frac{\partial^2 \ln L(\boldsymbol{\beta})}{\partial \boldsymbol{\beta} \partial \boldsymbol{\beta}^\top} \right]^{-1} \frac{\partial \ln L(\boldsymbol{\beta})}{\partial \boldsymbol{\beta}}$$

의 관계로부터 구할 수 있다. 즉,

$$\begin{aligned} \hat{\boldsymbol{\beta}}^{(1)} &= \boldsymbol{\beta}^{(0)} + [X^\top W(\boldsymbol{\beta}^{(0)}) X]^{-1} X^\top (\mathbf{y} - \pi(\boldsymbol{\beta}^{(0)})) \\ &= [X^\top W(\boldsymbol{\beta}^{(0)}) X]^{-1} X^\top W(\boldsymbol{\beta}^{(0)}) z(\boldsymbol{\beta}^{(0)}) \end{aligned} \tag{16.10}$$

로 주어진다. 여기서

$$z(\boldsymbol{\beta}^{(0)}) = X\boldsymbol{\beta}^{(0)} + W^{-1}(\boldsymbol{\beta}^{(0)})(\mathbf{y} - \pi(\boldsymbol{\beta}^{(0)})) \tag{16.11}$$

이다. 적절한 초기치(예를 들어, $\boldsymbol{\beta}^{(0)} = \mathbf{0}_{p+1}$)가 주어지면 반복적으로 식 (16.10)과 (16.11)에 대입하여 수렴할 때까지 값을 업데이트 한다. 이러한 알고리즘은 각 반복에서 가중 최소제곱추정값

$$\boldsymbol{\beta}^{(t+1)} \leftarrow \arg\min_{\boldsymbol{\beta}} \left[z(\boldsymbol{\beta}^{(t)}) - X\boldsymbol{\beta}^{(t)}\right] W(\boldsymbol{\beta}^{(t)}) \left[z(\boldsymbol{\beta}^{(t)}) - X\boldsymbol{\beta}^{(t)}\right]$$

을 구하는 것으로서 반복가중최소제곱(iteratively reweighted least squares, IRLS) 추정이라고 부른다.

16.3 2×2분할표의 로지스틱 회귀를 이용한 분석

데이터의 수집은 연구자의 간섭 유무에 따라 크게 관측연구(observational study)와 실험연구(experimental study)로 나누어 생각해 볼 수 있는데, 대부분의 데이터는 관측연구에서 수집된다고 할 수 있을 것이다. 따라서 관측연구와 관련해서 좀 더 살펴보면, 특히 임상역학 연구와 관련하여 대표적인 연구 설계 방법으로 코호트 연구(cohort study), 사례-대조군 연구(case-control study), 단면조사 연구(crosssectional study) 등이 있다.

코호트 연구는 특정 위험요인에 노출된 집단과 노출되지 않은 집단을 일정 기간 동안 전향적(prospective)으로 관측하여 질병 발생률을 비교 분석하여 위험요인과 질병사이의 관련성을 조사하는 연구이다. 사례-대조군 연구는 환자와 대조군 각각에서 후향적(retrospective)으로 과거에 위험요인에 노출된 정도를 비교하여 질병과 위험요인과의 관련성을 알아보고자 하는 연구를 가리킨다. 한편, 단면조사 연구는 질병의 유병상태와 위험요인의 노출 간의 연관성을 알아보기 위해 특정 시점 또는 기간에 조사하는 연구를 나타낸다. 2×2 분할표는 이러한 임상역학 연구과 관련하여 가장 자주 접하게 되는 자료의 형태로, 질병 유무와 위험인자 노출 여부 등의 변수로 구성된다. 각 역학 연구에서 생성되는 분할표의 실제 예를 살펴보면 다음과 같다.

- **코호트 연구:**

  Pauling(1971)의 연구에서는 환자들을 임의로 두 그룹으로 나누어 비타민 C와 위약(placebo)을 주고 각 그룹에서 얼마나 많은 감기환자가 발생했는지 살펴 보기 위해 [표 16.1] 자료를 관측하였다. 이를 통하여 비타민 C가 감기예방에 도움이 되는가라는 질문에 답하고자 한다.

표 16.1 **비타민 C와 위약 처리에 의한 감기 발생 여부의 교차분할표**

처리	감기 발생 여부		총합
	예	아니오	
비타민 C	17	122	139
위약	31	109	140

• **사례-대조군 연구:**

Keller(1965)는 구강암과 흡연의 관계를 알고자 구강암 환자(사례군) 475명과 정상인(대조군)511명에 대하여 흡연 여부를 조사하였고 [표 16.2] 자료를 얻었다. 연구진은 이 자료를 통하여 흡연이 구강암과 관련이 있는지 또 관련이 있다면 흡연자가 구강암에 걸릴 가능성이 비흡연자와 비교하여 얼마나 높은지에 대하여 답을 하고자 하였다.

표 16.2 **흡연 여부와 사례-대조군과의 교차분할표**

	흡연 여부		
	예	아니오	총합
사례군	484	27	511
대조군	385	90	475

• **단면조사 연구:**

Norusis(1988)은 1984년 미국 성인을 대상으로 한 임금과 직업 만족도에 관한 설문조사를 진행하여 다음의 2×2분할표를 얻었고 이를 통하여 연봉과 직업 만족도사이의 관련 여부와 그 영향력을 알아보고자 하였다.

표 16.3 **연봉과 직업 만족도와의 교차분할표**

	직업만족도		
연봉	불만족	만족	총합
≤ 15,000	104	391	495
≥ 15,000	66	340	406
총합	170	731	901

이처럼 서로 다른 형태의 임상 연구들에서 위험과 질병사이의 관계에 대한 척도로 오즈비(OR, odds ratio)가 중요하게 사용되고 여기서 오즈비는 π_1을 위험에 노출된 집단의 발병율 그리고 π_0를 위험에 노출되지 않은 집단의 발병율이라 할 때

$$\text{OR} = \frac{\pi_1/(1-\pi_1)}{\pi_0/(1-\pi_0)} \tag{16.12}$$

로 정의된다. 물론 코호트 연구와 단면조사 연구에서는 표본비율을 통하여 π_1, π_0를 직접 추정할 수 있다. 반면 사례-대조 연구에서는 π_1, π_0 대신 사례군과 대조군에서 위험에 노출된 비율인 q_1, q_0(q_1은 대조군에서 노출률, q_0는 사례군에서 노출률)를 이용하여 오즈비를 정의하고 이 오즈비가 코호트 연구나 단면조사 연구에서 계산하는 오즈비와 수학적으로 동일함을 보일 수 있다. 사례-대조 연구에서는 π_1, π_0가 아닌 q_1, q_0를 표본비율을 통하여 추정할 수 있다.

임상 역학연구의 2×2 분할표에 대한 표본 오즈비 추정량들은 식 (16.5)에 대한 로지스틱 회귀추정량과 동일하다. 이 둘의 관계를 코호트 연구로부터의 2×2 분할표를 통하여 설명하면 다음과 같다.

연구로부터 얻어진 분할 표가 아래 [표 16.4]와 같이 주어졌다하면 π_1과 π_0에 대한 표본 비율은

$$\hat{\pi}_1 = n_{11}/n_{1+}, \quad \hat{\pi}_0 = n_{01}/n_{0+}$$

이다. 이와 같은 2×2 분할표에 대한 로지스틱 회귀모형은

$$\log\left[\frac{P(y=1 \mid X=x)}{1-P(y=1 \mid X=x)}\right] = \beta_0 + \beta_1 x$$

으로 표현되고, 총 n개의 관측값들 중 $(x_i, y_i) = (1, 1)$인 관측값이 n_{11}개, $(x_i, y_i) = (1, 0)$인 관측값이 n_{10}개, $(x_i, y_i) = (0, 1)$인 관측값이 n_{01}개, 그리고 $(x_i, y_i) = (0, 0)$인 관측값이 n_{00}개로 이에 해당하는 회귀계수 $\boldsymbol{\beta} = (\beta_0, \beta_1)^\top$를 위한 가능도 함수는

$$\begin{aligned} L(\beta_0, \beta_1) = &\left[\frac{\exp(\beta_0+\beta_1)}{1+\exp(\beta_0+\beta_1)}\right]^{n_{11}}\left[\frac{1}{1+\exp(\beta_0+\beta_1)}\right]^{n_{10}} \\ &\times\left[\frac{\exp(\beta_0)}{1+\exp(\beta_0)}\right]^{n_{01}}\left[\frac{1}{1+\exp(\beta_0)}\right]^{n_{00}} \end{aligned} \tag{16.13}$$

이고, 로그 가능도 함수는

$$\ln L(\beta_0, \beta_1) = n_{11}(\beta_0+\beta_1) + n_{01}\beta_0 - n_{1+}\ln[1+\exp(\beta_0+\beta_1)] - n_{0+}\log[1+\exp(\beta_0)]$$

가 된다. 이를 최대로 하는 최대가능도추정량을 $\hat{\boldsymbol{\beta}} = (\hat{\beta}_0, \hat{\beta}_1)^\top$라 할 때

$$\pi_1 = \frac{\exp(\beta_0+\beta_1)}{1+\exp(\beta_0+\beta_1)}, \quad \pi_0 = \frac{\exp(\beta_0)}{1+\exp(\beta_0)}$$

의 최대가능도추정량은

$$\begin{aligned} \hat{\pi}_1 &= \frac{\exp(\hat{\beta}_0+\hat{\beta}_1)}{1+\exp(\hat{\beta}_0+\hat{\beta}_1)} = \frac{n_{11}}{n_{1+}} \\ \hat{\pi}_0 &= \frac{\exp(\hat{\beta}_0)}{1+\exp(\hat{\beta}_0)} = \frac{n_{01}}{n_{0+}} \end{aligned} \tag{16.14}$$

로 π_1과 π_0의 표본비율과 동일하게 된다. 따라서 오즈비도 최대가능도추정량과 표본추정량

표 16.4 **위험인자 노출 여부와 질병발생 유무와의 교차분할표**

위험인자 노출 여부(X)	질병발생 유무		합계
	없음(0)	있음(1)	
아니오(0)	n_{00}	n_{01}	n_{0+}
예(1)	n_{10}	n_{11}	n_{1+}
Total	n_{+0}	n_{+1}	n

이 동일함을 알 수 있다.

그렇다면 이러한 역학연구에 있어 표본 비율을 사용하면 되는데, 왜 쉽지 않은 로지스틱 회귀모형을 사용하여야 하는가에 관한 질문을 할 수 있다. 역학연구에서의 실험설계는 정해진 위험요인 이외의 효과를 제거하기 위하여 랜덤화(randomization) 실험을 전제로 하고 있다. 하지만 랜덤화 실험을 수행한 경우라도 이미 알려진 여러 위험요인이나 결과에 영향을 미칠 수 있는 관심 밖의 요인들의 효과를 조절하는 게 필요하다. 로지스틱 회귀모형은 이들과 관련된 변수들을 회귀모형에 포함함으로써 이들의 효과를 제어할 수 있다.

16.4 로지스틱 모형을 이용한 분류분석

분류분석(classificaiton analysis)은 다변량 자료분석의 대표적인 문제[2]로 모집단이 K개의 범주로 나누어져 있을 때 각 개체의 특성값 $\mathbf{x} = (x_1, x_2, \cdots, x_p)^\top$를 이용하여 해당 개체가 어느 범주에 포함되는 지를 예측하는 문제이다. 예를 들어 병원에 내원한 폐암 환자의 폐 영상자료 $\mathbf{x}$를 이용하여 암의 진행정도를 나타내는 범주인 정상군과 1, 2, 3, 4기 환자군을 예측하는 문제, 또는 은행 대출을 신청한 고객의 자산 규모및 여러 금융거래내역 $\mathbf{x}$를 이용하여 해당 고객에 대출이 시행되었을 때 파산 여부를 예측하는 문제 등을 생각 할 수 있다. 즉, 개체의 특성값 $\mathbf{x} = (x_1, x_2, \cdots, x_p)^\top$를 설명변수로 하고, 관측치의 범주 y를 반응변수로 하는 회귀분석 문제가 된다. 특히 반응범주가 $K = 2$인 경우에 반응변수 y는 0, 1의 이항변수가 되고, 앞 절에서 배운 로지스틱 회귀모형을 이용하여 분류분석을 할 수 있다.

로지스틱 회귀분석은 주어진 설명변수벡터 $\mathbf{x}$에 대하여 반응변수 y가 1이 될 확률 $P(y = 1 \mid \mathbf{x})$ 를 추정한다. 추정된 $P(y = 1 \mid \mathbf{x})$에 대하여 0과 1사이의 적당한 수 c를 절단값(cut-off)으로 선택하여, $P(y = 1 \mid \mathbf{x})$가 c보다 크면 자료를 $y = 1$인 범주로 분류하고 $P(y = 1 \mid \mathrm{x})$가 c보다 작으면 자료를 $y = 0$인 범주로 분류한다.

여기서 절단값 c의 결정은 다음과 같은 사항을 고려하여 결정한다. 첫째, 사전정보를 고려한다. 사전 정보에 의하여 $y = 1$인 자료가 많이 나타난다면 절단값을 작은 값으로 정할 수 있다. 둘째, 적절한 손실함수를 고려한다. $y = 1$의 자료를 잘못 분류하는 손실이 $y = 0$의 자료를 잘못 분류하는 것에 비하여 손실 정도가 심각하게 큰 경우에는 절단값 c를 작게 잡을 수 있다. 예를 들어 이메일을 정상적인 이메일과 스팸 이메일로 분류하는 문제에서 정상적인 이메일을 스팸 이메일로 잘못 분류하는 경우에 손실함수를 그 반대의 경우에 비해 크게 잡음으로써 정상적인 이메일이 스팸으로 분류되어 필터에서 걸러지는 경우를 방지할 수 있다. 그 밖에 전문가 의견이나 민감도와 특이도 등을 고려하여 절단값 c값을 결정할 수 있다.

2) Fisher의 선형판별분석(linear discriminant analysis)이 이에 해당한다.

위와 같이 정한 로지스틱 회귀모형 기반 분류자는 선형분류자(linear classifier)이다. 여기서 선형분류자란 설명변수벡터 $\mathbf{x}$에 대한 선형식에 기반한 분류규칙을 의미한다. 위와 같이 $P(y=1|\mathbf{x}) > c$이면 범주 1로 분류하는 규칙을 생각해 보자. 이 규칙은

$$\log\left[\frac{P(y=1|\mathbf{x})}{1-P(y=1|\mathbf{x})}\right] > \ln\left(\frac{c}{1-c}\right)$$

이면 범주 1으로 분류하는 것과 동일하다. 즉, $c^* = c/(1-c)$로 놓으면

$$\beta_0 + \beta_1 x > \log(c^*)$$

이면 범주 1으로 분류하는 것이다. 따라서 로지스틱 회귀모형의 분류경계는 선형임을 알 수 있다.

16.5 R 실습

이 절에서는 ISLR 패키지에 있는 신용카드 채무 디폴트(default) 자료(참고문헌 16.3)를 사용하여 로지스틱 회귀모형을 적합하기로 한다. 이 자료는 student(학생 여부), income(연간 소득)과 balance(월별 신용카드 대금, 단위: 달러) 등을 설명변수로 하고, default(연체 여부)를 반응변수로 한다. 먼저 income과 balance에 따른 연체여부를 나타낸 [그림 16.3]을 그려본다.

```
>library(ISLR)
>plot(income~balance,col=ifelse(default=="No","grey","black"),cex=0.1,
 data=Default)
>boxplot(balance~default, data=Default)
>boxplot(income~default, data=Default)
```

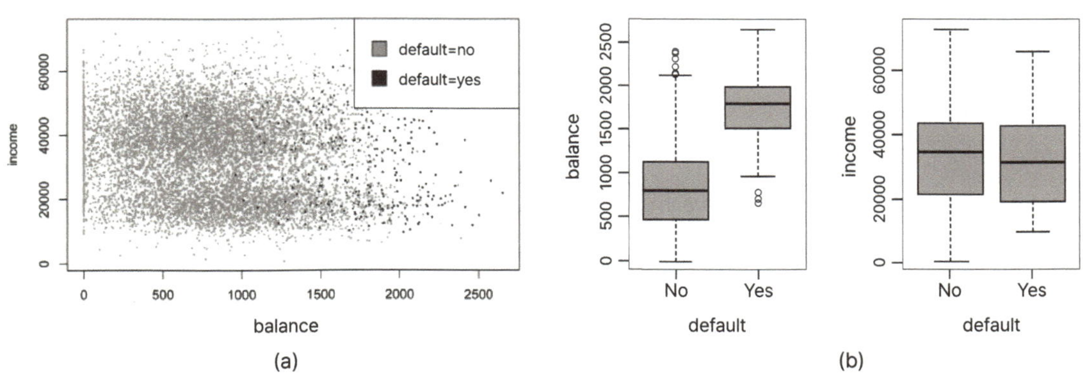

(a) Default 자료를 나타내며, 회색은 연체하지 않은 고객, 검정색은 연체한 고객을 나타낸다.
(b) default 여부에 따른 설명변수 balance와 income에 대한 상자그림

그림 16.3 **income과 balance에 따른 연체여부**

위 결과를 살펴보면 신용카드 채무가 큰 경우 연체하는 경우가 많음을 알 수 있다. 이에 로지스틱 회귀모형을 다음과 같이 설정해 보자.

$$\log\left[\frac{P(\text{default=yes} \mid \text{balance})}{P(\text{default=no} \mid \text{balance})}\right] = \beta_0 + \beta_1 \times \text{balance}$$

위 모형에 대한 R 적합은 다음과 같다.

```
> glm.fit←glm(default~balance,data=Default, family=binomial)
> summary(glm.fit)
Coefficients:
              Estimate   Std. Error  z value  Pr(>|z|)
(Intercept) -10.6513306  0.3611574  -29.49    <2e-16 ***
balance       0.0054989  0.0002204   24.95    <2e-16 ***
```

여기서 $\hat{\beta}_0$ = -10.6513라는 것은 balance가 0달러일 때, 디폴트에 대한 로그 오즈가 -10.6513 혹은 오즈가 $e^{-10.6513} = 2.4 \times 10^{-5}$이라는 뜻이다. $\hat{\beta}_1$ = 0.0055라는 것은 balance가 1달러 증가할 때 디폴트에 대한 로그 오즈가 0.0055씩 증가한다는 뜻이다. 이들 추정량에 대한 표준오차를 이용하여 β_0와 β_1에 대한 가설검정과 신뢰구간을 구할 수 있다. 이제 좀 더 구체적으로 balance에 따라 디폴트가 될 확률을 추정해 보자. 로지스틱 회귀모형으로부터 디폴트가 될 확률은 다음과 같다.

$$\hat{P}(\text{default=yes} \mid \text{balance}) = \frac{e^{\hat{\beta}_0 + \hat{\beta}_1 \times \text{balance}}}{1 + e^{\hat{\beta}_0 + \hat{\beta}_1 \times \text{balance}}}$$

위 식에서 balance = 1000달러일때, 디폴트가 될 확률은 0.00576으로 1%도 되지 않는 것을 알 수 있다. 그러나 balance= 2000달러일때에는 디폴트가 될 확률이 0.586으로 58.6%가 되는 것을 알 수 있다.

이번에는 balance와 같은 연속형 예측변수대신이 student와 같은 이진형 변수를 사용한 경우를 살펴보자.

```
> glm.fit←glm(default~student,data=Default, family=binomial)
> summary(glm.fit)
Coefficients:
           Estimate Std.   Error  z value   Pr(>|z|)
(Intercept)   -3.50413  0.07071  -49.55   < 2e-16 ***
studentyes     0.40489  0.11502    3.52  0.000431 ***
```

위 결과로부터 학생이 아닌 경우에 비해 학생인 경우 디폴트 될 확률이 크다는 것을 알 수 있다.

이제 다음의 다중 로지스틱 회귀모형(multiple logistic regression)을 적합해 보자.

$$\log\left[\frac{P(\text{default=yes} \mid \text{balance, income, student})}{P(\text{default=no} \mid \text{balance, income, student})}\right]$$
$$= \beta_0 + \beta_1 \times \text{balance} + \beta_2 \times \text{income} + \beta_3 \times \text{student}$$

```
> mglm.fit←glm(default~balance+income+student, data=Default, family=binomial)
> summary(mglm.fit)
Coefficients:
                 Estimate    Std. Error   z value   Pr(>|z|)
(Intercept) -10.869045196   0.492255516   -22.080   < 2e-16 ***
balance       0.005736505   0.000231895    24.738   < 2e-16 ***
income        0.000003033   0.000008203     0.370   0.71152
studentyes   -0.646775807   0.236252529    -2.738   0.00619 **
```

student를 예측변수로 한 경우 회귀계수는 양수로 학생인 경우 연체할 가능성이 큰 것으로 나타났는데, 다른 변수를 포함시킨 경우에는 student의 회귀계수는 음수로 학생인 경우 연체할 가능성이 줄어드는 것으로 나타났다. 이러한 현상을 어떻게 설명해야 할까?

이를 설명하기 위해 다중 로지스틱 회귀모형에서 income은 평균으로 고정하고 학생인 경우와 학생이 아닌 경우를 나누어 디폴트일 확률을 구해 보았다.

```
> yes.dat←data.frame(balance=0:2655,income=mean(Default$income),student="y
  es")
> no.dat←data.frame(balance=0:2655,income=mean(Default$income),student="No")
> yes.prob←predict(mglm.fit,yes.dat,type="response")
> no.prob←predict(mglm.fit,no.dat,type="response")
```

여기서 yes.dat, no.dat는 각각 income을 평균으로 하고, balance는 자료의 최솟값과 최댓값에 대하여 변화하면서 student=yes인 경우, student=no인 경우로 생성한 새로운 자료를 나타낸다. predict( )함수를 사용하여 각 경우에 대한 디폴트 확률을 구하여 yes.prob와 no.prob에 저장하였다. 이에 대한 그림을 살펴보면 [그림 16.4]의 (a)와 같고, 학생여부와 상관없이 balance가 커짐에 따라 디폴트 확률이 커짐을 알 수 있다. 또 이 경우 balance를 고정하고 보면 학생이 아닌 경우가 학생인 경우보다 디폴트 확률이 크다는 것을 알 수 있다. 이러한 현상은 balance와 income을 고객들의 평균으로 고정하고 학생인 경우와 학생이 아닌 경우를 비교해 보아도 학생이 아닌 경우 연체할 가능성이 크다는 것을 알 수 있다.

```
> yes.dat2←data.frame(balance=mean(Default$balance),
                      income=mean(Default$income),student="yes")
> no.dat2←data.frame(balance=mean(Default$balance),
                      income=mean(Default$income),student="no")
> yes2.prob←predict(mglm.fit,yes.dat2,type="response")
> no2.prob←predict(mglm.fit,no.dat2,type="response")
```

위에서 실행한 결과는 다음과 같이 쓸 수 있다. 단, balance의 평균값은 835.3749달러이고, income의 평균은 33516.98달러이다.

yes2. prob : $\hat{P}$(default=yes | balance=835.3749, income=33516.98, student=yes) = 0.0013
no2. prob : $\hat{P}$(default=yes | balance=835.3749, income=33516.98, student=no) = 0.0025

그런데, [그림 16.4]의 (b)의 상자그림을 보면 학생은 학생이 아닌 사람보다 많은 부채(balance)를 지고 있는 것을 알 수 있다. 이런 경우에 student만을 예측변수로 하게 되면 balance의 영향을 무시하게 되어 학생의 연체 여부에 부채의 효과가 함께 나타나게 된다. 다시 말해, student만을 설명변수로 사용한 경우 회귀계수 효과에는 balance의 효과가 교락(confounding)되기 때문에, student만을 설명변수로 사용한 회귀계수 추정값과, balance도 예측변수로 포함한 모형에서의 student 회귀계수 추정값은 부호가 달라지는 현상이 발생할 수 있다. 이러한 현상을 심슨의 패러덕스(Simpson's paradox)라고 한다. 따라서, balance의 정보가 있는 경우 다중 로지스틱 회귀모형을 통해 다른 변수들의 값이 동일한

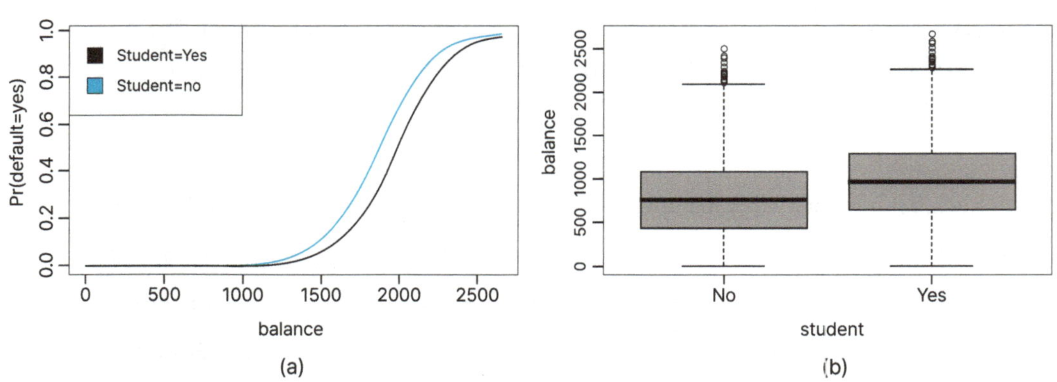

(a) Student 여부에 따라 balance의 함수로 나타낸 default 확률
(b) Student 여부에 따른 balance에 대한 상자그림

그림 16.4 **교락효과**

일반인들보다 학생들이 연체가능성이 작다고 평가할 수 있다.

참고문헌

16.1 Agresti, A. (2012) *Categorical Data Analysis* (3rd Ed.), Wiley, New york.

16.2 Hastie, T. and Tibshirani, R. (1990) *Generalized Additive Models*, Chapman and Hall, London.

16.3 James, G., Witten, D., Hastie, T. and Tibshirani, R. (2013) *An Introduction to Statistical Learning with Applications in R*, Springer, New Yoerk.

16.4 박태성, 이승연, 범주형자료분석, 3판, 자유아카데미, 2012.

연습문제

16.1 어떤 심리학자가 10명의 환자를 대상으로 정신적인 안정성(x)과 추리를 요하는 질문에 대한 대답여부(y)에 대한 관계를 조사하였다. 정신적인 안정성은 필기시험에 의하여 점수로 측정하였고 질문에 대답여부를

$$y = \begin{cases} 1: \text{ 답을 맞게 하였을 때} \\ 0: \text{ 답을 틀리게 하였을 때} \end{cases}$$

으로 나타내었다. 그 결과는 다음과 같다.

환자	1	2	3	4	5	6	7	8	9	10
x_i	410	500	471	619	584	681	399	481	624	589
y_i	0	1	0	1	0	1	0	1	1	1

(1) 최소제곱추정법에 의하여 단순회귀모형

$$y_i = \beta_0 + \beta_1 x_i + \epsilon_i$$

를 적합시켜라.

(2) IRWLS(iteratively reweighted least squares)를 이용하여 위 (1)의 모형을 적합하시오.

(3) 위의 두 추정방법에서 얻은 β_1의 추정값이 갖는 분산을 비교하시오.

(4) $x = 550$일 때에 답을 맞게 할 확률을 추정하시오.

16.2 Hastie와 Tibshirani (1990, p.282)는 척추가 심하게 앞으로 굽어서 척추 교정 수술을 해야하는 척추후만증(kyphosis)에 대한 위험인자를 결정하는 연구를 하였다. 18명의 척추후만증 환자들을 대상으로 수술했을 때의 나이(월)는 각각 12, 15, 42, 52, 59, 73, 82, 91, 96, 105, 114, 120, 121, 128, 130, 139, 139, 157였고, 척추후만증이 없는 22명의 환자의 나이는 1, 1, 2, 8, 11, 18, 22, 31, 37, 61, 72, 81, 97, 112, 118, 127, 131, 140, 151, 159, 177, 206으로 조사되었다.

(1) 나이를 예측변수로 하여 척추후만증에 대한 로지스틱 회귀모형을 적합하시오. 나이가 유의한 효과를 갖는지를 검정하시오.

(2) 자료에 대한 산점도를 그리시오. 단, 척추후만증의 두 수준에서 나이의 분포가 차이가 나는 것을 주목하시오.

(3) 로지스틱 회귀모형

$$\text{logit}(\pi(x)) = \ln\left[\frac{P(y=1\mid x)}{1-P(y=1\mid x)}\right] = \alpha + \beta_1 x + \beta_2 x^2$$

.를 적합시킨 후에 나이의 제곱합에 대한 유의성검정을 하고 적합 결과를 산점도로 표시하고 해석하시오.

16.3 살인사건에 대한 사형선고 여부와 인종사이의 관계를 알아보기 위하여 미국의 한 주의 2000년 이후의 해당 케이스들에 대하여, y =살인사건으로 기소된 사람에 대한 사형선고 여부(1 = 예, 0 = 아니오)를 반응변수로 하고 피고인(D)과 피해자(V)의 인종(1 = 흑인, 0 = 백인)를 설명변수로 하는 로지스틱 회귀모형을 적합하였다. 적합에 의하여 추정된 추정식이

$$\text{logit}(\hat{\pi}(x)) = \ln\left[\frac{\hat{P}(y=1\mid x)}{1-\hat{P}(y=1\mid x)}\right] = -2.06 + 0.87\text{D} - 2.40\text{V}$$

라 한다. 다음은 예측식에 기초한 참과 거짓에 대한 질문이다. 참인지 거짓인지 판단하시오.

(1) 사형선고에 대한 추정확률은 피고인이 백인이고 피해자가 흑인일 때 가장 낮다.

(2) 피해자의 인종이 주어져 있을 때 백인 피고인이 사형선고를 받을 오즈의 추정값은 흑인 피고인의 오즈의 0.87배이다. 만약 백인 피고인일 경우 D = 1이고 흑인일 경우 D = 0이면 D의 회귀계수의 추정값은 0.87이 아니라 1/0.87 = 1.15가 되었을 것이다.

(3) 교호작용항이 없다는 것은 사형선고와 피고인의 인종 간의 오즈비의 추정값이 피해자의 인종에 상관없이 동일하다는 것이다.

(4) 절편의 추정값 -2.06은 피고인과 피해자가 백인일 경우(D = V = 0)에 사형선고에 대한 추정확률이다.

(5) 만약, 백인피해자와 피고인이 500명일 때, 사형선고를 받는 사람에 대해 모형에서 적합된 도수(즉, 추정되는 기대도수)는 $500e^{-2.06}/(1+e^{-2.06})$과 같다.

16.4 사례-대조군 연구에서 π_1(위험에 노출된 집단의 발병율)과 π_0(위험에 노출되지 않은 집단의 발병율)을 이용한 오즈비 식 (16.12)과 q_1(대조군에서의 위험 노출률)과 q_0(사례군에서 위험 노출률)을 이용한 오즈비가 동일함을 증명하시오.

16.5 식 (16.14)를 보이시오.

16.6 사례-대조군 연구인 [표 16.2]를 로지스틱 회귀분석을 이용하여 분석하시오.

Part V

고차원 회귀분석

17 차원축소 방법

〈목차〉

최근 여러 분야에서 고차원 또는 대용량 자료가 생산되고 있으며, 이를 분석하기 위한 연구가 활발하게 진행되고 있다. 여기서 고차원 데이터(high-dimensional data)란 설명변수의 차원(p)이 데이터의 개수(n)보다 커지는 데이터를 의미한다. 한편, 고차원 데이터가 아니더라도 설명변수의 차원이 증가하게 되면 의미있는 결과 분석에 필요한 데이터의 개수(n)는 기하급수적으로 늘어나게 되는데, 이를 차원의 저주(curse of dimensionality)라 부른다. 이러한 차원의 저주 문제를 해결하기 위해서는 차원축소(dimension reduction)나 변수선택(variable selection) 등의 방법이 가장 널리 사용된다.

본 장에서는 고차원 데이터에 대하여 다음의 선형회귀모형

$$y_i = \beta_1 x_{i1} + \cdots + \beta_p x_{ip} + \epsilon_i,\ \ \epsilon_i \sim N(0, \sigma^2),\quad i = 1, \cdots, n \tag{17.1}$$

을 가정한다. 여기서 $\boldsymbol{\beta} = (\beta_1, \cdots, \beta_p)^\top$는 p차원의 회귀계수벡터를 나타내고, 모든 변수는 $\sum_{i=1}^{n} y_i = 0$, $\sum_{i=1}^{n} x_{ij} = 0$와 $\sum_{i=1}^{n} x_{ij}^2 = 1 (j = 1, \cdots, p)$로 표준화되었다고 가정한다. 특별히 강조하고 싶은 것은 고차원 데이터의 경우 선형회귀모형의 예측력이 비선형회귀모형의 예측력

과 비슷하다는 연구 결과가 보고되고 있어, 본 장에서 다루게될 고차원 선형회귀모형 방법들이 고차원 빅데이터 분석을 이해하는 데 매우 중요하다는 것이다. 이제부터 고차원 데이터에 대한 선형회귀분석을 줄여서 '고차원 회귀분석'이라 부르기로 한다.

일반적으로 고차원 자료가 아니더라도, 회귀분석의 두 가지 주요 목적은 추정된 모형의 용이한 해석과 새로운 자료와 관련한 예측의 정확성에 있다 할 것이다. 그런데, 설명변수의 차원이 커짐에 따라 최소제곱추정량은 모형에 대한 해석력과 예측의 정확성 측면에서 여러 문제점이 존재한다. 먼저 모형의 설명력을 살펴보면, 고차원 데이터에서 관측되는 일부 또는 많은 설명변수들은 실제로는 반응변수와 직접적으로 관련되어 있지 않은 경우가 대부분이다. 예를 들어, 고차원 유전체 데이터를 살펴보면, 유전자 변이를 나타내는 소수의 설명변수만이 암의 발생여부를 결정한다고 보고되어 있으며, 대다수의 유전자와 관련된 다른 설명변수들은 반응변수와는 관련이 없는 의미없는 변수임이 잘 알려져 있다. 이렇듯 추가적인 의미가 없는 설명변수들을 모형에 포함한다면, 모형이 불필요하게 복잡해지고 해석이 어려워진다. 이에 대한 해결책 중 하나로 반응변수와 관련있는 소수의 설명변수만을 선택하고, 불필요한 변수들을 모형에서 제외하는 것을 생각할 수 있다. 즉, 불필요한 설명변수에 대응하는 회귀계수 추정값을 0으로 설정하여, 좀 더 해석하기 간단한 모형을 얻을 수 있다. 고차원 데이터가 아닌 경우에는 11장에서 배운 변수선택 절차가 이에 해당한다. 고차원 데이터의 경우에는 모형 (17.1)에 대한 해석력이 좋은 모형을 추정하기 위하여 벌점화 회귀분석(penalized regression analysis) 방법을 사용한다. 이 방법에 대해서는 18장에서 자세히 소개하기로 한다.

다음으로 예측의 정확성 측면에서 어떻게 모형 (17.1)을 추정하면 좋을지 살펴보자. 만약 반응변수와 설명변수들 사이에 실제로 선형관계가 존재하고, $n > p$이면, 즉 관측치의 개수 n이 설명변수의 개수 p보다 훨씬 크다면, 최소제곱추정량은 불편추정량으로 추정값의 분산 또한 작다. 하지만 n이 p보다 아주 크지 않으면 최소제곱적합 결과에 많은 변동이 존재하고 과적합이 발생하기 쉬워, 모형을 학습하는 데 사용되지 않은 새로운 관측치에 대한 예측결과가 좋지 않게 된다. 그런데, 고차원 데이터($p > n$)에 대해서는 $X^\top X$가 비정칙 행렬이 되어 더 이상 최소제곱추정량$(X^\top X)^{-1}X^\top \mathbf{y}$이 존재하지 않는다. 고차원인 경우의 문제점을 좀 더 자세히 알아보기 위해 정규방정식 $X^\top X\boldsymbol{\beta} = X^\top \mathbf{y}$을 생각해 보자. 행렬 $X^\top X$은 계수가 n이고, 회귀계수 $\boldsymbol{\beta}$는 p차원 벡터이다. 따라서, n개의 방정식으로 p개의 해를 찾는 문제이고, $p > n$이면 이 방정식으로부터 회귀계수 $\boldsymbol{\beta}$의 유일한 해가 결정될 수 없다. 비슷한 문제로, 15장에서 최소제곱추정량대신 편의추정량에 대해서 살펴보았는데, 본 장에서는 15장에서 다루었던 방법들이 고차원 데이터에서 어떻게 확장되는지 알아보기로 한다.

17.1 능형 회귀

15장에서 소개한 편의 추정에서는 $X^\top X$ 행렬의 고윳값 분해(eigenvalue decomposition)를 통해 이론적 성질을 살펴 보았는데, 이 절에서는 행렬 X의 특잇값 분해(singular value decomposition, SVD)를 이용하여 다시 정리해 보고, 고차원 데이터로부터 능형회귀 추정량의 성질을 알아보도록 한다. 먼저 $n > p$인 경우 능형회귀 추정량의 성질을 살펴보기로 한다. 이것은 15.3절의 전개와 동일한 전개를 다른 식으로 풀어 적은 것으로 독자들은 아래 내용과 15.3절을 비교하여 읽어보면 좋을 것이다.

먼저 $n\times p$ $(n > p)$ 설명변수 행렬 X의 특잇값 분해는

$$\mathbf{X} = \underbrace{U}_{n\times n}\underbrace{D}_{n\times p}\underbrace{P^\top}_{p\times p} = \sum_{l=1}^{p} d_l \underbrace{\boldsymbol{u}_l}_{n\times 1}\underbrace{\boldsymbol{p}_l^\top}_{1\times p} \tag{17.2}$$

으로 $UU^\top = U^\top U = I_n$, $PP^\top = P^\top P = I_p$이다. 여기서 I_n는 n차원 단위행렬이고 $\mathbf{u}_l$와 $\mathbf{p}_l$은 각각 행렬 U와 P의 l 번째 열벡터이다. 또, D는 블록 행렬(block matrix)로써 $n > p$이므로 행렬 X의 최대 행렬계수(rank)는 p가 되므로, 처음 $p\times p$행렬은 행렬 X의 특잇값을 대각원소로 하는 대각행렬이고, $(n - p)\times p$렬은 원소가 모두 0인 행렬로 다음과 같이 쓸 수 있다.

$$D = \left[\frac{D_{p\times p}}{O_{(n-p)\times p}}\right] \tag{17.3}$$

식 (17.2)로부터

$$X^\top X = PD^\top U^\top UDP^\top = PD^\top DP^\top = PD^2P^\top$$

임을 확인할 수 있다. 15.2절에서 $X^\top X$행렬의 고윳값을 대각원소로 하는 대각행렬 Λ가 D^2임을 알 수 있고, P는 고유벡터의 행렬이 된다. 특잇값 분해를 통한 최소제곱추정량은

$$\begin{aligned}\hat{\boldsymbol{\beta}} &= (X^\top X)^{-1}X^\top \mathbf{y}\\ &= (PD^\top U^\top UDP^\top)^{-1}PD^\top U^\top \mathbf{y}\\ &= P(D^\top D)^{-1}D^\top U^\top \mathbf{y}\end{aligned} \tag{17.4}$$

으로 표현된다. 이제 능형회귀추정량을 특잇값 분해를 통하여 살펴보면

$$\hat{\boldsymbol{\beta}}(k) = (X^\top X + kI_p)^{-1}X^\top \mathbf{y} \tag{17.5}$$

$$\begin{aligned}&= (PD^\top DP^\top + kI_p)^{-1}PD^\top U^\top \mathbf{y}\\ &= (PD^\top DP^\top + kPP^\top)^{-1}PD^\top U^\top \mathbf{y}\\ &= P(D^\top D + kI_p)^{-1}P^\top PD^\top U^\top \mathbf{y}\\ &= P(D^\top D + kI_p)^{-1}D^\top U^\top \mathbf{y}\end{aligned} \tag{17.6}$$

와 같다. 이제 최소제곱추정량과 비교하기 위해 D의 $j(1 \le j \le p)$번째 대각원소를 d_j라고 하면, 식 (17.4)와 식 (17.6)을 통해 모든 $k > 0$에 대하여

$$\frac{d_j}{d_j^2} > \frac{d_j}{d_j^2 + k}$$

을 만족하기 때문에 능형회귀추정량은 최소제곱추정량을 축소하는 추정량이 된다.

이제 고차원($p > n$) 데이터에 대한 능형회귀추정량을 살펴보도록 하자. 먼저 최소제곱추정량을 구하기 위한 정규방정식 $X^\top X\boldsymbol{\beta} = X^\top \mathbf{y}$를 살펴보면, 행렬 $X^\top X$의 최대 행렬계수는 n이고, $\boldsymbol{\beta}$의 갯수는 p가 되어, $p > n$인 경우 방정식의 해가 유일하게 결정될 수 없고 무수히 많은 해가 존재하게 된다. 여기서 X의 계수를 $r(X) = n(< p)$이라고 가정해보자. 그러면 식 (17.3)에서 D 행렬은 다음과 같이 달라진다.

$$D = \left[D_{n\times n} \mid O_{n\times(p-n)}\right] \tag{17.7}$$

이 경우 식 (17.5)의 능형회귀 추정량을 살펴보면, $(X^\top X + kI_p)^{-1} = \sum_{j=1}^{p}(d_j^2 + k)^{-1}\mathbf{p}_j\mathbf{p}_j^\top$에서, $j > n$인 경우에는 $d_j = 0$이지만 $k(> 0)$로 인하여 역행렬이 존재하는 것을 알 수 있다. 즉, 최소제곱추정량과 달리 능형회귀추정량은 고차원의 경우에도 계산 가능함을 알 수 있다. 고차원의 경우 k에 따른 능형회귀추정량의 성질을 살펴보면

$$\lim_{k\to 0} \frac{d_j}{d_j^2 + k} = \begin{cases} d_j^{-1} & : d_j \neq 0 \\ 0 & : d_j = 0 \end{cases}$$

이 된다. 따라서 $k\to 0$인 경우 능형회귀추정량에서 $(X^\top X + kI_p)^{-1}$는

$$P(D^\top D + kI_p)^{-1}P^\top = \sum_{j=1}^{p} d_j^{-1} I(d_j \neq 0)\mathbf{p}_j\mathbf{p}_j^\top$$

이 되어 $\lim_{k\to 0}\hat{\boldsymbol{\beta}}(k) = (X^\top X)^- X\mathbf{y}$[1]가 된다. 반대로 $k\to\infty$인 경우 능형회귀추정량은

$$\lim_{k\to\infty} \frac{d_j}{d_j^2 + k} = 0$$

이 되어 $\lim_{k\to\infty}\hat{\boldsymbol{\beta}}(k) = \mathbf{0}_{p\times 1}$이 된다. 즉, 모든 회귀계수는 0으로 축소된다. 그러나 k와 관련하여 축소추정량은 단조 함수(strictly monotone)에 대한 성질이 만족하지 않음을 주의해야 한다. 즉, $k_1 > k_2$에 대하여 $|\hat{\boldsymbol{\beta}}(k_1)| < |\hat{\boldsymbol{\beta}}(k_2)|$가 성립할 필요는 없다. 이것은 능형트레이스로부터 쉽게 이해할 수 있다. k를 벌점모수라고 하는데 이와 관련한 자세한 내용은 18장에서 소개하기로 한다.

고차원 설명변수 행렬에 대한 특잇값 분해를 통해 능형회귀 추정량의 편의를 계산하면

$$\begin{aligned} \mathrm{E}\left[\hat{\boldsymbol{\beta}}(k)\right] &= (X^\top X + kI_p)^{-1}(X^\top X)\boldsymbol{\beta} \\ &= \boldsymbol{\beta} - k(X^\top X + kI_p)^{-1}\boldsymbol{\beta} \\ &= \boldsymbol{\beta} - kP(D^\top D + kI_p)^{-1}P^\top\boldsymbol{\beta} \end{aligned}$$

---

1) $p\times p$ 행렬 A의 Moore-Pensrose역행렬은 $A^- = \sum_{j=1}^{p}\lambda_j^{-1}I(\lambda_j \neq 0)\mathbf{p}_j\mathbf{p}_j^\top$을 나타낸다. λ_j와 $\mathbf{p}_j$는 행렬 A의 고윳값과 고유벡터를 나타낸다.

이다. 따라서 편의의 제곱은

$$\left(\mathrm{E}[\hat{\boldsymbol{\beta}}(k)] - \boldsymbol{\beta}\right)^\top \left(\mathrm{E}[\hat{\boldsymbol{\beta}}(k)] - \boldsymbol{\beta}\right) = k^2 \boldsymbol{\beta}^\top P(D^\top D + kI_p)^{-2} P^\top \boldsymbol{\beta}$$

이 된다. 이제 식 (17.6)의 능형회귀 추정량으로부터 추정량의 분산을 살펴보면

$$\begin{aligned}\mathrm{Var}[\hat{\boldsymbol{\beta}}(k)] &= \sigma^2 (X^\top X + kI_p)^{-1} X^\top X (X^\top X + kI_p)^{-1} \\ &= \sigma^2 P(D^\top D + kI_p)^{-1} D^\top U^\top U D (D^\top D + kI_p)^{-1} P^\top \\ &= \sigma^2 P(D^\top D + kI_p)^{-1} D^\top D (D^\top D + kI_p)^{-1} P^\top\end{aligned}$$

가 된다. $p > n$이면 $j = n+1, \cdots, p$일 때 $(D^\top D)_j = 0$을 만족하고, 따라서

$$\left[(D^\top D + kI_p)^{-1} D^\top D (D^\top D + kI_p)^{-1}\right]_j = 0$$

이 된다. 그러므로, $\hat{\boldsymbol{\beta}}(k)$의 평균제곱오차는

$$\begin{aligned}\mathrm{MSE}[\hat{\boldsymbol{\beta}}(k)] &= \mathrm{E}[(\hat{\boldsymbol{\beta}}(k) - \boldsymbol{\beta})^\top (\hat{\boldsymbol{\beta}}(k) - \boldsymbol{\beta})] \\ &= \sigma^2 \sum_{j=1}^{n} \frac{d_j^2}{(d_j^2 + k)^2} + k^2 \sum_{j=1}^{n} \frac{(\mathbf{p}_j^\top \boldsymbol{\beta})}{(d_j^2 + k)^2}\end{aligned}$$

이 되어 15장 2절의 식 (15.12)에서 p가 n으로 바뀐 것을 제외하고 동일하다는 것을 알 수 있다.

이제 실질적인 문제에서 고차원 자료로부터 능형회귀 추정량을 계산하는 문제를 생각해 보자. 만약 데이터가 마이크로어레이 실험에서 주어진 경우로 $n = 100$이고 $p = 4000$인 경우를 가정해 보자. 능형회귀추정량을 계산하기 위해 식 (17.5)에서 행렬 X를 사용한 경우와 식 (17.6)에서 특잇값 분해를 사용하는 경우를 비교해 보자. 먼저 $(X^\top X + kI_p)^{-1} X^\top \mathbf{y}$인 경우를 생각해 보면, $p = 4000$이므로, 4000×4000의 역행렬 계산이 필요해 진다. 우리가 보통 사용하고 있는 일반적인 노트북에서는 불가능할 뿐더러 계산상 부담이 너무 커져 버린다. 이때 식 (17.2)에 있는 특잇값 분해의 결과를 이용하면 훨씬 효율적인 계산이 가능하다. 이런 경우에는 X에 대한 특잇값 분해에서 특잇값이 0인 경우에 해당하는 D와 P 열을 제거하여 좀 더 간단한 형태의 추정량을 생각해 볼 수 있다. 즉, 식 (17.7)에서 행렬 D와 P를 각각 $n \times n$과 $p \times n$행렬로 표현하면[2],

$$\begin{aligned}\hat{\boldsymbol{\beta}}(k) &= (X^\top X + kI_p)^{-1} X^\top \mathbf{y} \\ &= (PD^\top DP^\top + kI_p)^{-1} PD^\top U^\top \mathbf{y} \\ &= (PD^\top DP^\top + kPP^\top)^{-1} PD^\top U^\top \mathbf{y} \\ &= P(D^\top D + kI_n)^{-1} P^\top PD^\top U^\top \mathbf{y} \\ &= P(D^\top D + kI_n)^{-1} D^\top U^\top \mathbf{y}\end{aligned}$$

2) D는 식 (17.7)의 $D_{n\times n}$에 해당하고 P는 (17.2)의 P행렬의 첫 n개의 행벡터로 이루어진 $p\times n$행렬이다. 여기서 $P^\top P = I_n$이나 $PP^\top \neq I_p$임을 기억하기 바란다.

이 되어 $n\times n = 100\times 100$역행렬만 계산하면 된다. Hastie와 Tibshirani(2004)는 계산 횟수가 $\mathcal{O}(p^3)$에서 $\mathcal{O}(pn^2)$으로 줄어드는 효과가 있다고 언급하였다.

17.2 주성분 회귀

설명변수들 사이에 높은 상관관계로 발생하는 다중공선성 문제로 정규방정식의 해가 되는 최소제곱추정량을 구할 수 없거나, 또는 추정량의 분산이 매우 커지는 문제가 발생하는 경우에는 선형회귀모형을 추정할 수 있는 새로운 방법으로 차원축소방법인 주성분회귀와 부분최소제곱회귀를 15장에서 소개하였다. 고차원 자료의 경우 특히 다중공선성의 문제가 나타나기 쉬우므로 앞에서 다루었던 차원축소방법을 고차원 자료에서도 활용할 수 있다. 이들 추정량은 약간의 편의(bias)를 허용하며 추정량의 분산을 줄임으로써 최종적으로 추정량의 평균제곱오차 측면에서 좀 더 효율적인 추정량이 되는 것을 알 수 있었다.

15.3절의 주성분회귀분석의 이론적 배경은 $X^\top X$ 행렬의 고윳값 분해(eigenvalue decomposition)를 통해 살펴 보았는데, 이 절에서는 능형회귀에서와 마찬가지로 설명변수 행렬 X의 특잇값 분해를 이용하여 저차원 자료($n > p$)에 대한 주성분회귀추정량을 다시 표현해 보기로 한다.

먼저 X의 첫 번째 주성분은 식 (17.2)에 있는 직교행렬 $P = (\mathbf{p}_1, \cdots, \mathbf{p}_p)$로부터 $\mathbf{z}_1 = X\mathbf{p}_1$이 된다. g개의 주성분을 나타내기 위하여 P 행렬을 두 부분으로 나누어 $P = (P_g, P_{p-g})$로 나타내면, 처음 g개의 주성분은 $Z_g = XP_g$로 구할 수 있다. 이제 선형 회귀모형을 직교변환을 이용해 표현해 보면

$$\mathbf{y} = X\boldsymbol{\beta} + \epsilon = XPP^\top\boldsymbol{\beta} + \epsilon = Z\boldsymbol{\alpha} + \boldsymbol{\epsilon}$$

이 된다. 여기에서 g개의 주성분 $Z_g = (\mathbf{z}_1, \mathbf{z}_2, \cdots, \mathbf{z}_g)$만 갖는 회귀모형

$$\mathbf{y} = Z_g\boldsymbol{\alpha} + \boldsymbol{\epsilon}$$

을 가정하자. 이 경우 $\boldsymbol{\alpha}$에 대한 최소제곱추정량은 특잇값 분해를 통해

$$\begin{aligned}\hat{\boldsymbol{\alpha}}_g &= (Z_g^\top Z_g)^{-1}Z_g^\top\mathbf{y}\\ &= (P_g^\top X^\top XP_g)^{-1}P_g^\top X^\top\mathbf{y}\\ &= (P_g^\top PD^\top U^\top UDP^\top P_g)^{-1}P_g^\top PD^\top U^\top\mathbf{y}\\ &= (I_{g\times p}D^\top DI_{p\times g})^{-1}I_{g\times p}D^\top U^\top\mathbf{y}\\ &= (D_g^\top D_g)^{-1}D_g^\top U^\top\mathbf{y}\end{aligned}$$

가 된다. 여기서 D_g는 D행렬에서 왼쪽 앞의 g개의 열만 남기고 $p-g$개의 열은 제외한 $p\times g$ 행렬을 의미한다. $D^\top D = \Lambda$이므로 $D_g^\top D_g = \Lambda_g$가 된다. 마찬가지로 $I_{g\times p}$나 $I_{p\times g}$행렬은 각각

I_p 행렬에서 $(p - g)$개의 행 또는 열을 제외한 행렬이다. 따라서 g개의 주성분을 사용한 회귀추정량은 $\hat{\boldsymbol{\beta}}_g = P_g\hat{\boldsymbol{\alpha}}_g$이므로

$$\begin{aligned}\hat{\boldsymbol{\beta}}_g &= P_g(I_{g\times p}D^\top DI_{p\times g})^{-1}I_{g\times p}D^\top U^\top \mathbf{y}\\ &= P_g(D_g^\top D_g)^{-1}D_g^\top U^\top \mathbf{y} \qquad (17.8)\end{aligned}$$

임을 알 수 있다. 식 (17.4)와 식 (17.8)을 비교해보면 식 (15.31)에서 말한 최소제곱추정량과 주성분회귀 추정량의 차이점을 더 잘 이해할 수 있다. 주성분회귀 추정량은 g개 고윳값과 고유벡터에 의해 추정되고 있음을 알 수 있으며, $g = p$인 경우는 주성분회귀 추정량이 최소제곱추정량과 같게 된다.

이제 고차원 데이터($p > n$)에 대한 주성분회귀추정량에 대해 살펴보자. 고차원의 경우에는 X행렬의 계수가 n이고 이에 대한 특잇값 분해는 식 (17.2)을 생각할 수 있고 이 때의 행렬 D는 식 (17.7)로 정의된다. 이 경우 17.1절에서 설명한 바와 같이 특잇값 0에 해당하는 D와 P 열을 제거하여 조금 더 간단한 특잇값 분해의 형태를 구할 수 있다. 즉

$$X = \underbrace{U}_{n\times n}\underbrace{D}_{n\times n}\underbrace{P^\top}_{p\times p} = \sum_{l=1}^{n} d_l \underbrace{\boldsymbol{u}_l}_{n\times 1}\underbrace{\boldsymbol{p}_l^\top}_{1\times p} \qquad (17.9)$$

이다. 단, $U^\top U = U^\top U = P^\top P = I_n$, $PP^\top \neq I_p$ 이고, 대각행렬 D에서 0이 아닌 대각원소는 최대 n개 이다. 이제 행렬 $X^\top X$의 고윳값 분해를 표시하면

$$X^\top X = P\Lambda P^\top = (P_g,\ P_s)\begin{pmatrix}\Lambda_g & \mathbf{0}\\ \mathbf{0} & \Lambda_g\end{pmatrix}\begin{pmatrix}P_g^\top\\ P_s^\top\end{pmatrix} \qquad (17.10)$$

으로 $\Lambda = D^2$으로 0이 아닌 대각원소가 최대 n개이고, $s = n - g$가 된다. 따라서, 고차원자료에 대한 주성분회귀추정량은

$$\hat{\boldsymbol{\beta}}_g = P_g\Lambda_g^{-1}P_g^\top X^\top \mathbf{y} \qquad (17.11)$$

가 되고 여기서 $g < n$이다. 즉, $n > p$인 경우 주성분의 개수는 p보다 작은 경우였는데, 고차원 데이터에 대한 주성분 회귀에서는 주성분의 개수가 n보다 작은 차이만 있을 뿐 추정량에는 큰 차이가 없다. 이제 식 (17.11)에 있는 $\hat{\boldsymbol{\beta}}_g$의 기댓값을 계산하면

$$\begin{aligned}\mathrm{E}(\hat{\boldsymbol{\beta}}_g) &= P_g\Lambda_g^{-1}P_g^\top X^\top X\boldsymbol{\beta}\\ &= \left(\sum_{j=1}^{g}\frac{1}{\lambda_j}\mathbf{p}_j\mathbf{p}_j^\top\right)\left(\sum_{k=1}^{n}\lambda_k\mathbf{p}_k\mathbf{p}_k^\top\right)\boldsymbol{\beta}\\ &= \left(\sum_{j=1}^{g}\mathbf{p}_j\mathbf{p}_j^\top\right)\boldsymbol{\beta}\\ &= \boldsymbol{\beta} - \sum_{j=g+1}^{n}(\mathbf{p}_j^\top\boldsymbol{\beta})\mathbf{p}_j \qquad (17.12)\end{aligned}$$

로, 15.3절의 식 (15.33)에서 p가 n으로 바뀐 것을 제외하고 동일하다. 다음으로 추정량의 분산을 계산하여 보면

$$
\begin{aligned}
\mathrm{Var}(\hat{\boldsymbol{\beta}}_g) &= \sigma^2 P_g \Lambda_g^{-1} P_g^\top X^\top X P_g \Lambda_g^{-1} P_g^\top \\
&= \sigma^2 \Big(\sum_{j=1}^{g} \frac{1}{\lambda_j} \mathbf{p}_j \mathbf{p}_j^\top\Big)\Big(\sum_{k=1}^{n} \lambda_k \mathbf{p}_k \mathbf{p}_k^\top\Big)\Big(\sum_{j=1}^{g} \frac{1}{\lambda_j} \mathbf{p}_j \mathbf{p}_j^\top\Big) \qquad (17.13) \\
&= \sigma^2 \Big(\sum_{j=1}^{g} \frac{1}{\lambda_j} \mathbf{p}_j \mathbf{p}_j^\top\Big) \qquad (17.14)
\end{aligned}
$$

으로 15.3절의 식 (15.34)와 동일하다. 따라서, $\hat{\boldsymbol{\beta}}_g$의 평균제곱오차는

$$
\mathrm{MSE}(\hat{\boldsymbol{\beta}}_g) = \mathrm{E}\big[(\hat{\boldsymbol{\beta}}_g - \boldsymbol{\beta})^\top (\hat{\boldsymbol{\beta}}_g - \boldsymbol{\beta})\big] = \sigma^2 \sum_{j=1}^{g} \lambda_j^{-1} + \sum_{j=g+1}^{n} (\mathbf{p}_j^\top \boldsymbol{\beta})^2 \qquad (17.15)
$$

와 같다.

17.3 부분최소제곱회귀

부분최소제곱은 주성분회귀와 함께 대표적인 차원축소방법이다. 이 둘은 크게 두 가지의 차이점이 있는데, 첫째로, 주성분회귀는 설명변수들에 대한 선형결합으로 설명변수들의 전체 변동을 크게 하는 순서대로 주성분이 결정된다. 따라서, 낮은 순위의 주성분이 반응변수를 예측할 때 더 중요할 수 있다는 단점이 있다. 이에 반해 부분최소제곱회귀에서 주성분을 결정할 때 반응변수와의 연관성을 함께 고려하게 된다. 따라서, 같은 주성분의 개수를 사용한 경우 주성분회귀보다 부분최소제곱회귀에서의 예측력이 높게 나타나는 경향이 있다. 둘째로, 주성분회귀에서 주성분은 $X^\top X$의 고윳값 분해(또는 특잇값 분해)를 통해 한 번에 결정되는데 반해, 부분최소제곱회귀의 경우는 주성분이 첫 번째 주성분이 결정된 후에 두 번째 주성분이 결정되는 등 순차적으로 주성분을 결정하게 된다. 이런 점 때문에 최소제곱추정량이나 주성분회귀추정량에 비해 부분최소제곱회귀가 큰 장점이 있는데, 그것은 바로 고차원 데이터에 대해서도 쉽게 적용될 수 있다는 것이다. 부분최소제곱회귀 추정 방법은 특별히 $n > p$라는 조건이 필요하지 않다.

주성분회귀에서는 $g(< p)$개의 주성분을 사용하여 설명변수들에 대한 변동을 대부분 설명할 수 있는 설명변수의 선형 조합을 먼저 찾게 되는데, 이때 주성분분석의 목적은 차원축소이다. 그러나 어떤 경우에 예측 변수의 모든 선형 조합, 즉 p개의 주성분을 모두 사용해야 한다면 차원 축소가 될 수 없을 것이다. 주성분은 반응변수가 아닌 설명변수 행렬만을 사용하여 선택되기 때문에, 주성분이 반응변수를 잘 예측한다는 확실한 보장은 없기 마련이다. 주성분을 의미 있는 방식으로 해석할 수 있다면 반응변수와 관련하여 훨씬 더

간단한 해석이 가능하다. 따라서, 주성분회귀는 반응변수를 예측하기 보다는 반응변수를 설명하는 데 더 적합한 모형이라고 할 수 있다. 이와 대조적으로 부분최소제곱회귀는 반응변수를 가장 잘 설명하는 설명변수의 선형 조합을 찾기 때문에, 고차원 자료에서와 같이 고려해야 할 변수가 많을 때 가장 효과적으로 사용될 수 있다. 다만, 주성분회귀에서와는 반대로 부분최소제곱회귀는 반응변수 값을 설명하는 데는 사용하지 않는다.

참고문헌

17.1 Shao, J. and Deng, X. (2012) Estimation in high-dimensional linear models with deterministic design matrices. *The Annals of Statistiscs*, 40(2), 812-83.

17.2 Hastie, T. and Tibshirani, R. (2004). Efficient quadratic regularization for expression arrays. *Biostatistics*, 5(3), 329–340.

17.3 Wieringen, W. N. V. (2020). Lecture notes on ridge regression, arXiv:1509.09169v7

연습문제

17.1 고차원 데이터($p > n$)에 대한 선형 회귀모형에서 X의 계수는 n이라고 가정하자. X의 특잇값 분해를 $X = UDP^\top = RP^\top$ 나타내고, R은 $n \times n$의 비정칙 행렬이고, P는 $p \times n$의 행렬로 각 열들이 직교한다.

(1) 잔차가 0이 되는 무수히 많은 최소제곱추정값이 존재함을 보이시오.

(2) $\boldsymbol{\beta}$의 능형회귀추정량이 다음과 같음을 보이시오.

$$\hat{\boldsymbol{\beta}}(k) = P(R^\top R + kI_n)^{-1} R^\top \mathbf{y}.$$

(3) $\lambda = 0$일 때, $\hat{\beta}_0 = PD^{-1}U^\top \mathbf{y}$는 잔차가 모두 0이고, 잔차가 0인 해 중에서 유클리드 노음(norm)이 가장 작다는 점에서 유일한 해라고 할 수 있음을 보이시오. 단, 식 (17.7)로부터 $D^{-1} = [D^{-1}{}_{n \times n}, O_{n \times (p-n)}]$으로 한다.

17.2 능형회귀추정량이 적절한 c에 대하여

$$\min_{\boldsymbol{\beta}} (\mathbf{y} - X\boldsymbol{\beta})^\top (\mathbf{y} - X\boldsymbol{\beta}) \text{ subject to } \|\boldsymbol{\beta}\|^2 \leq c$$

의 해로 표현됨을 보이시오. 추가로 일반능형회귀추정량(generalized ridge regression estimator) $\hat{\boldsymbol{\beta}}^{\text{ridge}} = (X^\top X + k\Omega)^{-1} X^\top \mathbf{y}$는

$$\min_{\boldsymbol{\beta}} (\mathbf{y} - X\boldsymbol{\beta})^\top (\mathbf{y} - X\boldsymbol{\beta}) \text{ subject to } \boldsymbol{\beta}^\top \Omega \boldsymbol{\beta} \leq c$$

의 해가 됨을 보이시오.

18 벌점화-회귀분석 방법

〈목차〉

본 장에서는 고차원회귀분석의 또 다른 중요한 도구인 벌점화-회귀분석(penalized regression analysis)방법에 대하여 알아보기로 한다. 벌점화-회귀분석을 수행함에 있어서

$$\sum_{i=1}^{n} x_{ij} = 0,\ \sum_{i=1}^{n} x_{ij}^2 = n,\ \ j = 1, 2, \cdots, p$$

에 해당하는 변수의 표준화 작업을 선행하고, 17장에서와 마찬가지로 절편이 없는 선형회귀모형을 가정한다. 지금까지는 변수의 중심을 0으로 한 후, 제곱의 합이 1인 표준화를 가정했지만, 이 장에서는 분산이 1인 표준화 대신 $\sum_{i=1}^{n} x_{ij}^2 = n$을 가정한다. 이것은 벌점화-회귀분석을 설명하는 데 있어 다른 교재와의 일치성을 두고자 함이다.

벌점화-회귀분석 방법에 의한 회귀계수 추정량은 다음의 일반적인 벌점화된 오차제곱합

$$\frac{1}{n}\sum_{i=1}^{n}(y_i - \sum_{j=1}^{p}\beta_j x_{ij})^2 + \sum_{j=1}^{p} J_\lambda(\beta_j) = \frac{1}{n}SSE + \sum_{j=1}^{p} J_\lambda(\beta_j) \tag{18.1}$$

을 최소로 하는 해로 정의된다. 여기서 $J_\lambda(z)$는 회귀계수 z에 대한 벌점함수이고, $\lambda > 0$는

회귀계수의 벌점(penalty)에 의한 축소 정도를 조절하는 조절모수이다. 벌점함수 $J_\lambda(z) = \lambda \mathrm{I}(z \neq 0)$는 일반적으로 회귀계수공간에 대한 벡터 노음(norm)[1)]으로 정의 되고 대표적인 벌점함수로는

- ℓ_0-노음 : $J_\lambda(z) = \lambda \mathrm{I}(z \neq 0)$으로 추정된 $\boldsymbol{\beta}$의 원소 중 0이 아닌 계수들의 개수에 대한 벌점화이다. 여기서 0이 아닌 회귀계수 β_j의 개수는 모형의 복잡성에 대한 측도로 해석된다.
- ℓ_1-노음 : $J_\lambda(z) = \lambda|z|$로 Tibshirani(참고문헌 (18.6)에 의하여 회귀분석의 변수선택의 방법으로 처음 제안되었다. 라쏘 벌점함수 또는 이 벌점함수를 이용한 회귀분석을 라쏘-회귀분석이라 부른다.
- ℓ_2-노음 : $J_\lambda(z) = \lambda z^2$인 경우에는 식 (18.1)의 추정량이 15장에서 다중공선성의 해결 방안으로 배운 능형회귀추정량에 해당한다. 예측의 안정성과 정확성 측면에서 좋은 성능을 보이는 것으로 알려져 있으나 변수선택이나 모형선택의 기능은 없다.

식 (18.1)를 이용하여 회귀계수를 추정할 때 조절모수 λ의 선택이 매우 중요하다. 예를 들어 $\lambda = 0$이면 벌점이 없는 최소제곱법에 해당하여 $p \leq n$인 경우는 0이 아닌 해가 유일하게 존재하여 모든 변수는 모형에 포함된다. 반대로 $p > n$인 고차원 회귀분석의 경우 회귀계수에 대한 최소제곱추정값이 하나로 결정되지 않는 어려움도 있다. 또, $\lambda = \infty$이면 벌점이 존재하지 않는 경우가 최적화 문제의 해가 될 수 있으므로 모든 $\beta_1 = \beta_2 = \cdots = \beta_p = 0$이 되고, 이와 같이 선택된 모형은(변수들을 표준화하기 이전 모형 기준으로) 절편만이 존재하는 모형이 된다. 이러한 이유로 $\lambda = 0$과 $\lambda = \infty$는 각각 모든 설명변수가 있는 모형과 절편만을 지닌 모형에 해당하고, 조절모수 λ의 적절한 선택은 벌점화-회귀분석을 이용한 모형선택에 있어 매우 중요한 부분으로 이에 대한 논의는 다음 장의 19.4절을 참고한다.

식 (18.1)의 벌점화 잔차제곱합은 두 가지로 방향으로 확장시킬 수 있다. 먼저 손실함수(loss function)라 부르는 첫 번째 항의 경우 손실함수로써 제곱합 $\frac{1}{n}\sum_{i=1}^{n}(y_i - \sum_{j=1}^{p}\beta_j x_{ij})^2$ 대신 힌지 손실(hinge loss), 로지스틱 손실(logistic loss), 후버 손실(Huber loss) 함수 등 다양한 손실 함수들이 고려되었다. 이러한 손실함수들은 보통 계산의 편리성을 위하여 회귀계수에 대하여 볼록성(convexity)를 유지한다. 이러한 손실함수들에 대한 좀 더 자세한 소개는 Hastie et al.(2009)의 참고문헌 (18.4)를 참고하기 바란다. 또 다른 방향의 확장으로는 식 (18.1)의 두 번째 항에서 앞에서 소개한 세 가지 노음 이외에 다양한 형태의 벌점함수를 고려할 수 있다. 특히 ℓ_1 노음 벌점함수를 개량하여 적응 라쏘(adaptive lasso) 회귀추정량, 그

---

1) p차원 벡터 $\mathbf{x}$에 대하여 벡터 노음은 다음 세가지 성질을 만족시키는 함수 $f : \mathcal{R}^p \to \mathcal{R}$로 정의된다. (i) 상수 a에 대하여 $f(aX) = |a|f(\mathbf{x})$, (ii) 임의의 두 벡터 $\mathbf{x}$와 $\mathbf{y}$에 대하여, $f(\mathbf{x}+\mathbf{y}) \leq f(\mathbf{x}) + f(\mathbf{y})$, 그리고 (iii) $f(\mathbf{x}) = 0$이면 $\mathbf{x}$는 $\mathbf{0}_p$ 벡터이다.

룹 라쏘(group lasso) 회귀추정량, fused 라쏘 회귀추정량 등을 제안한다. 이에 대한 내용은 18.5절에서 살펴본다.

이와 같이 확장된 벌점함수들은 다소 복잡하게 보이나 몇몇 특별한 경우를 제외하고 회귀계수에 관한 벡터 공간상의 노음으로 정의된다. 전체 회귀계수의 벡터공간으로 정의된 p 차원 공간의 노음은, 대부분 실제 0이 아닌 회귀계수들에 의하여 정의되는 부분공간(s차원 부분공간)과 그 수직부분공간($p-s$차원 수직부분공간)에 대하여 두 부분공간에 대한 노음의 합으로 표현되는 분해가능성(decomposability)을 지닌다. 예를 들어 ℓ_1-노음 벌점함수를 가정할 때, s개의 회귀계수만 유의하고, 나머지 $p-s$개의 회귀계수가 0이 된다면, 즉,

$$\beta_j \neq 0 \ (j = 1, 2, \cdots, s)\text{이고, } \beta_j = 0 \ (j = s+1, s+2, \cdots, p)$$

이라면, $\boldsymbol{\beta} = (\beta_1, \cdots, \beta_p)$, $\boldsymbol{\beta}_s = (\beta_1, \cdots, \beta_s)$, $\boldsymbol{\beta}_{s^\perp} = (\beta_{s+1}, \cdots, \beta_p)$에 대하여

$$||\boldsymbol{\beta}||_1 = \sum_{j=1}^{p}|\beta_j| = \sum_{j=1}^{s}|\beta_j| + \sum_{j=s+1}^{p}|\beta_j| = ||\boldsymbol{\beta}_s||_1 + ||\boldsymbol{\beta}_{s^\perp}||_1 \tag{18.2}$$

으로 쓰고, ℓ_1-노음 벌점함수는 분해가능하다고 이야기 한다.

본 교재에서는 이러한 여러 확장들의 토대가 되는 제곱합 손실함수와 ℓ_1-노음 벌점함수의 조합인 라쏘-회귀분석에 대하여 먼저 소개하기로 한다.

18.1 라쏘회귀분석

식 (18.1)에서 ℓ_0-노음 $||\boldsymbol{\beta}||_0 = \sum_j I(\beta_j \neq 0)$을 가정해 보자. 벌점화 잔차제곱합 식 (18.1)를 최소화 하기 위한 절차를 생각하면 다음과 같다. 먼저 주어진 $s(s \leq p)$에 대하여 $||\boldsymbol{\beta}||_0 = s$라는 제약조건을 추가하고 식 (18.1)의 오차제곱합을 최소로 만드는 문제는 크기가 s인 회귀계수들의 부분집합들 중 잔차 제곱합 SSE를 최소로 만드는 조합을 찾는 문제와 동일하다. 이 경우 $\binom{p}{s}$만큼의 모형 적합이 필요하고 $\mathcal{O}(p^s)$개의 모형 적합이 필요하다. 다음으로 $s(=1, \cdots, p)$의 모든 경우를 고려하면 각 s값에 대한 p개의 최적 모형들 중에서 식 (18.1)의 벌점화 오차제곱합을 최소화하는 변수조합을 선택하게 된다. 이 방법은 11.2절에서 소개한 '모든 가능한 회귀(all possible regressions)'에 해당하고 이때 모형선택의 기준은 식 (18.1)의 벌점화 오차제곱합이 된다. 이 방법은 p가 증가함에 따라 최적화에 필요한 계산량이 지수적으로 증가하게 되어 p가 큰 고차원 회귀분석에는 사용이 어렵다.

18.2 라쏘추정량 정의와 이해

변수선택의 '모든 가능한 회귀'의 계산문제를 해결하기 위하여 ℓ_0-노음에 개념상 가장 가까우며 목적함수인 식 (18.1)을 볼록(convex)하게 하는 라쏘-회귀분석(ℓ_1-노음 벌점화 회귀분석 방법)이 제안되었다. 라쏘 회귀분석 방법은

$$\frac{1}{n}\sum_{i=1}^{n}(y_i - \sum_{j=1}^{p}\beta_j x_{ij})^2 + \sum_{j=1}^{p}J_\lambda(\beta_j) = \frac{1}{n}SSE + \lambda\sum_{j=1}^{p}|\beta_j| \tag{18.3}$$

를 최소화하는 해를 라쏘 추정량으로 정의한다. $n \geq p$인 경우 라쏘 추정량은 유일하게 존재한다. 주어진 λ에 대하여 식 (18.3)의 최적해를 살펴 보기 위해 X가 '서로 직교하는 경우', 즉

$$X^\top X = nI_p \tag{18.4}$$

의 경우 추정량을 계산하여 보자. $\lambda = 0$에서 식 (18.3)의 최적해는 $n \geq p$를 가정하였으므로 최소제곱추정량 ($\hat{\boldsymbol{\beta}}^{\text{lse}}$)과 동일하다.

$$\hat{\boldsymbol{\beta}}^{\text{lasso}} = (X^\top X)^{-1}X^\top \mathbf{y} = X^\top \mathbf{y}/n. \tag{18.5}$$

다음으로 일반적인 $\lambda > 0$의 경우 라쏘추정량은 최소제곱추정량 $\hat{\beta}^{\text{lse}} = (\hat{\beta}_1^{\text{lse}}, \cdots, \hat{\beta}_p^{\text{lse}})$에 대하여

$$\text{sgn}(\hat{\beta}_j^{\text{lse}})\max\left(|\hat{\beta}_j^{\text{lse}}| - \lambda, 0\right) \tag{18.6}$$

으로 나타낼 수 있다. 여기서 $\text{sgn}(x) = 1$ if $x > 0$; 0 if $x = 0$; -1 if $x < 0$이다. 식 (18.6)의 유도과정을 살펴보면 다음과 같다. 라쏘 벌점화 회귀의 잔차제곱합을

$$Q_\lambda(\boldsymbol{\beta}) = \frac{1}{n}(\mathbf{y} - X\boldsymbol{\beta})^\top(\mathbf{y} - X\boldsymbol{\beta})/2 + \lambda\,\text{sgn}(\boldsymbol{\beta})^\top\boldsymbol{\beta} \tag{18.7}$$

로 하고, 계산의 편의상 원래 잔차제곱항을 2로 나누어 적었다. 라쏘 추정량에서 유의한 회귀계수들의 인덱스집합을 $\mathcal{A} = \{j : \hat{\beta}_j^{\text{lasso}} \neq 0\}$라고 하면, 식 (18.7)에 대한 Karush-Kuhn-Tucker(KKT)[2] 조건은

- $j \in \mathcal{A}$에 대하여

$$\frac{\partial Q_\lambda(\boldsymbol{\beta})}{\partial \beta_j} = -\frac{1}{n}\mathbf{x}_j^\top(\mathbf{y} - X\hat{\boldsymbol{\beta}}^{\text{lasso}}) + \lambda\,\text{sgn}(\hat{\beta}_j^{\text{lasso}}) = 0 \tag{18.8}$$

이다. 단, $\mathbf{x}_j$는 X의 j번째 열벡터를 나타낸다.

---

2) KKT 조건은 볼록최적화 문제의 해에 대한 필요충분조건으로, 라쏘회귀문제 뿐만 아니라 제약조건이 있는 최대우도추정량의 계산등 여러 통계 문제들의 추정량을 계산할 때 사용된다. KKT의 자세한 조건은 Boyd와 Vandenberghe(참고문헌 (18.1))이나 다른 Convex Optimization 책을 참조하여 학습하기 바란다.

• $j \notin \mathcal{A}^C$인 경우 β_j에 대한 편도함수는

$$|-\mathbf{x}_j^\top(\mathbf{y} - X\hat{\boldsymbol{\beta}}_j^{\text{lasso}})| \leq n\lambda$$

로 주어진다.

따라서 (18.4)의 가정하에서 $j \in \mathcal{A}$에 대하여

$$-\hat{\beta}_j^{\text{lse}} + \hat{\beta}_j^{\text{lasso}} + \lambda\,\text{sgn}(\hat{\beta}_j^{\text{lasso}}) = 0,$$

이 성립하고, $j \in \mathcal{A}^C$에 대하여

$$|\hat{\beta}_j^{\text{lasso}}| \leq \lambda$$

가 성립한다. 두 추정량 $\hat{\beta}_j^{\text{lse}}$ 와 $\hat{\beta}_j^{\text{lasso}}$의 부호는 같으므로

$$\hat{\beta}_j^{\text{lasso}} = \text{sgn}(\hat{\beta}_j^{\text{lse}})\max\left(|\hat{\beta}_j^{\text{lse}}| - \lambda,\ 0\right) \tag{18.9}$$

이 성립함을 알 수 있다.

18.3 라쏘추정량의 이해

라쏘추정량에 대한 이해를 돕기위하여 두 가지 특별한 경우를 생각하여 보자. 첫 번째 경우는 바로 앞 절에서와 같이 설명변수행렬이 직교하는 경우를 생각하여 본다. 이 경우 라쏘추정량은 식 (18.9)로 주어지고 추정량을 최소제곱추정량과 비교하여 그림으로 표시하면 [그림 18.1]과 같다.

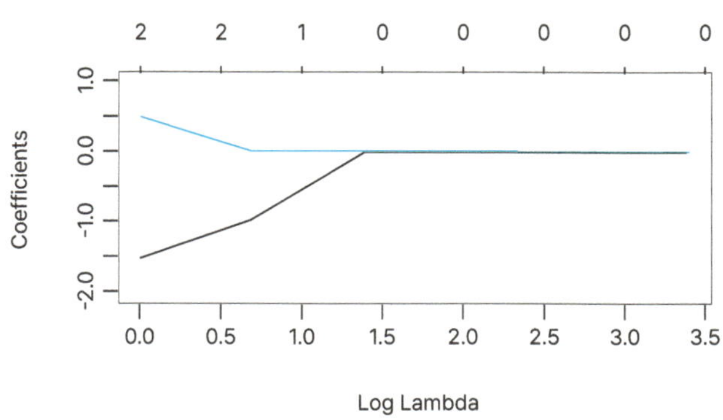

그림 18.1 p = 2일때 λ의 변화에 따른 회귀계수 $\hat{\beta}_1^{\text{lasso}}$와 $\hat{\beta}_2^{\text{lasso}}$ 의 크기 변화

그림에서 보는 것처럼 β_j에 대한 라쏘 추정량은 최소제곱추정량 값의 크기가 정하여진 기준점(thresholding value)이하이면 0으로 대체하여 해당 변수를 회귀모형에서 배제함으로써 모형 선택의 결과를 가져온다. 또한 기준점 이상에 해당하는 회귀추정값은 $\beta_j = 0$방향

으로 크기를 축소하고 이러한 이유로 라쏘추정량을 축소 추정량(shrinkage estimator)이라고 부른다.

이제 설명변수 행렬의 직교성이 없는 $p = 2$인 경우를 생각해 보자. 라쏘 추정량의 제곱합 손실함수는

$$\begin{aligned} L(\boldsymbol{\beta}) &= \frac{1}{n}(\mathbf{y} - \mathbf{X}\boldsymbol{\beta})^\top(\mathbf{y} - \mathbf{X}\boldsymbol{\beta}) \\ &= \frac{1}{n}(\boldsymbol{\beta} - \hat{\boldsymbol{\beta}}^{\text{lse}})^\top(\mathbf{X}^\top\mathbf{X})(\boldsymbol{\beta} - \hat{\boldsymbol{\beta}}^{\text{lse}}) + \text{상수} \end{aligned} \tag{18.10}$$

로 $\hat{\boldsymbol{\beta}}^{\text{lse}}$를 이용하여 다시 표현할 수 있다. 따라서 라쏘추정량은 주어진 양의 상수 t에 대하여

$$\begin{aligned} &\min_{\boldsymbol{\beta}} \frac{1}{n}(\boldsymbol{\beta} - \hat{\boldsymbol{\beta}}^{\text{lse}})^\top(X^\top X)(\boldsymbol{\beta} - \hat{\boldsymbol{\beta}}^{\text{lse}}) \\ &\text{subject to } \|\boldsymbol{\beta}\|_1 = \sum_{j=1}^{p} |\beta_j| \le t \end{aligned} \tag{18.11}$$

를 풀어서 계산하게 된다. 여기서 t는 조절모수 λ에 대응되는 상수이다. 식 (18.11)의 최적화 문제를 그림으로 표시하면 [그림 18.2]로 표현되고, 이 최적화 문제의 해(라쏘추정량)은 기하학적으로 마름모의 꼭지점에서 발생하게 되어 소수의 변수에 해당하는 회귀계수 추정값들만 0이 아닌 값을 갖도록 함으로써 모형의 복잡도를 감소시키고 해석력을 높이게 된다. 이러한 성질을 라쏘추장량의 '희소성(sparsity)'이라 부른다.

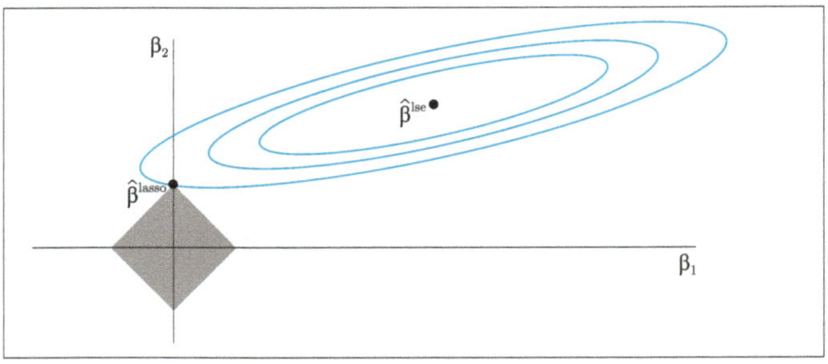

회색의 마름모는 $|\beta_1|+|\beta_2| \le t$를 나타내고,
타원형은 손실함수($L(\boldsymbol{\beta})$)에 대한 등고선을 나타낸다.

그림 18.2 **라쏘추정량**

18.4 라쏘추정량의 이론적 성질

선형회귀모형을 따르는 데이터에 대하여 식 (18.3)을 최소로 만드는 라쏘 추정량 $\hat{\boldsymbol{\beta}}^{\text{lasso}}$의 이론적 성질에 대하여 살펴본다. 여기서 이론적 성질은 크게

(T1) 추정오차 $||\hat{\boldsymbol{\beta}}^{\text{lasso}} - \boldsymbol{\beta}||_2$의 상한에 대한 성질과

(T2) 변수선택에 대한 일치성(consistency)

에 관한 두 가지로 나누어 이야기 한다. 먼저 추정오차에 대한 성질을 위하여 다음의 가정 (A1)과 (A2)가 필요하다.

(A1) $\boldsymbol{\beta}$의 서포트(support)가 $S = \{ j \mid \beta_j \neq 0,\ j = 1, 2, \cdots, p \}$이고 $|S| = s$이다.

(A2) 설명변수 행렬 X의 S에 대한 고윳값 제한(restricted eigenvalue) 조건 : 상수 $\alpha \geq 1$에 대하여

$$C_\alpha(S) := \{ \Delta \in \mathcal{R}^p \mid ||\Delta_{S^c}||_1 \leq \alpha ||\Delta_S||_1 \} \tag{18.12}$$

을 정의할 때 설명변수 행렬 X가, 어떤 모수 (κ, α)에 대하여

$$\frac{1}{n}||X\Delta||_2^2 \geq \kappa ||\Delta||_2^2,\quad {}^\forall \Delta \in C_\alpha(S) \tag{18.13}$$

를 만족시킨다. 여기서 $\Delta = (\delta_1, \cdots, \delta_p)$라 할 때 Δ_S는 $j \in S$의 δ_j들로 생성되는 $|S|$ 차원 벡터를 의미하고, Δ_{S^c}도 같은 방법으로 정의된다. 이때 '설명변수 행렬 X가 S위에서 모수 (κ, α)에 대하여 고윳값 제한 조건을 만족시킨다'고 한다.

위의 조건 (A1)과 (A2)가 만족될 때 추정오차 $||\hat{\boldsymbol{\beta}}^{\text{lasso}} - \boldsymbol{\beta}||_2$는 빠른 속도로 0으로 (확률)수렴한다.

라쏘회귀추정량의 변수선택의 일치성을 위하여는 다시 설명변수 행렬 X가 다음의 두 조건을 만족해야 한다.

(A3) 먼저 서포트에 해당하는 설명변수 행렬 X_S라 할 때 이들의 표본공분산행렬의 최소 고유치가 아래로 유계이다. 즉,

$$\frac{1}{n} X_S^\top X_S \text{의 가장 작은 고유치} \geq c_{\min} > 0 \tag{18.14}$$

이다.

(A4) 상호 일관성(mutual incoherence) 조건: 어떤 $\alpha \in [0, 1)$에 대하여

$$\max_{j \in S^c} ||(X_S^\top X_S)^{-1} X_S^\top X_j||_1 \leq \alpha \tag{18.15}$$

를 만족시킨다.

설명변수행렬 X가 위의 두 조건을 만족시키면

$$\hat{S} = \{ j \mid \hat{\beta}_j^{\text{lasso}} \neq 0,\ j = 1, 2, \cdots, p \} \tag{18.16}$$

이 서포트 S와 같아지는 확률이 1로 수렴함을 보일 수 있다. 라쏘 회귀추정량에 대한 이론과 관련하여 자세한 내용은 참고문헌(18.7)을 참조하기 바란다.

18.5 라쏘추정량의 계산

다음으로 라쏘추정량을 구하는 계산 알고리즘에 대해서 살펴보자. 라쏘추정량 계산으로 가장 널리 알려진 알고리즘은 LARS(least angle regression)을 이용한 알고리즘이다(참고문헌 18.2). LARS 알고리즘은 본 교재의 11.2절에서 배운 전진 선택법을 개량한 방법으로 $p > n$의 경우에도 적용가능하고, 약간의 수정을 통하여 라쏘 추정량의 조절모수 λ의 변화에 따른 식 (18.3)에 대한 최적해의 자취(solution path)를 계산하여 준다. 여기서 라쏘 추정량의 λ의 변화에 따른 자취는 조각별 선형의 형태로 나타난다.

LARS 알고리즘은 최소제곱추정값을 구하는 경우의 계산 복잡도인 $\mathcal{O}(np^2)$와 동일한 차수의 복잡도로써 라쏘 추정량의 전체 해의 자취를 구하여 주고, 추가적으로 λ의 값에 따라 최적해의 생성, 성장, 감소, 소멸 현상을 자세히 보여 준다는 장점이 있다.

LARS 알고리즘을 보다 구체적으로 살펴보기로 하자. 먼저 알고리즘에서 사용될 몇 개의 용어를 추가적으로 정의하면 현재의 회귀계수 추정값을 $\hat{\boldsymbol{\beta}}$ 라 할 때, $\mathbf{y}$의 예측값은 $\hat{\mu} = X\hat{\boldsymbol{\beta}}$ 그리고 현재의 잔차벡터를 $\mathbf{r} = \mathbf{y} - \hat{\boldsymbol{\mu}}$로 적는다. j 번째 설명변수 벡터 $\mathbf{x}_j = (x_{1j}, x_{2j}, \cdots, x_{nj})^\top$와 현재의 잔차벡터 $\mathbf{r}$과의 상관계수를 $\hat{c}_j (j = 1, 2, \cdots, p)$ 라 하고 현재 상관계수벡터 $\hat{\mathbf{c}} = (\hat{c}_1, \cdots, \hat{c}_p)^\top$를 정의하자. 이제 LARS 알고리즘을 소개하면 다음과 같다.

(단계 1) 현재 추정값을 $\hat{\boldsymbol{\beta}} = 0$으로 초기화 한다. 따라서 $\hat{\boldsymbol{\mu}} = \mathbf{0}_n$, $\mathbf{r} = \mathbf{y}$이고, 회귀계수가 유의한 설명변수의 집합 $\mathcal{A}$는 공집합이 된다.

(단계 2) 설명변수 벡터 $\mathbf{x}_j$들 중 $\mathbf{r}$과 가장 높은 상관관계를 갖는 변수 j_1을 선택한다. 즉,

$$j_1 = \arg\ \max_j |\hat{c}_j|$$

이다. 이제 회귀계수가 유의한 설명변수의 집합에 설명변수 $\mathbf{x}_{j_1}$을 업데이트하고, 즉,

$$(\mathcal{A} \leftarrow \mathcal{A} \cup \{j_1\}),$$

이 변수를 모형에 추가한다.

(단계 3) $\hat{\beta}_{j_1}$을 $\text{sign}(\hat{c}_{j_1})$ 방향으로 α(사전에 정한 작은 상수)만큼씩, 즉,

$$\hat{\beta}_{j_1} \leftarrow \hat{\beta}_{j_1} + \alpha\, \text{sign}(\hat{c}_{j_1}),$$

다음의 조건이 만족될 때까지

$$\max_{k \in \mathcal{A}^C} |\text{corr}(\mathbf{x}_k, \mathbf{r}(\alpha))| \geq \max_{j \in \mathcal{A}} |\text{corr}(\mathbf{x}_j, \mathbf{r}(\alpha))| \tag{18.17}$$

움직인다. 이때 위의 부등식을 만족시키는 $\mathcal{A}^C$의 변수를 j_2라 하면, $\mathcal{A} \leftarrow \mathcal{A} \cup \{j_2\}$로 업데이트하고 x_{j_2}를 모형에 추가하며 $\mathbf{r}$도 업데이트한다.

(단계 4) 집합 $\mathcal{A}$에 속한 모든 설명변수 j에 대하여 $\hat{\beta}_j$들을

$$\boldsymbol{\delta}_{\mathcal{A}} = (X_{\mathcal{A}}^{\top} X_{\mathcal{A}})^{-1} X_{\mathcal{A}}^{\top} \mathbf{r}$$

방향으로, 즉,

$$\hat{\boldsymbol{\beta}}_{\mathcal{A}} \leftarrow \hat{\boldsymbol{\beta}}_{\mathcal{A}} + \alpha \boldsymbol{\delta}_{\mathcal{A}}, \tag{18.18}$$

식 (18.17)이 만족될 때까지 움직인다. 이 때 처음으로 식 (18.17)을 만족시키는 변수를 찾아 모형에 포함시키고, 찾은 변수를 엑티브-집합 $\mathcal{A}$에 포함시켜 $\mathcal{A}$를 업데이트 하고, 잔차 $\mathbf{r}$도 새로이 계산한다. 위에서 $\hat{\boldsymbol{\beta}}_{\mathcal{A}}$는 β_j, $j \in \mathcal{A}$로 구성된 벡터, $X_{\mathcal{A}}$는 $j \in \mathcal{A}$에 해당하는 변수들로 만들어진 설명변수행렬, 그리고 다른 변수들도 같은 방식으로 정의된 벡터와 행렬들이다.

(단계 5) 위의 단계 4의 작업을 모든 p개의 변수들이 선택될 때까지 반복한다.

위의 LARS 알고리즘에서 단계 4의 식 (18.18)에 있어서

(단계 4a) 만일 어떤 $j \in \mathcal{A}$가 이동 도중 $\hat{\beta}_j = 0$이 되면 해당 변수를 $\mathcal{A}$에서 제외시키고 절차를 계속한다.

와 같이 참고문헌 (18.2)를 통하여 약간의 추가적 변형을 통하여 라쏘 회귀추정량을 계산할 수 있음이 알려져 있다. LARS 알고리즘은 라쏘 회귀추정량 이외에도 forward-stage 회귀추정량(11장의 전진선택법과는 다르다)등 다른 변형들도 가능하고 이들은 “lars”라는 R 패키지로 구현이 되어 있다.

18.6 여러가지 축소추정량

라쏘 회귀추정량은 추정량의 성능을 향상 시키거나 또는 관심 있는 자료의 고유한 특성을 반영하기 위하여 다양한 형태의 라쏘추정량으로 발전하여 왔다. 이 절에서는 이들 중 일부를 간략하게 소개하고자 한다.

18.6.1. 적응라쏘 회귀추정량(adaptive lasso estimator)

라쏘 회귀추정량의 편의를 줄이기 위하여 제안된 추정량(참고문헌 (18.10))으로 가중치

$$w_j = 1/|\hat{\beta}_j^{\text{lse}}|^{\nu}, \;\; \nu > 0, \;\; j = 1, \cdots, p$$

에 대하여 가중 ℓ_1-노음

$$\sum_{j=1}^{p} w_j |\beta_j|$$

을 벌점함수로 사용한다. 적응라쏘 회귀추정량의 벌점함수를 자세히 살펴보면, 회귀계수의 초기추정량이 0에 가까우면 벌점을 많이 받게하고, 0에서 멀어진 경우에는 벌점을 거의 주지 않음으로써 라쏘 회귀추정량의 편의를 줄이게 된다. 적응라쏘 회귀추정량은 라쏘 회귀추정량의 볼록성을 유지하면서도 동시에 변수선택의 일치성을 보장하는 것으로 알려져 있다.

18.6.2. Elastic-net 회귀추정량

Zou와 Hastie(참고문헌 (18.9))에 의하여 제안된 벌점회귀추정량으로 ℓ_1-노음과 ℓ_2-노음의 볼록결합(convex combination)인

$$\lambda \sum_{j=1}^{p} [(1-\alpha)|\beta_j| + \alpha\beta_j^2], \quad \alpha \in [0, 1] \tag{18.19}$$

을 벌점함수로 가정한다(참고문헌 18.9). 라쏘 회귀추정량은 상관관계가 있는 유의미한 변수들 중에서 흔히 하나의 변수만을 선택하는 성질을 가지고 있다. 간단한 예로 $p = 2$이고 $X_1 \approx X_2$인 경우, $Y = \beta_1 X_1 + \beta_2 X_2 + \epsilon$의 회귀모형을 따른다고 할 때, 라쏘 추정량은 $\hat{\beta}_1^{\text{lasso}} = 0$ 또는 $\hat{\beta}_2^{\text{lasso}} = 0$중 하나를 답으로 제공한다(다른 회귀계수 추정량은 0이 아니다). 이에 비하여 elastic-net 회귀추정량은 ℓ_1-노음에 ℓ_2-노음을 결합을 벌점함수로 선택하여 상관관계가 있는 유의미한 변수들을 모두 선택하게 된다. 위의 예제의 경우 β_1과 β_2를 모두 0이 아닌 값으로 추정하거나 또는 모두를 0으로 추정한다.

설명변수가 두 개인 간단한 회귀문제를 통하여 elastic-net 회귀추정량의 특징을 보다 자세히 살펴보자. α와 λ값들이 주어졌을때 두 변수의 elastic-net 회귀추정량의 추정계수를 각각 $\hat{\beta}_1(\alpha, \lambda)$과 $\hat{\beta}_2(\alpha, \lambda)$라 하면 어떤 상수 $M > 0$에 대하여 부등식

$$|\hat{\beta}_1(\alpha, \lambda) - \hat{\beta}_2(\alpha, \lambda)| < \frac{\sqrt{n}M}{\alpha\lambda}\sqrt{2(1-r_{12})} \tag{18.20}$$

이 성립함이 알려져 있다. 여기서 r_{12}는 두 설명변수의 표본 상관계수를 나타낸다. 따라서 r_{12}가 1에 가까울수록 두 회귀계수의 차이가 0이 되어 상관관계가 크면 대응하는 추정값이 거의 동일하게 된다.

마지막으로 elastic-net 회귀추정량의 계산은 반응변수 벡터와 설명변수 행렬을 적절히 변형함으로서 라쏘회귀 추정법으로 변환하여 풀 수 있다(참고문헌 18.9).

18.6.3. 그룹라쏘 회귀추정량(grop lasso regression estimator)

그룹라쏘 회귀추정량은 Yuan과 Lin(참고문헌 (18.8))이 제안한 것으로 변수들이 특정한 그룹들에 들어간다는 사전정보를 반영한 라쏘 회귀추정량이다(참고문헌 (18.8)). 변수들 간의 그룹정보가 존재하는 대표적인 예는 여러 개의 범주형 변수들을 가변수로 바꾼 경우

가 된다. 동일한 변수로부터 생성된 가변수들은 하나의 그룹으로 묶일 수 있다. 또 다른 예로는 마이크로어레이(microarray) 데이터에서 특정 생물학적인 경로(biological pathway)에 같이 속하는 유전자들의 경우에는 유전자와 관련된 설명변수들을 생물학적인 경로 단위로 그룹 지을 수 있다. 이렇게 설명변수들 사이에 그룹정보가 있는 경우에는 변수들을 개별적으로 선택하는 것보다는 변수들의 그룹을 선택하는 것이 의미가 있게 된다.

사전 그룹지식에 따라 변수들이 G개의 그룹으로 나누어지며 p_g는 g번째 그룹에 속하는 변수들의 개수라 할 때 총 설명변수의 개수는 $p = \sum_{g=1}^{G} p_g$가 된다. 이때 그룹라쏘 회귀추정량의 벌점화 함수는

$$\min_{\boldsymbol{\beta}\in\mathcal{R}^p} \sum_{i=1}^{n}(y_i - \sum_{g=1}^{G}\mathbf{x}_{ig}^{\top}\boldsymbol{\beta}_g)^2 + \lambda\sum_{g=1}^{G}\sqrt{p_g}\,||\boldsymbol{\beta}_g||_2 \tag{18.21}$$

이다. 여기서 $\mathbf{x}_{ig} = (x_{i1}, \cdots, x_{ip_g})^{\top}$는 i번째 관측치의 g번째 그룹의 변수값 벡터, $\boldsymbol{\beta}_g = (\beta_{g1}, \cdots, \beta_{gp_g})^{\top}$은 p_g차원의 g번째 그룹의 회귀모수 벡터이다.

18.6.4. Fused라쏘 회귀추정량(fused lasso regression estimator)

Tibshirani 등(참고문헌 (18.6))이 제안한 fused라쏘 회귀추정량은 설명변수들에 순서가 존재하여 각 설명변수의 주변(neighborhood) 변수들이 정의되고 이들 사이에 강한 상관성이 존재하는 경우에 적용된다. 이러한 경우로 참고문헌 (18.6)에서 소개한 예제는 단백질들의 m/z(질량 대비 전하량)을 측정한 SELDI-TOF MS(surface-enhanced laser desorption/ionization time-of-flight mass spectrometry) 데이터로 순서화된 인접한 m/z 변수에 강한 양의 상관성이 존재하게 되고, 인접한 변수들의 회귀계수 또한 비슷할 것으로 기대한다. 이때 fused 라쏘 회귀추정량의 벌점함수는

$$\lambda\Big((1-\alpha)\sum_{j=1}^{p}|\beta_j| + \alpha\sum_{p=2}^{p}|\beta_j - \beta_{j-1}|\Big),\ \ \alpha \in [\,0,\,1]$$

으로 정의하게 된다. elastic-net 회귀추정량과 비교하여 추정된 회귀계수들 사이의 관계를 직접적으로 강제함을 알 수 있다.

이상에서 소개한 개량된 라쏘회귀추정량들 이외에도 다양한 변형들이 존재하고 이들에 대한 소개는 참고문헌 (18.11)을 참조하기 바란다.

18.7 R 실습

라쏘 추정량을 추정하기 위하여 R 소프트웨어에는 다양한 패키지가 소개되어 있는데, 본 절에서는 선형 회귀모형외에도 일반화 회귀모형까지 사용할 수 있는 glmnet 패키지의 glmnet( ) 함수를 사용하여 소개하기로 한다. 이 함수는 벌점함수로 식 (18.19)를 사용하고, lm( )함수를 이용한 모형적합과 달리 y ~ x문법을 사용하지 않고, 설명변수로는 행렬 인자로 반응변수는 벡터 인자로 설정하게 된다.

이 절의 실습데이터로 lars 패키지 로딩시 설치 되는 diabetes 자료(당뇨병 연구 자료)를 사용하기로 한다. 이것은 442명의 환자를 대상으로 10개의 설명변수들과 당뇨병이 좋아지는 정도를 정량적으로 측정한 반응변수로 구성되어 있다. 아래 R 결과에서 보는 바와 같이 diabetes 데이터는 442×10 행렬의 설명변수 x와 반응변수 벡터 y 등으로 구성된다.

```
> library(glmnet)
> data(diabetes)
> str(diabetes)
'data.frame': 442 obs. of 3 variables:
$ x : 'AsIs' num [1:442, 1:10] 0.03808 -0.00188 0.0853 -0.08906 0.00538 ...
..- attr(*, "dimnames")=List of 2
.. ..$ : NULL
.. ..$ : chr [1:10] "age" "sex" "bmi" "map" ...
$ y : num 151 75 141 206 135 97 138 63 110 310 ...
$ x2: 'AsIs' num [1:442, 1:64] 0.03808 -0.00188 0.0853 -0.08906 0.00538 ...
..- attr(*, ".Names")= chr [1:28288] "age" "age" "age" "age" ...
..- attr(*, "dimnames")=List of 2
.. ..$ : chr [1:442] "1" "2" "3" "4" ...
.. ..$ : chr [1:64] "age" "sex" "bmi" "map" ...
```

glmnet( ) 함수는 디폴트로 변수들을 표준화하여 사용하는데, 표준화를 하지 않기 위해서는 standardize = FALSE를 설정하면 된다. diabetes 데이터에 대한 라쏘 추정량을 구하면 다음과 같다.

```
fit.lasso<-glmnet(diabetes$x, diabetes$y, nlambda=100, alpha=1)
```

여기서 alpha가 모형을 결정짓는 중요한 인자인데, alpha=1이면 라쏘 추정량, alpha=0이면 능형회귀 추정량, alpha=0.5이면 elestic net 회귀 추정량을 적합한다(15.9절 elastic net 회귀 추정량의 모형 참조). 또 glmnet( ) 함수는 자동으로 선택한 λ값에 대하여 회귀계수를 추정하는데, nlambdas는 특정한 λ 100(이것은 디폴트 값이다)개에 대하여 모형을 적합한다. 그러나 자료에 따라 라쏘 추정량의 변화가 있는 λ의 수가 100개가 되지 않는 경우에는 결과값에서 보여지는 λ의 갯수가 100개보다 적은 경우가 많다. 그럼에도 불구하고, 대부분 절편만 포함하는 모형의 추정량부터 최소제곱추정량까지 전체 범위를 포함하여 결과를 나타내 준다. diabetes 데이터분석의 경우 회귀계수 $\boldsymbol{\beta}$의 차원과 λ의 길이를 비교해 보면 서로 다른 88개의 λ에 대하여 $\hat{\boldsymbol{\beta}}^{\text{lasso}}$가 생성되었음을 알 수 있다.

```
> names(fit.lasso)
[1] "a0" "beta" "df" "dim" "lambda"
[6] "dev.ratio" "nulldev" "npasses" "jerr" "offset"
[11] "call" "nobs"
> dim(fit.lasso$beta)
[1] 10 88
> length(fit.lasso$lambda)
[1] 88
```

벌점크기에 따른 라쏘 추정량에 대한 자취는 다음과 같이 plot( )함수를 나타낼 수 있다. 이때 label =TRUE의 설정을 통해 설명변수의 열의 번호로 각 회귀계수의 자취를 확인할 수 있다.

```
plot(fit.lasso, "lambda", label=TRUE)
plot(fit.lasso, "norm", label=TRUE)
```

다만, 라쏘 추정량의 크기 변화를 나타낼 때, 그림 (a)는 λ의 크기를 변화시킨 것으로 값이 클수록 벌점항의 영향이 커져 적은 수의 회귀계수가 선택되는 경향이 있게 된다. [그림 18.3]의 (b)의 경우에는 x축이 l_1-노음의 크기를 나타내는데, 이것은 최대로 선택할 수 있는 변수의 개수가 된다. 이 값이 적을수록 벌점항의 영향은 커지게 되는 것이어서, 두 그림에 대한 해석은 같다고 볼 수 있다.

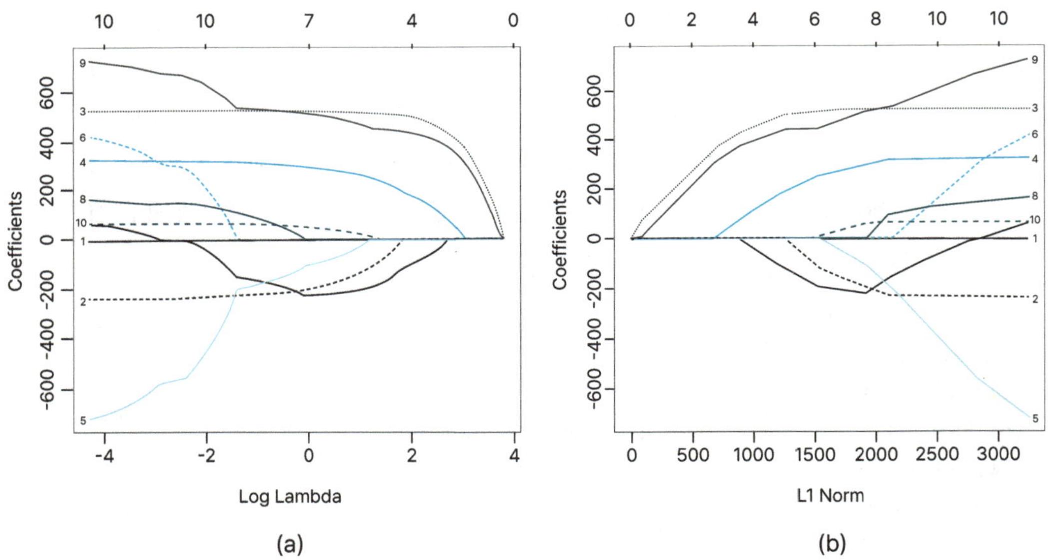

그림 18.3 (a)λ와 (b) l_1-노음 크기의 변화에 따른 라쏘추정량 $\hat{\beta}_j^{\text{lasso}}(j=1, \ldots, 10)$의 크기변화

참고문헌

18.1 Boyd, S. and Vandenberghe, L. (2004) *Convex Optimization*, Cambridge University Press, U.K.

18.2 Efron, B., Hastie, T., Johnstone, I., and Tibshirani, R. (2004) Least angle regression. *The Annals of Statistics*, 32, 407-499.

18.3 Hall, P., Marron, J.S., Neeman, A. (2005) Geometric representation of high dimensional low sample size data. *Journal of the Royal Statistical Society, Series-B*, 67, 427-444.

18.4 Hastie, T., Tibshirani, R., and Friedman, J. (2009) *The Elements of Statistical Learning : Data Mining, Inference, and Prediction* (2nd Ed.), Springer, New York.

18.5 Tibshirani, R. (1996) Regression shrinkage and selection via the lasso. *Journal of the Royal Statistical Society, Series-B*, 58, 267-288.

18.6 Tibshirani, R., Saunders, M., Rosett, S., Zhu, J., and Knight, K. (2005). Sparsity and smoothness via the fused lasso. *Journal of the Royal Statistical Society, Series-B*, 67, 91-108.

18.7 Wainwright, M.J. (2019) *High-Diemensional Statistics : A Non-Asymptotic Viewpoint*, Cambridge University Press, U.K.

18.8 Yuan, M. and Lin, Y. (2007) Model selection and estimation in regression with grouped variables. *Journal of the Royal Statistical Society, Series-B*, 68, 49-67.

18.9 Zou, H. and Hastie, T. (2005). Regularization and variable selection via the elastic net. *Journal of the Royal Statistical Society, Series-B*, 67, 301-320.

18.10 Zou. H. (2006) The adpative lasso and its oracle properties. *Journal of the American Statistical Association*, 101, 1418-1429.

18.11 박창이, 김용대, 김진석, 송종우, 최호식: R을 이용한 데이터마이닝, 교우사, 2011.

연습문제

18.1 특정한 s값에 대하여 다음의 오차제곱합을 최소화하는 선형 회귀모형의 회귀계수를 추정하는 문제를 생각해 보자.

$$\sum_{i=1}^{n}\left(y_i - \sum_{j=1}^{p} x_{ij}\beta_j\right)^2 \text{ 단, } \sum_{j=1}^{p}|\beta_j| \le s$$

다음의 (1)~(5) 물음에 답하시오.

(1) s값을 0에서 증가시킴에 따라 학습 자료에서의 오차제곱합(SSE)의 증가와 감소에 대하여 이야기 하시오.
(2) 평가 자료에서 (1)의 질문에 답하시오.
(3) 추정량의 분산의 증가와 감소에 대하여 (1)의 질문에 답하시오.
(4) 추정량의 편의의 증가와 감소에 대하여 (1)의 질문에 답하시오.
(5) 오차의 분산의 증가와 감소에 대하여 (1)의 질문에 답하시오.

18.2 선형 회귀모형에서 특정 λ에 대하여 다음 식을 최소로 하는 회귀계수를 추정한다고 가정하자.

$$\sum_{i=1}^{n}\left(y_i - \beta_0 - \sum_{j=1}^{p} x_{ij}\beta_j\right)^2 + \lambda\sum_{j=1}^{p}\beta_j^2$$

다음의 (1)~(5) 물음에 답하시오.

(1) λ값을 0에서 증가시킴에 따라 학습 자료에서의 잔차제곱합(RSS)의 증가와 감소에 대하여 이야기 하시오.
(2) 평가 자료에서 (1)의 질문에 답하시오.
(3) 추정량의 분산의 증가와 감소에 대하여 (1)의 질문에 답하시오.
(4) 추정량의 편의의 증가와 감소에 대하여 (1)의 질문에 답하시오.
(5) 오차의 분산의 증가와 감소에 대하여 (1)의 질문에 답하시오.

18.3 18.2절에서와 같이 설명변수행렬이 직교하는 경우, $X^\top X = nI_n$, 라쏘회귀추정량의 벌점화 오차제곱합 함수

$$Q_\lambda(\boldsymbol{\beta}) = \frac{1}{n}(\mathbf{y} - X\boldsymbol{\beta})^\top(\mathbf{y} - X\boldsymbol{\beta})/2 + \lambda\,\mathrm{sgn}(\boldsymbol{\beta})^\top\boldsymbol{\beta}$$

를 도시하고 최솟값이 (18.16)의 $\hat{\beta}_j^{\text{lasso}}(j = 1, 2, \cdots, p)$에서 발생함을 확인하여라. 단, $\mathrm{sgn}(\boldsymbol{\beta}) = (\mathrm{sgn}(\beta_1), \cdots, \mathrm{sgn}(\beta_p)^\top)$로 정의한다.

18.4 설명변수가 2개이고 두 설명변수가 동일한 즉 $X_1 = X_2(:= X)$인 회귀모형(설명변수와 반응변수들 모두가 표준화 되었다고 가정한다.)

$$Y_i = X_{i1}\beta_1 + X_{i1}\beta_2 + \epsilon_i = X_i(\beta_1 + \beta_2) + \epsilon_i, \quad i = 1, 2, \cdots, n$$

에 대하여 다음 두 질문에 답하여라.

(1) 18.2절의 라쏘회귀추정량은

$$\text{minimize } \frac{1}{n}(\mathbf{y} - X\boldsymbol{\beta})^\top(\mathbf{y} - X\boldsymbol{\beta}) = \frac{1}{n}\sum_{i=1}^{n}(Y_i - X_{i1}\beta_1 - X_{i2}\beta_2)^2$$
$$\text{subject to } ||\boldsymbol{\beta}||_1 = |\beta_1| + |\beta_2| \leq t$$

의 해이다. t 값이 고정되어 있을 때 위의 최적화 문제의 해인 $(\hat{\beta}_1^{\text{lasso}}, \hat{\beta}_2^{\text{lasso}})$를 계산하여 보아라.

(2) 위의 문제에 대하여 15.2절의 능형회귀 추정량의 경우 $\hat{\beta}_1^{\text{ridge}} = \hat{\beta}_2^{\text{ridge}}$ 임을 보여라.

18.5 다음의 elastic-net추정량을 계산하는 최적화 문제를 적절한 변환을 통하여 라쏘-회귀문제로 재표현 하여라.

$$\text{minimize}_{\boldsymbol{\beta}} ||\mathbf{y} - \mathbf{X}\boldsymbol{\beta}||^2 + \lambda\{\alpha||\boldsymbol{\beta}||_2^2 + (1 - \alpha)||\boldsymbol{\beta}||_1\}. \qquad (18.22)$$

단, 각 벡터와 행렬의 차원은 $\mathbf{y}$는 $n \times 1$, X는 $n \times p$, 그리고 $\boldsymbol{\beta}$는 $p \times 1$이다.

18.6 R 실습 $n = 100$이고 $p = 100$일 때 다음 문제에 답하시오.

(1) R의 rnorm( ) 함수를 이용하여 모든 원소가 서로 독립인 표준정규분포를 따르는 $n \times p$차원의 X 설명변수 행렬과 $n \times 1$ 차원의 반응변수 벡터 $\mathbf{y} = (Y_1, \cdots, Y_n)^\top$를 생성하시오. Y_i와 X의 i번째 행벡터 $\mathbf{x}_i = (X_{i1}, \cdots, X_{ip})^\top$ 사이에 회귀모형

$$Y_i = \sum_{j=1}^{p}\beta_j X_{ij} + \epsilon_i$$

를 가정하면 회귀계수 $\beta_j(j = 1, 2, \cdots, p)$는 0이다. 위에서 생성한 자료에 대하여 R함수 regsubsets( )를 이용하여 11.2절의 단계적 선택방법으로 변수선택을 한 후 선택된 변수들의 인덱스를 구하시오.

(2) (1)에서 생성한 같은 자료에 대하여 R함수 glmnet( )을 이용하여 라쏘회귀추정량을 적합한 후 선택된 변수들의 인덱스를 구하시오. 단, glmnet( ) 함수에서 조절모수 λ의 선택은 lambda=cv$lambda.min의 옵션을 사용하시오.

(3) (1)과 (2)를 200번 반복하여 선택된 변수의 개수에 대한 분포를 비교하시오.

19 교차검증

〈목 차〉

19.1 들어가기

18장에서 우리는 벌점화 회귀분석 방법에 대해 알아보면서, 회귀계수에 대한 추정량이 식 (19.1)의 벌점화된 잔차제곱합을 최소로 하는 해로 정의되는 것을 살펴보았다.

$$\frac{1}{n}\sum_{i=1}^{n}(y_i - f(\mathbf{x}_i))^2 + \sum_{j=1}^{p} J_\lambda(\beta_j) = \frac{1}{n}SSE + \sum_{j=1}^{p} J_\lambda(\beta_j) \tag{19.1}$$

이때 $f(\mathbf{x}_i) = \mathbf{x}_i^\top \boldsymbol{\beta}$를 가정한 선형회귀모형이 주된 관심 모형이었다. 앞 장에서 살펴본 바와 같이 조절모수 λ의 선택은 벌점에 의한 회귀계수의 축소 정도를 결정하고 궁극적으로는 각 변수들이 모형에 포함되는 지의 여부를 결정하는 매우 중요한 문제이다. 이 때 각 조절모수의 값은 하나의 적합모형에 대응되기 때문에, 조절모수의 선택을 통해 모형 선택(model selection)을 하게 된다.

조절모수의 선택은 분석 목표가 예측성능을 높이는 것인지 아니면 해석 목적을 위해 올바른 모형을 찾는 것인지에 따라 다를 수 있다. 본 장에서는 예측 성능이 높은 모형을 찾기 위해 교차검증을 통해 예측오차를 최소화하도록 조절 모수를 선택하는 문제를 다루어 보고자 한다.

19.2 예측오차

모형의 성능을 평가하기 위해서는, 모형 적합에 사용하지 않은 새로운 자료를 사용했을 때의 실제값과 모형을 통한 예측값과의 차이 즉, 예측오차의 크기를 측정해야 한다. 모형 $\hat{f}$에 대한 평균제곱오차(mean squared error)는 다음과 같이 정의할 수 있다.

$$\mathrm{MSE}(\hat{f}) = Ey'\left[\frac{1}{n}\sum_{i=1}^{n}(y_i' - \hat{f}(\boldsymbol{x}_i))^2\right] \qquad (19.2)$$

여기서 $y_i' = f(X_i) + \epsilon_i'$을 만족하는 학습 자료의 관측치 $y_1, \cdots, y_n$과는 서로 독립인 관측치를 나타낸다. 따라서 식 (19.2)은 $\mathbf{x}_i$에서 오차로 인해 발생되는 관측치 y'에 대한 기대 평균제곱오차로서 예측오차의 크기를 측정한다. 만일 학습 자료와 독립인 평가 자료 $y_1', \cdots, y_n'$를 얻을 수 있다면, 평가 자료로부터 기대 평균제곱오차에 대한 추정값을 다음과 같이 구할 수 있다.

$$\widehat{\mathrm{MSE}}(\hat{f}) = \frac{1}{n}\sum_{i=1}^{n}(y_i' - \hat{f}(\mathbf{x}_i))^2 \qquad (19.3)$$

여기서 평가자료의 크기 n이 클수록 $\widehat{\mathrm{MSE}}(\hat{f})$를 더 잘 추정할 수 있음을 알 수 있다. 최근에는 자료의 크기가 적어 문제가 되는 것보다 오히려 큰 경우가 대부분이기 때문에, 모형을 적합할 때 모형의 성능평가를 위해 자료의 분할을 시도한다. 즉, 모형을 적합하는 데 사용하는 학습 자료(training data)와 모형을 평가하는 데 사용하는 검증 자료(validation data) 또는 평가 자료(test data)로 전체 자료를 분할하게 된다. 모형을 적합하기 위해서 학습자료를 사용한다면, 모형을 비교하거나 성능을 평가하는 경우에는 평가 데이터를 사용한다.

검증 데이터를 이용하여 모형의 성능을 평가하는 것은 쉽고 간편하지만, 두 가지 잠재적인 문제점이 있다. 첫째는 관측값이 어떤 자료로 분할되는가에 따라 결과의 변동이 커질 수 있다. 둘째로 크지 않은 자료를 분할하여 사용할 때, 학습데이터의 크기가 작아져서 모형 적합도가 좋지 않은 경향이 있는데, 이 경우 검증 자료에서의 예측오차는 전체 자료를 사용하여 추정한 모형보다 큰 예측오차를 주게 되는 경향이 있다.

19.3 하나빼기 교차검증

본 장의 나머지 절에서는 주어진 자료를 학습 자료와 평가 자료로 분할하여 식 (19.3)의 기대 평균제곱오차를 구하는 작업을 반복하여 수행함으로써 보다 안정적으로 기대 평균제곱오차을 추정하는 절차인 교차검증에 대하여 설명한다.

LOOCV는 자료를 분할하여 학습 자료와 평가 자료로 사용하는 것과 마찬가지로 n개의 자료를 두 부분으로 분할한다. 다만 비슷한 크기로 분할을 하는 것이 아니라, 하나의 관측치만 평가데이터로 하고 나머지 $n-1$개의 관측치는 학습데이터로 사용한다. 예를 들어, $p=1$인 경우 (x_1, y_1)은 평가데이터로 하고, (x_i, y_i) $i=2, \cdots, n$은 학습데이터로 하여 모형을 적합한 후, 평가데이터에 대한 예측오차로 $\widehat{\text{MSE}}_1 = (y_1 - \hat{y}_1)^2$를 계산할 수 있다. 마찬가지 방법으로 (x_i, y_i), $i=2, \cdots, n$ 각각의 관측값을 평가 데이터로 하고, 그 나머지 자료를 $(n-1)$개의 학습데이터로 사용하여 $\widehat{\text{MSE}}_2, \cdots, \widehat{\text{MSE}}_n$을 얻는다. 이와 같은 과정으로 인하여 '하나빼기 교차검증(Leave-One-Out Cross-Validation: LOOCV)'이라고 부른다. 이때 LOOCV에 의한 예측오차의 추정값은

$$CV_{(n)} = \frac{1}{n}\sum_{i=1}^{n} \widehat{\text{MSE}}_i \tag{19.4}$$

가 된다.

LOOCV는 데이터를 분할하는 방법과 비교하여 두 가지 장점이 있다. 첫째로, LOOCV에서 평가데이터로 모형을 적합할 때 사용하지 않은 관측치를 사용하기 때문에 예측오차에 대한 편의가 훨씬 작다. 다만 예측오차가 하나의 관측치에 의존하기 때문에 기대 평균제곱오차(예측오차) 추정값에 대한 분산은 커질 수 있다. 일반적으로 데이터를 분할하여 평가 데이터를 사용한 경우에는 학습데이터의 개수가 대략 원래 관측치의 절반 정도로 줄어들기 때문에, 전체 데이터를 사용하여 추정하는 경우보다 기대 평균제곱오차가 크게 나타날 수 있다. 이에 반하여 LOOCV 방법은 원래 데이터의 관측치 개수와 거의 같은 $(n-1)$개의 관측치를 포함하는 학습 데이터를 사용하기 때문에, 데이터를 분할하는 경우보다 기대 평균제곱오차를 과대추정하지 않게 된다. 둘째로, 데이터를 분할하는 경우에는 분할의 임의성 때문에 적용할 때마다 다른 결과를 제공하는 데 반하여 LOOCV는 여러 번 수행해도 동일한 결과를 얻을 수 있다. 즉, 자료 분할에 따라 기대 평균제곱오차의 추정값이 랜덤하게 바뀌지 않는다.

만약 사용하는 모형이 선형 중회귀모형이라면 평균제곱오차는 한 번의 모형적합으로 충분히 계산될 수 있다. 즉, 식 (19.4)의 평균제곱오차는

$$CV(n) = \frac{1}{n}\sum_{i=1}^{n} (y_i - \hat{f}^{-i}(\mathbf{x}_i))^2 \tag{19.5}$$

이 된다. 모형 $\hat{f}$이 선형 중회귀모형을 나타내고 $\hat{f}^{-i}$가 i번째 자료 $(y_i, \mathbf{x}_i)$를 제외하고 적합한 모형이라면,

$$\hat{f}(\mathbf{x}_i) = \mathbf{x}_i^\top \hat{\boldsymbol{\beta}} = \mathbf{x}_i^\top (X^\top X)^{-1} X^\top \mathbf{y} \tag{19.6}$$

라고 할 수 있고, 식 (19.4)는

$$\frac{1}{n}\sum_{i=1}^{n}(y_i - \hat{f}^{-i}(\mathbf{x}_i))^2 = \frac{1}{n}\sum_{i=1}^{n}\left[\frac{y_i - \hat{f}(\mathbf{x}_i)}{1 - h_{ii}}\right]^2 \tag{19.7}$$

임을 보일수 있다. 여기서 h_{ii}는 해트행렬 $\mathrm{H} = X(X^\top X)^{-1}X^\top$의 i번째 대각원소이고 따라서 전체자료에 대한 한 번의 선형 중회귀모형 적합을 통하여 LOOCV를 구할 수 있다. 선형 중회귀모형이외에도 몇몇 잘알려진 통계 절차에 대하여 LOOCV의 간편한 계산이 가능하나, 일반적인 모형에 대해서는 데이터의 수 n번의 모형 적합이 필요하고 계산에 많은 시간이 필요할 수 있다. 이러한 이유로 LOOCV의 대안으로 K겹 교차검증이 제안되었고 이는 다음 절에서 소개한다.

19.4 K겹 교차검증

K겹 교차검증(K-fold Cross-Validation)이란 [그림 19.1]과 같이 n개의 데이터를 랜덤하게 같은 크기로 K등분하여, K번째 데이터를 평가 자료로 하고, 나머지 $K - 1$개의 데이터를 학습 데이터로 사용하여 K번의 평균제곱오차를 계산하게 된다. 이를 통하여 $\widehat{\mathrm{MSE}}_1, \cdots, \widehat{\mathrm{MSE}}_K$가 구할 수 있고, 이를 통해

$$CV_{(K)} = \frac{1}{K}\sum_{i=1}^{K}\widehat{\mathrm{MSE}}_i \tag{19.8}$$

를 얻게 된다. LOOCV 방법과 비교해 보면 필요로 하는 모형적합 작업의 수가 n번에서 K번으로 줄어들게 된다. K겹 교차검증의 관점에서 LOOCV는 n겹 교차검증에 해당한다. 이러한 K겹 교차검증방법은 LOOCV 방법과 비교할 때 평가오차를 더 정확하게 추정하는 경향이 있다. 이것은 추정량의 평균제곱오차[1]를 통해 이해할 수 있다.

먼저 데이터를 학습용과 평가용으로 한 번 분할하여 모형의 평균제곱오차를 추정하는 경우를 가정해 보자. 앞 절에서도 언급했듯이 이 경우에는 모형을 적합하는 데 사용하는 관측치의 개수가 줄어들기 때문에 기대 평균제곱오차(예측오차)를 과대추정할 수 있다. 이에 반하여 LOOCV 방법은 $(n - 1)$개의 관측값을 학습 자료로 사용하기 때문에 편의가 거의 없는 오차를 추정할 수 있게 된다. 반면에 K겹 교차검증방법은 학습 자료의 개수가 대

1) 추정량 $\hat{\theta}$의 평균제곱오차는 $\mathrm{MSE}(\hat{\theta}) = [\mathrm{E}(\hat{\theta} - \theta)]^2 + \mathrm{Var}(\hat{\theta})$임을 기억하자

략 $(K - 1)n/K$개로 LOOCV 방법보다는 작지만, 데이터를 학습용과 평가용으로 한 번 분할하여 사용한 경우보다는 많기 때문에, 이들 방법들의 중간 정도 편의가 발생할 수 있다. 즉, 기대 평균제곱오차 추정의 편의 관점에서는 K겹 교차검증 방법보다 LOOCV 방법이 더 나은 추정량을 제공하게 된다.

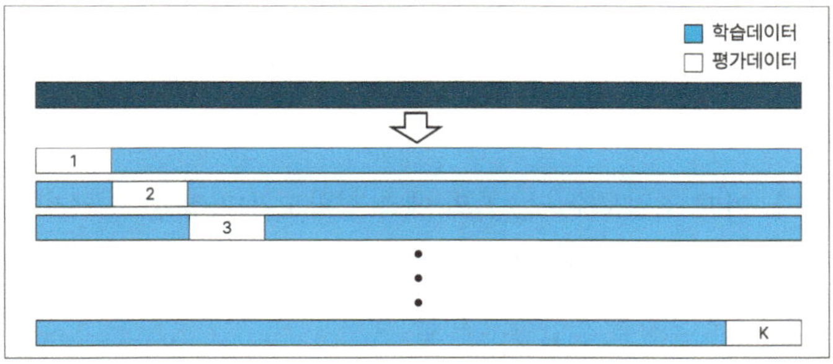

그림 19.1 K겹 교차검증

그러나 추정량의 분산 측면을 고려해 보면, 그 결과는 반대로 나타나게 된다. LOOCV는 n번 적합한 모형의 결과를 평균하게 되는데, 각 모형을 적합하는 데 사용한 관측치는 거의 같은 관측치라고 볼 수 있기 때문에, 적합 결과는 높은 양의 상관 관계를 갖게 된다. 반대로 K겹 교차검증은 K번 적합한 모형의 결과를 평균하는데, 이 경우 학습 자료로 쓰이는 관측치가 겹치는 부분이 LOOCV보다는 적어 상대적으로 모형에 적합한 결과들의 상관 관계가 적게 된다. 상관 정도가 높은 추정량들의 평균은 상관 정도가 낮은 추정량들의 평균보다 분산이 크기 때문에, LOOCV 방법에 의한 평가오차의 추정량은 K겹 교차검증 방법보다 분산이 큰 경향이 존재한다.

K겹 교차검증 방법은 K의 선택으로 검증오차에 대한 추정에 있어 평균제곱오차가 달라짐을 알 수 있다. $K = 2$인 경우는 자료를 두 개로 분할한 경우를 나타내며, 모형을 추정할 때 관측치의 개수를 반만 사용하기 때문에 예측오차의 편의가 커질 가능성이 높아지게 된다. 또, $K = n$인 경우에는 LOOCV 방법을 사용하는 경우 예측오차의 분산이 커질 수가 있어, K의 선택도 기대 평균제곱오차(예측오차)를 추정하는 데 있어 편의와 분산을 동시에 고려하여 선택해야 하는 문제가 발생한다. 일반적으로 $K = 5$ 또는 $K = 10$을 사용하면 지나치게 높은 편의와 높은 분산으로 인한 문제 없이 기대 평균제곱오차에 대한 추정값을 얻을 수 있다는 것이 경험적으로 알려져 있다.

19.5 능형회귀의 조절모수 선택

지금까지 $f(\mathbf{x}_i) = \mathbf{x}_i^\top \boldsymbol{\beta}$의 선형 중회귀모형을 가정하고, 모형의 성능을 평가하기 위해 교차 검증을 통하여 평균제곱오차를 계산해 보았다. 이제 식 (19.1)에서 살펴 본 것처럼 $\hat{f} = \hat{f}_\lambda$로 조절 모수(tuning parameter)에 의해 회귀모형을 추정하는 경우를 가정하고, 교차검증을 통해 조절모수를 추정하는 문제를 살펴보자. 예를 들어, 조절모수를 $\lambda = k$라 하고, $\hat{f}_k$를 능형회귀 추정량이라고 한다면

$$\hat{f}_k(\mathbf{x}_i) = \mathbf{x}_i^\top \hat{\boldsymbol{\beta}}(k) = \mathbf{x}_i^\top (X^\top X + kI)^{-1} X^\top \mathbf{y} \tag{19.9}$$

라고 할 수 있다. 이때 조절모수 k는 $\hat{f}_k$의 예측 정확도가 가장 높도록(기대 평균제곱오차가 가장 작도록) 선택하는데 이때 교차검증을 사용하게 된다. 즉, 교차검증을 통하여 조절 모수 k에 대한 기대평균제곱오차를 계산하고 이를

$$CV_{(K)}(k) = \frac{1}{n} \sum_{i=1}^{K} \sum_{j \in F_i} \left[y_i - \hat{f}^{-i}(\mathbf{x}_j) \right]^2 \tag{19.10}$$

로 적는다. 위 식에서 $F_i\ (i = 1, 2, \cdots, K)$는 관측값의 인덱스에 대한 집합으로 서로 배타적이며, $\bigcup_{i=1}^{K} F_i = \{1, 2, \cdots, n\}$이 성립하고 각 F_i의 크기는 대략적으로 n/K가 되는 집합들이다. 이 때 $\hat{f}_k^{-i}$는 i번째 집합 F_i에 속하는 관측치 $(y_j, \mathbf{x}_j)$, $j \in F_i$를 제외하고 적합한 모형을 나타낸다. 특별히 식 (19.7)과 마찬가지로 식 (19.9)의 $\hat{f}_k$에 대해서 $K = n$일 때

$$CV_{(n)}(k) = \frac{1}{n} \sum_{i=1}^{n} (y_i - \hat{f}_k^{-i}(\mathbf{x}_i))^2 = \frac{1}{n} \sum_{i=1}^{n} \left[\frac{y_i - \hat{f}_k(\mathbf{x}_i)}{1 - S_{ii}} \right]^2 \tag{19.11}$$

가 만족함을 알 수 있다. 이때 S_{ii}는 $S = X(X^\top X + kI)^{-1} X^\top$의 i번째 대각원소가 된다.

LOOCV에 의한 평균제곱오차는 임의의 선형예측치(linear predictor) $\hat{f} = S\mathbf{y}$에 대하여 자료의 수 n번에 해당하는 모형 적합이 필요없이 기대 평균제곱오차에 대한 간편 추정식 (19.11)이 성립한다. 또한 이러한 간편식이 존재하지 않더라고 선형예측치 $\hat{f}$의 기대 평균제곱오차에 대한 일반화된 교차검증(generalized cross-validation, GCV) 근사값

$$\text{GCV} = \frac{1}{n} \sum_{i=1}^{n} \left[\frac{y_i - \hat{f}(\mathbf{x}_i)}{1 - \text{tr}(S)/n} \right]^2 \tag{19.12}$$

을 사용할 수 있다. GCV 값은 $\text{tr}(S)$의 계산이 대각원소 S_{ii}의 계산 보다 쉬운 환경에서 계산상의 이점이 존재하고, 식 (19.11) 성립여부와 관계없이 사용할 수 있다.

이상의 내용을 바탕으로 교차검증에 의한 기대 평균제곱오차는 조절모수 k의 함수로 나타남을 알 수 있으며, k는 이 함수를 최소화는 값으로 선택할 수 있다. 능형회귀 추정량 이외에도 일반적인 벌점화 회귀분석 방법(식 (19.1))의 조절모수 λ에 대하여

$$\hat{\lambda} = \text{argmin}_{\lambda} CV_{(K)}(\lambda) \tag{19.13}$$

의 선택을 할 수 있다.

19.6 조절모수 선택에서의 1-표준오차 규칙

K겹 교차검증에 대한 K개의 평균제곱오차는

$$CV_i(\lambda) = \frac{1}{n_i}\sum_{j\in F_i}[y_i - \hat{f}_\lambda^{-i}(\mathbf{x}_j)]^2, \quad i = 1, \cdots, K \tag{19.14}$$

이고, 여기서 n_i는 i 번째 등분에 속한 관측치 개수를 의미한다. 따라서, $CV_1(\lambda), \cdots, CV_K(\lambda)$로부터 평균제곱오차 추정량에 대한 표준편차를 구할 수 있다.

$$SD(\lambda) = \sqrt{\frac{1}{K-1}\sum_{i=1}^{K}[\mathrm{CV}_i(\lambda) - \overline{\mathrm{CV}}(\lambda)]^2},\ \overline{\mathrm{CV}}(\lambda) = \frac{1}{K}\sum_{i=1}^{K}\mathrm{CV}_i(\lambda) \tag{19.15}$$

이로부터 교차검증에 의한 평균제곱오차의 표준오차 $SE(\lambda) = SD(\lambda)/\sqrt{K}$를 구할 수 있다. 이 경우 λ에 따라 평균제곱오차 곡선을 나타내고, '1-표준오차 규칙(one standard error rule)'을 통해 최종 λ를 선택하는 것이 일반적이다. 식 (19.13)에서 구한 $\hat{\lambda}$로부터 λ의 크기가

$$CV(\lambda) \leq CV(\hat{\lambda}) + SE(\hat{\lambda}) \tag{19.16}$$

을 만족하는 범위에서 λ를 크게 선택해 준다. 이러한 방법을 통하여 λ를 최대한 크게 선택하도록 하는 데, 이것은 회귀계수를 최대한 축소시키거나 또는 범위 안에서 가장 간단한 모형을 선택하는 절차이다.

마지막으로 교차 검증방법은 조절모수 λ를 선택하는데 매우 유용한 방법이지만 유일한 방법은 아니다. 조절모수를 선택하는데 있어 붓스트랩(bootstrap) 방법이나, AIC, BIC 등과 같은 정보기준(information criteria) 등 다양한 방법이 있다. 이와 관련해서는 참고문헌 (12.9)를 참고하기 바란다.

19.7 R 실습

19.7.1 주성분 회귀에서 주성분의 개수 선택

이 절에서는 15장 3절의 주성분 회귀모형에서 회귀계수 $\hat{\boldsymbol{\beta}}_g = P\Lambda_g^{-1}P_g^{\top}X^{\top}\mathbf{y}$를 추정하기 위한 g를 선택하는 문제에 대하여 교차검증방법을 적용해 보기로 한다. 8장 6절에서 사용한 Hitters 자료로부터 Salary를 예측하기 위해 설명변수를 모두 사용하여 주성분회귀 모형을 적합하는 경우를 고려해 보자. 이번 장에서는 pls 패키지에 있는 pcr( ) 함수를 사용해 보기로 한다.

```
> library(ISLR) # 데이터를 위해 로딩함
> library(pls) # pcr() 함수를 위해 로딩함
> set.seed(1234)
> fit←pcr(Salary~.,data=Hitters, scale=TRUE, validation="CV")
```

15장에서는 직접 주성분을 생성한 후 예측변수로 하여 회귀모형을 적합해 보았었는데, 이번 절에서는 lm( )함수와 비슷하게 pcr( )함수로부터 쉽게 주성분 회귀를 적용해 보기로 한다. scale=TRUE는 주성분을 생성하기 전에 설명변수를 다음과 같이 표준화한다.

$$\tilde{x}_{ij} = \frac{x_{ij}}{\sqrt{\frac{1}{n}\sum_{i=1}^{n}(x_{ij} - \bar{x}_j)^2}}$$

또한 validation="CV"를 설정하면 주성분의 수 g에 대한 10겹 교차검증에 대한 제곱근 평균제곱오차(root mean squared error)를 생성한다.

```
> summary(fit)
Data:       X dimension: 263 19
            Y dimension: 263  1
Fit method: svdpc
Number of components considered: 19

VALIDATION: RMSEP
Cross-validated using 10 random segments.
   (Intercept) 1 comps  2 comps  3 comps  4 comps  5 comps  6 comps  7 comps
CV         452   353.4    351.8    351.7    349.4    345.4    343.6    343.6
adjCV      452   353.0    351.4    351.3    348.9    344.8    342.8    342.9
          8 comps  9 comps  10 comps  11 comps  12 comps  13 comps  14 comps
CV          345.3    347.0     349.3     349.4     351.5     355.2     349.4
adjCV       344.4    346.1     348.1     348.0     350.1     353.8     347.6
         15 comps 16 comps  17 comps  18 comps  19 comps
CV          348.5    339.6     338.7     337.2     339.5
adjCV       346.8    337.9     336.9     335.4     337.5

TRAINING: % variance explained
      1 comps 2 comps 3 comps 4 comps 5 comps 6 comps 7 comps 8 comps 9 comps
X       38.31   60.16   70.84   79.03   84.29   88.63   92.26   94.96   96.28
Salary  40.63   41.58   42.17   43.22   44.90   46.48   46.69   46.75   46.86
```

```
      10 comps 11 comps 12 comps 13 comps 14 comps 15 comps 16 comps 17 comps
X        97.26    97.98    98.65    99.15    99.47    99.75    99.89    99.97
Salary   47.76    47.82    47.85    48.10    50.40    50.55    53.01    53.85
      18 comps 19 comps
X        99.99   100.00
Salary   54.61    54.61
```

output에서 RMSEP는 '예측에 대한 제곱근 평균제곱오차(Root Mean Squared Error of Prediction)'을 가리키고 본문의 기대평균제곱오차에 해당한다. 예를 들어 $g = 1$로 1개의 주성분만을 사용한 경우 Salary(단위: 1000달러)에 대한 예측 오차가 353.4으로 약 35만달러의 예측오차가 나타난다는 것을 보여준다. 이 모형에 대한 평균제곱오차(MSE)는 $353.4^2 = 124,891.6$이 된다. pcr( ) 함수 결과에서는 이것을 MSEP로 표현하고 있음에 유의한다. 평균제곱오차에 대해 교차검증 결과를 그려 보기 위하여 validationplot( )함수를 사용할 수 있다.

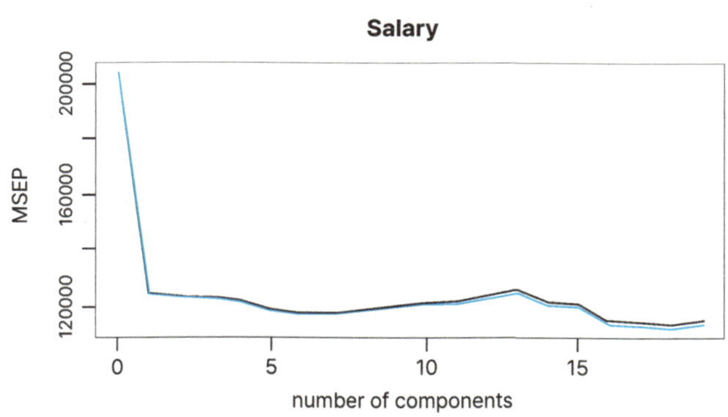

그림 19.2 **10겹 교차검증으로 부터 주성분의 갯수에 따른 평균제곱오차**

```
>validationplot(pcr_fit, val.type = "MSEP")
```

[그림 19.2]에서 살펴보면 $g = 18$일 때 교차검증 오차가 가장 작다. 이것은 $g = 19$일 때와 거의 차이가 없고, $g = 19$는 모든 성분을 사용한 것이므로 최소제곱법으로 추정한 것과 같은 결과이다. 그런데 [그림 19.2]를 살펴보면 주성분을 1개 사용한 경우의 MSE 또한 주성분을 여러 개 사용한 MSE와 크게 다르지 않음을 알려준다. summary( ) 함수는 주성분의 갯수에 따라 설명변수와 반응변수의 변동을 어느 정도 설명하는지 알려준다. 예를 들어, 주성분의 수가 $g = 4$인 경우에는 설명변수에 의한 변동의 약 79.03%를 설명할 수 있고, 반응변수(Salary)의 변동의 약 43.22%를 설명할 수 있음을 의미한다.

19.7.2 벌점화 회귀분석의 조절모수 선택

이 절에서는 라쏘모형을 적합하고 교차검증을 통하여 조절모수 λ를 선택해 보기로 한다. glmnet( ) 함수는 lm( ) 또는 glm( )함수와 달리 설명변수에 대한 X행렬과, 반응변수에 대한 y벡터를 인자로 설정해야 한다.

```
> X←model.matrix(Salary~., Hitters)[,-1] # 절편항 제외함
> y←Hitters$Salary
```

여기서 model.matrix( )함수는 263 × 19의 X행렬을 생성하는데, 범주형 변수의 경우 가변수를 생성해 준다. 이렇게 생성된 설명변수 행렬과 반응변수 벡터에 대하여 다음과 같이 라쏘 모형을 적합할 수 있다. 여기서 glmnet( ) 함수는 적합할 모형을 결정하는 인자를 가지고 있는데, alpha=1이면 라쏘모형을 적합한다. alpha=0인 경우 glmnet( ) 함수는 능형회귀 모형을 적합한다.

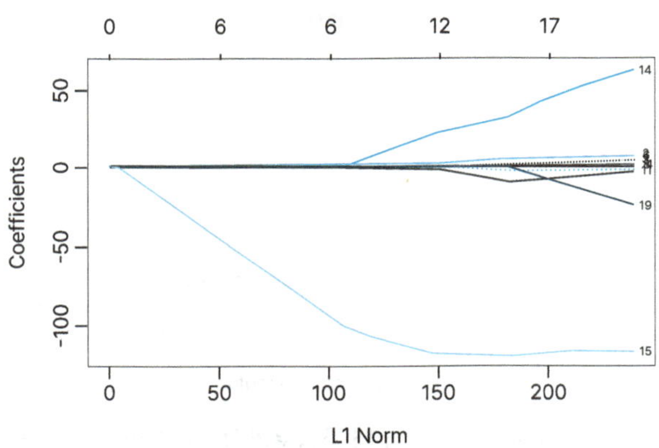

그림 19.3 λ의 변화에 따른 $\|\boldsymbol{\beta}\|$의 변화에 대한 회귀계수 추정값의 변화

```
> library(glmnet)
> grid←10^seq(10,-2,length=100)
> lasso.fit←glmnet(X,y,alpha=1, lambda=grid)
> plot(lasso.fit, label=TRUE)
```

[그림 19.3]에서 각 곡선은 λ를 변화시키면서 계산된 회귀계수 추정량 $\hat{\boldsymbol{\beta}}$의 l_1-노음 $\|\boldsymbol{\beta}\|_1$의 변화와 각 회귀계수 추정값의 변화를 보여 준다. 각 곡선의 숫자는 plot( ) 함수에서 label=TRUE로 설정한 결과로써 X행렬의 열번호에 해당하는 변수를 나타낸다. 그림에서

x축 위의 숫자는 λ에 대해서 추정된 회귀계수 벡터 $\hat{\boldsymbol{\beta}}$의 l_1-노음 $||\boldsymbol{\beta}||_1$을 나타낸다. λ의 선택을 위한 교차검증은 cv.glmnet( ) 함수를 사용하고, λ의 변화에 따라 교차검증으로부터 계산한 기대평균제곱오차의 결과는 plot( ) 함수를 통해 확인할 수 있다.

```
> cvfit←cv.glmnet(X,y,alpha=1)
> plot(cvfit)
```

위 결과로부터 0이 아닌 변수는 13개 임을 알 수 있고, 그 때의 $\log\lambda$ 값은 세로선에 해당하는 값임을 알 수 있다. 교차검증의 결과 기대평균제곱오차를 최소화하는 λ는 cvfit의 결과로부터 확인하고, λ를 선택한 후 라쏘회귀모형을 다시 추정한다.

```
lam←cv.fit$lambda.min;lam
predict(lasso.fit,type="coefficients",s=lam)
20 x 1 sparse Matrix of class "dgCMatrix"
                         1
(Intercept)   117.3837723
AtBat          -1.4822814
Hits            5.5218995
HmRun           .
Runs            .
RBI             .
Walks           4.6101859
Years          -9.0754521
CAtBat          .
CHits           .
CHmRun          0.4884478
CRuns           0.6349678
CRBI            0.3938060
CWalks         -0.5007016
LeagueN        31.6550343
DivisionW    -119.1968930
PutOuts         0.2705311
Assists         0.1601517
Errors         -1.9317399
NewLeagueN      .
```

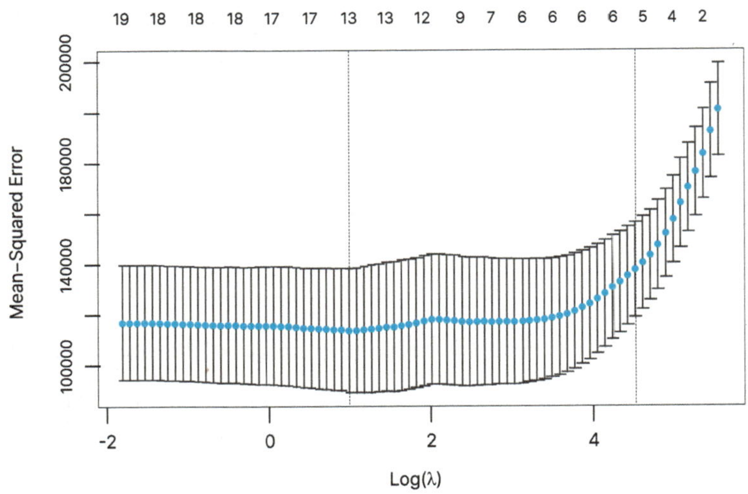

그림 19.4 λ의 변화에 따른 평균제곱오차

참고문헌

19.1 Allen, D.: "The relationship between variable selection and data augmentation and a method of prediction," *Technometrics*, Vol. 16, pp. 125–7, 1974.

19.2 Golub, G., Heath, M. and Wahba, G.: "Generalized cross-validation as a method for choosing a good ridge parameter," *Technometrics*, Vol. 21, pp. 215–224, 1979.

19.3 James, G., Witten, D., Hastie, T., and Tibshirani, R.: *An introduction to statistical learning with applications in R*, New York, Springer, 2013.

19.4 Hastie, T., Tibshirani, R., and Friedman, J.: *The Elements of Statistical Learning: Data mining, Inference, and Prediction* (2nd Ed.), New York, Springer, 2017.

19.5 Stone, M.: "Cross-validatory choice and assessment of statistical predictions," *Journal of the Royal Statistical Society Series B*, Vol. 36, pp. 111– 147, 1974.

19.6 Stone, M.: "An asymptotic equivalence of choice of model by cross- validation and Akaike's criterion," *Journal of the Royal Statistical Society Series B*, Vol. 39, pp. 44–7, 1977.

19.7 Wahba, G.: "Spline bases, regularization, and generalized cross- validation for solving approximation problems with large quantities of noisy data," *Proceedings of the International Conference on Approximation theory in Honour of George Lorenz*, Academic Press, Austin, Texas, pp. 905–912, 1980.

19.8 Wahba, G.: *Spline models for observational data*, SIAM, Philadelphia, 1990.

19.9 Zhang, P.: "Model selection via multifold cross-validation," *Annals of Statistics*, Vol. 21, pp.299–311, 1993.

연습문제

19.1 $\hat{f}(x) = S(x)\mathbf{y}$는 $\mathbf{y}$의 어떤 선형 예측치라고 하자. $S(x)$는 x에 의존하는 $n \times n$ 행렬이고, 편의상 S라 적는다.

(1) S_{ii}는 S행렬의 i 번째 대각원소이다. $\hat{f}$이 능형회귀추정량일 때 다음이 성립함을 증명하시오.

$$y_i - \hat{f}^{-i}(x_i) = \frac{y_i - \hat{f}(x_i)}{1 - S_{ii}}$$

(2) (1)을 이용하여 $|y_i - \hat{f}^{-i}(x_i)| \geq |y_i - \hat{f}(x_i)|$임을 보이시오.

(3) (1)의 식을 만족하는 S의 조건을 찾으시오.

19.2 다음을 읽고 답하시오.

(1) 다음과 같이 모의 자료를 생성하시오.

```
> set.seed(1234)
> x←rnorm(100)
> y←x-2*x^2+rnorm(100)
```

이 자료에서 n과 p는 무엇인가? 데이터를 생성하는 데 사용된 모형을 방정식 형태로 나타내시오.

(2) x와 y 의 산점도를 그리고, 발견한 것에 대해 설명하시오.

(3) set.seed( ) 함수를 설정한 후 최소제곱법을 사용하여 다음 4개의 모형을 적합할 때, LOOCV을 사용하여 평균제곱오차를 계산하시오.

i. $y = \beta_0 + \beta_1 x + \epsilon$

ii. $y = \beta_0 + \beta_1 x + \beta_2 x^2 + \epsilon$

iii. $y = \beta_0 + \beta_1 x + \beta_2 x^2 + \beta_3 x^3 + \epsilon$

iv. $y = \beta_0 + \beta_1 x + \beta_2 x^2 + \beta_3 x^3 + \beta_4 x^4 + \epsilon$

(4) set.seed( ) 함수를 다른 값으로 설정한 후 (3)을 반복하시오. (3)에서 얻은 결과와 같은가? 그 이유는 무엇인가?

(5) (3)에서 가장 작은 LOOCV 오차를 갖는 것은 어느 모형인가? 이것은 예상된 결과인지 설명하시오.

(6) 최소제곱법을 사용하여 (3)의 각 모형을 적합한 결과로부터, 회귀계수의 통계적 유의성이 교차검증 결과와 일치하는지 설명하시오.

19.3 모형의 예측성능을 평가하기 위해 데이터 분할을 통하여 검증 데이터를 사용하는 경우와 K겹 교차검증을 하는 경우의 장점과 단점을 비교하여 설명하시오.

19.4 R 실습 연습문제 **15.10**번 문제에 대하여, 능형회귀, 주성분회귀, 부분최소제곱 방법에 대하여 조절모수 λ를 K겹 교차검증으로 추정한 후 최종 모형을 구하시오.

부록

<표 A-1> 표준정규분포표

$$P[Z \leq z] = \int_{-\infty}^{z} \frac{1}{\sqrt{2\pi}} e^{-\frac{t^2}{2}} dt$$

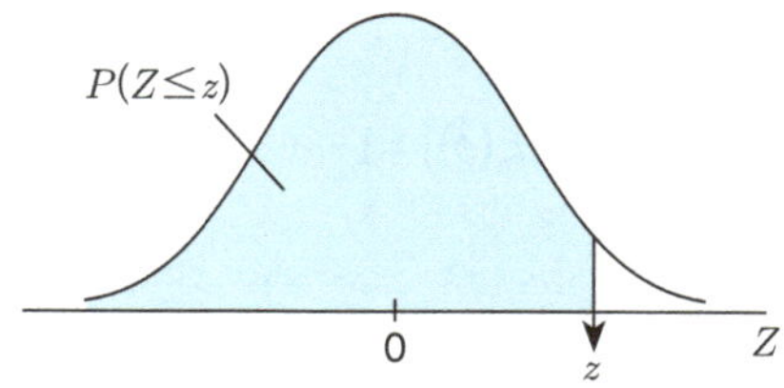

z	.00	.01	.02	.03	.04	.05	.06	.07	.08	.09
.0	.5000	.5040	.5080	.5120	.5160	.5199	.5239	.5279	.5319	.5359
.1	.5398	.5438	.5478	.5517	.5557	.5596	.5636	.5675	.5714	.5753
.2	.5793	.5832	.5871	.5910	.5948	.5987	.6026	.6064	.6103	.6141
.3	.6179	.6217	.6255	.6293	.6331	.6368	.6406	.6443	.6480	.6517
.4	.6554	.6591	.6628	.6664	.6700	.6736	.6772	.6808	.6844	.6879
.5	.6915	.6950	.6985	.7019	.7054	.7088	.7123	.7157	.7190	.7224
.6	.7257	.7291	.7324	.7357	.7389	.7422	.7454	.7486	.7517	.7549
.7	.7580	.7611	.7642	.7673	.7704	.7734	.7764	.7794	.7823	.7852
.8	.7881	.7910	.7939	.7967	.7995	.8023	.8051	.8078	.8106	.8133
.9	.8159	.8186	.8212	.8238	.8264	.8289	.8315	.8340	.8365	.8389
1.0	.8413	.8438	.8461	.8485	.8508	.8531	.8554	.8577	.8599	.8621
1.1	.8643	.8665	.8686	.8708	.8729	.8749	.8770	.8790	.8810	.8830
1.2	.8849	.8869	.8888	.8907	.8925	.8944	.8962	.8980	.8997	.9015
1.3	.9032	.9049	.9066	.9082	.9099	.9115	.9131	.9147	.9162	.9177
1.4	.9192	.9207	.9222	.9236	.9251	.9265	.9279	.9292	.9306	.9319
1.5	.9332	.9345	.9357	.9370	.9382	.9394	.9406	.9418	.9429	.9441
1.6	.9452	.9463	.9479	.9484	.9495	.9505	.9515	.9525	.9535	.9545
1.7	.9554	.9564	.9573	.9582	.9591	.9599	.9608	.9616	.9625	.9633
1.8	.9641	.9649	.9656	.9664	.9671	.9678	.9686	.9693	.9699	.9706
1.9	.9713	.9719	.9726	.9732	.9738	.9744	.9750	.9756	.9761	.9767
2.0	.9772	.9778	.9783	.9788	.9793	.9798	.9803	.9808	.9812	.9717
2.1	.9821	.9826	.9830	.9834	.9838	.9842	.9846	.9850	.9854	.9857
2.2	.9861	.9864	.9868	.9871	.9875	.9878	.9881	.9884	.9887	.9890
2.3	.9893	.9896	.9898	.9901	.9904	.9906	.9909	.9911	.9913	.9916
2.4	.9918	.9920	.9922	.9925	.9927	.9929	.9931	.9932	.9934	.9936
2.5	.9938	.9940	.9941	.9943	.9945	.9946	.9948	.9949	.9951	.9952
2.6	.9953	.9955	.9956	.9957	.9959	.9960	.9961	.9962	.9963	.9964
2.7	.9965	.9966	.9967	.9968	.9969	.9970	.9971	.9972	.9973	.9974
2.8	.9974	.9975	.9976	.9977	.9977	.9978	.9979	.9979	.9980	.9981
2.9	.9981	.9982	.9982	.9983	.9984	.9984	.9985	.9985	.9986	.9986
3.0	.9987	.9987	.9987	.9988	.9988	.9989	.9989	.9989	.9990	.9990
3.1	.9990	.9991	.9991	.9991	.9992	.9992	.9992	.9992	.9993	.9993
3.2	.9993	.9993	.9994	.9994	.9994	.9994	.9994	.9995	.9995	.9995
3.3	.9995	.9995	.9995	.9996	.9996	.9996	.9996	.9996	.9996	.9997
3.4	.9997	.9997	.9997	.9997	.9997	.9997	.9997	.9997	.9997	.9998

<표 A-2> t-분포표

$$P[t(\phi) \leq t_{\alpha}(\phi)] = 1 - \alpha$$

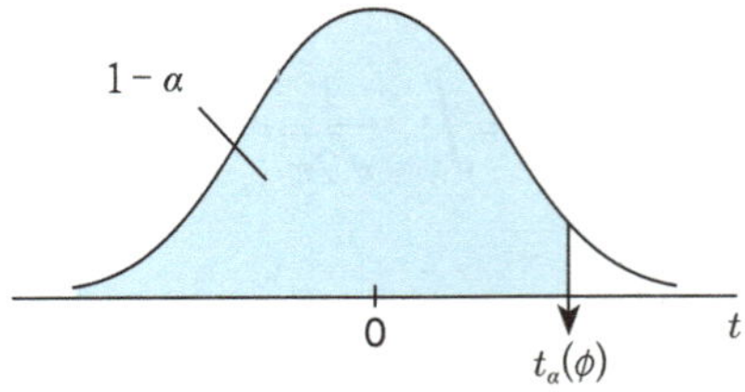

ϕ	$1-\alpha$						
	.55	.60	.65	.70	.75	.80	.85
1	0.158	0.325	0.510	0.727	1.000	1.376	1.963
2	0.142	0.289	0.445	0.617	0.816	1.061	1.386
3	0.137	0.277	0.424	0.584	0.765	0.978	1.250
4	0.134	0.271	0.414	0.569	0.741	0.941	1.190
5	0.132	0.267	0.408	0.559	0.727	0.920	1.256
6	0.131	0.265	0.404	0.553	0.718	0.906	1.134
7	0.130	0.263	0.402	0.549	0.711	0.896	1.119
8	0.130	0.262	0.399	0.546	0.706	0.889	1.108
9	0.129	0.261	0.398	0.543	0.703	0.883	1.100
10	0.129	0.260	0.397	0.542	0.700	0.879	1.093
11	0.129	0.260	0.396	0.540	0.697	0.876	1.088
12	0.128	0.259	0.395	0.539	0.695	0.873	1.083
13	0.128	0.259	0.394	0.538	0.694	0.870	1.079
14	0.128	0.258	0.393	0.537	0.692	0.868	1.076
15	0.128	0.258	0.393	0.536	0.691	0.866	1.074
16	0.128	0.258	0.392	0.535	0.690	0.865	1.071
17	0.128	0.257	0.392	0.534	0.689	0.863	1.069
18	0.127	0.257	0.392	0.534	0.688	0.862	1.067
19	0.127	0.257	0.391	0.533	0.688	0.861	1.066
20	0.127	0.257	0.391	0.533	0.687	0.860	1.064
21	0.127	0.257	0.391	0.532	0.686	0.859	1.063
22	0.127	0.256	0.390	0.532	0.686	0.858	1.061
23	0.127	0.256	0.390	0.532	0.685	0.858	1.060
24	0.127	0.256	0.390	0.531	0.685	0.857	1.059
25	0.127	0.256	0.390	0.531	0.684	0.856	1.058
26	0.127	0.256	0.390	0.531	0.684	0.856	1.058
27	0.127	0.256	0.389	0.531	0.684	0.855	1.057
28	0.127	0.256	0.389	0.530	0.683	0.855	1.056
29	0.127	0.256	0.389	0.530	0.683	0.854	1.055
30	0.127	0.256	0.389	0.530	0.683	0.854	1.055
40	0.126	0.255	0.388	0.529	0.681	0.851	1.050
60	0.126	0.254	0.387	0.527	0.679	0.848	1.046
120	0.126	0.254	0.386	0.526	0.677	0.845	1.041
∞	0.126	0.253	0.385	0.524	0.674	0.842	1.036

<표 A-2>의 계속

ϕ	$1-\alpha$					
	.90	.95	.975	.99	.995	.9995
1	3.078	6.314	12.706	31.821	63.657	636.619
2	1.886	2.920	4.303	6.965	9.925	31.598
3	1.638	2.353	3.182	4.541	5.841	12.924
4	1.533	2.132	2.776	3.747	4.604	8.610
5	1.476	2.015	2.571	3.365	4.032	6.869
6	1.440	1.943	2.447	3.143	3.707	5.959
7	1.415	1.895	2.365	2.998	3.499	5.408
8	1.397	1.860	2.306	2.896	3.355	5.041
9	1.383	1.833	2.262	2.821	3.250	4.781
10	1.372	1.812	2.228	2.764	3.169	4.587
11	1.363	1.796	2.201	2.718	3.106	4.437
12	1.356	1.782	2.179	2.681	3.055	4.318
13	1.350	1.771	2.160	2.650	30.12	4.221
14	1.345	1.761	2.145	2.624	2.977	4.140
15	1.341	1.753	2.131	2.602	2.947	4.073
16	1.337	1.746	2.120	2.583	2.921	4.015
17	1.333	1.740	2.110	2.567	2.898	3.965
18	1.330	1.734	2.101	2.552	2.878	3.922
19	1.328	1.729	2.093	2.539	2.861	3.883
20	1.325	1.725	2.086	2.528	2.845	3.850
21	1.323	1.721	2.080	2.518	2.831	3.819
22	1.321	1.717	2.074	2.508	2.819	3.792
23	1.319	1.714	2.068	2.500	2.807	3.767
24	1.318	1.711	2.064	2.492	2.797	3.745
25	1.316	1.708	2.060	2.485	2.787	3.725
26	1.315	1.706	2.056	2.479	2.779	3.707
27	1.314	1.703	2.052	2.473	2.771	3.690
28	1.313	1.701	2.048	2.467	2.763	3.674
29	1.311	1.699	2.045	2.462	2.756	3.659
30	1.310	1.697	2.042	2.457	2.750	3.646
40	1.303	1.684	2.021	2.423	2.704	3.551
60	1.296	1.671	2.000	2.390	2.660	3.460
120	1.289	1.658	1.980	2.358	2.617	3.373
∞	1.282	1.645	1.960	2.326	2.576	3.291

<표 A-3> χ^2-분포표

$$P[\chi^2(\phi) \leq \chi^2_\alpha(\phi)] = 1 - \alpha$$

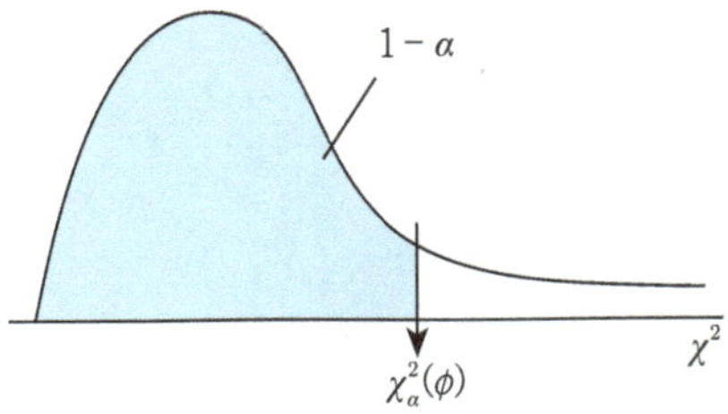

ϕ	$1-\alpha$									
	.005	.010	.025	.050	.100	.900	.950	.975	.990	.995
1	0.0^4393	0.0^3157	0.0^3982	0.0^2393	0.0158	2.71	3.84	5.02	6.63	7.88
2	0.0100	0.0201	0.0506	0.103	0.211	4.61	5.99	7.38	9.21	10.60
3	0.072	0.115	0.216	0.352	0.584	6.25	7.81	9.35	11.34	12.84
4	0.207	0.297	0.484	0.711	1.064	7.78	9.49	11.14	13.28	14.86
5	0.412	0.554	0.831	1.145	1.61	9.24	11.07	12.83	15.09	16.75
6	0.676	0.872	1.24	1.64	2.20	10.64	12.59	14.45	16.81	18.55
7	0.989	1.24	1.69	2.17	2.83	12.02	14.07	16.01	18.48	20.28
8	1.34	1.65	2.18	2.73	3.49	13.36	15.51	17.53	20.09	21.96
9	1.73	2.09	2.70	3.33	4.17	14.68	16.92	19.02	21.67	23.59
10	2.16	2.56	3.25	3.94	4.87	15.99	18.31	20.48	23.21	25.19
11	2.60	3.05	3.82	4.57	5.58	17.28	19.68	21.92	24.73	26.76
12	3.07	3.57	4.40	5.23	6.30	18.55	21.03	23.34	26.22	28.30
13	3.57	4.11	5.01	5.89	7.04	19.81	22.36	24.74	27.69	29.82
14	4.07	4.66	5.63	6.57	7.79	21.06	23.68	26.12	29.14	31.32
15	4.60	5.23	6.26	7.26	8.55	22.31	25.00	27.49	30.58	32.80
16	5.14	5.81	6.91	7.96	9.31	23.54	26.30	28.85	32.00	34.27
17	5.70	6.41	7.56	8.67	10.09	24.77	27.59	30.19	33.41	35.72
18	6.26	7.01	8.23	9.39	10.86	25.99	28.87	31.53	34.81	37.16
19	6.84	7.63	8.91	10.12	11.65	27.20	30.14	32.85	36.19	38.58
20	7.43	8.26	9.59	10.85	12.44	28.41	31.41	34.17	37.57	40.00
21	8.03	8.90	10.28	11.59	13.24	29.62	32.67	35.48	38.93	41.40
22	8.64	9.54	10.98	12.34	14.04	30.81	33.92	36.78	40.29	42.80
23	9.26	10.20	11.69	13.09	14.85	32.01	35.17	38.08	41.64	44.18
24	9.89	10.86	12.40	13.85	15.66	33.20	36.42	39.36	42.98	45.56
25	10.52	11.52	13.12	14.61	16.47	34.38	37.65	40.65	44.31	46.93
26	11.16	12.20	13.84	15.38	17.29	35.56	38.89	41.92	45.64	48.29
27	11.81	12.88	14.57	16.15	18.11	36.74	40.11	43.19	46.96	49.64
28	12.46	13.56	15.31	16.93	18.94	37.92	41.34	44.46	48.28	50.99
29	13.12	14.26	16.05	17.71	19.77	39.09	42.56	45.72	49.59	52.34
30	13.79	14.95	16.79	18.49	20.60	40.26	43.77	46.98	50.89	53.67
40	20.71	22.16	24.43	26.51	29.05	51.81	55.76	59.34	63.69	66.77
50	27.99	29.71	32.36	34.76	37.69	63.17	67.50	71.42	76.15	79.49
60	35.53	37.48	40.48	43.19	46.46	74.40	79.08	83.30	88.38	91.95
70	43.28	45.44	48.76	51.74	55.33	85.53	90.53	95.02	100.4	104.2
80	51.17	53.54	57.15	60.39	64.28	96.58	101.9	106.6	112.3	113.6
90	59.20	61.75	65.65	69.13	73.29	107.6	113.1	118.1	124.1	128.3
100	67.33	70.06	74.22	77.93	82.36	118.5	124.3	129.6	153.8	140.2

<표 A-4> F-분포표

$$P[F(\phi_1, \phi_2) \leq F_\alpha(\phi_1, \phi_2)] = 1-\alpha$$

$$F_\alpha(\phi_1, \phi_2) = \frac{1}{F_{1-\alpha}(\phi_2, \phi_1)}$$

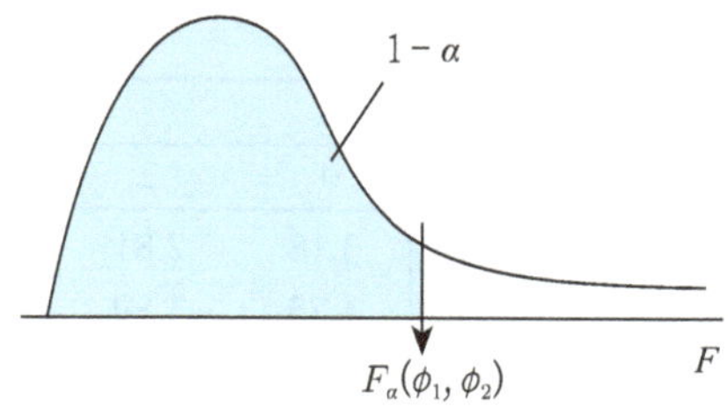

ϕ_2	$1-\alpha$	ϕ_1								
		1	2	3	4	5	6	7	8	9
1	.90	39.9	49.5	53.6	55.8	57.2	58.2	58.9	59.4	59.9
	.95	161	200	216	225	230	234	237	239	241
	.99	4,052	5,000	5,403	5,625	5,764	5,859	5,928	5,981	6,022
2	.90	8.53	9.00	9.16	9.24	9.29	9.33	9.35	9.37	9.38
	.95	18.5	19.0	19.2	19.2	19.3	19.3	19.4	19.4	19.4
	.99	88.5	99.0	99.2	99.2	99.3	99.3	99.4	99.4	99.4
3	.90	5.54	5.46	5.39	5.34	5.31	5.28	5.27	5.25	5.24
	.95	10.1	9.55	9.28	9.12	9.01	8.94	8.89	8.85	8.81
	.99	34.1	30.8	29.5	28.7	28.2	27.9	27.7	27.5	27.3
4	.90	4.54	4.32	4.19	4.11	4.05	4.01	3.98	3.95	3.94
	.95	7.71	6.94	6.59	6.39	6.26	6.16	6.09	6.04	6.00
	.99	21.2	18.0	16.7	16.0	15.5	15.2	15.0	14.8	14.7
5	.90	4.06	3.78	3.62	3.52	3.45	3.40	3.37	3.24	3.32
	.95	6.61	5.79	5.41	5.19	5.05	4.95	4.88	4.82	4.77
	.99	16.3	13.3	12.1	11.4	11.0	10.7	10.5	10.3	10.2
6	.90	3.78	3.46	3.29	3.18	3.11	3.05	3.01	2.98	2.96
	.95	6.99	5.14	4.76	4.53	4.39	4.28	4.21	4.15	4.10
	.99	13.7	10.9	9.78	9.15	8.75	8.47	8.26	8.10	7.98
7	.90	3.59	3.26	3.07	2.96	2.88	2.83	2.78	2.75	2.72
	.95	5.59	4.74	4.35	4.12	3.97	3.87	3.79	3.73	3.68
	.99	12.2	9.55	8.45	7.85	7.46	7.19	6.99	6.84	6.72
8	.90	3.46	3.11	2.92	2.81	2.73	2.67	2.62	2.59	2.56
	.95	5.32	4.46	4.07	3.84	3.69	3.58	3.50	3.44	3.39
	.99	11.3	8.65	7.59	7.01	6.63	6.37	6.18	6.03	5.91
9	.90	3.36	3.01	2.81	2.69	2.61	2.55	2.51	2.47	2.44
	.95	5.12	4.26	3.86	3.63	3.48	3.37	3.29	3.23	3.18
	.99	10.6	8.02	6.99	6.42	6.06	5.80	5.61	5.47	5.35
10	.90	3.29	2.92	2.73	2.61	2.52	2.46	2.41	2.38	2.35
	.95	4.96	4.10	3.71	3.48	3.33	3.22	3.14	3.07	3.02
	.99	10.0	7.56	6.55	5.99	5.64	5.39	5.20	5.06	4.94

<표 A-4>의 계속

ϕ_2	$1-\alpha$	ϕ_1 1	2	3	4	5	6	7	8	9
12	.90	3.18	2.81	2.61	2.48	2.39	2.33	2.28	2.24	2.21
	.95	4.75	3.89	3.49	3.26	3.11	3.00	2.91	2.85	2.80
	.99	9.33	6.93	5.95	5.41	5.06	4.82	4.64	4.50	4.39
15	.90	3.07	2.70	2.49	2.36	2.27	2.21	2.16	2.12	2.09
	.95	4.54	3.68	3.29	3.06	2.90	2.79	2.71	2.64	2.59
	.99	8.68	6.36	5.42	4.89	4.56	4.32	4.14	4.00	3.89
20	.90	2.97	2.59	2.38	2.25	2.16	2.09	2.04	2.00	1.96
	.95	4.35	3.49	3.10	2.87	2.71	2.60	2.51	2.45	2.39
	.99	8.10	5.85	4.94	4.43	4.10	3.87	3.70	3.56	3.46
24	.90	2.93	2.54	2.33	2.19	2.10	2.04	1.98	1.94	1.91
	.95	4.26	3.40	3.01	2.78	2.62	2.51	2.42	2.36	2.30
	.99	7.82	5.61	4.72	4.22	3.90	3.67	3.50	3.36	3.26
30	.90	2.88	2.49	2.28	2.14	2.05	1.98	1.93	1.88	1.85
	.95	4.17	3.32	2.92	2.69	2.53	2.42	2.33	2.27	2.21
	.99	7.56	5.39	4.51	4.02	3.70	3.47	3.30	3.17	3.07
60	.90	2.79	2.39	2.18	2.04	1.95	1.87	1.82	1.77	1.74
	.95	4.00	3.15	2.76	2.53	2.37	2.25	2.17	2.10	2.04
	.99	7.08	4.98	4.13	3.65	3.34	3.12	2.95	2.82	2.72
120	.90	2.75	2.36	2.13	1.99	1.90	1.82	1.77	1.72	1.68
	.95	3.92	3.07	2.68	2.45	2.29	2.18	2.09	2.02	1.96
	.99	7.08	4.98	4.13	3.65	3.34	3.12	2.95	2.82	2.72
∞	.90	2.71	2.30	2.08	1.94	1.85	1.77	1.72	1.67	1.63
	.95	3.84	3.00	2.60	2.37	2.21	2.10	2.01	1.94	1.88
	.99	6.63	4.61	3.78	3.32	3.02	2.80	2.64	2.51	2.41

<표 A-4>의 계속

ϕ_2	$1-\alpha$	ϕ_1								
		10	12	15	20	24	30	60	120	∞
1	.90	60.2	60.7	61.2	61.7	62.0	62.3	62.8	63.1	63.3
	.95	242	244	246	248	249	250	252	253	254
	.99	6,056	6,106	6,157	6,209	6,235	6,261	6,313	6,339	6,366
2	.90	9.39	9.41	9.42	9.44	9.45	9.46	9.47	9.48	9.49
	.95	19.4	19.4	19.4	19.4	19.5	19.5	19.5	19.5	19.5
	.99	99.4	99.4	99.4	99.4	99.5	99.5	99.5	99.5	99.5
3	.90	5.23	5.22	5.20	5.18	5.18	5.17	5.15	5.14	5.13
	.95	8.79	8.74	8.70	8.66	8.64	8.62	8.57	8.55	8.53
	.99	27.2	27.1	26.9	26.7	26.6	26.5	26.3	26.2	26.1
4	.90	3.92	3.90	3.87	3.84	3.83	3.82	3.79	3.78	3.76
	.95	5.96	5.91	5.85	5.80	5.77	5.75	5.69	5.66	5.63
	.99	14.5	14.4	14.2	14.0	13.9	13.8	13.7	13.6	13.5
5	.90	3.30	3.27	3.24	3.21	3.19	3.17	3.14	3.12	3.11
	.95	4.74	4.68	4.62	4.56	4.53	4.50	4.43	4.40	4.37
	.99	10.1	9.89	9.72	9.55	9.47	9.38	9.20	9.11	9.02
6	.90	2.94	2.90	2.87	2.84	2.82	2.80	2.76	2.74	2.72
	.95	4.06	4.00	3.94	3.87	3.84	3.81	3.74	3.70	3.67
	.99	7.87	7.72	7.56	7.40	7.31	7.23	7.06	6.97	6.88
7	.90	2.70	2.67	2.63	2.59	2.58	2.56	2.51	2.49	2.47
	.95	3.64	3.57	3.51	3.44	3.41	3.38	3.30	3.27	3.23
	.99	6.62	6.47	6.31	6.16	6.07	5.99	5.82	5.74	5.65
8	.90	2.54	2.50	2.46	2.42	2.40	2.38	2.34	2.32	2.29
	.95	3.35	3.28	3.22	3.15	3.12	3.08	3.01	2.97	2.93
	.99	5.81	5.67	5.52	5.36	5.28	5.20	5.03	4.95	4.86
9	.90	2.42	2.38	2.34	2.30	2.28	2.25	2.21	2.18	2.16
	.95	3.14	3.07	3.01	2.94	2.90	2.86	2.79	2.75	2.71
	.99	5.26	5.11	4.96	4.81	4.73	4.65	4.48	4.40	4.31
10	.90	2.32	2.28	2.24	2.20	2.18	2.16	2.11	2.08	2.06
	.95	2.98	2.91	2.84	2.77	2.74	2.70	2.62	2.58	2.54
	.99	4.85	4.71	4.56	4.41	4.33	4.25	4.08	4.00	3.91
12	.90	2.19	2.15	2.10	2.06	2.04	2.01	1.96	1.93	1.90
	.95	2.75	2.69	2.62	2.54	2.51	2.47	2.38	2.34	2.30
	.99	4.30	4.16	4.01	3.86	3.78	3.70	3.54	3.45	3.36

<표 A-4>의 계속

ϕ_2	$1-\alpha$	ϕ_1								
		10	12	15	20	24	30	60	120	∞
15	.90	2.06	2.02	1.97	1.92	1.90	1.87	1.82	1.79	1.76
	.95	2.54	2.48	2.40	2.33	2.29	2.25	2.16	2.11	2.07
	.99	3.80	3.67	3.52	3.37	3.29	3.21	3.05	2.96	2.87
20	.90	1.94	1.89	1.84	1.79	1.77	1.74	1.68	1.64	1.61
	.95	2.35	2.28	2.20	2.12	2.08	2.04	1.95	1.90	1.84
	.99	3.37	3.23	3.09	2.94	2.86	2.78	2.61	2.52	2.42
24	.90	1.88	1.83	1.78	1.73	1.70	1.67	1.61	1.57	1.53
	.95	2.25	2.18	2.11	2.03	1.98	1.94	1.84	1.79	1.73
	.99	3.17	3.03	2.89	2.74	2.66	2.58	2.40	2.31	2.21
30	.90	1.82	1.77	1.72	1.67	1.64	1.61	1.54	1.50	1.46
	.95	2.16	2.09	2.01	1.93	1.89	1.84	1.74	1.68	1.62
	.99	2.98	2.84	2.70	2.55	2.47	2.39	2.21	2.11	2.01
60	.90	1.71	1.66	1.60	1.54	1.51	1.48	1.40	1.35	1.29
	.95	1.99	1.92	1.84	1.75	1.70	1.65	1.53	1.47	1.39
	.99	2.63	2.50	2.35	2.20	2.12	2.03	1.84	1.73	1.60
120	.90	1.65	1.60	1.55	1.48	1.45	1.41	1.32	1.26	1.19
	.95	1.91	1.83	1.75	1.66	1.61	1.55	1.43	1.35	1.25
	.99	2.47	2.34	2.19	2.03	1.95	1.86	1.66	1.53	1.38
∞	.90	1.60	1.55	1.49	1.42	1.38	1.34	1.24	1.17	1.00
	.95	1.83	1.75	1.67	1.57	1.52	1.46	1.32	1.22	1.00
	.99	2.32	2.18	2.04	1.88	1.79	1.70	1.47	1.32	1.00

<표 A-5> Durbin-Watson 검정의 상한과 하한

* k : 독립변수의 수
d_L : 하한
d_U : 상한

5% 유의수준

n	$k=1$		$k=2$		$k=3$		$k=4$		$k=5$	
	d_L	d_U	d_L	d_U	d_L	d_U	d_L	d_U	d_L	d_U
15	1.08	1.36	0.95	1.54	0.82	1.75	0.69	1.97	0.56	2.21
16	1.10	1.37	0.98	1.54	0.86	1.73	0.74	1.93	0.62	2.15
17	1.13	1.38	1.02	1.54	0.90	1.71	0.78	1.90	0.67	2.10
18	1.16	1.39	1.05	1.53	0.93	1.69	0.82	1.87	0.71	2.06
19	1.18	1.40	1.08	1.53	0.97	1.68	0.86	1.85	0.75	2.02
20	1.20	1.41	1.10	1.54	1.00	1.68	0.90	1.83	0.79	1.99
21	1.22	1.42	1.13	1.54	1.03	1.67	0.93	1.81	0.83	1.96
22	1.24	1.43	1.15	1.54	1.05	1.66	0.96	1.80	0.86	1.94
23	1.26	1.44	1.17	1.54	1.08	1.66	0.99	1.79	0.90	1.92
24	1.27	1.45	1.19	1.55	1.10	1.66	1.01	1.78	0.93	1.90
25	1.29	1.45	1.21	1.55	1.12	1.66	1.04	1.77	0.95	1.89
26	1.30	1.46	1.22	1.55	1.14	1.65	1.06	1.76	0.98	1.88
27	1.32	1.47	1.24	1.56	1.16	1.65	1.08	1.76	1.01	1.86
28	1.33	1.48	1.26	1.56	1.18	1.65	1.10	1.76	1.03	1.86
29	1.34	1.48	1.27	1.56	1.20	1.65	1.12	1.74	1.05	1.84
30	1.35	1.49	1.28	1.57	1.21	1.65	1.14	1.74	1.07	1.83
31	1.36	1.50	1.30	1.57	1.23	1.65	1.16	1.74	1.09	1.83
32	1.37	1.50	1.31	1.57	1.24	1.65	1.18	1.73	1.11	1.82
33	1.38	1.51	1.32	1.58	1.26	1.65	1.19	1.73	1.13	1.81
34	1.39	1.51	1.33	1.58	1.27	1.65	1.21	1.73	1.15	1.81
35	1.40	1.52	1.34	1.58	1.28	1.65	1.22	1.73	1.16	1.80
36	1.41	1.52	1.35	1.59	1.29	1.65	1.24	1.73	1.18	1.80
37	1.42	1.53	1.36	1.59	1.31	1.66	1.25	1.72	1.19	1.80
38	1.43	1.54	1.37	1.59	1.32	1.66	1.26	1.72	1.21	1.79
39	1.43	1.54	1.38	1.60	1.33	1.66	1.27	1.72	1.22	1.79
40	1.44	1.54	1.39	1.60	1.34	1.66	1.29	1.72	1.23	1.79
45	1.48	1.57	1.43	1.62	1.38	1.67	1.34	1.72	1.29	1.78
50	1.50	1.59	1.46	1.63	1.42	1.67	1.38	1.72	1.34	1.77
55	1.53	1.60	1.49	1.64	1.45	1.68	1.41	1.72	1.38	1.77
60	1.55	1.62	1.51	1.65	1.48	1.69	1.44	1.73	1.41	1.77
65	1.57	1.63	1.54	1.66	1.50	1.70	1.47	1.73	1.44	1.77
70	1.58	1.64	1.55	1.67	1.52	1.70	1.49	1.74	1.46	1.77
75	1.60	1.65	1.57	1.68	1.54	1.71	1.51	1.74	1.49	1.77
80	1.61	1.66	1.59	1.69	1.56	1.72	1.53	1.74	1.51	1.77
85	1.62	1.67	1.60	1.70	1.57	1.72	1.55	1.75	1.52	1.77
90	1.63	1.68	1.61	1.70	1.59	1.73	1.57	1.75	1.54	1.78
95	1.64	1.69	1.62	1.71	1.60	1.73	1.58	1.75	1.56	1.78
100	1.65	1.69	1.63	1.72	1.61	1.74	1.59	1.76	1.57	1.78

<표 A-5>의 계속

1% 유의수준

n	$k=1$		$k=2$		$k=3$		$k=4$		$k=5$	
	d_L	d_U	d_L	d_U	d_L	d_U	d_L	d_U	d_L	d_U
15	0.81	1.07	0.70	1.25	0.59	1.46	0.49	1.70	0.39	1.96
16	0.84	1.09	0.74	1.25	0.63	1.44	0.53	1.66	0.44	1.90
17	0.87	1.10	0.77	1.25	0.67	1.43	0.57	1.63	0.48	1.85
18	0.90	1.12	0.80	1.26	0.71	1.42	0.61	1.60	0.52	1.80
19	0.93	1.13	0.83	1.26	0.74	1.41	0.65	1.58	0.56	1.77
20	0.95	1.15	0.86	1.27	0.77	1.41	0.68	1.57	0.60	1.74
21	0.97	1.16	0.89	1.27	0.80	1.41	0.72	1.55	0.63	1.71
22	1.00	1.17	0.91	1.28	0.83	1.40	0.75	1.54	0.66	1.69
23	1.02	1.19	0.94	1.29	0.86	1.40	0.77	1.53	0.70	1.67
24	1.04	1.20	0.96	1.30	0.88	1.41	0.80	1.53	0.72	1.66
25	1.05	1.21	0.98	1.30	0.90	1.41	0.83	1.52	0.75	1.65
26	1.07	1.22	1.00	1.31	0.93	1.41	0.85	1.52	0.78	1.64
27	1.09	1.23	1.02	1.32	0.95	1.41	0.88	1.51	0.81	1.63
28	1.10	1.24	1.04	1.32	0.97	1.41	0.90	1.51	0.83	1.62
29	1.12	1.25	1.05	1.33	0.99	1.42	0.92	1.51	0.85	1.61
30	1.13	1.26	1.07	1.34	1.01	1.42	0.94	1.51	0.88	1.61
31	1.15	1.27	1.08	1.34	1.02	1.42	0.96	1.51	0.90	1.60
32	1.16	1.28	1.10	1.35	1.04	1.43	0.98	1.51	0.92	1.60
33	1.17	1.29	1.11	1.36	1.05	1.43	1.00	1.51	0.94	1.59
34	1.18	1.30	1.13	1.36	1.07	1.43	1.01	1.51	0.95	1.59
35	1.19	1.31	1.14	1.37	1.08	1.44	1.03	1.51	0.97	1.59
36	1.21	1.32	1.15	1.38	1.10	1.44	1.04	1.51	0.99	1.59
37	1.22	1.32	1.16	1.38	1.11	1.45	1.06	1.51	1.00	1.59
38	1.23	1.33	1.18	1.39	1.12	1.45	1.07	1.52	1.02	1.58
39	1.24	1.34	1.19	1.39	1.14	1.45	1.09	1.52	1.03	1.58
40	1.25	1.34	1.20	1.40	1.15	1.46	1.10	1.52	1.05	1.58
45	1.29	1.38	1.24	1.42	1.20	1.48	1.16	1.53	1.11	1.58
50	1.32	1.40	1.28	1.45	1.24	1.49	1.20	1.54	1.16	1.59
55	1.36	1.43	1.32	1.47	1.28	1.51	1.25	1.55	1.21	1.59
60	1.38	1.45	1.35	1.48	1.32	1.52	1.28	1.56	1.25	1.60
65	1.41	1.47	1.38	1.50	1.35	1.53	1.31	1.57	1.28	1.61
70	1.43	1.49	1.40	1.52	1.37	1.55	1.34	1.58	1.31	1.61
75	1.45	1.50	1.42	1.53	1.39	1.56	1.37	1.59	1.34	1.62
80	1.47	1.52	1.44	1.54	1.42	1.57	1.39	1.60	1.36	1.62
85	1.48	1.53	1.46	1.55	1.43	1.58	1.41	1.60	1.39	1.63
90	1.50	1.54	1.47	1.56	1.45	1.59	1.43	1.61	1.41	1.64
95	1.51	1.55	1.49	1.57	1.47	1.60	1.45	1.62	1.42	1.64
100	1.52	1.56	1.50	1.58	1.48	1.60	1.46	1.63	1.44	1.65

<표 A-6> 직교다항식 $p_i(x)$의 값

	$n=3$		$n=4$			$n=5$				$n=6$					$n=7$				
	p_1	p_2	p_1	p_2	p_3	p_1	p_2	p_3	p_4	p_1	p_2	p_3	p_4	p_5	p_1	p_2	p_3	p_4	p_5
	−1	+1	−3	+1	−1	−2	+2	−1	+1	−5	+5	−5	+1	−1	−3	+5	−1	+3	−1
	0	−2	−1	−1	+3	−1	−1	+2	−4	−3	−1	+7	−3	+5	−2	0	+1	−7	+4
	+1	+1	+1	−1	−3	0	−2	0	+6	−1	−4	+4	+2	−10	−1	−3	+1	+1	−5
			+3	+1	+1	+1	−1	−2	−4	+1	−4	−4	+2	+10	0	−4	0	+6	0
						+2	+2	+1	+1	+3	−1	−7	−3	−5	+1	−3	−1	+1	+5
										+5	+5	+5	+1	+1	+2	0	−1	−7	−4
															+3	+5	+1	+3	+1
$\sum_j p_i^2(x_j)$	2	6	20	4	20	10	14	10	70	70	84	180	28	252	28	84	6	154	84
λ_i	1	3	2	1	$\frac{10}{3}$	1	1	$\frac{5}{6}$	$\frac{35}{12}$	2	$\frac{3}{2}$	$\frac{5}{3}$	$\frac{7}{12}$	$\frac{21}{10}$	1	1	$\frac{1}{6}$	$\frac{7}{12}$	$\frac{7}{20}$

찾아보기

ㅇ

ㅈ

ㅊ

데이터

저자 소개

박성현은 서울대학교 공과대학 화학공학과를 졸업하고 미국 노스캐롤라이나 주립대학교에서 산업공학 석사와 통계학 박사학위를 취득했으며, 미국 미시시피 주립대학교 경영대학 교수와 서울대학교 자연과학대학 통계학과 교수를 역임했다. 또한 그는 한국통계학회와 한국품질경영학회 회장 및 한국연구재단 기초연구본부장과 한국과학기술한림원 원장을 지냈고, 현재 사회적책임경영품질원 회장, 한국시니어과학기술인협회 회장, 대한민국학술원 자연과학부 회장직을 맡고 있다. 대표적 저서로는 《회귀분석》, 《통계적 품질관리》, 《현대실험계획법》 외 다수의 저서가 있다.

이성임은 서울대학교 지질과학과에서 학사, 통계학과에서 석사를 마치고 연세대학교 환경공해연구소에서 근무했다. 이후 서울대학교 통계학과에서 박사를 마치고, 동 대학 복잡계통계연구센터 박사후 연구원, 고려대학교 의과학연구원 연구 교수로 있다가 2004년부터 단국대학교에 재직 중이다. 데이터 마이닝과 범주형 자료분석, 생존 분석, 통계적 품질관리 등을 강의하고 있으며, 주된 연구 분야는 생존 분석과 통계적 모니터링 방법 등이다. 공역 저서로 《비즈니스 애널리틱스를 위한 데이터마이닝 in 파이썬》(2023)과 《비즈니스 애널리틱스를 위한 데이터마이닝 R edition》(2018), 공저로 《데이터 천재들은 어떻게 기획하고 분석할까?》(2022)가 있다.

임요한은 서울대학교 계산통계학과에서 학사, 통계학과에서 석사, 미국 스탠포드대학교 통계학과에서 박사학위를 취득하였다. 이후 Texas A&M 대학교 통계학과, 연세대학교 응용통계학과 교수를 거쳐, 2008년부터 서울대학교 통계학과에 재직 중이다. 다변량 자료분석, 회귀분석, 대학원 확률론 등을 강의하고 있으며, 주된 연구분야는 순서통계량과 고차원 다변량 통계학이다.

데이터분석 전문가를 위한

고급회귀분석

펴낸날 2023년 7월 1일 초판
2026년 3월 3일 2쇄
지은이 박성현, 이성임, 임요한
펴낸이 김동현
펴낸곳 민영사
주 소 하남시 미사강변중앙로7번안길 25, C동 201호
전 화 (02) 711-1225 팩스 (02) 6000-9301
등 록 2014년 1월 1일 제 2014-000001호
Home http://www.minyoungsa.com
메 일 minyoungpub@naver.com

정 가 40,000원

ISBN 979-11-86378-46-5 93410